재개발 · 재건축의 정석

홍봉주

박영사

재개발·재건축의 정석

머리말

재개발·재건축 현장을 처음 접한 건 20년 전 사법연수원 변호사 실무기간이었다. 조합과 조합원 간의 분쟁, 조합과 시공사 등 협력업체 간 분쟁, 조합과 행정기관 간 분쟁을 접했고 수많은 도시정비사업 관련 형사사건을 마주하게 되었다. 분쟁의 당사자가 수백 명을 넘어 수천 명인 경우도 있다 보니 사건 해결에 대해 막중한 책임감도 느꼈다. 창의적인 법리개발에 매달릴 수밖에 없었다. 많은 관련 판례를 조사하고 연구하다 보니 새로운 대법원 판례도 만들어 냈다. 자연스레 수원시, 안양시, 과천시, 구리시, LH 등에서 관계 공직자나 시민들을 대상으로 강의나 법률자문을 할 기회를 갖게 되었다. 그 결과 이 책을 만들 자료가 집적될 수 있었다. 또한, 수원고등법원, 대전지방법원, 대구서부지방법원, 청주지방법원, 서울동부지방법원 등에서도 법관 등을 대상으로 특강을 하게 되면서 더 깊이 있는 연구를 진행할 수 있었다.

재개발·재건축은 단순한 부동산사업이 아니라 사람과 법, 정책이 함께 움직이는 거대한 도시의 수술이다. 수많은 이해관계자들이 얽혀있고 그 안에서 끊임없이 분쟁이 발생한다. 재개발·재건축은 단순한 투자가 아니다. 누군가의 삶터를 옮기는 일이자 수많은 권리관계가 충돌하는 민감한 과정이다. 그래서 법률적 해석은 더 깊고, 더 정확해야 한다. 그 역할을 해내기 위해서는 도시정비분야에서도 교과서 같은 책이 필요하다 느꼈다. 이 책은 단지 법조문을 정리한 책이 아니다. 현장의 복잡함을 뚫고 나온 정제된 지식, 그리고 20년 경험에서 길어 올린 실무 노하우의 집약체이다.

이 책은 다음과 같은 특징을 갖고 있다. 우선 이 책은 「도시 및 주거환경정비법」의 모든 조문을 새로 만든 『분석의 틀』에 맞춰 논리적으로 재구성하였다. 『분석의 틀』을 기본체계와 지원체계로 구성하였다. 기본체계는 도시정비의 목적을 달성하기 위한 도시정비법의 목적(제1장)과 이를 달성하기 위한 계획(제2장) 그리고 이를 실현하는 정비사업의 시행(3장)으로 구성되어 있다. 지원체계란 기본체계를 지원하기 위한 도시정비법상의 각종 수단 등을 말한다(제4장부터 제9장까지). 이와 같은 『분석의 틀』에 20년간 변호사로서 재개발·재건축분야에서 쌓은 경험을 바탕으로 법조문과 판례 그리고 질의·답변 등을 분석해 교과서식으로 도시정비법을 해설했다. 그래서 이 책은 재개발·재건축에 관한 교과서라 할 수 있다. 또한 법률서이면서도 실무서이기도 하다.

다음으로 이 책은 도시정비법 전반을 균형감 있게 논리적으로 엮고 있어 이야기책을 읽는 듯한 느낌을 주도록 했다. 행정 경험을 살려 소송이 일어나지 않은 분야도 행정실무를 위해 이해하기 쉽게 체계적으로 정리했다. 또한, 법률가로서 대법원 판례를 깊이 있게 연구해 판례의 실제 사례를 많이 수록하였다. 주요 내용에 대해서는 알기 쉽도록 표와 그림을 통해 설명하였다. 안양시와 수원시 등 행정기관에서 질의한 내용들은 예시 형태로 이에 대해 답을 다는 형식으로 담아냈다.

마지막으로 도시정비법의 벌칙규정의 중요성과 관심도를 감안하여 도시정비법 위반죄 하나하나에 죄명을 붙여 개별적으로 설명하였다. 도시정비법위반죄로 처벌받는 경우에는 조합임원지위를 상실하기 때문이다. 그래서 죄명마다 범죄구성요건을 분설하고 공소시효 등을 담았다. 여기에 더하여 재개발·재건축 추진과정에서 자주 발생하는 뇌물죄와 업무상 횡령죄·배임죄 등도 사례를 들어 설명했다.

이 책이 나오기까지는 많은 분이 도움을 주셨다. 우선 사단법인 주거환경연구원 김호권 부원장과 강민교 실장 그리고 진희섭 실장은 이 책의 핵심 내용이 수년에 걸쳐 집적될 수 있도록 해주었다. 그리고 재개발·재건축 실무운영지식을 신용식 18평권익협의회 부회장, 한태수 왕십리2구역조합장, 김영종 왕십리2구역이사, 이종섭 왕십리1구역조합장과 강종성 사무국장, 김성태 옥수13구역 총무이사, 허영무 제일주택재건축조합장과 곽인영 총무이사, 구세봉·김영기·이병선 과천조합장과 한민자 총무이사, 권영도 태릉현대조합장, 김영환 용강조합장, 김은희 길동조합장, 문기정 광천동조합장과 김선탁 사무국장·이미숙 팀장, 문승준 운암조합장, 박호성 한남하이츠조합장, 류연혁 용강우석조합장과 이준규 사무장, 신철호 대성연립조합장, 조경숙 고잔연립조합장, 한명희 인천송현조합장, 강윤희 월계동신조합장, 서정근 대구새길조합장, 정창근 전도관조합장, 김형완 누문조합장과 노경환 사무국장, 이두선 안양향림조합장, 성만수 딸기원조합장, 이철수 성북조합장, 이정길 다복마을조합장께서 전수해주셨다. 시공사와 조합협력업체 관계자분들도 같이 업무를 수행하면서 이 책이 실무적인 문제도 다룰 수 있도록 해 주었다. 김만겸 사장, 이상봉 상무, 윤성호 상무, 정해붕 팀장, 황율남 팀장, 장경천 팀장, 우재희 팀장, 김민수 팀장, 백장준 부장, 장홍석 팀장, 김대호 책임, 박상경 부대표, 임성빈 지사장, 김용진 팀장, 진명성 사장, 김남근 사장, 김광수 사장, 이태근 사장, 박성룡 대표, 조형원 대표이사, 박재우 대표이사, 서도원 본부장, 김용진 팀장, 조성우 팀장, 이상범 팀장, 김근석 팀장, 이범수 대표, 유승재 이사, 이권재 소장, 서동현 팀장, 박창의 부장, 이주성 소장, 양준희 매니저, 김성운 팀장, 김혁민 이사, 문경록 이사, 문효상 전무, 최왕윤 부장, 박병용 부장, 공현택 부장, 이종규 국장, 김병조 기자의 역할이 컸다. 김규남 팀장과 노동웅 팀장도 실무를 이해하는 데 많은 도움을 주었다. 강수원 팀장, 김철동 팀장, 염중선 국장, 박명철 국장, 어용경 국장, 이영인 실장, 김종석 실장, 김현옥 과장, 최은영 과장, 사기영 팀장, 조성현 팀장 등과는 실제 사례를 놓고 많은 고민을 같이 했다. 시공사의 입장과 조합의 입장을 균형감 있게 설명해주며 미국 자동차 횡단 여행을 같이 해준 벗, 이상의 상무의 응원도 큰 힘이 되었다. H&P 법률사무소의 봉재홍 변호사, 고영성 변호사 그리고 채명석 변호사가 내용 검토를 해주어 책 내용에 내실을 기할 수 있었다. 박일규 변호사, 박성훈 변호사, 장정희 변호사, 김현 변호사, 한규현 변호사, 채명선 변호사, 노나영 변호사, 신영수 변호사, 이숭기 변호사, 전준용 변호사, 진상욱 변호사, 범현 변호사, 유동규 변호사, 전승진 변호사, 오민석 변호사, 전영상 변호사, 우현수 변호사, 정덕영 변호사, 함준표 변호사 그리고 홍석진 세무사가 법리연구에 직 · 간접적으로 도움을 주었다. 또한 김지휘 과장과 김민희 과장은 이 책의 이미지 생성과 기본 편집 등에서 수고를 아끼지 않았다.

박권일, 김기석, 채종수, 황호영, 박영우, 김경섭, 오성택, 이정운, 정일권, 이행용, 홍석봉, 홍서혁, 정병남, 박천배 친구들과 홍진기, 홍찬호, 이재경, 김인석, 현종석, 박서홍, 김철호, 배호준, 김덕호, 권순경, 민관식, 차영돈, 장주성, 홍철수, 홍영기, 홍근섭, 홍원천, 조해용, 박상현 선후배가 항상 응원해 주었다. 끝으로 사랑하는 우리 딸과 아들 그리고 아내는 늘 곁에서 이 책이 출간될 수 있도록 힘이 되어 주었다. 이 책이 출간될 수 있도록 도와준 이 모든 분들과 이 책이 세상에 나올 수 있도록 해준 박영사 가족분들께 깊은 감사의 말씀을 드린다.

2025. 8.

응양빌딩 서초동 연구실에서

저자 씀

차례

제9장 벌칙 515

일러두기

도시및주거환경정비법 → 도시정비법 또는 법

도시및주거환경정비법 시행령 → 도시정비법 시행령 또는 시행령

도시및주거환경정비법 시행규칙 → 도시정비법 시행규칙 또는 시행규칙

(도시및주거환경정비법 제1조제2항제3호가목) → (법 §1②ⅲ가)

제1장

총칙

제1장

총칙

I 개요

1. 목적

> **제1조(목적)** 이 법은 도시기능의 회복이 필요하거나 주거환경이 불량한 지역을 계획적으로 정비하고 노후 · 불량건축물을 효율적으로 개량하기 위하여 필요한 사항을 규정함으로써 도시환경을 개선하고 주거생활의 질을 높이는 데 이바지함을 목적으로 한다.

도시정비법은 도시기능의 회복이 필요하거나 주거환경이 불량한 지역을 계획적으로 정비하고 노후·불량건축물을 효율적으로 개량하기 위하여 필요한 사항을 규정함으로써 도시환경을 개선하고 주거생활의 질을 높이는 데 이바지함을 목적으로 한다. 이처럼 도시정비법의 정책목표는 '도시환경 개선'과 '주거생활의 질 제고'에 있다.

도시정비법은 도시기능이 떨어지는 지역이나 주거환경이 불량한 지역의 도시환경을 개선하고 주거환경의 질을 높이기 위해 (i)정비의 계획성과 (ii)사업의 효율성을 도구적 목표로 삼고 있다.

정비의 계획성이란 도시정비사업을 무분별하게 추진하는 것이 아니라 국토기본법이나 주거기본법의 틀안에서 종합적, 체계적으로 추진하는 것을 말한다. 도시정비법은 국토교통부장관에게는 도시정비의 기본방침을 제시하도록 하고 특별시장 등에게는 도시·주거환경정비기본계획을 수립하여 이 기본계획에 적합한 범위에서 정비계획을 결정하여 정비사업을 추진하도록 하고 있다.

사업의 효율성이란 정비사업이 투입 자금과 노력 대비 성과가 최대가 되도록 시행하는 것을 말한다. 도시정비법은 이와 같은 효율성을 제고하기 위하여 정비사업을 일정절차에 따라 추진되도록 하면서 각 단계별로 그 단계에 맞는 행위와 통제장치를 마련하고 있다. 선계획 후 사업 추진 방식도 사업의 효율성을 제고하는 중요한 수단이라 할 수 있다. 즉, 도시정비법은 도시기능의 회복이 필요하거나 주거환경이 불량한 지역에 대해 정비사업의 시행 범위, 수립기준 등을 먼저 계획성 있게 마련한 후 노후·불량건축물을 효율적으로 개량하도록 함으로써 정책목표인 도시환경 개선과 주거생활의 질을 높이도록 하고 있다.

도시정비법은 '도시환경 개선'과 '주거생활의 질 제고'라는 정책목표를 달성하기 위해 3가지의 정비사업을 시행할 수 있도록 규정하고 있다. 주거환경개선사업, 재건축사업 및 재개발사업이 그것이다. 이 중 주거환경개선사업과 재건축사업은 주로 주거생활의 질을 높이기 위한 수단으로, 재개발사업은 도시환경 개선을 위해서도 주거생활의 질을 높이기 위해서도 활용된다.

이를 그림으로 나타내면 **[그림 1]**과 같다.

|그림 1 도시정비법의 목적 및 구현수단

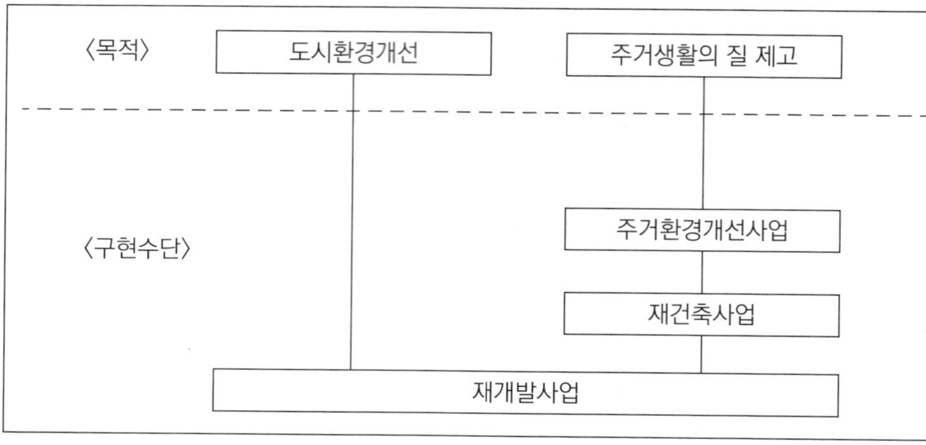

2. 도시정비법의 지위(기능 및 역할)

도시정비법은 도시환경과 주거생활의 질을 제고하기 위한 법으로 기존의 도시를 전제로 한다. 따라서 도시정비법이 추진하는 정비사업은 도시 내 기존 노후·불량건축물을 전제로 이를 개선하기 위한 사업이라 할 수 있다. 이 점에서 계획적인 도시개발을 목적으로 하는「도시개발법」이나 일단의 택지를 조성하기 위한「택지개발법」등 토지 중심의 도시개발 관련법과 구별된다. 하지만 노후·불량건축물의 정비는 그 부지인 토지의 용도하에서 이루어져야 하므로 도시정비법도 그 부지를 규율하는 법에 배치되어서는 아니되고 그 부지의 용도하에서 추진되어야 한다. 이와 관련된 가장 기본법은「국토기본법」이다.「국토기본법」은 헌법 제120조 제2항에 근거한다.

「국토기본법」은 국토계획의 수립절차 뿐만 아니라 국토관리의 기본이념 등도 명시하고 있는 국토의 계획 및 이용에 관한 최상위의 법이다. 국토계획이란 국토가 지향하여야 할 발전방향을 설정하고 이를 달성하기 위한 계획을 말한다. 국토계획은 국토종합계획, 도종합계획, 시군종합계획(특별시·광역시 포함), 지역계획, 부문별계획으로 구분된다. 국토종합계획은 다른 법령에 의하여 수립되는 국토에 관한 계획에 우선하며 그 기본이 된다. 그러나 행정조직 내부에서만 구속력이 인정되고 국민에 대한 구속력은 없다.

「국토기본법」을 구체적으로 실현하기 위한 국토계획 등에 관한 일반법으로는 「국토의 계획 및 이용에 관한 법률」이 있고 개별법으로는 「도시개발법」이 있다.

「국토의 계획 및 이용에 관한 법률」은 도시계획으로 도시기본계획과 도시관리계획을 수립하도록 하고 있고, 도시지역을 공간적으로 구분하고 토지의 용도와 형태를 규제하는 용도지역제를 규정하고 있다. 용도지역이란 토지의 이용 및 건축물의 용도, 건폐율, 용적률, 높이 등을 도시관리계획으로 결정하는 지역을 말한다. 용도지역은 도시계획구역 전체를 대상으로 하며 도시계획구역의 한 지역은 반드시 하나의 용도지역에 속하여야 하며 용도지역은 중복되어 지정될 수 없다. 이 법은 이외에 일정한 개발행위에 대해서는 사전에 허가를 받도록 하는 개발행위허가제를 규정하고 있는데 가장 대표적인 개발행위로는 건축물의 건축과 토지의 형질변경이 있다.

「도시개발법」은 「국토의 계획 및 이용에 관한 법률」하에서 도시를 개발하는 토지 관련법이기 때문에 기본적으로 환지방식에 의한 사업시행방식을 채택하고 있다. 또한 도시개발사업에 필요한 경비에 충당하기 위해 체비지 규정을 두고 있는데 도시정비법은 이에 관한 규정을 모두 준용하는 형식을 취하고 있다.

도시정비법은 기존 대지를 기반으로 주택을 건설하는 주택건설사업의 일종이기 때문에 「주거기본법」을 기초로도 한다. 「주거기본법」은 국민의 주거생활과 관련된 기본적인 권리를 명시한 기본법이다. 「주거기본법」은 헌법 제35조 제3항에 근거한다. 「주거기본법」은 주택의 건설·공급 등에 관하여는 따로 법률로 정하도록 하고 있는데 「주택법」이 그것이다. 「주택법」의 일반법으로는 「건축법」이 있다. 도시정비법은 기존 주택을 출자하여 새로운 주택을 건설하는 사업구조이기 때문에 「주택법」의 적용을 받기는 하지만 대부분 별도의 규정을 두고 있어 「주택법」의 특별법으로 기능한다.

이처럼 도시정비법은 「대한민국헌법」을 기초로 대지에 관하여는 「국토기본법」과 「국토의 계획 및 이용에 관한 법률」에 기속되거나 의제처리하여 그 범주 내에서 작동하고, 주택 등에 대해서는 「주거기본법」에 기반하되 「주택법」과 관련하여서는 주로 특별법으로 기능한다. 하지만 일반분양절차 등에 있어서는 「주택법」을 준용하기도 한다.

요컨대, 도시정비법은 기존의 주택을 전제로 주거환경을 정비하고 노후주택을 개량하여 주민의 삶의 질이 개선될 수 있도록 지원하기 위한 법이면서 또한, 모든 국민이 쾌적한 주거생활을 할 수 있도록 국가의 주택정책을 구현하기 위한 정책지향적 법이라 할 수 있다. 도시정비법의 기능과 역할에 기반한 행정법적인 지위를 그림으로 나타내면 **[그림 2]**와 같다.

그림 2 도시정비법의 지위

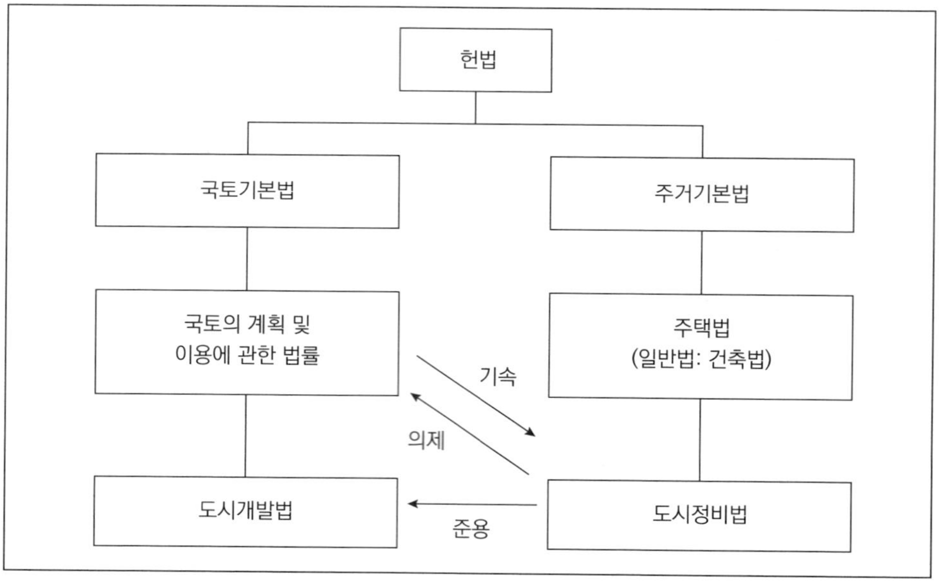

3. 도시정비법의 연혁

1970년대 이후 산업화·도시화 과정에서 대량 공급된 주택들이 노후화됨에 따라 이들을 체계적이고 효율적으로 정비할 필요성이 커지고 있었으나, 2003

년 당시 재개발사업, 재건축사업 및 주거환경개선사업이 각각 개별법으로 규정되어 이에 관한 제도적 뒷받침이 미흡하였다. 이에 노후화된 주택들을 일관성 있고 체계적으로 정비하기 위해「도시개발법」상의 재개발사업,「도시저소득주민주거환경개선을 위한 임시조치법」상의 주거환경개선사업,「주택건설촉진법」상의 재건축사업을 하나의 법으로 통합하여 2003. 7. 1. 도시정비법이 제정·시행되었다. 이에 따라「주택건설촉진법」은 도시정비법으로 편입된 재건축사업 부분을 제외한 나머지 주택의 건설과 공급 부분에 주거복지 및 주택관리 등의 부분을 보강하고 리모델링을 추진하기 위한 기준절차 등을 추가하여 법명을「주택법」으로 변경하여 전부 개정·시행되었다.

한편, 도시정비법은 제정 당시 위 3개의 법을 통합하여 6개 유형의 정비사업으로 추진되었는데, 가장 특이할 만한 점은 현금청산시기가 획기적으로 앞당겨졌다는 점이다. 즉 종전「도시재개발법」하에서는 분양신청을 하지 않거나 철회하는 자는 이전고시시에 청산금을 지급받을 수 있었으나 새로 제정·시행된 도시정비법에서는 현금청산사유가 발생할 때로부터 150일 이내에 청산금을 지급받도록 하여 청산자의 지위가 대폭 강화되었다. 이후 도시정비법은 2018. 2. 9. 전부개정되면서 주거환경개선사업과 주거환경관리사업을 주거환경개선사업으로, 주택재개발사업과 도시환경정비사업은 재개발사업으로 각 통합하고 기존의 재건축사업은 그대로 유지하여 정비사업을 3개형의 유형으로 구분하였다 그리고 가로주택정비사업은 별도의 개별법인「빈집 및 소규모주택 정비에 관한 특례법」으로 추진하도록 하였다.

도시정비법은 2003. 7. 1. 제정시행된 후 2018. 2. 9. 전부개정까지 32번의 일부개정이 있었으며 전부개정 후에도 2025. 1. 31.까지 22번의 일부개정이 있었다.

도시정비법이 제정·시행되어 변천된 과정을 요약하면 **[그림 3]**과 같다.

| 그림 3 도시정비법의 연혁

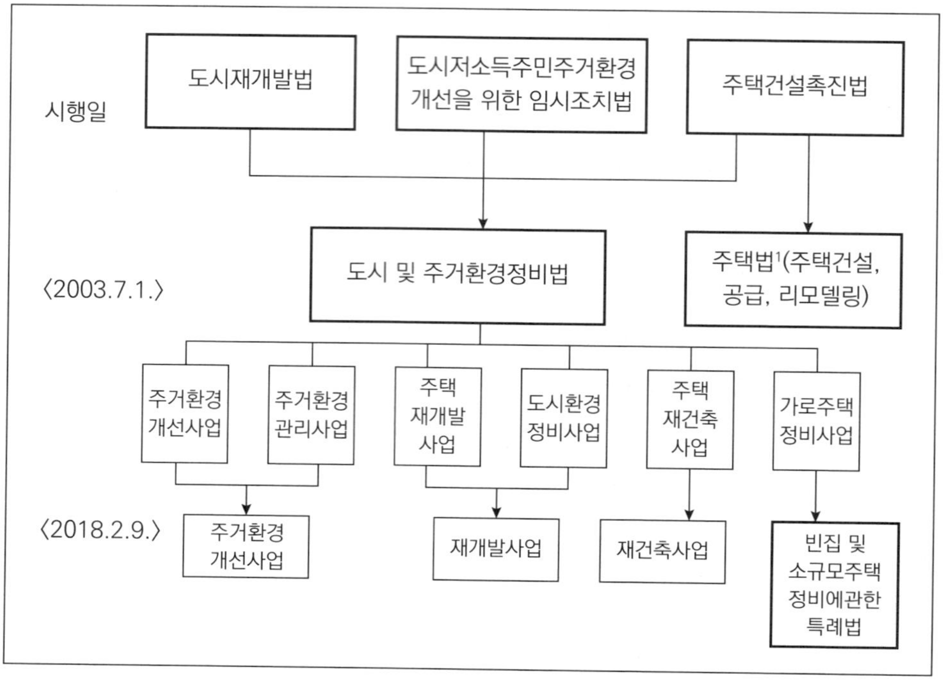

4. 도시정비법의 구성체계

도시정비법은 제1장 『총칙』에서 목적, 정의, 기본방침을 규정하면서 정비사업을 계획성과 효율성을 갖고 추진하도록 선언하고 있다. 이에 따라 제2장은 먼저 계획수립과 관련된 내용을 규정하고 있는데 『기본계획의 수립과 정비구역의 지정』이 그것이다. 이와 같은 정비구역 지정은 기본계획의 범위 내에서 정비계획을 수립하여 행해진다. 계획이 수립되면 제3장 『정비사업의 시행』에서 본격적으로 정비사업을 추진하게 되는데 주요 정비사업의 시행절차로는 『조합설립인가 → 사업시행계획 → 관리처분계획 → 정비사업공사 → 공사완료조치』가 있다. 제3장은 이를 '절'로 세분화하여 단계별 시행절차를 다루고 있

1 「주택법」은 주택건설촉진법을 2003. 5. 29. 법률 제6916호로 전부 개정하여 같은 해 11. 30.부터 시행되었다. 다만 일부 조항은 공포한 날부터 시행되었다.

다. 제3장의 제1절은 정비사업의 시행방법을, 제2절은 사업주체를 정하기 위한 조합설립인가와 그의 전신인 조합설립추진위원회를 규정하고 있다. 제3절은 사업주체가 건축계획 등 사업시행계획을 작성하도록 하고, 제4절은 작성된 사업시행계획을 실현하기 위한 구체적인 조치로 임시거주시설의 설치나 토지소유권 확보방법 등을 규정하고 있다. 제5절은 제3절을 통해 작성된 사업시행계획상의 건축물 등을 조합원에게 얼마를 받고 귀속시킬 것인가에 관한 관리처분계획의 내용을 담고 있다. 이 관리처분계획은 계획의 최종적인 단계이므로 제4절의 정비사업 시행을 위한 관련 조치도 계획이나 추산액의 형태로 이 관리처분계획에 반영하여야 한다. 관리처분계획이 수립되고 나면 이제 대지를 조성하고 건축물을 신축하기 위한 정비사업공사가 행해지는데 도시정비법은 이에 관해서는 별도의 규정을 두지 않고 「건축법」 등의 관련법에 맡기고 있다. 정비사업공사가 끝나면 제6절에서 공사완료에 따른 조치가 행해지는데 준공인가, 대지확정측량과 토지분할이 그것이다. 이와 같은 절차가 끝나고 나면 분양처분이라 할 수 있는 이전고시를 행하게 된다. 도시정비법은 기본적으로 이전고시를 정비사업의 끝으로 규정하면서 지적폐쇄와 새로운 지적 생성을 통해 등기절차를 진행하고 나머지 청산과 관련해서는 기본적으로 민법의 규정을 준용하도록 하고 있다. 이처럼 도시정비법은 제1장의 목적을 달성하기 위해 주거환경이 불량한 지역 등을 계획적으로 정비하고(제2장) 노후·불량건축물을 효율적으로 개량하기 위한 정비사업 시행체계를(제3장) 기본체계로 하고 있다.

도시정비법은 이와 같은 기본체계를 뒷받침하기 위한 지원체계를 두고 있는데 그에 관한 규정이 제4장부터 제9장까지이다. 제4장은 정비사업의 비용을 누가 부담하고 어떻게 마련할 것인가에 관한 비용부담체계로서 『비용부담 등』을, 제5장은 민간 사업시행자의 한계를 극복하기 위해 공공이 정비사업을 추진하는 경우의 공공정비사업체계로서 『공공재개발사업 및 공공재건축사업』을, 제6장은 기본체계에 대해 전문지식을 제공하기 위한 지원체계로서 『정비사업전문관리업』을, 제7장은 기본체계의 적정성을 확보하기 위한 지도·감독체계로서『감독등』을, 제8장은 정보지원체계와 재정적 지원체계 등과 같은 보충적 지원체계로서『보칙』을, 제9장은 제재체계로서『벌칙』을 각 규정하고 있다.

이를 요약하여 정리하면 [**그림** 4]와 같다.

┃그림 4 도시정비법 구성체계

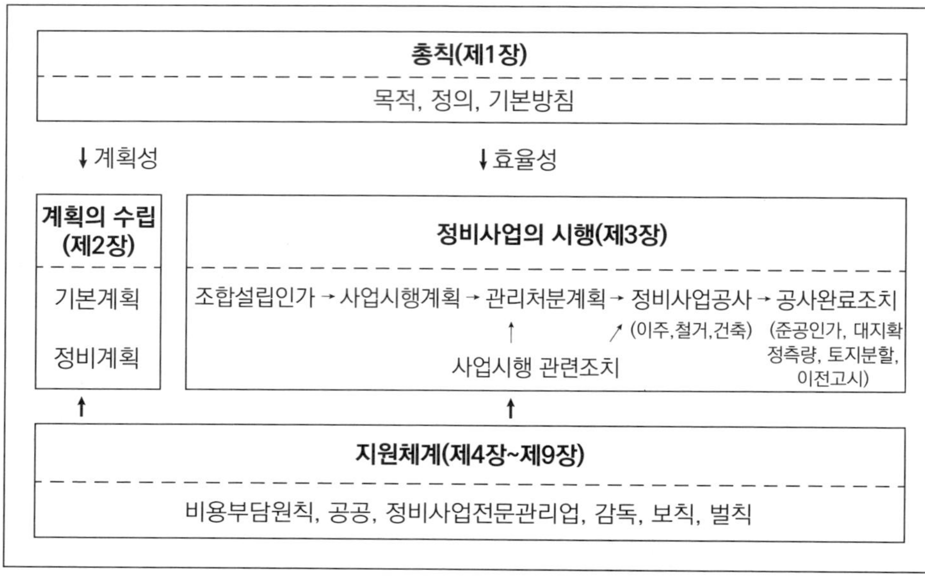

Ⅱ 정의

도시정비법에서 사용하는 용어의 뜻은 다음과 같다(법 §2).

1. 정비구역

정비구역이란 정비사업을 계획적으로 시행하기 위하여 도시정비법에 따라 지정·고시된 구역을 말한다. 한마디로 사업구역을 말한다. 정비구역이 지정되어야 사업구역이 특정되어 사업 관련 이해당사자인 토지등소유자의 범위를 특정할 수 있다. 정비구역은 정비계획의 내용이라는 점에서 정비기본계획의 내용인 정비예정구역과 구별된다. 정비구역은 원칙적으로 정비예정구역과 일치한다. 하지만 도시정비법은 기본계획의 수립 없이도 정비구역이 지정될 수 있는 경우를 상정하고 있다(법 §8②). 정비구역 지정없이 행한 조합설립인가는 조합설립동의의 대상인 토지등소유자의 범위를 특정할 수 없어 당연무효다.[2]

정비구역은 사업구역이기 때문에 원칙적으로 착공 전까지 사업시행자 또는 조합원 등 사업참여자가 소유권을 확보하여야 한다. 정비구역 내 토지등소유자가 정비사업에 참여하지 않는 경우 매도청구 또는 수용의 대상이 된다. 정비구역은 정비계획으로 결정되는데 관리처분계획인가 후 착공, 정비사업공사, 준공인가와 대지확정측량 및 토지분할을 거쳐 이전고시가 있게 되면 종전 지적은 폐쇄되고 정비계획에서 정한 바에 따라 새로운 지적이 생성되고 등기가 이루어지게 된다.

2. 정비사업

정비사업이란 정비구역에서 정비기반시설을 정비하거나 주택 등 건축물을 개량 또는 건설하는 사업을 말한다. 정비사업의 시행으로 조성된 대지 및 건축물은 관리처분계획에 따라 처분 또는 관리되어야 한다. 도시정비법은 정비사업을 3개의 유형으로 구분하고 있다.

가. 주거환경개선사업

주거환경개선사업이란 (i)도시저소득주민이 집단으로 거주하는 지역으로서 정비기반시설이 극히 열악하고 노후·불량건축물이 과도하게 밀집한 지역에서 주거환경을 개선하기 위하여 시행하는 사업과 (ii)단독주택 및 다세대주택 등

2 정비구역이 지정되지 아니한 상태에서 일부 주민이 임의로 획정한 구역을 기준으로 행해지는 시장·군수의 재개발조합설립추진위원회 설립승인의 하자는 중대할 뿐만 아니라 객관적으로 명백하다는 점에 관하여는 대법원 2009. 10. 29. 선고 2009두12297 판결 참조

이 밀집한 지역에서 정비기반시설과 공동이용시설의 확충을 통하여 주거환경을 보전·정비·개량하기 위하여 시행하는 관리형 주거환경개선사업을 말한다. 공공성이 큰 사업이다. 따라서 주거환경개선사업에 따른 건축허가를 받은 때와 부동산등기(소유권 보존등기 또는 이전등기로 한정한다)를 하는 때에는 「주택도시기금법」 제8조의 국민주택채권의 매입에 관한 규정을 적용하지 아니한다(법 §68①).

나. 재개발사업

재개발사업이란 (i)정비기반시설이 열악하고 노후·불량건축물이 밀집한 지역에서 주거환경을 개선하기 위하여 시행하는 사업과 (ii)상업지역·공업지역 등에서 도시기능의 회복 및 상권활성화 등을 위하여 도시환경을 개선하기 위한 사업을 말한다.

재개발사업 중 『공공재개발사업』은 다음의 요건을 모두 갖추어야 한다.

(1) 주거환경개선사업과 재개발사업의 사업시행자가 공공일 것

공공이란 시장·군수등과 토지주택공사등을 말한다. 시장·군수등이란 특별자치시장, 특별자치도지사, 시장, 군수, 자치구의 구청장을 의미한다. 토지주택공사등이란 도시정비법 제2조 제10호를 말한다. 공공이 재개발사업의 대행자인 경우나 토지주택공사등이 조합과 공동으로 시행하는 경우에도 사업시행자가 공공인 경우에 해당한다.

(2) 일정비율 이상을 '도시정비법 제80조의 지분형주택', '공공임대주택' 또는 '공공지원민간임대주택'으로 건설·공급할 것

여기서 일정비율 이상이란 일반분양주택 세대수 또는 연면적의 과밀억제권역에서는 30%~40%, 과밀억제권역 외의 지역에서는 20%~30% 범위에서 시·도조례로 정하는 비율을 말한다. 일반분양주택이란 건설·공급되는 주택의 전체 세대수 또는 전체 연면적 중 토지등소유자 대상 분양분(도시정비법 제80조에 따른 지분형주택은 제외한다)을 제외한 나머지 주택을 말한다.

이 경우 건설·공급해야 하는 '공공임대주택' 건설비율은 건설·공급되는 전체 세대수의 '국교통부장관이 정하여 고시하는 비율' 이상이어야 한다. 이 때 '국교통부장관이 정하여 고시하는 비율'은 건설·공급되는 전체 세대수의 20%를 넘어서는 안된다. 다만, 정비구역지정권자는 (i)신축주택세대수가 200세대 미만이거나 (ii)토지등소유자의 부담이 지나치게 높아 공공임대주택 비율을 확보하기 어려운 경우에는 지방도시계획위원회 등의 심의를 거쳐 '국교통부장관이 정하여 고시하는 비율'을 완화할 수 있다.

다. 재건축사업

정비기반시설은 양호하나 노후·불량건축물에 해당하는 공동주택이 밀집한 지역에서 주거환경을 개선하기 위하여 시행하는 사업을 말한다.

재건축사업 중『공공재건축사업』은 다음의 요건을 모두 갖추어야 한다.

(1) 사업시행자가 공공일 것

공공이란 시장·군수등과 토지주택공사등을 말한다. 공공이 재건축사업의 대행자인 경우나 토지주택공사등이 조합과 공동으로 시행하는 경우에도 사업시행자가 공공인 경우에 해당한다.

(2) 종전 단지 세대수의 160% 이상을 건설·공급할 것

다만 정비구역지정권자가 (i)종전 세대수 160% 이상을 건설·공급하는 것이 도시·군기본계획에 부합하지 않다고 판단하거나 (ii)그 세대수를 건설·공급하기 어려운 부득이한 사정이 있다고 판단하는 경우에는 그 이하를 공급하더라도 공공재건축사업이 될 수 있다. 이 경우 정비구역지정권자가 위 160% 세대수를 충족할 수 없는지를 판단할 때에는 지방도시계획위원회의 심의를 거쳐야 한다.

3. 노후 · 불량건축물

노후불량건축물은 다음 『가』~『라』의 어느 하나에 해당하는 건축물들을 말한다.

가. 건축물이 훼손되거나 일부가 멸실되어 붕괴, 그 밖의 안전사고의 우려가 있는 건축물

나. 내진성능이 확보되지 아니한 건축물 중 중대한 기능적 결함 또는 부실 설계·시공으로 구조적 결함 등이 있는 건축물로서 대통령령으로 정하는 건축물

'대통령령이 정하는 건축물'이란 건축물을 건축하거나 대수선할 당시 건축법령에 따른 지진에 대한 안전 여부 확인 대상이 아닌 건축물로서 다음의 (i) 또는 (ii)의 어느 하나에 해당하는 건축물을 말한다(시행령 §2①).

(i) 급수·배수·오수 설비 등의 설비 또는 지붕·외벽 등 마감의 노후화나 손상으로 그 기능을 유지하기 곤란할 것으로 우려되는 건축물

(ii) 재건축진단기관이 실시한 재건축진단 결과 건축물의 내구성·내하력(耐荷力) 등이 국토교통부장관이 정하여 고시하는 기준에 미치지 못할 것으로 예상되어 구조 안전의 확보가 곤란할 것으로 우려되는 건축물

다. 주거환경이 불량한 곳에 위치하고 건축물을 철거하고 신축하는 비용에 비해 효용의 현저한 증가가 예상되는 건축물로서 시·도조례로 정하는 건축물

'시·도조례로 정할 수 있는 건축물'은 다음의 (i), (ii) 또는 (iii)의 어느 하나에 해당하는 건축물을 말한다(시행령 §2②).

(i) 대지분할제한[3]을 규정한 해당 지방자치단체의 조례에 위반되거나 도시·군계획시설 등의 설치로 인하여 효용을 다할 수 없게 된 대지에 있

---

3 「건축법」 제57조(대지의 분할 제한) ① 건축물이 있는 대지는 대통령령으로 정하는 범위에서 해당 지방자치단체의 조례로 정하는 면적에 못 미치게 분할할 수 없다.

는 건축물

(ii) 공장의 매연·소음 등으로 인하여 위해를 초래할 우려가 있는 지역에 있는 건축물

(iii) 해당 건축물을 준공일 기준으로 40년까지 사용하기 위하여 보수·보강하는 데 드는 비용이 철거 후 새로운 건축물을 건설하는 데 드는 비용보다 클 것으로 예상되는 건축물

라. 도시미관을 저해하거나 노후화된 건축물로서 시·도조례로 정하는 건축물

'시·도조례로 정할 수 있는 건축물'은 다음의 (i) 또는 (ii)의 어느 하나에 해당하는 건축물을 말한다(시행령 §2③).

(i) 준공된 후 20년 이상 30년 이하의 범위에서 시·도조례로 정하는 기간이 지난 건축물

(ii) 도시·군기본계획의 경관에 관한 사항에 어긋나는 건축물

여기서 (i)의 준공후 20년 이상 요건은 노후화된 건축물의 징표가 되는 여러 기준의 하나로 제시된 것으로 보아야 한다. (i)에 해당하는 건축물이기만 하면 노후화된 건축물에 해당하게 되는 것은 아니다.[4]

4. 정비기반시설

정비기반시설이란 도로·상하수도·구거(溝渠: 도랑)·공원·공용주차장·공동구 그 밖에 주민의 생활에 필요한 열·가스 등의 공급시설로서 대통령령으로 정하는 시설을 말한다. 여기서 '대통령령이 정하는 시설'이란 녹지, 하천, 공공공지, 광장, 소방용수시설, 비상대피시설, 가스공급시설, 지역난방시설, 주거환경개선사업을 위하여 지정·고시된 정비구역에 설치하는 공동이용시설로서 도시정비법에 따른 사업시행계획서에 해당 시장·군수등이 관리하는 것으로 포함

4 대법원 2012. 6. 18. 선고 2010두16592 전원합의체 판결 참조

된 시설 등을 말한다(시행령 §3).

도시정비법은 무상양도의 대상이 되는 정비기반시설에 해당하는 도로에 대해서는 별도의 규정을 두고 있다(법 §97③). 즉, 도시정비법은 (i)「국토의 계획 및 이용에 관한 법률」 제30조에 따라 도시·군관리계획으로 결정되어 설치된 도로, (ii)「도로법」 제23조에 따라 도로관리청이 관리하는 도로, (iii)「도시개발법」 등 다른 법률에 따라 설치된 국가 또는 지방자치단체 소유의 도로, (iv) 그 밖에 「공유재산 및 물품 관리법」에 따른 공유재산 중 일반인의 교통을 위하여 제공되고 있는 부지(이 경우 부지의 사용 형태, 규모, 기능 등 구체적인 기준은 시·도조례로 정할 수 있다)를 무상양도의 대상이 되는 정비기반시설에 해당하는 도로로 보고 있다. 현황도로라 하더라도 (iv)의 요건을 충족하지 못하는 도로는 무상양도의 대상이 되는 정비기반시설로 보고 있지 않다.[5]

공동구란 「국토의 계획 및 이용에 관한 법률」 제2조 제9호에 따른 공동구를 말한다. 전력, 통신, 수도, 난방 등의 시설을 지하의 일정 공간에 공동으로 수용하여 굴착 등의 도로시설 훼손없이 관리토록 한 도시기반시설이다. 지하매설물을 공동수용할 수 있는 지하시설물 내지는 지하터널이다.

5. 공동이용시설

주민이 공동으로 사용하는 놀이터·마을회관·공동작업장, 공동으로 사용하는 구판장·세탁장·화장실 및 수도, 탁아소·어린이집·경로당 등 노유자시설,

5 무상양도의 대상이 되는 '정비기반시설'은 정비사업시행인가 이전에 이미 「국토의 계획 및 이용에 관한 법률」에 따라 도시관리계획으로 결정되어 설치된 국가 또는 지방자치단체 소유의 기반시설을 의미한다고 봄이 타당하고, 그 현황이 도로나 공원 등으로 사실상 공중에 제공되고 있다는 사정만으로 사업시행자에게 무상으로 양도되는 정비기반시설이라고 할 수는 없다는 취지의 판례로는 대법원 2008. 11. 27. 선고 2007두24289 판결, 대법원 2011. 2. 24. 선고 2010두22498 판결, 대법원 2013. 7. 12. 선고 2012두27671 판결 등 참조. 이 판례들은 현황도로는 무상양도의 대상이 되지 않는다 보았다. 이 판례들을 보완하여 무상양도의 대상이 되는 도로의 범위를 확대하기 위해 현행 도시정비법과 같은 정비기반시설에 해당하는 도로에 대한 정의규정이 신설되었다.

그 밖에 이와 유사한 용도의 시설로서 시·도조례로 정하는 시설을 말한다. 「서울특별시 도시 및 주거환경정비조례」의 경우 '주민운동시설, 도서관 등 주민공동체 활동을 위한 복리시설'을 공동이용시설로 규정하고 있다.

「주택법」상의 부대·복리시설이 대부분 이에 해당한다.[6] 다만 도시정비법은 공동이용시설인 부대·복리시설이 입주자의 공유가 아닌 경우에는 조합설립동의 요건이나 관리처분계획 수립기준에 있어 특별한 규정을 두고 있다(법 §35③, 시행령 §63② ii).

6. 대지

정비사업으로 조성된 토지를 말한다. 정비사업으로 조성된 대지는 관리처분계획에 따라 처분·관리되어야 한다.

7. 주택단지

주택단지란 주택 및 부대시설·복리시설을 건설하거나 대지로 조성되는 일단의 토지로서 다음의 (i)~(v)의 어느 하나에 해당하는 일단의 토지를 말한다.

(i) 「주택법」 제15조에 따른 사업계획승인을 받아 주택 및 부대시설·복리시설을 건설한 일단의 토지

(ii) 위 (i)에 따른 일단의 토지 중 도시·군계획시설인 도로나 그 밖에 이와

---

6 〈주택법〉 **제2조(정의)** 이 법에서 사용하는 용어의 뜻은 다음과 같다.

13. "부대시설"이란 주택에 딸린 다음 각 목의 시설 또는 설비를 말한다.
    가. 주차장, 관리사무소, 담장 및 주택단지 안의 도로
    나. 「건축법」 제2조제1항제4호에 따른 건축설비
    다. 가목 및 나목의 시설·설비에 준하는 것으로서 대통령령으로 정하는 시설 또는 설비
14. "복리시설"이란 주택단지의 입주자 등의 생활복리를 위한 다음 각 목의 공동시설을 말한다.
    가. 어린이놀이터, 근린생활시설, 유치원, 주민운동시설 및 경로당
    나. 그 밖에 입주자 등의 생활복리를 위하여 대통령령으로 정하는 공동시설

유사한 시설로 분리되어 따로 관리되고 있는 각각의 토지

(iii) 위 (i)에 따른 일단의 토지 둘 이상이 공동으로 관리되고 있는 경우 그 전체 토지

(iv) 도시정비법 제67조에 따라 분할된 토지 또는 분할되어 나가는 토지

(v) 「건축법」 제11조에 따라 건축허가를 받아 아파트 또는 연립주택을 건설한 일단의 토지

하나의 주택단지를 이루는 기준에 대해서는 명확한 기준이 없다가 『대법원 2010. 4. 8. 선고 2009다10881 판결』을 통해 처음으로 주택단지의 기준에 관한 법리가 확립되었다. 大法院은 이 판결에서 "구 도시정비법상 하나의 주택단지에 해당하는지 여부는 당해 주택의 건설사업 또는 당해 주택이 건립된 부지의 대지조성사업을 할 당시 하나의 사업계획으로 승인받아 주택이 건설되거나 대지가 조성되었는지 여부에 의해 결정된다."라 판시하였다. 이 판결이 나오기 전까지는 재건축사업의 범위를 정하는 '주택단지'의 의미에 관하여 통일적·체계적 해석이 정비되어 있었다고 볼 수 없다.[7] 이 주택단지 기준에 관한 법리의 선언시기인 『2010. 4. 8.』은 주택단지 재건축에 있어 조합설립인가의 당연무효의 명백성 판단의 기준점으로 기능하고 있다.

8. 사업시행자

정비사업을 시행하는 자를 말한다. 도시정비법은 제3장 제1절에서 정비사업별 시행자를 규정하고 있다. 가장 대표적인 정비사업 시행자는 정비사업조합이고 토지등소유자가 20인 미만인 경우에는 토지등소유자가 직접 사업시행자가 될 수 있다. 일정한 경우 시장·군수등이나 토지주택공사등의 공공 또는 신탁업자와 같은 지정개발자가 사업시행자가 되는 경우도 있다.

7 대법원 2019. 3. 14. 선고 2018두57957 판결 참조

9. 토지등소유자

(i)주거환경개선사업 및 재개발사업의 경우에는 정비구역에 위치한 토지 또는 건축물의 소유자 또는 그 지상권자를 말한다. (ii)재건축사업의 경우에는 정비구역에 위치한 건축물 및 그 부속토지의 소유자를 말한다.

신탁업자가 재개발사업·재건축사업의 지정개발자로서 사업시행자로 지정된 경우에는 정비사업신탁재산에 대하여는 위탁자를 토지등소유자로 본다.

이와 같은 원칙적인 토지등소유자의 도시정비법 정의에도 불구하고 도시정비법에서 사용되는 토지등소유자의 개념은 법률조문에 따라 조금씩 달리 해석되고 있다. 가령 도시정비법 제39조 제1항 제2호의 규정에 의한 "여러 명의 토지등소유자가 1세대에 속하는 때"에서 '토지등소유자'란 원칙적으로 1세대를 이루지 아니한 토지등소유자와 공유관계에 있는 1세대 토지등소유자는 포함되지 않는다고 해석하여야 한다. 1세대를 이루지 아니한 공유자의 권리를 부당하게 침해할 수 있기 때문이다. 따라서 가령, 남편 甲은 A부동산에 대하여 단독 토지등소유자이고 아내 乙은 B부동산에 대하여 제3자인 兵과 공동소유자인 경우에는 乙은 1세대를 구성하는 토지등소유자로 보아서는 안 될 것이다

또한 도시정비법 제72조상의 분양공고 및 분양통지의 대상이 되는 토지등소유자란 사업시행자가 조합인 경우에는 조합원이거나 분양신청을 할 자격이 있는 자이어야 할 것이다. 따라서 조합설립에 동의하지 아니한 토지등소유자는 여기서의 토지등소유자에 해당한다고 볼 수 없다.[8]

---

8 대법원 2023. 2. 23. 선고 2020두36724 판결은 다물권자가 조합설립인가 후 수인이 이를 매수하였다 하더라도 도시정비법 제39조 제1항 제3호에 따라 1주택을 공급하여야 한다고 보고 있다. 이는 대법원이 조합방식의 경우 분양신청대상을 조합원임을 전제로 하고 있다는 점을 짐작할 수 있다.

10. 토지주택공사등

「한국토지주택공사법」에 따라 설립된 한국토지주택공사 또는 「지방공기업법」에 따라 주택사업을 수행하기 위하여 설립된 지방공사를 말한다. 토지주택공사등은 공공시행자가 될 수도 있다.

11. 정관등

정비사업조합의 정관, 사업시행자인 토지등소유자가 자치적으로 정한 규약 또는 시장·군수등, 토지주택공사등 또는 신탁업자가 도시정비법에 따라 작성한 시행규정을 말한다.

Ⅲ 도시·주거환경정비 기본방침

국토교통부장관은 도시 및 주거환경을 개선하기 위하여 10년마다 (i)도시 및 주거환경 정비를 위한 국가 정책 방향, (ii)도시정비법에 따른 도시·주거환경정비기본계획의 수립 방향, (iii)노후·불량 주거지 조사 및 개선계획의 수립, (iv)도시 및 주거환경 개선에 필요한 재정지원계획, (v)그 밖에 도시 및 주거환경 개선을 위하여 필요한 사항으로서 대통령령으로 정하는 사항을 포함한 기본방침을 정하고, 5년마다 타당성을 검토하여 그 결과를 기본방침에 반영하여야 한다(법 §3). 이와 같은 도시·주거환경정비 기본방침은 국가의 도시 및 주거환경개선을 위한 추상적 방침에 불과하기 때문에 대국민적 효력이 있는 것은 아니다. 하지만 도시정비법에 따른 도시·주거환경정비기본계획 및 정비계획 수립 등은 이 방침을 기초로 이루어진다.

제2장

기본계획의 수립 및 정비구역의 지정

제2장

기본계획의 수립 및 정비구역의 지정

I 개관

도시정비법은 도시기능의 회복이 필요하거나 주거환경이 불량한 지역을 계획적으로 정비하고 노후·불량건축물을 효율적으로 개량하기 위하여 필요한 사항을 규정한 법이다. 정비사업을 무분별하게 추진하도록 하는 것이 아니라 계획성을 가지고 시행하도록 규정하고 있다. 즉, 정비사업의 시행을 도시 전체적인 관점에서 체계적으로 추진하기 위해 종합계획으로서 도시·주거환경정비기본계획을 수립하고 이 기본계획에 적합한 범위에서 정비계획 결정으로 정비구역을 지정하도록 하고 있다. 정비계획은 정비구역의 지정 외에도 건축물의 주용도·건폐율·용적률·높이에 관한 계획 등도 포함하는데 재건축사업의 경우에는 정비계획의 입안을 요청하는 자가 일정요건을 갖추어 재건축진단의 실시를 요청하는 경우에는 정비계획 입안 전에 재건축진단을 의무적으로 실시하여야 한다.

정비구역 지정을 포함하고 있는 정비계획은 직권 또는 입안 요청이나 입안 제안을 통해 입안되어 지정권자에 의해 결정된다. 입안 요청제도는 토지등소유자나 조합설립추진위원회가 입안권자에게 정비계획을 입안하여 줄 것을 요청하는 것인데 반하여 입안 제안제도는 토지등소유자등이 정비계획안을 만들어 입안권자에게 제안한다는 점에서 차이가 있다. 정비계획 결정에 따라 정비구역이 지정·고시되게 되면 행위제한 등의 규제가 따르게 된다. 한편, 정비구역 시행을 위한 정비계획도 주민들의 반대나 사업성 부족 등으로 사업추진여부가 불투명해질수도 있는데 도시정비법은 이에 관한 출구전략의 일환으로 정비구역 해제제도를 두고 있다.

Ⅱ 도시·주거환경정비기본계획의 수립

1. 기본계획의 의의

제4조(도시 · 주거환경정비기본계획의 수립) ① 특별시장 · 광역시장 · 특별자치시장 · 특별자치도지사 또는 시장은 관할 구역에 대하여 도시 · 주거환경정비기본계획(이하 "기본계획"이라 한다)을 10년 단위로 수립하여야 한다. 다만, 도지사가 대도시가 아닌 시로서 기본계획을 수립할 필요가 없다고 인정하는 시에 대하여는 기본계획을 수립하지 아니할 수 있다.

② 특별시장 · 광역시장 · 특별자치시장 · 특별자치도지사 또는 시장(이하 "기본계획의 수립권자"라 한다)은 기본계획에 대하여 5년마다 타당성을 검토하여 그 결과를 기본계획에 반영하여야 한다.

정비기본계획이라 함은 도시기본계획과 연계된 도심 및 주택재정비에 대한 종합계획으로 상위계획인 도시기본계획의 이념과 내용이 도시정비법에 의한 정비사업을 통하여 실현될 수 있도록 구체화된 계획을 말한다. 기본계획은 10년 단위로 정비구역의 지정 대상과 정비방향을 설정하고 정비기반시설의 기준과 개발밀도의 기준, 정비방법 등 정비사업의 기본원칙과 개발지침을 수립하는 데 지침이 된다. 5년 간격으로 그 타당여부를 검토하여 기본계획에 반영되도록 하는데 정비사업에 관한 한 그 내용은 물적인 측면뿐만 아니라 인구, 환경, 교통, 복지 등의 사회경제적인 측면까지 포괄한다.

2. 내용

기본계획에는 (i)정비사업의 기본방향, (ii)정비사업의 계획기간, (iii)인구·건축물·토지이용·정비기반시설·지형 및 환경 등의 현황, (iv)주거지 관리계획, (v)토지이용계획·정비기반시설계획·공동이용시설설치계획 및 교통계획, (vi)녹지·조경·에너지공급·폐기물처리 등에 관한 환경계획, (vii)사회복지시설 및 주민문화시설 등의 설치계획, (viii)정비구역으로 지정할 예정인 구역의 개략적 범위, (ix)단계별 정비사업추진계획, (x)건폐율·용적률 등에 관한 건축물의 밀도계획, (xi)세입자에 대한 주거안정대책, (xii)그 밖에 주거환경 등을 개선하기 위하여 필요한 사항으로서 대통령령이 정하는 사항 등이 포함된다(법 §5①)

3. 수립절차(법 §6, §7)

기본계획의 수립권자는 기본계획을 수립하거나 변경하려는 경우에는 14일 이상 주민에게 공람하여 의견을 들어야 하며, 제시된 의견이 타당하다고 인정되면 이를 기본계획에 반영하여야 한다. 기본계획의 수립권자는 주민 공람과 함께 지방의회의 의견을 들어야 한다. 이 경우 지방의회는 기본계획의 수립권자가 기본계획을 통지한 날부터 60일 이내에 의견을 제시하여야 하며, 의견제시 없이 60일이 지난 경우 이의가 없는 것으로 본다. 다만, 〈표 01〉의 대통령령으로 정하는 경미한 사항을 변경하는 경우에는 주민공람과 지방의회의 의견청취 절차를 거치지 아니할 수 있다.

표 01

대통령령으로 정하는 기본계획의 경미한 사항(시행령 §6④)
(ⅰ) 정비기반시설(제3조제9호에 해당하는 시설은 제외한다. 이하 제8조제3항 · 제13조제4항 · 제38조 및 제76조제3항에서 같다)의 규모를 확대하거나 그 면적을 10퍼센트 미만의 범위에서 축소하는 경우 (ⅱ) 정비사업의 계획기간을 단축하는 경우 (ⅲ) 공동이용시설에 대한 설치계획을 변경하는 경우 (ⅳ) 사회복지시설 및 주민문화시설 등에 대한 설치계획을 변경하는 경우 (ⅴ) 구체적으로 면적이 명시된 법 제5조제1항제9호에 따른 정비예정구역(이하 "정비예정구역"이라 한다)의 면적을 20퍼센트 미만의 범위에서 변경하는 경우 (ⅵ) 법 제5조제1항제10호에 따른 단계별 정비사업 추진계획(이하 "단계별 정비사업 추진계획"이라 한다)을 변경하는 경우 (ⅶ) 건폐율(「건축법」 제55조에 따른 건폐율을 말한다. 이하 같다) 및 용적률(「건축법」 제56조에 따른 용적률을 말한다. 이하 같다)을 각 20퍼센트 미만의 범위에서 변경하는 경우 (ⅷ) 정비사업의 시행을 위하여 필요한 재원조달에 관한 사항을 변경하는 경우 (ⅸ) 「국토의 계획 및 이용에 관한 법률」 제2조제3호에 따른 도시 · 군기본계획의 변경에 따라 기본계획을 변경하는 경우

기본계획은 기초조사, 기본계획(안) 작성, 주민 및 전문가 의견청취, 주민공람 및 지방의회 의견청취, 관계 행정기관 장과의 협의 후 지방 도시계획위원회 심의, 공보에 고시하는 등의 절차를 거쳐 확정된다. 다만, 〈표 01〉의 대통령령으로 정하는 경미한 사항을 변경하는 경우에는 관계 행정기관의 장과의 협의 및 지방도시계획위원회의 심의를 거치지 아니한다.

4. 기본계획의 효력

가. 정비계획 및 정비구역 지정에 대한 구속(법 §8①)

기본계획은 「국토의 계획 및 이용에 관한 법률」에 의한 도시기본계획의 하위계획이면서 정비계획의 상위계획으로서 지위를 가지고, 시장·군수는 기본계획에 적합한 범위 안에서 정비계획을 수립하여야 한다.

나. 행위제한(법 §19⑦, 시행령 §16)

국토교통부장관, 시·도지사, 시장, 군수 또는 구청장(자치구의 구청장을 말한다)은 비경제적인 건축행위 및 투기 수요의 유입을 막기 위하여 기본계획을 공람 중인 정비예정구역 또는 정비계획을 수립 중인 지역에 대하여 3년 이내의 기간(1년의 범위에서 한 차례만 연장할 수 있다)을 정하여 대통령령으로 정하는 방법과 절차에 따라

(i) 건축물의 건축

(ii) 토지의 분할

(iii) 「건축법」 제38조에 따른 건축물대장 중 일반건축물대장을 집합건축물대장으로 전환

(iv) 「건축법」 제38조에 따른 건축물대장 중 집합건축물대장의 전유부분 분할

의 행위를 제한할 수 있다. 행위를 제한하려는 자가 행위를 제한하려는 때에는 제한지역·제한사유·제한대상행위 및 제한기간을 미리 고시하여야 한다. 이렇게 정비예정구역이라 하더라도 행위제한을 하는 이유는 정비구역은 원칙적으로 정비예정구역 범위내에서 이루어지는 경우가 일반적이기 때문이다. 정비구역 내 건축물들은 원칙적으로 철거를 예정할 수밖에 없는데 이러한 사업구역에 다시 건축물을 신축하는 경우에는 국가경제적으로 손실을 가져올 수 있다. 또한 분양권을 노리고 건물신축이나 토지분할을 시도할 수 있다.

행위를 제한하려는 자가 국토교통부장관인 경우에는 「국토의 계획 및 이용에 관한 법률」 제106조에 따른 중앙도시계획위원회의 심의를 거쳐야 하며, 시·도지사, 시장, 군수 또는 구청장인 경우에는 지방도시계획위원회의 심의를 거쳐야 한다. 행위를 제한하려는 자가 국토교통부장관 또는 시·도지사인 경우에는 중앙도시계획위원회 또는 지방도시계획위원회의 심의 전에 미리 제한하려는 지역을 관할하는 시장·군수등의 의견을 들어야 한다. 행위제한에 따른 고시는 국토교통부장관이 하는 경우에는 관보에, 시·도지사, 시장, 군수 또는

구청장이 하는 경우에는 해당 지방자치단체의 공보에 게재하는 방법으로 한다. 행위가 제한된 지역에서 건축물의 건축이나 토지분할의 행위를 하려는 자는 시장·군수등의 허가를 받아야 한다.

다. 지역주택조합의 조합원 모집 금지(법 §19⑧)

정비구역 뿐만 아니라 정비예정구역에서도 「주택법」에 따른 지역주택조합의 조합원을 모집해서는 아니 된다.

5. 기본계획에 대한 쟁송

기본계획은 당해 정비사업에 대한 장기적인 개발구상이며, 정비계획을 수립하는 데 기준과 방향을 제시하는 것이지 정비계획과 같이 그 자체에 어떤 구속력이 있는 것은 아니다. 즉, 기본계획은 정비계획을 입안하는 행정기관을 구속하기는 하나, 기본계획은 정비계획 수립의 지침으로서 정비사업을 장기적·종합적인 관점에서 수행해 나가기 위한 기본방침을 정한 것에 불과하므로, 일반 국민에 대하여 직접적인 구속력을 가지거나 권리·의무를 발생시키는 것은 아니다. 따라서 정비계획이 기본계획의 내용과 달리 수립되었더라도 그 이유만으로 정비계획이 위법하다고 할 수 없다.[1] 하지만 정비예정구역에서는 앞에서 본 바와 같이 지역주택조합의 조합원 모집이 금지되고 3년 이내의 기간 범위 내에서 일정 행위의 제한을 할 수 있다는 점에서 이 범위에서 정비예정구역 지정은 행정처분성을 갖거나 취소나 무효확인을 구할 법률상 이익이 있을 수 있다. 따라서 정비예정구역지정취소나 무효확인소송도 일정한 경우 가능하다고 보아야 할 것이다.

1 대법원 2007. 4. 12. 선고 2005두1893 판결, 2002. 10. 11. 선고 2000두8226 판결, 1998. 11. 27. 선고 96누13927 판결 등 참조

Ⅲ 정비구역의 지정

1. 의의

제8조(정비구역의 지정) ① 특별시장 · 광역시장 · 특별자치시장 · 특별자치도지사 · 시장 또는 군수(광역시의 군수는 제외하며, 이하 "정비구역의 지정권자"라 한다)는 기본계획에 적합한 범위에서 노후 · 불량건축물이 밀집하는 등 대통령령으로 정하는 요건에 해당하는 구역에 대하여 제16조에 따라 정비계획을 결정하여 정비구역을 지정(변경지정을 포함한다)할 수 있다.

② 제1항에도 불구하고 제26조제1항제1호 및 제27조제1항제1호에 따라 정비사업을 시행하려는 경우에는 기본계획을 수립하거나 변경하지 아니하고 정비구역을 지정할 수 있다.

③ 정비구역의 지정권자는 정비구역의 진입로 설치를 위하여 필요한 경우에는 진입로 지역과 그 인접지역을 포함하여 정비구역을 지정할 수 있다.

④ 정비구역의 지정권자는 정비구역 지정을 위하여 직접 제9조에 따른 정비계획을 입안할 수 있다.

⑤ 자치구의 구청장 또는 광역시의 군수(이하 제9조, 제11조 및 제20조에서 "구청장 등"이라 한다)는 제9조에 따른 정비계획을 입안하여 특별시장 · 광역시장에게 정비구역 지정을 신청하여야 한다. 이 경우 제15조제2항에 따른 지방의회의 의견을 첨부하여야 한다.

정비구역이란 정비사업을 계획적으로 시행하기 위하여 도시정비법에 따라 지정·고시된 구역을 말한다(법 §2 i). 정비사업을 시행하는 사업구역이다.

정비구역 지정권자인 특별시장·광역시장·특별자치시장·특별자치도지사·시장 또는 군수(광역시의 군수는 제외)는 기본계획에 적합한 범위에서 노후·불량건축물이 밀집하는 등 대통령령으로 정하는 요건에 해당하는 구역에 대하여 정비계획을 결정하여 정비구역을 지정할 수 있다(법 §8①). 변경지정도 마찬가지다.

도시정비법은 정비구역의 지정 및 정비계획의 수립에 관하여 기본계획에 적합한 범위 안에서 소정의 요건 및 절차를 거치도록 정하고 있을 뿐 정비구역과 정비예정구역의 관계에 관한 규정은 두고 있지 않다(법 §8~9, 법 §14~17). 따라서 기본계획 단계에서 그 내용 중 일부인 정비예정구역의 면적을 20% 이상 변경하는 경우에는 기본계획 변경절차를 거쳐야 하나, 이미 수립된 기본계획에서 정한 정비예정구역의 범위 안에서 정비구역을 지정하는 경우에는 정비구역의 지정을 위한 절차를 거치는 외에 따로 기본계획을 먼저 변경하여야 한다거나 그 변경절차를 거치지 않고 곧바로 정비구역 지정행위에 나아간 것이 위법하다고 볼 수는 없다.[2]

문제는 정비예정구역 면적의 20% 이상을 변경하여 정비구역을 지정하면서 기본계획 변경절차를 거치지 않는 경우 이와 같은 정비구역 지정행위의 효력이 어떠한가 하는 점이다. 정비예정구역은 그 개념상 예정에 불과한 것이어서 결국 정비구역 지정을 통해 현실화되는 것이고 정비구역 지정을 위해 반드시 정비예정구역지정이 선행되어야 하는 것도 아니며 이러한 경우는 행정기관 내부의 행정계획 충돌의 성격이 강한 점에 비춰, 기본계획 변경절차를 거치지 않고 행한 정비구역 지정이나 변경지정이라 하더라도 중대한 하자는 아니라고 생각한다. 또한 이후에 기본계획이 정비구역과 같은 내용으로 변경 절차를 거친 경우에는 하자 치유를 인정할 것이다.

정비구역을 지정하기 위해서는 노후·불량건축물의 수가 일정 수 이상이어야 한다. 도시정비법 제2조 제3호 라목이 규정한 '노후화된 건축물로서 대통령령이 정하는 바에 따라 시·도조례로 정하는 건축물'이란 준공된 후 20년 이상 30년 이하의 범위에서 시·도조례에서 정한 기간이 지난 건축물로서 그로 인하여 건축물이 노후화되어 있는 건축물을 말한다. 준공된 후 조례에서 정한 일정 기간이 경과하기만 하면 그로써 곧 위 규정에서 정한 '노후화되어 있는 건축물'

2 대법원 2013. 10. 24. 선고 2011두28455 판결

에 해당하게 되는 것은 아니다.[3]

기존의 아파트 지구에서 도시정비법상 재건축사업을 하는 경우 제정 당시 구 도시정비법 부칙 제5조 제3항에 의하여 기존의 아파트 지구는 정비구역으로, 기존의 아파트 지구개발기본계획은 정비계획으로 간주되므로, 별도로 정비구역을 지정고시하거나 정비계획을 수립하지 않더라도 사업을 진행할 수 있다.[4]

공공 또는 지정개발자가 사업시행자로서 천재지변 기타 불가피한 사유로 긴급하게 정비사업을 시행하려는 경우에는 기본계획을 수립하거나 변경하지 아니하고 정비구역을 지정할 수 있다(법 §8②). 정비구역의 지정은 정비계획의 결정으로 행해지는 구속적 행정계획으로서 행정처분에 해당한다.

정비구역 지정 및 변경은 정비계획의 입안 및 결정을 통해 이루어지므로 이에 관해 살펴보기로 한다.

2. 정비계획의 입안권자 및 입안대상지역

가. 입안권자

정비구역의 지정권자인 특별시장·광역시장·특별자치시장·특별자치도지사·시장 또는 군수(광역시의 군수는 제외한다)는 정비구역 지정을 위하여 직접 정비계획을 입안할 수 있다(법 §8①④). 자치구의 구청장 또는 광역시의 군수는 정비계획을 입안하여 특별시장·광역시장에게 정비구역 지정을 신청하여야 한다(법 §8⑤). 따라서 정비구역의 입안권자는 정비구역 지정권자와 자치구의 구청장 또는 광역시의 군수라 볼 수 있다.

나. 입안대상지역(시행령 별표 1)

정비계획의 입안은 시행령 별표1의 요건에 해당하는 지역에 대하여 할 수 있는데 정비사업별 입안대상지역의 요건을 살펴보면 다음과 같다.

---

3 대법원 2012. 6. 18. 선고 2010두16592 전원합의체 판결, 대법원 2012. 10. 25. 선고 2011두10355 판결 등 참조

4 대법원 2019. 3. 14. 선고 2018두56787 판결

(1) 주거환경개선사업

주거환경개선사업의 입안대상지역의 요건은 〈**표 02**〉와 같다.

| 표 02

〈주거환경개선사업 입안대상지역 요건〉 아래의 어느 하나의 요건에 해당하면 입안 가능
(i) 1985년 6월 30일 이전에 건축된 건축물로서 법률 제3533호 특정건축물정리에관한특별조치법 제2조에 따른 무허가건축물 또는 위법시공건축물과 노후 · 불량건축물이 밀집되어 있어 주거지로서의 기능을 다하지 못하거나 도시미관을 현저히 훼손하고 있는 지역 (ii) 「개발제한구역의 지정 및 관리에 관한 특별조치법」에 따른 개발제한구역으로서 그 구역지정 이전에 건축된 노후 · 불량건축물의 수가 해당 정비구역의 건축물 수의 50퍼센트 이상인 지역 (iii) 재개발사업을 위한 정비구역의 토지면적의 50퍼센트 이상의 소유자와 토지 또는 건축물을 소유하고 있는 자의 50퍼센트 이상이 각각 재개발사업의 시행을 원하지 않는 지역 (iv) 철거민이 50세대 이상 규모로 정착한 지역이거나 인구가 과도하게 밀집되어 있고 기반시설의 정비가 불량하여 주거환경이 열악하고 그 개선이 시급한 지역 (v) 정비기반시설이 현저히 부족하여 재해발생 시 피난 및 구조 활동이 곤란한 지역 (vi) 건축대지로서 효용을 다할 수 없는 과소필지 등이 과다하게 분포된 지역으로서 건축행위 제한 등으로 주거환경이 열악하여 그 개선이 시급한 지역 (vii) 「국토의 계획 및 이용에 관한 법률」 제37조제1항제5호에 따른 방재지구로서 주거환경개선사업이 필요한 지역 (viii) 단독주택 및 다세대주택 등이 밀집한 지역으로서 주거환경의 보전 · 정비 · 개량이 필요한 지역 (ix) 법 제20조 및 제21조에 따라 해제된 정비구역 및 정비예정구역 (x) 기존 단독주택 재건축사업 또는 재개발사업을 위한 정비구역 및 정비예정구역의 토지등소유자의 50퍼센트 이상이 주거환경개선사업으로의 전환에 동의하는 지역 (xi) 「도시재정비 촉진을 위한 특별법」 제2조제6호에 따른 존치지역 및 같은 법 제7조제2항에 따라 재정비촉진지구가 해제된 지역

주거환경개선사업의 대표적인 입안대상지역은 정비기반시설이 극히 열악하고 노후·불량건축물이 과도하게 밀집한 지역이다. 이를 나타내는 지표로는 호수밀도, 노후도, 주택접도율, 과소필지비율이다. 호수밀도는 건축물이 밀집되어 있는 정도를 나타내는 지표로서 정비구역 면적 1헥타르당 건축되어 있는 건축물의 동수를 말한다. 노후도는 정비구역 내 전체 건축물 중에서 노후·불량건축물이 차지하는 비율이다. 주택접도율은 정비기반시설의 부족여부를 판단하기 위한 지표로서 폭 4미터 이상 도로에 길이 4미터 이상 접한 대지의 건축물의 총수를 정비구역 내 건축물 총수로 나눈 비율을 말한다. 기준이 되는 도로의 폭은 도로의 특성 또는 지방자치단체마다 달리 정할 수 있다. 주택접도율이 낮다는 것은 정비기반시설이 열악하다는 것을 의미한다. 주택접도율의 기준이 되는 도로의 폭을 6미터로 변경하는 것은 '기준의 완화'에 해당한다. 폭이 4미터인 도로에 접해 있으면 정비기반시설이 양호하다고 보던 것을 폭이 6미터인 도로에 접해야 정비기반시설이 양호하다고 보기 때문이다. 과소필지비율은 토지면적이 90제곱미터 미만인 토지를 말한다. 토지면적기준은 지방자치단체마다 달리 정할 수 있다.

"무허가건축물"이란 건축허가를 받거나 건축신고를 하여야 하는 건축물을 건축허가를 받지 아니하거나 건축신고를 하지 아니하고 건축하거나 대수선한 건축물을 말한다. "위법시공건축물"이란 건축허가를 받거나 신고를 하고 건축한 건축물이지만 건축법규정에 적합하지 아니하여 「건축법」에 따른 준공검사를 마치지 아니한 건축물을 말한다. 이와 같은 무허가건축물과 위법시공건축물 중 1985. 6. 30. 이전에 건축된 건축물은 노후도 평가시 노후·불량건축물과 같이 취급된다.

위 요건들 중 무허가건축물의 수, 노후·불량건축물의 수, 호수밀도, 토지의 형상 또는 주민의 소득 수준 등은 필요한 경우 위 입안대상지역 요건의 범위에서 시·도조례로 이를 따로 정할 수 있다. 서울시를 예로 들어 「서울특별시 도시 및 주거환경정비조례」에서 따로 정하고 있는 주거환경개선사업의 입안대상

요건을 소개하면 〈표 03〉과 같다.

표 03 서울시 주거환경개선사업 입안대상지역 요건

필수요건 (반드시 충족해야 함)	호수밀도 80% 이상
선택요건 (하나 이상만 충족하면 됨)	노후도 60% 이상 주택접도율 20% 이하 과소필지율 50% 이상

현지개량형 주거환경개선사업은 호수밀도, 노후도, 주택접도율이나 과소필지비율 등을 반드시 정비계획입안대상지역의 요건으로 하지 않는다. 단독주택 및 다세대주택이 밀집한 지역에서 정비기반시설과 공동이용시설 확충을 통하여 주거환경의 보전·정비·개량의 필요성이 인정되면 족하다.

(2) 재개발사업

재개발사업은 정비기반시설이 열악하고 노후·불량건축물이 밀집한 지역에서 주거환경을 개선하기 위한 '주거정비형' 재개발사업과 상업지역·공업지역 등에서 도시기능의 회복 및 상권활성화 등을 위하여 도시환경을 개선하기 위한 '도시정비형' 재개발사업으로 나눌 수 있다. 재개발사업의 입안대상지역요건은 〈표 04〉와 같다.

| 표 04

〈재개발사업의 입안대상지역 요건〉 재개발사업을 위한 정비계획은 노후 · 불량건축물과 무허가건축물[5]의 수가 전체 건축물(무허가건축물 포함)의 수의 60퍼센트[6] 이상인 지역으로서 다음 각 목의 어느 하나에 해당하는 지역에 대하여 입안한다. 이 경우 순환용주택을 건설하기 위하여 필요한 지역을 포함할 수 있다.
가. 정비기반시설의 정비에 따라 토지가 대지로서의 효용을 다할 수 없게 되거나 과소토지로 되어 도시의 환경이 현저히 불량하게 될 우려가 있는 지역 나. 노후 · 불량건축물과 무허가건축물의 연면적의 합계가 전체 건축물의 연면적의 합계의 60퍼센트 이상이거나 건축물이 과도하게 밀집되어 있어 그 구역 안의 토지의 합리적인 이용과 가치의 증진을 도모하기 곤란한 지역 다. 인구 · 산업 등이 과도하게 집중되어 있어 도시기능의 회복을 위하여 토지의 합리적인 이용이 요청되는 지역 라. 해당 지역의 최저고도지구의 토지(정비기반시설용지를 제외한다)면적이 전체 토지면적의 50퍼센트를 초과하고, 그 최저고도에 미달하는 건축물이 해당 지역 건축물의 바닥면적합계의 3분의 2 이상인 지역 마. 공장의 매연 · 소음 등으로 인접지역에 보건위생상 위해를 초래할 우려가 있는 공업지역 또는 「산업집적활성화 및 공장설립에 관한 법률」에 따른 도시형공장이나 공해발생정도가 낮은 업종으로 전환하려는 공업지역 바. 역세권 등 양호한 기반시설을 갖추고 있어 대중교통 이용이 용이한 지역으로서 「주택법」 제20조에 따라 토지의 고도이용과 건축물의 복합개발을 통한 주택 건설 · 공급이 필요한 지역

---

5 '국토교통부령으로 정하는 무허가건축물'을 말한다. 여기서 '국토교통부령으로 정하는 무허가건축물'이란 건설교통부령 제344호 「공익사업을 위한 토지등의 취득 및 보상에 관한 법률 시행규칙」 부칙 제5조에 따라 적법한 건축물로 보는 무허가건축물등을 말한다. 이 시행규칙 부칙 제5조는 '1989년 1월 24일 당시의 무허가건축물등'을 적법한 건축물로 본다고 규정하고 있다. 〈표 04〉와 〈표 07〉에서의 무허가건축물은 이렇게 취급되는 건축물등을 의미한다.

6 「도시재정비 촉진을 위한 특별법」 제5조에 따른 재정비촉진지구에서 재개발사업을 위한 정비계획을 입안하는 경우에는 50퍼센트로 하며, 재정비촉진지구 외의 지역의 경우에는 50퍼센트 이상 70퍼센트 이하의 범위에서 시·도조례로 증감할 수 있다

사. 「국토의 계획 및 이용에 관한 법률」 제37조제1항제4호에 따른 방재지구가 해당 지역 전체 토지면적의 2분의 1 이상인 지역
아. 「건축법」 제2조제1항제5호에 따른 지하층의 전부 또는 일부를 주거용도로 사용하는 건축물의 수가 해당 지역 전체 건축물의 수의 2분의 1 이상인 지역
자. 주거환경개선사업의 입안대상지역 요건 중 (iv) 또는 (v)에 해당하는 지역

주거환경개사업과 마찬가지로 위 요건들 중 무허가건축물의 수, 노후·불량건축물의 수, 호수밀도, 토지의 형상 또는 주민의 소득 수준 등은 필요한 경우 위 입안대상지역 요건의 범위에서 시·도조례로 이를 따로 정할 수 있다. 하지만 노후·불량건축물 및 무허가건축물의 수가 전체 건축물 수의 3/4 이상인 경우에는 시·도조례로 따로 정한 요건을 갖춘 것으로 본다.

서울시를 예로 들어 「서울특별시 도시 및 주거환경정비조례」에서 따로 정하고 있는 주택정비형 재개발사업의 입안대상 요건을 소개하면 〈표 05〉와 같다.

표 05 서울시 '주택정비형' 재개발사업 입안대상지역 요건

필수요건 (반드시 충족해야 함)	사업면적이 1만제곱미터 이상, 노후도 60% 이상
선택요건 (하나 이상만 충족하면 됨)	호수밀도 60% 이상, 주택접도율 40% 이하, 과소필지율 40% 이상

서울시의 경우 역세권에 입안하는 '도시정비형' 재개발사업의 입안대상 요건을 소개하면 〈표 06〉과 같다.

| 표 06 서울시 '도시정비형' 재개발사업 입안대상지역 요건

필수요건 (반드시 충족해야 함)	역세권[7]일 것, 노후도 60% 이상일 것
선택요건 (하나 이상만 충족하면 됨)	(해당사항 없음)

(3) 재건축사업

재건축사업을 위한 정비계획 입안대상지역은 지역여건, 건축물의 노후상태, 안전사고 우려 등을 고려하여 정해진다. 우선 안전사고가 우려되는 특수한 지역은 입안대상지역이 될 수 있다. 일반적 입안대상지역은 지역여건으로 볼 때 도로, 공원 등 정비기반시설이 충분히 갖추어져 있어 이를 추가로 설치할 필요가 없어야 한다. 일반적으로 건물의 노후상태도 당해 지역 건축물 총수의 2/3 이상이어야 하다. 또는 노후·불량건축물로서 기존 세대수가 200세대 이상이거나 그 부지면적이 1만 제곱미터 이상인 지역이어야 한다. 노후도나 안전사고를 판단하는 가장 중요한 기준으로 도시정비법은 재건축진단결과를 사용하고 있다. 재건축사업의 입안대상지역의 요건은 〈표 07〉과 같다.

| 표 07

〈재건축사업의 입안대상지역 요건〉 주거환경개선사업 및 재개발사업 지역에 해당하지 않는 지역으로서 다음의 어느 하나에 해당하는 지역에 대하여 입안한다.
• 건축물(무허가건축물을 포함함)의 일부가 멸실되어 붕괴나 그 밖의 안전사고의 우려가 있는 지역 • 재해 등이 발생할 경우 위해의 우려가 있어 신속히 정비사업을 추진할 필요가 있는 지역

7 철도역의 승강장 경계로부터 반경 500미터 이내의 지역을 말한다.

- 노후 · 불량건축물로서 기존 세대수가 200세대 이상이거나 그 부지면적이 1만 제곱미터 이상인 지역
- 셋 이상의 「건축법 시행령」 별표 1 제2호가목에 따른 아파트 또는 같은 호 나목에 따른 연립주택이 밀집되어 있는 지역으로서 법 제12조에 따른 재건축진단 실시 결과 전체 주택의 3분의 2 이상이 재건축이 필요하다는 판정을 받은 지역으로서 시 · 도 조례로 정하는 면적 이상인 지역

3. 정비계획의 내용(법 §9)

정비계획에는 다음과 같은 내용이 포함되어야 한다. 정비계획의 수립을 위한 구체적인 작성기준 및 작성방법은 국토교통부장관이 정하여 고시한다.

가. 정비사업의 명칭

나. 정비구역 및 그 면적

정비구역의 위치 및 명칭, 토지이용계획이 포함된다. 토지이용계획에는 택지, 공공시설부지, 종교시설부지 등으로 세분화할 수 있다. 토지이용계획은 준공 후 토지분할과 이전고시 후 지적생성의 기준이 된다.

정비구역의 지정권자는 정비사업의 효율적인 추진 또는 도시의 경관보호를 위하여 필요하다고 인정하는 경우에는 (i)하나의 정비구역을 둘 이상의 정비구역으로 분할, (ii)서로 연접한 정비구역을 하나의 정비구역으로 통합, (iii)서로 연접하지 아니한 둘 이상의 구역(도시정비법 제8조 제1항에 따른 정비구역 지정요건에 해당하는 구역으로 한정한다) 또는 정비구역을 하나의 정비구역으로 결합하는 방법으로 정비구역을 지정할 수 있다(법 §18①). 정비구역을 분할·통합하거나 서로 떨어진 구역을 하나의 정비구역으로 결합하여 지정하려는 경우 시행 방법과 절차에 관한 세부사항은 시·도조례로 정한다(법 §18②).

다. 토지등소유자 유형별 분담금 추산액 및 산출근거

조합방식에서 조합설립동의를 받기 전에 또는 지정개발자 요건을 갖춘 신탁업자가 사업시행자 지정에 관한 동의를 받기 전에 토지등소유자별 분담금 추산액 및 산출근거를 제공하여야 하는데(법 §35⑩, §27③) 이를 정비계획단계까지 끌어 올린 것이다. 토지등소유자에게 정비사업을 추진할 것인지 또는 정비사업에 참여할 것인지를 판단하는데 필요한 정보를 제공하기 위함이다. 추산액에 불과하기 때문에 그 자체가 행정처분성을 갖는다 보기 어렵다. 정비구역입안제안자와의 관계에서 토지등소유자별 분담금 추산액과 산출근거를 추산하고 작성할 주체가 누구인지 문제될 수 있으나 도시정비법이 토지등소유자로부터 정비계획 입안 제안을 받을 때 동의 내용에 이 내용을 포함하여 받도록 하는 규정은 없으므로 원칙적으로 정비계획 입안권자라 할 것이다. 따라서 정비구역입안제안을 위한 동의서를 받을 때 이 내용을 고지하지 않았다 하더라도 이 동의서를 무효로 볼 수는 없다.[8]

라. 도시·군계획시설의 설치에 관한 계획

도시·군계획시설은 「국토의 계획 및 이용에 관한 법률」의 기반시설 중 도시·군관리계획으로 결정된 시설을 말한다. 주로 도로결정도서를 담는다. 여기에는 도로 등의 규모, 기능 및 위치 등이 포함된다.

정비계획에서 설치하기로 한 기반시설은 정비구역지정 및 정비계획결정고시가 있게 되면 지구단위계획구역 지정 및 지구단위계획으로 결정·고시된 것으로 의제되므로 「국토의 계획 및 이용에 관한 법률」에 따른 도시·군계획시설 결정의 고시가 있는 것으로 보게 된다(법 §17, 국토의 계획 및 이용에 관한 법률 §43, §50, §52). 도시군·계획시설결정은 도시·군관리계획으로 결정하는데 지구단위계획에 포함된 기반시설의 배치와 규모에 관한 결정은 이와 같은 도시·군관리

8 추진위원회가 토지등소유자별 분담금 추산액과 산출에 필요한 구체적 정보나 자료를 충분히 제공하지 않았다는 사정만으로 개별 토지등소유자의 조합설립동의를 무효로 볼 수 없다는 점에 관하여는 대법원 2020. 9. 7. 선고 2020두38744 판결 참조

계획의 일종이기 때문이다.

도시·군계획시설은 특별한 경우를 제외하고는 용도지역·용도지구 안에서의 건축제한을 받지 않고 설치할 수 있다.

마. 공동이용시설 설치계획

관리사무소, 경로당·어린이집 등과 같은 주민공동시설, 근린생활시설 등의 계획기준 및 면적 등을 담는다.

바. 건축물의 주용도·건폐율·용적률·높이에 관한 계획

건축물의 주용도란 단독주택, 공동주택, 제1종 근린생활시설 또는 제2종 근린생활시설인지 등을 말한다. 건폐율과 용적률은 특정할 필요는 없고 상한만 정하여도 족하다. 높이도 최고층수와 최저층수 또는 평균 층수로 표시하여도 무방하다.

정비계획의 입안권자는 정비사업의 원활한 시행을 위하여 정비계획을 입안하려는 경우에는 「국토의 계획 및 이용에 관한 법률」 제36조에 따른 주거지역에 대하여는 같은 법 제78조에 따라 조례로 정한 용적률에도 불구하고 같은 조 및 관계 법률에 따른 용적률의 상한까지 용적률을 정할 수 있다(법 §11①). 가령, 제3종일반주거지역의 경우 법적상한용적률이 300%인데 서울특별시 도시계획 조례는 250%로 정하고 있다. 이런 경우에도 정비사업의 원활한 시행을 위하여 필요한 경우 정비계획 입안권자는 300%까지 용적률을 정하여 정비계획을 수립할 수 있다. 이렇게 하여 정비계획에 반영된 용적률을 '정비계획으로 정하여진 용적률'이라 한다.

구청장등 또는 대도시[9]의 시장이 아닌 시장은 이와 같은 법적 상한용적률에 따라 정비계획을 입안하거나 변경입안하려는 경우 기본계획의 변경 또는 변경승인을 특별시장·광역시장·도지사에게 요청할 수 있다(법 §11③).

정비계획의 입안권자는 천재지변, 그 밖의 불가피한 사유로 건축물이 붕괴

9 인구 50만 이상의 도시를 말한다.

할 우려가 있어 긴급히 정비사업을 시행할 필요가 있다고 인정하는 경우에는 용도지역의 변경을 통해 용적률을 완화하여 정비계획을 입안할 수 있다. 이 경우 정비계획의 입안권자 및 정비구역의 지정권자는 용도지역의 변경을 이유로 기부채납을 요구하여서는 아니 된다(법 §11②).

정비계획을 통한 토지의 효율적 활용을 위하여 「국토의 계획 및 이용에 관한 법률」 제52조 제3항에 따른 건폐율·용적률 등의 완화규정은 정비계획에 준용한다(법 §17③). 따라서 「국토의 계획 및 이용에 관한 법률」상의 공공시설 또는 기반시설 부지 등을 기부채납하는 경우에는 「국토의 계획 및 이용에 관한 법률」이 정하는 바에 따라 용적률을 완화받을 수 있다. 이 경우 기부채납 부지 등의 가액을 현금으로 납부하여 용적률을 완화받을 수 있는데 토지등소유자 과반수의 동의를 받아야 한다. 조합이 설립되어 있는 경우에는 조합원 과반수의 동의를 받아야 한다. 현금으로 납부하는 기부면적은 전체 기부면적의 1/2을 넘을 수 없다. 현금납부액은 시장·군수등이 지정한 둘 이상의 감정평가업자가 평가한 금액을 산술평균한다. 현금납부액의 산정기준일은 현금납부에 관한 정비계획이 반영된 최초의 사업시행계획인가일이다. 다만, 산정기준일부터 3년이 되는 날까지 관리처분계획인가를 신청하지 아니한 경우에는 산정기준일부터 3년이 되는 날의 다음 날을 기준으로 다시 산정하여야 한다. 사업시행자는 착공일부터 준공검사일까지 현금납부액을 특별시장, 광역시장, 특별자치시장, 특별자치도지사, 시장 또는 군수(광역시의 군수는 제외한다)에게 납부하여야 한다. 특별시장 또는 광역시장은 납부받은 금액을 사용하는 경우에는 해당 정비사업을 관할하는 자치구의 구청장 또는 광역시의 군수의 의견을 들어야 한다. 그 외에 현금납부액의 구체적인 산정 기준, 납부 방법 및 사용 방법 등에 필요한 세부사항은 시·도조례로 정할 수 있다(법 §17④, 시행령 §14).

사. 환경보전 및 재난방지에 관한 계획

환경보전계획으로 친환경소재의 사용이나 차량소음대책 등이 포함되고, 재난방지대책으로 재난방지형 시설물 배치 및 설계가 들어가게 된다.

아. 정비구역 주변의 교육환경 보호에 관한 계획

교통처리에 관한 계획, 보행동선에 관한 계획, 교육시설 주변 청소년 유해시설의 제한 계획, 방음방진계획 등이 이에 해당한다.

자. 세입자 주거대책

세입자 현황, 이주시기, 임대주택 건설계획, 세입자 이주비용 등에 관한 사항이 포함된다.

차. 정비사업시행 예정시기

정비구역지정 고시가 있는 날로부터 00년 이내와 같은 방식으로 예정시기를 정할 수도 있다.

카. 정비사업을 통하여 공공지원민간임대주택을 공급하거나 주택임대관리업자에게 임대할 목적으로 주택을 위탁하려는 경우 이에 관한 사항

(i)공공지원민간임대주택 또는 임대관리 위탁주택에 관한 획지별 토지이용계획, (ii)건설하는 주택 전체 세대수에서 공공지원민간임대주택 또는 임대관리 위탁주택이 차지하는 비율, (iii)이외에도 건설하는 주택 전체 세대수에서 공공지원민간임대주택 또는 임대관리 위탁주택[10]으로서 임대기간이 8년 이상인 주택이 차지하는 비율의 합계가 20% 이상인 경우에는 『주거·상업·업무 등의 기능을 결합하는 등 복합적인 토지이용을 증진시키기 위하여 필요한 건축물의 용도에 관한 계획』과 『「국토의 계획 및 이용에 관한 법률」에 따른 주거지역을 세분 또는 변경하는 계획과 용적률에 관한 사항』을 포함하여야 한다. 공공지원민간임대주택을 공급하는 경우에는 용적률 완화혜택을 받기 때문에 그 용적률을 어떻게 산정하고 사용할 것인지를 알 수 있도록 하기 위함이다.

한편, 정비사업에 필요한 경우에는 (iv)공공지원민간임대주택 및 임대관리 위탁주택의 건축물 배치 계획이나 (v)주변지역의 여건 등을 고려한 입주예상

10 임대할 목적으로 주택임대관리업자에게 위탁하려는 주택을 말한다.

가구 특성 및 임대사업 운영방향 등을 정비계획에 포함할 수 있다.

또한, 정비계획에 위와 같은『주거지역을 세분 또는 변경하는 계획과 용적률에 관한 사항』을 포함하는 경우에는 기본계획에서 정하는 건폐율·용적률 등에 관한 건축물의 밀도계획에도 불구하고 달리 입안할 수 있다(법 §9②).

타.「국토의 계획 및 이용에 관한 법률」상의 지구단위계획상의 내용에 관한 계획(필요한 경우로 한정한다)

파. 그 밖에 정비사업의 시행을 위하여 필요한 사항으로서 대통령령으로 정하는 사항

"대통령령으로 정하는 사항"이란 (i)용적률 완화를 위한 현금납부에 관한 사항, (ii)정비구역을 분할, 통합 또는 결합하여 지정하려는 경우 그 계획, (iii)수용방식으로 시행하는 주거환경개선사업의 경우 사업시행자로 예정된 자, (iv)정비사업의 시행방법, (v)기존 건축물의 정비·개량에 관한 계획, (vi)정비기반시설의 설치계획, (vii)건축물의 건축선에 관한 계획, (viii)홍수 등 재해에 대한 취약요인에 관한 검토 결과, (ix)정비구역 및 주변지역의 주택수급에 관한 사항, (x)안전 및 범죄예방에 관한 사항, (xi)그 밖에 정비사업의 원활한 추진을 위하여 시·도조례로 정하는 사항을 말한다(시행령 §8③).

하. 생활권의 설정, 생활권별 기반시설 설치계획 및 주택수급계획

정비계획의 입안권자가 생활권을 설정하여 기본계획을 수립한 지역에서 정비계획을 입안하는 경우에는 그 정비구역을 포함한 해당 생활권에 대하여 세부 계획을 입안할 수 있다.

거. 임대주택 및 주택규모별 건설비율

정비계획의 입안권자는 주택수급의 안정과 저소득 주민의 입주기회 확대를 위하여 정비사업으로 건설하는 주택에 대하여, 국민주택규모의 주택의 경우 전체 세대수의 100분의 90 이하에서 대통령령으로 정하는 범위 내에서, 임대주택의 경우 전체 세대수 또는 전체 연면적의 100분의 30 이하에서 대통령령으로 정하는 범위 내에서, 국토교통부장관이 정하여 고시하는 임대주택 및 주택규모별 건설비율 등을 정비계획에 반영하여야 한다(법 §10①). 국토교통부장관이 정하여 고시한 정비계획의 임대주택 및 주택규모별 건설비율은 〈표 08〉과 같다. 사업시행자는 고시된 내용에 따라 주택을 건설하여야 한다(법 §10②). 임대주택이란 공공임대주택과 「민간임대주택에 관한 특별법」에 따른 민간임대주택을 말한다. '국민주택규모 주택'이란 「주택법」 제2조 제6호에 따른 주택으로 수도권이나 도시지역의 경우 주거전용면적이 1호(戶) 또는 1세대당 85제곱미터 이하인 주택을 말한다.

표 08 정비계획에서 정하는 임대주택 및 주택규모별 건설비율

구분	주택규모	건설비율
주거환경 개선사업	국민주택규모	건설하는 주택 전체 세대수(임대주택을 포함함)의 90% 이상
	공공임대주택	• 건설하는 주택 전체 세대수의 30% 이하 범위에서 시 · 도지사가 정하여 고시하는 비율일 것 – 이 경우 주거전용면적이 40㎡ 이하인 공공임대주택이 전체 공공임대주택 세대수의 50% 이하에서 시 · 도지사가 정하여 고시하는 비율일 것
재개발 사업	국민주택규모	건설하는 주택 전체 세대수의 80% 이상
	임대주택[11]	• 건설하는 주택 전체 세대수 또는 전체 연면적의 20%이어야 하고, 주거전용면적이 $40m^2$ 이하인 임대주택이 전체 임대주택 세대수의 30% 이상 또는 건설하는 주택 전체 세대수의 5% 이상이어야 함 – 시 · 도지사가 임대주택 건설비율을 고시한 경우에는 그 기준에 따름[12]

11 건설하는 주택 전체 세대수 산정 시 정비계획으로 정한 용적률을 초과하여 건축함으로써 증가되는 세대수는 제외한다. 건설비율 20% 산정 시에도 이와 같이 초과 건축분으로 공급되는 세대수는 제외한다.

12 다만, 정비구역 입안권자는 관할구역에서 시행하는 재개발사업에서 건설하는 주택 전

재건축 사업	국민주택규모	건설하는 주택 전체 세대수의 60% 이상[13]

재개발임대주택 건설비율 산정의 기준이 되는 주택 전체 세대수 또는 전체 연면적에는 (i)도시정비법 제54조 제1항에 따른 초과용적률, (ii)도시정비법 제66조 제2항에 따른 추가용적률 또는 (iii)도시정비법 제101조의5 제2항 본문의 공공재개발사업으로 완화된 공공용적률 때문에 증가된 세대수 또는 면적은 제외된다.

여기서 (i)'초과용적률'이란 법적상한용적률에서 정비계획으로 정하여진 용적률을 뺀 용적률을 말한다. 법적상한용적률은 「국토의 계획 및 이용에 관한 법률」 제78조 및 관계 법률에 따른 용적률의 상한을 말한다. 「국토의 계획 및 이용에 관한 법률」 제78조에 따른 용적률은 가령 그 시행령까지 고려하였을 때 제2종일반주거지역은 250%, 제3종일반주거지역은 300%, 준주거지역은 500%가 각 상한이다. 관계 법률에 따른 용적률의 상한은 가령 「국토의 계획 및 이용에 관한 법률」 제76조에 따른 건축물의 층수제한, 「건축법」 제60조에 따른 높이제한, 「건축법」 제61조에 따른 일조 등의 확보를 위한 건축물의 높이제한 때문에 더 이상 건축할 수 없을 때의 용적률을 말한다. 법적상한용적률은 이 두 요건을 동시에 충족하는 용적률을 말한다. 다음으로 (ii)'추가용적률'

체 세대수(a)에서 '정비구역 거주 세입자'가 입주하는 임대주택 세대수(b)의 비율(b/a)이 해당 시·도지사가 고시한 임대주택 비율보다 높은 경우 또는 관할 구역의 특성상 주택수급안정이 필요한 경우에는, 해당 시·도지사가 고시한 임대주택 비율에 건설하는 주택 전체세대수의 10%를 더한 범위 내에서 임대주택 비율을 더 높일 수 있음(시행령 §9① ii 나 단서). 여기서 '정비구역 거주 세입자'란 기준일 3개월 전부터 해당 재개발사업을 위한 정비구역 또는 다른 재개발사업을 위한 정비구역에 거주하는 세입자를 말한다.

13 과밀억제권역에서 (i)조합원분양주택은 기존 주택의 주거전용면적을 축소하거나 30퍼센트의 범위에서 그 규모를 확대할 것, (ii)일반분양주택은 모두 85제곱미터 이하 규모로 건설할 것의 요건을 모두 갖춘 경우에는 국민주택규모의 주택건설비율을 적용하지 아니한다(시행령 §9②).

이란 역세권 등 일정 요건에 해당하여 완화된 용적률에서 정비계획으로 정하여진 용적률을 뺀 용적률을 말한다. (iii)'공공용적률'이란 법적상한초과용적률 등에서 정비계획으로 정하여진 용적률을 뺀 용적률을 말한다. 법적상한초과용적률이란 법정상한용적률의 120%를 말한다.

재개발임대주택은 조합이 요청하는 경우 국토교통부장관, 시·도지사, 시장, 군수, 구청장 또는 토지주택공사등이 인수하여야 한다. 만일 시·도지사 또는 시장, 군수, 구청장이 예산·관리인력의 부족 등 부득이한 사정으로 인수하기 어려운 경우에는 국토교통부장관에게 토지주택공사등을 인수자로 지정해 줄 것을 요청할 수 있다(법 §79⑤, 시행령 §68①). 재개발임대주택의 인수 가격(ⓐ+ⓑ+ⓒ)은 기본형건축비의 80%(ⓐ), 부속토지의 가격(ⓑ) 그리고 인수자가 정하는 가산금(ⓒ)을 모두 합한 금액으로 한다(시행령 §68②). 부속토지는 사업시행계획인가 고시가 있는 날을 기준으로 감정평가법인등 둘 이상이 평가한 금액을 산술평균한 가격이다.

도시정비법상 명문의 규정은 없지만 주거환경개선사업의 시행으로 건설한 임대주택에도 재개발임대주택에 관한 인수방법 및 인수절차를 관리처분계획을 통해 준용할 수 있다. 즉 주거환경개선사업의 사업시행자는 '임대주택 인수자의 경우 재개발임대주택의 인수방법과 인수절차를 따른다'는 내용의 관리처분계획을 수립하여 관할 행정청의 인가를 받을 수 있다. 이 경우 공공인 사업시행자가 직접 인수하고자 하는 경우에도 반드시 국토교통부장관에게 인수자 지정을 요청하는 절차를 거쳐야 하는지 문제될 수 있으나 재개발임대주택의 인수자 지정요청제도는 민간부문인 정비사업조합이 임대주택을 떠안는 문제점을 해소하고자 마련한 제도이므로 이와 같은 경우에는 인수자 지정 요청 없이도 공공이 임대주택을 인수할 수 있다고 보는 것이 타당하다고 생각한다.

4. 절차

가. 개요

정비구역 지정은 (i)정비계획의 입안, (ii)입안한 정비계획에 따른 정비구역 지정신청, (iii)정비계획의 결정 및 정비구역의 지정·고시의 절차로 진행된다. 정비계획의 입안은 정비계획의 입안권자에 의해 이루어지기도 하지만 토지등 소유자 또는 추진위원회의 입안요청 또는 입안제안에 따라 이루어지기도 한다. 한편, 주택단지 재건축사업의 추진여부를 결정하기 위해서는 정비예정구역별 정비계획의 수립시기가 도래한 때부터 사업시행계획인가전까지 재건축진단을 실시하는 것이 원칙이지만 정비계획 입안을 요청하거나 제안하려는 자가 시장·군수등에게 일정요건을 갖추어 재건축진단을 요청하는 경우에는 시장·군수등은 재건축진단을 실시하여야 하기 때문에 이 경우에는 정비계획의 입안에 앞서 재건축진단을 실시하게 된다. 이와 같은 정비구역지정의 절차를 일반적·시간적 흐름에 따라 나타내면 **[그림 5]**와 같다.

그림 5 정비구역 지정절차

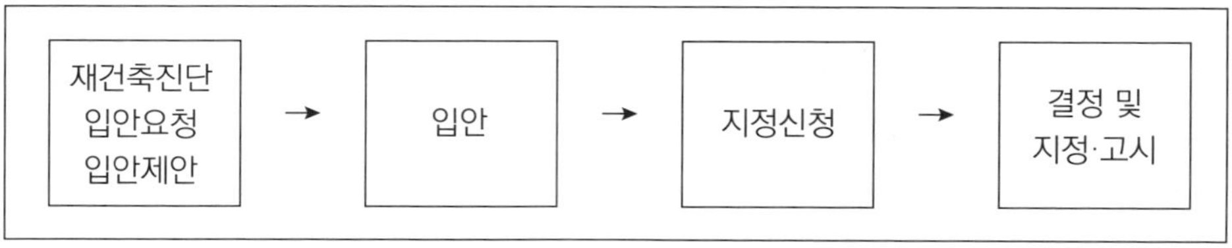

나. 재건축진단, 입안요청 및 입안제안

(1) 재건축사업을 위한 재건축진단(법 §12, §13)

(가) 의의

시장·군수등은 사업시행계획인가 여부를 결정하기 위해서는 주택단지(연접단지를 포함한다)의 건축물을 대상으로 재건축진단을 실시하여 한다. 재건축진단은 사업시행계획인가를 결정하기 위해 실시하는 것으로 재건축사업의 추진여부를 결정하기 위해 실시된다.

주택단지 건축물의 재건축진단을 의무적으로 실시하도록 한 것은 무분별하게 재건축사업이 진행되는 경우에 발생할 사회경제적 손실을 방지하고, 재건축사업에 필수적으로 수반되는 매도청구 등과 같은 재산권 제한을 최소화하여 재건축정비구역에 편입될 공동주택 소유자의 재산권을 보호하기 위함이다.

재건축진단의 실시여부 또는 실시결과는 사업시행계획인가 여부를 결정하기 위한 행정기관 내부의 일부 절차에 불과하기 때문에 그 자체가 행정소송의 대상이 되는 행정처분이라 볼 수 없다.

(나) 재건축진단의 대상

재건축진단은 재건축사업의 추진여부를 결정하기 위한 것으로 주택단지의 건축물을 대상으로 한다. 다만 재건축사업 추진이 불가피한 주택단지의 건축물의 경우에는 재건축진단 대상에서 제외할 수 있다. 이와 같은 건축물로는 가령, 「시설물의 안전 및 유지관리에 관한 특별법」 제2조 제1호의 시설물로서 같은 법 제16조에 따라 지정받은 안전등급이 D (미흡) 또는 E (불량)인 건축물 등이 이에 해당한다.

(다) 실시시기 및 실시기관

재건축사업을 위한 재건축진단은 정비예정구역별 정비계획의 수립시기가 도래한 때부터 사업시행계획인가 전까지 재건축진단을 실시하여야 한다. 하지만 다음 〈표 09〉와 같은 경우에는 재건축진단을 실시하여야 한다. 이 경우 시장·군수등은 재건축진단에 드는 비용을 해당 재건축진단의 실시를 요청하는 자에게 부담하게 할 수 있다.

| 표 09

재건축진단을 실시하여야 하는 경우
(ⅰ) 법 제13조의2에 따라 정비계획의 입안을 요청하려는 자가 입안을 요청하기 전에 해당 정비예정구역 또는 사업예정구역에 위치한 건축물 및 그 부속토지의 소유자 10분의 1 이상의 동의를 받아 재건축진단의 실시를 요청하는 경우
(ⅱ) 제14조에 따라 정비계획의 입안을 제안하려는 자가 입안을 제안하기 전에 해당 정비예정구역에 위치한 건축물 및 그 부속토지의 소유자 10분의 1 이상의 동의를 받아 재건축진단의 실시를 요청하는 경우
(ⅲ) 법 제5조 제2항에 따라 정비예정구역을 지정하지 아니한 지역에서 재건축사업을 하려는 자가 사업예정구역에 있는 건축물 및 그 부속토지의 소유자 10분의 1 이상의 동의를 받아 재건축진단의 실시를 요청하는 경우
(ⅳ) 내진성능이 확보되지 아니한 노후 · 불량건축물의 소유자 등이 정비예정구역에 위치한 건축물 및 그 부속토지의 소유자 10분의 1 이상의 동의를 받아 안전진단의 실시를 요청하는 경우
(ⅴ) 법 제15조에 따라 정비계획을 입안하여 주민에게 공람한 지역 또는 제16조에 따라 정비구역으로 지정된 지역에서 재건축사업을 시행하려는 자가 해당 구역에 위치한 건축물 및 그 부속토지의 소유자 10분의 1 이상의 동의를 받아 재건축진단의 실시를 요청하는 경우
(ⅵ) 조합설립추진위원회 또는 사업시행자가 재건축진단의 실시를 요청하는 경우

시장·군수등은 재건축진단의 요청이 있는 때에는 요청일부터 30일 이내에 국토교통부장관이 정하는 바에 따라 재건축진단의 실시여부를 결정하여 요청인에게 통보하여야 한다. 이 경우 시장·군수등은 재건축진단 실시 여부를 결정하기 전에 단계별 정비사업 추진계획 등의 사유로 재건축사업의 시기를 조정할 필요가 있다고 인정하는 경우에는 재건축진단의 실시 시기를 조정할 수 있다. 시장·군수등은 현지조사 등을 통하여 재건축진단의 요청이 있는 공동주택이 노후·불량건축물에 해당하지 아니함이 명백하다고 인정하는 경우에는 재건축진단의 실시가 필요하지 아니하다고 결정할 수 있다.

재건축진단 실시기관은 한국건설기술연구원, 「시설물의 안전 및 유지관리에 관한 특별법」 제28조에 따른 안전진단전문기관 및 국토안전관리원을 말한다(시행령 §10).

(라) 재건축진단의 종류 및 기준

재건축사업을 위한 재건축진단은 시장·군수등이 현지조사를 거쳐 '재건축진단 실시'로 결정한 경우에 재건축진단기관에 의뢰하여 실시하는 것으로 '구조안전성 평가 재건축진단'과 '주거환경중심 평가 재건축진단'으로 구분된다.

'구조안전성 평가 재건축진단'은 재건축연한 도래와 관계없이 내진성능이 확보되지 않은 구조적 결함 또는 기능적 결함이 있는 노후·불량건축물을 대상으로 구조안전성을 평가하여 재건축여부를 판정하는 재건축진단을 말한다. '구조안전성'을 평가하여 '유지보수', '조건부 재건축', '재건축'으로 판정한다.

'주거환경중심 평가 재건축진단'은 그 외의 노후·불량건축물을 대상으로 주거생활의 편리성과 거주의 쾌적성 등의 주거환경을 중심으로 평가하여 재건축 여부를 판정하는 재건축진단을 말한다. '주거환경[14]', '건축 마감 및 설비노후도', '구조안전성', 및 '비용분석'으로 구분하여 평가하여, '유지보수', '조건부 재건축', '재건축'으로 판정한다.

여기서 조건부 재건축이란 붕괴 우려 등 구조적 결함은 없어 재건축 필요성이 명확하지 않은 경우로서, 재건축진단 결과보고서의 적정성 검토를 통해 재건축 여부를 판정하는 것을 말한다. 국토안전관리원등이 재건축진단을 실시한 경우에는 적정성 검토 없이 재건축을 실시할 수 있다. 이 경우 시장·군수등은 주택시장·지역여건 등을 고려하여 재건축 시기를 조정할 수 있다.

재건축진단을 의뢰받은 재건축진단기관은 국토교통부장관이 정하여 고시하는 기준에 따라 재건축진단을 실시하여야 한다.

14 (i)소방활동, 침수피해 가능성 등 안전성, (ii)주차환경, 노약자·어린이 생활환경 등 편의성, (iii)에너지 효율성, 세대간 소음 등 쾌적성, (iv)주택 거주성 등이 이에 포함된다.

(마) 재건축진단의 절차(법 §12④⑤)

시장·군수등은 대통령령으로 정하는 재건축진단기관에 의뢰하여 주거환경 적합성, 해당 건축물의 구조안전성, 건축마감, 설비노후도 등에 관한 재건축진단을 실시하여야 한다. 재건축진단을 의뢰받은 재건축진단기관은 국토교통부장관이 정하여 고시하는 기준(건축물의 내진성능 확보를 위한 비용을 포함한다)에 따라 재건축진단을 실시하여야 하며, 국토교통부령으로 정하는 방법 및 절차에 따라 재건축진단 결과보고서를 작성하여 시장·군수등 및 재건축진단의 실시를 요청한 자에게 제출하여야 한다

(바) 사업시행계획인가 여부 결정(법 §12⑥)

시장·군수등은 재건축진단의 결과와 도시계획 및 지역여건 등을 종합적으로 검토하여 사업시행계획인가 여부(도시정비법 제75조에 따른 시기 조정을 포함한다)를 결정하여야 한다

(사) 재건축진단 결과의 적정성 검토(법 §13)

시장·군수등(특별자치시장 및 특별자치도지사는 제외한다)은 재건축진단 결과보고서를 제출받은 경우에는 지체 없이 특별시장·광역시장·도지사에게 결정내용과 해당 재건축진단 결과보고서를 제출하여야 한다. 시·도지사는 필요한 경우 국토안전관리원 또는 한국건설기술연구원에 재건축진단 결과의 적정성에 대한 검토를 의뢰할 수 있다.

국토교통부장관은 시·도지사에게 재건축진단 결과보고서의 제출을 요청할 수 있으며, 필요한 경우 시·도지사에게 재건축진단 결과의 적정성에 대한 검토를 요청할 수 있다. 특별시장·광역시장·도지사는 검토결과에 따라 필요한 경우 시장·군수등에게 재건축진단에 대한 시정요구 등 대통령령으로 정하는 조치를 요청할 수 있으며, 시장·군수등은 특별한 사유가 없으면 그 요청에 따라야 한다. 재건축진단 결과의 평가 등에 필요한 사항은 대통령령으로 정한다

(아) 재건축진단 관련 쟁송

재건축진단은 사업시행계획인가 여부를 결정하기 위해 실시하는 것으로 재건축사업의 추진여부를 결정하기 위해 재건축진단기관에 의뢰하여 실시된다. 따라서 재건축진단기관에 의하여 재건축진단결과가 나왔다 하더라도 이는 재건축을 허용하는 결정 내지는 사업시행계획인가를 위한 검토자료에 불과하기 때문에 행정청이 행하는 별도의 독립된 행정처분이라 보기 어렵다. 따라서 재건축진단결과는 행정소송의 대상이 되지 않는다.

(2) 정비계획의 입안 요청(법 §13의2)

(가) 의의

토지등소유자 또는 추진위원회는 정비계획의 입안권자에게 정비구역의 지정을 위한 정비계획의 입안을 요청할 수 있다. 주민이 직접 정비계획안을 마련하는 입안제안방식과 달리 입안요청제도는 주민의 요청에 따라 공공이 입안하는 방식이기 때문에 주민의 용역비 부담을 줄이고 신속한 사업추진을 도모할 수 있다.

(나) 요건

토지등소유자 또는 추진위원회는

(ⅰ) 기본계획을 수립하지 아니한 지역으로서 대통령령으로 정하는 경우,

(ⅱ) 단계별 정비사업 추진계획상 정비예정구역별 정비계획의 입안시기가 지났음에도 불구하고 정비계획이 입안되지 아니한 경우,

(ⅲ) 기본계획에 정비예정구역을 생략하고 사업예정구역을 설정하는 경우,

(ⅳ) 천재지변 등 대통령령으로 정하는 불가피한 사유로 긴급하게 정비사업을 시행할 필요가 있다고 판단되는 경우

에는 정비계획의 입안권자에게 정비구역의 지정을 위한 정비계획의 입안을 요청할 수 있다.

(다) 효과

정비계획의 입안권자는 정비계획 입안 요청이 있는 경우에는 요청일부터 4개월 이내에 정비계획의 입안 여부를 결정하여 토지등소유자 및 정비구역의 지정권자에게 알려야 한다(법 §13의2②). 다만, 정비계획의 입안권자는 정비계획의 입안 여부의 결정 기한을 2개월의 범위에서 한 차례만 연장할 수 있다.

정비구역의 지정권자는

(ⅰ) 정비계획의 입안권자가 토지등소유자에게 정비계획을 입안하기로 통지한 경우,

(ⅱ) 단계별 정비사업 추진계획에 따라 정비계획의 입안권자가 요청하는 경우,

(ⅲ) 정비계획의 입안권자가 정비계획을 입안하기로 결정한 경우로서 토지등소유자의 2분의 1 이하의 범위에서 시·도조례로 정하는 비율 이상의 동의를 받아 정비구역지정권자에게 요청하는 경우,

(ⅳ) 용적률 완화를 위하여 정비계획을 변경하는 경우로서 정비계획의 입안권자가 토지등소유자의 2분의 1 이하의 범위에서 시·도조례로 정하는 비율 이상의 동의를 받아 정비구역지정권자에게 요청하는 경우

에는 '정비계획의 기본방향'을 작성하여 정비계획의 입안권자에게 제시하여야 한다(법 §13의2③). 이 경우 동의자 수 산정방법은 조합설립동의자수 산정방법을 준용한다(법 §13의2④, 시행령 §11의2⑥).

정비구역의 지정권자가 작성하여 정비계획의 입안권자에게 제시하는 '정비계획의 기본방향'은 토지이용, 주택건설 및 기반시설의 설치 등에 관한 기본방향으로서 (i)용적률, 건폐율, 높이 및 용도지역 등 개발밀도에 관한 사항, (ii)지형, 지역적 특성, 경관, 보행자의 보행 편의 등을 고려한 건축 기준에 관한 사항, (iii)정비기반시설, 공동이용시설, 「국토의 계획 및 이용에 관한 법률」 제2조 제6호에 따른 기반시설 및 같은 법 제52조의2 제1항 제3호에 따른 시설의 설치가 필요한 경우 그 설치에 관한 사항이 포함되어야 한다(시행령 §11의2⑦).

정비계획 입안 요청에 대해 정비계획의 입안권자가 합리적 이유없이 이를 거부하는 경우에는 법규상의 신청권이 침해되었음을 이유로 취소소송을 제기할 수 있다. 하지만 정비계획 입안 요청권은 입안여부만을 구속할 뿐 입안의 내용을 구속할 수는 없다.

(3) 정비계획의 입안 제안(법 §14)

(가) 의의

정비구역 지정을 위한 정비계획의 입안은 정비구역 지정권자와 자치구의 구청장 또는 광역시의 군수가 직접 행할 수도 있지만 정비사업을 추진하고자 하는 토지등소유자 또는 추진위원회가 입안권자에게 제안하는 방식으로도 이루어질 수 있다. 정비계획의 입안제안은 토지등소유자 등의 실질적 권리라기보다는 일종의 신청권으로 이해하는 것이 타당하다. 토지등소유자 등의 정비계획의 입안에 대해 입안권자에게 응답의무만을 부과할 뿐 입안제안 내용대로의 작위의무를 부과하는 것은 아니기 때문이다.

(나) 요건

1) 토지등소유자 또는 추진위원회가 정비구역의 입안권자에게 제안할 것

정비사업을 추진하고자 하는 토지등소유자 또는 추진위원회가 정비구역 입안권자에게 제안할 수 있다. 천재지변 등 불가피한 사유로 토지주택공사등 또는 지정개발자가 정비사업을 시행하려는 경우에는 사업시행자가 되려는 자가 입안권자에게 제안할 수 있다.

2) 일정수 이상의 토지등소유자 및 토지면적의 동의를 받을 것

토지등소유자의 2/3 이하 및 토지면적 2/3 이하의 범위에서 시·도조례로 정하는 비율 이상의 동의를 받아야 한다.

3) 법정 제안사유에 해당하는 경우일 것

(i) 기본계획에서 정한 단계별 정비사업 추진계획상 정비예정구역별 정비계

획의 입안시기가 지났음에도 불구하고 정비계획이 입안되지 아니하거나 정비예정구역별 정비계획의 수립시기를 정하고 있지 아니한 경우,

(ii) 토지등소유자가 토지주택공사등을 사업시행자로 지정 요청하려는 경우,

(iii) 대도시가 아닌 시 또는 군으로서 시·도조례로 정하는 경우,

(iv) 정비사업을 통하여 공공지원민간임대주택을 공급하거나 임대할 목적으로 주택을 주택임대관리업자에게 위탁하려는 경우로서 이에 관한 내용을 포함하는 정비계획의 입안을 요청하려는 경우,

(v) 천재지변 기타 불가피한 사유로 정비사업을 시행하려는 경우,

(vi) 토지등소유자(조합이 설립된 경우에는 조합원을 말한다)가 3분의 2 이상의 동의로 정비계획의 변경을 요청하는 경우,[15]

(vii) 토지등소유자가 공공재개발사업 또는 공공재건축사업을 추진하려는 경우의 어느 하나의 경우에 해당하여야 한다.

4) 시·도조례로 정하는 제안서 서식에 정비계획도서, 계획설명서, 그 밖의 필요한 서류를 첨부할 것

(다) 효과

정비계획의 입안권자는 정비계획 입안 제안이 있는 경우에는 제안일부터 60일 이내에 정비계획에의 반영여부를 제안자에게 통보하여야 한다. 다만, 부득이한 사정이 있는 경우에는 한 차례만 30일을 연장할 수 있다. 정비계획의 입안권자는 정비구역 입안 제안을 정비계획에 반영하는 경우에는 제안서에 첨부된 정비계획도서와 계획설명서를 정비계획의 입안에 활용할 수 있다(시행령 §12).

(라) 관련 쟁송

정비계획 입안 제안에 대해 정비계획의 입안권자가 합리적 이유없이 제안 자체를 거부하는 경우에는 제안권자는 법규상의 신청권이 침해되었음을 이유

15 다만, 경미한 사항을 변경하는 경우에는 토지등소유자의 동의 절차를 거치지 아니한다.

로 취소소송을 제기할 수 있다. 하지만 정비계획 입안 제안이 있다하여 입안권자가 이에 구속되는 것은 아니므로 정비계획에 이를 반영하지 않았다 하여 위법하다고 볼 수 없다.

다. 입안(법 §15)

|그림 6 정비계획 입안절차

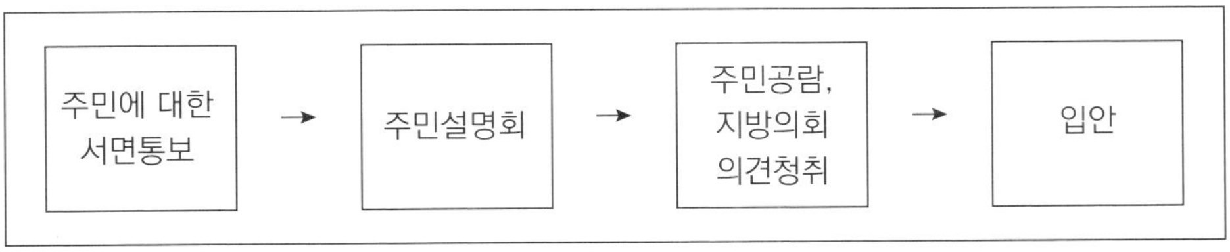

[**그림 6**]과 같이 정비계획의 입안권자는 정비계획을 입안하거나 변경하려면 주민에게 서면으로 통보한 후 주민설명회 및 30일 이상 주민에게 공람하여 의견을 들어야 하며, 제시된 의견이 타당하다고 인정되면 이를 정비계획에 반영하여야 한다.

정비계획의 입안권자는 정비계획을 주민에게 공람하려는 때에는 미리 공람의 요지 및 장소를 해당 지방자치단체의 공보등에 공고하고, 공람장소에 관계 서류를 갖추어 두어야 한다. 주민은 공람기간 이내에 정비계획의 입안권자에게 서면(전자문서를 포함한다)으로 의견을 제출할 수 있다. 정비계획의 입안권자는 제출된 의견을 심사하여 채택여부를 응답하여 줄 의무가 있다.

정비구역 지정을 위한 주민 공람공고일은 「공익사업을 위한 토지 등의 취득 및 보상에 관한 법률」에 따른 이주대책대상자 해당여부 판정의 기준일이고 영업손실보상대상자 및 주거이전비 인정시점이다(시행령 §54). 또한, 시·도지사는 부동산투기를 억제하기 위하여 기본계획 수립 후 정비구역 지정고시 전까지의 날 중에서 건축물을 분양받을 권리를 산정할 수 있는 기준일을 정할 수 있는데 시·도지사는 위 공람공고일을 그 기준일로 정할 수 있다. 이 경우 기준일 다음 날을 기준으로 건축물을 분양받을 권리를 산정한다(법 §77).

또한 정비계획의 입안권자는 주민공람과 함께 지방의회의 의견을 들어야 한다. 이 경우 지방의회는 정비계획의 입안권자가 정비계획을 통지한 날부터 60일 이내에 의견을 제시하여야 하며, 의견제시 없이 60일이 지난 경우 이의가 없는 것으로 본다. 다만, 〈표 10〉과 같은 경미한 사항을 변경하는 경우에는 주민에 대한 서면통보, 주민설명회, 주민공람 및 지방의회의 의견청취 절차를 거치지 아니할 수 있다.

표 10

대통령령으로 정하는 경미한 사항을 변경하는 경우(시행령 §13④)
(ⅰ) 정비구역의 면적을 10퍼센트 미만의 범위에서 변경하는 경우(정비구역을 분할, 통합 또는 결합하는 경우를 제외한다), 토지등소유자 유형별 분담금 추산액 및 산출근거를 변경하는 경우
(ⅱ) 정비기반시설의 위치를 변경하는 경우와 정비기반시설 규모를 10퍼센트 미만의 범위에서 변경하는 경우
(ⅲ) 공동이용시설 설치계획을 변경하는 경우
(ⅳ) 재난방지에 관한 계획을 변경하는 경우
(ⅴ) 정비사업시행 예정시기를 3년의 범위에서 조정하는 경우
(ⅵ) 「건축법 시행령」 별표 1 각 호의 용도[16]범위에서 건축물의 주용도(해당 건축물의 가장 넓은 바닥면적을 차지하는 용도를 말한다)를 변경하는 경우
(ⅶ) 건축물의 건폐율 또는 용적률을 축소하거나 10퍼센트 미만의 범위에서 확대하는 경우
(ⅷ) 건축물의 최고 높이를 변경하는 경우
(ⅸ) 법정 손실보상이상으로 손실보상대책을 마련함에 따라 용적률을 완화하여 변경하는 경우
(ⅹ) 「국토의 계획 및 이용에 관한 법률」 제2조제3호에 따른 도시 · 군기본계획, 같은 조 제4호에 따른 도시 · 군관리계획 또는 기본계획의 변경에 따라 정비계획을 변경하는 경우
(ⅺ) 「도시교통정비 촉진법」에 따른 교통영향평가 등 관계법령에 의한 심의결과에 따른 변경인 경우
(ⅻ) 그 밖에 위와 유사한 사항으로서 시 · 도조례로 정하는 사항을 변경하는 경우

16 「건축법 시행령」 별표1은 건축물의 용도를 단독주택, 공동주택, 제1종 근린생활시설,

정비계획의 입안권자는 도시정비법 제97조, 제98조, 제101조 등에 따라 정비기반시설 및 국유·공유재산의 귀속 및 처분에 관한 사항이 포함된 정비계획을 입안하려면 미리 해당 정비기반시설 및 국유·공유재산의 관리청의 의견을 들어야 한다.

라. 정비구역 지정신청(법 §8⑤)

구청장등은 정비계획을 입안하여 특별시장·광역시장에게 정비구역 지정을 신청하여야 한다. 이 경우 지방의회의 의견을 첨부하여야 한다. '구청장등'이란 자치구의 구청장 또는 광역시의 군수를 말한다.

마. 정비계획의 결정 및 정비구역의 지정·고시(법 §16)

정비구역의 지정권자는 정비구역을 지정하거나 변경지정하려면 지방도시계획위원회의 심의를 거쳐야 한다. 다만, 〈표 10〉의 경미한 사항을 변경하는 경우에는 지방도시계획위원회의 심의를 거치지 아니할 수 있다

정비구역의 지정권자는 정비구역을 지정 또는 변경지정하거나 정비계획을 결정 또는 변경결정한 때에는 정비계획을 포함한 정비구역 지정의 내용을 해당 지방자치단체의 공보에 고시하여야 한다. 이 경우 지형도면 고시 등에 대하여는「토지이용규제 기본법」제8조에 따른다.

정비구역의 지정권자는 정비계획을 포함한 정비구역을 지정·고시한 때에는 국토교통부령으로 정하는 방법 및 절차에 따라 국토교통부장관에게 그 지정의 내용을 보고하여야 하며, 관계 서류를 일반인이 열람할 수 있도록 하여야 한다.

정비구역의 지정권자는 정비구역의 진입로 설치를 위하여 필요한 경우에는 진입로 지역과 그 인접지역을 포함하여 정비구역을 지정할 수 있다(법 §8③).

제2종 근린생활시설 등 29종류로 분류하고 있다.

5. 정비구역 지정·고시의 효력

제17조(정비구역 지정 · 고시의 효력 등) ① 제16조제2항 전단에 따라 정비구역의 지정 · 고시가 있는 경우 해당 정비구역 및 정비계획 중 「국토의 계획 및 이용에 관한 법률」 제52조제1항 각 호의 어느 하나에 해당하는 사항은 같은 법 제50조에 따라 지구단위계획구역 및 지구단위계획으로 결정 · 고시된 것으로 본다.

② 「국토의 계획 및 이용에 관한 법률」에 따른 지구단위계획구역에 대하여 제9조제1항 각 호의 사항을 모두 포함한 지구단위계획을 결정 · 고시(변경 결정 · 고시하는 경우를 포함한다)하는 경우 해당 지구단위계획구역은 정비구역으로 지정 · 고시된 것으로 본다.

③ 정비계획을 통한 토지의 효율적 활용을 위하여 「국토의 계획 및 이용에 관한 법률」 제52조제3항에 따른 건폐율 · 용적률 등의 완화규정은 제9조제1항에 따른 정비계획에 준용한다. 이 경우 "지구단위계획구역"은 "정비구역"으로, "지구단위계획"은 "정비계획"으로 본다.

④ 제3항에도 불구하고 용적률이 완화되는 경우로서 사업시행자가 정비구역에 있는 대지의 가액 일부에 해당하는 금액을 현금으로 납부한 경우에는 대통령령으로 정하는 공공시설 또는 기반시설(이하 이 항에서 "공공시설등"이라 한다)의 부지를 제공하거나 공공시설등을 설치하여 제공한 것으로 본다.

⑤ 제4항에 따른 현금납부 및 부과 방법 등에 필요한 사항은 대통령령으로 정한다.

가. 지구단위계획구역 및 지구단위계획 결정·고시 의제(법 §17①②)

정비구역의 지정·고시가 있는 경우 해당 정비구역 및 정비계획 중 「국토의 계획 및 이용에 관한 법률」의 지구단위계획의 내용에 해당하는 사항은 같은 법 제50조에 따라 지구단위계획구역 및 지구단위계획으로 결정·고시된 것으로 본다.

「국토의 계획 및 이용에 관한 법률」에 따른 지구단위계획구역에 대하여 정비구역에 관한 도시정비법 제9조 제1항 각 호의 사항을 모두 포함한 지구단위계획을 결정·고시(변경 결정·고시하는 경우를 포함한다)하는 경우 해당 지구단위계획구역은 정비구역으로 지정·고시된 것으로 본다.

나. 행위제한(법 §19, 시행령 §15)

정비구역에서는 다음 〈표 11〉의 행위에 대하여는 시장·군수등의 허가를 받아야 한다. 허가받은 사항을 변경하려는 때에도 또한 같다. 시장·군수등은 이와 같은 행위에 대한 허가를 하려는 경우로서 사업시행자가 있는 경우에는 미리 그 사업시행자의 의견을 들어야 한다.

표 11 행위제한 유형

허가대상	상세유형
(1) 건물의 건축 등	「건축법」 제2조제1항제2호에 따른 건축물의 건축, 용도변경을 말한다. 가설건축물을 포함한다.
(2) 공작물의 설치	인공을 가하여 제작한 시설물의 설치를 말한다. 다만, 「건축법」 제2조제1항제2호에 따른 건축물을 제외한다.
(3) 토지의 형질변경	절토(땅깎기) · 성토(흙쌓기) · 정지(땅고르기) · 포장 등의 방법으로 토지의 형상을 변경하는 행위, 토지의 굴착 또는 공유수면의 매립를 말한다.
(4) 토석의 채취	흙 · 모래 · 자갈 · 바위 등의 토석을 채취하는 행위를 말한다. 토지의 형질변경을 목적하는 것은 토지의 형질변경행위에 따라 허가를 받아야 한다.
(5) 토지분할	
(6) 물건을 쌓아놓는 행위	이동이 쉽지 아니한 물건을 1개월 이상 쌓아놓는 행위를 말한다.
(7) 죽목의 벌채 및 식재	

하지만, (i)재해복구 또는 재난수습에 필요한 응급조치를 위한 행위, (ii)기존 건축물의 붕괴 등 안전사고의 우려가 있는 경우 해당 건축물에 대한 안전조치를 위한 행위, (iii)농림수산물의 생산에 직접 이용되는 것으로서 국토교통부

령으로 정하는 간이공작물의 설치, (iv)경작을 위한 토지의 형질변경, (v)정비구역의 개발에 지장을 주지 아니하고 자연경관을 손상하지 아니하는 범위에서의 토석의 채취, (vi)존치구역에 물건을 쌓아놓는 행위, (vii)관상용 죽목의 임시식재(경작지에서의 임시식재는 제외한다) 등과 같은 행위로서 「국토의 계획 및 이용에 관한 법률」상의 개발행위허가의 대상이 되지 아니하는 행위는 허가를 받지 아니하고 할 수 있다(법 §19②, 시행령 §15③).

행위허가를 받아야 하는 행위로서 정비구역의 지정 및 고시 당시 이미 관계법령에 따라 행위허가를 받았거나 허가를 받을 필요가 없는 행위에 관하여 그 공사 또는 사업에 착수한 자는 대통령령으로 정하는 바에 따라 시장·군수등에게 신고한 후 이를 계속 시행할 수 있다. 이 경우 정비구역이 지정·고시된 날부터 30일 이내에 그 공사 또는 사업의 진행상황과 시행계획을 첨부하여 관할 시장·군수등에게 신고하여야 한다.

시장·군수등은 행위허가규정을 위반한 자에게 원상회복을 명할 수 있다. 이 경우 명령을 받은 자가 그 의무를 이행하지 아니하는 때에는 시장·군수등은 「행정대집행법」에 따라 대집행할 수 있다.

행위허가에 관하여는 도시정비법에 규정된 사항을 제외하고는 「국토의 계획 및 이용에 관한 법률」상의 개발행위허가의 절차, 기준, 도시계획위원회의 심의, 개발행위허가의 이행보증 및 준공검사에 관한 규정을 준용한다.[17] 도시정비법에 따라 행위허가를 받은 경우에는 「국토의 계획 및 이용에 관한 법률」 제56조에 따라 개발행위허가를 받은 것으로 본다(법 §19⑥).

행위제한은 정비구역에서만 행해지는 것이 원칙이지만 국토교통부장관, 시·도지사, 시장, 군수 또는 자치구의 구청장은 비경제적인 건축행위 및 투기수요의 유입을 막기 위하여 기본계획을 공람 중인 정비예정구역 또는 정비계획을 수립 중인 지역에 대하여 3년 이내의 기간[18]을 정하여 (i)건축물의 건축,

---

17 「국토의 계획 및 이용에 관한 법률」 제57조부터 제60조까지 및 제62조를 말한다.

18 1년의 범위에서 한 차례만 연장할 수 있다.

(ii)토지의 분할, (iii)건축물대장 중 일반건축물대장을 집합건축물대장으로 전환 및 (iv)건축물대장 중 집합건축물대장의 전유부분 분할 등의 행위에 대해 정비구역과 같은 행위 제한을 할 수 있다(법 §19⑦).

다. 지역주택조합의 조합원 모집금지(법 §19⑧)

정비예정구역 또는 정비구역에서는 「주택법」에 따른 지역주택조합의 조합원을 모집해서는 아니 된다.

라. 주거환경개선구역의 용도지역 변경 간주(법 §69①)

주거환경개선사업을 시행하는 주거환경개선구역은 해당 정비구역의 지정·고시가 있은 날부터 〈표 12〉와 같이 용도지역 변경의 결정·고시가 된 것으로 본다.

표 12

구분	간주되는 용도지역
현지개량방식 또는 환지방식	제2종일반주거지역
수용방식 또는 관리처분계획방식	제3종일반주거지역 다만, 공공지원민간임대주택 또는 「공공주택 특별법」에 따른 공공건설임대주택을 200세대 이상 공급하려는 경우로서 해당 임대주택의 건설지역을 포함하여 정비계획에서 따로 정하는 구역은 준주거지역

다만, (i)해당 정비구역이 개발제한구역이거나, (ii)시장·군수등이 주거환경개선사업을 위하여 필요하다고 인정하여 해당 정비구역의 일부분을 종전 용도지역으로 그대로 유지하거나 동일면적의 범위에서 위치를 변경하는 내용으로 정비계획을 수립한 경우, (iii)시장·군수등이 이미 용도지역을 변경하여 정비계획을 수립한 경우에는 용도지역은 주거환경개선구역의 종전 용도지역이 유지된다.

Ⅳ 정비구역의 해제

1. 의의 및 유형

정비구역의 해제란 정비구역으로 지정된 사업구역에 대해 그 지정의 효력을 장래를 향하여 소멸시키는 정비구역 지정권자의 행정행위를 말한다. 정비구역 지정 당시의 하자에 따른 것이 아니라 지정 이후의 일정사유를 원인으로 한다는 점에서 강학상 행정행위의 철회에 해당한다. 이와 같은 정비구역의 해제에 대해 도시정비법은 일정한 사유가 발생하면 해제의무를 부과하는 의무적 해제와 일정 사유가 발생할 경우 정비구역 지정권자에게 해제에 관하여 재량권을 부여하는 직권해제를 규정하고 있다.

2. 요건

가. 의무적 해제의 경우

정비구역 지정권자가 의무적으로 정비구역을 해제하여야 하는 경우는 〈표 13〉과 같다(법 §20①).

| 표 13

정비구역 지정권자가 의무적으로 정비구역을 해제하여야 하는 경우 (구청장등은 특별시장·광역시장에게 해제요청하여야 함)
(i) 정비예정구역에 대하여 기본계획에서 정한 정비구역 지정 예정일부터 3년이 되는 날까지 특별자치시장, 특별자치도지사, 시장 또는 군수가 정비구역을 지정하지 아니하거나 구청장등이 정비구역의 지정을 신청하지 아니하는 경우 (ii) 조합방식사업에서 토지등소유자가 정비구역으로 지정 · 고시된 날부터 2년이 되는 날까지 추진위원회의 승인을 신청하지 아니하는 경우 (iii) 조합방식사업에서 토지등소유자가 정비구역으로 지정 · 고시된 날부터 3년이 되는 날까지 조합설립인가를 신청하지 아니하는 경우(추진위원회를 구성하지 아니하는 경우로 한정한다)

(iv) 조합방식사업에서 추진위원회가 추진위원회 승인일(정비구역 지정고시 없이 추진위원회를 구성한 경우에는 정비구역 지정 · 고시일)이부터 2년이 되는 날까지 조합설립인가를 신청하지 아니하는 경우 (v) 조합이 조합설립인가를 받은 날부터 3년이 되는 날까지 사업시행계획인가를 신청하지 아니하는 경우 (vi) 토지등소유자가 시행하는 재개발사업으로서 토지등소유자가 정비구역으로 지정 · 고시된 날부터 5년이 되는 날까지 사업시행계획인가를 신청하지 아니하는 경우

정비구역의 지정권자는 위와 같은 의무적 해제사유가 발생하였다 하더라도 (i) 정비구역등의 토지등소유자[19]가 30% 이상의 동의로 해당 기간이 도래하기 전까지 연장을 요청하거나 (ii)정비사업의 추진 상황으로 보아 주거환경의 계획적 정비 등을 위하여 정비구역등의 존치가 필요하다고 인정하는 경우에는 해당 기간을 2년의 범위에서 연장하여 정비구역등을 해제하지 아니할 수 있다(법 §20⑥).

나. 직권해제의 경우

정비구역 지정권자가 판단하여 정비구역을 해제할 수 있는 〈표 14〉와 같다(법 §21①).

표 14

정비구역 지정권자가 판단하여 정비구역을 해제할 수 있는 경우[20] (구청장등은 특별시장 · 광역시장에게 해제요청하여야 함)
(i) 정비사업의 시행으로 토지등소유자에게 과도한 부담이 발생할 것으로 예상되는 경우 (ii) 정비구역등의 추진 상황으로 보아 지정 목적을 달성할 수 없다고 인정되는 경우 (iii) 토지등소유자의 100분의 30 이상이 정비구역등(추진위원회가 구성되지 아니한 구역으로 한정한다)의 해제를 요청하는 경우

19 조합을 설립하는 경우에는 조합원을 말한다.

20 아래의 직권해제사유 (i), (ii)에 따른 구체적인 기준 등에 필요한 시항은 시·도조례로 정한다.

(iv) 현지개량방식으로 시행 중인 주거환경개선사업의 정비구역이 지정 · 고시된 날부터 10년 이상 지나고, 추진 상황으로 보아 지정 목적을 달성할 수 없다고 인정되는 경우로서 토지등소유자의 과반수가 정비구역의 해제에 동의하는 경우
(v) 추진위원회 구성 또는 조합 설립에 동의한 토지등소유자의 2분의 1 이상 3분의 2 이하의 범위에서 시 · 도조례로 정하는 비율 이상의 동의로 정비구역의 해제를 요청하는 경우(사업시행계획인가를 신청하지 아니한 경우로 한정한다)
(vi) 추진위원회가 구성되거나 조합이 설립된 정비구역에서 토지등소유자 과반수의 동의로 정비구역의 해제를 요청하는 경우(사업시행계획인가를 신청하지 아니한 경우로 한정한다)

3. 절차

특별자치시장, 특별자치도지사, 시장, 군수 또는 구청장등이 정비구역등을 해제하거나 해제를 요청하는 경우에는 30일 이상 주민에게 공람하여 의견을 들어야 한다. 이 경우 지방의회의 의견을 들어야 하며 지방의회는 특별자치시장, 특별자치도지사, 시장, 군수 또는 구청장등이 정비구역등의 해제에 관한 계획을 통지한 날부터 60일 이내에 의견을 제시하여야 한다. 의견제시 없이 60일이 지난 경우 이의가 없는 것으로 본다(법 §20④).

또한, 정비구역의 지정권자는 정비구역등의 해제를 요청받거나 정비구역등을 해제하려면 지방도시계획위원회의 심의를 거쳐야 한다. 다만, 「도시재정비 촉진을 위한 특별법」 제5조에 따른 재정비촉진지구에서는 도시재정비위원회의 심의를 거쳐 정비구역등을 해제하여야 한다(법 §20⑤).

정비구역의 지정권자는 정비구역등을 해제하는 경우(연장포함)에는 그 사실을 해당 지방자치단체의 공보에 고시하고 국토교통부장관에게 통보하여야 하며, 관계 서류를 일반인이 열람할 수 있도록 하여야 한다(법 §20⑦, §21②).

4. 해제의 효력

제22조(정비구역등 해제의 효력) ① 제20조 및 제21조에 따라 정비구역등이 해제된 경우에는 정비계획으로 변경된 용도지역, 정비기반시설 등은 정비구역 지정 이전의 상태로 환원된 것으로 본다. 다만, 제21조제1항제4호의 경우 정비구역의 지정권자는 정비기반시설의 설치 등 해당 정비사업의 추진 상황에 따라 환원되는 범위를 제한할 수 있다.

② 제20조 및 제21조에 따라 정비구역등(재개발사업 및 재건축사업을 시행하려는 경우로 한정한다. 이하 이 항에서 같다)이 해제된 경우 정비구역의 지정권자는 해제된 정비구역등을 제23조제1항제1호의 방법으로 시행하는 주거환경개선구역(주거환경개선사업을 시행하는 정비구역을 말한다. 이하 같다)으로 지정할 수 있다. 이 경우 주거환경개선구역으로 지정된 구역은 제7조에 따른 기본계획에 반영된 것으로 본다.

③ 제20조제7항 및 제21조제2항에 따라 정비구역등이 해제 · 고시된 경우 추진위원회 구성승인 또는 조합설립인가는 취소된 것으로 보고, 시장 · 군수등은 해당 지방자치단체의 공보에 그 내용을 고시하여야 한다.

가. 정비계획으로 변경된 용도지역, 정비기반시설 등은 정비구역 지정 이전의 상태로 환원

정비구역등이 해제된 경우에는 정비계획으로 변경된 용도지역, 정비기반시설 등은 정비구역 지정 이전의 상태로 환원된 것으로 본다. 다만, 현지개량방식의 주거환경개선사업의 경우 정비구역의 지정권자는 정비기반시설의 설치 등 해당 정비사업의 추진 상황에 따라 환원되는 범위를 제한할 수 있다.

나. 주거환경개선구역으로 지정 가능

재개발사업 및 재건축사업을 시행하려던 정비구역이 해제된 경우 정비구역의 지정권자는 해제된 정비구역을 현지개량방식으로 시행하는 주거환경개선구역으로 지정할 수 있다. 이 경우 주거환경개선구역으로 지정된 구역은 도시정비법에 따른 기본계획에 반영된 것으로 본다. 주거환경개선구역이란 주거환경개선사업을 시행하는 정비구역을 말한다.

다. 추진위원회 구성승인 또는 조합설립인가의 취소 간주

정비구역이 해제·고시된 경우 추진위원회 구성승인 또는 조합설립인가는 취소된 것으로 보고, 시장·군수등은 해당 지방자치단체의 공보에 그 내용을 고시하여야 한다.

라. 도시재생선도지역 지정 요청 가능

정비구역이 해제된 경우 정비구역의 지정권자는 해제된 정비구역을 「도시재생 활성화 및 지원에 관한 특별법」에 따른 도시재생선도지역으로 지정하도록 국토교통부장관에게 요청할 수 있다(법 §21의2).

마. 직권해제의 경우 사용비용 보조 가능

정비구역등을 직권해제하여 추진위원회 구성승인 또는 조합설립인가가 취소되는 경우 정비구역의 지정권자는 해당 추진위원회 또는 조합이 사용한 비용의 일부를 대통령령으로 정하는 범위에서 시·도조례로 정하는 바에 따라 보조할 수 있다(법 §21③).

5. 관련 쟁송

정비구역 지정이나 변경 취소에 관한 집행정지는 회복하기 어려운 손해를 소명하기 어려워 인용받기가 어렵다. 하지만 정비구역해제는 이미 정비구역지정이후의 후속절차를 모두 무효화하는 것이어서 정비구역지정에 관한 집행정지와는 궤를 달리한다고 봐야 한다. 判例는 정비구역 직권해제에 관하여는 원칙적으로 집행정지를 인정하고 있다.[21] 정비사업조합에 특별한 귀책사유가 없는데도 정비사업의 진행이 법적으로 불가능해져 조합에 회복하기 어려운 손해가 발생할 우려가 있다고 보기 때문이다.

---

21 대법원 2018. 7. 12. 자 2018무600 결정 참조. 이 판례는 가이드라인에 따른 보조금으로 재항고인이 입을 피해가 모두 회복되리라고는 기대할 수 없다고 보았다.

제3장

정비사업의 시행

제3장

정비사업의 시행

제1절 정비사업의 시행방법 등

I 개관

이 절에서는 정비사업의 시행과정에 공통적으로 적용되는 정비사업의 시행체계를 규정하고 있다. 우선 정비사업을 어떠한 방식으로 추진할 것인지 정비구역의 특성을 고려하여 정비사업 유형별로 시행 가능한 시행방법 등을 제시하고 있다. 다음으로는 그와 같은 방식을 누가 추진할 것인지 여러 유형의 사업시행자를 사업의 특수성과 토지등소유자의 의사 등을 고려하여 규정하고 있다. 그리고 시행방법에 따라 사업시행자가 정비사업을 추진할 때 관련 업체들을 어떻게 선정할 것인지 정비사업의 계약방법을 규정하여 투명성 있게 정비사업이 시행되도록 시행체계를 마련하고 있다.

Ⅱ 정비사업의 시행방법

제23조(정비사업의 시행방법) ① 주거환경개선사업은 다음 각 호의 어느 하나에 해당하는 방법 또는 이를 혼용하는 방법으로 한다.

1. 제24조에 따른 사업시행자가 정비구역에서 정비기반시설 및 공동이용시설을 새로 설치하거나 확대하고 토지등소유자가 스스로 주택을 보전 · 정비하거나 개량하는 방법
2. 제24조에 따른 사업시행자가 제63조에 따라 정비구역의 전부 또는 일부를 수용하여 주택을 건설한 후 토지등소유자에게 우선 공급하거나 대지를 토지등소유자 또는 토지등소유자 외의 자에게 공급하는 방법
3. 제24조에 따른 사업시행자가 제69조제2항에 따라 환지로 공급하는 방법
4. 제24조에 따른 사업시행자가 정비구역에서 제74조에 따라 인가받은 관리처분계획에 따라 주택 및 부대시설 · 복리시설을 건설하여 공급하는 방법

② 재개발사업은 정비구역에서 제74조에 따라 인가받은 관리처분계획에 따라 건축물을 건설하여 공급하거나 제69조제2항에 따라 환지로 공급하는 방법으로 한다.

③ 재건축사업은 정비구역에서 제74조에 따라 인가받은 관리처분계획에 따라 건축물을 건설하여 공급하는 방법으로 한다. 다만, 주택단지에 있지 아니하는 건축물의 경우에는 지형여건 · 주변의 환경으로 보아 사업 시행상 불가피한 경우로서 정비구역으로 보는 사업에 한정한다.

④ 제3항에 따라 건축물을 건설하여 공급하는 경우 주택, 부대시설 및 복리시설을 제외한 건축물(이하 이 항에서 "공동주택 외 건축물"이라 한다)은 「국토의 계획 및 이용에 관한 법률」에 따른 준주거지역 및 상업지역에서만 건설할 수 있다. 이 경우 공동주택 외 건축물의 연면적은 전체 건축물 연면적의 100분의 30 이하이어야 한다.

1. 의의

정비사업은 도시기능을 회복하기 위하여 정비구역에서 정비기반시설을 정비하거나 주택 등 건축물을 개량 또는 건설하는 사업이다. 정비구역에서의 도시기능을 회복하기 위한 사업이므로 종전의 토지 또는 건축물 소유자와의 관

계를 어떻게 설정하고 사업을 추진할 것인가가 중요한 문제가 되게 된다. 정비사업의 시행방법이란 정비사업의 목적을 달성하기 위해 종전 토지등소유자의 재산을 어떻게 취급하고 그들에게 정비사업의 시행으로 인한 결과를 어떻게 귀속시킬 것인가에 관한 일련의 시행체계를 말한다. 정비사업별로 어떠한 시행방법을 채택할 것인가는 사업의 공공성 정도, 토지등소유자의 사업지지도, 토지 내 건축물 현황, 재원조달 가능성 등을 종합적으로 고려하여 이루어져야 한다. 도시정비법은 이와 같은 점으로 고려하여 정비사업 유형별로 정비사업별 시행방법을 규정하고 있다.

2. 시행방법의 유형

가. 현지개량방식(관리형)

현지개량방식의 정비사업 시행방법은 사업시행자가 정비구역에서 정비기반시설 및 공동이용시설을 새로 설치하거나 확대하고 토지등소유자가 스스로 주택을 보전·정비하거나 개량하는 방식을 말한다. 사업시행자는 시장·군수등이나 토지주택공사등의 공공이다. 이 방식은 토지등소유자가 스스로 주택을 개량하기 때문에 조성된 대지나 신축된 공동주택을 공급하는 환지방식이나 관리처분방식에 비해 정비사업비와 관리비용이 상대적으로 적고 원주민의 재정착률이 높으며 정비기반시설을 단기간에 개설할 수 있는 장점이 있다. 하지만, 토지등소유자가 스스로 주택을 개량하기 때문에 사업기간이 장기화되고 전면철거의 관리처분방식 등에 비해 주변지역과의 개발 불균형을 초래하는 등의 단점이 있다. 주택개량에는 신축도 포함된다.

정비구역 지정권자가, 정비사업이 법정기간 이상으로 지연되어 의무적으로 정비구역을 해제하거나 정비사업의 시행으로 토지등소유자에게 과도한 부담이 발생할 것으로 예상되어 정비구역등을 직권해제하는 경우, 정비구역 지정권자는 해제된 정비구역등을 현지개량방식으로 시행하는 주거환경개선구역으로 지정할 수 있다. 이 경우 주거환경개선구역으로 지정된 구역은 도시정비법 제7조에 따른 기본계획에 반영된 것으로 본다(법 §22②). 이와 같은 현지개량방식은 정비구역 지정권자의 입장에서 볼 때 토지등소유자가 스스로 주택을 보전·정비하거나 개량하도록 관리하는 방식으로 이루어지기 때문에 '관리형' 시행방법이라고도 한다.

나. 수용방식

수용방식은 사업시행자가 정비구역의 전부 또는 일부를 수용하여 주택을 건설한 후 토지등소유자에게 우선 공급하거나 대지를 토지등소유자 또는 토지등소유자 외의 자에게 공급하는 방법을 말한다. 종전의 토지 또는 건축물이 사업시행자에 의해 수용되기 때문에 토지등소유자는 소유권을 상실하고 정비사업 완료 후 새로운 대지 또는 주택을 공급받더라도 종전의 토지 또는 건축물은 동일성이 유지되지 않는다. 이 수용방식을 취하는 경우에는 도시정비법에서 별도의 규정을 두고 있지 않는 한 「공익사업을 위한 토지 등의 취득 및 보상에 관한 법률」에 따른다. 수용방식은 정비구역 내 기존의 토지 또는 건축물은 수용하는 방식을 취하기 때문에 사업초기자금이 많이 소요된다는 단점이 있다. 하지만 사업시행자가 수용된 토지를 가지고 정비사업을 시행하므로 사업을 신속히 진행할 수 있는 장점이 있다. 사업의 공공성이 높고 토지 내 지상건축물이 적은 경우에 사용되는 방식이다. 자금조달이 용이하고 사업을 신속히 추진해야 하는 경우에 적합한 시행방법이다. '공동주택건설방식'이라고도 한다.

다. 환지방식

환지방식의 정비사업의 시행방법은 사업시행자가 도시개발법의 환지에 관한 규정을 준용하여 토지등소유자에게 환지를 공급하는 방식을 말한다. 환지의 대상은 토지이기 때문에 토지 위에 건축물이나 정착물이 있는 경우에는 원칙적으로 수용에 의하여 사업시행자가 소유권을 취득하여야 사업을 시행할 수 있다(도시개발법 §38). 입체환지도 가능하기 때문에 토지등소유자의 신청을 받아 새로 건설되는 건축물과 그 건축물의 대지의 공유지분을 부여할 수도 있다. 환지처분이 있게 되면 종전 토지는 환지처분이 공고된 날의 다음날부터 환지로 보게 된다. 공용환지의 일종이다. 정비사업과 관련된 환지에 관하여는 「도시개발법」 제28조부터 제49조까지의 규정을 준용한다. 이 경우 「도시개발법」상 "환지처분을 하는 때"는 도시정비법상 "사업시행계획인가를 하는 때"로 본다(법 §69②). 환지처분이 있게 되면 종전 토지가 대지로 조성되어 주택사업승인을 받을 수 있게 되는데 정비사업에서는 사업시행계획인가가 주택사업승인으로 의제될 수 있기 때문이다(주택법 §15, 법 §57①i).

도시정비법은 관리처분계획에 따른 대지 또는 건축물의 소유권이전을 「도시개발법」에 따른 환지로 본다(법 §87②). 따라서 관리처분계획에 따라 주택을 분양받게 되는 경우에는 입체환지로 보게 된다. 환지방식은 환지의 대상이 되는 토지를 사업시행자가 소유권을 확보하는 것이 아니고 종전 토지의 지상건축물만 정비사업 시행을 위해 수용한다는 점에서 수용방식과 구별된다. 또한 종전 토지 또는 그 지상건축물도 사업시행자가 소유권을 확보하지 않고 신축 주택으로 강제적으로 소유권을 변환시키는 관리처분계획방식과 구별된다. 사업의 공공성이 높고 토지 내 지상건축물이 적지만 자금조달이 용이하지 않고 토지등소유자의 사업의지가 높은 경우에 적합한 시행방법이다. 「도시개발법」이 대표적인 환지방식의 법이다.

라. 관리처분계획방식

관리처분계획방식에 의한 정비사업의 시행은 사업시행자가 정비구역에서 도시정비법이 정한 관리처분계획에 따라 주택 및 부대시설·복리시설을 건설하여 공급하는 방법을 말한다. 건축물을 건설하여 공급한다는 점에 가장 큰 특징이 있다. 또한, 사업시행자가 종전의 토지 또는 건축물의 소유권을 취득하여 사업을 시행하는 것이 아니라 출자받은 형태로 사업을 시행하고 정비사업에 참여하는 종전 토지등소유자에게 주택 및 부대시설 복리시설을 건설하여 공급하는 방식이다. 이 점에서 수용방식이나 환지방식과 구별된다.

종전의 토지 또는 건축물의 소유권은 관리처분계획에 따라 이전고시가 있게 되면 새로 건설된 주택 및 부대복리시설의 소유권으로 동일성을 유지하면서 강제적으로 이전하게 된다. 공용환권의 일종이다. 지상건축물이 많은 도시정비분야에 적합한 시행방법이다. 도시정비법이 대표적인 관리처분계획방식의 법이다.

마. 종합비교

위에서 본 정비사업의 시행방법을 비교하여 살펴보면 〈표 15〉와 같다.

표 15 정비사업 시행방법별 비교

구분	현지개량방식	수용방식	환지방식	관리처분방식
주요 특징	사업시행자는 기반시설 설치, 민간은 주택개량	토지 또는 건축물을 사업시행자가 소유권 확보	토지는 토지등소유자가 보유하고, 건물은 사업시행자가 소유권 확보	토지 또는 건축물 모두 소유자가 보유
장점	비용적고 원주민 정착률 높음	신속한 사업추진	• 신규 도시개발에 적합함 • 비용이 적게 듬	• 도시재정비에 적합함 • 비용이 적게 듬
단점	사업기간 장기화	비용이 많이 듬	• 도시재정비에 부적합함 • 주민간 마찰로 사업지연 가능성 있음	주민간 마찰로 사업지연 가능성 있음
관련 법률	「공익사업을 위한 토지등의 취득 및 보상에 관한 법률」, 「건축법」	「공익사업을 위한 토지등의 취득 및 보상에 관한 법률」,	「도시개발법」	「도시정비법」

3. 정비사업별 시행방법

가. 주거환경개선사업

주거환경개선사업은 현지개량방식, 수용방식, 환지방식, 관리처분계획방식 또는 이를 혼용하는 방식으로 정비사업 시행이 가능하다.

나. 재개발사업

재개발사업은 관리처분계획방식이나 환지방식에 따라 정비사업을 시행할 수 있다. 정비구역 내 종전 종교시설은 관리처분계획방식에 의할 경우 미분양의 위험성이 있으므로 환지방식에 의하는 경우가 일반적이다. 이는 관리처분계획을 수립하면서 주택 등 일반건축물에 대해서는 관리처분계획방식에 따르면서도 종교시설에 대해서는 조성된 토지만 환지형태로 제공하는 방식이다. 관리처분계획방식을 취하지만 실질은 일부 환지방식을 혼용하는 방식이다. 이 경우 종교시설에 대해서는 환지방식을 취하게 되므로 정비사업을 시행하기 위해서는, 별도의 종교시설 처리에 관한 합의가 없는 한, 「도시개발법」에 따라 토지 내 교회시설들에 대해 수용절차를 밟아야 할 것이다.

다. 재건축사업

재건축사업은 정비구역에서 도시정비법이 정한 관리처분계획에 따라 건축물을 건설하여 공급하는 방법으로 한다. 다만, 주택단지에 있지 아니하는 건축물의 경우에는 지형여건·주변의 환경으로 보아 사업 시행상 불가피한 경우로서 정비구역으로 보는 사업에 한정한다(법 §23③). 이 경우 주택, 부대시설 및 복리시설을 제외한 건축물, 즉 공동주택 외 건축물은 「국토의 계획 및 이용에 관한 법률」에 따른 준주거지역 및 상업지역에서만 건설할 수 있고 이와 같은 공동주택 외 건축물의 연면적은 전체 건축물 연면적의 100분의 30 이하이어야 한다(법 §23④).

이처럼 도시정비법상의 재건축사업은 관리처분계획방식에 의하게 되는데, 특이한 점은 종전 도시정비법상의 재건축사업과는 달리 재건축사업으로 건설·공급하는 건축물의 용도가 제한되지 않는다는 점이다. 현행 도시정비법은 관리처분계획에 따라 건설·공급하는 건축물의 용도를 제한하고 있지 않으므로 종교시설도 별도의 획지나 독립된 건축물로 건설하여 공급할 수 있다. 종전에는 건설·공급하는 건축물의 용도에 제한이 있어 별도의 획지나 독립된 건축물을 건설하여 공급할 수는 없고 부대·복리시설 건축물 등을 활용하여 종교시설을 제공하는 방식이었다.

4. 관련 쟁점

현지개량방식에 의한 주거환경개선사업의 시행으로 인하여 주거용 건축물을 제공함에 따라 생활의 근거를 상실하게 되는 자, 즉 '현지개량방식에 의한 이주대책대상자'에 대해 「'공익사업을 위한 토지 등의 취득 및 보상에 관한 법률」 제78조 제4항(이주정착지의 생활기본시설 설치비용은 사업시행자의 부담으로 한다)의 적용을 배제하는 도시정비법 제69조 제3항 규정이 평등원칙에 위배되는지 문제된다.

주거환경개선사업 중 환지방식에 의해 택지를 공급받는 자, 수용방식(공동주택건설방식)에 의해 건설된 주택을 우선 공급받는 자 및 현지개량방식에 의해 스스로 주택을 개량하는 토지등소유자는 현지개량방식에 의한 주거환경개선사업의 시행으로 인하여 주거용 건축물을 제공함에 따라 생활의 근거를 상실하게 되는 자, 즉 '현지개량방식에 의한 이주대책대상자'와는 본질적으로 동일한 비교집단으로 보기 어렵다. 그러므로 '현지개량방식에 의한 이주대책대상자'와는 택지개발사업, 도시개발사업 등의 공익사업으로 인하여 이주대책대상자가 됨으로써 「공익사업을 위한 토지 등의 취득 및 보상에 관한 법률」 제78조 제4항의 적용을 받는 자, 즉 '여타 공익사업으로 인한 이주대책대상자'만이 차별취급을 논할 비교집단이 된다.

토지를 전면적으로 대지화하는 택지개발사업이나 대규모 시가지를 조성하는 도시개발사업과 같은 공익사업은 해당 사업으로 인한 개발이익이 발생하므로 사업시행자가 초기 사업시행비용이나 이주대책비용을 회수할 수 있을 뿐만 아니라 높은 수익도 기대할 수 있는 반면, 사업시행에 소요되는 비용 중 상당 부분을 국고나 지방비 등으로 무상 지원하는 주거환경개선사업에서는 사업시행자가 해당 사업으로 인한 개발이익이나 수익을 얻지 못한다는 점에서 커다란 차이가 있다. 이와 같이 공공의 도움이 없이는 실질적으로 사업의 효과를 기대하기 어려운 주거환경개선사업 구조의 특성상 사업시행자로 하여금 '현지개량방식에 의한 이주대책대상자'에게 이주대책으로 특별공급한 주택 등에 대한 생활기본시설 설치비용까지 부담하도록 한다면, 사업시행자에게 과도한 재정적 부담을 지우게 되어 주거환경개선사업의 원활한 수행에 지장을 초래할 우려가 있다. 따라서 위 도시정비법 제69조 제3항은 심판대상조항이 '현지개량방식에 의한 이주대책대상자'를 '여타 공익사업으로 인한 이주대책대상자'와 달리 취급하는 것에는 합리적인 이유가 있으므로 평등원칙에 위배되지 아니한다.[1]

Ⅲ 정비사업의 시행자

1. 의의

정비사업의 시행자는 정비사업의 추진주체를 말한다. 토지등소유자에게 어떠한 조성토지 또는 건축물을 제공할 것인가를 담은 사업시행계획을 작성하고 이와 같은 조성된 토지인 대지와 그 지장의 건축물을 토지등소유자에게 어떻게 배분하고 정산할 것인가를 정하는 관리처분계획을 수립하는 주체이다. 정비사업은 법률상 시행자 명의로 진행된다. 정비사업이 완료된 후에는 이전고시를 거쳐 정비사업에 참여하는 토지등소유자 또는 조합원의 명의로 주택 등의 보존등기가 이루어지게 되고 나머지 조합원 외의 자에게 분양되는 주택 등은 사업시행자 명의로 보존등기가 된다. 일반분양분은 사업시행자 명의로 보

1 헌법재판소 2015. 5. 28. 자 2012헌가6 전원합의체 결정

존등기되었다가 일반분양자에게 이전등기의 형식으로 이전되게 된다. 이처럼 정비사업의 시행자는 정비사업을 이끌어 가는 사업주체로서 도시정비법상 또는 사법상 중요한 법률적 지위를 갖게 되는데 도시정비법은 이와 같은 정비사업의 시행자를 정비사업의 유형에 맞춰 그 요건을 규정하고 있다. 「주택법」을 적용할 때는 도시정비법에 따른 사업시행자(토지주택공사등이 공동사업시행자인 경우에는 토지주택공사등을 말한다)는 「주택법」에 따른 사업주체로 본다(법 §69③).

2. 주거환경개선사업의 시행자

도시정비법은 주거환경개선사업의 시행자를 시행방법에 따라 약간의 차등을 두고 있다. 시행방법에 따른 시행자와 그 요건을 살펴보면 다음과 같다.

가. 현지개량방식

이 방법으로 시행하는 주거환경개선사업은 시장·군수등이 직접 시행한다. 또한, 시장·군수등은 토지주택공사등을 사업시행자로 지정하여 시행하게 할 수도 있는데 이 경우에는 정비계획입안을 위한 공람공고일 현재 토지등소유자의 과반수의 동의를 받아야 한다(법 §24①). 다만, 시장·군수등은 천재지변, 그 밖의 불가피한 사유로 건축물이 붕괴할 우려가 있어 긴급히 정비사업을 시행할 필요가 있다고 인정하는 경우에는 토지등소유자의 동의 없이 토지주택공사등을 사업시행자로 지정하여 시행하게 할 수 있다(법 §24④). 이 경우 시장·군수등은 지체 없이 토지등소유자에게 긴급한 정비사업의 시행 사유·방법 및 시기 등을 통보하여야 한다.

나. 수용방식, 환지방식, 관리처분계획방식

이들 시행방법으로 시행하는 주거환경개선사업도 시장·군수등이 직접 시행한다. 또한, 시장·군수등은 토지주택공사등과 공익법인[2]을 사업시행자로 지정

2 주거환경개선사업을 시행하기 위하여 국가, 지방자치단체, 토지주택공사등 또는 「공공기관의 운영에 관한 법률」 제4조에 따른 공공기관이 총지분의 100분의 50을 초과하

하여 시행하게 할 수 있다. 그 외 시장·군수등은 토지주택공사등이나 공익법인과 건설업자나 등록사업자를 공동시행자로 지정하여 주거환경개선사업을 시행하게 할 수 있다(법 §24②). 다만 수용방식에 따라 주거환경개선사업의 시행하고자 하는 경우에는 정비계획 입안제안을 위한 공람공고일 현재 해당 정비예정구역의 토지 또는 건축물의 소유자 또는 지상권자의 3분의 2 이상의 동의와 세입자[3] 세대수의 과반수의 동의를 각각 받아야 한다. 다만, (i)세입자의 세대수가 토지등소유자의 2분의 1 이하인 경우와 (ii)정비구역의 지정·고시일 현재 해당 지역이 속한 시·군·구에 공공임대주택 등 세입자가 입주 가능한 임대주택이 충분하여 임대주택을 건설할 필요가 없다고 시·도지사가 인정하는 경우에는 세입자의 동의절차를 거치지 아니할 수 있다(법 §24③, 시행령 §18). 시장·군수등은 천재지변, 그 밖의 불가피한 사유로 건축물이 붕괴할 우려가 있어 긴급히 정비사업을 시행할 필요가 있다고 인정하는 경우에도 토지등소유자 및 세입자의 동의 없이 자신이 직접 시행하거나 토지주택공사등을 사업시행자로 지정하여 시행하게 할 수 있다(법 §24④). 이 경우 시장·군수등은 지체 없이 토지등소유자에게 긴급한 정비사업의 시행 사유·방법 및 시기 등을 통보하여야 한다.

이를 정리하면 〈**표 16**〉과 같다.

표 16 주거환경개선사업의 시행자 및 그 요건

시행방법	시행자	요건	
		원칙	예외
현지개량방식	시장 · 군수등	–	–
	토지주택공사등	토지등소유자 과반수 동의	• 긴급시 동의 불요

는 출자로 설립한 법인을 말한다.

3 도시정비법 제15조 제1항에 따른 공람공고일 3개월 전부터 해당 정비예정구역에 3개월 이상 거주하고 있는 자를 말한다.

<table>
<tr><td rowspan="2">수용방식
환지방식
관리처분계획
방식</td><td>단독</td><td>시장 · 군수등
토지주택공사등
공익법인</td><td rowspan="2">수용방식의 경우에 토지등소유자 등의 2/3 이상 + 세입자의 과반수 각 동의</td><td>• 세입자가 토지등 소유자의 1/2 이하인 경우와 임대주택 충분한 경우에는 세입자 동의 불요</td></tr>
<tr><td>공동</td><td>토지주택공사등, 공익법인
+
건설업자,
등록사업자</td><td>• 긴급시 동의 불요</td></tr>
</table>

3. 재개발·재건축사업의 시행자

재개발사업의 시행자는 조합단독, 조합공동시행체, 토지등소유자단독, 토지등소유자공동시행체이다.

즉, 재개발사업은 조합이 시행하거나 조합이 조합원의 과반수의 동의를 받아 시장·군수등, 토지주택공사등, 건설업자, 등록사업자, 신탁업자 또는 한국부동산원과 공동으로 시행할 수 있다. 또한, 토지등소유자가 20인 미만인 경우에는 토지등소유자가 시행하거나 토지등소유자가 토지등소유자의 과반수의 동의를 받아 이와 같은 자들과 공동으로 시행할 수 있다.

재건축사업의 시행자는 조합단독이거나 조합공동시행체이다.

즉, 조합이 시행하거나 조합이 조합원의 과반수의 동의를 받아 시장·군수등, 토지주택공사등, 건설업자 또는 등록사업자와 공동으로 시행할 수 있다.

4. 재개발·재건축사업의 공공시행자

재개발·재건축사업의 공공시행자는 (i)시장·군수등과 (ii)토지주택공사등[4]이다.

4 토지주택공사등이 건설업자 또는 등록사업자와 공동으로 시행하는 경우를 포함한다.

시장·군수등은 재개발사업 및 재건축사업에 공공개입의 필요성이 인정되는 경우에는 직접 정비사업을 시행하거나 토지주택공사등을 사업시행자로 지정하여 정비사업을 시행하게 할 수 있다. 이 경우 시장·군수등은 사업시행자 지정의 고시를 하여야 한다. 시장·군수등이 직접 정비사업을 시행하거나 토지주택공사등을 사업시행자로 지정·고시한 때에는 그 고시일 다음 날에 추진위원회의 구성승인 또는 조합설립인가가 취소된 것으로 본다(법 §26③). 토지주택공사등과 재개발사업 또는 재건축사업의 준비·추진에 필요한 사항에 대하여 협약 등을 체결하려는 자[5]는 일정 비율 이상의 토지등소유자의 동의를 받아야 한다. 협약 등이 체결된 경우에는 정비구역 지정·고시 이전에도 주민대표회의를 구성할 수 있다(법 §26④, §47①).

한편, 공공시행 재개발·재건축방식은 공공재개발사업·공공재건축사업 방식과는 요건이나 정책 목적에 있어 차이가 있다. 양자의 시행주체는 동일하지만 공공재개발사업·공공재건축사업 방식은 정비사업의 필요성이나 정책적 목적의 강도가 더 크다 볼 수 있다. 공공재개발사업·공공재건축사업은 임대주택을 공급할 필요성 크거나 주택공급을 늘리고자 하는 필요성이 큰 경우에 추진되는 방식이다. 이 방식에서는 법적상한초과용적률 등에서 정비계획으로 정하여진 용적률을 뺀 '공공용적률'의 일정부분을 국민주택규모 주택으로 건설하여 공공에게 공급하여야 한다. 이에 반하여 공공시행 재개발·재건축방식은 민간사업시행자가 사업을 지연하는 경우 등에 있어 공공이 이를 대신하는 수준의 방식이다. 전자의 법적근거는 도시정비법 제2조 제2호 나목과 다목 및 제5장이나 후자는 도시정비법 제26조 제1항으로 서로 다르다.

재개발·재건축사업에 공공시행의 필요성이 인정되는 경우는 〈**표 17**〉과 같다.

5 토지등소유자로 구성된 자를 말한다.

표 17 재개발·재건축사업의 공공시행자 요건
시장·군수등이 재개발·재건축사업을 직접 시행하거나 토지주택공사등을 사업시행자로 지정하여 정비사업을 시행할 수 있는 경우
(ⅰ) 천재지변 등 그 밖의 불가피한 사유로 긴급하게 정비사업을 시행할 필요가 있다고 인정 하는 때 (ⅱ) 정비계획에서 정한 정비사업시행 예정일부터 2년 이내에 사업시행계획인가를 신청하지 아니하거나 사업시행계획인가를 신청한 내용이 위법 또는 부당하다고 인정하는 때(재건축사업의 경우는 제외한다) (ⅲ) 추진위원회가 시장 · 군수등의 구성승인을 받은 날부터 3년 이내에 조합설립인가를 신청하지 아니하거나 조합이 조합설립인가를 받은 날부터 3년 이내에 사업시행계획인가를 신청하지 아니한 때 (ⅳ) 지방자치단체의 장이 시행하는 「국토의 계획 및 이용에 관한 법률」 제2조제11호에 따른 도시 · 군계획사업과 병행하여 정비사업을 시행할 필요가 있다고 인정하는 때 (ⅴ) 순환정비방식으로 정비사업을 시행할 필요가 있다고 인정하는 때 (ⅵ) 제113조에 따라 사업시행계획인가가 취소된 때 (ⅶ) 해당 정비구역의 국 · 공유지 면적 또는 국 · 공유지와 토지주택공사등이 소유한 토지를 합한 면적이 전체 토지면적의 2분의 1 이상으로서 토지등소유자의 과반수가 시장 · 군수등 또는 토지주택공사등을 사업시행자로 지정하는 것에 동의하는 때 (ⅷ) 해당 정비구역의 토지면적 2분의 1 이상의 토지소유자와 토지등소유자의 3분의 2 이상에 해당하는 자가 시장 · 군수등 또는 토지주택공사등을 사업시행자로 지정할 것을 요청하는 때[6]

6 이 경우 도시정비법 제14조 제1항 제2호에 따라 토지등소유자가 정비계획의 입안을 제안한 경우 입안제안에 동의한 토지등소유자는 토지주택공사등의 사업시행자 지정에 동의한 것으로 본다. 다만, 사업시행자의 지정 요청 전에 시장·군수등 및 도시정비법 제47조에 따른 주민대표회의에 사업시행자의 지정에 대한 반대의 의사표시를 한 토지등소유자의 경우에는 그러하지 아니하다.

5. 재개발·재건축사업의 지정개발자

제27조(재개발사업 · 재건축사업의 지정개발자) ① 시장 · 군수등은 재개발사업 및 재건축사업이 다음 각 호의 어느 하나에 해당하는 때에는 토지등소유자, 「사회기반시설에 대한 민간투자법」 제2조제12호에 따른 민관합동법인 또는 신탁업자로서 대통령령으로 정하는 요건을 갖춘 자(이하 "지정개발자"라 한다)를 사업시행자로 지정하여 정비사업을 시행하게 할 수 있다.

1. 천재지변, 「재난 및 안전관리 기본법」 제27조 또는 「시설물의 안전 및 유지관리에 관한 특별법」 제23조에 따른 사용제한 · 사용금지, 그 밖의 불가피한 사유로 긴급하게 정비사업을 시행할 필요가 있다고 인정하는 때
2. 제16조제2항 전단에 따라 고시된 정비계획에서 정한 정비사업시행 예정일부터 2년 이내에 사업시행계획인가를 신청하지 아니하거나 사업시행계획인가를 신청한 내용이 위법 또는 부당하다고 인정하는 때(재건축사업의 경우는 제외한다)
3. 제35조에 따른 재개발사업 및 재건축사업의 조합설립을 위한 동의요건 이상에 해당하는 자가 신탁업자를 사업시행자로 지정하는 것에 동의하는 때

③ 신탁업자는 제1항제3호에 따른 사업시행자 지정에 필요한 동의를 받기 전에 다음 각 호에 관한 사항을 토지등소유자에게 제공하여야 한다.

1. 토지등소유자별 분담금 추산액 및 산출근거
2. 그 밖에 추정분담금의 산출 등과 관련하여 시 · 도조례로 정하는 사항

④ 제1항제3호에 따른 토지등소유자의 동의는 국토교통부령으로 정하는 동의서에 동의를 받는 방법으로 한다. 이 경우 동의서에는 다음 각 호의 사항이 모두 포함되어야 한다.

1. 건설되는 건축물의 설계의 개요
2. 건축물의 철거 및 새 건축물의 건설에 드는 공사비 등 정비사업에 드는 비용(이하 "정비사업비"라 한다)
3. 정비사업비의 분담기준(신탁업자에게 지급하는 신탁보수 등의 부담에 관한 사항을 포함한다)
4. 사업 완료 후 소유권의 귀속
5. 정비사업의 시행방법 등에 필요한 시행규정
6. 신탁계약의 내용

⑤ 제2항에 따라 시장 · 군수등이 지정개발자를 사업시행자로 지정 · 고시한 때에는 그 고시일 다음 날에 추진위원회의 구성승인 또는 조합설립인가가 취소된 것으로 본다. 이 경우 시장 · 군수등은 해당 지방자치단체의 공보에 해당 내용을 고시하여야 한다.

⑦ 신탁업자와 재개발사업 또는 재건축사업의 준비 · 추진에 필요한 사항에 대하여 협약등을 체결하려는 자(토지등소유자로 구성된 자를 말한다)는 대통령령으로 정하는 절차를 거친 사실을 시장 · 군수등에게 확인받은 후 대통령령으로 정하는 비율 이상의 토지등소유자의 동의를 받아 신탁업자를 공개모집한 후 사업시행자 지정 전에 협약등을 체결할 수 있다.

⑧ 제7항에 따른 공개모집 및 협약등의 체결에 필요한 사항은 대통령령으로 정한다.

가. 의의

도시정비법은 토지등소유자의 대표성을 갖을 수 있는 자 또는 공공성을 대표할 수 있는 자를 지정개발자로 규정하고 있다. 도시정비법은 지정개발자가 정비구역 내 토지등소유자를 대표할 수 있는 지위에 있다는 점을 고려하여 사업시행자로 지정할 수 있는 등 정비사업 시행에 있어 특수성을 부여하고 있다. 시장·군수등은 이와 같은 지정개발자를 사업시행자로 지정하는 때에는 정비사업 일정사항을 해당 지방자치단체의 공보에 고시하여야 한다(법 §27②).

나. 지정개발자

지정개발자는

(i) 정비구역의 토지 중 정비구역 전체 면적 대비 50% 이상의 토지를 소유한 자로서 토지등소유자의 2분의 1 이상의 추천을 받은 자,

(ii) 민관합동법인[7]으로서 토지등소유자의 2분의 1 이상의 추천을 받은 자,

7 「사회기반시설에 대한 민간투자법」 제2조 제12호에 따른 민관합동법인(민간투자사업의 부대사업으로 시행하는 경우에만 해당한다)을 말한다.

(iii) 신탁업자로서 토지등소유자의 2분의 1 이상의 추천을 받은 자

(iv) 신탁업자로서 도시정비법 제27조 제1항 제3호에 따라 재개발·재건축사업의 조합설립동의요건 이상에 해당하는 자로부터 사업시행자 지정 동의을 받은 자

(v) 신탁업자로서 도시정비법 제28조 제1항 제2호에 따라 정비사업 대행을 토지등소유자[8]의 과반수 동의로 요청받은 자

(vi) 신탁업자로서 법 제101조의8 제1항에 따라 정비구역 지정을 제안하기 위해 토지등소유자 2/3 이상의 동의를 받은 자

를 말한다(시행령 §21①).

지정개발자가 되기 위한 토지등소유자의 추천자수 산정 및 철회는 재개발사업과 재건축사업에 있어서의 조합설립동의자수 산정방법 및 동의철회의 그것과 동일하다(시행령 §21②~⑤).

다. 지정개발자의 사업시행자 지정의 요건

시장·군수등은 재개발사업 및 재건축사업에 일정 사유가 있는 때에는 지정개발자를 사업시행자로 지정하여 정비사업을 시행하게 할 수 있다. 그 사유를 설명하면 다음과 같다(법 §27①).

(1) 천재지변, 그 밖의 불가피한 사유로 긴급하게 정비사업을 시행할 필요가 있다고 인정하는 때

(2) 정비계획에서 정한 정비사업시행 예정일부터 2년 이내에 사업시행계획인가를 신청하지 아니하거나 사업시행계획인가를 신청한 내용이 위법 또는 부당하다고 인정하는 때

재개발사업에만 해당하고 재건축사업의 경우는 제외한다

(3) 재개발사업 및 재건축사업의 조합설립을 위한 동의요건 이상에 해당하는

---

8 조합을 설립한 경우에는 조합원을 말한다.

자가 신탁업자를 사업시행자로 지정하는 것에 동의하는 때

신탁업자는 사업시행자 지정에 필요한 동의를 받기 전에 조합설립동의시와 마찬가지로 (i)토지등소유자별 분담금 추산액 및 산출근거, (ii)그 밖에 추정분담금의 산출 등과 관련하여 시·도조례로 정하는 사항을 토지등소유자에게 제공하여야 한다(법 §27③).

그리고 토지등소유자의 동의는 국토교통부령으로 정하는 동의서에 동의를 받는 방법으로 한다. 이 경우 동의서에는 조합설립동의시의 내용과 함께 (i)정비사업의 시행방법 등에 필요한 시행규정과 (ii)신탁계약의 내용이 모두 포함되어야 한다(법 §27④). 또한 토지등소유자의 동의 또는 철회의 방법도 조합설립동의의 방법에 따라 동의서에 성명을 적고 지장을 날인하는 방법으로 하며, 주민등록증, 여권 등 신원을 확인할 수 있는 신분증명서의 사본을 첨부하여야 한다(법 §36①v)

신탁업자와 재개발사업 또는 재건축사업의 준비·추진에 필요한 사항에 대하여 협약 등을 체결하려는 자[9]는 대통령령이 정하는 비율 이상의 토지등소유자의 동의를 받아 신탁업자를 공개모집한 후 사업시행자 지정 전에 협약등을 체결할 수 있다(법 §27⑦).

국토교통부장관은 신탁업자와 토지등소유자 상호 간의 공정한 계약의 체결을 위하여 대통령령으로 정하는 바에 따라 표준 계약서 및 표준 시행규정을 마련하여 그 사용을 권장할 수 있다(법 §27⑥).

라. 효과

시장·군수등이 지정개발자를 사업시행자로 지정·고시한 때에는 그 고시일 다음 날에 추진위원회의 구성·승인 또는 조합설립인가가 취소된 것으로 본다(법 §27⑤). 이 경우 시장·군수등은 해당 지방자치단체의 공보에 해당 내용을

9 토지등소유자로 구성된 자를 말한다.

고시하여야 한다.

6. 재개발·재건축사업의 사업대행자(법 §28)

시장·군수등은 일정한 경우 해당 조합 또는 토지등소유자를 대신하여 직접 정비사업을 시행하거나 토지주택공사등 또는 지정개발자에게 해당 조합 또는 토지등소유자를 대신하여 정비사업을 시행하게 할 수 있다. 시장·군수등은 사업대행개시결정을 한 경우에는 해당 지방자치단체의 공보등에 고시하여야 한다. 그 사업대행자 개시결정의 요건은 〈표 18〉과 같다.

| 표 18

사업대행자 개시결정의 요건
(i) 장기간 정비사업이 지연되거나 권리관계에 관한 분쟁 등으로 해당 조합 또는 토지등소유자가 시행하는 정비사업을 계속 추진하기 어렵다고 인정하는 경우 (ii) 토지등소유자[10]의 과반수 동의로 요청하는 경우

사업대행자는 사업시행자에게 청구할 수 있는 보수 또는 비용의 상환에 대한 권리로써 사업시행자에게 귀속될 대지 또는 건축물을 압류할 수 있다.

사업대행자는 사업대행개시결정 고시를 한 날의 다음 날부터 사업대행완료를 고시하는 날까지 자기의 이름 및 사업시행자의 계산으로 사업시행자의 업무를 집행하고 재산을 관리한다. 이 경우 도시정비법에 따른 정비사업과 관련하여 사업시행자가 행하거나 사업시행자에 대하여 행하여진 처분·절차 그 밖의 행위는 사업대행자가 행하거나 사업대행자에 대하여 행하여진 것으로 본다(시행령 §22③).

시장·군수등이 아닌 사업대행자는 재산의 처분, 자금의 차입 그 밖에 사업시행자에게 재산상 부담을 주는 행위를 하려는 때에는 미리 시장·군수등의 승

10 조합을 설립한 경우에는 조합원을 말한다.

인을 받아야 한다(시행령 §22④).

사업대행자는 정비사업 대행업무를 하는 경우 선량한 관리자로서의 주의의무를 다하여야 하며, 필요한 때에는 사업시행자에게 협조를 요청할 수 있고, 사업시행자는 특별한 사유가 없는 한 이에 응하여야 한다(시행령 §22⑤).

사업대행자는 사업대행의 원인이 된 사유가 없어지거나 이전고시에 따른 대지 및 건축물에 관한 등기를 완료한 때에는 사업대행을 완료하여야 한다. 이 경우 시장·군수등이 아닌 사업대행자는 미리 시장·군수등에게 사업대행을 완료할 뜻을 보고하여야 한다. 시장·군수등은 사업대행을 완료한 때에는 사업대행완료일 등을 해당 지방자치단체의 공보등에 고시하고, 토지등소유자 및 사업시행자에게 각각 통지하여야 한다. 또한 사업대행자는 사업대행완료의 고시가 있은 때에는 지체없이 사업시행자에게 업무를 인계하여야 하며, 사업시행자는 정당한 사유가 없는 한 이를 인수하여야 한다. 이와 같은 인계·인수가 완료된 때에는 사업대행자가 정비사업을 대행할 때 취득하거나 부담한 권리와 의무는 사업시행자에게 승계된다. 사업대행의 완료 후 사업시행자에게 보수 또는 비용의 상환을 청구할 때에 그 보수 또는 비용을 지출한 날 이후의 이자를 청구할 수 있다(시행령 §23).

Ⅳ 정비사업의 계약방법

1. 개요

정비사업은 수년에 걸쳐 정비구역지정, 조합설립인가, 사업시행계획인가, 관리처분계획인가, 건축공사, 이전고시 및 해산·청산 등의 업무를 순차적으로 진행해야 하기 때문에 사업 추진 과정에 많은 용역업체나 시공업체가 관여하게 된다. 도시정비법은 정비사업의 투명성을 제고하기 위해 사업시행자가 이들 업체와 계약을 체결하는 방법을 직접 규정하고 시공사 선정계약과 관련해서는 별도의 규정을 두면서 세부적인 사항에 대해서는 국토교통부장관이 정하여 고시하도록 하고 있다. 국토교통부고시 「정비사업 계약업무 처리기준」이 그것이다. 누구든지 업체 선정과 관련하여 금품등을 제공·수수·약속·승낙해서는 안된다(법 §132). 만일 이를 위반한 경우에는 도시정비법 제135조위반죄로 처벌된다. 자수하면 그 형을 감경 또는 면제한다(법 §141). 신고자에게는 포상금도 지급될 수 있다(법 §142).

아울러 사업시행자는 정비사업의 시행으로 건설된 건축물 중 조합원분양분을 제외한 일반분양분을 공공지원민간임대사업자에게 매각할 수 있는데 도시정비법은 매매계약을 체결하는 임대사업자를 선정하는 방법도 함께 규정하고 있다.

모든 용역계약 등에 일반적으로 적용되는 기준과 시공사와 임대사업자 선정과 관련한 특별한 기준 등을 살펴보면 다음과 같다. 이하 『Ⅳ. 정비사업의 계약방법』 부분에서 국토교통부고시 「정비사업 계약업무 처리기준」의 조문을 원용할 때는 이를 「기준」으로 표기하기로 한다.

2. 일반업체의 선정

가. 의의

도시정비법은 정비사업과 관련하여 업체를 선정하고자 하는 경우 원칙적으로 일반경쟁입찰에 의하도록 하고 있다. 다만 예외적으로 계약의 특수성 등을 반영하여 지명경쟁이나 수의계약으로도 할 수 있다(기준 §6①).

나. 일반경쟁입찰

추진위원장 또는 사업시행자(청산인을 포함)는 정비사업과 관련하여 용역계약 등[11]을 체결하려면 일반경쟁에 부쳐야 한다. 경쟁입찰은 2인 이상의 유효한 입찰로 성립한다. 따라서 일반경쟁입찰 또는 지명경쟁입찰을 하는 경우 2인 이

11 공사, 용역, 물품구매 및 제조 등을 말한다.

상의 유효한 입찰참가 신청이 있어야 한다(기준 §6②).

입찰절차는 일반적으로『입찰공고 → 현장설명회 → 입찰서의 접수 및 개봉 → 계약체결대상의 선정 → 계약의 체결』순으로 진행된다.

사업시행자등이 계약을 위하여 입찰을 하고자 하는 경우에는 입찰서 제출마감일 7일 전까지 전자조달시스템 또는 1회 이상 일간신문에 입찰을 공고하여야 한다(기준 §9). 입찰공고에는 입찰의 방법으로 경쟁입찰방법의 내용과 공동참여 여부, 부정당업자의 입찰참가자격 제한에 관한 사항 등이 포함되어야 한다(기준 §10).

현장설명회는 일반업체 선정과 관련해서는 사업시행자가 개최여부를 결정할 수 있다. 반드시 개최하여야 하는 것은 아니다. 그러나 시공사를 선정하기 위해서는 반드시 현장설명회를 개최여야 한다(기준 §31①).

사업시행자등은 밀봉된 상태로 입찰서(사업 참여제안서를 포함한다)를 접수하여야 한다(기준 §13①). 사업시행자등이 접수한 입찰서를 개봉하고자 할 때에는 입찰서를 제출한 입찰참여자의 대표(대리인을 지정한 경우에는 그 대리인을 말한다)와 사업시행자등의 임원 등 관련자, 그 밖에 이해관계자 각 1인이 참여한 공개된 장소에서 개봉하여야 한다(기준 §13②). 입찰에 참여한 자는 토지등소유자 등을 상대로 개별적인 홍보(홍보관·쉼터 설치, 홍보책자 배부, 세대별 방문, 개인에 대한 정보통신망을 통한 부호·문언·음향·영상 송신행위 등을 포함한다)를 할 수 없으며, 홍보를 목적으로 토지등소유자 등에게 사은품 등 물품·금품·재산상의 이익을 제공하거나 제공을 약속하여서는 아니 된다(기준 §14④).

조합원총회 또는 이에 준하는 총회조직의 의결을 거쳐야 하는 계약으로는 (i)예산으로 정한 사항 외에 조합원에게 부담이 되는 계약, (ii)시공자·설계자 및 감정평가법인등의 선정 및 변경의 계약, (iii)정비사업전문관리업자의 선정 및 변경계약이다. 그 외의 계약은 대의원회의 의결을 거치면 된다(기준 §15①). 조합등은 총회의 의결을 거쳐 업체를 선정해야 하는 경우 대의원회에서 총회에 상정할 4인 이상의 입찰대상자를 선정하여야 한다. 다만, 입찰에 참가한 입찰대상자가 4인 미만인 때에는 모두 총회에 상정하여야 한다(기준 §15②).

토지등소유자 등을 상대로 하는 개별적인 홍보를 하는 행위가 적발된 건수의 합이 3회 이상인 경우 해당 입찰은 무효로 본다. 이에 따라 해당 입찰이 무효로 됨에 따라 단독 응찰이 된 경우에는 1인만이 남았더라도 유효한 경쟁입찰로 본다(기준 §16). 선정된 자가 정당한 이유 없이 3개월 이내에 계약을 체결하지 아니하는 경우에는 총회 또는 대의원회의 의결을 거쳐 해당 선정을 무효로 할 수 있다(기준 §17).

한편, 일반경쟁의 방법으로 계약을 체결하는 경우라도 일정 규모를 초과하는 계약은 전자입찰[12]에 의하여야 한다. 전자입찰을 통한 계약대상자의 선정 방법에는 (i)투찰 및 개찰 후 최저가로 입찰한 자를 선정하는 최저가방식, (ii)입찰가격과 실적·재무상태·신인도 등 비가격요소 등을 종합적으로 심사하여 선정하는 적격심사방식, (iii)입찰가격과 사업참여제안서 등을 평가하여 선정하는 제안서평가방식이 있다. 낙찰자를 대의원회에서 결정하는 입찰에 있어, 이사회의 예비적 적격심사에서 탈락하여 대의원회 적격심사대상이 되지 못한 자는 낙찰자지위확인소송이 아니라 적격심사대상자지위확인소송에 의하여야 할 것이다. 이 경우에는 대의원회에서 적격심사를 받을 지위를 침해받았기 때문이다. 전자입찰에 의하여야 하는 계약의 요건을 정리하면 〈표 19〉와 같다(법 §29②, 시행령 §24②). 추정가격은 물품·공사·용역 따위의 조달 계약을 체결할 때 국제 입찰 대상 여부를 판단하는 기준으로 삼기 위하여 예정 가격이 결정되기 전에 산정된 가격을 말한다.[13] 예정 가격에서 부가가치세를 제외한 금액이다. 추정가격에 부가가치세 등을 더한 금액을 추정금액이라 한다.

---

12 「전자조달의 이용 및 촉진에 관한 법률」 제2조 제4호의 국가종합전자조달시스템을 이용하여야 행하는 일반경쟁입찰을 말한다.

13 「국가를 당사로 하는 계약에 관한 법률 시행령」 제2조 제1호

| 표 19

전자입찰의 방법으로 일반경쟁에 부쳐야 하는 경우
(i) 「건설산업기본법」에 따른 건설공사로서 추정가격이 6억원을 초과하는 공사의 계약 (ii) 「건설산업기본법」에 따른 전문공사로서 추정가격이 2억원을 초과하는 공사의 계약 (iii) 공사관련 법령[14]에 따른 공사로서 추정가격이 2억원을 초과하는 공사의 계약 (iv) 추정가격 2억원을 초과하는 물품 제조 · 구매, 용역, 그 밖의 계약

다. 지명경쟁입찰

사업시행자등이 지명경쟁입찰을 하고자 할 때에는 4인 이상의 입찰대상자를 지명하여야 하고, 3인 이상의 입찰참가 신청이 있어야 한다(기준 §7①). 조합등은 입찰대상자를 지명하고자 하는 경우에는 대의원회의 의결을 거쳐야 한다(기준 §7②).

지명경쟁입찰에 의한 입찰절차도 일반경쟁입찰과 같은 순으로 이루어지는데 다만 입찰공고 대신 입찰서 제출마감일 7일 전까지 내용증명우편으로 입찰대상자에게 통지(도달을 말한다)하면 된다. 입찰서 제출 전에 현장설명회를 개최하는 경우에도 현장설명회 개최일 7일 전까지 내용증명우편으로 입찰대상자에게 통지하면 된다. 나머지 입찰절차는 일반경쟁입찰과 동일하다.

지명경쟁입찰의 요건은 〈표 20〉과 같다(시행령 §24①i).

| 표 20

지명경쟁입찰에 의할 수 있는 경우
(i) 계약의 성질 또는 목적에 비추어 특수한 설비 · 기술 · 자재 · 물품 또는 실적이 있는 자가 아니면 계약의 목적을 달성하기 곤란한 경우로서 입찰대상자가 10인 이내인 경우

14 「건설산업기본법」은 제외한다.

(ii)「건설산업기본법」에 따른 건설공사[15]로서 추정가격이 3억원 이하인 공사인 경우
(iii)「건설산업기본법」에 따른 전문공사로서 추정가격이 1억원 이하인 공사인 경우
(iv) 공사관련 법령에 따른 공사로서 추정가격이 1억원 이하인 공사인 경우
(v) 추정가격 1억원 이하의 물품 제조 · 구매, 용역, 그 밖의 계약인 경우

라. 수의계약

수의계약을 하는 경우 보증금과 기한을 제외하고는 최초 입찰에 부칠 때에 정한 가격 및 기타 조건을 변경할 수 없다(기준 §8). 수의계약에 의할 수 있는 수의계약의 요건을 보면 〈표 21〉과 같다(시행령 §24① ii).

표 21

수의계약에 의할 수 있는 경우
(i)「건설산업기본법」에 따른 건설공사로서 추정가격이 2억원 이하인 공사인 경우
(ii)「건설산업기본법」에 따른 전문공사로서 추정가격이 1억원 이하인 공사인 경우
(iii) 공사관련 법령에 따른 공사로서 추정가격이 8천만원 이하인 공사인 경우
(iv) 추정가격 5천만원 이하인 물품의 제조 · 구매, 용역, 그 밖의 계약인 경우
(v) 소송, 재난복구 등 예측하지 못한 긴급한 상황에 대응하기 위하여 경쟁에 부칠 여유가 없는 경우
(vi) 일반경쟁입찰이 입찰자가 없거나 단독 응찰의 사유로 2회 이상 유찰된 경우

마. 관련 쟁점

도시정비법 제10조는, 정비계획의 입안권자는 재개발임대아파트를 정비계획에 반영하여야 하고 사업시행자는 이를 건설하여야 한다고 규정하고 있다. 이렇게 건설된 재개발임대아파트는 조합이 요청하는 경우 시·도지사 또는 시장, 군수, 구청장이 우선하여 인수하여야 하며, 시·도지사 또는 시장, 군수, 구청장이 예산·관리인력의 부족 등 부득이한 사정으로 인수하기 어려운 경우에

15 전문공사를 제외한다.

는 국토교통부장관에게 토지주택공사등을 인수자로 지정할 것을 요청할 수 있다(시행령 §68). 문제는 조합이 공공과 재개발임대아파트의 가격을 조율한 결과 서로 의견이 맞지 않아 공공에 대한 인수 요청를 포기하고 이를 민간에 매각하려고 하는 경우 도시정비법 제29조 및 국토교통부고시 「정비사업 계약업무처리기준」이 적용되는가 하는 점이다. 재개발임대아파트는 정비사업의 시행으로 조성된 대지 및 건축물이기 때문에 관리처분계획에 따라 처분 또는 관리될 수 있으므로 재개발임대아파트의 매각은 도시정비법 제29조 제1항의 '이 법에 특별한 규정이 있는 경우'에 해당하여 인가받은 관리처분계획에 따라 매각하면 된다는 이유로 도시정비법 제29조 제1항이 적용되지 않는다는 견해가 있다.[16] 이 견해는 재개발임대아파트 포괄양수도계약은 정비사업조합의 협력업체 선정 과정에서의 비리와 업체간 공정성 저해를 막으려는 도시정비법 제29조 제1항의 취지와는 거리가 있다고 본다. 하지만 도시정비법 제29조 제1항이 사업시행자가 체결하는 계약의 범위를 포괄적으로 규정하고 있고 관리처분계획의 내용에 포함된 내용을 '이 법에 따른 규정'이라 해석할 수 없으며 재개발임대아파트의 포괄양수도계약에서도 똑같은 비리와 공정성이 문제된다는 점에서 재개발임대아파트의 민간 매각에 관하여도 도시정비법 제29조 제1항이 적용된다고 보는 것이 타당하다고 생각한다. 재개발임대아파트의 매각도 일반 계약과 마찬가지로 원칙적으로 경쟁입찰에 의하여야 할 것이고 이를 위반한 매매계약은 강행법규에 반해 무효라 할 것이다.

3. 시공자의 선정 및 공사비 검증

가. 의의

시공자는 정비사업의 건설공사를 시행하는 자이다. 시공자에게 지급하는 건설공사비는 정비사업비의 대부분을 차지한다. 또한 정비사업의 시행으로 건설하는 주택 등의 가치를 결정할 수 있는 지위에 있다. 따라서 시공자선정은 정

16 수원지방법원 안산지원 2024. 10. 16. 자 2024카합50143 결정

비사업비의 규모를 결정하고 건설하는 주택 등의 품질과 연관되기 때문에 조합원등의 이해관계나 관심도가 클 수 밖에 없다. 도시정비법은 이와 같은 시공자 선정의 중요성을 감안하여 선정요건을 규정하고 공사비의 적정성을 검토하기 위한 일정한 검증장치를 마련해 두고 있다. 도시정비법 제29조 제4항 본문은 정비사업조합에서 시공자 선정과정의 투명성을 제고하고 조합원 간의 분쟁을 예방하기 위하여 경쟁입찰의 방법으로 시공자를 선정하도록 하고 있다. 또한 도시정비법 제136조 제2호는 위 규정을 위반하여 시공자를 선정한 조합과 시공자로 선정된 자를 3년 이하의 징역 또는 3천만 원 이하의 벌금으로 처벌하고 있다. 이와 같은 점을 고려하면 도시정비법 제29조 제4항은 강행규정으로 이를 위반하여 경쟁입찰의 방법이 아닌 방법으로 이루어진 입찰과 시공자 선정결의는 당연히 무효라고 보아야 한다.[17]

나. 선정요건

건설업자 또는 등록사업자가 다음의 요건을 갖추어야 시공자로 선정될 수 있다. 하지만 시공자로 선정되었다 하더라도 선정된 시공자가 정당한 이유 없이 3개월 이내에 계약을 체결하지 아니하는 경우에는 총회의 의결을 거쳐 해당 선정을 무효로 할 수 있다(기준 §36③).

(1) 선정시기를 준수할 것

조합은 조합설립인가 받은 후 시공사를 선정하여야 한다(법 §29④). 토지등소유자가 수용방식에 따라 재개발사업을 시행하는 경우에는 사업시행계획인가를 받은 후에 시공자를 선정하여야 한다. 시장·군수등이 공공시행자로서 직접 정비사업을 시행하거나 토지주택공사등 또는 지정개발자를 사업시행자로 지정한 경우 사업시행자는 사업시행자 지정·고시 후 시공자를 선정하여야 한다.

공공이 사업시행과정을 지원하는 공공지원의 경우 시공자 선정 시기를 시·도조례로 달리 정할 수 있다(법 §118①⑥). 가령 도시정비법 제29조 제4항이

17 대법원 2017. 5. 30. 선고 2014다61340 판결

규정하는 조합설립인가 후가 아닌 사업시행계획인가 후 등으로 시·도조례에서 달리 정할 수 있다. 다만, 이 경우에도 조합이 건설업자와 공동시행하기 위해 협약을 체결하거나 사업대행자방식으로 정비사업을 시행하는 경우에는 토지등소유자[18]의 과반수 동의를 받아 도시정비법 제29조 제4항에 따라 조합설립인가 후에 시공자를 선정할 수 있다(법 §118⑦). 건설업자와의 공동시행의 경우에는 해당 건설업자가 시공자가 된다.

(2) 입찰 등에 의할 것

조합은 조합총회에서 경쟁입찰 또는 수의계약(2회 이상 경쟁입찰이 유찰된 경우로 한정한다)의 방법으로 건설업자 또는 등록사업자를 시공자로 선정하여야 한다. 다만, 조합원이 100인 이하인 정비사업은 조합총회에서 정관으로 정하는 바에 따라 선정할 수 있다(법 §29④). 조합은 도시정비법 또는 조합정관에 따라 시공자를 선정하는 경우 입찰에 참가하는 건설업자 또는 등록사업자가 토지등소유자에게 시공에 관한 정보를 제공할 수 있도록 합동설명회를 2회 이상 개최하여야 한다(법 §29⑧).

토지등소유자가 수용방식에 따라 재개발사업을 시행하는 경우에는 사업시행계획인가를 받은 후 당해 규약에 따라 건설업자 또는 등록사업자를 시공자로 선정하여야 한다(법 §29⑤).

시장·군수등이 공공시행자로서 직접 정비사업을 시행하거나 토지주택공사등 또는 지정개발자를 사업시행자로 지정한 경우 사업시행자는 사업시행자 지정·고시 후 경쟁입찰 또는 수의계약의 방법으로 건설업자 또는 등록사업자를 시공자로 선정하여야 한다(법 §29⑥). 이 경우 주민대표회의 또는 토지등소유자 전체회의는 대통령령으로 정하는 경쟁입찰 또는 수의계약(2회 이상 경쟁입찰이 유찰된 경우로 한정한다)의 방법으로 시공자를 추천할 수 있다(법 §29⑦). 주민대표회 또는 토지등소유자 전체회의가 준수해야 하는 '대통령령으로 정하는 경쟁입

18 조합이 설립된 경우에는 조합원을 말한다.

찰'은 〈표 22〉의 요건을 모두 갖춘 입찰방법을 말한다(시행령 §24④)

| 표 22　　주민대표회의 또는 토지등소유자전체회의의 시공자입찰방법

대통령령으로 정하는 입찰방법
(i) 일반경쟁입찰 · 제한경쟁입찰 또는 지명경쟁입찰 중 하나일 것 (ii) 해당 지역에서 발간되는 일간신문에 1회 이상 (i)의 입찰을 위한 공고를 하고, 입찰 참가자를 대상으로 현장 설명회를 개최할 것 (iii) 해당 지역 주민을 대상으로 합동설명회를 개최할 것 (iv) 토지등소유자를 대상으로 제출된 입찰서에 대한 투표를 실시하고 그 결과를 반영할 것

주민대표회의 또는 토지등소유자 전체회의가 시공자를 추천한 경우 사업시행자는 추천받은 자를 시공자로 선정하여야 한다. 이 경우 시공자와의 계약에 관해서는「지방자치단체를 당사자로 하는 계약에 관한 법률」제9조 또는「공공기관의 운영에 관한 법률」제39조를 적용하지 아니한다(법 §29⑩). 만일 이를 위반하여 시공자를 선정하는 경우에는 도시정비법 제136조위반죄가 성립한다(법 §136 ii).

사업시행자등은 지명경쟁입찰에 부치고자 할 때에는 5인 이상의 입찰대상자를 지명하여 3인 이상의 입찰참가 신청이 있어야 한다. 사업시행자인 조합은 지명경쟁에 의한 입찰을 하고자 하는 경우에는 대의원회의 의결을 거쳐야 한다.

사업시행자등은 건설업자등에게 이사비, 이주비, 이주촉진비, 재건축부담금, 그 밖에 시공과 관련이 없는 사항에 대한 금전이나 재산상 이익을 요청하여서는 아니 된다(기준 §30). 건설업자등도 시공과 관련 없는 재산상 이익등을 제안하여서는 아니된다. 재산상 이익등으로는 (i)이사비, 이주비, 이주촉진비 등을 무상으로 제공하는 것, (ii)이사비, 이주비, 이주촉진비 등을 무이자나 시중은행의 최저대출금리보다 더 낮은 금리로 대여하는 것 또는 (iii)재건축부담금을 대납하는 것 등이 이에 해당한다. 다만 건설업자등은 금융기관의 이주비 대출에 대한 이자를 사업시행자등에 대여하는 것을 제안하는 것은 가능하다. 또한 건설업자등은 금융기관으로부터 조달하는 금리 수준으로 추가 이주비를 사업시행자등에 대여하는 것을 제안하는 것도 가능하다. "추가 이주비"란 종전 토지 또는 건축물을 담보로 한 금융기관의 이주비 대출 이외의 이주비를 말한다. 이를 정리하면 〈표 23〉과 같다.

표 23 금지·허용되는 제안 유형

금지되는 제안	허용되는 제안
• 이주비등 무상제공 • 이주비등 무이자 대여 • 이주비등 저금리 대여 • 재건축부담금 대납	• 이주비 대출이자의 대여 • 추가 이주비를 시중금리 수준으로 대여

사업시행자등은 입찰서 제출마감일 20일 전까지 현장설명회를 개최하여야 한다. 다만, 비용산출내역서 및 물량산출내역서 등을 제출해야 하는 내역입찰의 경우에는 입찰서 제출마감일 45일 전까지 현장설명회를 개최하여야 한다(기준 §31).

사업시행자등은 제출된 입찰서를 모두 대의원회에 상정하여야 한다. 대의원회는 총회에 상정할 6인 이상의 건설업자등을 선정하여야 한다. 다만, 입찰에 참가한 건설업자등이 6인 미만인 때에는 모두 총회에 상정하여야 한다. 총회에 상정할 건설업자등의 선정은 대의원회 재적의원 과반수가 직접 참여한 회의에서 비밀투표의 방법으로 의결하여야 한다. 이 경우 서면결의서 또는 대리인을 통한 투표는 인정하지 아니한다(기준 §33).

사업시행자등은 입찰공고에 따른 입찰마감일 다음날부터 시공자 선정을 위한 총회 개최일까지의 기간 동안 건설업자등의 합동설명회를 2회 이상 개최하여야 한다. 이 경우 사업시행자등은 총회에 상정하는 건설업자등이 제출한 입찰제안서에 대하여 시공능력, 공사비 등이 포함되는 객관적인 비교표를 작성하여 토지등소유자에게 제공하여야 하며, 건설업자등이 제출한 입찰제안서 사본을 토지등소유자가 확인할 수 있도록 전자적 방식[19]을 통해 게시할 수 있다. 사업시행자등은 합동설명회를 개최할 때에는 개최일 7일 전까지 일시 및 장소를 정하여 토지등소유자에게 이를 통지하여야 한다. 건설업자등의 임직원, 시공자 선정과 관련하여 홍보 등을 위해 계약한 용역업체의 임직원 등은 토지등소유자 등을 상대로 개별적인 홍보를 할 수 없으며, 홍보를 목적으로 토지등소유자 또는 정비사업전문관리업자 등에게 사은품 등 물품·금품·재산상의 이익을 제공하거나 제공을 약속하여서는 아니 된다. 사업시행자등은 합동설명회(최초 합동설명회를 말한다) 개최 이후 건설업자등의 신청을 받아 정비구역 내 또는 인근에 개방된 형태의 홍보공간을 1개소 제공하거나, 건설업자등이 공동으로 마련하여 한시적으로 제공하고자 하는 공간 1개소를 홍보공간으로 지정할 수 있다. 이 경우 건설업자등은 사업시행자등이 제공하거나 지정하는 홍보공간에서는 토지등소유자 등에게 홍보할 수 있다. 건설업자등은 홍보를 하려는 경우에는 미리 홍보를 수행할 직원의 명단을 사업시행자등에 등록하여야 하며, 홍보직원의 명단을 등록하기 이전에 홍보를 하거나, 등록하지 않은 홍보직원이 홍보를 하여서는 아니 된다. 이 경우 사업시행자등은 등록된 홍보직원의 명단을 토지등소유자에게 알릴 수 있다(기준 §34).

건설업자와 등록사업자는 시공자 선정과 관련하여 홍보 등을 위하여 계약한 용역업체의 임직원이 금품 등을 제공하거나 약속하는 일이 없도록 교육, 용역비 집행 점검, 용역업체 관리·감독 등 필요한 조치를 하여야 한다(법 §132의2). 또한 건설업자와 등록사업자는 토지등소유자에게 정비사업에 관한 정보를 제공함에 있어 허위 또는 과장하거나 은폐·축소 해서는 아니 된다. 위반으로 피해를 입은 자가 있는 경우에는 손해배상책임을 진다. 이 경우 손해가 발생된

19 「전자문서 및 전자거래 기본법」 제2조 제2호에 따른 정보처리시스템을 사용하거나 그 밖에 정보통신기술을 이용하는 방법을 말한다.

사실은 인정되나 그 손해액을 증명하는 것이 사안의 성질상 곤란한 경우 법원은 변론 전체의 취지와 증거조사의 결과에 기초하여 상당한 손해액을 인정할 수 있다(법 §132조의3).

건설업자등의 선정을 위한 총회등은 조합원등의 과반수가 직접 출석하여 의결하여야 한다. 대리인 참석도 직접 출석으로 본다. 조합원등은 총회등의 직접 참석이 어려운 경우 서면으로 의결권을 행사할 수 있으나, 서면결의서를 철회하고 시공자선정 총회등에 직접 출석하여 의결하지 않는 한 직접 참석자에는 포함되지 않는다. 서면의결권 행사는 사업시행자등에서 지정한 기간·시간 및 장소에서 서면결의서를 배부받아 제출하여야 한다. 사업시행자등은 조합원등의 서면의결권 행사를 위해 조합원등의 수 등을 고려하여 서면결의서 제출기간·시간 및 장소를 정하여 운영하여야 하고, 시공자 선정을 위한 총회등의 개최 안내시 서면결의서 제출요령을 충분히 고지하여야 한다(기준 §35).

경쟁입찰의 방법이 아닌 방법으로 이루어진 입찰과 시공자 선정결의는 당연히 무효이다. 나아가 형식적으로는 경쟁입찰의 방법에 따라 조합총회에서 시공자 선정결의를 하였다고 하더라도 실질적으로 도시정비법 제29조 제4항 본문에서 경쟁입찰에 의하여 시공사를 정하도록 한 취지를 잠탈하는 경우에도 위 규정을 위반한 것으로 볼 수 있다. 가령, 조합이나 입찰 참가업체가 시공자 선정과정에서 조합원들에게 금품을 제공하여 시공자 선정동의서를 매수하는 등 시공자 선정 기준, 조합의 정관, 입찰참여지침서나 홍보지침서 등에서 정한 절차나 금지사항을 위반하는 부정한 행위를 하였고, 이러한 부정행위가 시공자 선정에 관한 총회결의 결과에 영향을 미쳤다고 볼 수 있는 경우를 들 수 있다.[20]

(3) 조합총회 또는 이에 준하는 총회조직에서 선정할 것

조합은 조합총회의 의결을 거쳐 선정하여야 한다. 사업시행자인 토지등소유자는 규약이 정하는 바에 따라 시공자를 선정하여야 한다. 시장·군수등이 공

20 대법원 2017. 5. 30. 선고 2014다61340 판결

공시행자로서 직접 정비사업을 시행하거나 토지주택공사등 또는 지정개발자를 사업시행자로 지정한 경우 주민대표회의 또는 토지등소유자 전체회의에서 시공자를 추천할 수 있다. 이 경우 주민대표회의 또는 토지등소유자 전체회의는 경쟁입찰 또는 수의계약(2회 이상 경쟁입찰이 유찰된 경우로 한정한다)의 방법으로 시공자를 추천할 수 있다. 경쟁입찰은 (i)일반경쟁입찰·제한경쟁입찰 또는 지명경쟁입찰 중 하나일 것, (ii)입찰공고와 현장설명회를 개최할 것, (iii)해당 주민에 대해 합동설명회를 개최할 것, (iv)토지등소유자의 투표결과를 반영할 것 등의 요건을 모두 갖추어야 한다. 주민대표회의 또는 토지등소유자 전체회의가 시공자를 추천하면 사업시행자는 추천받은 자를 시공자로 선정하여야 한다. 위반시 도시정비법 제136조위반죄로 처벌된다(법 §136 ii).

(4) 기존건축물 철거공사를 포함할 것

사업시행자(사업대행자를 포함한다)는 선정된 시공자와 공사에 관한 계약을 체결할 때에는 기존 건축물의 철거 공사에 관한 사항을 포함시켜야 한다. 철거공사에는「석면안전관리법」에 따른 석면 조사·해체·제거를 포함한다.

다. 선정의 효과

(1) 공사도급계약의 체결

경쟁입찰의 방법으로 조합원총회의 의결을 거쳐 시공자를 선정하면 선정당시의 계약서안을 기초로 공사도급계약을 체결하게 된다. 도시정비법 제45조의 '시공사 선정'이란 공사도급계약의 체결까지를 의미한다고 보아야 한다.

(2) 공사비 검증요청(법 §29의2)

재개발사업·재건축사업의 사업시행자[21]는 시공자와 계약 체결 후 (i)토지등소유자 또는 조합원 5분의 1 이상이 사업시행자에게 검증 의뢰를 요청하는 경

21 시장·군수등 또는 토지주택공사등이 단독 또는 공동으로 정비사업을 시행하는 경우는 제외한다.

우, (ii)공사비 증액비율이 사업시행계획인가 전에 시공자를 선정하는 경우에는 10% 이상이거나 사업시행계획인가 후에 시공자를 선정하는 경우에는 5% 이상인 경우 또는 (iii)공사비 검증이 완료된 이후 공사비 증액비율이 3% 이상인 경우에는 한국부동산원, 한국토지주택공사, 지방공사와 같은 정비사업 지원기구에 공사비 검증을 요청하여야 한다. 공사비 증액비율을 산정할 때 생산자물가상승률은 제외한다

(3) 시공보증(법 §82)

조합이 정비사업의 시행을 위하여 시장·군수등 또는 토지주택공사등이 아닌 자를 시공자로 선정(도시정비법 제25조에 따른 공동사업시행자가 시공하는 경우를 포함한다)한 경우 그 시공자는 공사의 시공보증을 위하여 국토교통부령으로 정하는 기관의 시공보증서를 조합에 제출하여야 한다. 시공보증이란 시공자가 공사의 계약상 의무를 이행하지 못하거나 의무이행을 하지 아니할 경우 보증기관에서 시공자를 대신하여 계약이행의무를 부담하거나 총 공사금액의 30% 이상 50% 이하의 범위에서 사업시행자가 정하는 금액을 납부할 것을 보증하는 것을 말한다. 시장·군수등은 「건축법」 제21조에 따른 착공신고를 받는 경우에는 시공보증서의 제출 여부를 확인하여야 한다.

라. 관련 쟁점

(1) 도급제와 확정지분제

공사도급계약은 도급제방식에 의하거나 확정지분제 방식에 의하게 되는데 이를 혼용하는 경우도 많다. 도급제는 공사비단가에 연면적을 곱하여 총공사대금을 정하는 방식으로 일반분양대금 등의 분양수입은 모두 조합에 귀속시키는 방식을 말한다. 확정지분제란 시공자가 자신의 비용으로 사업비를 투입하여 분양대상 조합원에게 종전 재산에 상응한 일정 수준의 신축분양아파트를 무상으로 제공하되 일반분양수입금을 시공자의 수입으로 귀속시키는 방식을 말한다. 총공사대금을 정하지 않는 경우가 일반적이지만 세법상의 편의 등을

위해 총공사대금을 정하고 있는 확정지분제도 있다. 종전 재산에 대응하여 무상으로 제공받는 신축아파트의 가격비율을 무상지분율이라 한다. 조합설립에 대한 법정동의서상의 비례율을 분양수입 등이나 공사비에 관계없이 보장해 주는 계약방식이라 할 수 있다. 양자의 가장 큰 구별기준은 시공자가 투입한 사업비를 조합이 사업완료 후 반환할 의무를 지는지 여부이다. 시공자가 조합에 일반사업비도 대여가 아닌 지원하는 방식인 경우에는 지원금을 다시 반환한다는 특약이 없는 한 확정지분제 방식의 계약이라 할 것이다. 무상지분율을 보장하면서도 대여하거나 지원한 일반사업비를 공사비가 일반분양대금 등으로 모두 충당되지 않는 경우에는 반환하도록 하는 구조라면 조합에게만 불리한 편면적 불공정 계약으로서 확정지분제 계약이라 할 수 없을 것이다. 혼합방식은 여러 방식이 있을 수 있는데 대표적인 예를 들면, 일반분양가가 A수준 이하의 구간은 확정지분제에 따라 무상지분율을 보장하되 공사비와 일반사업비에 충당하고 남은 일반분양 수입분은 시공사의 수입으로 하고, 일반분양가가 A수준 이상 B수준 이하인 구간은 도급제에 따라 공사비와 일반사업비를 일반분양수입에서 지급하되 남는 수입은 조합으로 귀속시키며, B수준 이상인 경우에는 다시 확정지분제에 따라 무상지분율을 보장해 주되 공사비 등에 충당하고 남은 일반분양수입은 조합과 시공자가 반분하는 방식의 계약 등을 말한다.

도급제인지 확정지분제인지 혼합방식의 계약인지는 형식적 문언에만 구애받지 않고 당사자가 그 표시행위에 부여한 객관적 의미를 논리와 경험의 법칙에 따라 합리적으로 해석하여야 할 것이다.[22]

(2) 공동이행방식과 분담이행방식

시공자와의 공사도급계약과 관련하여 또 문제되는 것은 시공자가 컨소시엄을 구성하여 입찰에 참여하여 선정된 경우이다. 가령 3개의 건설사가 컨소시엄을 구성하여 조합과 공사도급계약을 체결한 경우 시공자 중 1개의 구성건설

22 대법원 2017. 10. 12. 선고 2017다228731 판결, 2017다228748 판결

사가 조합에게 공사대금을 직접 청구할 수 있는지, 조합이 1개의 구성건설사에 대해 계약을 해제할 수 있는지, 1개의 건설사가 컨소시엄에서 탈퇴하려고 하는 경우 조합과 다른 건설사들은 어떤 조치를 취해야 하는지 등이 문제된다.

먼저 공동수급체가 수급인으로 체결한 공사도급계약이 공동수급체의 구성원 각자가 분담한 부분을 독립하여 이행하기로 한 분담이행방식의 계약인지 조합체로서 공동하여 이행하기로 한 공동이행방식의 계약인지는 기본적으로 계약상에 나타난 당사자의 의사해석의 문제다. 공동이행방식의 공동수급체는 기본적으로 민법상 조합의 성질을 가지는 것이므로,[23] 공동수급체가 공사를 시행함으로 인하여 도급인에 대하여 가지는 채권은 원칙적으로 공동수급체의 구성원에게 합유적으로 귀속하는 것이어서 특별한 사정이 없는 한 구성원 중 1인이 임의로 도급인인 조합에 대하여 출자지분의 비율에 따른 급부를 청구할 수 없다.[24] 다만 공동이행방식의 공동수급체라도 그 개별 구성원이 각자의 지분비율에 따라 직접 도급인에게 공사대금을 청구할 수 있도록 하는 별도의 약정을 한 경우와 같이 공사도급계약의 내용에 따라서는 도급인에 대한 채권이 조합체로서의 공동수급체가 아니라 구성원 각자에게 지분비율에 따라 구분·귀속될 수 있고,[25] 그러한 약정은 명시적으로는 물론 묵시적으로도 이루어질 수 있다.[26]

또한 민법 제547조 제1항 소정의 해제불가분의 원칙을 배제하기로 하는 약정이 없는 한 공동이행방식의 공동수급체의 구성건설사만을 상대로 한 해제의 의사표시는 그 효력이 발생한다고 볼 수 없다.

2개의 건설사로 이루어진 공동수급체인 시공자에서 1개의 구성건설사가 탈퇴하면 민법상의 조합관계는 종료되지만 특별한 사정이 없는 한 민법상의 조합체는 해산되지 아니하고, 구성원의 합유에 속하였던 재산은 남은 구성건설사의 단독소유에 속하게 되어 기존의 공동사업은 청산절차를 거치지 않고 잔존자가 계

23 대법원 2000. 12. 12. 선고 99다49620 판결 등

24 대법원 1997. 8. 26. 선고 97다4401 판결 등

25 대법원 2002. 1. 11. 선고 2001다75332 판결

26 대법원 2012. 5. 17. 선고 2009다105406 전원합의체 판결

속 유지할 수 있다.[27] 따라서 공동수급체는 1개의 구성건설사가 탈퇴하더라도 시공자로서의 지위를 유지한다 할 것이나 시공자의 변경에 준하다 볼 수 있으므로 이와 같은 컨소시엄의 변경에 관하여 조합원총회의 의결을 거쳐야 할 것이다.

공동수급인이 분담이행방식에 의한 계약을 체결한 경우에는 공사의 성질상 어느 구성원의 분담 부분 공사가 지체됨으로써 타 구성원의 분담 부분 공사도 지체될 수밖에 없는 경우라도, 특별한 사정이 없는 한, 공사 지체를 직접 야기한 구성원만 분담 부분에 한하여 지체상금의 납부의무를 부담한다.[28]

(3) 공동명의 예금채권의 법률관계

조합과 시공자가 분양대금을 공동으로 관리하기 위해 공동명의로 계좌를 개설한 경우가 있는데 이때 시공자의 채권자가 이 계좌에 대해 가압류나 압류 등을 할 수 있는지가 문제된다.

은행에 공동명의로 예금을 하고 은행에 대하여 그 권리를 함께 행사하기로 한 경우에 만일 동업 자금을 공동명의로 예금한 경우라면 채권의 준합유관계에 있다고 볼 것이나, 공동명의 예금채권자들 각자가 분담하여 출연한 돈을 동업 이외의 특정 목적을 위하여 공동명의로 예치해 둠으로써 그 목적이 달성되기 전에는 공동명의 예금채권자가 단독으로 예금을 인출할 수 없도록 방지·감시하고자 하는 목적으로 공동명의로 예금을 개설한 경우라면, 하나의 예금채권이 분량적으로 분할되어 각 공동명의 예금채권자들에게 공동으로 귀속되고, 각 공동명의 예금채권자들이 예금채권에 대하여 갖는 각자의 지분에 대한 관리처분권은 각자에게 귀속되는 것이다.[29] 따라서 공사도급계약이 도급제 방식이어서 분양대금이 조합에 귀속되는 경우라면 이에 대한 가압류조치 등은 효력이 없다 할 것이다. 다만 공사도급계약에 따라 시공자의 지분이 인정되는 경우라면 시공자의 채권자는 시공자 지분에 상응하는 예금채권에 대해 압류 및

27 대법원 2006. 3. 9. 선고 2004다49693, 2004다49709 판결

28 대법원 1998. 10. 2. 선고 98다33888 판결

29 대법원 2005. 9. 9. 선고 2003다7319 판결

추심명령 등을 얻어 이를 집행할 수 있다. 이 경우 은행은 조합과의 공동명의 예금채권의 공동반환특약을 들어 그 지급을 거절할 수는 없다.

(4) 임의해제 가부

시공자가 공사도급계약상의 의무를 불이행하는 경우 조합은 채무불이행을 이유로 조합원총회의 의결을 거쳐 공사도급계약을 해제할 수 있다. 한편, 민법 제673조는 '수급인이 일을 완성하기 전에는 도급인은 손해를 배상하고 계약을 해제할 수 있다.'라고 완성전의 도급인의 임의 해제권을 규정하고 있다. 이 규정은 임의규정으로 해석된다. 따라서 공사도급계약에 계약의 해지사유와 절차 등에 관하여 별도의 규정을 두고 있는 경우, 계약에서 정한 해지사유와 절차에 의하지 않고는 계약을 해지할 수 없는지 문제된다. 이와 같은 약정해제권을 민법상의 임의해제권을 배제한 특약으로 볼 수 있는지의 문제다. 大法院은 위임계약에 있어서는 민법규정이 이러한 약정과는 별개 독립적으로 적용된다고 볼 만한 특별한 사정이 없는 한 위 약정에서 정한 해지사유와 절차에 의하지 않고는 계약을 해지할 수 없다는 입장이다.[30] 그러나 도급인의 임의해제권은 해제시 손해배상책임을 전제로 하고 있는 점에 비춰 민법상의 임의해제권을 배제하기로 했다고 볼 만한 특별한 사정이 없는 한 위임계약에 관한 위 해지법리가 그대로 적용될 수는 없다고 생각한다. 임의해제권과 별개의 약정해제권을 규정한 것이라 볼 것이다.

다음으로 채무불이행을 전제로 조합원총회의 의결을 거쳐 조합이 시공자와의 공사도급계약을 해제하였으나 이후 소송과정에서 채무불이행사유가 인정되지 않은 경우 이와 같은 해제를 민법상의 임의해제권을 행사한 것으로 볼 수 있는지 문제된다. 채무불이행에 기한 법정해제나 약정해제는 조합이 시공자에게 손해배상책임을 물을 수 있음에 반하여 민법상의 도급인의 임의해제는 오히려 시공자에게 손해배상을 해 주어야 하는 점을 고려하면 이와 같은 조합원총회의 의결을

---

30 대법원 2019. 5. 30. 선고 2017다53265 판결, 대법원 2021. 4. 8. 선고 2017다286003 판결

두고 임의해제권을 행사한 것이라 볼 수는 없을 것이다.[31] 또한 임의해제권을 행사하기 위해 조합원총회의 의결을 거치는 경우에도 적어도 손해배상금액이 어느 정도인지에 관한 정보를 제공하여야 유효한 임의해제결의가 있었다 할 것이다.

시공자 선정을 위한 총회는 조합원 과반수가 직접 출석하여 의결하여야 한다. 이와 관련하여 계약을 해제하려는 경우에도 이와 같은 직접 참석자 수가 필요한지 문제될 수 있다. 도시정비법 제45조는 시공자의 선정을 의결하는 총회의 경우에는 조합원의 과반수가 직접 출석하여야 하지만 시공자 선정 취소를 위한 총회는 조합원의 20% 이상이 직접 출석하여야 하는 것으로 규정하여 입법적으로 해결하고 있다.

(5) 임의해제시 손해배상의 범위 결정방법

민법 제673조에서 도급인으로 하여금 자유로운 해제권을 행사할 수 있도록 하는 대신 수급인이 입은 손해를 배상하도록 규정하고 있는 것은 도급인의 일방적인 의사에 기한 도급계약 해제를 인정하는 대신, 도급인의 일방적인 계약해제로 인하여 수급인이 입게 될 손해, 즉 수급인이 이미 지출한 비용과 일을 완성하였더라면 얻었을 이익을 합한 금액을 전부 배상하게 하는 것이라 할 것이므로, 위 규정에 의하여 도급 계약을 해제한 이상은 특별한 사정이 없는 한 도급인은 수급인에 대한 손해배상에 있어서 과실상계나 손해배상예정액 감액을 주장할 수는 없다.[32] 하지만, 수급인이 도급계약의 이행을 통하여 얻을 수 있었던 이익은 일단 도급계약에 따라 도급인으로부터 지급받을 수 있었던 급부인 공사대금이라고 할 것이나, 도급계약의 이행에 이르지 않음으로써 도급인이 지출을 면하게 된 직·간접적 비용은 그가 배상받을 손해액에서 당연히 공제되어야 한다.[33] 즉, 채무불이행이나 불법행위 등이 채권자 또는 피해자에게

31 대법원 2022. 10. 14. 선고 2022다246757 판결, 대법원 2025. 5. 15. 선고 2024다282177, 2024다282184 판결

32 대법원 2002. 5. 10. 선고 2000다37296, 37302 판결

33 대법원 2011. 11. 10. 선고 2011다41659 판결

손해를 생기게 하는 동시에 이익을 가져다 준 경우에는 공평의 관념상 그 이익은 당사자의 주장을 기다리지 아니하고 손해를 산정함에 있어서 공제되어야만 하는 것이므로, 민법 제673조에 의하여 도급계약이 해제된 경우에도, 그 해제로 인하여 수급인이 그 일의 완성을 위하여 들이지 않게 된 자신의 노력을 타에 사용하여 소득을 얻었거나 또는 얻을 수 있었음에도 불구하고, 태만이나 과실로 인하여 얻지 못한 소득 및 일의 완성을 위하여 준비하여 둔 재료를 사용하지 아니하게 되어 타에 사용 또는 처분하여 얻을 수 있는 대가 상당액은 당연히 손해액을 산정함에 있어서 공제되어야 한다.[34]

한편, 도급계약이 중도 해지되는 경우 그 구체적인 손해 액수를 증명하기가 쉽지 않은데, 이에 대해 大法院은 채무불이행이나 불법행위로 인한 손해배상청구소송에서 재산적 손해의 발생 사실이 인정되나 구체적인 손해의 액수를 증명하는 것이 사안의 성질상 곤란한 경우, 법원은 증거조사의 결과와 변론 전체의 취지에 의하여 밝혀진 당사자들 사이의 관계, 채무불이행이나 불법행위와 그로 인한 재산적 손해가 발생하게 된 경위, 손해의 성격, 손해가 발생한 이후의 제반 정황 등 관련된 모든 간접사실들을 종합하여 적당하다고 인정되는 금액을 손해의 액수로 정할 수 있다는 입장이다.[35] 특히 장래 얻을 수 있었을 이익에 관한 입증에 있어서는 그 증명도를 과거사실에 대한 입증에 있어서의 증명도보다 경감하여 채권자가 현실적으로 얻을 수 있을 구체적이고 확실한 이익의 증명이 아니라 합리성과 객관성을 잃지 않는 범위 내에서의 상당한 개연성이 있는 이익의 증명으로써 충분하다고 보는 입장이다.[36]

한편, 감정인의 감정 결과는 그 감정방법 등이 경험칙에 반하거나 합리성이 없는 등의 현저한 잘못이 없는 한 이를 존중하여야 한다.[37] 그리고 동일한 사항

---

34 대법원 2002. 5. 10. 선고 2000다37296, 37302 판결

35 대법원 2020. 3. 26. 선고 2018다301336 판결 및 민사소송법 제202조의 2 참조

36 대법원 2008. 2. 14. 선고 2006다37892 판결, 대법원 1992. 4. 28. 선고 91다29972 판결

37 대법원 2009. 7. 9. 선고 2006다67602, 67619 판결, 대법원 2007. 2. 22. 선고

에 관하여 상반되는 수 개의 감정결과가 있을 때 법원이 자유심증주의에 따라 그 중 하나에 의거하여 사실을 인정하거나, 수 개의 감정결과를 종합하여 사실을 인정하는 것은 경험칙이나 논리법칙에 위배되지 않는 한 적법하다 할 것이다.[38]

(6) 1심 판결금을 변제하고 항소하여 다투는 경우 「소송촉진 등에 관한 특례법」상의 지연손해금이 발생하는지 여부

조합이 공사도급계약을 임의해제한 경우 시공사는 이행이익 상당의 손해배상을 청구할 수 있다. 이 소송에서 이행이익 상당이 손해로 인정되는 경우 조합은 이에 대해 항소할 수 있는데 만일 항소하여 다투면서도 이 지연손해금 부담을 피하고자 조합이 1심 판결금을 변제하면 「소송촉진 등에 관한 특례법」상의 지연손해금이 더 이상 발생하지 않는 것은 아닌가 의문이 들 수 있다. 하지만, 가집행부 제1심판결이 선고된 후 조합이 판결인용금액을 변제공탁하고 시공사가 이를 수령하였다 하더라도 조합이 항소하여 제1심에서 인용된 금액에 대하여 다투고 있는 경우에는, 그 금원은 비록 변제공탁이라는 형식을 취하였으나 채무자인 조합이 제1심판결에 붙은 가집행에 기한 강제집행을 면하기 위하여 공탁한 것이라고 할 것이지 조합이 시공사에 대하여 그 금액 상당의 채무가 있음을 인정하고 임의로 변제한 것이라 볼 수 없다. 시공사가 공탁금을 수령한 것은 시공사의 조합에 대한 채권의 일부를 임의로 변제받은 것이 아니라 이 경우에는 제1심판결에 붙은 가집행선고에 의하여 지급받은 금원이라고 할 것이다. 이와 같이 제1심판결에 붙은 가집행에 기하여 지급받은 금원은 변제의 효과가 확정적으로 발생하지 않는다. 따라서 항소심은 이를 참작해서는 안되고 변제되지 않았음을 전제로 판결하여야 할 것이다.[39] 결국 조합이 1심 판결금을 변제하였더라도 항소하여 이를 다투는 경우에는 「소송촉진 등에 관한 특례법」상의 지연손해금은 여전히 발생한다 할 것이다.

2004다70420, 70437 판결

38 대법원 2022. 7. 14. 선고 2022다212273 판결

39 대법원 1982. 1. 19. 선고 80다2626 판결, 대법원 1994. 11. 11. 선고 94다22446 판결

(7) 입찰절차속행금지가처분결정과 사정변경

법원이 시공자의 가처분신청에 대해『조합원총회에서 행한 시공자해지결의의 효력을 정지하고 추후 시공자선정 입찰절차 또는 수의계약 절차를 진행하여서는 아니된다』는 가처분인용 결정을 하는 경우가 있다. 이 경우 조합은 다시 적법한 시공자해지결의를 하면 가처분에 대한 아무런 조치 없이 새로운 시공자를 뽑는 입찰절차를 진행할 수 있을까. 大法院은 사정변경을 이유로 가처분이의의 소를 제기하여 가처분의 취소를 구하여야 한다는 입장이다.[40] 종전 해지결의에 대한 효력정지는 사정변경이 생겼다 하더라도 소급하여 적법해질 수는 없는 것이고 새로운 총회의 해지결의와는 무관한 것이므로 별도의 조치는 필요없다. 그러나『추후 시공자선정 입찰절차 또는 수의계약 절차를 진행하여서는 아니된다』는 가처분인용부분은 여전히 효력이 있는 것이므로 민사집행법 제288조에 따라 사정변경을 이유로 가처분취소신청을 통해 가처분취소 후 새로운 입찰절차를 진행하여야 할 것이다. 大法院은 사정변경을 이유로 한 가처분이의의 소도 인정하고 있으므로 가처분 이의신청을 통해서도 가처분의 효력을 상실시킬 수 있을 것이다.

4. 임대사업자의 선정(법 §30)

사업시행자는 공공지원민간임대주택을 원활히 공급하기 위하여 국토교통부장관이 정하는 경쟁입찰의 방법 또는 수의계약의 방법으로「민간임대주택에 관한 특별법」제2조 제7호에 따른 임대사업자를 선정할 수 있다. 수의계약의 방법은 2회 이상 경쟁입찰이 유찰된 경우와 공공재개발사업을 통해 건설·공급되는 공공지원민간임대주택을 국가가 출자·설립한 법인 등 대통령령으로 정한 자에게 매각하는 경우로 한정한다. 여기서 '대통령령으로 정한자'란 국가·지방자치단체 또는 공공기관이 단독 또는 공동으로 총지분의 50%를 초과하여 출자한 부동산 투자회사를 말한다(시행령 §24의2).

---

40 대법원 1992. 5. 12. 선고 92다5638 판결, 대법원 1995. 3. 10. 선고 94다56708 판결, 대법원 1997. 9. 9. 선고 97다12167 판결

제2절 조합설립추진위원회 및 조합의 설립 등

I 개요

정비계획결정에 따라 사업구역인 정비구역이 지정되면 이제 누가 정비사업을 추진할 것인가를 결정해야 한다. 이는 정비사업의 주체인 사업시행자를 정하는 문제다. 제3장 제1절에서 보았듯이 정비사업의 시행자는 단체인 조합, 토지등소유자, 토지주택공사등의 공공, 일정요건을 갖춘 신탁업자(지정개발자)가 될 수 있다. 도시정비법 제3장 제2절은 정비사업의 시행자인 조합을 중심으로 그것의 설립과 운영에 대해 규정하고 있다. 도시정비법은 정비사업을 조합방식으로 추진하기 위해서는 우선 조합설립을 위한 추진위원회를 구성하여 관할 행정청으로부터 승인을 받은 후 그 추진위원회만이 조합을 설립하도록 규정하고 있다. 조합설립과정에서 발생할 수 있는 각종 비리와 과다경쟁을 방지하기 위해서다. 조합설립추진위원회는 조합설립동의와 창립총회를 거쳐 조합설립인가를 얻어 조합을 설립하게 되는데 이와 같이 설립된 조합은 구성원인 조합원과 자치규범인 정관 그리고 조합임원, 조합원총회 및 대의원회와 같은 기관으로 구성되게 된다.

II 추진위원회의 구성·승인

제31조(조합설립추진위원회의 구성 · 승인) ① 조합을 설립하려는 경우에는 다음 각 호의 사항에 대하여 토지등소유자 과반수의 동의를 받아 조합설립을 위한 추진위원회를 구성하여 국토교통부령으로 정하는 방법과 절차에 따라 시장 · 군수등의 승인을 받아야 한다. 이 경우 시장 · 군수등은 승인 이후 구역경계, 토지등소유자의 수 등 국토교통부령으로 정하는 사항을 해당 지방자치단체 공보에 고시하여야 한다.

1. 추진위원회 위원장(이하 "추진위원장"이라 한다)을 포함한 5명 이상의 추진위원회 위원(이하 "추진위원"이라 한다)
2. 제34조제1항에 따른 운영규정

② 추진위원회는 다음 각 호의 어느 하나에 해당하는 지역을 대상으로 구성한다.
1. 제16조에 따라 정비구역으로 지정 · 고시된 지역
2. 제16조에 따라 정비구역으로 지정 · 고시되지 아니한 지역으로서 다음 각 목의 어느 하나에 해당하는 지역
   가. 제4조제1항 단서에 따라 기본계획을 수립하지 아니한 지역 또는 제5조제2항에 따라 기본계획에 같은 조 제1항제9호 및 제10호의 사항을 생략한 지역으로서 대통령령으로 정하는 지역
   나. 기본계획에 제5조제1항제9호에 따른 정비예정구역이 설정된 지역
   다. 제13조의2에 따른 입안 요청 및 제14조에 따른 입안 제안에 따라 정비계획의 입안을 결정한 지역
   라. 제15조에 따라 정비계획의 입안을 위하여 주민에게 공람한 지역

③ 제1항에 따라 추진위원회의 구성에 동의한 토지등소유자(이하 이 조에서 "추진위원회 동의자"라 한다)는 제35조제1항부터 제5항까지의 규정에 따른 조합의 설립에 동의한 것으로 본다. 다만, 조합설립인가를 신청하기 전에 시장 · 군수등 및 추진위원회에 조합설립에 대한 반대의 의사표시를 한 추진위원회 동의자의 경우에는 그러하지 아니하다.

④ 제2항제2호에 따라 추진위원회를 구성하여 승인받은 경우로서 승인 당시의 구역과 제16조에 따라 지정 · 고시된 정비구역의 면적 차이가 대통령령으로 정하는 기준 이상인 경우 추진위원회는 제1항 각 호의 사항에 대하여 토지등소유자 과반수의 동의를 받아 시장 · 군수등에게 다시 승인을 받아야 한다. 이 경우 제1항의 추진위원회 구성에 동의한 자는 정비구역 지정 · 고시 이후 1개월 이내에 동의를 철회하지 아니하는 경우 동의한 것으로 본다.

⑤ 제4항에 따른 승인이 있는 경우 기존의 추진위원회의 업무와 관련된 권리 · 의무는 승인받은 추진위원회가 포괄승계한 것으로 본다.

1. 의의

도시정비법은 조합설립을 위한 추진위원회를 구성하여 원칙적으로 그 추진위원회만이 조합을 설립하도록 규정하고 있는데 이와 같은 추진위원회제도는 정비사업 초기 단계에서 실제로 빈번하게 구성되어 활동하면서 여러 법적 문제를 야기하고 있는 사업추진위원회 등에 대해 일정한 법적 틀을 부여함으로써 정비사업을 원활하게 진행하기 위하여 도입된 것이다. 추진위원회는 조합설립인가의 신청권을 가지고(법 §35), 추진위원회가 행한 업무와 관련된 권리와 의무는 조합에 포괄 승계되며(법 §34③), 주택재개발사업의 경우 정비구역 내의 토지 등 소유자는 당연히 그 조합의 조합원이 되고(법 §39①), 나아가 하나의 정비구역 안에서 추진위원회가 복수로 승인되어서는 안 되는 등 특별한 법적 지위가 인정된다.[41] 정비사업에 대하여 공공지원을 하려는 경우에는 추진위원회를 구성하지 않을 수 있다(법 §31⑦)

추진위원회는 추진위원들로 구성되는 단체로서 비법인사단으로서의 실체를 가지고 있으나, 그 구성원이 아닌 토지등소유자의 의사에 기하여 설립되고, 그 구성원인 추진위원들의 결의에 의하여는 해산할 수 없는 등 다른 단체와는 본질적 차이가 있다.[42]

조합설립추진위원회의 구성을 승인하는 처분은 정비구역 내 토지등소유자가 조합 설립 주체인 추진위원회를 구성하는 행위를 보충하여 그 효력을 부여하는 처분이다.[43] 반면, 조합설립인가처분은 행정주체(공법인)으로서의 지위를 부여하는 일종의 설권적 처분이므로 양자는 그 목적과 성격을 달리한다.

또한 추진위원회 구성·승인처분은 조합설립이라는 종국적 목적을 달성하기 위한 중간단계의 처분에 해당한다. 따라서 추진위원회 구성·승인처분을 다투는 중에 조합설립인가처분이 이루어지는 경우 추진위원회 구성·승인처분의 취소 또는 무효를 구할 법률상 이익이 없다. 추진위원회 구성승인 처분에 대한

41 대법원 2009. 10. 29. 선고 2009두12297 판결

42 대법원 2009. 1. 30. 선고 2008두14869 판결

43 대법원 2014. 4. 14. 선고 2012두1419 전원합의체 판결

취소 또는 무효확인 판결의 확정만으로는 이미 조합설립인가를 받은 조합에 의한 정비사업의 진행을 저지할 수 없기 때문이다. 이와 같은 경우에는 추진위원회 구성·승인처분에 위법이 존재하여 조합설립인가 신청행위가 무효라는 점 등을 들어 직접 조합설립인가처분을 다툼으로써 정비사업의 진행을 저지하여야 할 것이다. 하지만 추진위원회 구성·승인처분은 그 법률 요건이나 효과가 조합설립인가처분의 그것과는 다른 독립적인 처분임에는 분명하다.[44]

2. 요건

시장·군수등은 아래와 같은 법정 요건을 충족하면 추진위원회 구성·승인처분을 하여야 한다.[45]

가. 정비구역 또는 정비예정구역 등을 대상으로 할 것

추진위원회는 〈표 24〉의 어느 하나에 해당하는 지역을 대상으로 구성한다(법 §31②).

표 24

추진위원회를 구성할 수 있는 대상지역
(i) 정비구역으로 지정 · 고시된 지역 (ii) 정비구역으로 지정 · 고시되지 아니한 지역으로서 다음의 어느 하나에 해당하는 지역 – 기본계획을 수립하지 아니한 지역 또는 기본계획에 생활권이 설정된 지역으로서 대통령령으로 정하는 지역 – 기본계획에 정비예정구역이 설정된 지역 – 정비계획의 입안 요청 및 입안 제안에 따라 정비계획의 입안을 결정한 지역 – 정비계획의 입안을 위하여 주민에게 공람한 지역

44 대법원 2013. 6. 13. 선고 2010두10488, 10495 판결

45 대법원 2011. 7. 28. 선고 2011두 2842 판결

이와 같은 지역을 대상으로 하는 것은 사업구역과 사업예정구역에 이해관계를 갖는 토지등소유자를 특정해야 하기 때문이다.[46] 정비구역과 같은 사업구역이나 정비예정구역 등과 같은 사업예상지역이 특정되지 아니한 상태에서 일부 주민이 임의로 획정한 구역을 기준으로 구성된 조합설립추진위원회가 시장·군수의 승인을 얻어 설립될 수 있다고 한다면, 정비사업에 관한 제반 법률관계가 불명확·불안정하게 되어 정비사업의 추진이 전반적으로 혼란에 빠지고 그 구역 안에 토지 등을 소유하는 사람의 법적 지위가 부당한 영향을 받을 현저한 우려가 있어서다. 따라서 그와 같이 정비구역 등 사업구역이나 사업예상구역이 특정되지 않고 행하여지는 시장·군수의 조합설립추진위원회 구성·승인은 도시정비법의 규정 및 조합설립추진위원회제도의 취지에 반하여 허용될 수 없고, 그와 같은 하자는 중대할 뿐만 아니라 객관적으로 명백하다 할 것이다.[47]

정비구역의 대폭적인 변경이 있는 경우, 당초 승인처분의 대상인 추진위원회가 새로운 정비구역에서 정비사업을 계속 추진하는 것이 도저히 어렵다고 보여 그 추진위원회의 목적 달성이 사실상 불가능하다고 인정되는 경우에는 추진위원회 승인처분이 실효될 수 있다.[48] 실효 여부는 정비구역의 각 위치, 면적, 토지등소유자 및 동의자 수의 비교, 정비사업계획이 변경되는 내용과 정도, 정비구역 지정 경위 등을 종합적으로 고려하여 판단하여야 할 것이다.

나중에 확정된 실제 사업구역이 동의 당시 예정한 사업구역과 동일성을 인정할 수 없을 정도로 달라진 때에는 당초 동의는 적법한 추진위원회 구성에 관한 동의로 볼 수 없다. 이에 기초한 구성·승인처분은 위법하다.[49]

도시정비법이 제정 시행된 2003. 7. 1. 이전의 기존 아파트 지구개발기본계

46 대법원 2009. 10. 29. 선고 2009두12297 판결

47 대법원 2014. 6. 12. 선고 2012두12051 판결

48 정비예정구역을 전제로 추진위원회 구성·승인처분이 이루어 진 후 정비구역이 정비예정구역과 달리 지정된 사안과 관련해서는 대법원 2013. 9. 12. 선고 2011두31284 판결 참조

49 대법원 2011. 7. 28. 선고 2011두 2842 판결

획은 제정 도시정비법 부칙 제5조 제3항에 따라 정비계획으로 간주되므로, 기존의 아파트 지구에서 도시정비법상 재건축사업을 하는 경우에는 별도로 정비구역을 지정·고시하거나 정비계획을 수립하지 않더라도 정비사업을 진행할 수 있다.[50]

추진위원회를 구성하여 승인받았으나 승인 당시의 구역과 실제 지정·고시된 정비구역의 면적 차이가 대통령령으로 정하는 기준 이상인 경우에는 추진위원회는 토지등소유자 과반수의 동의를 받아 시장·군수등에게 다시 승인을 받아야 한다. 이 경우 종전에 추진위원회 구성에 동의한 자는 정비구역 지정·고시 이후 1개월 이내에 동의를 철회하지 아니하는 경우 동의한 것으로 본다(법 §31④). 추진위원회 승인을 다시 얻은 경우에는 기존의 추진위원회의 업무와 관련된 권리·의무는 승인받은 추진위원회가 포괄승계한 것으로 본다(법 §31⑤).

나. 조합설립을 위한 추진위원회를 구성할 것

추진위원장을 포함한 5명 이상의 추진위원과 운영규정에 대해 토지등소유자 과반수의 동의를 받아야 한다. 조합설립추진위원회 구성 동의서는 법정동의서를 사용하여야 한다(법 §31①, 시행령 §25①, 시행규칙 §7②, 시행규칙 별지 제4호 서식). 운영규정도 추진위원회 설립 승인을 위한 동의의 대상이므로 운영규정에서 정한 추진위원의 자격 및 선정방식 등은 추진위원회 설립승인의 요건이 된다.[51] 추진위원회 설립승인 당시 종전구역 내 토지등소유자 수와 추진위원회 설립에 대한 동의자 수에서 무허가건축물의 소유자 수는 제외하여야 한다.[52]

추진위원회를 구성하기 위한 동의는 서면동의서 또는 전자서명동의서[53]를 제

---

50 대법원 2019. 3. 14. 선고 2018두56787 판결

51 운영규정이 추진위 구성 승인을 위한 요건이 아닌 경우에는 운영규정에서 정한 동의서의 형식이나 추진위원의 자격 등은 추진위원회 승인요건이 아니라는 점에 관하여는 대법원 2008. 7. 24. 선고 2007두12996 판결 참조

52 대법원 2013. 11. 28. 선고 2012두15777 판결

53 「전자문서 및 전자거래 기본법」 제2조제1호에 따른 전자문서에 「전자서명법」 제2조제2호에 따른 전자서명을 한 동의서를 말한다. 전자서명 등을 통한 동의방법은 2025.

출하는 방법으로 한다. 이 경우 서면동의서는 토지등소유자가 성명을 적고 지장(指章)을 날인하는 방법으로 하며, 주민등록증, 여권 등 신원을 확인할 수 있는 신분증명서의 사본을 첨부하여야 한다(법 §36①). 토지등소유자가 해외에 장기체류하거나 법인인 경우 등 불가피한 사유가 있다고 시장·군수등이 인정하는 경우에는 토지등소유자가 인감도장을 찍은 서면동의서에 해당 인감증명서를 첨부하는 방법으로 할 수 있다(법 §36②). 서면동의서 또는 전자서명동의서는 시장·군수등이 대통령령이 정하는 바에 따라 검인 또는 확인한 동의서를 사용하여야 하며, 검인 또는 확인을 받지 아니한 동의서는 그 효력이 발생하지 않는다(법 §36③). 추진위원회 구성에 동의한 자는 추진위원회 구성·승인 신청 전까지는 해당 동의를 철회할 수 있다(시행령 §33② i).

추진위원회 구성 승인을 위한 동의 정족수를 판단하는 기준 시기는 구성·승인신청시로 보아야 한다.[54] 도시정비법이 '구성·승인신청 전'에 동의를 철회하도록 규정한 점, 구성·승인 신청 후 승인 처분 사이에의 기간에도 언제든지 토지 또는 건축물에 대한 거래가 이루어질 수 있는 점, 처분일을 기준으로 다시 일일이 소유관계를 확인하여 정족수를 판단하기는 현실적으로 어려울 뿐만 아니라 처분시점이 언제이냐에 따라 동의율이 달라질 수 있는 점을 종합적으로 고려할 때, 추진위원회 구성·승인을 위한 동의 정족수는 추진위원회 구성·승인 신청시를 기준으로 판단해야 할 것이다. 만일 처분일을 기준으로 동의율을 산정하면 인가신청 후에도 소유권변동을 통하여 의도적으로 동의율 조작이 가능하게 되어 재개발사업과 관련한 비리나 분쟁이 양산될 우려가 있어 더욱 그렇다.

토지등소유자의 동의를 받으려는 자는 법정 동의서에 추진위원회장, 추진위원, 추진위원회 업무, 운영규정을 미리 쓴 후 동의를 받아야 하는데, 동의를 받

12. 4.부터 시행

54 조합설립인가를 위한 동의정족수를 판단하는 기준 시기에 관하여는 대법원 2014. 4. 24. 선고 2012두21437 판결 참조

으려는 사항과 목적, 동의로 의제되는 사항, 그 동의의 철회나 반대의사표시의 절차 및 방법을 설명·고지하여야 한다(법 §31⑥, 시행령 §25).

추진위원회 구성·승인의 동의자는 조합설립에 동의한 것으로 의제된다. 다만, 조합설립인가를 신청하기 전에 행정청이나 당해 추진위원회에 반대의 의사표시를 할 수 있다(법 §31③). 동의의 내용이 변경되지 아니한 경우도 반대의 의사를 표시할 수 있고 창립총회 후에도 조합설립인가 신청 전까지는 반대의 의사를 표시할 수 있다는 점에서 조합설립동의의 철회와 구별된다.

역으로 기존의 정비사업 조합설립추진위원회가 토지등소유자로부터 교부받은 조합설립인가에 대한 동의서에는 기존 추진위원회의 설립 승인에 대한 동의의 의사도 포함된 것으로 볼 수 있다.[55]

또한, 토지등소유자가 (i)정비계획의 입안 요청을 위한 동의, (ii)정비계획 입안의 제안을 위한 동의 또는 (iii)추진위원회 구성에 대한 동의 중 어느 하나에 동의하는 경우에는 동의하지 아니한 다른 사항에 대하여도 동의를 한 것으로 본다. 이 경우, 다른 동의로도 인정될 수 있음을 고지하는 등의 대통령령이 정하는 요건을 충족하는 경우에 한한다(법 §36의3).

다. 시장·군수등에게 국토교통부령으로 정하는 방법과 절차에 따라 구성·승인을 신청할 것

법정 승인신청서에 (i)토지등소유자 명부, (ii)토지등소유자의 동의서, (iii)추진위원장 및 추진위원의 주소 및 성명, (iv)추진위원 선정을 증명하는 서류 등을 첨부하여 행정청에게 제출하여야 한다(법 §31①, 시행규칙 §7).

추진위원회 구성·승인신청을 받은 행정청으로서는 승인신청서에 첨부된 서류에 의하여 추진위원회 구성에 관하여 토지등소유자 1/2 이상의 동의가 있고 추진위원회가 위원장을 포함한 5인 이상의 위원으로 구성되어 있음을 확인할

55 대법원 2019. 3. 14. 선고 2018두56787 판결, 대법원 2008. 7. 24. 선고 2007두12996 판결

수 있다면 추진위원회 구성을 승인하여야 한다.[56]

3. 효과: 도시정비법상 추진위 활동 가능

추진위원회 구성에 대한 승인처분이 있게 되면 추진위원회는 도시정비법상의 추진위원회의 활동을 행할 수 있다. 시장·군수등은 승인 이후 구역경계의 위치 및 면적, 추진위원회 위원장 및 위원의 주소·성명, 토지등소유자의 수 등을 해당 지방자치단체 공보에 고시하여야 한다.

추진위원회 구성·승인처분은 그 대상이 되는 기본행위를 보충하여 법률상의 효력을 완성시키는 보충행위로서, 이러한 구성·승인처분의 유무에 따라 기본행위의 효력이 문제되는 것은 도시정비법규와 관련한 공법상의 관계이지 추진위원회 단체와 그 구성원 사이의 내부적인 관계까지 영향을 미치는 것은 아니다.[57]

가. 추진위원회의 기능 및 업무

추진위원회의 업무는

(ⅰ) 정비사업전문관리업자·설계자의 선정 및 변경,

(ⅱ) 개략적인 정비사업 시행계획서의 작성,

(ⅲ) 창립총회 개최 기타 조합설립인가를 받기 위한 준비업무,

(ⅳ) 추진위원회 운영규정 작성,

(ⅴ) 토지등소유자의 동의서 접수,

(ⅵ) 조합 정관초안 작성

등이다(법 §32①, 시행령 §26)

도시정비법은 추진위원회가 정비사업전문관리업자를 선정하려는 경우에는

56 대법원 2011. 7. 28. 선고 2011두 2842 판결

57 조합설립인가 유무가 주택조합과 조합원 사이의 내부적인 관계에 영향을 미치지 아니한다는 점에 관하여는 대법원 2005. 4. 29. 선고 2004다7002 판결

추진위원회 구성에 대한 승인을 받은 후 경쟁입찰의 방법으로 선정하도록 하고 있다(법 §32②). 이 규정은 강행규정으로 해석[58]되므로 이에 위반하여 정비사업전문관리업자를 선정하는 경우 그 선정은 무효이다

국토교통부 고시 「정비사업 조합설립추진위원회 운영규정」에 따르면 시공자·감정평가업자의 선정 등 추진위원회 업무범위를 초과하는 업무나 계약, 용역업체의 선정 등은 조합에 승계되지 아니한다(운영규정 §6). 다만, 추진위원회가 조합설립동의를 위하여 도시정비법 제35조 제8항에 따른 추정분담금을 산정하기 위하여 감정평가업자를 선정하는 것은 가능하다.

문제는 추진위원회에서 선정된 정비사업전문관리업자나 설계자의 업무가 추진위원회 업무에 국한되는가 하는 점이다. 추진위원회의 업무에 국한된다고 보는 경우에는, 조합은 도시정비법 제29조에 따라 경쟁입찰의 방법으로 이들 업체를 다시 선정하여야 한다. (i)국토교통부장관은 추진위원회의 업무범위 등을 포함한 추진위원회 운영규정을 정하여 고시하여야 하는데(법 §34①), 그 고시된 운영규정의 [별표]운영규정은 추진위원회가 주민총회에서 경쟁입찰의 방법으로 선정한 정비사업전문관리업자의 업무를 추진위원회에서 행할 수 있는 업무만을 대행하도록 규정하고 있는 점([별표]운영규정 §5③), (ii)조합의 업무에 속하는 부분은 추진위원회의 업무범위에 포함되지 아니한 점([별표]운영규정 §5④), (iii)추진위원회와 정비사업전문관리업자간 업무역량 등의 차이로 추진위원회에서의 전문관리업자 선정이 실질적으로 이루어지기 어려운 점, (iv)도시정비법이 추진위원회 업무로 설계자와 정비사업전문관리업자 선정을 규정하고 있는 것은 추진위원회 업무를 수행할 수 있는 가장 대표적인 업체에 관한 선정을 규정한 것으로 보이는 점 등을 근거로 추진위원회의 업무로 국한된다고 보는 견해가 있을 수 있다. 하지만 (i)추진위원회 단계의 업무에 관하여는 추진위원회가 당연히 어떤 업체든지 선정할 수 있음에도 도시정비법이 이들 업체를 선정할 수 있도록 별도의 규정을 둔 점, (ii)도시정비법 제32조 제1항 제1호는

58 대법원 2016. 6. 23. 선고 2013다58613 판결

'제102조에 따른 정비사업전문관리업자의 선정 및 변경'이라고만 규정하고 있을 뿐 제102조에 따른 그 관리업자의 업무범위를 제한하고 있지 않는 점, (iii) 정비사업전문관리업자 등은 정비사업의 핵심 업체로서 업무의 연속성을 위해서도 그 지위을 유지해 줄 업무적 필요성도 충분히 존재하는 점, (iv)이들 업체에 대한 선정절차 또한 도시정비법 제29조에 따라 행해지므로 추진위원회에서 선정하더라도 조합설립 후 조합원들에게 피해를 준다고 볼 수 없는 점 등을 종합적으로 고려할 때, 조합 설립 후 조합의 업무도 행하는 정비사업전문관리업자를 선정하는 것이라 보는 것이 타당하다. 따라서 추진위원회에서 정비사업전문관리업자를 선정한 경우에는 조합설립인가 후 다시 정비사업전문관리업자에 대한 선정절차를 밟을 필요가 없다.

나. 추진위원회의 조직

위원장과 감사는 도시정비법상 필수기관이다. 부위원장은 국토부고시 「정비사업 조합설립추진위원회 운영규정」에 따르면 임의 설치기관이다. 추진위원의 수는 토지등소유자의 1/10 이상으로 하되, 5인 이하인 경우에는 5인으로 하며 100인을 초과하는 경우에는 토지등소유자 1/10의 범위 안에서 100인 이상으로 할 수 있다(운영규정 §2②). 추진위원회의 위원이 임기 중 궐위되어 위원 수가 이 최소인원 수에 미달되게 된 경우 재적위원의 수는 이 최소 위원의 수로 한다([별표]운영규정 §15③).

추진위원은 추진위원회 설립에 동의한 자 중에서 선출하되, 위원장, 부위원장 및 감사는 피선출일 현재 사업시행구역 안에서 3년 이내에 1년 이상 거주하고 있는 자이거나 5년 이상 토지 또는 건축물을 소유한 자이어야 한다([별표]운영규정 §15②).

추진위원의 임기는 선임된 날부터 2년까지로 하되, 추진위원회에서 재적위원 과반수 출석과 출석위원 3분의 2 이상의 찬성으로 연임할 수 있으나, 위원장·감사의 연임은 주민총회의 의결에 의한다([별표]운영규정 §15②③). 연임안건이 총회에서 부결되었을 경우에 한하여 새로운 입후보등록절차를 밟더라도 위원장이나 감사에 대한 선출권 또는 피선출권의 침해가 아니다.[59] 연임의결 시기는 위원 임기제도를 잠탈하는 등의 특별한 경우가 아닌 한 임기만료 후에도 가능하다고 생각한다.

임기가 만료된 위원은 그 후임자가 선임될 때까지 그 직무를 수행하고, 추진위원회에서는 임기가 만료된 위원의 후임자를 임기만료 전 2개월 이내에 선임하여야 하며 위 기간 내 추진위원회에서 후임자를 선임하지 않을 경우 토지등소유자 5분의 1 이상이 시장·군수등의 승인을 얻어 주민총회를 소집하여 위원을 선임할 수 있다. 이 경우 추진위원장에게 우선 소집 청구를 하고 위원장이 14일 이내에 정당한 이유 없이 주민총회를 소집하지 아니하고 감사도 지체없이 이를 소집하지 않은 경우이어야 한다([별표]운영규정 §15④, §24②).

위원이 임기 중 궐위된 경우에는 추진위원회에서 재적위원 과반수 출석과 출석위원 3분의 2 이상의 찬성으로 이를 보궐선임할 수 있으나, 위원장·감사의 보궐선임은 주민총회의 의결에 의한다. 이 경우 보궐선임된 위원의 임기는 전임자의 잔임기간으로 한다([별표]운영규정 §15⑤). 다만 위원장·감사의 보궐선임은 주민총회의 의결에 의하므로 운영규정에서 새로운 임기의 시작으로 규정할 수도 있다고 생각한다.

추진위원장이 사임, 해임, 임기만료, 그 밖에 불가피한 사유 등으로 직무를 수행할 수 없는 때부터 6개월 이상 선임되지 아니한 경우, 행정청은 변호사 등을 전문추진위원회관리인으로 선정하여 업무를 대행하게 할 수 있다(법 §33③).

누구든지 추진위원의 선임과 관련하여 금품등을 제공·수수·약속·승낙해서는 안된다(법 §132). 만일 이를 위반한 경우에는 도시정비법 제135조위반죄로 처벌된다. 자수하면 그 형을 감경 또는 면제한다(법 §141). 신고자에게는 포상금도 지급될 수 있다(법 §142). 추진위원장은 직무와 관련한 금품수수에 있어서는 공무원으로 의제되어 뇌물죄로 의율된다(법 §134).

59 대법원 2010. 11. 11. 선고 2009다89337 판결

다. 추진위원회의 운영(법 §34)

추진위원회는 추진위원회 구성시 승인된 추진위원회 운영규정에 따라 운영되어야 한다. 토지등소유자는 운영에 필요한 경비를 운영규정에 따라 납부하여야 한다. 추진위원회는 주요 업무에 관한 사항을 토지등소유자가 쉽게 접근할 수 있는 일정한 장소에 게시하거나 인터넷 등을 통하여 공개하고, 필요한 경우 토지등소유자에게 서면통지를 하는 등 토지등소유자가 그 내용을 충분히 알 수 있도록 하여야 한다(시행령 §29①).

추진위원회는 (i)조합설립에 대한 동의철회 및 방법과 (ii)조합설립동의서에 포함되는 사항을 조합설립인가 신청 60일 전까지 추진위원회 구성에 동의한 토지등소유자에게 등기우편으로 통지하여야 한다(시행령 §29①단서).

추진위원회는 추진위원회의 지출내역서를 매 분기별로 일정 장소에 게시하거나 인터넷 등을 통하여 공개하고 토지등소유자가 열람할 수 있도록 하여야 한다(시행령 §29②).

추진위원회 업무가 토지등소유자의 비용부담을 수반하거나 권리·의무에 변동을 가져오는 경우로서 대통령령으로 정하는 사항에 대하여는 그 업무를 수행하기 전에 대통령령으로 정하는 비율 이상의 토지등소유자의 동의를 받아야 하는데, 이 경우의 동의도 서면동의서 또는 전자서명동의서[60]를 제출하는 방법으로 한다. 이 경우 서면동의서는 토지등소유자가 성명을 적고 지장(指章)을 날인하는 방법으로 하며, 주민등록증, 여권 등 신원을 확인할 수 있는 신분증명서의 사본을 첨부하여야 한다(§36①vii).

추진위원회의 주요 업무에 관하여는 토지등소유자 전원으로 구성된 주민총회의 의결을 거쳐 결정하여야 한다([별표] 운영규정 §21). 주민총회의 의결을 거쳐야 하는 사항은 [표 25]와 같다.

---

60 「전자문서 및 전자거래 기본법」 제2조 제1호에 따른 전자문서에 「전자서명법」 제2조 제2호에 따른 전자서명을 한 동의서를 말한다. 전자서명 동의서는 2024. 12. 3 법률 제20549호로 시행된 도시정비법 부칙 제1조 단서에 따라 시행일자는 [2025. 12. 4]임

| 표 25 주민총회 의결사항

주민총회 의결을 받아야 하는 추진위원회 주요 업무
(i) 추진위원회 승인 이후 위원장 · 감사의 선임 · 변경 · 보궐선임 · 연임 (ii) 운영규정의 변경 (iii) 정비사업전문관리업자 및 설계자의 선정 및 변경 (iv) 개략적인 사업시행계획서의 변경 (v) 감사인의 선정 (vi) 조합설립추진과 관련하여 추진위원회에서 주민총회의 의결이 필요하다고 결정하는 사항

추진위원회 업무로서 도시정비법령이나 운영규정에 따라 도시정비법 제36조 제1항 제7호에 따라 동의를 받았다 하더라도 역시 운영규정에 따라 주민총회의 의결을 거쳐야 하는 경우에는 동의와 주민총회의 의결 요건을 모두 충족하여야 한다. 동의서를 징구하였다 하더라도 운영규정에서 필요적 절차로 규정한 주민총회의 결의를 갈음할 수 없다.[61]

추진위원회는 수행한 업무를 조합원총회에 보고하여야 하며, 그 업무와 관련된 권리·의무는 조합이 포괄 승계한다(법 §34③). 따라서 도시정비법상 조합설립추진위원회의 구성에 동의하지 아니한 정비구역 내의 토지등소유자도 조합설립추진위원회 승인처분의 취소를 구할 원고적격이 있다고 보아야 한다.[62] 더욱이 정비구역 안에서 복수의 추진위원회에 대한 승인은 허용되지 않고 특히 주택재개발사업의 경우 정비구역 내 토지등소유자의 경우 당연 조합원이 되는 점 등에 비추어 보면 더욱 그렇다.

추진위원회가 조합설립인가처분을 받았으나 그 후 인가처분이 법원에 의해 취소된 경우 추진위원회가 지위를 회복하여 조합설립추진 업무를 계속 수행할 수 있는지 문제될 수 있다. 청산조합은 정비사업을 추진할 수 없으므로 정비구

61 대법원 2010. 2. 25. 선고 2009다93299 판결, 대법원 2019. 12. 27. 선고 2019다259272 판결

62 대법원 2007. 1. 25. 선고 2006두12289 판결

역 내 정비사업을 추진할 주체가 사라지게 되는 점, 최초부터 모든 절차를 새롭게 진행해야 하는 경우에는 사회 경제적 낭비가 따를 수밖에 없는 점, 추진위원회 지위가 회복되더라도 계속 추진에 반대하는 토지등소유자는 동의철회 등을 통해 자신의 권익을 보호받을 수 있는 점 등에 비추어 추진위원회 지위가 회복된다고 보는 것이 타당하다.[63] 도시정비법상의 동의서 재사용의 특례조항은, 조합설립인가처분이 취소로 확정되는 경우 추진위원회의 지위가 회복됨을 전제로 한 규정이라 생각한다.

추진위원회는 사용경비를 기재한 회계장부 및 관계서류를 조합설립인가일로부터 30일 이내에 조합에 인계하여야 한다(법 §34④). 이를 게을리 한 경우 형사처벌된다(법 §138① ii)

라. 추진위원회의 해산

추진위원회는 조합설립인가일까지 업무를 수행할 수 있으며, 조합이 설립되면 모든 업무와 자산을 조합에 인계하고 추진위원회는 해산한다(운영규정 §5①). 즉, 추진위원회는 조합설립인가가 있게 되면 목적달성으로 소멸한다. 다만, 중도에 조합설립의 필요성이 소멸하거나 불가능하게 된 경우에는 해산절차를 밟게 되는데 이 경우 민법의 해산에 관한 규정이 준용된다. 다만, 추진위원회는 조합설립인가 전 추진위원회를 해산하고자 하는 경우 추진위원회 동의자 3분의 2 이상 또는 토지등소유자 과반수의 동의를 받아 시장·군수등에게 신고하여 해산할 수 있다(운영규정 §5③). 여기서 추진위원회 자신이 아닌 추진위원회의 해산에 동의한 토지등소유자 과반수의 대표자가 해산신고를 할 수 있는지 문제된다. 추진위원회가 행한 업무와 관련된 권리와 의무는 조합에 포괄 승계되는 점, 추진위 운영규정은 해산신고의 주체를 추진위원회로 제한하고 있다고 보이지 않은 점 등에 비추어, 추진위원회 해산에 동의한 토지등소유자 과반

63 대법원 2016. 12. 15. 선고 2013두17473 판결

수의 대표자도 추진위원회 해산신고를 할 수 있다고 보아야 한다.[64]

Ⅲ 조합설립인가

제35조(조합설립인가 등) ① 시장 · 군수등, 토지주택공사등 또는 지정개발자가 아닌 자가 정비사업을 시행하려는 경우에는 토지등소유자로 구성된 조합을 설립하여야 한다. 다만, 제25조제1항제2호에 따라 토지등소유자가 재개발사업을 시행하려는 경우에는 그러하지 아니하다.

② 재개발사업의 추진위원회(제31조제4항에 따라 추진위원회를 구성하지 아니하는 경우에는 토지등소유자를 말한다)가 조합을 설립하려면 토지등소유자의 4분의 3 이상 및 토지면적의 2분의 1 이상의 토지소유자의 동의를 받아 다음 각 호의 사항을 첨부하여 시장 · 군수등의 인가를 받아야 한다.
1. 정관
2. 정비사업비와 관련된 자료 등 국토교통부령으로 정하는 서류
3. 그 밖에 시 · 도조례로 정하는 서류

③ 재건축사업의 추진위원회(제31조제4항에 따라 추진위원회를 구성하지 아니하는 경우에는 토지등소유자를 말한다)가 조합을 설립하려는 때에는 주택단지의 공동주택의 각 동(복리시설의 경우에는 주택단지의 복리시설 전체를 하나의 동으로 본다)별 구분소유자의 과반수(복리시설로서 대통령령으로 정하는 경우에는 3분의 1 이상으로 한다) 동의(공동주택의 각 동별 구분소유자가 5 이하인 경우는 제외한다)와 주택단지의 전체 구분소유자의 100분의 70 이상 및 토지면적의 100분의 70 이상의 토지소유자의 동의를 받아 제2항 각 호의 사항을 첨부하여 시장 · 군수등의 인가를 받아야 한다.

④ 제3항에도 불구하고 주택단지가 아닌 지역이 정비구역에 포함된 때에는 주택단지가 아닌 지역의 토지 또는 건축물 소유자의 4분의 3 이상 및 토지면적의 3분의 2 이상의 토지소유자의 동의를 받아야 한다.

64 대법원 2009. 1. 30. 선고 2008두14869 판결

⑤ 제2항 및 제3항에 따라 설립된 조합이 인가받은 사항을 변경하고자 하는 때에는 총회에서 조합원의 3분의 2 이상의 찬성으로 의결하고, 제2항 각 호의 사항을 첨부하여 시장 · 군수등의 인가를 받아야 한다. 다만, 대통령령으로 정하는 경미한 사항을 변경하려는 때에는 총회의 의결 없이 시장 · 군수등에게 신고하고 변경할 수 있다.

⑥ 시장 · 군수등은 제5항 단서에 따른 신고를 받은 날부터 20일 이내에 신고수리 여부를 신고인에게 통지하여야 한다.

⑦ 시장 · 군수등이 제6항에서 정한 기간 내에 신고수리 여부 또는 민원 처리 관련 법령에 따른 처리기간의 연장을 신고인에게 통지하지 아니하면 그 기간(민원 처리 관련 법령에 따라 처리기간이 연장 또는 재연장된 경우에는 해당 처리기간을 말한다)이 끝난 날의 다음 날에 신고를 수리한 것으로 본다.

⑩ 추진위원회는 조합설립에 필요한 동의를 받기 전에 추정분담금 등 대통령령으로 정하는 정보를 토지등소유자에게 제공하여야 한다.

1. 의의 및 법적 성질

정비구역 내 토지등소유자가 많은 경우에는 토지등소유자가 직접 정비사업을 추진하는 것보다 단체를 만들어 추진하는 것이 효율적이고 토지등소유자의 권리보호에 더 부합할 수 있다. 도시정비법은 이러한 단체방식의 정비사업을 추진하기 위해서는 도시정비법에 따라 공법인인 조합을 설립하도록 하고 있다. 즉, 도시정비법은 『시장·군수등, 토지주택공사등 또는 지정개발자가 아닌 자가 정비사업을 시행하려는 경우에는 토지등소유자로 구성된 조합을 설립하여야 한다』고 규정하고 있다. 다만, 토지등소유자가 20인 미만인 경우에는 조합을 설립하지 않고 토지등소유자 방식으로 추진할 수 있다(법 §35①). 이와 같은 조합은 조합설립인가를 받아 등기함으로써 설립되는데 조합설립인가를 받기 위해서는 조합설립결의를 한 후 단체결성행위가 있어야 한다. 조합설립결의를 위해 도시정비법은 일정사항에 대해 조합설립동의를 받도록 하고 있고 이와 같은 동의를 받은 후에 단체결성를 위한 창립총회를 개최할 것을 요구하고 있다.

이처럼 정비사업조합은 정비구역 안에 있는 토지와 건축물의 소유자 등으로부터 조합설립의 동의(조합설립결의)를 받는 등 관계 법령에서 정한 요건과 절차를 갖추어 관할 행정청으로부터 조합설립인가를 받은 후 등기함으로써 법인으로 성립한다. 그리고 이러한 절차를 거쳐 설립된 조합은 관할 행정청의 감독 아래 정비구역 안에서 도시정비법상의 '정비사업'을 시행하는 목적 범위 내에서 법령이 정하는 바에 따라 일정한 행정작용을 행하는 행정주체로서의 지위를 갖는다. 따라서 행정청이 도시정비법 등 관련 법령에 근거하여 행하는 조합설립 인가처분은 단순히 사인들의 조합설립행위에 대한 보충행위로서의 성질을 갖는 것에 그치는 것이 아니라 법령상 요건을 갖출 경우 도시정비법상 정비사업을 시행할 수 있는 권한을 갖는 행정주체(공법인)로서의 지위를 부여하는 일종의 설권적 처분의 성격을 갖는다 할 것이다.[65] 그리고 이와 같이 보는 이상 일단 조합설립 인가처분이 있은 경우 조합설립결의는 위 인가처분이라는 행정처분을 하는 데 필요한 요건 중 하나에 불과한 것이어서, 조합설립 인가처분이 있은 이후에는 조합설립결의의 하자를 이유로 조합설립의 무효를 주장하는 것은 조합설립 인가처분의 취소 또는 무효확인을 구하는 항고소송의 방법에 의하여야 할 것이고, 이와는 별도로 조합설립결의만을 대상으로 그 효력 유무를 다투는 확인의 소를 제기하는 것은 확인의 이익이 없어 허용되지 않는다 할 것이다.

2. 요건

가. 조합설립동의를 받을 것

(1) 동의의 주체

동의의 주체는 조합설립동의자를 말한다. 누가 조합설립동의를 할 수 있는가에 관한 것이다. 조합설립동의자는 조합설립에 이해관계를 가진 자이면 족

65 대법원 2009. 10. 15. 선고 2009다30427 판결

하다. 따라서 조합원이나 분양대상자와는 다른 개념이다. 정비구역 내 조합설립에 이해관계를 가지고 있는 자는 조합원이 될 수 있는 자나 분양대상자에 국한되지 않는다. 조합원이나 분양대상자가 될 수 없다 하더라도 조합설립에 있어서는 동의권을 가질 수 있다.

재개발사업의 경우 조합설립동의자는 정비구역 내 ①토지소유자, ②건축물소유자 및 ③토지의 지상권자이다. 재개발조합이 종전의 조합설립인가처분에 대한 무효확인소송 또는 취소소송이 진행되고 있는 도중 그 위법 여부 또는 효력 유무 등이 확정되지 아니한 상태에서 새로운 조합설립변경인가처분을 받기 위하여 토지등소유자로부터 동의를 받는 경우, 비록 종전의 조합설립인가처분이 후에 무효 또는 취소로 확정되더라도 협의취득에 의하여 소유권을 상실하였던 토지등소유자는 다시 새로운 조합설립변경인가처분을 위한 동의의 대상인 토지등소유자에 포함되지 않는다.[66]

주택단지 재건축사업의 경우 주택단지 내 ①구분소유자(대지 소유 불문), ②토지소유자이다. 도시정비법 제정 당시에는 토지소유자는 조합설립동의자가 아니었으나 2009. 2. 6. 개정·시행된 도시정비법부터 토지소유자도 조합설립동의자가 되었다. 도시정비법상 하나의 주택단지에 해당하는지 여부는 당해 주택의 건설사업 또는 당해 주택이 건립된 부지의 대지조성사업을 할 당시 하나의 사업계획으로 승인받아 주택이 건설되거나 대지가 조성되었는지 여부에 의해 결정된다.[67]

단독주택 재건축사업의 경우 정비구역 내 ①토지소유자와 ②건축물소유자이다. 지상권자는 조합설립동의의 주체가 아니다.

(2) 동의 정족수

재개발사업의 추진위원회[68]가 조합을 설립하려면 토지등소유자의 4분의 3

66 대법원 2014. 5. 29. 선고 2013두18773 판결

67 대법원 2010. 4. 8. 선고 2009다10881 판결

68 추진위원회를 구성하지 아니하는 경우에는 토지등소유자를 말한다. 재건축사업의 추

이상 및 토지면적의 2분의 1 이상의 토지소유자의 동의를 얻어 정관, 정비사업비와 관련된 자료 등을 첨부하여 시장·군수의 인가를 받아야 한다(법 §35②). 주요 인가 사항을 변경하고자 하는 때에는 조합원 총회에서 조합원의 3분의 2 이상의 찬성을 받아 변경인가를 받아야 한다(법 §35⑤). 이처럼 조합설립인가와 변경인가사이에 방식과 정족수에 있어 차이가 나는 이유는 조합이 설립되고 나면 조합정관에 따라 운영되어야 하기 때문이다.

재건축사업의 추진위원회[69]가 조합을 설립하고자 하는 때에는 주택단지 안의 공동주택의 각 동별(복리시설의 경우에는 주택단지의 복리시설 전체를 하나의 동으로 본다) 구분소유자의 과반수(복리시설로서 대통령령으로 정하는 경우에는 3분의 1 이상으로 한다) 동의와 주택단지 안의 전체 구분소유자의 70% 이상 및 토지면적의 70% 이상의 토지소유자의 동의를 얻어 위 정관 등을 첨부하여 시장·군수의 인가를 받아야 한다(법 §35③). 여기서 주의할 점은 공동주택의 각 동에는 복리시설도 포함되고 복리시설의 경우에는 주택단지 안의 복리시설 전체를 하나의 동으로 보며 공동주택의 각 동별 구분소유자가 5명 이하인 경우는 동별요건에서 제외한다는 점이다. 따라서 가령, A동의 복리시설의 구분소유자가 2명, B동의 복리시설의 구분소유자가 1명, C동의 복리시설의 구분소유자가 3명인 경우 복리시설의 동별요건이 필요한지 문제될 수 있으나 복리시설은 전체를 하나의 동으로 보므로 복리시설의 구분소유자가 6명이라 할 것이어서 조합설립인가를 받기 위해서는 이와 같은 사안에서는 복리시설의 동별요건을 충족해야 한다고 보는 것이 타당하다고 생각한다. 주요 인가 사항을 변경하고자 하는 때에는 조합원 총회에서 조합원의 3분의 2 이상의 찬성을 받아 변경인가를 받아야 한다(법 §35⑤).

여기서 구분소유의 개념이 무엇인지 문제된다. 하지만 도시정비법은 구분소유의 개념에 관하여 따로 정의규정을 두고 있지 않기 때문에 구분소유의 성립

진위원회도 같다.

69 추진위원회를 구성하지 아니하는 경우에는 토지등소유자를 말한다

요건에 관한 법리가 도시정비법 제35조 제3항에서 정한 구분소유의 개념에 관하여도 그대로 적용된다고 보는 것이 옳다. 그러므로 공동주택 또는 복리시설에 해당하는 1동의 건물 중 구분된 건물부분이 구조상·이용상 독립성을 갖추고 있고, 물리적으로 구획된 건물부분을 각각 구분소유권의 객체로 하려는 구분행위가 있는 경우에는 공동주택 등이 등기부에 구분건물로 등기되지 않았더라도 구분소유가 성립한다고 보아야 한다. 또한 공동주택 등이 구분건물이 아닌 일반건물로 등기되어 있는 관계로 구분소유자들이 구분등기를 마치지 못하고 형식상 공유등기를 마쳤더라도 그러한 이유만으로 구분소유의 성립을 부정할 것은 아니다.[70]

재건축사업에서 주택단지가 아닌 지역이 정비구역에 포함된 때에는 주택단지가 아닌 지역안의 토지 또는 건축물 소유자의 4분의 3 이상 및 토지면적의 3분의 2 이상의 토지소유자의 동의를 얻어야 한다. 주요 인가 사항을 변경하고자 하는 때에는 조합원 총회에서 조합원의 3분의 2 이상의 찬성을 받아 변경인가를 받아야 한다(법 §35④). 여기서도 다세대주택과 같은 구분소유주택에 대해서는 구분소유의 성립요건에 관한 법리가 그대로 적용된다고 보아야 한다. 존치지역의 면적도 동의요건을 판단함에 있어 포함시킬 것인가가 문제되는데 존치구역에도 행위제한이 존재하고 사업시행계획 및 그 인가와 관련하여 특별한 이해관계를 가지므로(법 §58③) 이를 제외할 이유가 없다고 생각한다. 따라서 이 부분과 관련하여 존치지역 면적을 제외하고 조합설립인가처분을 하는 경우 당연무효 처분이 될 수 있다.[71]

재건축사업의 추진위원회가 조합을 설립함에 있어 (i)정비구역이 주택단지로만 구성된 경우에는 도시정비법 제35조 제3항에 의한 동의만 얻으면 되고, (ii)정비구역에 주택단지가 아닌 지역이 포함되어 있는 경우에는 주택단지에 대하여는 도시정비법 제35조 제3항에 의한 동의를 얻어야 하지만, 주택단지가

70 대법원 2019. 11. 15. 선고 2019두46763 판결

71 대법원 2014. 5. 16. 선고 2011두27094 판결

아닌 지역에 대하여는 이와 별도로 같은 조 제4항에 의한 동의를 얻어야 한다. 그리고 (iii)정비구역에 주택단지가 전혀 포함되지 아니한 경우에는 같은 조 제4항에 의한 동의를 얻어야 한다.[72]

문제는 하나의 주택단지 중 그 일부만이 정비구역으로 지정되는 경우 주택단지 재건축사업을 위한 조합설립의 법정 동의정족수를 어느 구역을 기준으로 산정하여야 하는가 하는 점이다. 토지등소유자란 정비구역 내 건축물 및 그 부속토지의 소유자임을 근거로 정비구역으로 지정된 주택단지 부분의 건축물 및 그 대지소유자만을 기준으로 동의정족수를 따져야 한다는 견해가 있을 수 있다. 그러나 주택단지 재건축조합의 설립을 규정한 도시정비법 제35조 제3항은 주택단지의 구분소유자 및 토지소유자의 동의를 얻도록 하고 있고 이 규정이 공유물의 처분행위까지 허용하는 규정으로 볼 수 없는 점에 비추어 하나의 주택단지 전체를 기준으로 동의정족수를 산정하는 것이 타당하다고 생각한다.

주택단지 안의 일부 토지만에 대해 조합설립을 위한 동의정족수를 충족하여 조합설립인가를 받을 수도 있는데 (i)하나의 주택단지 내에 둘 이상의 건축물이 있어 토지를 분할하여 재건축사업을 하려는 경우와 (ii)조합설립의 동의요건을 충족하기 위한 경우가 이에 해당한다. 이 경우에는 사업시행자 또는 추진위원회는 토지등소유자와 토지분할협의를 한 후 협의가 성립되지 않은 경우 법원에 토지분할청구를 할 수 있다. 한편 분할되어 나가는 토지 및 그 위의 건축물은 (i)해당 토지 및 건축물과 관련된 토지등소유자의 수가 전체의 10분의 1 이하일 것, (ii)분할되어 나가는 토지위의 건축물이 분할선 상에 위치하지 아니할 것, (iii)분할되어 나가는 토지가 「건축법」 제44조에 적합할 것의 요건을 충족하여야 한다(법 §67, 시행령 §56).[73]

사업구역의 위치를 변경하고 면적을 확대하는 조합설립변경인가의 경우에

72 대법원 2012. 10. 25. 선고 2010두25107 판결, 대법원 2014. 5. 16. 선고 2011두27094 판결 등 참조

73 이 장 「제4절 정비사업 시행을 위한 조치 등」 중 토지분할청구부분 참조

도 원칙적으로 종전 구역과 추가된 구역을 합한 전체 구역을 대상으로 하여 법정 동의 요건을 갖추어야 한다. 그런데 위와 같은 사업구역의 위치 변경과 면적 확대가 정비구역 또는 정비계획의 변경에 따라 이루어지는 경우 이는 도시정비법 시행령 제31조 제8호에 규정된 경미한 사항에 해당하므로, 달리 특별한 사정이 없는 이상 기존의 조합설립에 동의한 조합원들에 대하여는 새로이 동의를 받을 필요가 없고 종전 사업구역에 대한 동의는 변경된 사업구역에 대한 동의로도 유효하다.[74] 다만, 정비구역 면적이 10% 이상 변경된 경우에는 조합설립인가내용의 중대한 변경에 해당하므로 종전 사업구역의 조합원총회에서 조합원 3분의 2 이상의 찬성의결을 얻어야 할 것이다. 그리고 어느 구분소유자 등이 처음에는 조합설립에 동의하지 아니하였다가 설립인가 후에 의사를 바꾸어 조합설립에 동의함으로써 조합에 추가로 가입한 경우에, 이는 도시정비법 시행령 제31조 제3호에 규정된 경미한 사항인 '토지 또는 건축물의 매매 등으로 인하여 조합원의 권리가 이전된 경우의 조합원의 교체 또는 신규가입'에 해당하므로 그들의 추가 동의 내역도 조합설립변경인가의 법정 동의율 충족 여부를 판단할 때에 반영함이 타당하다. 또한 위에서 본 사업구역 변경 시의 동의의 효력에 관한 법리는 그 추가 동의의 효력을 판단할 때에도 그대로 적용된다고 보아야 할 것이다.[75] 따라서 종전 사업구역에 추가 동의도 변경된 사업구역에 대한 동의로 볼 것이다.

조합설립인가신청의 경우 행정청이 처분일을 기준으로 다시 일일이 소유관계를 확인하여 정족수를 판단하기는 현실적으로 어려우므로 조합설립인가를 위한 동의 정족수는 조합설립인가신청 시를 기준으로 판단해야 한다.[76]

(3) 동의의 대상(시행령 §30②)

동의의 대상은 국토교통부령으로 정하는 동의서에 기재되어 있는데, 大法院

74 대법원 2014. 8. 20. 선고 2012두5572 판결
75 대법원 2014. 7. 24. 선고 2012두13764 판결
76 대법원 2014. 4. 24. 선고 2012두21437 판결

은 이 동의서를 표준동의서가 아닌 법정동의서로 이해한다.[77] 도시정비법 시행규칙이 정한 이와 같은 법정동의서는 상위 법령의 위임에 따른 것으로서 법적 구속력이 있다.

도시정비법령이 이처럼 법정동의서를 규정한 취지는 종래 건설교통부고시로 제공하던 표준동의서를 대신할 동의서 양식을 법령에서 정하여 그 사용을 강제함으로써 동의서의 양식이나 내용을 둘러싼 분쟁을 미연에 방지하고, 나아가 행정청으로 하여금 조합설립인가신청 시에 제출된 동의서에 의해서만 동의요건의 충족 여부를 심사하도록 함으로써 동의 여부의 확인에 불필요하게 행정력이 소모되는 것을 막기 위한 데 있다.[78]

도시정비법 시행령에 의하면 토지등소유자의 동의서에 기재할 사항 중에 '개략적인 사업시행계획서'는 포함되어 있지 않으므로, 동의서를 받기 전에 개략적인 사업시행계획서를 배부하거나 첨부하지 아니하였다고 하여 그 동의서가 무효라고 할 수 없다.[79]

도시정비법 시행규칙이 정하고 있는 법정동의서에는 동의자현황인 인적사항과 소유권현황을 기재하도록 하고 있는데 이를 잘못 기재한 경우 동의서의 효력을 인정할 수 있는지 문제된다. 특히 다수의 공유자로 구성된 토지등소유자가 대표소유자 선임동의서를 작성하여 제출하였으나 대표자가 자신의 지분만을 기재하여 동의서를 작성한 경우 이를 어떻게 처리할 것인가 문제된다. 소유현황은 시행규칙상의 법정동의서 항목에는 해당하지만 도시정비법 및 그 시행령의 동의사항에는 포함되어 있지 아니하고 조합원의 자격 유무 및 동의면적은 조합원명부와 등기부등본 등으로 얼마든지 확인 가능하다는 점에 비추어 소유권현황 내지 권리내역, 작성일자 등 일부 사항이 기재되어 있지 않다고 하더라도 그러한 사정만으로는 위 동의서를 무효라고 할 수 없다 생각한다.

---

77 대법원 2013. 12. 26. 선고 2011두8291 판결

78 대법원 2010. 1. 28. 선고 2009두4845 판결, 대법원 2013. 12. 26. 선고 2011두8291 판결, 대법원 2020. 9. 7. 선고 2020두38744 판결

79 대법원 2014. 5. 29. 선고 2012두18677 판결

또한 추진위원회는 동의의 대상에 대해 동의를 받기 전에 추정분담금 등 대통령령으로 정하는 정보를 토지등소유자에게 제공하여야 한다(법 §35⑩). 대통령령으로 정하는 정보란 (i)토지등소유자별 분담금 추산액 및 산출근거, (ii)추정분담금 산출 등과 관련하여 시·도조례로 정하는 정보를 말한다(시행령 §32). 大法院은 추진위원회가 법정동의서의 서식 외에 토지 등 소유자별로 분담금 추산액 산출에 필요한 구체적인 정보나 자료를 충분히 제공하지 않았다는 사정만으로 개별 토지등소유자의 조합설립 동의를 무효라고 볼 수는 없다는 입장이다.[80] 그러나 추진위원회가 제시하는 토지등소유자별 분담금 추산액이나 비례율에 관한 어떤 구체적인 수치나 자료가 예측·전망치일 뿐이고, 그러한 예측·전망이 합리적이고 타당한지를 행정청이나 법원이 심사하는 것은 적절하지도 않다하더라도 토지등소유자들은 그 정보를 가지고 자신의 판단하에 검증과정을 거쳐 조합설립동의여부의 판단자료로 활용할 것임이 분명하고 도시정비법 제35조 제10항이 명시적으로 요구하고 있는 사항을 훈시적 사항으로 해석하는 것은 입법자의 의도를 무시한 새로운 입법행위라 볼 수 있다는 점에서 大法院입장은 변경되는 것이 타당하다고 생각한다.

도시정비법 제67조에 따라 조합설립인가를 받는 경우에는 그 제3항에 의한 토지분할이 청구되고 분할되어 나갈 토지 및 건축물과 관련된 토지등소유자의 수가 전체의 10분의 1 이하일 것 등 그 제4항이 정한 요건이 갖추어지면 되는 것이고, 특별한 사정이 없는 한 토지분할을 전제로 한 새로운 조합설립동의가 요구되는 것은 아니다.[81] 다시 말해 토지가 분할된다는 사정을 포함해 다시 조합설립동의서를 작성하여 동의를 새롭게 받는 등의 요건을 다시 갖출 필요가 없다.

법정동의서상 동의의 대상은 다음과 같다(시행령 §30).

80 대법원 2013. 12. 26. 선고 2011두8291 판결, 대법원 2014. 4. 24. 선고 2012두29004 판결, 대법원 2020. 9. 7. 선고 2020두38744 판결

81 대법원 2013. 12. 12. 선고 2011두12900 판결. 나아가 이 판결은 새로운 특별결의나 정관변경 등도 요구되지 않는다고 보았다.

Ⅱ. 동의 내용

1. 조합설립 및 정비사업 내용

<table>
<tr><td rowspan="2">가. 신축건축물의 설계개요(가)</td><td>대지 면적
(공부상 면적)</td><td>건축 연면적</td><td>규 모</td><td>비 고</td></tr>
<tr><td>㎡</td><td>㎡</td><td></td><td></td></tr>
<tr><td rowspan="2">나. 공사비 등 정비사업에 드는 비용(나)</td><td>철거비</td><td>신축비</td><td>그 밖의 비용</td><td>합 계</td></tr>
<tr><td></td><td></td><td></td><td></td></tr>
<tr><td>다. 나목에 따른 비용의 분담(다)</td><td colspan="4">1) 조합정관에 따라 경비를 부과·징수하고, 관리처분 시 임시청산하며, 조합청산 시 청산금을 최종 확정합니다.
2) 조합원 소유 자산의 가치를 조합정관이 정하는 바에 따라 산정하여 그 비율에 따라 비용을 부담합니다.
3) 분양대상자별 분담금 추산방법(예시)
분양대상자별 분담금 추산액 = 분양예정인 대지 및 건축물의 추산액 − (분양대상자별 종전의 토지 및 건축물의 가격 × 비례율*)
* 비례율 = (사업완료 후의 대지 및 건축물의 총 수입 − 총사업비) / 종전의 토지 및 건축물의 총 가액</td></tr>
<tr><td>라. 신축건축물 구분소유권의 귀속에 관한 사항(라)</td><td colspan="4">※ 개별 정비사업의 특성에 맞게 정합니다. 다만, 신축 건축물의 배정은 토지소유자의 의사가 최대한 반영되도록 하되, 같은 면적의 주택 분양에 경합이 있는 경우에는 종전 토지 및 건축물의 가격 등을 고려하여 우선 순위를 정하거나 추첨에 따르는 등 구체적인 배정방법을 정하여 향후 관리처분계획을 수립할 때 분양면적별 배분의 기준이 되도록 합니다.
(예시)
1) 사업시행 후 분양받을 주택 등의 면적은 분양면적(전용면적+공용면적)을 기준으로 하고, 대지는 분양받은 주택 등의 면적 비례에 따라 공유지분으로 분양합니다.
2) 조합정관에서 정하는 관리처분계획에 관한 기준에 따라 주택을 소유한 조합원의 신축 건축물에 대한 분양면적 결정은 조합원의 신청규모를 우선적으로 고려하되, 같은 규모에서 경합이 있는 경우에는 종전 토지 및 건축물의 가격이 높은 순서에 따르고, 동·호수는 전산추첨으로 결정합니다.
3) 조합원에게 우선분양하고 남는 잔여주택 및 상가 등 복리시설은 관계법령과 조합정관이 정하는 바에 따라 일반분양합니다.
4) 토지는 사업완료 후 지분등기하며 건축물은 입주조합원 각자 보존등기합니다.</td></tr>
</table>

2. 조합장 선정동의

조합의 대표자(조합장)는 조합원총회에서 조합정관에 따라 선출된 자로 합니다.

210㎜×297㎜[백상지(80g/㎡) 또는 중질지(80g/㎡)]

3. 조합정관 승인(마)

「도시 및 주거환경정비법」 제35조에 따라 정비사업 조합을 설립할 때 그 조합정관을 신의성실의 원칙에 따라 준수하며, 조합정관이 정하는 바에 따라 조합정관이 변경되는 경우 이의 없이 따릅니다.

* 조합정관 간인은 임원 및 감사 날인으로 대체합니다.

4. 정비사업 시행계획서

(　　　　　　　　)재개발사업 · 재건축사업 조합설립추진위원회에서 작성한 정비사업 시행계획서와 같이 재개발사업 · 재건축사업을 합니다.

※ 본 동의서를 제출한 경우에도 조합설립에 반대하고자 할 경우 「도시 및 주거환경정비법 시행령」 제33조제2항에 따라 조합설립인가를 신청하기 전까지 동의를 철회할 수 있습니다. 다만, 동의 후 「도시 및 주거환경정비법 시행령」 제30조제2항 각 호의 사항이 변경되지 아니한 경우에는 최초로 동의한 날부터 30일까지만 철회할 수 있으며, 30일이 지나지 아니한 경우에도 조합설립을 위한 창립총회 후에는 철회할 수 없습니다.

위와 같이 본인은 (　　　　　　　　)재개발사업 · 재건축사업 시행구역의 토지등소유자로서 위의 동의 내용을 숙지하고 동의하며, 「도시 및 주거환경정비법」 제35조에 따른 조합의 설립에 동의합니다. 또한, 위의 조합설립 및 정비사업 내용은 사업시행계획인가내용, 시공자 등과의 계약내용 및 제반 사업비의 지출내용에 따라 변경될 수 있으며, 그 내용이 변경됨에 따라 조합원 청산금 등의 조정이 필요할 경우 「도시 및 주거환경정비법」 및 같은 법 시행령에서 정하는 변경절차를 거쳐 사업을 계속 추진하는 것에 동의합니다.

년　　월　　일

위 동의자: (자필로 이름을 써넣음) 지장날인

(　　　　　　) 재개발사업
(　　　　　　) 재건축사업　　**조합설립추진위원회** 귀중

신청인 제출서류	1. 토지등소유자 신분증명서 사본 1부.	수수료 없음

210㎜×297㎜[백상지(80g/㎡) 또는 중질지(80g/㎡)]

(가) 건설되는 건축물의 설계의 개요(시행령 §30② i)

대지면적, 건축연면적, 건물 전체의 용도별 규모 등 건축비용의 산정이 가능할 정도의 내용이 기재되어야 한다. 설계 개요는 토지등소유자로 하여금 정비사업에 참가할 것인지를 정하는데 필요한 판단의 자료를 제공하기 위한 것일 뿐, 사업추진과정에서 사업시행계획을 정하는 단계에서 구체화될 것이므로 세부적으로 결정되어 있을 필요는 없다

大法院은 설계개요가 공란인 채로 조합설립동의를 받아 이에 기초로 조합설립인가를 받는 경우 인가자체를 무효로 보고 있다.[82] 다만 大法院의 이런 입장은 검인동의서제도 도입이전의 判例다. 검인동의서제도는 이러한 문제를 방지하기 위해 도입된 제도라 할 수 있다. 즉, 시장·군수등이 설계개요 등 동의서 기재사항의 기재 여부를 확인하고 해당 동의서에 연번을 부여한 후 검인하도록 하고 있다(시행령 §34②).

설계 개요의 변경은 조합설립인가내용의 경미한 변경에 해당한다. 따라서 총회의 특별결의 없이 시장·군수등에게 신고하고 변경할 수 있다. 그러나 도시정비법 제45조 제13호 및 시행령 제42조 제1항이 '건설되는 건축물의 설계 개요의 변경'을 총회의 의결사항으로 규정하고 있는 점에 비춰 조합원 과반수 출석과 출석 조합원의 과반수 찬성에 의한 총회결의는 있어야 할 것이다.

(나) 정비사업비(시행령 §30② ii)

설계의 개요를 기초로 하여 산정된 비용을 의미한다. 철거비, 신축비 그 밖의 비용으로 구성된다. 정비사업이 종료될 때까지 장기간이 소요되므로 경제상황의 변동에 따른 제반 경비의 변동은 불가피한 것으로서, 개략적인 금액이라고 규정한 이유도 토지등소유자의 찬부 판단의 자료를 제공하기 위한 것이다.

大法院은, 검인동의서제도 도입 이전 사안에서, 사업비가 공란인 채로 조합설립동의를 받아 이에 기초하여 조합설립인가를 받는 경우 인가 자체를 무효로 보고 있다.[83] 정비사업비 변경도 조합설립인가내용의 경미한 변경에 해당한다. 따라서 총회의 특별결의 없이 시장·군수등에게 신고하고 변경할 수 있다 할 것이나 총회의 일반결의는 거쳐야 할 것이다.

---

82 대법원 2010. 1. 28. 선고 2009두4845 판결. 반면 동의서 징구 당시에는 공란이었으나 추진위원회가 토지등소유자의 개별동의하에 창립총회 결의사항을 보충하여 행정청에 제출한 사안에서는 인가처분에 하자가 있다거나 중대하고 명백한 하자가 있다고 볼 수 없다는 취지로는 대법원 2013. 1. 10. 선고 2010두16394 판결 참조

83 대법원 2010. 1. 28. 선고 2009두4845 판결

또한, 大法院은 정비사업비의 대폭적인 변경을 조합정관의 필수적 기재사항인 '조합의 비용부담'에 관한 사항의 변경으로 이해하고 있다. 따라서 '조합의 비용부담'에 관한 사항이 당초 조합설립인가 당시와 비교하여 볼 때 조합원들의 이해관계에 중대한 영향을 미칠 정도로 실질적으로 변경된 경우에는 정관변경규정을 유추적용하여 조합원의 3분의 2 이상의 동의를 받아야 한다는 입장이다.[84]

(다) 정비사업비의 분담기준(시행령 §30② iii)

법정동의서에는 비용의 분담기준에 관하여 "조합정관에 따라 경비를 부과·징수하고 관리처분시 가청산하며 조합청산 시 청산금을 최종 확정하고, 조합원 소유 자산의 가치를 조합정관이 정하는 바에 따라 산정하여 그 비율에 따라 비용을 부담한다"고 기재되어 있다. 이는 구체적인 비용의 분담기준 내용이 기재된 정관이나 정관 초안에 대한 동의를 얻기 위한 것이라기보다는 해당 사항의 구체적인 내용은 장차 창립총회의 결의 등을 거쳐 마련된 정관에 따르겠다는 취지이다. 따라서 조합설립추진위원회가 법정동의서와 같은 서식에 따른 동의서에 의하여 조합설립에 관한 동의를 받는 것은 적법하고, 그 동의서에 비용분담의 기준에 관한 사항이 더 구체적이지 아니하다는 이유로 이를 무효라고 할 수 없다.[85]

법정동의서는 비용분담기준으로 분양대상자별 분담금 추산방법을 예시로 제시하고 있는데 다음과 같이 현물출자의 면적이 아닌 가격을 기준으로 하고 있다. 또한, 분양대상자별 분담금에는 도시정비법 제89조의 청산금과 제93조의 부과금이 모두 반영되어 있음을 알 수 있다.

---

84 대법원 2013. 10. 24. 선고 2012두12853 판결. 이 판결은 '건축물의 철거 및 신축에 소요되는 비용의 개략적인 금액'이 조합설립인가보다 약 68% 증액된 사안이다. 현행 도시정비법은 이와 같은 대법원의 입장을 반영하여 정비사업비가 10% 이상 늘어나는 경우에는 조합원 3분의 2 이상의 찬성으로 의결하도록 하고 있다(법 §45④단서).

85 대법원 2013. 12. 26. 선고 2011두8291 판결

분양대상자별 분담금 추산액 = 분양예정인 대지 및 건축물의 추산액 - (분양 대상자별 종전의 토지 및 건축물의 가격 × 비례율*)

*비례율 = (사업완료 후의 대지 및 건축물의 총 수입 - 총사업비)/ 종전의 토지 및 건축물의 총 가액

(라) 사업완료 후 소유권의 귀속에 관한 사항(시행령 §30② iv)

법정동의서에는 소유권의 귀속에 관하여 "신축 건축물의 배정은 토지소유자의 의사가 최대한 반영되도록 하되, 같은 면적의 주택 분양에 경합이 있는 경우에는 종전 토지 및 건축물의 가격 등을 고려하여 우선 순위를 정하거나 추첨에 따르는 등 구체적인 배정방법을 정하여 향후 관리처분계획을 수립할 때 분양면적별 배분의 기준이 되도록 한다"는 취지와 함께, 그 구체적인 예시로 "조합정관에서 정하는 관리처분계획에 관한 기준에 따라 주택을 소유한 조합원의 신축 건축물에 대한 분양면적 결정은 조합원의 신청규모를 우선적으로 고려하되, 같은 규모에서 경합이 있는 경우에는 종전 토지 및 건축물의 가격이 높은 순서에 따르고, 동·호수는 전산추첨으로 결정한다", "조합원에게 우선분양하고 남는 잔여주택 및 상가 등 복리시설은 관계법령과 조합정관이 정하는 바에 따라 일반 분양한다"는 내용 등이 기재되어 있다. 이 역시 해당 사항의 구체적인 내용이 기재된 정관이나 정관 초안에 대한 동의를 얻기 위한 것이라기보다는 해당 사항의 구체적인 내용은 장차 창립총회의 결의 등을 거쳐 마련된 정관에 따르겠다는 데에 대한 동의를 얻기 위한 것이다. 따라서 법정동의서에 소유권의 귀속에 관한 사항이 더 구체적이지 아니하다는 이유로 이를 무효라고 할 수 없다.[86]

(마) 조합 정관(시행령 §30② v)

법정동의서에 기재되어 있는 정관에 대한 동의는 정관이나 정관 초안에 대

86 대법원 2013. 12. 26. 선고 2011두8291 판결

한 동의를 얻기 위한 것이라기보다는 해당 사항의 구체적인 내용은 장차 창립총회의 결의 등을 거쳐 마련된 정관에 따르겠다는 취지이다. 또한, 조합정관에 관한 의견의 수렴은 창립총회에서 충분히 이루어질 수 있으므로 굳이 조합설립에 관한 동의를 받을 때 동의서에 정관 초안을 첨부하여 그 내용에 관한 동의까지 받도록 요구할 필요가 없을 뿐만 아니라 이를 요구하는 것은 절차상 무리인 측면도 있는 점 등을 종합적으로 고려하면, 조합설립추진위원회가 조합의 정관 또는 정관 초안을 첨부하지 아니한 채 법정동의서와 같은 서식에 따른 동의서에 의하여 조합설립에 관한 동의를 받았더라도 적법하다 할 것이다.[87] 첨부하였던 정관의 내용을 변경하더라도 마찬가지라 생각한다.

(4) 동의의 방법

제36조(토지등소유자의 동의방법 등) ① 다음 각 호에 대한 동의(동의한 사항의 철회 또는 제26조제1항제8호 단서, 제31조제3항 단서 및 제47조제4항 단서에 따른 반대의 의사표시를 포함한다)는 서면동의서 또는 전자서명동의서(「전자문서 및 전자거래 기본법」 제2조제1호에 따른 전자문서에 「전자서명법」 제2조제2호에 따른 전자서명을 한 동의서를 말한다. 이하 같다)를 제출하는 방법으로 한다. 이 경우 서면동의서는 토지등소유자가 성명을 적고 지장(指章)을 날인하는 방법으로 하며, 주민등록증, 여권 등 신원을 확인할 수 있는 신분증명서의 사본을 첨부하여야 한다.

1. 제20조제6항제1호에 따라 정비구역등 해제의 연장을 요청하는 경우
2. 제21조제1항제4호에 따라 정비구역의 해제에 동의하는 경우
3. 제24조제1항에 따라 주거환경개선사업의 시행자를 토지주택공사등으로 지정하는 경우
4. 제25조제1항제2호에 따라 토지등소유자가 재개발사업을 시행하려는 경우
5. 제26조 또는 제27조에 따라 재개발사업 · 재건축사업의 공공시행자 또는 지정개발자를 지정하는 경우
6. 제31조제1항에 따라 조합설립을 위한 추진위원회를 구성하는 경우
7. 제32조제4항에 따라 추진위원회의 업무가 토지등소유자의 비용부담을 수반하거나 권리 · 의무에 변동을 가져오는 경우

87 대법원 2013. 12. 26. 선고 2011두8291 판결

8. 제35조제2항부터 제5항까지의 규정에 따라 조합을 설립하는 경우
9. 제47조제3항에 따라 주민대표회의를 구성하는 경우
10. 제50조제6항에 따라 사업시행계획인가를 신청하는 경우
11. 제58조제3항에 따라 사업시행자가 사업시행계획서를 작성하려는 경우

② 제1항에도 불구하고 토지등소유자가 해외에 장기체류하거나 법인인 경우 등 불가피한 사유가 있다고 시장 · 군수등이 인정하는 경우에는 토지등소유자의 인감도장을 찍은 서면동의서에 해당 인감증명서를 첨부하는 방법으로 할 수 있다.

③ 제1항 및 제2항에 따라 서면동의서 또는 전자서명동의서(이하 이 항에서 "동의서"라 한다)를 작성하는 경우 제31조제1항 및 제35조제2항부터 제4항까지의 규정에 해당하는 때에는 시장 · 군수등이 대통령령으로 정하는 방법에 따라 검인(檢印) 또는 확인한 동의서를 사용하여야 하며, 검인 또는 확인을 받지 아니한 동의서는 그 효력이 발생하지 아니한다.

④ 제1항, 제2항 및 제12조에 따른 토지등소유자의 동의자 수 산정 방법 · 절차 및 제1항에 따른 전자서명동의서의 본인확인 방법 등에 필요한 사항은 대통령령으로 정한다.

조합설립동의는 서면동의서 또는 전자서명동의서[88]를 제출하는 방법으로 한다. 이 경우 서면동의서는 토지등소유자의 지장(指章)을 날인하고 자필로 서명하는 서면동의의 방법으로 하며, 주민등록증, 여권 등 신원을 확인할 수 있는 신분증명서의 사본을 첨부하여야 한다. 다만, 토지등소유자가 해외에 장기체류하거나 법인인 경우 등 불가피한 사유가 있다고 시장·군수가 인정하는 경우에는 토지등소유자의 인감도장을 날인한 서면동의서에 해당 인감증명서를 첨부하는 방법으로 할 수 있다. 동의한 사항의 철회 또는 의제동의에 대한 반대의 의사표시도 같은 방법에 의한다(법 §36①괄호). 서면동의서 또는 전자서면동

88 (「전자문서 및 전자거래 기본법」 제2조 제1호에 따른 전자문서에 「전자서명법」 제2조 제2호에 따른 전자서명을 한 동의서를 말한다. 전자서명동의서에 관한 사항은 2024. 12. 3. 법률 제20549호 부칙 제1조 단서에 따라 [시행일: 2025. 12. 4.]임.

의서를 작성하는 경우에는 시장·군수가 검인 또는 확인한 것을 사용하여야 하며, 검인 또는 확인을 받지 아니한 서면동의서는 그 효력이 발생하지 않는다(법 §36③). 교회와 같은 권리능력 없는 사단이 조합설립동의를 하고자 하는 경우에는 그 교회의 정관 기타 규약에 의하되 그것이 없는 경우에는 교인들 총회의 과반수 결의가 있어야 할 것이다.[89]

(5) 동의의 철회 또는 반대의 의사표시

토지등소유자는 조합설립동의 후 조합설립인가를 신청하기 전에 동의를 철회할 수 있다. 다만, 조합설립에 대한 동의 후 법정동의서의 사항이 변경되지 아니한 경우에는 (i)조합설립에 최초로 동의한 날부터 30일이 지난 경우 또는 (ii)최초 동의 후 30일이 경과하지 아니하였더라도 창립총회를 개최한 경우에는 철회할 수 없다(시행령 §33②). 따라서 토지 등 소유자가 '동의서'를 제출한 후에 '동의철회서'를 다시 제출한 경우에도 법정동의서 사항에 변경이 없다고 인정된다면 이들은 여전히 '동의자 수'에 포함되어야 한다.[90]

조합설립에 대한 동의로 의제되는 추진위원회 구성동의자는 조합설립인가 신청전까지 조합설립에 대해 반대의 의사를 표시할 수 있다. 동의의 내용이 변경되지 아니한 경우도 반대의 의사를 표시할 수 있고 창립총회 후에도 조합설립인가 신청전까지는 반대의 의사를 표시할 수 있다는 점에서 조합설립동의의 철회와 차이가 난다. 추진위원회 구성동의자의 조합설립에 대한 반대의사표시의 시적 한계를 조합설립동의의 철회와 같이 보자는 견해도 있을 수 있으나 도시정비법 제31조 제2항 단서의 내용을 하위규범이 바꿀 수는 없는 것이고 도시정비법은 '철회'와 '반대의 의사표시'를 구별하여 사용하고 있는 점에 비춰 무리한 해석이라 할 것이다.

동의를 철회하거나 반대의 의사표시를 하려는 토지등소유자는 동의의 상대방과 시장·군수에게 철회서에 토지등소유자의 지장(指章)을 날인하고 자필로

89 대법원 2001. 6. 15. 선고 99두5566 판결

90 대법원 2014. 10. 30. 선고 2012두25125 판결

서명한 후 주민등록증 및 여권 등 신원을 확인할 수 있는 신분증명서 사본을 첨부하여 내용증명의 방법으로 발송하여야 한다. 이 경우 시장·군수가 철회서를 받은 때에는 지체없이 동의의 상대방에 철회서가 접수된 사실을 통지하여야 한다(시행령 §33③). 동의의 상대방은 조합방식의 경우 조합설립추진위원회라 할 것이다.

조합설립동의서를 제출하였다가 내용증명우편으로 조합설립동의를 철회하는 서면을 보내고 구두로도 철회의사를 밝혔으나 인감증명서를 첨부한 철회요청서는 작성·제출하지 아니한 한 경우 이와 같은 동의 철회는 도시정비법 시행령이 정한 방법이 아니므로 이미 제출한 조합설립동의서의 효력을 배제할 수 없다.[91]

동의의 철회나 반대의 의사표시는 ①철회서가 추진위원회 등 동의의 상대방에게 도달한 때 또는 ②시장·군수가 동의의 상대방에게 철회서가 접수된 사실을 통지한 때 중 빠른 때에 효력이 발생한다(시행령 §33④).

조합설립인가처분이 판결에 의하여 취소되거나 무효로 확인되더라도 청산의 목적범위 내에서 조합원은 종전의 지위를 유지하고 정관 등도 효력을 가지므로, 조합설립인가처분이 판결에 의하여 취소되거나 무효로 확인되었다는 사정만으로는 인가신청 후에 한 조합설립 동의의 철회가 유효하다고 할 수 없다.[92]

(6) 동의자수 산정방법(시행령 §33①)

(가) 주거환경개선사업, 재개발사업의 경우에는 다음의 기준에 의한다.

1) 1필지의 토지 또는 하나의 건축물을 여럿이서 공유하는 경우에는 해당 토지 또는 건축물의 토지등소유자의 3/4 이상의 동의를 받아 이를 대표하는 1인을 토지등소유자로 산정할 것

1필지의 토지 또는 하나의 건축물을 여러 명이 공유하고 있는 경우 그 토지 또는 건축물의 소유자가 조합설립에 동의한 것으로 보기 위해서는, 공유자

91 대법원 2014. 5. 29. 선고 2012두18677 판결

92 대법원 2012. 11. 29. 선고 2011두518 판결

3/4 이상의 동의로 선임된 대표자가 조합설립에 동의하거나 대표자의 선임 없이 공유자 3/4 이상이 조합설립에 동의할 것을 요하고, 지분비율 이하의 공유자들이 조합설립에 관하여 동의한 경우에는 유효한 조합설립 동의가 있다고 볼 수 없다.[93]

2) 토지에 지상권이 설정되어 있는 경우 토지의 소유자와 해당 토지의 지상권자를 대표하는 1인을 토지등소유자로 산정할 것

토지의 소유자가 공유관계에만 있을 때에는 공유자의 3/4 이상의 동의만 있으면 조합설립에 동의한 것으로 볼 수 있으나 지상권자와의 관계에서는 이 규정이 적용되지 않으므로 지상권자의 동의가 있어야 조합설립동의자로 취급될 수 있다.

3) 1인이 다수 필지의 토지 또는 다수의 건축물을 소유하고 있는 경우에는 필지나 건축물의 수에 관계없이 토지등소유자를 1인으로 산정할 것

토지와 건축물은 우리 법제상 별개의 부동산으로 취급되므로 토지와 그 지상 건축물의 소유자도 독립된 부동산의 소유자로 보아 별개로 판단하여야 할 것이다. 따라서 甲이 토지와 그 지상 건축물을 소유한 경우, 즉 $\frac{A}{A}$(분모는 토지, 분자는 그 지상건축물을 의미한다)의 경우에는 1인이 2개의 부동산을 소유하고 있는 경우이므로 1인의 토지등소유자로 산정한다. 1인이 다수의 토지 또는 건축물에 대해 동의권을 행사하는 경우 일괄하여 행사하여야 하고 서로 다르게 동의권을 행사 할 수 없다. 가령 甲이 A, B 부동산을 소유하고 있는 경우 두 부동산에 대해 동의 아니면 부동의로 행사해야 하는 것이지 A부동산에 대해서는 동의하고 B부동산에 대해서는 부동의하는 방식은 허용되지 않는다.

토지등소유자가 재개발사업을 시행하는 경우에는 토지등소유자가 정비구역 지정 후에 정비사업을 목적으로 취득한 토지 또는 건축물에 대하여는 정비구역 지정 당시의 토지 또는 건축물의 소유자를 토지등소유자의 수에 포함하여

93 유사 취지의 판례로는 대법원 2017. 2. 3. 선고 2015두50283 판결 참조

산정하되, 이 경우 동의 여부는 이를 취득한 토지등소유자에 의한다.

4) 둘 이상의 토지 또는 건축물을 소유한 공유자가 동일한 경우에는 그 공유자 여럿을 대표하는 1인을 토지등소유자로 산정할 것[94]

가령, $\frac{AB}{AB}$(분모는 토지, 분자는 건물을 의미한다)인 경우는 둘 이상의 토지 또는 건축물을 소유한 공유자가 동일한 경우이므로 1인의 토지등소유자로 산정한다. A와 B가 토지에 대해서는 A를 대표자로 선정하고, 건물에 대해서는 B를 대표자로 선정하여 토지등소유자를 2인으로 계산해서는 안된다.

5) 정비구역 내 토지의 필지별 또는 토지·건축물의 소유자, 공유자가 서로 다를 경우에는 원칙적으로 각 부동산별로 1인이 토지등소유자로 산정되도록 할 것[95]

소유형태가 따른 경우에는 소유형태별로 1인의 토지등소유자로 산정하여야 한다. '소유형태가 다른 경우'란 각 부동산별로 소유자가 다르거나 공유자가 다른 경우를 말한다. 단독소유자가 A, B, C인 경우 소유형태가 다른 경우에 해당한다. A와 B가 공유하는 것을 AB로 표시할 때, AB의 공유자와 AC의 공유자는 서로 다른 유형의 공유자이기 때문에 소유형태가 다른 경우에 해당한다. 따라서 토지의 공유자 중 일부가 그 지상 건축물을 단독 소유하는 경우, 가령 $\frac{A}{AB}$(분모는 토지, 분자는 건물을 의미한다)의 경우에는 토지와 건축물의 소유형태가 다른 경우에 해당하므로 토지와 건물에 대해 각각 1인이 토지등소유자로 산정되어야 한다.[96] 다만 토지만을 공유하고 있는 자 B의 공유토지면적이 과소필지면적에도 미달되는 경우에는 관리처분계획 수립시 분양대상에서 제외될 수 있다.

그러나 1인이 토지와 지상 건축물을 소유하고 있는 경우에는 토지에 관하여

---

94 A건물, B건물을 甲과 乙이 각각 공유하고 있는 경우 A건물의 대표자는 甲, B건물의 대표자는 乙로 하여 토지등소유자 수를 2인으로 계산할 수 없다는 의미

95 대법원 2010. 1. 14. 선고 2009두15852 판결 등

96 대법원 2010. 1. 14. 선고 2009두15852 판결, 대법원 2015. 3. 20. 선고 2012두23242 판결, 대법원 2014. 5. 29. 선고 2012두18677 판결 등 참조

지상권이 설정되었는지 여부에 관계없이 토지 및 지상 건축물에 관하여 토지등소유자를 1인으로 산정한다.[97] 왜냐하면, 동일인 소유인 토지와 지상 건축물 중 토지에 관하여 지상권이 설정되어 있다고 하더라도 토지등소유자 수를 산정할 때에는 지상권자를 토지의 공유자와 동일하게 취급할 수 없기 때문이다. 즉, 토지에 지상권을 설정하였음에도 그 지상건물의 소유자가 지상권자가 아닌 경우에는 이런 지상권자는 보호할 필요성이 현저히 떨어지기 때문이다.

6) 종합(사례): 소유형태의 수 = 토지등소유자의 수

위의 1)~5)의 기준을 관통하는 하나의 기준은 『소유형태가 다른 경우에는 하나의 토지등소유자로 산정한다. 즉 소유형태의 수와 토지등소유자의 수는 동일하다』이다.

가령, 분모는 토지, 분자는 그 토지 지상 건물이라 생각하고 이 기준에 따라 토지등소유자수를 산정해 보자. AB는 A와 B가 공유자임을, AC, BC, ABC, ABCD도 각각의 공유자임을 의미한다고 할 때,

1번 부동산 $\frac{A}{A}$, 2번 부동산 $\frac{AB}{A}$, 3번 부동산 $\frac{AB}{AB}$, 4번 부동산 $\frac{C}{A}$, 5번 부동산 $\frac{B}{ABC}$, 6번 부동산 $\frac{AC}{AB}$, 7번 부동산 $\frac{BC}{ABCD}$의 경우 토지등소유자 수를 산정해 보자.

소유형태만을 따지면 A, B, C, AB, AC, BC, ABC, ABCD 8명이다. 따라서 토지등소유자 수는 8명으로 계산된다. A는 1번 부동산, 2번 부동산의 토지, 4번 부동산의 토지에 대해 동의권을 행사할 수 있다. 동의권은 통일적으로 행사되어야 한다. 어느 부동산에 대해서는 동의를, 다른 부동산에 대해서는 부동의 하는 방식은 허용되지 않는다. AB와 AC는 두사람이 공유하고 있지만 공유자가 서로 다르므로 소유형태가 다른 경우에 해당한다. AB와 ABC도 공유자가 서로 다르므로 소유형태가 다른 경우에 해당한다. ABC와 ABCD도 마찬가지로 공유자가 다르므로 소유형태가 다른 경우에 해당한다. 결국, 이 사례사안은

97 대법원 2015. 3. 20. 선고 2012두23242 판결

소유형태가 8가지이므로 토지등소유자 수는 8명이다.

(나) 재건축사업의 경우에는 다음의 기준에 따른다.

1) 소유권 또는 구분소유권이 여러 명의 공유에 속하는 경우에는 그 여러 명을 대표하는 1명을 토지등소유자로 산정할 것

위 기준은 여러 명이 부동산에 관하여 통상의 공유관계를 형성하고 있는 경우에는 그 공유 목적 부동산이 동일하기 때문에 조합설립 절차의 편의를 도모하는 관점에서 공유자들을 대표하는 1명의 동의 의사를 확인하여도 무방하다는 데 취지가 있다. 그러나 구분소유권의 대지는 민법상의 공유물에 관한 일반 법리가 적용되지 않으므로 집합건물의 경우에는 대지사용권인 대지지분은 구분소유권의 목적인 전유부분에 종속되어 일체화되는 관계로 동의한 토지면적은 동의한 구분소유자가 소유하고 있는 공유지분의 합계로 산정하여야 한다. 여기서 어떠한 경우에 1동의 건물에 대하여 구분소유가 성립할 수 있는지 문제되는데, 大法院은 1동의 건물에 대하여 구분소유가 성립하기 위해서는 객관적·물리적인 측면에서 1동의 건물이 존재하고 구분된 건물부분이 구조상·이용상 독립성을 갖추어야 할 뿐 아니라 1동의 건물 중 물리적으로 구획된 건물부분을 각각 구분소유권의 객체로 하려는 구분행위가 있어야 한다는 입장이다.[98] 여기서 구조상의 독립성은 주로 소유권의 목적이 되는 객체에 대한 물적 지배의 범위를 명확히 할 필요성 때문에 요구되는 것이므로 구조상의 구분에 의하여 구분소유권의 객체 범위를 확정할 수 없는 경우에는 구조상의 독립성이 있다고 할 수 없으나, 다만 일정한 범위의 상가건물에 관하여는 구조상 독립성 요건을 완화한 「집합건물의 소유 및 관리에 관한 법률」 제1조의2에 따라 경계를 명확하게 식별할 수 있는 표지를 바닥에 견고하게 설치하고 구분점포별로 부여된 건물번호표지를 견고하게 부착함으로써 구분소유권의 객체가 될 수 있다. 그리고 이용상 독립성이란 구분소유권의 대상이 되는 해당 건물부분이 그

98 대법원 2019. 11. 15. 선고 2019두46763 판결, 대법원 2013. 1. 17. 선고 2010다71578 전원합의체 판결

자체만으로 독립하여 하나의 건물로서의 기능과 효용을 갖춘 것을 말하는데, 이와 같은 의미의 이용상 독립성이 인정되는지는 해당 부분의 효용가치, 외부로 직접 통행할 수 있는지 여부 등을 고려하여 판단하여야 한다. 특히 해당 건물부분이 「집합건물의 소유 및 관리에 관한 법률」 제1조의2의 적용을 받는 '구분점포'인 경우에는 그러한 구분점포의 특성을 고려하여야 한다. 나아가 구분행위는 건물의 물리적 형질에 변경을 가함이 없이 법률관념상 그 건물의 특정 부분을 구분하여 별개의 소유권의 객체로 하려는 일종의 법률행위로서, 그 시기나 방식에 특별한 제한이 있는 것은 아니고 처분권자의 구분의사가 객관적으로 외부에 표시되면 인정된다. 따라서 구분건물이 물리적으로 완성되기 전에도 건축허가신청이나 분양계약 등을 통하여 장래 신축되는 건물을 구분건물로 하겠다는 구분의사가 객관적으로 표시되면 구분행위의 존재를 인정할 수 있고, 이후 1동의 건물 및 구분행위에 상응하는 구분건물이 객관적·물리적으로 완성되면 아직 그 건물이 집합건축물대장에 등록되거나 구분건물로서 등기부에 등기되지 않았더라도 그 시점에서 구분소유가 성립한다. 특히 일반건물로 등기된 기존의 건물이 구분건물로 변경등기되기 전이라도, 위와 같은 요건들을 갖추면 구분소유권이 성립한다. 이와 같이 공동주택 등에 관하여 구분소유가 성립한 경우에는, 공동주택 등이 구분건물이 아닌 일반건물로 등기되어 있는 관계로 구분소유자들이 구분등기를 마치지 못하고 형식상 공동주택 등에 관하여 공유등기를 마쳤더라도 위 기준 (ⅰ)을 적용하여 구분소유자들을 대표하는 1명만을 소유자로 산정하여서는 안된다. 위와 같은 경우에는 동의한 토지면적은 동의한 구분소유자가 소유하고 있는 공유지분의 합계로 산정하여야 할 것이다.

따라서 가령, 소유자 7인(A, B, C, D, E, F, G)이 1필지 토지를 공유하고, 그 토지는 지상의 집합건물의 대지로 이용되고 있으며, 지상의 집합건물은 7개의 전유부로 구성되어 각 전유부분을 위의 동일한 소유자 7인이 각각 소유하고 있지만 형식상 공유등기를 하고 있다고 가정해 보자. 이 경우 소유자 7인 중 4인

(A, B, D, F)이 조합설립에 동의하였다면 건축물과 토지에 대한 전체 토지등소유자 수는 7인이 되고 동의자는 4인으로 산정되며, 동의한 토지면적은 동의자 4인이 각 보유하고 있는 각 공유지분의 합계가 된다.

2) 1명이 둘 이상의 소유권 또는 구분소유권을 소유하고 있는 경우에는 소유권 또는 구분소유권의 수에 관계 없이 토지등소유자를 1명으로 산정할 것

3) 둘 이상의 토지 또는 건축물을 소유한 공유자가 동일한 경우에는 그 공유자 여럿을 대표하는 1인을 토지등소유자로 산정할 것

(다) 추진위원회 또는 조합의 설립에 동의한 자로부터 토지 또는 건축물을 취득한 자는 추진위원회 또는 조합의 설립에 동의한 것으로 본다.

(라) 토지등기부등본·건물등기부등본·토지대장 및 건축물관리대장에 소유자로 등재될 당시 주민등록번호의 기재가 없고 기재된 주소가 현재 주소와 상이한 경우로서 소재가 확인되지 아니한 자는 토지등소유자의 수에서 제외한다.

이와 같이 소재불명자를 토지등소유자 수에서 제외하도록 한 것은 의사 확인이 어려운 토지등소유자를 조합설립 동의 등의 절차에서 동의 대상자에서 제외함으로써 사업 진행을 원활하게 하려는 것이다. 따라서, 여러 명의 공유에 속하는 토지의 공유자 중 일부가 소재불명자이면 유효한 조합설립 동의를 할 수 없다는 점에서 토지의 단독소유자가 소재불명자인 경우와 다르지 아니하므로, 공유자 중 일부가 소재불명자인 경우도 단독소유자가 소재불명인 경우와 마찬가지로 조합설립 동의 대상이 되는 토지 또는 건축물 소유자의 수에서 제외하여야 한다.[99] 그러나 한편 소재가 확인되지 아니된다는 이유만으로 토지등소유자의 수에서 제외시키는 이 기준은, 토지 또는 건축물 소유자의 의사가 전혀 반영되지 아니한 채 소유물이 처분되는 결과에 이를 수 있다는 점을 고려할 때 적용에 신중을 기해야 한다. 이런 취지에 비추어 보면, 조합설립인가처

99 대법원 2017. 2. 3. 선고 2015두50283 판결

분 이전에 이미 사망한 토지 또는 건축물 소유자를 소재가 확인되지 아니한다는 이유로 토지등소유자의 수에서 제외하기 위해서는 위 토지 또는 건축물 소유자의 상속인의 존재 및 소재를 확인하기 위한 가능하고도 충분한 노력을 다하였음에도 그러한 사실을 확인할 수 없음이 분명한 경우이어야 하고, 위 시행령 조항에서 정한 관련 공부인 토지대장 및 건축물관리대장 등에 위 토지 또는 건축물 소유자인 사망자의 주민등록번호가 기재되어 있더라도 달리 볼 이유가 없다.[100]

주의할 점은 공유자 중 일부가 소재불명인 경우 그 공유물을 토지등소유자 수에서 제외하야야 하는 법리는 민법상 공유물에 관한 것이고 대지 공유관계의 특수성이 고려되어야 하는 집합건물에는 적용되지 않는다는 점이다. 가령, 7개의 전유부로 구성된 집합건축물을 소유자 7인(A, B, C, D, E, F, G)이 각각 소유하고 있으나, 이 집합건물의 대지인 1필지의 토지는 8인의 소유자(A, B, C, D, E, F, G 그리고 H)가 공유하고 조합설립에 소유자 5인(A, C, D, F, G)이 동의하였는데 H가 소재불명자인 경우에는 H만 토지등소유자 수에서 제외하여야 한다. 왜냐하면 집합건물의 경우에는 대지사용권인 대지지분이 구분소유권의 목적인 전유부분에 종속되어 일체화되는 관계에 있으므로, 집합건물의 대지의 공유관계에서는 이와 같은 민법상 공유물에 관한 일반법리가 그대로 적용될 수 없고, 이는 대지 공유자들 중 구분소유자 아닌 사람이 있더라도 마찬가지이기 때문이다.[101] 따라서 이 경우에는 집합건물과 토지에 대한 토지등소유자 수는 7인이 되고 동의한 토지등소유자 수는 5인이 되며, 동의한 토지면적은 동의를 한 A, C, D, F, G가 소유하고 있는 공유지분의 합계로 산정하여야 한다.

---

100 대법원 2014. 5. 29. 선고 2012두11041 판결

101 대법원 2022. 8. 25. 선고 2017다257007 판결

(마) 국유지·공유지에 대해서는 그 재산관리청[102]을 토지등소유자로 산정한다.

국유지의 소유자는 대한민국, 공유지의 소유자는 해당 지방자치단체이다. 따라서 소유자 수를 산정하는 경우 모두 1인의 토지등소유자로 산정하여야 할 것이나 이 기준을 두어 재산관리청별로 토지등소유자 수를 산정하도록 하고 있다.

한편, 국가 또는 지방자치단체가 정비구역 안에 토지 또는 건축물을 소유한 경우, 정비사업조합설립과 정비사업추진에 관한 동의의 의사는 서면 등에 의하여 명시적으로 표시하여야 하는 것은 아니다.[103] 하지만 이러한 국가 등의 동의 의사표시에 관한 법리는 조합설립동의에 대해서만 적용된다. 사업시행계획 작성이나 관리처분계획 수립을 위한 총회 등 일반 안건 총회에까지 적용되는 것은 아니다. 일반총회안건에서는 재적조합원에는 포함되지만 미참석자로 처리해야 할 것이다.

(7) 동의자 수 산정시기

조합방식에 의하는 경우 조합설립동의자 수의 산정 기준일은 앞서 본 바와 같이 조합설립인가신청시이다. 그러나 정비구역 지정·고시[104] 이후 토지등소유자 방식으로 재개발사업을 시행하는 경우에는 원칙적으로 정비구역 지정·고시가 있는 날이 기준일이 된다. 다만, 토지등소유자가 정비구역 변경지정·고시가 있는 날 이후에 사업시행계획인가를 신청하는 경우에는 최종 변경된 정비구역 변경지정·고시를 기준일로 할 것이나 토지등소유자의 정비계획 변경 제안에 따라 정비구역이 변경고시된 경우에는 당초의 정비구역 지정 고시일이 기준일이 된다. 또한, 정비구역 지정·고시 후에 정비사업을 목적으로 취득한 토지 또는 건축물에 대해서는 정비구역 지정·고시가 있는 날이 기준일이 된다

102 재산관리청이란 국가의 경우 기획재정부장관, 환경부장관 등이고, 지방자치단체의 경우 시장, 교육감이다.

103 대법원 2014. 4. 14. 선고 2012두1419 전원합의체 판결

104 변경지정·고시는 제외한다.

(법 §36의2①). 토지등소유자 방식의 재개발사업에서도 조합방식과 마찬가지로 동의자수 산정 기준일 이후 1명의 토지등소유자로부터 토지 또는 건축물의 소유권이나 지상권을 양수하여 여러 명이 소유하게 된 때에는 그 여러 명을 대표하는 1명을 토지등소유자로 보게 된다(법 §36의2②).

(8) 기존 동의서 재사용의 특례(법 §37)

조합설립인가(변경인가 포함)를 받은 후에 동의서 위조, 동의 철회, 동의율 미달 또는 동의자 수 산정방법에 관한 하자 등을 이유로 다툼이 있는 경우로서 ①조합설립인가의 무효 또는 취소소송 중에 일부 동의서를 추가 또는 보완하여 조합설립 변경인가를 신청하는 때, ②법원의 판결로 조합설립인가의 무효 또는 취소가 확정되어 조합설립인가를 다시 신청하는 때 중 어느 하나에 해당하는 때에는 동의서의 유효성에 다툼이 없는 토지등소유자의 동의서를 다시 사용할 수 있다.

①의 경우에는 (i)토지등소유자에게 기존 동의서를 다시 사용할 수 있다는 취지와 반대의사 표시의 절차 및 방법을 서면으로 설명·고지할 것, (ii)60일 이상의 반대의사 표시기간을 (i)의 서면에 명백히 적어 부여할 것 등의 요건을 갖추어야 한다.

②의 경우에는 (i)토지등소유자에게 기존 동의서를 다시 사용할 수 있다는 취지와 반대의사 표시의 절차 및 방법을 서면으로 설명·고지할 것, (ii)90일 이상의 반대의사 표시기간을 (i)의 서면에 명백히 적어 부여할 것, (iii)정비구역, 조합정관, 정비사업비, 개인별 추정분담금, 신축되는 건축물의 연면적 등 정비사업의 변경내용을 (i)의 서면에 포함할 것, (iv)정비구역 면적의 변경, 정비사업비의 증가(생산자물가상승률분 및 도시정비법 제73조에 따른 현금청산금액을 제외한다), 신축되는 건축물의 연면적 변경 등의 범위가 모두 10% 미만일 것, (v)조합설립인가의 무효 또는 취소가 확정된 조합과 새롭게 설립하려는 조합이 추진하고자 하는 정비사업의 목적과 방식이 동일할 것, (vi)조합설립인가의 무효 또는 취소가 확정된 날부터 3년 내에 새로운 조합을 설립하기 위한 창립총회를

개최할 것 등의 요건을 갖추어야 한다.

나. 창립총회를 개최할 것

(1) 의의

창립총회는, 조합설립추진위원회가 도시정비법 제35조에 따른 조합설립인가를 신청하기 전에 대통령령으로 정하는 방법 및 절차에 따라 개최하는 사단결성을 위한 주민총회이다. 도시정비법 제32조 제3항은 "추진위원회는 제35조 제2항, 제3항 및 제5항에 따른 조합설립인가를 신청하기 전에 대통령령으로 정하는 방법 및 절차에 따라 조합설립을 위한 창립총회를 개최하여야 한다."라고 규정하여 창립총회 개최 절차를 조합설립을 위한 필수절차로 규정하고 있다. 이 때문에 조합설립을 위한 동의서 징구개시 전 또는 그 무렵에 동의서 징구를 위한 사업설명을 위하여 개최되었던 사업설명회 성격의 종전「주택건설촉진법」상의 창립총회와는 구별된다.

(2) 개최 절차

창립총회는 도시정비법 제35조의 조합설립을 위한 동의정족수를 갖춘 후 조합설립인가를 신청하기 전에 반드시 개최하여야 한다(시행령 §27①). 이를 위반하여 개최되는 경우에는 이에 터 잡아 이루어진 조합설립인가는 위법하다고 보아야 한다.

추진위원회(도시정비법 제31조 제4항 전단에 따라 추진위원회를 구성하지 아니하는 경우에는 조합설립을 추진하는 토지등소유자의 대표자를 말함)는 창립총회 14일 전까지 회의목적·안건·일시·장소·참석자격 및 구비사항 등을 인터넷 홈페이지를 통해 공개하고, 토지등소유자에게 등기우편으로 발송·통지하여야 한다(시행령 §27②).

창립총회는 추진위원회 위원장(도시정비법 제31조 제4항 전단에 따라 추진위원회를 구성하지 아니하는 경우에는 토지등소유자의 대표자를 말함)의 직권 또는 토지등소유자 5분의 1 이상의 요구로 추진위원회 위원장이 소집한다. 다만, 토지등소유자 5분의 1 이상의 소집요구에도 불구하고 추진위원회 위원장이 2주 이상 소집요구에 응하지 아니하는 경우 소집요구한 자의 대표가 소집할 수 있다(시행령 §27③).

(3) 처리업무

창립총회에서는 (i)조합정관의 확정 (ii)조합임원의 선임 (iii)대의원의 선임 (iv)그 밖에 필요한 사항으로서 개최절차에 따라 사전에 통지한 사항의 업무를 처리한다(시행령 §27④).

(4) 의사결정

창립총회의 의사결정은 토지등소유자(재건축사업의 경우 조합설립에 동의한 토지등소유자로 한정함)의 과반수 출석과 출석한 토지등소유자 과반수 찬성으로 결의한다(시행령 §27⑤). 다만, 조합임원 및 대의원의 선임은 창립총회에 상정되어 의결로서 확정된 원시정관에서 정하는 바에 따라 선출한다. 재적조합원의 20% 이상이 직접 출석하여야 한다(법 §45⑩).

(5) 회의록의 작성

창립총회를 비롯하여 조합원총회는 정기총회든 임시총회든 반드시 회의록을 작성하여야 한다. 大法院은 "법인의 총회 또는 이사회의 의사에는 의사록을 작성하여야 하고 의사록에는 의사의 경과, 요령 및 결과 등을 기재하고 이와 같은 의사의 경과요령 및 결과 등은 의사록을 작성하지 못하였다든가 또는 이를 분실하였다는 등의 특단의 사정이 없는 한 이 의사록에 의하여서만 증명된다."는 입장이다.[105] 창립총회의 회의록은 총회참석자의 연명부와 함께 조합설립인가 신청 시에 조합설립인가신청서에 첨부하여 시장·군수에게 제출하여야 한다(시행규칙 §8②).

105 대법원 1984. 5. 15. 선고 83다카1565 판결

(6) 창립총회와 조합설립행위의 하자

도시정비법은 창립총회의 개최를 필수적인 절차로 규정하고 있으므로 조합설립행위의 일부를 이루는 것이라 할 것이어서 그 흠결은 조합설립행위에서 중대한 하자로서 조합설립인가처분이 위법해질 수 있다. 도시정비법 시행규칙에서는 조합의 설립인가신청서에 첨부할 서류로서 조합정관, 조합원 명부, 조합설립동의서, 창립총회 회의록 등을 규정하는 한편, '창립총회에서 임원·대의원을 선임한 때에는' 임원·대의원으로 선임된 자의 자격을 증명하는 서류를 첨부하도록 정하고 있는 점에 비추어 보면, 조합의 임원이나 대의원을 반드시 창립총회에서 선임할 필요는 없으므로, 창립총회에서 조합장 등 조합 임원 선임의 결의가 부결되었다고 하더라도 이 때문에 창립총회가 무효라고 볼 수는 없다.[106]

조합설립추진위원회가 조합설립을 위한 창립총회를 개최하여 결의한 후, 다시 개최된 창립총회에서 종전결의를 그대로 인준 또는 추인하거나 재차 같은 안건에 대하여 새로운 결의를 한 경우, 종전 창립총회에서 한 결의의 무효확인을 구할 이익은 사라지게 된다.[107]

하자 있는 창립총회에 기초하여 조합설립인가가 이루어지는 경우 그 인가는 위법한 것으로서 취소나 무효가 될 수 있다. 조합설립인가가 취소인지 무효인지는 행정처분의 당연무효법리에 따라 판단하여야 할 것이다.

3. 절차

조합설립추진위원회는 시행규칙으로 정하는 법정동의서에 토지등소유자의 동의를 받아 정관과 정비사업비와 관련된 자료 등 시행규칙으로 정하는 서류와 그 밖에 시·도조례로 정하는 서류를 첨부하여 관할 행정청에 시행규칙상의 조합설립인가신청서를 제출하여야 한다(법 §35).

106 대법원 2014. 10. 30. 선고 2012두25125 판결

107 대법원 2017. 8. 29. 선고 2014다19462 판결

시행규칙으로 정하는 서류는 (i)조합원명부 및 해당 조합원의 자격을 증명하는 서류, (ii)조합설립동의서 및 동의사항을 증명하는 서류, (iii)창립총회의 회의록 및 참석자 연명부, (iv)대표조합원 선임동의서, (v)창립총회에서 임원·대의원을 선임하는 때에는 선임된 자의 자격을 증명하는 서류, (vi)건축계획, 건축예정지의 지번·지목 및 등기명의자, 도시·군관리계획상의 용도지역, 대지 및 주변현황을 기재한 사업계획서이다(시행규칙 §8②).

조합설립인가 신청을 받은 행정청은 ①추진위원회가 법정동의서에 의하여 토지등소유자의 동의를 받았는지(시행령 §30①), ②토지등소유자가 성명을 적고 지장을 날인한 경우에는 신분증명서 사본이 첨부되었는지(법 §36①), 토지등소유자의 인감증명서를 첨부한 경우에는 그 동의서에 날인된 인영과 인감증명서의 인영이 동일한지(법 §36②)를 확인하고, ③도시정비법 제36조 제4항, 시행령 제33조에 의하여 동의자 수를 산정함으로써 도시정비법 제35조에서 정한 토지등소유자 동의 요건이 충족되었는지를 심사하여야 한다.[108]

추진위원회가 법정동의서에 의하여 토지등소유자로부터 조합설립동의를 받았다면, 개별 동의서가 위·변조되었거나 그 밖에 동의의 진정성이 의심되는 특별한 사정이 없는 이상, 그 조합설립 동의는 도시정비법령에서 정한 절차와 방식을 따른 것으로 적법·유효한 것으로 보아야 하고, 단지 그 서식에 토지등소유자별로 구체적인 분담금 추산액이 기재되지 않았다거나 추진위원회가 그 서식 외에 토지등소유자별로 구체적인 분담금 추산액 산출에 필요한 구체적인 정보나 자료를 충분히 제공하지 않았다는 사정만으로 개별 토지등소유자의 조합설립동의를 무효라고 볼 수 없다.[109]

108 대법원 2020. 9. 7. 선고 2020두38744 판결
109 대법원 2020. 9. 7. 선고 2020두38744 판결

4. 효력

가. 법인의 성립

조합설립인가를 받은 날부터 30일 이내에 주된 사무소의 소재지에서 설립인가일 등 대통령령으로 정하는 사항을 등기하는 때에 법인으로서의 조합이 성립한다. 조합은 명칭에 '정비사업조합'이라는 문자를 사용하여야 한다. 설립인가일과 임원의 성명 및 주소는 등기사항이다(시행령 §36)

법인이 대표기관을 통하여 법률행위를 한 때에는 대리에 관한 규정이 준용된다(민법 §59②). 따라서 적법한 대표권을 가진 자와 맺은 법률행위의 효과는 대표자 개인이 아니라 본인인 법인에 귀속되고, 마찬가지로 그러한 법률행위상의 의무를 위반하여 발생한 채무불이행으로 인한 손해배상책임도 대표기관 개인이 아닌 법인만이 책임의 귀속주체가 되는 것이 원칙이다.

또한, 민법 제391조는 법정대리인 또는 이행보조자의 고의·과실을 채무자 자신의 고의·과실로 간주함으로써 채무불이행책임을 채무자 본인에게 귀속시키고 있는데, 법인의 경우도 법률행위에 관하여 대표기관의 고의·과실에 따른 채무불이행책임의 주체는 법인으로 한정된다.

따라서 법인의 적법한 대표권을 가진 자가 하는 법률행위는 성립상 효과뿐만 아니라 위반의 효과인 채무불이행책임까지 법인에 귀속될 뿐이고, 다른 법령에서 정하는 등의 특별한 사정이 없는 한 법인이 당사자인 법률행위에 관하여 대표기관 개인이 손해배상책임을 지려면 민법 제750조에 따른 불법행위책임 등이 별도로 성립하여야 한다.

이때 법인의 대표기관이 법인과 계약을 체결한 거래상대방인 제3자에 대하여 자연인으로서 민법 제750조에 기한 불법행위책임을 진다고 보기 위해서는, 대표기관의 행위로 인해 법인에 귀속되는 효과가 대외적으로 제3자에 대한 채무불이행의 결과를 야기한다는 점만으로는 부족하고, 법인의 내부행위를 벗어나 제3자에 대한 관계에서 사회상규에 반하는 위법한 행위라고 인정될 수 있는 정도에 이르러야 한다. 그와 같은 행위에 해당하는지는 대표기관이 의사결정 및 그에 따른 행위에 이르게 된 경위, 의사결정의 내용과 절차과정, 침해되는 권리의 내용, 침해행위의 태양, 대표기관의 고의 내지 해의의 유무 등을 종합적으로 평가하여 개별적·구체적으로 판단하여야 한다.[110] 가령, 조합장이 용역계약을 해지할 만한 부득이한 사유가 없음을 알면서도 해지하였다는 사정만으로 곧바로 조합과 공동하여 제3자에게 불법행위로 인한 손해배상책임을 부담한다고 볼 수는 없다.

나. 행정주체 지위 취득

행정청으로부터 조합설립의 인가를 받아 등기함으로써 법인으로 성립한 조합은 정비사업의 사업시행자로서 조합원에 대한 법률관계에서 특수한 존립목적을 부여받은 행정주체로서의 지위를 가지게 되고, 이러한 행정주체의 지위에서 정비구역 안에 있는 토지 등을 수용하거나, 관리처분계획, 경비부과처분 등과 같은 행정처분을 할 수 있는 권한을 부여받는다.[111]

5. 조합설립인가처분의 하자

조합설립인가처분이 반드시 추진위원회 구성·승인처분의 적법·유효를 전제로 한다고 볼 것은 아니므로, 도시정비법이 정한 동의요건을 갖추고 창립총회를 거쳐 조합이 성립한 이상, 이미 소멸한 추진위원회 구성·승인처분의 하자를 이유로 조합설립인가처분이 위법하다고 할 수 없다.[112] 따라서 도시정비법상 하나의 정비구역 내에 하나의 추진위원회로 하여금 조합설립의 추진을 위한 업무를 수행하도록 한 추진위원회 제도의 입법 취지를 형해화할 정도로 중대한 위법사유가 없는 한, 그 추진위원회의 구성이나 인가처분의 하자를 이유로 조합설립인가처분의 효력을 다툴 수 없다. 가령, 정비예정구역을 달리 하는 두 개의 조합설립추진위원회가 설립·승인되었다가 하나의 재정비촉진구역으

110 대법원 2019. 5. 30. 선고 2017다53265 판결
111 대법원 2010. 4. 8. 선고 2009다27636 판결
112 대법원 2013. 12. 26. 선고 2011두8291 판결

로 지정됨에 따라 통합된 조합설립추진위원회 명의로 개최된 창립총회에서 두 재정비촉진구역을 결합개발방식으로 개발한다는 사업계획 및 정관 등을 결의한 후 토지등소유자로부터 받은 조합설립동의서를 첨부하여 조합설립인가처분을 받은 경우, 설사 통합된 조합설립추진위원회의 설립 또는 변경승인을 받지 않은 채 조합설립인가처분이 이루어졌다고 하더라도 위법하다고 할 수 없다.[113]

창립총회에서 이루어지는 조합임원이나 대의원회 결의에 하자가 있는 경우 조합설립인가처분의 효력은 어떻게 되는지 문제된다. 창립총회에서 조합임원이나 대의원를 선출하지 않더라도 창립총회가 무효가 되지 않는 점[114]을 고려하면, 조합장 등 임원이나 대의원 선출에 하자가 있더라도 조합설립인가처분의 중대한 하자로 보기 어려워 이에 기초하여 조합설립인가처분이 이루어졌다 하더라도 그 효력에는 영향이 없다고 생각한다. 다만 창립총회에서 조합장 등 임원이나 대의원 선출의 하자를 이유로 조합설립인가신청이 반려된 경우에는 행정청의 재량권 일탈·남용이라 볼 수 없어 특별한 사정이 없는 한 그 반려처분은 적법하다 할 것이다.

조합설립인가처분의 취소나 무효확인 판결이 확정되기 전에 이전고시의 효력이 발생하였다면 원칙적으로 조합설립인가처분의 취소 또는 무효확인을 구할 법률상 이익이 없다.[115]

조합설립인가처분이 취소되거나 무효인 경우에는 이에 터잡아 이루어지는 후속행위나 이후의 조합설립변경인가는 모두 소급하여 효력을 상실하게 된다. 다만 조합이 토지등소유자로부터 새로 법정사항이 포함된 동의서에 의한 동의를 받는 등 처음부터 다시 조합설립인가에 관한 절차를 밟아 조합설립변경인가처분을 받은 경우에는 이와 같은 조합설립변경인가는 그 실질이 조합설립인가와 다를 바 없으므로 그에 따른 효과가 인정될 수 있고 이러한 경우에는 이

113 대법원 2014. 5. 29. 선고 2012두6650 판결

114 대법원 2014. 10. 30. 선고 2012두25125 판결

115 대법원 2014. 9. 25. 선고 2011두20680 판결

조합설립변경인가의 효력에 의해 정비사업을 계속 진행할 수 있으므로 위 조합설립변경인가처분을 무효라 할 수 없다.[116]

문제는 조합설립인가처분이 취소되거나 무효인 경우에도 그 이후의 조합설립변경인가처분에 따른 효과를 인정하기 위해서는 어느 정도의 조합설립변경인가의 요건을 충족하여야 하는가 하는 점이다. 大法院은, 조합설립변경인가처분이 새로운 조합설립인가처분의 요건을 갖추었다고 보기 위해서는, 조합이 토지등소유자로부터 새로 법정사항이 포함된 동의서에 의한 동의를 받는 등 처음부터 다시 조합설립인가에 관한 절차를 밟아야 하고, 또한, 다른 특별한 사정이 없는 한 조합설립변경인가의 신청 전에 총회를 새로 개최하여 조합정관의 확정·조합임원의 선임 등에 관한 결의를 하는 등의 절차적 요건을 구비하여야 한다는 입장이다.[117] 다만 이 경우 새로 개최된 총회의 의사결정은 종전의 조합설립인가의 신청 전에 이루어진 창립총회의 결의를 추인하는 결의를 하거나 총회의 진행 경과 등에 비추어 그러한 추인의 취지가 포함된 것으로 볼 수 있는 사정이 있으면 충분하다고 본다. 따라서 이와 같은 경우에는 당초 조합설립인가처분은 취소·철회되고 변경된 조합설립변경인가가 새로운 조합설립인가가 된다. 이 경우 당초 조합설립인가는 더 이상 존재하지 않는 처분이거나 과거의 법률관계가 되므로 특별한 사정이 없는 한 그 취소를 구할 소의 이익이 없다. 다만 당해 조합이 당초 조합설립인가에 기초하여 사업시행계획의 수립 등의 후속 행위를 하였다면 당초 조합설립인가가 무효로 확인되거나 취소될 경우 그 유효를 전제로 이루어진 후속 행위 역시 소급하여 효력을 상실하게 되므로, 위와 같은 형태의 변경된 조합설립변경인가가 있다고 하여 당초 조합설립인가의 취소를 구할 소의 이익이 소멸된다고 볼 수는 없다.[118]

같은 취지에서 재건축사업조합이 새로이 조합설립인가 처분을 받는 것과 동

116 대법원 2014. 7. 24. 선고 2012두13764 판결
117 대법원 2014. 5. 29. 선고 2013두18773 판결
118 대법원 2013. 10. 24. 선고 2012두12853 판결

일한 요건과 절차를 거쳐 조합설립변경인가 처분을 받는 경우 당초 조합설립인가 처분의 유효를 전제로 해당 재건축사업조합이 매도청구권 행사, 시공자 선정에 관한 총회 결의, 사업시행계획의 수립, 관리처분계획의 수립 등과 같은 후속행위를 하였다면, 당초 조합설립인가 처분이 무효로 확인되거나 취소될 경우 그것이 유효하게 존재하는 것을 전제로 이루어진 위와 같은 후속행위 역시 소급하여 효력을 상실하게 되므로, 특별한 사정이 없는 한 위와 같은 형태의 조합설립변경인가가 있다고 하여 당초 조합설립인가 처분의 무효확인을 구할 소의 이익이 소멸된다고 볼 수는 없다.[119]

조합설립인가처분이 판결에 의하여 취소되거나 무효로 확인된 경우에는 조합설립인가처분은 처분 당시로 소급하여 효력을 상실하고, 이에 따라 당해 조합 역시 조합설립인가처분 당시로 소급하여 도시정비법상 정비사업을 시행할 수 있는 행정주체인 공법인으로서의 지위를 상실한다. 다만 그 효력 상실로 인한 잔존사무의 처리와 같은 업무는 여전히 수행되어야 하므로 조합은 청산사무가 종료될 때까지 청산의 목적범위 내에서 권리·의무의 주체가 되고, 조합원 역시 청산의 목적범위 내에서 종전 지위를 유지하며, 정관 등도 그 범위 내에서 효력을 가진다.[120] 따라서 종전 결의 등 처분의 법률효과를 다투는 소송의 당사자지위까지 함께 소멸하는 것은 아니다.[121]

조합설립인가처분에 하자가 있다고 판단하여 그 효력을 다투면서 조합에 부동산 인도의무를 이행하지 아니한 조합원은 인도의무가 없다고 믿은 데 정당한 사유가 있다고 볼 수 없으므로 인도의무 불이행에 관하여 고의나 과실이 인정되므로 원칙적으로 조합에 손해배상책임을 부담해야 한다.[122]

---

119 대법원 2012. 10. 25. 선고 2010두25107 판결, 대법원 2014. 5. 16. 선고 2011두27094 판결

120 대법원 2012. 11. 29. 선고 2011두518 판결

121 대법원 2012. 3. 29. 선고 2008다95885 판결

122 대법원 2013. 12. 26. 선고 2011다85352 판결

6. 조합설립변경인가처분

도시정비법은 조합설립인가의 요건과 조합설립변경인가의 그것을 달리 규정하고 있다. 즉 조합설립인가에 대해서는 조합설립동의와 창립총회를 개최할 것을 요건으로 하고 있는데 반하여, 조합설립변경인가의 경우에는 조합원총회에서 조합원 2/3 이상의 찬성결의를 요건으로 하고 있다. 따라서 조합설립인가는, 조합설립변경인가를 받더라도 인가내용 모두가 취소되거나 철회된다고 볼 수 없다. 따라서 조합설립변경인가가 있다 하더라도 그 변경인가는 조합설립인가에 근거한 것이므로 조합설립인가는 여전히 쟁송의 대상으로 삼을 수 있다.

이처럼 조합설립변경인가처분은 당초 조합설립인가처분에서 이미 인가받은 사항의 일부를 수정 또는 취소·철회하거나 새로운 사항을 추가하는 것으로서 유효한 당초 조합설립인가처분에 근거하여 설권적 효력의 내용이나 범위를 변경하는 성질을 가지므로, 당초 조합설립인가처분이 쟁송에 의하여 취소되었거나 무효인 경우에는 이에 기하여 이루어진 조합설립변경인가처분도 원칙적으로 그 효력을 상실하거나 무효라고 보아야 한다. 그리고 이러한 법리는 당초 조합설립인가처분 이후 여러 차례 조합설립변경인가처분이 있었다가 중간에 행하여진 선행 조합설립변경인가처분이 쟁송에 의하여 취소되었거나 무효인 경우에 후행 조합설립변경인가처분의 효력에 대해서도 마찬가지로 적용된다. 다만 조합설립변경인가처분도 조합에 정비사업을 시행할 수 있는 권한을 설정하여 주는 처분인 점에서는 당초 조합설립인가처분과 다르지 아니하므로, 선행 조합설립변경인가처분이 쟁송에 의하여 취소되었거나 무효인 경우라도 후행 조합설립변경인가처분이 선행 조합설립변경인가처분에 의해 변경된 사항을 포함하여 새로운 조합설립변경인가처분의 요건을 갖추고 있는 경우에는 그에 따른 효과가 인정될 수 있다. 이러한 경우에 조합은 당초 조합설립인가처분과 새로운 조합설립변경인가처분의 요건을 갖춘 후행 조합설립변경인가처분의 효력에 의하여 정비사업을 계속 진행할 수 있으므로, 그 후행 조합설립변경인가처분을 무효라고 할 수는 없다.[123] 가령, 조합설립인가 후 구역확대 등으로 8차례의 조합설립변경인가가 있었는데 첫 번째의 조합설립변경인가가 무효인 경우 조합설립변경인가 모두가 무효라 할 것이나, 8번째의 조합설립변경인가가 그간의 조합설립변경인가의 내용을 모두 포함하고 있는 것이라면 당해 조합은 조합설립인가와 8번째의 조합설립변경인가를 근거로 정비사업을 계속 진행할 수 있을 것이다.

요컨대, 조합이 당초 조합설립변경인가 이후 적법한 절차를 거쳐 당초 변경인가를 받은 내용을 모두 포함하여 이를 변경하는 취지의 조합설립변경인가를 받은 경우, 당초 조합설립변경인가는 취소·철회되고 변경된 조합설립변경인가가 새로운 조합설립변경인가가 된다. 이 경우 당초 조합설립변경인가는 더 이상 존재하지 않는 처분이거나 과거의 법률관계가 되므로 특별한 사정이 없는 한 그 취소를 구할 소의 이익이 없다. 다만 당해 조합이 당초 조합설립변경인가에 기초하여 사업시행계획의 수립 등의 후속 행위를 하였다면 당초 조합설립변경인가가 무효로 확인되거나 취소될 경우 그 유효를 전제로 이루어진 후속 행위 역시 소급하여 효력을 상실하게 되므로, 위와 같은 형태의 변경된 조합설립변경인가가 있다고 하여 당초 조합설립변경인가의 취소를 구할 소의 이익이 소멸된다고 볼 수는 없다.[124]

도시정비법은 '조합설립인가의 변경에 있어서 신고사항'과 '변경인가사항'을 구분하고 있다. 총회의결 없이 시장·군수등에게 신고하고 변경할 수 있는 경미한 사항은 〈표 26〉과 같다(시행령 §31).

다만 신고하고 변경할 수 있는 경미한 사항이라 하더라도 도시정비법 제45조에 따라 총회의 의결을 받아야 하는 사항은 그에 따라야 할 것이다.[125]

123 대법원 2014. 7. 24. 선고 2012두13764 판결

124 대법원 2013. 10. 24. 선고 2012두12853 판결

125 대법원 2013. 10. 24. 선고 2012두12853 판결

표 26

조합설립인가의 경미한 사항
(i) 착오 · 오기 또는 누락임이 명백한 사항 (ii) 조합의 명칭 및 주된 사무소의 소재지와 조합장의 성명 및 주소(조합장의 변경이 없는 경우로 한정한다) (iii) 토지 또는 건축물의 매매 등으로 조합원의 권리가 이전된 경우의 조합원의 교체 또는 신규가입 (iv) 조합임원 또는 대의원의 변경 (v) 건설되는 건축물의 설계 개요의 변경 (vi) 정비사업비의 변경 (vii) 현금청산으로 인하여 정관에서 정하는 바에 따라 조합원이 변경되는 경우 (viii) 정비구역 또는 정비계획의 변경에 따라 변경되어야 하는 사항. 다만, 정비구역 면적이 10%이상 변경되는 경우는 제외한다. (ix) 그 밖에 시 · 도조례로 정하는 사항

행정청이 위 신고사항을 변경하면서 신고절차가 아닌 변경인가 형식으로 처분을 한 경우, 그 성질은 위 신고사항을 변경하는 내용의 신고를 수리하는 의미에 불과하다.[126] 따라서 그 적법 여부 역시 변경인가의 절차 및 요건의 구비 여부가 아니라 신고 수리에 필요한 절차 및 요건을 구비하였는지 여부에 따라 판단하여야 한다.[127] 따라서 '건설되는 건축물의 설계 개요의 변경'이나 '정비사업비의 변경'과 같은 조합설립인가내용의 경미한 사항은 도시정비법 시행령 제42조에 따라 조합원총회의 의결을 거쳐 변경하여야지 조합설립동의서에 동의만을 받는 방식으로 조합설립변경인가를 받은 경우에는 그 효력을 인정할 수 없다 할 것이다. 다만 소멸한 매도청구권의 부활을 위한 절차와 같이 조합설립동의와 총회의결을 함께 거치는 경우에는 그 효력을 인정할 수 있을 것이다.

---

126 대법원 2010. 12. 9. 선고 2009두4555 판결 등 참조

127 대법원 2013. 10. 24. 선고 2012두12853 판결

Ⅳ 조합원

제39조(조합원의 자격 등) ① 제25조에 따른 정비사업의 조합원(사업시행자가 신탁업자인 경우에는 위탁자를 말한다. 이하 이 조에서 같다)은 토지등소유자(재건축사업의 경우에는 재건축사업에 동의한 자만 해당한다)로 하되, 다음 각 호의 어느 하나에 해당하는 때에는 그 여러 명을 대표하는 1명을 조합원으로 본다. 다만, 「지방자치분권 및 지역균형발전에 관한 특별법」 제25조에 따른 공공기관지방이전 및 혁신도시 활성화를 위한 시책 등에 따라 이전하는 공공기관이 소유한 토지 또는 건축물을 양수한 경우 양수한 자(공유의 경우 대표자 1명을 말한다)를 조합원으로 본다.

1. 토지 또는 건축물의 소유권과 지상권이 여러 명의 공유에 속하는 때
2. 여러 명의 토지등소유자가 1세대에 속하는 때. 이 경우 동일한 세대별 주민등록표 상에 등재되어 있지 아니한 배우자 및 미혼인 19세 미만의 직계비속은 1세대로 보며, 1세대로 구성된 여러 명의 토지등소유자가 조합설립인가 후 세대를 분리하여 동일한 세대에 속하지 아니하는 때에도 이혼 및 19세 이상 자녀의 분가(세대별 주민등록을 달리하고, 실거주지를 분가한 경우로 한정한다)를 제외하고는 1세대로 본다.
3. 조합설립인가(조합설립인가 전에 제27조제1항제3호에 따라 신탁업자를 사업시행자로 지정한 경우에는 사업시행자의 지정을 말한다. 이하 이 조에서 같다) 후 1명의 토지등소유자로부터 토지 또는 건축물의 소유권이나 지상권을 양수하여 여러 명이 소유하게 된 때

1. 의의 및 구별개념

조합원은 재개발사업과 재건축사업의 시행자인 정비사업조합의 구성원이다. 조합원은 자신의 토지 또는 건축물을 정비사업에 제공하는 대신 정비사업의 시행으로 완공되는 건축물을 분양받고 종전에 소유하고 있던 토지 또는 건축물의 가격과 분양받은 토지 또는 건축물의 가격 사이에 차이가 있는 경우 이를 청산할 의무가 있는 사람으로서 사업시행자에 준하는 지위를 가진다. 따라서 조합원에게는 「공익사업을 위한 토지 등의 취득 및 보상에 관한 법률」 에 규

정된 주거이전비 청구권이 발생하지 아니한다.[128]

조합원은 사업참여자로서 사업시행자 지위에 준하는 지위에 있다는 점에서 사업참여 불문하고 정비사업에 이해관계를 갖는 자로서 조합설립에 참여하는 조합설립동의자와 구별된다. 재건축사업에서 토지만을 소유하고 있는 자는 조합설립동의자이지만 조합의 구성원으로서 재건축사업 자체에 참여하지는 않는다.

또한 조합원은 조합의 모든 의사결정에 참여하지만 반드시 신축 건축물 등을 분양받는 것은 아니라는 점에서 신축건축물을 분양받을 지위에 있는 분양대상자와 구별된다. 재개발사업에서 과소토지 소유자는 조합원이기는 하지만 관리처분계획 수립시 분양대상자에서 제외될 수 있다. 도시정비법은 분양신청에 따른 분양대상자는 모두 조합원임을 전제하고 있다.

2. 자격요건 및 조합원수 산정방법

가. 자격요건

재개발조합의 조합원은 토지등소유자를 말하는데 정비구역에 위치한 토지 또는 건축물의 소유자 또는 그 지상권자가 이에 해당한다. 여기서 조합원의 자격이 부여되는 건축물은 원칙적으로 적법한 건축물을 의미하고 무허가건축물은 이에 포함되지 않는다.[129] 재개발구역 안의 토지 등의 소유자와 지상권자는 당연히 당해 조합의 조합원이 되는 강제가입제를 취하고 있으므로, 그 조합원은 설립인가시를 기준으로 하여 도시정비법 및 정관의 규정에 의하여 확정되고, 그 후 동 조합원의 지위에 양도 등의 사유가 발생한 경우에는 법정 조합원의 경우에는 도시정비법 제129조에 따라 당연히, 조합정관에서 인정하는 조합원의 경우에는 도시정비법 제129조 및 조합정관이 정하는 바에 따라 그 범위 내에서만 조합원의 변경이 가능하다.[130]

128 대법원 2011. 11. 24. 선고 2009다28394 판결

129 대법원 2009. 9. 24. 자 2009마168, 169 결정

130 대법원 1998. 3. 27. 선고 97누17094 판결

재건축조합의 조합원은 조합설립에 동의한 토지등소유자를 말하는데 여기서 토지등소유자란, 재개발사업의 경우와는 달리, 정비구역에 위치한 건축물 및 그 부속토지의 소유자를 말한다. 조합설립동의의 시적 한계는 관리처분계획 수립을 위한 분양신청기간 만료일까지이다.[131] 조합설립미동의자에 대해서는 조합은 사업시행계획인가 고시가 있은 날로부터 30일 이내에 조합설립동의 여부를 촉구하여야 하고 촉구를 받은 토지등소유자는 촉구를 받은 날부터 2개월 이내에 회답하여야 한다(법 §64①②). 만일 회답기간까지도 조합설립에 동의하지 않는 경우에는 조합은 미동의자에게 매도청구권을 행사할 수 있다.

문제는 이와 같은 법령에 의하여 조합원 지위가 인정되는 조합원 외에 정관의 규정에 의하여 조합원 지위를 인정할 수 있는가 하는 점인데, 大法院은 정관에 의하여 일정범위의 무허가건축물소유자나 분양신청을 하지 않은 현금청산자에 대해 추가분양신청을 통해 조합원지위를 인정하더라도 위법하지 않다는 입장이다.[132] 원주민 정착의 필요성 등도 고려하면 도시정비법의 조합원 자격규정의 취지를 잠탈하지 않는 범위내에서는 이를 인정하는 것이 타당하다고 생각한다.

나. 조합원수 산정방법

1명의 토지등소유자가 1명의 조합원이 되는 것이 원칙이다. 하지만 재산의 등가성과 부동산 투기 방지와 같은 정책적 고려 때문에 도시정비법 제39조 제1항 각호에 따라 다음 (1)~(3)의 경우에는 그 여러명을 대표하는 1명을 조합원으로 본다. 이 규정은 종전 건축물 등의 변경을 수반하지 않은 상태에서 부당하게 증가하는 토지등소유자 수를 억제하기 위한 규정이라는 점에서 원칙적으

131 재건축조합의 토지등소유자는 주택건설사업계획에 대한 승인이 있기 전까지는 재건축결의에 동의함으로써 조합원의 지위를 취득할 수 있다는 점에 관하여는 대법원 2002. 3. 11. 자 2002그12 결정 참조. 이 판례는 구 「주택건설촉진법」하에서 사안이다.

132 대법원 1994. 6. 28. 선고 93다40249 판결, 대법원 1999. 7. 27. 선고 97누4975 판결, 대법원 2014. 8. 20. 선고 2012두5572 판결 참조

로 종전 건축물 등의 변경을 전제로 권리산정기준일의 예외를 규정한 도시정비법 제77조와 차이가 있다. 분양권 산정기준일의 예외를 규정한 도시정비법 제77조는 종전 토지 또는 건축물의 변경을 통해 부당하게 토지등소유자 수를 증가시키는 것을 방지하기 위한 규정이다.

(1) 토지 또는 건축물의 소유권과 지상권이 여러 명의 공유에 속하는 때

토지를 여러 명이 공유하거나 건축물을 여러 명이 공유하거나 토지 및 건축물을 여러 명이 공유할 때를 말한다. 지상권자는 공유자처럼 취급된다. 토지 또는 건축물의 소유권과 지상권이 여러 명의 공유에 속하는 때 여러 명을 대표하는 1명을 조합원으로 보기 때문에 조합원총회에서 의결권행사는 1명으로 취급되고 분양권도 2명 이상이 1주택 또는 1토지를 공유한 경우에 해당하므로 도시정비법 제76조 제1항의 관리처분계획 수립기준에 따라 원칙적으로 1주택만 공급한다. 주의할 점은 토지 또는 건축물의 공유형태가 모두 동일해야 한다는 점이다. 공유형태가 다른 경우에는 조합설립동의자 수 산정방법에서 보았듯이 별개로 취급해야 한다. 따라서 토지(a와 b가 공유)와 건축물(a와 b와 c가 공유)의 공동소유 형태가 다른 경우에는 조합설립동의자 수 산정과 같이 2명의 조합원으로 보아야 한다.

(2) 여러 명의 토지등소유자가 1세대에 속하는 때

이 경우 동일한 세대별 주민등록표 상에 등재되어 있지 아니한 배우자 및 미혼인 19세 미만의 직계비속은 1세대로 보며, 1세대로 구성된 여러 명의 토지등소유자가 조합설립인가 후 세대를 분리하여 동일한 세대에 속하지 아니하는 때에도 이혼 및 19세 이상 자녀의 분가를 제외하고는 1세대로 본다. 여기서 '분가'란 세대별 주민등록을 달리하고 실거주지를 분가한 경우로 한정한다. 실거주지는 거래 물건에 대한 실거주를 의미하지는 않는다. 실거주지는 해당 정비구역의 내에 있든 밖에 있든 상관없다. 배우자 및 미혼인 19세 미만의 직계비속은 같은 주민등록표 상에 등재되어 있지 않더라도 1세대로 간주된다. 다만 나머지 경우는 실질적으로 주거와 생계를 같이하는지를 기준으로 1세대 여부를 판단하여야 한다.[133] 따라서 주민등록표상 1세대를 구성하고 있다 하더라도 실질적으로 생계를 같이하지 아니하면 1세대로 볼 수 없다.

1세대에게는 도시정비법 제76조 제1항 제6호에 따라 원칙적으로 1주택을 공급하게 된다. 이 경우 1세대를 구성하는 여러 명의 토지등소유자가 1주택을 공유하게 된다(시행령 §63①ⅳ).

문제는 1세대 구성원들인 토지등소유자들로부터 조합설립인가 후 토지 또는 건축물의 소유권이나 지상권을 양수하여 여러 명이 소유하게 된 때에도 1명의 조합원으로 보아 도시정비법 제76조 제1항 제6호에 따라 1주택을 공급하여야 하는가 하는 점이다. 이 경우에는 조합설립인가 후 1명의 토지등소유자로부터 건축물 등의 소유권을 양수하여 여러 명이 소유하게 된 때 1명의 조합원으로 본다는 도시정비법 제39조 제1항 제3호가 적용된다고 보고 도시정비법 제76조 제1항 제6호에 따라 1주택을 공급하여야 한다는 견해가 있을 수 있으나, (i)1세대를 1명의 조합원으로 보겠다는 도시정비법 제39조 제1항 제2호는 1세대에게 다주택이 공급되지 않도록 한다는 데 그 취지가 있는 점, (ii)제39조 제1항 각호가 1명의 토지등소유자와 1명의 조합원의 개념을 명백히 구별하고 사용하고 있는데 이 경우 양수인들은 2명 이상의 토지등소유자로부터 토지 또는 건축물을 각각 양수받게 되는 것이므로 같은 항 제3호와 같이 1명의 토지등소유자로부터 양수받는 경우라 할 수 없는 점, (iii)권리 제한규정은 엄격하게 해석할 필요가 있는 점, (iv)1세대가 다주택을 소유하고 있는 경우는 1명의 토지등소유자가 다주택을 소유하고 있는 경우보다 그 규제 필요성이 덜한 점 등을 고려하면, 이와 같은 경우에는 양수인들에게 단독조합원 및 단독분양대상자 지위를 인정하는 것이 타당하다고 생각한다. 判例는 투기세력 유입에 의한 정비사업의 사업성 저하를 방지하고 기존 조합원의 재산권을 보호할 필요성이 있다는 점을 근거로 도시정비법 제39조 제1항 제2호와 제3호가 중첩 적용되어

133 대법원 2025. 3. 27. 선고 2022두50410 판결

원칙적으로 그 전원을 대표하는 1인을 조합원으로 보아야 한다는 입장이다.[134] 그러나 도시정비법 제39조 제1항 각호의 규정의 주된 목적은, 제1호는 '사업성 저하방지나 기존 조합원의 재산권보호', 제2호는 '분양권분배의 형평성 제고', 제3호는 '투기세력의 유입 방지'로 보아야 한다. 따라서 사업성 저하 방지나 기존 조합원의 재산권 보호는 제2호의 부수적 목적은 될지언정 주된 목적이라 볼 수는 없기 때문에 대법원 견해에는 찬동할 수 없다.

1세대를 구성하는 토지등소유자가 제3자와 공유관계에 있을 때에도 이 규정을 똑같이 적용할 수 있는지 문제된다. 가령, 남편 甲은 A부동산에 대하여 단독 토지등소유자이고 아내 乙은 B부동산에 대하여 제3자인 兵과 공동소유자인 경우에도 甲과 乙은 대표조합원을 선정하여야 하는가 하는 점이다. 이 경우 甲과 乙이 1세대를 구성하므로 대표조합원을 선정해야 한다고 보는 경우에는 兵의 이해관계가 부당하게 침해되는 경우가 발생할 수 있다. 乙과 兵은 의견이 일치한데 甲의 의견이 다른 경우 이를 의견이 다른 것으로 취급해야 할 수도 있기 때문이다. 따라서 이 규정은 여러 명의 토지등소유자 속에 1세대에 속하지 않는 토지등소유자가 있는 경우에는 적용되지 않는다고 보는 것이 타당하다.

조합설립인가 당시에는 1세대가 아니었는데 그 후 1세대가 부동산을 매수하여 소유하다 다시 1세대가 아닌 제3자에게 매도한 경우, 가령 조합설립인가 당시 甲이 A부동산을, 乙이 B부동산을 소유하고 있다가 남편인 丙이 A부동산을, 아내인 丁이 B부동산을 매수하여 소유하다 다시 1세대가 아닌 戊가 A부동산을, 己가 B부동산을 매수한 경우 조합원 수를 어떻게 볼 것인가 문제될 수 있다. 大法院 입장을 따르면서도 조합설립인가 당시 2명의 조합원이 존재한 사안이므로 2명의 조합원으로 보아야 한다는 견해나 大法院 입장에 따라 이 경우에도 1명의 조합원으로 보아야 한다는 견해가 있을 수 있다. 그러나 조합설립인가 당시에 1세대를 구성하였는지는 이 사안의 쟁점이 아니고, 위에서 설명한 바와 같이 이 규정은 1세대에 다수의 분양권을 인정하는 것을 막자는 취지인

134 대법원 2023. 6. 29. 선고 2022두56586 판결 참조

점 등에 비춰 2명의 조합원으로 보는 것이 타당하다고 생각한다.

(3) 조합설립인가 후 1명의 토지등소유자로부터 토지 또는 건축물의 소유권이나 지상권을 양수하여 여러 명이 소유하게 된 때

1명의 토지등소유자의 다물권을 여러 명이 양수하더라도 1명의 조합원으로 보게 되므로 재개발사업에서는 1명이 하나 이상의 주택 또는 토지를 소유한 경우에 해당하여 도시정비법 제76조 제1항 제6호에 따라 1주택을 공급한다.[135] 이 경우 여러 명이 자신의 권리가액 비율로 1주택을 공유하게 된다. 신탁업자를 사업시행자로 지정하는 경우에는 양수시점을 조합설립인가가 아니라 사업시행자 지정을 기준으로 판단한다. 재건축사업에서는 이 규정에 따라 여러 명을 대표하는 1명을 조합원으로 보더라도 분양권과 관련해서는 과밀억제권역인지 여부, 투기과열지구 또는 조정대상지역 해당여부 등에 따라 1주택을 공급받거나, 주택수만큼 공급받거나 주택수 범위 내에서 3주택까지 공급받을 수 있다(법 §76①vii).

조합설립인가 당시에는 여러 명이 각 소유하다가 1인이 이 부동산을 매수하여 다물권자가 된 후 다시 이 부동산들을 여러 사람에게 매도한 경우, 가령 조합설립인가 당시에는 甲이 A부동산을, 乙이 B부동산을 소유하였는데 丙이 A부동산과 B부동산을 매수하여 소유하다 다시 丁에게 A부동산을, 戊에게 B부동산을 매도한 경우 조합원 수를 어떻게 볼 것인가 문제될 수 있다. 조합설립인가 당시에는 2명의 조합원지위가 인정된 사안이므로 2명의 조합원으로 보자는 견해가 있을 수 있으나 법문에 반하는 해석이라 생각한다. 이 사안도 조합설립인가 당시에 여러명이 소유하고 있었는지 여부는 쟁점이 아니라고 생각한다. 본 규정의 취지는 투기세력의 유입을 막자는데 있고, 사안의 경우 조합설립인가 후에 1인의 토지등소유자로부터 여러 명이 소유하게 된 때인 것이 분명하므로 1명의 조합원으로 보는 것이 타당하다고 생각한다.

135 대법원 2023. 2. 23. 선고 2020두36724 판결

3. 권리 및 의무

조합원은 신축건축물에 대한 분양신청권, 총회의 출석발언권 및 의결권, 임원·대의원의 선임 및 피선임권 등을 가진다. 분양신청권은 조합원의 핵심적 권리로서 총회의 결의로도 제한할 수 없다. 다만 법령에 의하여 인정되는 조합원과는 달리 정관에 의하여 인정되는 조합원에게는 그 내용 등을 제한할 수 있다.[136] 조합원은 배우자, 직계존비속, 형제자매 중 성년자를 대리인으로 지정하여 의결권을 행사할 수 있다. 법인도 대리인을 통해 그 권리를 행사할 수 있고 임원이나 대의원도 될 수 있다(법 §45⑤). 비법인사단에 대해서는 다른 견해가 있을 수 있으나 조합원의 권리의무가 종전 토지 또는 건축물에 관한 것이므로 법인과 달리 취급할 이유가 없다고 본다.

조합원은 정비사업비나 청산금 등의 비용납부의무와 조합이 정한 이주기간 내에 이주할 의무 등을 부담한다.

도시정비법상 조합의 법률관계는 공법상의 권리의무관계이므로 조합이 정비사업을 시행하는데 필요하여 취득하는 권리와 부담하는 의무는, 특히 사법상의 계약에 의하여 취득하는 권리의무를 제외하고는, 도시정비법이 정하는 바에 따라 발생하고 부담한다. 따라서 조합원은 조합의 건물 철거에 응할 의무에 따라 건물을 인도할 의무는 있지만 건물을 자진철거할 의무를 부담하지는 않는다. 정관에 자진철거의무를 규정하였다 하더라도 사법상의 권리의무가 곧바로 발생하였다 볼 수 없으므로 마찬가지이다.[137]

136 대법원 2014. 8. 20. 선고 2012두5572 판결 참조

137 대법원 1990. 11. 13. 선고 90다카23448 판결

4. 지위의 양도

제39조(조합원의 자격 등) ① (생략)

② 「주택법」 제63조제1항에 따른 투기과열지구(이하 "투기과열지구"라 한다)로 지정된 지역에서 재건축사업을 시행하는 경우에는 조합설립인가 후, 재개발사업을 시행하는 경우에는 제74조에 따른 관리처분계획의 인가 후 해당 정비사업의 건축물 또는 토지를 양수(매매 · 증여, 그 밖의 권리의 변동을 수반하는 모든 행위를 포함하되, 상속 · 이혼으로 인한 양도 · 양수의 경우는 제외한다. 이하 이 조에서 같다)한 자는 제1항에도 불구하고 조합원이 될 수 없다. 다만, 양도인이 다음 각 호의 어느 하나에 해당하는 경우 그 양도인으로부터 그 건축물 또는 토지를 양수한 자는 그러하지 아니하다.

1. 세대원(세대주가 포함된 세대의 구성원을 말한다. 이하 이 조에서 같다)의 근무상 또는 생업상의 사정이나 질병치료(「의료법」 제3조에 따른 의료기관의 장이 1년 이상의 치료나 요양이 필요하다고 인정하는 경우로 한정한다) · 취학 · 결혼으로 세대원이 모두 해당 사업구역에 위치하지 아니한 특별시 · 광역시 · 특별자치시 · 특별자치도 · 시 또는 군으로 이전하는 경우
2. 상속으로 취득한 주택으로 세대원 모두 이전하는 경우
3. 세대원 모두 해외로 이주하거나 세대원 모두 2년 이상 해외에 체류하려는 경우
4. 1세대(제1항제2호에 따라 1세대에 속하는 때를 말한다) 1주택자로서 양도하는 주택에 대한 소유기간 및 거주기간이 대통령령으로 정하는 기간 이상인 경우
5. 제80조에 따른 지분형주택을 공급받기 위하여 건축물 또는 토지를 토지주택공사 등과 공유하려는 경우
6. 공공임대주택, 「공공주택 특별법」에 따른 공공분양주택의 공급 및 대통령령으로 정하는 사업을 목적으로 건축물 또는 토지를 양수하려는 공공재개발사업 시행자에게 양도하려는 경우
7. 그 밖에 불가피한 사정으로 양도하는 경우로서 대통령령으로 정하는 경우

③ 사업시행자는 제2항 각 호 외의 부분 본문에 따라 조합원의 자격을 취득할 수 없는 경우 정비사업의 토지, 건축물 또는 그 밖의 권리를 취득한 자에게 제73조를 준용하여 손실보상을 하여야 한다.

조합원 지위를 인정받은 종전 토지 또는 건축물을 이전하는 경우에는 조합원지위도 당연히 양수인에게 이전된다. 도시정비법 제39조가 조합원은 토지등

소유자로 하고 도시정비법 제129조가 『사업시행자와 정비사업과 관련하여 권리를 갖는 자의 변동이 있은 때에는 종전의 사업시행자와 권리자의 권리·의무는 새로 사업시행자와 권리자로 된 자가 승계한다』고 규정하고 있기 때문이다. 大法院도 이전고시가 있기 이전까지는 종전 토지 또는 건축물에 대한 소유권과 조합원으로서의 지위를 분리하여 양도하는 것은 상정할 수 없다는 입장이다.[138]

예외적으로 투기과열지구로 지정된 지역에서 재건축사업을 하는 경우에는 조합설립인가 후, 재개발사업을 시행하는 경우에는 관리처분계획 인가 후 해당 정비사업의 건축물 또는 토지를 양도하였더라도 양수인에게 조합원지위가 승계되지 아니하고 도시정비법 제73조에 따라 현금청산된다(법 §39②③). 매매·증여, 그 밖의 권리의 변동을 수반하는 모든 행위가 이에 해당하지만, 상속·이혼으로 인한 양도·양수의 경우는 원칙으로 돌아가 청산되지 않고 조합원이 될 수 있다. 조합설립인가나 관리처분계획인가 당시 투기과열지구로 지정되었다가 그 후 투기과열지구가 해제되었다 하더라도 이 기준일 당시 투기과열지구로 지정·공고되었던 사실 자체가 변경되거나 소급하여 소멸하는 것은 아니므로 투기과열지구 지정 당시의 법령이 그대로 적용된다 할 것이다. 투기목적 없이 불가피한 사정으로 양도하는 경우에도 조합원지위가 양수인에게 승계된다(법 §39②각호). 이를 정리하면 〈표 27〉과 같다.

표 27

투기과열지구에서 조합원지위가 승계되는 양도·양수
(ⅰ) 세대원의 근무상 또는 생업상의 사정이나 질병치료[139] · 취학 · 결혼으로 세대원이 모두 해당 사업구역에 위치하지 아니한 특별시 · 광역시 · 특별자치시 · 특별자치

138 대법원 2003. 9. 26. 선고 2001다64479 판결

139 「의료법」 제3조에 따른 의료기관의 장이 1년 이상의 치료나 요양이 필요하다고 인정하는 경우로 한정한다.

도 · 시 또는 군으로 이전하는 경우
(ii) 상속으로 취득한 주택으로 세대원 모두 이전하는 경우
(iii) 세대원 모두 해외로 이주하거나 세대원 모두 2년 이상 해외에 체류하려는 경우
(iv) 1세대 1주택자로서 양도하는 주택에 대한 소유기간이 10년 및 거주기간이 5년 이상인 경우[140]
(v) 지분형주택을 공급받기 위하여 건축물 또는 토지를 토지주택공사등과 공유하려는 경우
(vi) 공공임대주택, 「공공주택 특별법」에 따른 공공분양주택의 공급 및 공공재개발사업 시행자가 상가를 임대하는 사업을 목적으로 건축물 또는 토지를 양수하려는 공공재개발사업 시행자에게 양도하려는 경우
(vii) 조합설립인가일부터 3년 이상 사업시행인가 신청이 없는 재건축사업의 건축물을 3년 이상 계속하여 소유하고 있는 자가 사업시행인가 신청 전에 양도하는 경우,[141] 사업시행계획인가일부터 3년 이내에 착공하지 못한 재건축사업의 토지 또는 건축물을 3년 이상 계속하여 소유하고 있는 자가 착공 전에 양도하는 경우 또는 착공일부터 3년 이상 준공되지 않은 재개발사업 · 재건축사업의 토지를 3년 이상 계속하여 소유하고 있는 경우
(viii) 법률 제7056호 도시및주거환경정비법 일부개정법률 부칙 제2항에 따른 토지등소유자로부터 상속 · 이혼으로 인하여 토지 또는 건축물을 소유한 자
(ix) 국가 · 지방자치단체 및 금융기관에 대한 채무를 이행하지 못하여 재개발사업 · 재건축사업의 토지 또는 건축물이 경매 또는 공매되는 경우
(x). 투기과열지구로 지정되기 전에 건축물 또는 토지를 양도하기 위한 계약[142]을 체결하고, 투기과열지구로 지정된 날부터 60일 이내에 「부동산 거래신고 등에 관한 법률」 제3조에 따라 부동산 거래의 신고를 한 경우

한편 이전고시 후에는 종전 토지 또는 건축물의 개념이 있을 수 없고 조합도 조합원들과의 관계에서 법인청산이 주된 목적이므로 이전고시 이전과는 달

140 거주기간은 「주민등록법」 제7조에 따른 주민등록표를 기준으로 하며, 소유자가 거주하지 아니하고 소유자의 배우자나 직계존비속이 해당 주택에 거주한 경우에는 그 기간을 합산한다.

141 소유기간을 산정할 때 소유자가 피상속인으로부터 상속받아 소유권을 취득한 경우에는 피상속인의 소유기간을 합산한다.

142 계약금 지급 내역 등으로 계약일을 확인할 수 있는 경우로 한정한다.

리 이전고시 후에는 반드시 조합원의 지위와 분양받은 대지 또는 건축시설의 소유권을 결부지어 조합사무를 처리할 필연성이 없다. 따라서 도시정비법상의 조합도 민법상 사단법인으로 취급되는 법인이므로 민법의 사단법인 사원의 지위 및 그 득실·변경에 관한 일반 법리로 돌아가 대지 또는 건축시설을 분양받은 조합원이 그 대지 또는 건축시설을 제3자에게 양도 등 처분을 하는 경우에는, 조합정관에서 특별한 정함이 없는 이상, 조합원의 지위 역시 당연히 제3자에게 자동승계되는 것은 아니라 할 것이다. 이 경우에는 따로 종전 조합원과 제3자 사이에 조합원의 지위승계에 관한 개별특약을 하고 제3자가 조합에 대하여 조합원으로서의 지위를 승계한 사실을 신고하는 등 조합원으로서의 지위의 승계취득에 관한 의사를 표시하고 조합이 이를 승낙한 경우라야 조합으로서는 그 제3자를 조합원으로 취급할 수 있게 될 것이다.

5. 자격의 상실

이전고시 이전에는 종전 토지 또는 건축물에 대한 소유권과 조합원지위의 분리처분이 인정되지 않으므로 종전 토지 또는 건축물의 소유권을 이전하는 경우에는 당연히 조합원지위는 상실된다. 또한 분양신청기간 내에 분양신청을 하지 아니하거나 분양신청을 철회한 경우에는 도시정비법 제73조에 따라 분양신청기간 만료일 다음날 조합원지위를 상실한다.[143]

조합원이 조합원총회의 의결을 거쳐 제명되는 경우에도 마찬가지이다. 다만 조합원을 제명하기 위해서는 납득할 만한 타당한 제명사유가 있어야 하고 조합정관이 정하는 의결정족수를 갖추어야 한다. 조합정관이 조합원을 제명하기 위한 정족수를 재적조합원 과반수의 출석과 출석 조합원 과반수의 찬성으로 정하고 있거나 그렇게 해석되는 경우에는 일반정족수로도 제명이 가능하다.[144] 소송을 남발한다는 사유는 타당한 제명사유가 될 수 없다. 大法院은 조합의 적

143 대법원 2010. 12. 23. 선고 2010다73215 판결

144 대법원 2006. 2. 24. 선고 2005다64392 판결

법한 비용분담 결의가 있음에도 정당한 이유 없이 분담금을 미납한 사안에서 적법한 제명이라 판시한 바 있다.[145] 조합원에게 법정사유나 정관에서 정한 사유가 발생하거나 또는 조합의 동의가 없는 한 임의 탈퇴는 인정되지 않는다.[146] 조합원을 위법하게 제명한 상태에서 제명 조합원들이 분양받아야 할 아파트를 일반분양하는 것은 조합원들의 수분양권을 위법하게 박탈하는 것으로서 불법행위가 될 수 있다. 조합이 조합원을 위법하게 제명하여 그 수분양권을 박탈한 상태에서 시공사가 조합과 함께 일반분양을 강행한 경우에는 제명된 조합원들에 대하여 공동불법행위가 성립할 수 있다.[147]

V 조합정관

제40조(정관의 기재사항 등) ① 조합의 정관에는 다음 각 호의 사항이 포함되어야 한다.

1. 조합의 명칭 및 사무소의 소재지
2. 조합원의 자격
3. 조합원의 제명 · 탈퇴 및 교체
4. 정비구역의 위치 및 면적
5. 제41조에 따른 조합의 임원(이하 "조합임원"이라 한다)의 수 및 업무의 범위
6. 조합임원의 권리 · 의무 · 보수 · 선임방법 · 변경 및 해임
7. 대의원의 수, 선임방법, 선임절차 및 대의원회의 의결방법
8. 조합의 비용부담 및 조합의 회계
9. 정비사업의 시행연도 및 시행방법
10. 총회의 소집 절차 · 시기 및 의결방법
11. 총회의 개최 및 조합원의 총회소집 요구

145 대법원 2006. 4. 18. 자 2004마828 결정, 대법원 2006. 2. 24. 선고 2005다64392 판결

146 대법원 2012. 11. 15. 선고 2010다95338 판결

147 대법원 2009. 9. 10. 선고 2008다37414 판결 참조

12. 제73조제3항에 따른 이자 지급
13. 정비사업비의 부담 시기 및 절차
14. 정비사업이 종결된 때의 청산절차(제86조의2에 따른 조합의 해산 이후 청산인의 보수 등 청산 업무에 필요한 사항을 포함한다)
15. 청산금의 징수 · 지급의 방법 및 절차
16. 시공자 · 설계자의 선정 및 계약서에 포함될 내용
17. 정관의 변경절차
18. 그 밖에 정비사업의 추진 및 조합의 운영을 위하여 필요한 사항으로서 대통령령으로 정하는 사항

② 시 · 도지사는 제1항 각 호의 사항이 포함된 표준정관을 작성하여 보급할 수 있다.

③ 조합이 정관을 변경하려는 경우에는 제35조제2항부터 제5항까지의 규정에도 불구하고 총회를 개최하여 조합원 과반수의 찬성으로 시장 · 군수등의 인가를 받아야 한다. 다만, 제1항제2호 · 제3호 · 제4호 · 제8호 · 제13호 또는 제16호의 경우에는 조합원 3분의 2 이상의 찬성으로 한다.

④ 제3항에도 불구하고 대통령령으로 정하는 경미한 사항을 변경하려는 때에는 이 법 또는 정관으로 정하는 방법에 따라 변경하고 시장 · 군수등에게 신고하여야 한다.

⑤ 시장 · 군수등은 제4항에 따른 신고를 받은 날부터 20일 이내에 신고수리 여부를 신고인에게 통지하여야 한다.

⑥ 시장 · 군수등이 제5항에서 정한 기간 내에 신고수리 여부 또는 민원 처리 관련 법령에 따른 처리기간의 연장을 신고인에게 통지하지 아니하면 그 기간(민원 처리 관련 법령에 따라 처리기간이 연장 또는 재연장된 경우에는 해당 처리기간을 말한다)이 끝난 날의 다음 날에 신고를 수리한 것으로 본다.

1. 의의

조합정관은 해당 조합의 조직, 기관, 활동, 조합원의 권리의무관계 등 단체법적 법률관계를 규율하는 것으로서 공법인인 조합과 조합원에 대하여 구속력

을 가지는 자치법규이다. 조합정관은 이를 작성한 조합원뿐만 아니라 그 후에 가입한 조합원이나 조합의 기관 등도 구속하는 점에 비추어 보면 그 법적 성질은 계약이 아니다. 따라서 객관적인 기준에 따라 그 규범적인 의미 내용을 확정하는 법규해석의 방법으로 해석되어야 하는 것이지, 해석당시 조합원의 다수결에 의한 방법으로 자의적으로 해석될 수는 없다.[148]

2. 정관의 확정

가. 정관의 기재사항

제40조(정관의 기재사항 등) ① 조합의 정관에는 다음 각 호의 사항이 포함되어야 한다.

1. 조합의 명칭 및 사무소의 소재지
2. 조합원의 자격
3. 조합원의 제명 · 탈퇴 및 교체
4. 정비구역의 위치 및 면적
5. 제41조에 따른 조합의 임원(이하 "조합임원"이라 한다)의 수 및 업무의 범위
6. 조합임원의 권리 · 의무 · 보수 · 선임방법 · 변경 및 해임
7. 대의원의 수, 선임방법, 선임절차 및 대의원회의 의결방법
8. 조합의 비용부담 및 조합의 회계
9. 정비사업의 시행연도 및 시행방법
10. 총회의 소집 절차 · 시기 및 의결방법
11. 총회의 개최 및 조합원의 총회소집 요구
12. 제73조제3항에 따른 이자 지급
13. 정비사업비의 부담 시기 및 절차
14. 정비사업이 종결된 때의 청산절차(제86조의2에 따른 조합의 해산 이후 청산인의 보수 등 청산 업무에 필요한 사항을 포함한다)
15. 청산금의 징수 · 지급의 방법 및 절차
16. 시공자 · 설계자의 선정 및 계약서에 포함될 내용
17. 정관의 변경절차

148 대법원 2000. 11. 24. 선고 99다12437 판결

18. 그 밖에 정비사업의 추진 및 조합의 운영을 위하여 필요한 사항으로서 대통령령으로 정하는 사항

조합의 정관에는 다음의 (1)~(18)까지의 사항이 포함되어야 한다. 이것을 필요적 기재사항이라고 하며, 그 하나라도 빠지면 정관은 하자를 가지게 된다. 정관에는 이와 같은 필수적 기재사항 이외에도 조합과 조합원이 준수해야 할 규칙을 기재할 수 있다. 이것을 임의적 기재사항이라 한다. 임의적 기재사항은 강행법규에 반하지 않는 한 특별한 제한은 없다. 임의적 기재사항이라 하더라도 일단 정관에 기재되면 필요적 기재사항과 그 효력에 있어 아무런 차이가 없다. 따라서 그 변경에도 정관변경 절차에 의하여야 한다.

(1) 조합의 명칭 및 사무소의 소재지

조합은 명칭에 '정비사업조합'이라는 문자를 사용하여야 한다.

(2) 조합원의 자격

법정 조합원 외에 정관이 정하는 바에 따라 일정범위의 무허가건축물 소유자에게 조합원지위를 부여할 수 있다. 가령, '건축물이 무허가인 경우에는 도시정비법에 의하여 제정된 시·도조례에서 정하는 기존 무허가건축물로서 자기 소유임을 입증하는 경우에 한하여 그 무허가건축물 소유자를 조합원으로 인정한다'는 식이 그 예이다. 이러한 정관규정에 따라 무허가건축물 소유자에게 조합원 자격을 부여하는 경우 무허가건축물의 사실상의 소유자에게 조합원의 자격을 부여한 것이라고 해석하여야 할 것이다. 따라서 무허가건축물이 전전양도되어 최종양수인이 사실상 소유자로서 사용·수익하는 경우에는 그 최종양수인만이 조합원의 자격을 취득한다. 민법의 규정상 최초의 신축자에게 여전히 그 법률상의 소유권이 귀속된다고 하여 신축자가 조합원으로서의 자격을 취득한다고 해석할 것은 아니다.[149] 그 외에 일정요건을 갖춘 현금청산자에게도 조합원 자격을 다시 부여할 수 있는데, 가령 조합이 재분양신청기간을 주고 그 기간내에 분양신청을 한 자에게 조합원 지위를 부여할 수 있다.

(3) 조합원의 제명·탈퇴 및 교체

조합원의 제명사유와 의결정족수, 조합원의 탈퇴조건 및 조합원지위의 양도 가능시기 및 조건을 규정하게 된다. 조합원 지위의 탈퇴조건으로는 도시정비법상 분양신청을 하지 않는 경우 등이 이에 해당한다. 조합정관으로는 분양계약을 체결하지 않는 경우 어떻게 처리할 것인가를 정할 수 있다. 가령, 분양계약을 체결하지 않는 경우에는 '분양신청을 하지 않는 자에 준해 처리한다' 또는 '강제 배정을 한다' 등으로 정할 수 있다. 조합원지위의 교체는 조합원지위의 양도와 관련된다. 조합원지위의 양도는 判例상 이전고시까지인데 교체와 관련된 필요 서류나 절차는 정관에 규정할 수 있다.

(4) 정비구역의 위치 및 면적

정비사업의 위치는 정비사업을 시행하는 장소를 말한다. 정비구역의 면적은 정비사업의 규모와 관련된다. 정비사업의 위치와 규모는 토지등소유자의 특정과 관련되기 때문에 정비사업의 이해관계에 중대한 영향을 미치므로 이에 대한 변경은 재적조합원 2/3 이상의 찬성을 요한다(법 §40③단서).

(5) 조합임원의 수 및 업무의 범위

이사의 수는 3명 이상으로 하고 감사의 수는 1명 이상 3명 이하로 한다. 다만, 토지등소유자의 수가 100인을 초과하는 경우에는 이사의 수를 5명 이상으로 한다(시행령 §40).

(6) 조합임원의 권리·의무·보수·선임방법·변경 및 해임

조합 임원의 직무, 겸직금지의무, 보수나 경비 지급, 조합원총회에서의 선출

149 대법원 1998. 3. 27. 선고 97누17094 판결

절차, 보궐선임의 절차와 임기 등을 규정한다. 조합임원의 해임은 도시정비법이 직접 규정하고 있어 정관에서 별도의 해임규정을 둘 수 있는지 문제되나 조합장이 조합임원 해임안건을 상정할 수도 있으므로 그 범위내에서는 도시정비법 규정과는 별도의 의의를 가진다 할 것이다.

(7) 대의원의 수, 선임방법, 선임절차 및 대의원회의 의결방법

법정 대의원회는 조합원 수가 100인 이상인 경우에 한한다. 조합원 100인 미만인 경우에도 대의원회를 설치할 수는 있으나 의무적인 것은 아니다. 이 경우에는 도시정비법상의 대의원회 규정이 직접 적용된다고 보기는 어렵고 정관에 따라 설치한 조합기관으로 이해하여야 할 것이다. 대의원 선임절차와 관련해서는 거주기간, 추천자 수 등 대의원 자격요건이나 선출방법을 규정할 수 있다. 대의원회의 법정 의결사항 외에 대의원회 의결사항이나 의결정족수 등의 의결방법을 정한다.

(8) 조합의 비용부담 및 조합의 회계

조합의 운영 및 사업시행을 위한 자금의 조달방법, 회계감사, 비용부담의 기준 등이 이에 해당한다.

(9) 정비사업의 시행연도 및 시행방법

시행연도는 통상 사업기간의 형태로 규정한다. 가령, '사업기간은 조합설립인가일로부터 청산업무가 종료되는 날까지로 한다.'와 같은 방식이다. 사업시행계획상의 사업시행기간이 법적 구속력을 갖는 것과는 달리 이 정관규정은 훈시적·원칙적 규정으로 이해된다. 시행방법은 관리처분계획방식으로 할 것인지 환지방식으로 할 것인지에 관한 내용이다.

(10) 총회의 소집·절차·시기 및 의결방법

총회의 소집권자, 사전통지 절차나 심의절차, 정기총회의 시기 및 의결정족수 등을 말한다.

(11) 총회의 개최 및 조합원의 총회소집 요구

총회소집권자를 규정한다. 조합장, 대의원, 조합원이 총회를 소집하기 위한 요건을 규정한다. 조합원총회는 원칙적으로 조합장이 개최하되 대의원 2/3 이상의 개최요구나 조합원 1/5 이상의 청구가 있는 때에 개최할 수 있는데 이 경우의 절차 등이 이에 해당한다.

(12) 현금청산 지연에 따른 이자 지급

이율은 도시정비법시행령에서 직접 규정하고 있으므로 그 외 이자 지급 절차 등 이자 지급에 필요한 사항을 규정할 수 있다.

(13) 정비사업비의 부담 시기 및 절차

사업시행자는 토지등소유자로부터 정비사업비와 정비사업의 시행과정에서 발생한 수입의 차액을 부과금으로 부과·징수할 수 있다(법 §93①). 이와 같은 정비사업비는 일반적으로 청산금과 연계되어 부담하게 된다. 청산금이란 종전에 소유하고 있던 토지 또는 건축물의 가격과 분양받은 대지 또는 건축물의 가격 사이의 차이 금액을 말하는데 이전고시가 있은 후에 부담하는 것이 원칙이다(법 §89). 다만 분할하여 부과·징수할 수 있다. 따라서 정관이 분할하여 부담하도록 규정하는 경우에는 정비사업 시행 도중에도 부담할 수 있다.

청산금은 교환과 정산적 성격을 띠기 때문에 정관에서 대의원회가 대행할 수 있도록 하는 경우에는 대의원회 의결로서 징수할 수 있다. 총회의 의결로도 대의원회의 대행을 허용할 수 있다. 다만 정비사업비와 연계되어 있는 경우에는 조합원 분담금의 성격을 가지기 때문에 대의원회에서 대행할 수 없다.

(14) 정비사업이 종결될 때의 청산절차

해산의결의 시기와 절차 그리고 청산인의 임무, 채무변제 및 잔여재산의 배분, 관계서류의 이관 등이 이에 해당한다. 청산절차를 밟기 위한 해산 의결을 위해서는 적어도 이전고시 및 건축물 등에 대한 등기절차는 완료하여야 할 것이다.

(15) 청산금의 징수·지급의 방법 및 절차

청산금이란 종전에 소유하고 있던 토지 또는 건축물의 가격과 분양받은 대지 또는 건축물의 가격 사이의 차이 금액을 말하는데 이전고시가 있은 후에 징수·지급하는 것이 원칙이다. 다만 분할하여 징수·지급할 수 있다. 따라서 정관이 분할하여 부담하도록 규정하는 경우에는 정비사업 시행 도중에도 부담할 수 있다. 청산금은 교환과 정산적 성격을 띠기 때문에 총회의 의결이나 정관에서 대의원회의 대행을 허용하는 경우에는 대의원회 의결로서 징수할 수 있다. 다만 정비사업비와 연계되어 있는 경우에는 조합원 분담금의 성격을 가지기 때문에 대의원회에서 대행할 수 없다.

(16) 시공자·설계자의 선정 및 계약서에 포함될 내용

시공자·설계자의 선정절차와 관련하여 도시정비법상의 규정 외의 선정절차 등이 포함된다. 계약 내용에 담겨야 할 사항 등도 포함되는데 대표적으로 공사비 및 부대비용 등 사업비의 부담 등이 이에 해당한다.

조합과 시공자간의 계약은 조합원의 권리보호 및 사업추진에 매우 중요한 사항이므로 미리 총회의 인준을 받고 계약을 체결토록 할 것이나, 금전적 부담이 수반되지 않는 경미한 사항 등은 대의원회 의결로도 가능하다. 경미한 사항까지도 총회의 의결로 하는 경우에는 사업추진에 지장을 줄 수 있기 때문이다.

'시공자와의 계약서에 포함될 내용'에 관한 안건을 총회에 상정하여 의결하는 경우 내용이 당초의 재건축결의 시 채택한 조합원의 비용분담 조건을 변경하는 것인 때에는 비록 직접적으로 정관 변경을 하는 결의가 아니더라도 실질적으로는 정관을 변경하는 결의이므로 의결 정족수는 정관변경에 관한 규정을 유추적용하여 조합원의 3분의 2 이상의 동의를 요한다.[150]

150 대법원 2016. 5. 12. 선고 2013다49381 판결

(17) 정관의 변경절차

조합정관의 주요 내용의 변경은 도시정비법에서 직접 규정하고 있다. 따라서 정관에서 정하는 변경절차는 경미한 사항의 변경과 관련하여 의미를 갖는다.

(18) 그 밖에 정비사업의 추진 및 조합의 운영을 위하여 필요한 사항으로서 대통령령으로 정하는 사항

도시정비법 시행령 제38조가 정하고 있는 정관의 필수적 기재사항은 〈표 28〉과 같다.

표 28

대통령령에서 정하는 조합정관의 필수적 기재사항
1. 정비사업의 종류 및 명칭 2. 임원의 임기, 업무의 분담 및 대행 등에 관한 사항 3. 대의원회의 구성, 개회와 기능, 의결권의 행사방법 및 그 밖에 회의의 운영에 관한 사항 4. 정비사업의 공동시행에 관한 사항 5. 정비사업전문관리업자에 관한 사항 6. 정비사업의 시행에 따른 회계 및 계약에 관한 사항 7. 정비기반시설 및 공동이용시설의 부담에 관한 개략적인 사항 8. 공고 · 공람 및 통지의 방법 9. 토지 및 건축물 등에 관한 권리의 평가방법에 관한 사항 10. 관리처분계획 및 청산(분할징수 또는 납입에 관한 사항을 포함한다)에 관한 사항 11. 사업시행계획서의 변경에 관한 사항 12. 조합의 합병 또는 해산에 관한 사항 13. 임대주택의 건설 및 처분에 관한 사항 14. 총회의 의결을 거쳐야 할 사항의 범위 15. 조합원의 권리 · 의무에 관한 사항 16. 조합직원의 채용 및 임원 중 상근(常勤)임원의 지정에 관한 사항과 직원 및 상근임원의 보수에 관한 사항 17. 그 밖에 시 · 도조례로 정하는 사항

위 정관의 필수적 기재사항 중 조합의 해산과 관련하여 민법상의 사단법인에 준해 조합원총회에서 재적조합원 4분의 3 이상의 찬성결의가 있어야 하는지 문제된다. 민법 제78조는 "사단법인은 총사원 4분의 3 이상의 동의가 없으면 해산을 결의하지 못한다. 그러나 정관에 다른 규정이 있는 때에는 그 규정에 의한다."고 규정하고 있고, 도시정비법상 해산결의의 최소요건을 규정하고 있지는 않으므로 조합이 정관으로 해산결의의 요건을 정함에 있어 총조합원 4분의 3 이상의 동의보다 완화하여 규정하는 것도 가능하고, 그것이 통상의 결의 요건에도 미달하는 등 현저히 타당성이 없는 경우가 아닌 한 유효하다 할 것이다.[151]

나. 정관의 확정절차

조합설립추진위원회가 조합정관 초안을 작성하여 창립총회에 상정하면 그 정관초안은 창립총회에서 토지등소유자(재건축사업의 경우 조합설립에 동의한 토지등소유자로 한정한다)의 과반수 출석과 출석한 토지등소유자 과반수 찬성 결의로 조합정관으로 확정된다. 한편, 조합설립를 위한 법정동의서에는 정관에 관한 사항도 포함되어 있기 때문에 조합설립동의를 얻기 위해 조합정관이나 그 초안도 첨부하여야 하는지 문제된다. 大法院은 '법정동의서의 정관에 관한 부분은 정관에 포함될 구체적 내용에 대한 동의를 얻기 위한 취지라기보다는 조합의 운영 등에 관한 자치규범으로서 정관을 마련하고 그 규율에 따르겠다는 데에 대한 동의를 얻기 위한 취지'라는 점 등을 이유로 첨부할 필요가 없다는 입장이다.[152] 같은 취지에서 당초 정관초안을 첨부하였다가 창립총회에서 그 내용을 수정하였다 하더라도 행정청으로서는 조합설립인가 신청시 제출된 토지 등 소유자의 동의서만으로 조합설립인가 여부를 심사하는 것으로 충분하다고 보고 있다.[153] 생각건대, 토지등소유자들은 창립총회결의사항이 그의 의사에 반하는 경우 동의 후 조합설립동의사항이 변경되었음을 이유로 조합설립추진위원

151 대법원 2007. 7. 24. 자 2006마635 결정
152 대법원 2013. 12. 26. 선고 2011두8291 판결
153 대법원 2014. 1. 16. 선고 2011두12801 판결

회를 상대로 자신의 개별 동의를 철회한다는 의사표시를 하여 조합설립동의서의 효력 발생을 저지할 수 있으므로 조합설립동의서를 다시 받을 필요는 없다고 본다.

다. 정관의 효력발생

창립총회에서 조합 정관이 토지등소유자(재건축사업의 경우 조합설립에 동의한 토지등소유자로 한정한다)의 과반수 출석과 출석한 토지등소유자 과반수 찬성으로 의결되면 조합정관은 확정되고, 조합설립인가를 받음으로서 그 효력이 발생한다. 다만 인가를 받기 전이라도 그 내용이 강행법규에 위배되지 않는 한, 조합의 자치법규로서 조합과 그 구성원인 조합원을 구속한다. 강행법규에 위반되는 경우로는 보류지 처분방법을 대의원회가 독자적으로 결의하도록 한 정관규정을 들 수 있다.[154]

이와 같이 조합의 단체 내부를 규율하는 자치법규인 정관에서 정한 사항은 원칙적으로 해당 조합과 조합원을 위한 규정이므로 조합 외부의 제3자를 보호하거나 제3자를 위한 규정이라고 볼 수 없다. 따라서 조합이 정관규정을 위반하였다고 하더라도 특별한 사정이 없는 한 그 정관 위반행위만으로 바로 조합이 조합 외부의 제3자에게 불법행위책임을 지는 것은 아니다.[155]

조합설립인가처분이 판결에 의하여 취소되거나 무효로 확인된 경우, 조합은 도시정비법상 정비사업을 시행할 수 있는 행정주체인 공법인으로서의 지위를 상실하고, 다만 그 효력 상실로 인한 잔존사무의 처리와 같은 업무는 여전히 수행되어야 하므로 조합은 청산사무가 종료될 때까지 청산의 목적범위 내에서 권리·의무의 주체가 되고, 조합원 역시 청산의 목적범위 내에서 종전 지위를 유지하며, 정관 등도 그 범위 내에서 효력을 가진다.[156]

154 대법원 2009. 6. 25. 선고 2007다28642, 28659, 28666 판결

155 대법원 2019. 10. 31. 선고 2017다282438 판결

156 대법원 2012. 11. 29. 선고 2011두518 판결

3. 정관의 변경

가. 의의

창립총회에서 확정된 원시정관은 조합설립인가 후 정비사업을 시행하는 과정에서 필요에 따라 정관기재사항 등을 변경해야 하는 경우가 발생하게 된다. 도시정비법 제40조는 정관 변경절차로 조합원총회의 찬성결의와 시장·군수등의 인가를 요건으로 규정하고 있다. 조합원총회의 결의 등 조합의 내부절차는 정관기재사항의 중요도에 따라 그 변경절차를 달리 정하고 있다.

나. 요건

(1) 총회의 의결

조합이 정관을 변경하려는 경우에는 조합설립동의에 관한 내용이라 하더라도 총회를 개최하여 조합원 과반수의 찬성을 얻어야 한다(법 §40③). 다만 (i)조합원의 자격, (ii)조합원의 제명·탈퇴 및 교체, (iii)정비구역의 위치 및 면적, (iv)조합의 비용부담 및 조합의 회계, (v)정비사업비의 부담시기 및 절차, (vi)시공자·설계자의 선정 및 계약서에 포함될 내용의 경우에는 조합원 3분의 2 이상의 찬성을 얻어야 한다.

이처럼 도시정비법 제40조는 조합 정관의 변경 관련하여 정관 조항의 구체적 내용에 따라 총회에서의 의결방법을 달리 정하고 있다. 구체적으로 조합원 3분의 2 이상의 동의를 필요로 하는 사항, 조합원 과반수의 동의를 필요로 하는 사항, 경미한 변경사항으로 나누어진다. 경미한 사항의 변경절차는 조합정관으로 정한다. 경미한 변경은 통상적인 총회 의결 방법에 의하거나 대의원회에서 의결하도록 하는 경우가 많다.

조합이 총회에서 위와 같이 가결 요건이 다른 여러 정관 조항을 변경하려 할 때에는 사전에 조합원들에게 각 조항별로 변경에 필요한 의결정족수에 관하여 설명하여야 하고, 의결정족수가 동일한 조항별로 나누어서 표결이 이루어지도록 하는 등의 방법으로 각 조항별 가결 여부를 명확히 알 수 있도록 하여야 한다. 大法院은 이와 다르게 조항별 가결 요건에 대한 사전설명도 없이 의결정족수가 다른 여러 조항을 구분하지 않고 일괄하여 표결하도록 한 경우, 만약 그 표결 결과 일부 조항에 대해서는 변경에 필요한 의결정족수를 채우지 못하였다면, 특별한 사정이 없는 한 정관 개정안 전체가 부결되었다고 보아야 하고 의결정족수가 충족된 조항만 따로 분리하여 그 부분만 가결되었다고 볼 수는 없다는 입장이다.[157] 단체법적 법률관계를 규율하는 정관의 변경은 객관적이고 명확하게 결정되어야 하기 때문이다.

정관의 필수적 기재사항이자 엄격한 정관변경절차를 거쳐야 하는 '조합의 비용부담'이나 '시공자·설계자의 선정 및 계약서에 포함될 내용'에 관한 사항이 당초 조합설립동의 당시와 비교하여 볼 때 조합원들의 이해관계에 중대한 영향을 미칠 정도로 실질적으로 변경된 경우에는, 특별다수의 동의요건을 규정하여 조합원들의 이익을 보호하려는 위 도시정비법의 규정을 유추적용하여 조합원의 3분의 2 이상의 동의를 요한다고 봐야 한다.[158] 만일 이에 못미치는 동의로도 가결될 수 있도록 정관이 규정하고 있다면 그러한 정관의 가결정족수 규정은 사회통념상 현저히 타당성을 잃은 것으로서 그 효력을 인정하기 어렵다.[159]

(2) 행정청의 인가

조합정관을 변경하기 위해서는 조합원총회의 의결을 거쳐 시장·군수등의 인가를 받아야 한다(법 §40③). 정관변경절차를 규정한 도시정비법 제40조 제3항은 조합설립변경인가를 규정한 도시정비법 제35조 제2항 내지 제5항의 특별규정이다. 즉 도시정비법 제40조 제3항은 조합정관의 변경으로 인한 조합설립변경인가에 대해서는 완화된 총회의결정족수를 규정하고 있다. 이처럼 조합정관의 변경은 조합설립변경인가의 형식을 취하는데 여기서의 인가는 통상의 조합설립변경인가와는 달리 그 대상이 되는 기본행위를 보충하여 법률상 효력

157 대법원 2019. 1. 31. 선고 2018다227520 판결

158 대법원 2014. 3. 27. 선고 2011두3692 판결

159 대법원 2012. 8. 23. 선고 2010두13463 판결

을 완성시키는 강학상 인가로서의 성질을 가진다. 이러한 인가를 받지 못한 경우 변경된 정관은 효력이 없다.[160] 다만 〈표 29〉와 같은 경미한 사항(시행령 제39조 각호)을 변경하고자 하는 경우에는 도시정비법 또는 정관으로 정하는 방법에 따라 변경하고 관할 행정청에게 신고하면 된다(법 §40④). 일반적으로 정관의 경미한 변경은 통상적인 총회 의결 방법에 의하거나 대의원회에서 의결하도록 정관에 정하는 경우가 많다. 시장·군수등은 경미한 변경 신고를 받은 날부터 20일 이내에 신고수리 여부를 신고인에게 통지하여야 한다(법 §40⑤). 이 기간 내에 신고수리 여부 또는 민원 처리 관련 법령에 따른 처리기간의 연장을 신고인에게 통지하지 아니하면 그 기간(민원 처리 관련 법령에 따라 처리기간이 연장 또는 재연장된 경우에는 해당 처리기간을 말한다)이 끝난 날의 다음 날에 신고를 수리한 것으로 본다(법 §40⑥).

표 29

정관의 경미한 변경사항
1. 조합의 명칭 및 사무소의 소재지에 관한 사항
2. 조합임원의 수 및 업무의 범위에 관한 사항
3. 총회의 소집 절차 · 시기 및 의결방법에 관한 사항
4. 임원의 임기, 업무의 분담 및 대행 등에 관한 사항
5. 대의원회의 구성, 개회와 기능, 의결권의 행사방법, 그 밖에 회의의 운영에 관한 사항
6. 정비사업전문관리업자에 관한 사항
7. 공고 · 공람 및 통지의 방법에 관한 사항
8. 임대주택의 건설 및 처분에 관한 사항
9. 총회의 의결을 거쳐야 할 사항의 범위에 관한 사항
10. 조합직원의 채용 및 임원 중 상근임원의 지정에 관한 사항과 직원 및 상근 임원의 보수에 관한 사항
11. 착오 · 오기 또는 누락임이 명백한 사항
12. 정비구역 또는 정비계획의 변경에 따라 변경되어야 하는 사항
13. 그 밖에 시 · 도조례로 정하는 사항

160 대법원 2007. 7. 24. 자 2006마635 결정 참조

다. 효력 및 한계

정관의 중요사항을 변경하는 경우, 변경된 정관상에 그 시행일에 관하여 아무런 규정을 두고 있지 않다면, 정관변경의 효력은 특단의 사정이 없는 한 관할 행정청으로부터 인가가 있는 날로부터 발생한다.[161] 시장 등이 변경된 정관을 인가하더라도 정관변경의 효력이 총회의 의결이 있었던 때로 소급하여 발생하는 것은 아니다.[162] 중대한 정관변경은 관할 행정청의 인가가 있어야만 효력이 생기지만 경미한 변경의 경우에는 관할 행정청에 신고를 하기 전이라도 총회에서 정관변경을 의결할 때부터 변경된 정관이 효력을 가진다.

정관의 변경도 강행법규에 반하지 않아야 하며 이에 반하는 정관규정은 효력이 없다. 가령, 분양대상 조합원에 해당하는지 여부 판정의 기준일을 '분양신청기간 만료일'이 아니라 '관리처분계획이 수립되는 날'로 늦추는 내용의 정관변경은 허용될 수 없다.[163] 변경사항이 등기사항인 경우에는 그 변경을 등기하지 않으면 정관의 변경을 가지고 제3자에게 대항하지 못한다.

도시정비법이나 그 시행령 등 관련 강행법규가 개정되면 개정규정에 위배되는 조합의 정관은 당연히 효력을 잃으므로, 조합은 개정된 법령에 따라 조합업무를 하여야지, 정관이 개정되지 않았다 하여 개정 전의 법령에 따라 마련된 개정 전 법령과 동일한 내용의 정관에 의해 조합업무를 할 수는 없고, 그렇게 하는 경우에는 법령에 위배된 행위로서 위법하다.[164] 변경된 정관이 설사 관리처분계획의 내용에 포함되었다 하더라도 관리처분계획과 정관변경은 그 법적 성질, 성립과정, 효력 등을 달리하므로 비록 정관개정의 내용이 관리처분계획의 내용에 포함되어 있다 하더라도 따로 정관개정결의의 무효확인을 구할 수 있고, 확인의 이익 또한 있다고 보아야 한다.[165]

---

161 대법원 1985. 3. 26. 선고 84누181 판결

162 대법원 2014. 7. 10. 선고 2013도11532 판결

163 대법원 2002. 1. 22. 선고 2000두604 판결

164 대법원 1994. 5. 13. 선고 93다39614 판결

165 대법원 2010. 2. 11. 선고 2008다45637 판결

VI 조합임원

제41조(조합의 임원) ① 조합은 조합원으로서 정비구역에 위치한 건축물 또는 토지(재건축사업의 경우에는 건축물과 그 부속토지를 말한다. 이하 이 항에서 같다)를 소유한 자[하나의 건축물 또는 토지의 소유권을 다른 사람과 공유한 경우에는 가장 많은 지분을 소유(2인 이상의 공유자가 가장 많은 지분을 소유한 경우를 포함한다)한 경우로 한정한다] 중 다음 각 호의 어느 하나의 요건을 갖춘 조합장 1명과 이사, 감사를 임원으로 둔다. 이 경우 조합장은 선임일부터 제74조제1항에 따른 관리처분계획인가를 받을 때까지는 해당 정비구역에서 거주(영업을 하는 자의 경우 영업을 말한다. 이하 이 조 및 제43조에서 같다)하여야 한다.

1. 정비구역에 위치한 건축물 또는 토지를 5년 이상 소유할 것
2. 정비구역에서 거주하고 있는 자로서 선임일 직전 3년 동안 정비구역에서 1년 이상 거주할 것

② 조합의 이사와 감사의 수는 대통령령으로 정하는 범위에서 정관으로 정한다.

③ 조합은 총회 의결을 거쳐 조합임원의 선출에 관한 선거관리를 「선거관리위원회법」 제3조에 따라 선거관리위원회에 위탁할 수 있다.

④ 조합임원의 임기는 3년 이하의 범위에서 정관으로 정하되, 연임할 수 있다.

⑤ 조합임원의 선출방법 등은 정관으로 정한다. 다만, 시장 · 군수등은 다음 각 호의 어느 하나에 해당하는 경우 시 · 도조례로 정하는 바에 따라 변호사 · 회계사 · 기술사 등으로서 대통령령으로 정하는 요건을 갖춘 자를 전문조합관리인으로 선정하여 조합임원의 업무를 대행하게 할 수 있다.

1. 조합임원이 사임, 해임, 임기만료, 그 밖에 불가피한 사유 등으로 직무를 수행할 수 없는 때부터 6개월 이상 선임되지 아니한 경우
2. 총회에서 조합원 과반수의 출석과 출석 조합원 과반수의 동의로 전문조합관리인의 선정을 요청하는 경우

⑥ 제5항에 따른 전문조합관리인의 선정절차, 업무집행 등에 필요한 사항은 대통령령으로 정한다.

1. 의의

정비사업조합도 도시정비법에 의한 법인이기 때문에 조합의 업무를 행하기 위해서는 조합임원이 필요하다. 도시정비법은 조합임원에 관한 규정을 두고 있는데 이들 조합임원에 관한 규정에 비추어 보면, 조합과 조합임원과의 관계는 조합이 공법인이라 하더라도 공법상의 법률관계라기 보다는 사법상의 법률관계로 보는 것이 타당하다.[166] 도시정비법이 조합의 최고의결기관으로 조합원총회를 두고 있고 조합임원은 조합원총회의 의결사항을 집행하는데 불과해 업무의 독립성이나 신분보장 등을 따로 요구하고 있지 않기 때문이다.

2. 조합임원의 구성 및 선출

조합임원은 조합장 1명과 이사, 감사로 구성된다. 이사의 수는 3인 이상으로 하고, 감사의 수는 1명 이상 3명 이하로 한다. 다만 토지등소유자가 100인을 초과하는 경우에는 이사의 수를 5명 이상으로 한다(시행령 §40). 구체적인 임원 수는 정관에서 정한다. 조합임원은 (i)정비구역에서 거주하고 있는 자로서 선임일 직전 3년 동안 정비구역 내 거주 기간이 1년 이상이거나 (ii)정비구역에 위치한 건축물 또는 토지를 5년 이상 소유하고 있어야 한다. 두 요건 중 하나만 충족하면 된다. 이외에 추가적으로 조합장은 선임일부터 관리처분계획인가를 받을 때까지 해당 정비구역에서 거주하여야 한다(법 §41①). 만일 조합장 선임이 관리처분계획인가 후에 이루어지는 경우라면 이 추가요건는 필요치 않다.

도시정비법상 정비구역 내의 토지등소유자는 조합설립동의 여부에 관계없이 재개발조합과 같이 강제가입주의가 적용되는 경우는 조합이 설립인가를 받은 때에 모두 조합원의 지위를 취득하므로 조합 임원 등 후보자 자격을 조합설립에 동의한 조합원으로 제한하는 것은 조합원들이 가지는 임원 및 대의원 피선거권을 원천적으로 봉쇄하여 모든 조합원들에게 평등하게 부여되어야 할 피

166 대법원 2009. 9. 24. 자 2009마168, 169 결정

선거권을 합리적 사유없이 제한하는 것이어서 허용될 수 없다.[167] 따라서 이와 같은 내용의 피선거권 제한을 정관이나 선거관리규정 등에 담았다 하더라도 그 규정은 무효이다.

조합임원의 선출은 조합원총회에서 한다. 조합임원의 선출에 관한 선거관리를 선거관리위원회에 위탁할 수도 있다. 임원 선출에 관한 선거관리 절차상에 일부 잘못이 있는 경우에, 그 잘못으로 인하여 자유로운 판단에 의한 투표를 방해하여 자유와 공정을 현저히 침해하고 그로 인하여 선출결의의 결과에 영향을 미쳤다고 인정되는지 여부 등을 참작하여 선출결의의 무효 여부를 판단하여야 한다.[168] 재개발조합에서 조합설립에 동의한 자에게만 후보 자격을 부여하고 행해진 선출결의는 투표의 자유와 공정을 현저히 침해하여 임원 등 선출결의의 결과에도 영향을 미쳤다고 봐야 할 것이다.[169] 재건축조합의 경우에는 조합설립에 동의하지 않은 자는 조합원이 될 수 없으므로 이런 문제가 발생할 여지가 없다.

조합임원의 임기는 3년 이하의 범위에서 정관으로 정하되, 연임할 수 있다. 조합임원인 조합장의 임기 최대연한이 법정되어 있는 만큼 임기가 만료된 경우에는 급박한 사무처리가 아닌 한 통상업무에 그쳐야 할 것이다.[170] 민법 제691조는 조합장 등이 임기만료 후에 수행한 업무를 사후에 개별적·구체적으로 가려 예외적으로 그 효력을 인정케 하는 근거가 될 수 있을 뿐, 그로 하여금 장래를 향하여 대표자로서의 업무수행권을 포괄적으로 행사하게 하는 근거가 될 수는 없기 때문이다. 그리고 조합과 조합임원과의 관계는 위임인과 수임인의 법률관계와 같은 것이므로 조합 이사회 운영 등 조합업무 수행에 차질이 없다면 조합장 외의 조합임원은 임기가 만료되면 그 위임관계는 종료된다고 보는

---

167 대법원 2018. 6. 15. 선고 2018다212498 판결, 대법원 2011. 4. 28. 선고 2010다106269 판결

168 대법원 2014. 12. 11. 선고 2013다204690 판결

169 대법원 2018. 6. 15. 선고 2018다212498 판결

170 대법원 2003. 7. 8. 선고 2002다74817 판결

것이 타당하다.[171]

연임 여부가 임기만료 전에 결정되어야 하는지 문제될 수 있으나 연임제도를 인정하고 있는 이상 임기가 만료되었다는 사정만으로 이를 부정할 필요는 없을 것이다.[172] 다만, 조합임원의 임기를 무의미하게 할 정도로 장기간이 경과된 경우에는 선거방식에 따라 조합임원을 선출하여야 할 것이다.

선출방법 등은 정관에서의 정한다. 다만, 시장·군수등은 (i)조합임원이 사임, 해임 등으로 직무를 수행할 수 없을 때로부터 6개월 이상 선임되지 않고 있거나, (ii)총회에서 전문조합관리인의 선정을 요청하는 경우에는 시·도조례에서 정하는 바에 따라 변호사 등으로서 대통령령이 정하는 요건을 갖춘 자를 전문조합관리인으로 선정하여 조합임원의 업무를 대행하게 할 수 있다(법 §41⑤)

조합의 임원선임 등에 관한 총회 결의가 무효임을 확인하는 판결이 확정된 경우 그 총회 결의로 선임된 조합장은 처음부터 그 자격이 없었던 것이므로 그 조합장이 소집한 총회는 적법한 소집권자가 아닌 자가 소집한 총회가 되고, 또 조합의 임원선임 등에 관한 총회 결의에 무효의 하자가 있는 경우 이해관계인은 언제든지 어떤 방법으로든 그 무효를 주장할 수 있다.[173] 다만, 당초 조합원 총회에서 임원을 선임한 결의에 대하여 그 후에 다시 개최된 총회에서 위 종전 결의를 그대로 재인준하거나 다시 같은 내용의 결의를 한 경우에는 당초 총회의 임원 선임 결의에 대해 무효확인을 구할 수는 없다.[174] 만약 이를 무효사유로 본다면 최초의 임원 선임 결의의 무효로 인하여 연쇄적으로 그 후의 결의가 모두 무효로 되는 결과가 되어 법률관계의 혼란을 초래하고 법적 안정성을 현저히 해치게 되기 때문이다. 따라서 이 경우에는 설사 당초의 임원선임결의가 무효라고 할지라도 새로운 총회가 당초 임원 선임 결의에 의하여 선임된 임원에 의하여 소집된 총회이므로 무권리자에 의하여 소집된 총회라는 사유는 독

171 대법원 1983. 9. 27. 선고 83다카938 판결

172 대법원 2010. 11. 11. 선고 2009다89337 판결

173 대법원 2014. 10. 27. 선고 2011다87360 판결

174 대법원 2003. 9. 26. 선고 2001다64479 판결

립된 무효사유로 볼 수 없다할 것이다.[175]

누구든지 조합임원의 선임과 관련하여 금품등을 제공·수수·약속·승낙해서는 안된다(법 §132). 만일 이를 위반한 경우에는 도시정비법 제135조위반죄로 처벌된다. 조합임원은 뇌물죄 적용에 있어서는 공무원으로 본다(법 §134). 자수하면 그 형을 감경 또는 면제한다(법 §141). 신고자에게는 포상금도 지급될 수 있다(법 §142)

3. 조합임원의 직무(법 §42)

조합장은 조합을 대표하고, 그 사무를 총괄하며, 총회 또는 대의원회의 의장이 된다. 조합장이 대의원회의 의장이 되는 경우에는 대의원으로 본다. 조합장 또는 이사가 자기를 위하여 조합과 계약이나 소송을 할 때에는 감사가 조합을 대표한다. 조합임원은 같은 목적의 정비사업을 하는 다른 조합의 임원 또는 직원을 겸할 수 없다.

가처분결정에 의하여 조합장의 직무대행자가 선임된 상태에서 조합장이 적법하게 소집된 총회의 결의에 따라 새로 선출되었다 해도 그 직무대행자의 권한은 위 총회의 결의에 의하여 당연히 소멸하는 것은 아니므로 사정변경 등을 이유로 가처분결정이 취소되지 않는 한 직무대행자만이 적법하게 위 조합을 대표 할 수 있고, 총회에서 선임된 후임 조합장은 그 선임결의의 적법 여부에 관계없이 대표권을 가지지 못한다.[176]

4. 조합임원의 결격사유(법 §43)

조합임원은

(ⅰ) 미성년자·피성년후견인 또는 피한정후견인

175 대법원 1998. 12. 22. 선고 98다35754 판결, 대법원 2010. 10. 28. 선고 2009다63694 판결

176 대법원 2010. 2. 11. 선고 2009다70395 판결

(ⅱ) 파산선고를 받고 복권되지 아니한 자

(ⅲ) 금고 이상의 실형을 선고받고 그 집행이 종료되거나 집행이 면제된 날부터 2년이 경과되지 아니한 자

(ⅳ) 금고 이상의 형의 집행유예를 받고 그 유예기간 중에 있는 자

(ⅴ) 도시정비법을 위반하여 벌금 100만원 이상의 형을 선고받고 10년이 지나지 아니한 자

(ⅵ) 조합설립 인가권자에 해당하는 지방자치단체의 장, 지방의회의원 또는 그 배우자·직계존속·직계비속

(ⅶ) 조합임원에게 요구되는 법정 거주나 소유 요건을 충족하지 않은 자

는 조합임원이 될 수 없고 조합임원이 된 후 그와 같은 요건에 해당하게 된 때에는 당연 퇴임한다. 전문조합관리인도 마찬가지이다. 조합임원이 당연 퇴임사유에 해당됨에도 조합업무를 계속수행하는 경우에는 민법 제691조가 적용될 여지가 없으므로 조합원은 그를 상대로 곧바로 업무정지를 요구할 수 있다.

「형법」 제38조에도 불구하고 도시정비법위반죄와 다른 죄의 경합범(競合犯)에 대하여 벌금형을 선고하는 경우에는 이를 분리하여 선고하여야 한다(법 §43의2).

5. 조합임원의 임기만료·사임·해임

도시정비법은 조합을 대표하는 조합장과 대표권이 없는 이사를 명백히 분리함으로써 조합의 대표권이 조합장에게만 전속하도록 정하고 있으므로 조합장이 임기가 만료되었다 하더라도 이사가 조합을 대표할 권한을 가지는 것이 아니라, 후임 조합장이 정식으로 취임할 때까지는 임기가 만료된 조합장이 대표자의 직무를 계속 수행할 수 있다.[177]

조합과 조합임원의 법률관계는 신뢰를 기초로 한 위임관계이므로, 조합임원은 민법 제689조 제1항이 규정한 바에 따라 언제든지 사임할 수 있고, 조합의

---

177 대법원 2008. 12. 11. 선고 2006다57131 판결

임원을 사임하는 행위는 상대방 있는 단독행위이므로 그 의사표시가 상대방에게 도달함과 동시에 그 효력을 발생하고, 그 의사표시가 효력을 발생한 후에는 마음대로 이를 철회할 수 없음이 원칙이다. 그러나 조합이 정관에서 이사의 사임절차나 사임의 의사표시의 효력발생시기 등에 관하여 특별한 규정을 둔 경우에는 그에 따라야 한다. 이와 같은 경우에는 이사의 사임의 의사표시가 조합의 대표자에게 도달하였다고 하더라도 그와 같은 사정만으로 곧바로 사임의 효력이 발생하는 것은 아니고 정관에서 정한 바에 따라 사임의 효력이 발생하는 것이므로, 조합임원이 사임의 의사표시를 하였더라도 정관에 따라 사임의 효력이 발생하기 전에는 그 사임의사를 자유롭게 철회할 수 있다.[178]

이사가 임기의 만료나 사임에 의하여 퇴임함으로 말미암아 법률에서 정한 이사의 최저인원수를 채우지 못하게 되는 경우에는, 특별한 사정이 없는 한 그 퇴임한 이사는 새로 선임된 이사가 취임할 때까지 이사로서의 권리의무가 있다. 동시에 퇴임한 이사가 수인인 경우에도 그 이사 전원에게 마찬가지로 이사로서의 권리의무가 있다.[179]

조합임원은 조합원 10분의 1 이상의 요구로 소집된 총회에서 조합원 과반수의 출석과 출석 조합원 과반수의 동의를 받아 해임할 수 있다(법 §43④). 조합원 10분의 1 이상의 발의에 따라 조합임원 해임을 하는 경우 통상적인 조합원총회에 적용되는 조합원 100분의 10 이상의 직접 출석요건은 필요하지 않다.[180] 이 경우 요구자 대표로 선출된 자가 해임 총회의 소집 및 진행을 할 때에는 조합장의 권한을 대행한다. 따라서 해임대상자가 해임총회의 소집이나 결의의 효력을 다투고자 하는 경우에는 해임대상자 개인이 조합을 상대로 소를 제기하여야 할 것이다. 특히 조합장이 해임대상자인 경우 조합의 대표자를 누구로 할 것인가 문제되는데 총회에서 발의자대표로서 조합장의 권한을 대행하는 것과

178 대법원 2008. 9. 25. 선고 2007다17109 판결
179 대법원 2007. 3. 29. 선고 2006다83697 판결
180 대법원 2014. 9. 4. 선고 2012다4145 판결

그 해임총회의 응소업무는 구분된다 할 것이므로 특별한 사정이 없는 한 발의자 대표자가 아니라 조합정관에 따라 조합장 해임과 관련하여 직무를 대행할 수 있는자나 조합장 유고나 사고시의 직무대행자가 대표자가 되어야 할 것이다.

조합임원 해임발의자 대표가 해임총회를 개최하기 위해 민법 제70조 제3항을 유추적용하여 법원의 허가를 받을 필요는 없다.[181] 또 도시정비법은 해임사유를 별도로 규정하거나 이를 정관에 위임하고 있지 않으므로 해임사유가 없다고 하더라도 해임이 가능하다고 보아야 한다. 같은 취지에서 정관에 해임사유를 규정하고 있다고 하더라도 이에 국한할 것은 아니다. 조합원 10분의 1 이상으로 소집된 해임총회는 조합임원 해임안건과 이와 관련된 사항을 결의할 수 있다.[182] 따라서 해임된 조합임원의 직무정지결의나 해임총회비용결의는 부수안건으로 처리가능하다 할 것이나 원칙적으로 직무대행자 선정이나 해임을 전제로 한 조합임원 선정 등은 일반 소수조합원 총회소집 발의 절차에 의하여야 할 것이다. 따라서 조합원 10분의 1 이상의 발의로 소집된 총회에서 해임안건 외에 선임안건도 상정한 결과, 선임안건이 해임안건에 대한 조합원들의 의사결정에 실질적인 영향을 미쳤다고 볼 수 있는 경우에는 그 해임안건에 대한 결의는 소수조합원 발의에 의한 조합원 권한을 남용한 것으로 볼 수 있어 무효가 될 수 있다.[183] 문제는 조합원 10분의 1 이상의 발의로 소집된 해임총회에서 조합장을 포함한 조합임원 전원을 해임하는 경우 신임 조합장을 선임하는 내용의 안건도 결의할 수 있는가 하는 점이다. 해임된 조합임원 전원에 대한 후임자로서 조합장을 선출하는 결의는 집행부의 공백을 피하기 위하여 불가피한 것이어서 해임안건과 관련이 있다고 보아야 할 것이므로 이를 긍정하는 견해가 있을 수 있으나,[184] (i)도시정비법 제44조 제2항은 조합원발의에 의한 총회

181 대법원 2017. 12. 1. 자 2017그661 결정

182 대법원 1993. 10. 12. 선고 92다50799 판결

183 대법원 2014. 9. 4. 선고 2012다4145 판결의 원심 판결인 서울고등법원 2011. 12. 13. 선고 2011나22193 판결 참조

184 종중 사건에서 법원의 허가에 의해 소집된 총회에서는 가능하다는 취지의 판례로는

소집이라도 소집자체는 조합장이 행하도록 하고 있어 조합장 등 조합임원 전부가 해임되었다 하더라도 조합원 발의자대표가 곧바로 총회를 소집하도록 하는 것은 위 규정취지에 반한다고 볼 수 있는 점, (ii)도시정비법은 명시적으로 조합임원의 해임에 국한하여 조합원 1/10 발의총회를 인정하고 있는 점, (iii)도시정비법 제49조는 「조합에 관하여는 도시정비법에서 규정하고 있는 사항을 제외하고는 민법 중 사단법인에 관한 규정을 준용」하도록 하고 있는데 이와 같은 경우에는 도시정비법 규정이 없어 민법의 규정이 준용되는 것이 합리적이라는 점을 고려할 때, 해임발의 정족수를 가지고 선임안건까지 처리하는 것은 도시정비법의 본래 취지를 넘어서는 해석이라 할 것이다. 이와 같은 경우에는 6월 이내에는 민법에 따른 임시이사가, 그 이후에는 도시정비법 제44조 제3항에 따라 시장·군수등이 조합업무의 정상화를 꾀하는 것이 타당하다고 생각한다.

한편, 조합임원이 해임된 경우 조합정관으로 이후의 모든 임원선거에서 피선거권을 제한하는 경우가 있는데, 도시정비법이 조합임원의 결격사유를 규정하면서 자격제한기준을 설정하고 있고, 앞에서 본 바와 같이 임원 해임은 해임사유를 묻지 않고 당시의 조합원 신임여부만으로 가능한데 임원 해임 당시의 불신임을 모든 조합임원선거 당시의 불신임으로 의제하는 것은 임기제에 기반한 선거제도 취지에 맞지 않는 점 등을 고려할 때, 한번 해임되었다는 사정만으로 이후의 모든 조합임원선거의 입후보를 제한하는 것은 비례원칙이나 조합임원선거의 취지에 맞지 않는다고 생각한다.[185]

조합장이 해임되었다 하더라도 그 후임 조합장 선임시까지 조합장이 존재하지 않는다면 기관에 의하여 행위를 할 수밖에 없는 조합으로서는 당장 정상적인 활동을 중단하지 않을 수 없는 상태에 처하게 된다. 이에 민법 제691조의 규정을 유추하여 해임된 조합장으로 하여금 조합의 업무를 수행케 하는 것이

대법원 1993. 10. 12. 선고 92다50799 판결 참조

185 해임된 조합임원의 입후보를 제한하는 변경된 정관규정이 무효라는 점에 관하여는 대법원 2014. 12. 11. 선고 2013다204690 판결 참조

적법하다고 볼 수 있는지 문제된다.

해임된 사정만으로는 조합장의 업무를 수행하게 하는 것이 부적당하다고 인정할 만한 특별한 사정이 생겼다고 볼 수 없다는 이유로 이를 긍정하여 적법하다는 견해도 있을 수 있다. 하지만 의임관계에서 해임은 신뢰관계의 파탄을 의미하므로 해임결의 속에는 직무정지결의까지 포함되어 있다고 보아야 한다. 따라서 해임된 조합장을 임기만료된 조합장과 같이 취급할 수는 없으므로 부정하는 것이 타당하다고 생각한다. 따라서 해임된 조합장이 직무를 계속 수행하고 있는 경우에는 업무정지가처분신청 등을 통해 해임된 조합장의 업무집행을 배제하여야 할 것이다.

임기만료된 조합장에게는 후임 조합장 선임시까지 업무수행권을 인정할 수 있다. 다만 임기만료된 조합장의 업무수행권은 급박한 사정을 해소하기 위하여 그 조합장으로 하여금 업무를 수행하게 할 필요가 있는지를 개별적·구체적으로 가려 인정할 수 있는 것이지 임기만료된 조합장에게 계속적 업무수행권이 있다는 사정만으로 당연히 또 포괄적으로 업무수행권이 인정되는 것은 아니므로 조합장으로서의 지위는 인정되지 않는다.[186]

도시정비법상 정비사업조합이 공법인이라는 사정만으로 조합과 조합장 또는 조합임원 사이의 선임·해임 등을 둘러싼 법률관계가 공법상의 법률관계에 해당한다거나 그 조합장 또는 조합임원의 지위를 다투는 소송이 당연히 공법상 당사자소송에 해당한다고 볼 수는 없고, 도시정비법 규정들이 조합과 조합장 및 조합임원과의 관계를 특별히 공법상의 근무관계로 설정하고 있다고 볼 수도 없으므로, 조합과 조합장 또는 조합임원 사이의 선임·해임 등을 둘러싼 법률관계는 사법상의 법률관계로서 그 조합장 또는 조합임원의 지위를 다투는 소송은 민사소송에 의하여야 할 것이다.[187]

---

186 대법원 1996. 12. 10. 선고 96다37206 판결

187 대법원 2009. 9. 24. 자 2009마163, 169 결정

6. 이사회

이사회는 조합의 의사결정기관이 아니고 조합장을 보좌하여 조합 사무를 분담하는 사무집행기관이다. 따라서 조합의 정관에서 '조합장이 총회를 소집, 개최하는 경우 총회의 목적·안건·일시·장소 등에 관하여 미리 이사회의 의결을 거쳐야 한다.'는 규정을 두고 있음에도 조합장이 총회 소집 과정에서 위 정관 규정을 위반한 경우, 그 자체만으로 조합원총회의 결의가 무효로 된다고 할 수는 없고, 그 총회 결의가 무효인지 여부는, 총회 소집, 개최시 이사회 의결을 거치도록 정한 정관 규정을 위반하게 된 경위, 구체적인 위반 내용 등 여러 사정을 종합적으로 고려하여, 위 정관 규정을 위반한 하자가 총회 결의의 효력을 무효로 할 만한 중대한 소집절차상의 하자라고 볼 수 있는지에 따라 판단하여야 할 것이다.[188]

이사회는 도시정비법상 필수기관이 아니다. 도시정비법은 조합장만이 조합을 대표자로 인정하고 있기 때문인 것으로 보인다. 따라서 다른 조합임원들은 그를 보좌하는 지위에 있기 때문에, 정관에서 별도로 정하지 아니한 이상, 조합장만이 이사회 소집권한을 갖는다 할 것이다. 이사회는 조합정관상의 기관이다.

이사회의 결의에 자격 없는 자가 참가한 하자가 있다 하더라도 그 의사의 경과, 자격 없는 자의 표결을 제외하더라도 그 결의가 성립함에 필요한 정족수를 충족하는 점 등 제반 사정에 비추어 그 하자가 결의의 결과에 영향을 미치지 않았다고 인정되는 때에는 그 결의를 무효라고 볼 것은 아니다.[189]

188 대법원 2020. 11. 5. 선고 2020다210679 판결
189 대법원 1997. 5. 30. 선고 96다23375 판결

Ⅶ 조합원총회

1. 의의

조합에는 조합원으로 구성되는 총회를 둔다. 조합은 총회의 결의를 통해 의사결정을 하는 것이므로 총회의 결의는 의사결정기관인 총회의 의사를 결정하는 법률행위이다.[190] 총회는 조합 임원의 선임 및 해임 등을 비롯하여 조합에 관한 여러 중요한 사항에 대하여 결정하는 조합의 최고 의사결정기관이다. 조합의 기관으로는 대의원회와 이사회도 있는데 대의원회는 조합원의 수가 100인 이상인 조합에 설치되는 법정기관이다. 대의원회는 도시정비법 시행령이 총회의 전속의결사항으로 정한 것을 제외하고는 총회의 권한을 대행할 수 있는 의결기관이다(법 §46). 이사회는 조합의 의사결정기관이 아니고 조합장을 보좌하여 조합 사무를 분담하는 사무집행기관이라는 점에서 총회와 차이가 있다.

2. 총회의 소집(법 §44)

제44조(총회의 소집) ① 조합에는 조합원으로 구성되는 총회를 둔다.

② 총회는 조합장이 직권으로 소집하거나 조합원 5분의 1 이상(정관의 기재사항 중 제40조제1항제6호에 따른 조합임원의 권리 · 의무 · 보수 · 선임방법 · 변경 및 해임에 관한 사항을 변경하기 위한 총회의 경우는 10분의 1 이상으로 한다) 또는 대의원 3분의 2 이상의 요구로 조합장이 소집하며, 조합원 또는 대의원의 요구로 총회를 소집하는 경우 조합은 소집을 요구하는 자가 본인인지 여부를 대통령령으로 정하는 기준에 따라 정관으로 정하는 방법으로 확인하여야 한다.

③ 제2항에도 불구하고 조합임원의 사임, 해임 또는 임기만료 후 6개월 이상 조합임원이 선임되지 아니한 경우에는 시장 · 군수등이 조합임원 선출을 위한 총회를 소집할 수 있다.

190 대법원 2008. 2. 14. 선고 2007다62437 판결

④ 제2항 및 제3항에 따라 총회를 소집하려는 자는 총회가 개최되기 7일 전까지 회의 목적 · 안건 · 일시 및 장소와 제45조제5항, 제6항 및 제8항에 따른 의결권의 행사기간 및 장소 등 의결권 행사에 필요한 사항을 정하여 조합원에게 통지하여야 한다.

⑤ 총회의 소집 절차 · 시기 등에 필요한 사항은 정관으로 정한다.

제44조의2(온라인총회)[191] ① 조합은 총회의 의결을 거쳐 제44조에 따른 총회와 병행하여 「정보통신망 이용촉진 및 정보보호 등에 관한 법률」 제2조제1항제1호에 따른 정보통신망을 이용한 총회(이하 "온라인총회"라 한다)를 개최하여 조합원이 참석하게 할 수 있다. 다만, 「재난 및 안전관리 기본법」 제3조제1호에 따른 재난의 발생 등 대통령령으로 정하는 사유가 발생하여 시장 · 군수등이 조합원의 직접 출석이 어렵다고 인정하는 경우에는 온라인총회를 단독으로 개최할 수 있다.

② 제1항에 따른 온라인총회는 다음 각 호의 요건을 모두 갖추어 개최하여야 한다. 이 경우 정족수를 산정할 때에는 직접 출석한 것으로 본다.
1. 온라인총회에 참석한 조합원이 본인인지 여부를 확인할 수 있을 것
2. 온라인총회에 참석한 조합원의 접속 기록 등이 보관되어 실제 참석 여부를 확인 · 관리할 수 있을 것
3. 그 밖에 원활한 의견의 청취 · 제시 등을 위하여 대통령령으로 정하는 기준에 부합할 것

③ 그 밖에 온라인총회의 개최 방법 및 절차에 관하여 필요한 사항은 대통령령으로 정한다.
[시행일: 2025. 12. 4.] 제44조의2

총회는 조합장이 소집하거나 조합원 5분의 1 이상 또는 대의원 3분의 2 이상의 요구로 조합장이 소집한다. 다만 조합임원의 권리·의무·보수·선임방법·변경 및 해임에 관한 사항을 변경하기 위한 총회의 경우는 조합원 10분의 1 이상의 발의로도 가능하다.

191 온라인총회에 관한 사항은 2024. 12. 3. 법률 제20549호 부칙 제1조 단서에 따라 [시행일: 2025. 12. 4.] 임.

조합원 또는 대의원의 요구로 총회를 소집하는 경우 조합은 소집을 요구하는 자가 본인인지 여부를

(i) 총회의 소집을 요구하는 조합원 또는 대의원은 요구서에 성명을 적고 서명 또는 지장날인을 하며, 주민등록증, 여권 등 신원을 확인할 수 있는 신분증명서의 사본을 첨부할 것

(ii) 총회의 소집을 요구하는 조합원 또는 대의원이 해외에 장기체류하는 등 불가피한 사유가 있다고 인정되는 경우에는 해당 조합원 또는 대의원의 임감도장을 찍은 요구서에 해당 인감증명서를 첨부할 것

의 기준에 따라 정관으로 정하는 방법으로 확인하여야 한다(법 §44②, 시행령 §41의2).

조합임원의 사임, 해임 또는 임기간료 후 6개월 이상 조합임원이 선임되지 아니한 경우에는 시장·군수등이 조합임원 선출을 위한 총회를 소집할 수 있다(법 §44③).

총회소집권자는 총회가 개최하기 7일전까지 회의 목적·안건·일시 및 장소와 서면 또는 전자적 방법에 의한 의결권의 행사기간 및 장소 등 의결권 행사에 필요한 사항을 정하여 조합원에게 통지하여야 한다(법 §44④). 이와 같이 총회개최에 일정의 유예기간을 두고 소집통지를 하도록 규정한 취지는 조합원의 토의권과 의결권의 적정한 행사를 보장하기 위한 것이다. 따라서 조합원에 대한 소집통지가 단순히 1일이나 2일 지연되었을 뿐이고 조합원들이 사전에 회의의 목적사항을 알고 있는 등의 사정이 있었다면 조합원의 토의권 및 결의권의 적정한 행사는 방해되지 아니한 것이므로 이러한 경우에는 그 총회결의는 유효하다.[192] 그리고 회의의 목적사항을 기재하도록 하는 취지는 조합원이 결의를 할 사항이 사전에 무엇인가를 알아 회의에의 참석 여부나 결의사항에 대한 찬반의사를 미리 준비하게 하는 데 있으므로 회의의 목적사항은 조합원이 의

192 대법원 1995. 11. 7. 선고 94다24794 판결, 대법원 1999. 6. 25. 선고 99다10363 판결

안이 무엇인가를 알기에 족한 정도로 구체적으로 기재하면 족하다.[193] 또한, 조합의 총회에 소집공고 등 절차상 하자가 있더라도 조합원들의 총회 참여에 어떠한 지장도 없었다면 그와 같은 절차상 하자는 경미한 것이어서 총회결의는 유효하다.[194] 총회의 소집절차·시기 등에 필요한 사항은 정관으로 정한다.

소집권한 없는 자에 의한 총회소집이라고 하더라도 조합장이 소집에 동의하여 그로 하여금 소집하게 한 것이라면 그와 같은 총회소집을 권한 없는 자의 소집이라고 볼 수 없으나 단지 소집권한 없는 자에 의한 총회에 조합장이 참석하여 총회소집이나 대표자선임에 관하여 이의를 하지 아니하였다고 하여 이것만 가지고 총회가 소집권자의 동의에 의하여 소집된 것이라거나 그 총회의 소집절차상의 하자가 치유되어 적법하게 된다고는 할 수 없다.[195]

당초 조합원총회에서 조합임원을 선임한 결의에 대하여 그 후에 다시 개최된 총회에서 위 종전 결의를 그대로 인준하거나 다시 같은 내용의 결의를 한 경우에는, 설사 당초의 임원선임결의가 무효라 할지라도 새로운 총회가 당초 임원선임결의에 의하여 선임된 임원에 의하여 소집된 총회이므로 무권리자에 의하여 소집된 총회라는 사유는 독립된 무효사유로 볼 수 없다.[196] 만일 이를 무효사유로 본다면 당초의 임원선임결의의 무효로 인하여 연쇄적으로 그 후의 결의가 모두 무효로 되는 결과가 되어 법률관계의 혼란을 초래하고 법적 안정성을 현저히 해하게 되기 때문이다.

그러나 이러한 법리는 당초 조합원총회에서 임원을 선임한 결의에 의하여 그 후에 다시 개최된 총회에서 종전의 임원선임결의를 그대로 재인준하거나 다시 같은 내용의 임원선임결의를 한 경우에 적용되는 것이지, 조합의 사업추진과 관련된 내용 또는 조합정관이나 규정을 변경하는 내용 등의 안건을 결의

193 대법원 1993. 10. 12. 선고 92다50799 판결
194 대법원 2020. 6. 25. 선고 2018두34732 판결
195 대법원 1994. 1. 11. 선고 92다40402 판결
196 대법원 2010. 10. 28. 선고 2009다63694 판결

한 총회 결의에 대하여까지 확장하여 적용할 것은 아니다.[197]

조합원 10분의 1 이상의 발의에 의한 해임총회의 경우 조합원총회로 보아야 하므로 조합장이라 하더라도 위 해임총회의 기일과 같은 기일에 다른 임시총회를 소집할 권한은 없다.[198]

소집된 조합원총회가 개최되기 전에 당초 그 총회의 소집이 필요하거나 가능하였던 기초 사정에 변경이 생겼을 경우에는, 특별한 사정이 없는 한 조합장은 소집된 총회의 개최를 연기하거나 소집을 철회·취소할 수 있다. 이 경우 반드시 총회의 소집과 동일한 방식으로 그 철회·취소를 조합원들에게 통지하여야 할 필요는 없고, 조합원들에게 소집의 철회·취소결정이 있었음이 알려질 수 있는 적절한 조치가 취하여지는 것으로써 충분히 그 소집 철회·취소의 효력이 발생한다.[199]

총회 개최시각이 부득이한 사정으로 당초 소집 통지된 시각보다 지연되는 경우에는 사회통념에 비추어 볼 때 정각에 출석한 참석자들이 변경된 개회시각까지 기다려 참석하는 것이 가능할 정도여야 한다. 만일 그 정도를 넘어 개회시각을 변경하는 경우에는 총회소집절차가 현저히 불공정하다 할 것이다. 大法院은 소집통지된 시각 이후 언제 개회될지 알 수 없는 상황을 지속하다가 12시간이 경과하여 개최한 총회의 효력을 부인한 바 있다.[200]

총회장소를 변경하는 경우에는 소집권자가 대체 장소를 정한 다음 당초의 소집 장소에 출석한 참석자들로 하여금 변경된 장소에 모일 수 있도록 상당한 방법으로 알리고 이동에 필요한 조치를 다한 때에 한하여 적법한 장소변경이 이루어졌다 할 것이다.[201]

조합이 총회소집통지를 함에 있어서 회의의 목적사항을 열거한 다음 '기타

197 대법원 2014. 10. 27. 선고 2011다37360 판결
198 대법원 1993. 10. 12. 선고 92다50799 판결
199 대법원 2007. 4. 12. 선고 2006다77593 판결
200 대법원 2003. 7. 11. 선고 2001다45584 판결
201 대법원 2003. 7. 11. 선고 2001다45584 판결

사항'이라고 기재한 경우, 총회소집통지에는 회의의 목적사항을 기재토록 한 민법 제71조 등 법규정의 입법취지에 비추어 볼 때, '기타 사항'이란 회의의 기본적인 목적사항과 관계가 되는 사항과 일상적인 운영을 위하여 필요한 사항에 국한된다.[202]

조합은 총회의 의결을 거쳐 현장에서 개최되는 조합원총회와 병행하여 온라인총회[203][204]를 개최하여 조합원이 참석하게 할 수 있다. 다만, 「재난 및 안전관리 기본법」 제3조 제1호에 따른 재난의 발생 등 대통령령으로 정하는 사유가 발생하여 시장·군수등이 조합원의 직접 출석이 어렵다고 인정하는 경우에는 온라인총회를 단독으로 개최할 수 있다(법 §44의2①). 온라인총회는 정족수를 산정할 때에는 직접 출석한 것으로 본다. 다만 (i)온라인총회에 참석한 조합원이 본인인지 여부를 확인할 수 있을 것, (ii)온라인총회에 참석한 조합원의 접속 기록 등이 보관되어 실제 참석 여부를 확인·관리할 수 있을 것 그리고 (iii) 그 밖에 원활한 의견의 청취·제시 등을 위하여 대통령령으로 정하는 기준에 부합할 것의 이 세가지 요건을 모두 갖추어 개최되어야 한다(법 §44의2②).

3. 총회의 의결

가. 의결사항

조합원총회의 의결사항은 다음의 (1)~(18)와 같다. 조합원에게 경제적 부담을 주는 사항 등 주요한 사항을 결정하기 위하여 정관으로 정하는 사항도 총회의결사항이다. 도시정비법 또는 정관에 따라 조합원의 동의가 필요한 사항도 다음의 (1)~(18)에 해당하면 총회에 상정하여야 한다. 도시정비법상 조합설립인가 또는 사업시행계획인가 내용의 '경미한 사항의 변경'이어서 신고절차를

202 대법원 1996. 10. 25. 선고 95다56866 판결

203 「정보통신망 이용촉진 및 정보보호 등에 관한 법률」 제2조 제1항 제1호에 따른 정보통신망을 이용한 총회를 말한다.

204 『온라인총회』를 규정한 도시정비법 제44조의2의 시행일은 2025. 12. 4.이다.

거치면 족함에도 법령이나 정관에서 조합원총회의 결의대상으로 규정한 경우, 조합원총회의 결의를 거쳐야 한다.[205]

(1) 정관의 변경

정관의 경미한 사항의 변경은 정관에서 총회의결사항으로 정한 경우 총회의 의결을 거쳐야 한다.

(2) 자금의 차입과 그 방법·이자율 및 상환방법

조합이 자금차입의 방법으로서 타인의 채무에 관하여 연대보증을 하기 위하여도 조합원총회의 의결을 거쳐야 하고, 이와 같이 법률에 의하여 조합원총회의 의결을 거쳐야 할 사항에 관하여 그 의결을 거치지 아니한 채 한 조합장의 행위는 그 효력이 없다.[206] 자금을 차입한 때에는 대여상대방, 차입액, 이자율 및 상환방법등을 시장·군수등에게 신고하여야 한다(법 §111의2). 위반시 과태료가 부과될 수 있다.

(3) 정비사업비의 세부 항목별 사용계획이 포함된 예산안 및 예산의 사용내역

'예산'이란 '조합의 정관에서 정한 1회계연도의 수입·지출 계획'을 의미하고, 따라서 이러한 예산의 요건을 충족하지 아니하는 이상, 조합이 정비사업을 추진하는 과정에서 공사비 등 정비사업에 드는 비용인 정비사업비의 지출예정액에 관하여 사업비 예산이라는 명목으로 총회의 의결을 거친 적이 있다고 하더라도, 이를 두고 도시정비법에서 총회의 의결을 요하는 '예산'이라고 볼 수는 없다.[207] 예산안뿐만 아니라 예산의 사용내역도 총회의 의결사항이다. 총회 보고 사항이 아니라 총회의 의결사항이므로 반드시 안건을 특정하여 총회에 상정하여야 할 것이다. 그렇지 않은 경우에는 도시정비법 제137조위반의 임의정

205 대법원 2014. 5. 29. 선고 2011두33051 판결, 대법원 2013. 10. 24. 선고 2012두12853 판결

206 대법원 2002. 3. 26. 선고 2001다83197 판결

207 대법원 2015. 5. 14. 선고 2014도8096 판결

비사업추진죄로 처벌될 수 있다. '예산의 사용내역 안건'이 부결되었다 하더라도 예산을 사용하여 행한 법률행위나 집행이 무효로 되는 것은 아니다.

(4) 예산으로 정한 사항 외에 조합원에게 부담이 되는 계약

'예산으로 정한 사항 이외에 조합원의 부담이 될 계약'이란 조합의 예산으로 정해진 항목과 범위를 벗어나서 돈을 지출하거나 채무를 짐으로써 조합원에게 비용에 대한 부담이 되는 계약을 의미한다.[208] 총회의 의결사항으로 규정한 취지는 조합원들의 권리·의무에 직접적인 영향을 미치는 사항에 조합원들의 의사가 반영될 수 있도록 절차적으로 보장하려는데 있다. 하지만 정비사업의 성격상 조합이 추진하는 모든 업무의 구체적 내용을 총회에서 사전에 의결하기는 어려우므로, 위 도시정비법 규정 취지에 비추어 사전에 총회에서 추진하려는 계약의 목적과 내용, 그로 인하여 조합원들이 부담하게 될 부담의 정도를 개략적으로 밝히고 그에 관하여 총회의 의결을 거쳤다면 사전 의결을 거친 것으로 볼 수 있다.[209] 따라서 '예산으로 정한 사항 외에 조합원의 부담이 될 계약'이 총회의 의결을 거쳤는지를 판단할 때에는 조합원들의 부담 정도를 충분히 예상할 수 있는 정보가 제공된 상태에서 총회의결이 이루어졌는지를 따져 보아야 한다. 장차 그러한 계약이 체결될 것을 예상할 수 있었던 경우에는 사전 의결을 거친 것으로 볼 필요가 있다. 이렇게 해석하는 것이 총회 의결 없이 조합의 부담이 늘어나는 계약을 체결하여 조합원의 이익이 침해되는 일이 없도록 하면서도, 정비사업의 원활한 추진에 지장이 없도록 하는 방법일 것이다. 大法院은, 조합장이 총회에서 차용하기로 한 이주비 금액을 초과하여 이주비를 차용한 사안에서, 이주비의 대출금액이 얼마이든 그로 인한 조합의 부담은 이자에 국한되고, 그 이자의 총액과 이율의 한도를 이미 총회에서 의결한 후 그 이자와 이율의 한도를 넘지 않는 범위 내에서 이주비를 차용한 이상, 조합원들은 그와 같은 금융비용부담을 충분히 예상할 수 있었다고 보아야 하므로

---

208 대법원 2011. 4. 28. 선고 2010다105112 판결

209 대법원 2015. 9. 10. 선고 2015도9533 판결

총회의 사전의결을 거쳤다고 볼 여지가 충분하다고 보았다.[210]

예산으로 정한 사항 외의 조합원의 부담이 될 계약이라면 그 계약에 따른 채무의 효력이 1회계연도에 한정되고 그 회계연도 내에 채무의 변제가 완료되는 것이라도 위 조항에 따라 총회의 의결사항에 해당한다.[211]

예산상 정해진 항목이 아닌 것을 위하여 조합 예산을 지출하는 것은 그것이 정당한 예비비의 지출로 인정되지 않는 한 '예산으로 정한 사항 이외에 조합원의 부담이 될 계약'에 해당하므로 원칙적으로 조합원 총회의 의결을 거쳐야 한다. 예비비 항목의 금원 지출의 경우에도 예산으로 정해진 범위를 벗어나는 지출이나 채무 부담 역시 '예산으로 정한 사항 이외에 조합원의 부담이 될 계약'에 해당하여 조합원 총회의 의결을 거쳐야 한다. 통상 예비비 항목의 예산으로 지출되어 온 업무에 대한 지출 내지 계약 체결이라고 하더라도 총회 의결 없이 예산으로 정해진 예비비의 범위를 벗어나서 집행할 수 있는 것은 아니다. 따라서, 조합의 예산으로 정해진 예비비 항목이 이미 모두 지출되어 소진된 상태에서 용역계약이 체결된 것이라면 이는 '예산으로 정한 사항 이외에 조합원의 부담이 될 계약'에 해당하여 조합원 총회를 거쳐야 한다.[212]

(5) 시공자·설계자 또는 감정평가업자의 선정 및 변경

시공자는 정비사업 시행과정에서 건축공사를 수행하기 때문에 신축건축물의 품질을 결정하고 조합원의 비용분담에 막대한 영향을 미친다. 시공사의 선정은 조합총회의 고유권한이다. 따라서 추진위원회 단계에서 개최한 토지등소유자 총회에서 시공사를 선정하기로 한 결의는 무효이다.[213] 설계자는 조합설립인가과정에서 신축건축물의 설계 개요를 작성하고 사업시행계획에서 신축건축물의 건축계획을 작성하는 등 건축공사를 위한 밑바탕을 설계하기 때문에 역

210 대법원 2018. 6. 15. 선고 2018도1202 판결
211 대법원 2008. 1. 10. 선고 2005도8426 판결
212 대법원 2011. 4. 28. 선고 2010다105112 판결
213 대법원 2008. 6. 12. 선고 2008다6298 판결

시 신축건축물의 품질을 결정하고 조합원의 비용분담에 영향을 미친다. 형식적으로 총회의 의결을 거쳐 설계자를 선정하였더라도 그 총회의 결의에 부존재 또는 무효의 하자가 있는 경우에는 특별한 사정이 없는 한 그 설계자의 선정은 총회의 의결을 거치지 아니한 것에 해당한다고 보아야 한다.[214] 시공자·설계자의 선정 및 계약서에 포함될 내용은 정관의 필수적 기재사항이자 엄격한 정관변경절차를 거쳐야 하는 사항이다. 감정평가업자는 종전 토지 또는 건축물과 분양예정인 토지 또는 건축물인 종후 재산에 대한 감정평가를 수행하기 때문에 관리처분계획의 수립과 조합원 분담금 결정에 있어 핵심적 역할을 수행한다(법 §74④). 다만, 감정평가업자 선정 및 변경은 총회의 의결을 거쳐 시장·군수등에게 위탁할 수 있다. 이처럼 시공자·설계자 또는 감정평가업자의 선정 및 변경은 조합원들의 이해관계에 중대한 영향을 미칠 수 있으므로 총회의 의결사항으로 규정하고 있다.

(6) 정비사업전문관리업자의 선정 및 변경

정비사업전문관리업자는 정비사업 시행 과정에서 행정·설계·시공·감리 등 분야에서 조합의 비전문성을 보완함으로써 조합원의 권익을 보호하고 사업추진의 효율성을 도모하는 역할을 수행한다. 이와 같은 정비사업전문관리업자의 역할의 중요성을 감안하여 도시정비법은 그 선정과 변경에 대해 조합원총회의 의결을 거치도록 규정하고 있다.

(7) 조합임원의 선임 및 해임

조합장을 포함한 조합임원의 선임 및 해임은 조합원의 이해관계와 직·간접적으로 연계되어 있다. 도시정비법은 이와 같은 점을 고려하여 조합임원의 선임과 해임은 조합원총회의 의결사항으로 규정하고 있다. 따라서 가령 조합장이 조합이사가 마음에 들지 않는다고 조합의 업무를 사실상 못하게 하는 경우에는 조합임원의 해임과 같은 효과를 가져온다 할 것이므로 이 규정에 따라 무

214 대법원 2014. 7. 10. 선고 2013도11532 판결

효라 할 것이다.[215]

형식적으로 총회의 의결을 거쳐 조합임원을 선임·해임하였다 하더라도 그 총회의 결의에 부존재 또는 무효의 하자가 있는 경우에는 특별한 사정이 없는 한, 그 조합임원의 선임·해임은 총회의 의결을 거치지 아니한 것에 해당한다.[216]

(8) 정비사업비의 조합원별 분담내역

정비사업비는 원칙적으로 사업시행자가 부담하되, 조합인 사업시행자는 정비사업이 완료되어 청산의 단계에서 조합원이 종전에 소유하고 있던 토지 또는 건축물의 가격과 새롭게 분양받은 대지 또는 건축물의 가격의 차액인 청산금을 부과하는 형태로 조합원에게 정비사업비를 분담시킬 수 있고(법 §89), 이와 별개의 절차로 정비사업의 시행과정에서 발생한 수입을 초과하는 비용이 있는 경우에 한하여 조합원으로부터 부과금을 부과·징수할 수 있다(법 §93). 도시정비법은 특히 조합원을 상대로 부과금의 방식으로 사업비용을 부담하도록 하는 경우에는 부과금의 액수와 징수 방법, 정비사업비의 조합원별 분담내역 등에 대하여 조합원 총회의 결의를 거치도록 함으로써 조합원의 이익을 보호하기 위한 절차와 형식을 갖추도록 정하고 있다.[217]

도시정비법상의 국토교통부령으로 정하는 동의서에 따른 분양대상자별 분담금 추산방법은 청산금과 부과금이 모두 반영된 방식이라 할 것이다. 즉, 청산금을 기초로 부과금을 비례율에 반영하여 조합원분담금을 산출하는 방식을 취하고 있다. 가령 분양예정인 주택의 가격이 10억원이고, 종전 주택 가격이 5억인데 비례율이 80%인 경우 조합원 분담금은 청산금 5억원과 정비사업비 부과금 1억원을 합한 6억원이 된다 할 것이다.

조합이 조합원들과 체결한 각각의 분양계약에 따라 조합원들이 납부하여야 하는 '추가부담금'은 도시정비법 제45조 제1항 제8호에서 조합원총회의 의결사

215 대법원 2009. 3. 12. 선고 2008도10826 판결
216 대법원 2009. 3. 12. 선고 2008도10826 판결
217 대법원 2021. 4. 29. 선고 2018두52181 판결

항으로 규정한 '정비사업비의 조합원별 분담내역'에 해당한다.[218]

(9) 사업시행계획서의 작성 및 변경

사업시행자가 작성하는 사업시행계획서의 작성 및 변경의 중요성을 감안하여 총회의 의결사항으로 규정하고 있을 뿐만 아니라 특별 개의정족수와 의결정족수를 규정하고 있다. 정비사업의 중지 또는 폐지에 관한 사항을 포함하며 경미한 변경은 제외한다.

(10) 관리처분계획의 수립 및 변경

관리처분계획의 수립 및 변경을 통해 분양대상자별 분양예정인 토지 또는 건축물과 조합원별 분담금이 결정되기 때문에 조합원들의 이해관계에 미치는 중요성을 감안하여 총회의 의결사항으로 규정하고 있을 뿐만 아니라 특별 개의정족수와 의결정족수를 규정하고 있다. 경미한 변경은 제외한다.

(11) 조합의 해산과 해산 시의 회계보고

조합의 해산이란 조합이 활동을 중단하고 청산절차를 밟은 것을 말한다. 사업완료로 인한 해산의 경우에는 대의원회에서 총회의 권한을 대행할 수 있다. 조합해산시의 회계보고는 청산금의 징수·지급 등의 처리에 관한 결과 보고적 성격이 강하기 때문에 조합원 등의 알권리를 보장하기 위해 총회의 의결사항으로 규정하고 있다.

(12) 청산금의 징수·지급

사업시행자는 청산의 단계에서 조합원이 종전에 소유하고 있던 토지 또는 건축물의 가격과 새롭게 분양받은 대지 또는 건축물의 가격의 차액인 청산금을 부과하는 형태로 조합원에게 정비사업비를 분담시킬 수 있기 때문에 조합원 총회의 결의를 거치도록 함으로써 조합원의 이익을 보호하고자 함이다. 분할징수 및 분할지급의 경우에도 마찬가지이다.

---

218 대법원 2018. 12. 27. 선고 2018도14424 판결

(13) 토지등소유자가 부담하는 도시정비법 제93조에 따른 부과금의 액수와 징수방법

사업시행자가 청산의 단계에서 조합원이 종전에 소유하고 있던 토지 또는 건축물의 가격과 새롭게 분양받은 대지 또는 건축물의 가격의 차액에 대해 징수하는 청산금도 도시정비법 제93조의 부과금의 일종이라 할 것이다. 그러나 도시정비법 제93조가 청산금에 관한 규정과는 별개로 규정되고 있는 점에 비춰 도시정비법 제93조에 따른 부과금은 이와 별개의 절차로 정비사업의 시행과정에서 발생한 수입을 초과하는 비용이 있는 경우에 조합원에게 부과·징수하는 부과금이라 할 것이다. 이에 따라 조합원을 상대로 부과금의 방식으로 사업비용을 부담하도록 하는 경우에는 부과금의 액수와 징수 방법 등에 대하여 조합원 총회의 결의를 거치도록 함으로써 조합원의 이익을 보호하기 위함이다. 조합인 사업시행자가 부과금 및 연체료를 부과·징수하는 경우에는 공법상 당사자소송에 의하여야 할 것이다. 다만 부과·징수가 수월한 시장·군수등에 대한 위탁방식이 있음에도 조합인 사업시행자가 직접 공법상 당사자소송에 의할 수밖에 없는 소의 이익과 관련된 소명이 있어야 할 것이다.

(14) 조합의 합병에 관한 사항

조합의 합병이란 2개 이상의 조합이 통합하는 것으로서 당사자인 조합의 일부 또는 전부가 해산하고 청산절차 없이 포괄적으로 존속 조합 또는 신설 조합으로 이전하는 것을 말한다. 조합원의 중대한 이해관계와 관련되므로 조합원 총회의 의결사항으로 하고 있다.

(15) 대의원의 선임 및 해임에 관한 사항

대의원회는 총회의 의결사항 중 일부를 대행하거나 총회에 상정될 안건을 사전에 심의한다. 이러한 대의원회의 구성원인 대의원의 선임과 해임에 대하여 도시정비법은 총회의결사항으로 하고 있다. 이 사항은 대의원회에서 권한을 대행할 수 없는 전속적 총회의결사항이다.

(16) 건설되는 건축물의 설계 개요의 변경

건설되는 건축물의 설계 개요란 신축건물의 동수, 연면적, 높이, 건폐율 및 용적률 등을 말한다. 조합설립인가를 위한 조합설립동의의 내용 중 하나이다. 도시정비법 제35조 및 그 시행령 제31조는 건설되는 건축물의 설계 개요의 변경은 조합설립인가 내용의 경미한 변경으로 규정하면서 총회의 의결없이 시장·군수에게 신고하고 변경할 수 있다고 규정하고 있다. 이와 관련하여 도시정비법 규정간 모순이 있는 것 아닌가 의문이 들 수 있으나 조합설립변경신고시 총회의 의결이 필요없다는 의미는 재적조합원 2/3 이상의 총회 결의가 필요없다는 의미로 새겨야 할 것이다. 따라서 건설되는 건축물의 설계 개요의 변경은 재적 조합원 과반수 출석에 출석조합원 과반수의 찬성을 요하는 필수적 총회의결사항이라 할 것이다.[219]

(17) 정비사업비의 변경

조합설립인가시의 공사비 등 정비사업에 드는 비용인 정비사업비가 변경되는 경우에는 총회의 의결을 거쳐야 한다. 정비사업비의 변경도 조합설립인가내용의 경미한 변경에 해당하므로 총회의 의결이 필요없다는 도시정비법 제35조 및 같은법 시행령 제31조와 모순되는 것 아닌가 의문이 들수 있다. 하지만 역시 일반정족수의 의결을 요하는 필수적 총회의결사항으로 해석해야 할 것이다.[220]

나. 개의 및 의결정족수(법 §45)

총회의 의결은 조합원 100분의 10 이상이 직접 참석하여야 한다. 다만 시공자의 선정을 의결하는 총회의 경우에는 조합원의 과반수가 직접 출석하여야 하고, (i)창립총회, (ii)시공자 선정 취소를 위한 총회, (iii)사업시행계획서의 작성 및 변경, (iv)관리처분계획의 수립 및 변경, (v)정비사업비의 사용 및 변경을 의결하기 위한 총회는 조합원의 100분의 20 이상이 직접 참석하여야

219 대법원 2013. 10. 24. 선고 2012두12853 판결

220 대법원 2013. 10. 24. 선고 2012두12853 판결

한다. 도시정비법 제45조 제1항 각호의 사항으로서 도시정비법 및 조합정관에 따라 조합원의 동의가 필요한 사항은 총회에 상정하여야 한다. 총회의 상정이란 개의정족수가 충족되어 총회를 개최하여 안건을 토론에 부치는 것을 말한다. 필수적 총회의결사항이 아닌 한 총희상정만으로 족하다 할 것이다. 조합원의 동의가 필요한 사항에 대해 총회에 부쳐 토론을 거쳐 동의권을 행사할 수 있도록 함으로써 동의권이 실질적으로 행사되게 하기 위함이다. 가령, 조기 시공사 선정에 관한 도시정비법 제118조 제7항은 시공사 선정과 관련되는 것이기는 하나 필수적 총회의결사항은 아니므로 총회에 상정만으로도 족하다 할 것이나 반드시 의결까지 거쳐야 하는 것은 아니다.

총회의 의결은 도시정비법이나 정관에 다른 규정이 없으면 조합원 과반수의 참석과 출석 조합원의 과반수 찬성으로 의결한다. 다만 (i)사업시행계획서의 작성 및 변경과 (ii)관리처분계획의 수립 및 변경은 조합원 과반수의 찬성으로 의결한다. 정비사업비가 100분의 10(생산자물가상승률분, 현금청산금액은 제외한다) 이상 늘어나는 경우에는 조합원 3분의 2 이상의 찬성으로 의결하여야 한다. 이 경우 정비사업비 증액을 어느 시점을 기준으로 판단할 것인가가 문제된다. 관리처분계획을 수립할 때에 의결한 정비사업비의 증액부분을 판단할 때에는 조합설립인가시와 바로 비교할 것이 아니라, 먼저 사업시행계획시와 조합설립인가시를 비교하여 판단하고, 다음으로 관리처분계획안에서 의결한 정비사업비가 사업시행계획시에 조합원들의 의결을 거친 정비사업비와 비교하여 10%증액여부를 판단해야 한다.[221] 따라서 사업시행계획시와 조합설립인가시를 비교하여 볼 때 사업시행계획에 대한 총회결의가 재적조합원 3분의 2 이상의 찬성을 요하는 사안임에도 이를 얻지 못하여 위법하다 하더라도 이와 같은 사정은 당연무효로까지 볼 수는 없으므로 사업시행계획 수립에 관한 취소사유의 하자가 관리처분계획에 승계되지 않는다 할 것이고 사업시행계획 대비 관리처분계획상의 정비사업비 증액에 대한 결의가 적법한 경우라면 결국 관리처분계획은

221 대법원 2014. 6. 12. 선고 2012두28520 판결

적법하다 할 것이다.

의결정족수의 기준이 되는 출석조합원은 당초 총회에 참석한 모든 조합원을 의미하는 것이 아니라 문제가 된 결의 당시 회의장에 남아 있던 조합원만을 의미하고, 회의도중 스스로 회의장에서 퇴장한 조합원은 이에 포함되지 않는다.[222] 따라서 총회개회선언과 함께 투표를 하고 떠나는 조합원들을 위해 이석조합원 투표개시선언을 하는 것이 바람직하다. 이석조합원 투표개시선언을 하게 되면 이 때를 기준으로 참석조합원을 산정할 수 있기 때문이다.

결의방식이 다른 경우 개의정족수 산정은 별도로 이루어져야 한다. 가령, 조합임원 선출결의건의 서면결의서와 일반안건의 서면결의서가 별개로 만들어진 경우, 조합임원선출 결의건과 일반안건 결의건은 결의방식을 달리하는 별개의 결의이어서 개의정족수와 의결정족수는 별도로 산정하여야 할 것이다. 따라서 조합원들이 일반안건에 대해 서면결의서를 제출하였다 하더라도 그것을 조합임원 선출결의건의 개의정족수로 산정할 수는 없다.[223]

'시공자와의 계약서에 포함될 내용'에 관한 안건을 총회에 상정하여 의결하는 경우 내용이 당초의 재건축결의 시 채택한 조합원의 비용분담조건을 변경하는 것인 때에는 비록 직접적으로 정관 변경을 하는 결의가 아니더라도 실질적으로는 정관을 변경하는 결의이므로 의결 정족수는 정관변경에 관한 규정인 도시정비법 제40조 제3항, 제1항 제16호의 규정을 유추적용하여 조합원의 3분의 2 이상의 동의를 요한다.[224] 나아가 도시정비법의 유추적용에 따라 요구되는 조합원 3분의 2 이상의 동의를 거치지 아니하고 당초의 재건축결의 시 채택한 조합원의 비용분담 조건을 변경하는 취지로 시공자와 계약을 체결한 경우 그 계약은 효력이 없다.

222 대법원 2001. 7. 27. 선고 2000다56037 판결, 대법원 2010. 4. 29. 선고 2008두5568 판결

223 대법원 2011. 4. 28. 선고 2010다106269 판결

224 대법원 2016. 5. 12. 선고 2013다49381 판결

다. 의결방법

조합원은 총회에 직접 참석하여 의결권을 행사하는 것이 원칙이지만 서면으로 의결권을 행사할 수도 있다. 서면으로 의결권을 행사하는 경우에도 정족수를 산정할 때에는 출석한 것으로 본다. 그리고 (i)조합원이 권한을 행사할 수 없어 배우자, 직계존비속, 또는 형제자매 중에서 성년자를 대리인으로 정하여 위임장을 제출하거나 (ii)해외에 거주하는 조합원이 대리인을 지정하는 경우이거나 (iii)법인인 토지등소유자가 대리인을 지정하는 경우 등에는 대리인을 통하여 의결권을 행사할 수 있다. 법인이 대리인을 지정하는 경우 그 대리인은 조합임원 또는 대의원으로 선임될 수 있다. 조합원이 도시정비법과 정관에서 규정하고 있는 대로 위임장을 제출하지 아니하면 대리인을 통해 의결권을 행사할 수 없다.[225] 도시정비법이 명문으로 위임장 제출을 요구하고 있기 때문이다. 따라서 이를 의사정족수에 포함시키면 위법하게 된다. 다만, 대리인이 총회에 출석하여 그 위임장을 제출한 이상 본인의 인감증명서가 뒤늦게 제출되었다는 사정만으로 대리인의 참석을 무효라고 할 수 없다.[226]

조합원은 전자적 방법[227]으로 의결권을 행사할 수 있다. 이 경우 정족수를 산정할 때에 출석한 것으로 본다. 다만, (i)조합원이 전자적 방법 외에 서면의결권으로도 의결권을 행사할 수 있게 할 것, (ii)의결권의 행사 방법에 따른 결과가 각각 구분되어 확인·관리할 수 있을 것, (iii)그 밖에 전자적 방법을 통한 의결권의 투명한 행사 등을 위하여 대통령령으로 정하는 기준에 부합할 것 등의 요건을 모두 충족하여야 한다. 온라인총회를 단독으로 개최할 수 있는 경우에는 전자적 방법만으로도 의결권을 행사할 수 있다. 조합은 서면 또는 전자적 방법으로 의결권을 행사하는 자가 본인인지를 확인하여야 한다.

---

225 대법원 2021. 9. 30. 선고 2021다230144 판결, 대법원 2021. 9. 30. 선고 2021다227759 판결

226 대법원 2007. 7. 26. 선고 2007도3453 판결

227 「전자문서 및 전자거래 기본법」 제2조 제2호에 따른 정보처리시스템을 사용하거나 그 밖의 정보통신기술을 이용하는 방법을 말한다.

여러 개의 안건을 일괄 상정하는 것은 가능하지만 여러 개의 안건을 일괄 심의하는 것이 허용되는지 문제될 수 있다. 안건심의를 무의미하게 만드는 등의 특별한 사정이 없는 한 심의의 편의를 위해 가능하다고 보는 것이 타당하다고 생각한다. 총회소집통보의 회의목적사항에 안건으로 포함되어 있음에도 그 안건의 상정에 앞서 총회 개최시 그 안건의 상정 여부를 묻는 안건이 먼저 상정된 경우, 총회소집통보시에 포함된 그 안건을 상정시키기 위하여는 상정의 결의가 반드시 먼저 있어야 하는 것은 아니다.[228] 가령, 총회의 소집통보시 통보된 안건에는 신임이사를 선출하는 안건이 포함되어 있었고 이는 안건으로서 적법한 것이었는데, 그 안건의 상정에 앞서 과연 당해 총회에서 신임이사를 선출할 것인지를 조합원들에게 묻는 안건을 먼저 상정하였다 하더라도 조합원들의 결의에 의하여 신임이사 선출안건의 상정이 연기되지 않는 한 이를 상정할 수 있다고 보아야 한다. 신임이사 선출안건을 상정하기로 결의되지 아니하면 그 상정이 불가능한 것으로 볼 수는 없다.

조합원총회의 표결 및 집계방법에 관하여는 법령에 특별한 규정이 없으므로, 정관에 다른 정함이 없으면 개별 의안마다 의결에 참석한 조합원의 성명을 특정할 필요는 없고, 의결에 참석한 조합원의 수를 확인한 다음 찬성·반대·기권의 의사표시를 거수, 기립, 투표 기타 적절한 방법으로 하여 집계하면 된다.[229]

총회의 의결방법, 서면 또는 전자적 방법에 따른 의결권 행사 및 본인확인방법 등에 필요한 사항은 정관으로 정한다.

라. 의결의 성립

조합원총회의 결의는 의사결정기관인 총회의 의사를 결정하는 법률행위로서, 소정의 절차에 따라 결의의 성립이 선언됨으로써 조합원에 대하여 구속력을 가지는 결의가 외형적으로 존재하게 되고, 그와 같이 결의의 존재를 인정할

228 대법원 1996. 11. 26. 선고 96다29786 판결

229 대법원 2011. 10. 27. 선고 2010다88682 판결

수 있는 어떤 외관적인 징표가 있어야만 한다.[230] 총회결의절차에서 조합장이 일부 서면결의서의 하자 유무의 확인을 이유로 결의 성립의 선언을 보류한 채 폐회선언을 한 경우, 결의의 존재를 인정할 외관적 징표가 없으므로 그 결의가 존재한다고 볼 수 없다. 이 경우 총회결의존재확인의 소는 확인의 이익이 없어 부적법하다.

조합원총회에서 의결한 안건의 내용이나 범위가 명확하지 않은 경우 그 의결이 가지는 법적 의미와 그에 따른 법률관계의 실체를 밝히는 것은 법적 판단의 영역에 속한다. 그것은 총회를 개최한 목적과 경위, 총회에 상정된 안건의 구체적 내용과 그에 관한 논의 과정, 의결에 따른 후속 조치가 있다면 그 조치의 내용과 경과 등을 종합적으로 고찰하여 논리와 경험칙에 따라 합리적으로 해석해야 한다.[231]

총회의 의사에는 의사록을 작성하여야 하고 의사록에는 의사의 경과, 요령 및 결과 등을 기재하고 이와 같은 의사의 경과요령 및 결과 등은 의사록을 작성하지 못하였다든가 또는 이를 분실하였다는 등의 특단의 사정이 없는 한 이 의사록에 의하여서만 증명된다.[232]

마. 총회결의의 하자

도시정비법에서 요구하는 총회의 의결은 강행규정으로 이에 반하여 계약이 체결되었다 하더라도 강행법규에 위반한 계약으로 무효이다. 계약상대방이 선의·무과실이더라도 민법 제107조의 비진의표시의 법리 또는 표현대리 법리가 적용될 여지는 없다. 따라서 적법한 총회의 결의 없이 계약을 체결한 경우에는 상대방이 그러한 법적 제한이 있다는 사실을 몰랐다거나 총회결의가 유효하기 위한 정족수 또는 유효한 총회결의가 있었는지에 관하여 잘못 알았더라도 계약이 무효임에는 변함이 없다. 또한 총회결의의 정족수에 관하여 강행규정에

230 대법원 2008. 2. 14. 선고 2007다62437 판결
231 대법원 2019. 6. 27. 선고 2017다244054 판결
232 대법원 1984. 5. 15. 선고 83다카1565 판결

서 직접 규정하고 있지 않지만 강행규정이 유추적용되어 과반수보다 가중된 정족수에 의한 결의가 필요하다고 인정되는 경우에도 그 결의 없이 체결된 계약에 대하여 비진의표시 또는 표현대리의 법리가 유추적용될 수 없는 것은 마찬가지이다.[233]

Ⅷ 대의원회

제46조(대의원회) ① 조합원의 수가 100명 이상인 조합은 대의원회를 두어야 한다.

② 대의원회는 조합원의 10분의 1 이상으로 구성한다. 다만, 조합원의 10분의 1이 100명을 넘는 경우에는 조합원의 10분의 1의 범위에서 100명 이상으로 구성할 수 있다.

③ 조합장이 아닌 조합임원은 대의원이 될 수 없다.

④ 대의원회는 총회의 의결사항 중 대통령령으로 정하는 사항 외에는 총회의 권한을 대행할 수 있다.

⑤ 대의원의 수, 선임방법, 선임절차 및 대의원회의 의결방법 등은 대통령령으로 정하는 범위에서 정관으로 정한다.

1. 의의

조합의 최종의사결정기구는 조합원총회이다. 그러나 조합원총회는 조합원이 많은 경우 의사결정이 비효율적일 수밖에 없다. 이에 따라 도시정비법은 조합의사결정의 효율성을 높이고 전문성을 강화하기 위하여 조합원 중에서 대의원를 뽑아 그들로 구성된 대의원회에서 조합원총회의 권한을 대행하게 하거나

233 대법원 2016. 5. 12. 선고 2013다49381 판결

조합원총회안건에 대한 사전심의 기능을 수행하게 하고 있다. 조합원의 수가 100명 이상인 조합은 대의원회를 둔다. 100인 미만인 경우에도 대의원회를 둘 수는 있다 할 것이나 법정기구가 아니라 임의적 기구로서 정관규정에 따른 조합기관으로서의 역할을 수행한다 할 것이다.

2. 대의원회의 구성 및 기능

대의원회는 조합원의 10분의 1이상으로 구성한다. 다만, 조합원의 10분의 1이 100명을 넘는 경우에는 조합원의 10분의 1의 범위에서 100명 이상으로 구성할 수 있다. 법정대의원수가 충족되지 않는 경우 대의원회의 기능이 문제되는데 법정대의원수를 규정한 도시정비법 규정은 강행규정이라 할 것이므로 대의원회에서 의사결정을 할 수 없다 할 것이고 원래대로 총회가 그 기능을 수행하는 것이 타당하다고 생각한다.

조합장이 아닌 조합임원은 대의원이 될 수 없다. 대의원은 조합원 중에서 선출한다. 대의원의 선임 및 해임과 그 수는 정관으로 정하는 바에 따른다. 대의원회는 총회의 의결사항 중 대통령령으로 정하는 사항(시행령 §43)을 제외하고는 총회의 권한을 대행할 수 있다. 조합장을 제외한 조합임원이나 대의원의 보궐선임은 대의원회가 대행할 수 있다. 하지만 조합장의 보궐선임은 대의원회가 대행할 수 없고 총회에서 의결을 거쳐야 한다.

대의원회가 총회의 권한을 대행할 수 없는 사항은 〈표 30〉과 같다(시행령 §43).

|표 30

대의원회가 총회의 권한을 대행할 수 없는 사항
• 정관의 변경에 관한 사항(경미한 사항의 변경은 도시정비법 또는 정관에서 총회의 결사항으로 정한 경우로 한정한다) • 자금의 차입과 그 방법 · 이자율 및 상환방법에 관한 사항 • 예산으로 정한 사항 외에 조합원에게 부담이 되는 계약에 관한 사항

- 시공자 · 설계자 또는 감정평가법인등(시장 · 군수등이 선정 · 계약하는 감정평가법인등은 제외한다)의 선정 및 변경에 관한 사항
- 정비사업전문관리업자의 선정 및 변경에 관한 사항
- 조합임원의 선임 및 해임과 대의원의 선임 및 해임에 관한 사항. 다만, 정관으로 정하는 바에 따라 임기중 궐위된 자(조합장은 제외한다)를 보궐선임하는 경우를 제외한다.
- 사업시행계획서의 작성 및 변경에 관한 사항(정비사업의 중지 또는 폐지에 관한 사항을 포함하며, 경미한 변경은 제외한다)
- 관리처분계획의 수립 및 변경에 관한 사항(경미한 변경은 제외한다)
- 도시정비법 제45조제2항에 따라 총회에 상정하여야 하는 사항
- 조합의 합병 또는 해산에 관한 사항. 다만, 사업완료로 인한 해산의 경우는 제외한다.
- 건설되는 건축물의 설계 개요의 변경에 관한 사항
- 정비사업비의 변경에 관한 사항

3. 대의원회의 소집(시행령 §44④~⑦)

대의원회는 조합장이 필요하다고 인정하는 때에 소집하다. 다만, 조합장은 (i)정관으로 정하는 바에 따라 소집청구가 있는 때나 (ii)대의원의 3분의 1 이상(정관으로 달리 정할 수 있다)이 회의의 목적사항을 제시하여 청구하는 때에는 해당일로부터 14일 이내에 대의원회를 소집하여야 한다.

조합장이 소집청구를 받고도 정당한 이유 없이 그 기간내에 대의원회를 소집하지 아니한 경우에는 감사가 지체없이 이를 소집하여야 하며, 감사가 소집하지 아니하는 때에는 소집 청구한 자의 대표가 시장·군수등의 승인을 받아 소집한다.

대의원회의 소집은 집회 7일 전까지 그 회의의 목적·안건·일시 및 장소를 기재한 서면을 대의원회에 통지하는 방법에 따른다. 이 경우 정관으로 정하는 바에 따라 대의원회의 소집내용을 공고하여야 한다.

4. 대의원회의 의결(시행령 §44⑧~⑩)

대의원회는 재적대의원 과반수의 출석과 출석대의원 과반수의 찬성으로 의결한다. 다만, 그 이상의 범위에서 정관으로 달리 정하는 경우에는 그에 따른다.

대의원회는 사전에 통지한 안건에 대해서만 의결할 수 있다. 다만, 사전에 통지하지 아니한 안건으로서 대의원회의 회의에서 정관으로 정하는 바에 따라 채택된 안건의 경우에는 예외적으로 의결할 수 있다.

특정한 대의원의 이해와 관련된 사항에 대해서는 그 대의원은 의결권을 행사할 수 없다.

대의원회의의 결의에 자격 없는 자가 참가한 하자가 있다 하더라도 그 의사의 경과, 자격 없는 자의 표결을 제외하더라도 그 결의가 성립함에 필요한 정족수를 충족하는 점 등 제반 사정에 비추어 그 하자가 결의의 결과에 영향을 미치지 않았다고 인정되는 때에는 그 결의를 무효라고 볼 것은 아니다.[234] 따라서 대의원회의 임원선임 결의에 조합원이 아니어서 대의원 자격이 없는 자들이 참가하여 표결한 경우, 그들이 그 회의에서 아무런 발언 없이 찬성의 의사표시만을 하였을 뿐이고 또한 그들을 제외하더라도 결의 성립에 필요한 정족수를 충족하고 있다고 볼 수 있는 경우에는 그 대의원회 결의는 무효로 볼 것은 아니다.

Ⅸ 주민대표회의(법 §47)

제47조(주민대표회의) ① 토지등소유자가 시장·군수등 또는 토지주택공사등의 사업시행을 원하는 경우에는 정비구역 지정·고시 후 주민대표기구(이하 "주민대표회의"라 한다)를 구성하여야 한다. 다만, 제26조제4항에 따라 협약등이 체결된 경우에는 정비구역 지정·고시 이전에 주민대표회의를 구성할 수 있다.

234 대법원 1997. 5. 30. 선고 96다23375 판결

② 주민대표회의는 위원장을 포함하여 5명 이상 25명 이하로 구성한다.

③ 주민대표회의는 토지등소유자의 과반수의 동의를 받아 구성하며, 국토교통부령으로 정하는 방법 및 절차에 따라 시장 · 군수등의 승인을 받아야 한다.

④ 제3항에 따라 주민대표회의의 구성에 동의한 자는 제26조제1항제8호 후단에 따른 사업시행자의 지정에 동의한 것으로 본다. 다만, 사업시행자의 지정 요청 전에 시장 · 군수등 및 주민대표회의에 사업시행자의 지정에 대한 반대의 의사표시를 한 토지등소유자의 경우에는 그러하지 아니하다.

⑤ 주민대표회의 또는 세입자(상가세입자를 포함한다. 이하 같다)는 사업시행자가 다음 각 호의 사항에 관하여 제53조에 따른 시행규정을 정하는 때에 의견을 제시할 수 있다. 이 경우 사업시행자는 주민대표회의 또는 세입자의 의견을 반영하기 위하여 노력하여야 한다.
1. 건축물의 철거
2. 주민의 이주(세입자의 퇴거에 관한 사항을 포함한다)
3. 토지 및 건축물의 보상(세입자에 대한 주거이전비 등 보상에 관한 사항을 포함한다)
4. 정비사업비의 부담
5. 세입자에 대한 임대주택의 공급 및 입주자격
6. 그 밖에 정비사업의 시행을 위하여 필요한 사항으로서 대통령령으로 정하는 사항

⑥ 주민대표회의의 운영, 비용부담, 위원의 선임 방법 및 절차 등에 필요한 사항은 대통령령으로 정한다.

토지등소유자가 시장·군수등 또는 토지주택공사등의 사업시행을 원하는 경우에는 정비구역 지정·고시 후 주민대표회의를 구성하여야 한다. 다만, 공공사업시행자와 협약등이 체결된 경우에는 정비구역 지정·고시 이전에 주민대표회의를 구성할 수 있다. 주민대표회의는 위원장을 포함하여 5명 이상 25명 이하로 구성한다. 위원장, 부위원장 각 1명과 1명 이상 3명 이하의 감사를 둔다. 주민대표회의는 토지등소유자의 과반수의 동의를 받아 구성하며, 국토교통부

령으로 정하는 방법 및 절차에 따라 시장·군수등의 승인을 받아야 한다. 주민대표회의의 구성에 동의한 자는 사업시행자의 지정에 동의한 것으로 본다. 다만, 사업시행자의 지정 요청 전에 시장·군수등 및 주민대표회의에 사업시행자의 지정에 대한 반대의 의사표시를 한 토지등소유자의 경우에는 동의가 의제되지 않는다. 문제는 조합설립추진위원회가 구성·승인되어 있는 상황에서도 주민대표회의에 대한 구성·승인이 가능한가 하는 점이다. 추진위원회의 구성 목적과 주민대표회의의 그것이 서로 다르고 주민대표회의 구성의 전제라 할 수 있는 사업시행자 지정이 있게 되면 추진위원회의 구성·승인 또는 조합설립인가가 취소된 것으로 본다(법 §26③)는 점에서 긍정하는 것이 타당하다고 생각한다.

주민대표회의 또는 세입자는 사업시행자에게 시행규정을 정할 때 (i)건축물의 철거, (ii)주민의 이주(세입자의 퇴거에 관한 사항을 포함한다), (iii)토지 및 건축물의 보상(세입자에 대한 주거이전비 등 보상에 관한 사항을 포함한다), (iv) 정비사업비의 부담, (v)세입자에 대한 임대주택의 공급 및 입주자격, (vi)도시정비법 제29조 제7항에 따른 시공자의 추천, (vii) (i)~(iv)의 변경에 관한 사항, (viii) 관리처분계획 및 청산에 관한 사항(관리처분계획방식 외의 시행방법으로 시행하는 주거환경개선사업은 제외한다) 및 그 변경에 관한 사항에 관해 의견을 제시할 수 있다(법 §47⑤, 시행령 §45②). 주민대표회의 또는 세입자가 사업시행자에게 의견을 제시하는 경우 사업시행자는 이를 반영하기 위하여 노력하여야 하지만 조합원총회나 토지등소유자전체회의 기타 토지등소유자방식에서의 총회기구와 같은 구속력을 갖지는 못한다.

시장·군수등 또는 토지주택공사등은 주민대표회의의 운영에 필요한 경비의 일부를 해당 정비사업비에서 지원할 수 있다. 주민대표회의의 위원의 선출·교체 및 해임, 운영방법, 운영비용의 조달 그 밖에 주민대표회의의 운영에 필요한 사항은 주민대표회의가 정한다(시행령 §45③④).

X 토지등소유자 전체회의

제48조(토지등소유자 전체회의) ① 제27조제1항제3호에 따라 사업시행자로 지정된 신탁업자는 다음 각 호의 사항에 관하여 해당 정비사업의 토지등소유자(재건축사업의 경우에는 신탁업자를 사업시행자로 지정하는 것에 동의한 토지등소유자를 말한다. 이하 이 조에서 같다) 전원으로 구성되는 회의(이하 "토지등소유자 전체회의"라 한다)의 의결을 거쳐야 한다.

1. 시행규정의 확정 및 변경
2. 정비사업비의 사용 및 변경
3. 정비사업전문관리업자와의 계약 등 토지등소유자의 부담이 될 계약
4. 시공자의 선정 및 변경
5. 정비사업비의 토지등소유자별 분담내역
6. 자금의 차입과 그 방법 · 이자율 및 상환방법
7. 제52조에 따른 사업시행계획서의 작성 및 변경(제50조제1항 본문에 따른 정비사업의 중지 또는 폐지에 관한 사항을 포함하며, 같은 항 단서에 따른 경미한 변경은 제외한다)
8. 제74조에 따른 관리처분계획의 수립 및 변경(제74조제1항 각 호 외의 부분 단서에 따른 경미한 변경은 제외한다)
9. 제89조에 따른 청산금의 징수 · 지급(분할징수 · 분할지급을 포함한다)과 조합 해산 시의 회계보고
10. 제93조에 따른 비용의 금액 및 징수방법
11. 그 밖에 토지등소유자에게 부담이 되는 것으로 시행규정으로 정하는 사항

② 토지등소유자 전체회의는 사업시행자가 직권으로 소집하거나 토지등소유자 5분의 1 이상의 요구로 사업시행자가 소집한다.

③ 토지등소유자 전체회의의 소집 절차 · 시기 및 의결방법 등에 관하여는 제44조제5항, 제44조의2 및 제45조제3항부터 제11항까지를 준용한다. 이 경우 "총회"는 "토지등소유자 전체회의"로, "조합"은 "사업시행자"로, "정관"은 "시행규정"으로, "조합원"은 "토지등소유자"로 본다.

사업시행자로 지정된 신탁업자는 조합방식의 조합원총회의 주요 결의사항에 관하여 해당 정비사업의 토지등소유자[235] 전원으로 구성되는 토지등소유자 전체회의의 의결을 거쳐야 한다.

토지등소유자 전체회의는 사업시행자가 직권으로 소집하거나 토지등소유자 5분의 1 이상의 요구로 사업시행자가 소집한다. 토지등소유자 전체회의의 소집 절차·시기 및 의결방법 등에 관하여는 조합원총회의 규정이 준용된다.

정비사업 지정개발자(신탁업자) 시행방식 표준시행규정 제14조는 정비사업위원회를 토지등소유자전체회의를 통해 설치할 수 있도록 규정하고 있다. 우선, 이렇게 설치되는 정비사업위원회의 법적 성격이 문제되는데 법인격 없는 사단으로 평가 받기 위해서는 고유목적을 가지고 의사결정기관과 집행기관인 대표자를 두어 독자적인 활동을 하는 사회조직체로 인정될 수 있어야 할 것인데[236] 정비사업위원회는 독립한 고유목적을 지닌 단체라 보기 어렵고 오히려 사업시행자와 토지등소유자 전체회의의 업무 중 일부를 집행하거나 보좌하는 기관으로서 성격을 갖는다 할 것이다. 다음으로 시행규정에서 정비사업위원회에 도시정비법 제124조의 정보공개의무를 부과한 경우 그것이 도시정비법을 위반한 것인지, 정비사업위원회의 대표자를 도시정비법 제138조위반죄로 처벌할 수 있는지 문제된다. 사업시행자인 신탁업자의 정보공개의무를 배제한 것이라면 도시정비법에 위반된다 할 것이지만 단순히 정비사업위원회에 도시정비법상의 정보공개의무를 부과한 것이라면 토지등소유자의 알권리를 두텁게 보호하기 위한 규정이라 할 것이므로 도시정비법을 위반한 것이라 볼 수 없다. 또 도시정비법 제138조는 지정개발자가 사업행자인 대표자만 처벌대상으로 삼고 있고 시행규정상의 의무와 법률상 의무는 구분된다 할 것이므로 정비사업위원회의 대표자가 시행규정에 반하여 도시정비법 제124조에 의

235 재건축사업의 경우에는 신탁업자를 사업시행자로 지정하는 것에 동의한 토지등소유자를 말한다.

236 대법원 2008. 1. 31. 선고 2005다60871 판결

한 정보공개의무를 이행하지 않았다 하더라도 도시정비법위반죄는 성립하지 않는다.

제3절 사업시행계획 등

I 개요

> **제50조(사업시행계획인가)** ① 사업시행자(제25조제1항 및 제2항에 따른 공동시행의 경우를 포함하되, 사업시행자가 시장 · 군수등인 경우는 제외한다)는 정비사업을 시행하려는 경우에는 제52조에 따른 사업시행계획서(이하 "사업시행계획서"라 한다)에 정관등과 그 밖에 국토교통부령으로 정하는 서류를 첨부하여 시장 · 군수등에게 제출하고 사업시행계획인가를 받아야 하고, 인가받은 사항을 변경하거나 정비사업을 중지 또는 폐지하려는 경우에도 또한 같다. 다만, 대통령령으로 정하는 경미한 사항을 변경하려는 때에는 시장 · 군수등에게 신고하여야 한다.

제2절을 통해 사업주체인 조합이 설립되고 나면 사업시행자인 조합은 자신이 시행할 사업계획을 작성하여야 한다. 조합이 작성하는 사업시행계획의 핵심적 내용은 '어떤 건축물을 짓고 어느 정도로 정비기반시설 등을 설치할 것인가'에 관한 것이다. 건축물은 조합원 등이 자신의 재산을 출자하여 분양받을 주택등을 말한다. 정비기반시설은 주거환경 등을 개선하기 위한 공동이용시설 등을 말한다. 사업시행계획은 정비구역 지정권자에 의해 결정된 이와 같은 내용의 정비계획을 확정하는 작업이라 할 수 있다.

조합이 도시정비법에 따라 작성하는 사업시행계획은 그것이 인가·고시를 통해 확정되면 이해관계인에 대한 구속적 행정계획으로서 독립된 행정처분에 해당한다.[237] 따라서 사업시행계획을 인가하는 행정청의 행위는 정비사업조합의 사업시행계획에 대한 법률상의 효력을 완성시키는 보충행위에 해당한다.[238] 사업시행계획은 정비계획에서의 토지이용계획과 건축계획, 조합설립인가시의 신축건축물의 설계개요를 구체화하여 실제 정비사업을 통해 실현될 수 있도록 하는 구체적·확정적 사업계획이다. 이와 같은 사업시행계획에 따라 관리처분계획의 분양설계가 이루어지고 대지조성과 건축물의 시공이 이루어지며 준공검사를 받게 된다. 시장·군수 등은 준공검사를 실시한 결과 정비사업이 인가받은 사업시행계획대로 완료되었다고 인정되는 때에는 준공인가를 하고 공사의 완료를 해당 지방자치단체의 공보에 고시하여야 한다(법 §83). 사업시행계획의 인가가 도시정비법에 따른 효과를 발생시키기 위한 요건과 절차 등에 대해 살펴보면 다음과 같다.

Ⅱ 인가의 요건

1. 정비계획에 따라 법정사항을 포함하여 사업시행계획서를 작성할 것

사업시행계획서는 정비계획에 따라 작성되어야 한다. 따라서 정비계획에서 정해진 토지이용계획, 건축물의 주용도, 건폐율, 용적률 및 높이에 관한 계획 등에 따라 작성되어야 한다. 즉 원칙적으로 정비계획에서 정해진 건폐율과 용적률의 상한 범위내에서 건폐율과 용적률이 정해져야 하며, 정비계획에서 정해진 평균층수 범위 내에서 건축물의 높이에 관한 계획이 건축물별로 정해져야 한다. 하지만 정비구역의 지정권자는 사업시행계획의 인가에 앞서 결정고시된 정비계획의 변경이 필요한 경우 정비계획의 변경을 위한 지방도시계획위원회 심의를 사업시행계획인가와 관련된 심의와 함께 통합하여 검토 및 심의

237 대법원 2009. 11. 2. 자 2009마596 결정

238 대법원 2008. 1. 10. 선고 2007두16691 판결

할 수 있다(법 §50의3①). 이 경우 사업시행자는 하나의 총회 또는 토지등소유자 전체회의에서 정비사업비의 조합원별 분담내역과 함께 이 사항들을 의결하여야 한다(법 §50의3②).

사업시행계획서에 포함되어야 하는 법정사항은 다음과 같다(법 §52)

가. 토지이용계획

정비구역 내 획지별 토지이용계획은 정비계획에서 정해진 범위내에서 수립되어야 한다. 건축물배치계획을 포함한다. 일반적으로 정비계획결정도와 건축물 조감도 및 단지 배치도가 첨부된다.

나. 정비기반시설 및 공동이용시설의 설치계획

정비기반시설이란 도로·상하수도·공원·공용주차장·공동구·녹지·하천·공공공지·광장·소방용수시설·비상대피시설·가스공급시설·지역난방시설 및 시장·군수등이 관리하는 공동이용시설을 말한다(법 §2ⅳ, 시행령 §3). 주거환경개선을 위한 시설이다. 시장·군수등은 해당 정비사업과 직접적으로 관련이 없거나 과도한 정비기반시설의 기부채납을 요구하여서는 안된다(법 §51①). 국토교통부장관은 정비기반시설의 기부채납과 관련하여 운영기준을 작성하여 고시할 수 있다(법 §51②). 시장·군수등은 이 운영기준의 범위에서 지역여건 또는 사업의 특성 등을 고려하여 따로 기준을 정할 수 있으며, 이 경우 사전에 국토교통부장관에게 보고하여야 한다(법 §51③).

정비기반시설은 「국토의 계획 및 이용에 관한 법률」 상의 기반시설의 일종으로 도시·군관리계획으로 결정될 수 있는 시설이다. 주거환경개선사업을 위한 정비구역에서의 도시·군계획시설의 결정·구조 및 설치의 기준 등은 국토교통부령인 「도시·군계획시설의 결정·구조 및 설치기준에 관한 규칙」에 따른다. 다만, 시·도지사는 지역여건을 고려할 때 이 기준을 적용하는 것이 곤란하다고 인정하는 경우에는 시·도도시계획위원회의 심의를 거쳐 그 기준을 완화할 수 있다(법 §68②, 시행규칙 §11).

공동이용시설은 주민이 공동으로 이용하는 놀이터·마을회관·공동작업장, 공동으로 사용하는 구판장·세탁장·화장실 및 수도, 탁아소·어린이집·경로당 등 노유자시설, 그 밖에 이들의 시설과 유사한 용도의 시설로서 시·도조례로 정하는 시설을 말한다(법 §2 v, 시행령 §4).

다. 임시거주시설을 포함한 주민이주대책, 세입자의 주거 및 이주대책

주민이주대책의 가장 대표적인 방법은 임시거주시설을 제공하는 것이다. 사업시행자는 정비사업의 시행으로 철거되는 주택의 소유자 또는 세입자에게 정비구역의 안과 밖에 새로 건설한 주택 또는 이미 건설되어 있는 주택을 임시거주시설로 사용하게 하거나 임대하는 이주대책을 수립할 수 있다. 이와 같은 임시로 거주하는 주택을 '순환용주택'이라 한다. 사업시행자는 토지주택공사등에게 요청하여 그들이 보유한 공공임대주택을 순환용주택으로 우선 공급할 것을 요청할 수 있다(법 §59①②). 토지주택공사등은 사업시행자로부터 공공임대주택의 공급 요청을 받은 경우에는 그 요청을 받은 날부터 30일 이내에 사업시행자에게 (i)해당 정비구역 인근에서 공급 가능한 공공임대주택의 주택 수, 주택 규모 및 공급가능 시기, (ii)임대보증금 등 공급계약에 관한 사항 등의 내용을 통지하여야 한다. 이 경우 공급 가능한 주택 수는 요청을 한 날 당시 공급 예정인 물량의 2분의 1 범위로 한다. 다만, 주변 지역에 전세가격 급등 등의 우려가 있어 순환용주택의 확대 공급이 필요한 경우 2분의 1을 초과할 수 있다. 토지주택공사등이 공급하는 순환용주택의 공급대상 및 공급순위는 〈표 31〉과 같다(시행령 §51). 그 외에 공급계약의 체결, 순환용주택의 반환 등 순환용주택의 공급에 필요한 세부사항은 토지주택공사등이 따로 정할 수 있다.

표 31 순환용주택의 공급대상 및 공급순위

공급대상	• 세대주로서 해당 세대 월평균 소득이 전년도 도시근로자 월평균 소득의 70퍼센트 이하인 거주자 – 요청을 한 날 당시 해당 정비구역에 2년 이상 거주한 사람에 한정한다.

공급순위	• 다음의 순위에 따라 공급하되, 같은 순위에서 경쟁이 있는 경우 월평균 소득이 낮은 사람에게 우선 공급한다. – 1순위: 정비사업의 시행으로 철거되는 주택의 세입자(정비구역에서 실제 거주하는 자로 한정한다)로서 주택을 소유하지 아니한 사람 – 2순위: 정비사업의 시행으로 철거되는 주택의 소유자(정비구역에서 실제 거주하는 자로 한정한다)로서 그 주택 외에는 주택을 소유하지 아니한 사람

사업시행자는 순환용주택에 거주하는 자가 정비사업이 완료된 후에도 순환용주택에 계속 거주하기를 희망하는 때에는 공공주택특별법에 따라 분양하거나 계속 임대할 수 있다. 이 경우 사업시행자가 소유하는 순환용주택은 도시정비법 제74조에 따라 인가받은 관리처분계획에 따라 토지등소유자에게 처분된 것으로 본다(법 §59③, 시행령 §52).

기타 주민이주대책으로는 금융기관 등으로부터 이주비를 차입하여 대여하는 방식이 있다.

그 외에 세입자의 주거 및 이주대책으로는 임대주택 공급방식과 주거이전비 지급방식이 이용되고 있다. 주택세입자가 공익사업법에 따라 재개발조합으로부터 주거이전비를 지급받았다 하더라도 명시적 배제조항이 없으므로 도시정비법에 따라 임대주택을 제공받을 수 있다.[239] 이와 같은 수준의 이주대책이 주민 등의 이주대책으로 적법한지에 관해서는 논란이 있을 수 있으나 도시정비법이 더 구체적으로 요구하고 있지 않는 현행법 하에서는 향후 정책과제로 검토 대상은 될 수 있을지언정 위법하다고는 볼 수 없다.

사업시행자가 세입자에 대하여 도시정비법상의 손실보상기준 이상으로 손실보상대책을 마련하는 경우에는 용적률 인센티브가 제공된다. 즉, (i)도시정비법 시행령 제54조에 따른 손실보상 기준 이상으로 세입자에게 손실을 보상하는 경우나 (ii)손실보상에 더하여 임대주택을 추가로 건설하거나 임대상가를 건설하는 등 추가적인 세입자 손실보상 대책을 수립하여 시행하는 경우에는

239 대법원 2011. 7. 14. 선고 2011두3685 판결

해당 정비구역에 적용되는 용적률의 125% 이하의 범위에서 대통령령으로 정하는 바에 따라 조례로 용적률을 완화하여 정할 수 있다(법 §66①).

한편, 도시정비법 제68조 제3항은 『주거환경개선사업의 경우에는 「공익사업을 위한 토지 등의 취득 및 보상에 관한 법률」 제78조 제4항[240]이 적용되지 않는다』고 규정하고 있다. 따라서 주거환경개선사업에서는 사업시행자가 이주정착지에 대한 생활기본시설에 필요한 비용을 부담하지 않는다. 이와 관련하여 모든 방식의 주거환경개선사업이 이 규정의 적용을 받지 않는지 문제된다. 본래 위 법률 제78조 제4항은 공익사업의 시행으로 주거용 건축물을 제공하는 자로서 기존의 주거지를 영구적으로 떠나 다른 지역으로 이주할 수밖에 없는 사람들을 대상으로 한다. 따라서 현재개량방식의 주거환경개선사업 중 위 사업으로 주택이 개량되는 자들은 생활의 근거를 상실하지 않으므로 이주대책대상자에 해당하지 않고, 수용방식에 의한 주거환경개선사업 중 위 사업으로 건설되는 주택에 관한 분양계약을 체결한 자들은, 일시적으로 기존의 주거지를 떠나기는 하지만 사업이 완료되면 이전보다 주거환경이 개선된 기존의 생활근거지에서 계속 거주할 수 있게 되므로 위 법률상의 이주대책대상자에 해당하지 않는다.[241] 또한, 환지방식의 주거환경개선사업의 경우에는, 도시개발법 제28조부터 제49조까지의 규정을 준용하고 있어 수용에 관한 도시정비법 제63조가 적용되지 아니하는 결과 수용이 허용되지 아니하므로, 이주대책에 관한 공익사업법 규정이 준용될 여지가 없다. 반면, 이들과 달리 현지개량방식에 의한 주거환경개선사업지구 내 주거용 건축물의 소유자로서 정비기반시설의 설치·확대로 인하여 주거용 건축물을 제공하게 되는 자들은 기존의 주거지를 영

240 **제78조(이주대책의 수립 등)** ④이주대책의 내용에는 이주정착지(이주대책의 실시로 건설하는 주택단지를 포함한다)에 대한 도로, 급수시설, 배수시설, 그 밖의 공공시설 등 통상적인 수준의 생활기본시설이 포함되어야 하며, 이에 필요한 비용은 사업시행자가 부담한다. 다만, 행정청이 아닌 사업시행자가 이주대책을 수립·실시하는 경우에 지방자치단체는 비용의 일부를 보조할 수 있다.

241 대법원 2011. 11. 24. 선고 2010다80749 판결

구적으로 떠나 다른 지역으로 이주할 수밖에 없게 되므로 위 법률상의 이주대책대상자에 해당하여 원칙적으로 위 법률 제78조 제4항이 적용되어야 한다. 하지만, 이렇게 하는 경우에는 사업시행자에게 지나친 재정적 부담을 지우게 되어 사업 추진이나 시행 자체가 불가능하게 될 수도 있다. 왜냐하면, 주거환경개선사업의 경우 도시정비법이 규율하는 다른 정비사업에 비하여 사업구역 내 건축물의 노후화가 심각하고 정비기반시설 또한 극히 열악하여 정비사업의 필요성은 큰 반면, 사업구역 내 거주자들의 소득수준은 상대적으로 낮아 공공의 도움이 없이는 실질적으로 사업의 효과를 기대하기 어렵고, 공공이 사업을 시행하는 주거환경개선사업의 구조상 사업시행자는 해당 사업으로 인한 이윤 창출이나 개발이익을 기대할 수 없기 때문이다.[242] 결국, 주거환경개선사업 중 위 법률 제78조 제4항의 적용이 배제되어 사업시행자가 이주정착지에 대한 생활기본시설 설치비용을 부담하지 않는 사업은 현지개량방식의 정비기반시설 설치·확대사업이라 할 것이다.

라. 사업시행기간 동안 정비구역 내 범죄예방대책

범죄예방대책은 주로 이주 전·후 또는 철거기간 동안 발생할 수 있는 치안사각지대에서의 주민의 안전과 치안유지를 위한 방안이다. 사업시행계획에 이와 같이 범죄예방대책까지 포함하도록 함으로써 도시정비법은 정비사업에서 이주 전·후의 안전관리를 체계적으로 도모하도록 하고 있다. 주요 내용으로는 정비구역 내 가로등 설치, 폐쇄회로 텔레비전 설치, 상황실 설치 등이다.

마. 임대주택 건설계획

주택수급의 안정과 저소득 주민의 입주기회 확대를 위하여 주거환경개선사업과 재개발사업은 일정비율의 임대주택을 건설하여야 한다(법 §10).

주거환경개선사업과 재개발사업의 경우 국토교통부 고시 「정비사업의 임대주택 및 주택규모별 건설비율」에 따라 정비계획에 반영하여 건설하여야 하는

242 헌법재판소 2015. 5. 28. 자 2012헌가6 전원합의체 결정

임대주택의 건설비율은 〈**표 32**〉와 같다(법 §10). 임대주택이란 공공임대주택과 「민간임대주택에 관한 특별법」에 따른 민간임대주택을 말한다. 그리고 재개발사업의 임대주택 건설비율을 산정함에 있어서는 도시정비법 제54조에 따른 초과용적률, 도시정비법 제66조에 따른 추가용적률, 도시정비법 제101조의5에 따른 공공용적률 등에 따라 늘어나는 세대수 또는 면적은 제외하며, 이에 따라 공급되는 임대주택은 제외한다. 정비계획이 반영된 임대주택 건설계획은 사업시행계획인가를 통해 확정된다.

| 표 32 정비계획에서 정하는 임대주택 건설비율

정비사업 종류	임대주택 건설비율
주거환경개선사업	• 공공임대주택이, 건설하는 주택 전체 세대수의 30% 이하 범위에서 시 · 도지사가 정하여 고시하는 비율일 것 – 이 경우 주거전용면적이 40m^2 이하인 공공임대주택이 전체 공공임대주택 세대수의 50% 이하에서 시 · 도지사가 정하여 고시하는 비율일 것
재개발사업	• 임대주택이, 건설하는 주택 전체 세대수 또는 전체 연면적의 20% 이어야 하고, 주거전용면적이 40m^2 이하인 임대주택이 전체 임대주택 세대수의 30% 이상 또는 건설하는 주택 전체 세대수의 5% 이상이어야 함 – 시 · 도지사가 임대주택 건설비율을 고시한 경우에는 그 기준에 따름[243]

243 다만, 정비구역 입안권자는 관할구역에서 시행하는 재개발사업에서 건설하는 주택 전체 세대수(a)에서 '정비구역 거주 세입자'가 입주하는 임대주택 세대수(b)의 비율(b/a)이 해당 시·도지사가 고시한 임대주택 비율보다 높은 경우 또는 관할 구역의 특성상 주택수급안정이 필요한 경우에는, 해당 시·도지사가 고시한 임대주택 비율과 건설하는 주택 전체세대수의 10%를 더한 범위 내에서 임대주택 비율을 더 높일 수 있음(시행령 §9① ii 나 단서). 여기서 '정비구역 거주 세입자'란 기준일 3개월 전부터 해당 재개발사업을 위한 정비구역 또는 다른 재개발사업을 위한 정비구역에 거주하는 세입자를 말한다.

바. 국민주택규모 주택의 건설계획

(1) 개요

도시정비법은 기존의 주택을 전제로 주거환경을 정비하고 노후주택을 개량하여 주민의 삶의 질이 개선될 수 있도록 지원하기 위한 법이면서 또한, 모든 국민이 쾌적한 주거생활을 할 수 있도록 국가의 주택정책을 구현하기 위한 정책지향적 법이기도 하다. 이에 따라 도시정비법은 주택수급의 안정과 저소득 주민의 입주기회 확대를 위하여 정비사업으로 건설하는 주택에 대하여 그 중 일정비율을 국민주택규모 주택으로 건설하게 하거나 건설된 국민주택규모 주택을 공공에 의무적으로 공급하도록 하고 있다. 이를 위해서는 이와 같은 내용을 사업시행계획에 포함하여야 하는데, (i)정비계획에 반영해야 하는 국민주택규모 주택건설계획(법 §10), (ii)초과용적률에 따른 국민주택규모 주택건설계획(법 §54, §55), (iii)추가용적률에 따른 국민주택규모 주택건설계획(법 §66②~⑤) 및 (iv)공공용적률에 따른 국민주택규모 주택건설계획(법 §101의5)이 이에 해당한다.

(2) 정비계획에 따른 국민주택규모 주택 건설비율(법 §10)

사업시행자는 국민주택규모의 주택을 정비계획에 반영된 범위내에서 건설하여야 한다. '국민주택규모 주택'이란 「주택법」 제2조 제6호에 따른 주택으로 수도권이나 도시지역의 경우 주거전용면적이 1호(戶) 또는 1세대당 85제곱미터 이하인 주택을 말한다. 정비계획입안권자가 국토교통부 고시 「정비사업의 임대주택 및 주택규모별 건설비율」에 따라 정비계획에 반영하여 하는 국민주택규모 주택의 건설비율은 〈표 33〉과 같다(시행령 §9①).

표 33 정비계획으로 정하는 국민주택규모 주택 건설비율

정비사업의 종류	건설비율
주거환경개선사업	건설하는 주택 전체 세대수(임대주택을 포함함)의 90% 이상
재개발사업	건설하는 주택 전체 세대수의 80% 이상

재건축사업	건설하는 주택 전체 세대수의 60% 이상[244]

(3) 초과용적률에 따른 국민주택규모 주택 건설비율(법 §54)

사업시행자는 수도권의 과밀억제권역 등에서 정해지는 초과용적률 중 일정비율을 국민주택규모 주택으로 건설하여야 한다.[245] 여기서 '초과용적률'이란 법적상한용적률에서 정비계획으로 정하여진 용적률을 뺀 용적률을 말한다. 법적상한용적률은 「국토의 계획 및 이용에 관한 법률」 제78조 및 '관계 법률에 따른 용적률의 상한'을 말한다. 「국토의 계획 및 이용에 관한 법률」 제78조에 따른 용적률은 가령 그 시행령까지 고려하였을 때 제2종일반주거지역은 250%, 제3종일반주거지역은 300%, 준주거지역은 500%가 각 상한이다. '관계 법률에 따른 용적률의 상한'은 가령 「국토의 계획 및 이용에 관한 법률」 제76조에 따른 건축물의 층수제한, 「건축법」 제60조에 따른 높이제한, 「건축법」 제61조에 따른 일조 등의 확보를 위한 건축물의 높이제한 때문에 더 이상 건축할 수 없을 때의 용적률을 말한다. 법적상한용적률은 이 두 요건을 동시에 충족하는 용적률을 말한다. 국민주택규모 주택을 건설하여야 하는 초과용적률의 일정비율은 〈표 34〉와 같다. 사업시행자는 이 초과용적률의 일정비율에 해당하는 면적에 국민주택규모 주택을 건설하여야 한다.

244 과밀억제권역에서 (ⅰ)조합원분양주택은 기존 주택의 주거전용면적을 축소하거나 30퍼센트의 범위에서 그 규모를 확대하고, (ⅱ)일반분양주택은 모두 85제곱미터 이하 규모로 건설하는 경우에는 국민주택규모의 주택건설비율을 적용하지 않는다(시행령 §9②). (ⅰ)과 (ⅱ)의 요건을 모두 충족해야 한다.

245 천재지변 등으로 인한 정비사업의 경우에는 적용대상 아니다(법 §54④단서).

| 표 34 초과용적률에 따른 국민주택규모 주택 건설비율

정비사업 종류	국민주택규모 주택 건설비율
과밀억제권역에서 시행하는 재건축사업	초과용적률의 30%~50% 이하로서 시 · 도 조례로 정하는 비율
과밀억제권역에서 시행하는 재개발사업	초과용적률의 50%~75% 이하로서 시 · 도 조례로 정하는 비율
과밀억제권역 외에서 시행하는 재건축사업	초과용적률의 50% 이하로서 시 · 도조례로 정하는 비율
과밀억제권역 외에서 시행하는 재개발사업	초과용적률의 75% 이하로서 시 · 도조례로 정하는 비율

사업시행자는 초과용적률 중 일정비율을 국민주택규모 주택으로 건축하려는 경우에는 사업시행계획인가를 신청하기 전에 미리 국민주택규모 주택의 공급가격 등 국민주택규모 주택에 관한 사항을 인수자와 협의하여 사업시행계획서에 반영하여야 한다(법 §55③).

사업시행자는 초과용적률에 따른 국민주택규모 주택을 국토교통부장관, 시·도지사, 시장, 군수, 구청장 또는 토지주택공사등에 공급하여야 한다(법 §55①). 재개발임대주택과는 달리 공공에게 의무적으로 공급해야 한다. 공급해야 하는 국민택규모 주택은 공개추첨의 방법으로 선정한다(시행령 §48①). 시·도지사, 시장, 군수, 구청장이 국민주택규모 주택을 인수할 수 없는 경우에는 시·도지사는 국토교통부장관에게 인수자 지정을 요청해야 한다(시행령 §48②). 초과용적률로 건설하는 국민주택규모 주택의 공급가격은 「공공주택 특별법」에 따라 국토교통부장관이 고시하는 공공건설임대주택의 표준건축비로 하며, 부속 토지는 인수자에게 기부채납한 것으로 본다(법 §55②). 이 경우 인수된 국민주택규모 주택은 임대의무기간이 20년 이상인 장기공공임대주택으로 활용된다(법 §55④본문). 다만 (i)정비사업의 수익률 내지는 비례율이 80% 미만이거나 (ii)토지등소유자의 부담이 지나치게 높다고 인정되는 경우에는 부속토지를 감정평가액의 30%로 인수한 후 임대의무기간이 10년 이상의 임대주택으로 활용할 수 있다. 부속토지를 감정평가액의 50%로 인수하면 임대의무기간이 10년 이하인 임대주택으로 활용할 수 있다(법 §55④단서, §55⑤, 시행령 §48⑤⑥).

(4) 추가용적률에 따른 국민주택규모 주택 건설비율(법 §66②~⑤)

정비구역이 역세권 등에 해당하는 경우에는 추가용적률을 받을 수 있는데 이 중 일정 비율에 해당하는 면적을 국민주택규모주택을 건설하여 공공의 인수자에게 공급하여야 한다. 추가용적률을 받기 위한 역세권 등의 요건은 〈**표 35**〉과 같다.

표 35 추가용적률을 받기 위한 역세권 등의 요건

추가용적률을 받기 위한 역세권 등의 요건(①과 ② 요건 모두 충족해야 함)
① 해당 정비구역 총 면적의 2분의 1 이상이 (i) 철도 또는 도시철도의 승강장 경계로부터 시·도조례로 정하는 거리 이내에 위치한 지역이거나 (ii) 세 개 이상의 대중교통 정류장이 인접해 있거나 고속버스·시외버스 터미널, 간선도로의 교차지 등 양호한 기반시설을 갖추고 있어 대중교통 이용이 용이한 지역으로서 시·도조례로 정하는 요건을 모두 갖춘 지역일 것 ② (i) 과밀억제권역에서 시행하는 재개발사업 또는 재건축사업(주거지역 또는 준공업지역에 한정함)이거나 (ii) 시·도조례로 정하는 지역에서 시행하는 재개발사업 및 재건축사업일 것

이 경우에도, 초과용적률에 따른 국민주택규모 주택과 마찬가지로, 공공에 대한 공급은 의무적이다. '추가용적률'이란 역세권 등에 해당하여 완화받은 용적률에서 정비계획으로 정하여진 용적률을 뺀 용적률을 말한다. 추가용적률에 따른 국민주택규모 주택의 건설비율을 살펴보면 〈**표 36**〉과 같다. 사업시행자는 이 비율에 해당하는 면적에 국민주택규모 주택을 건설하여 인수자에게 공급하여야 한다.

|표 36 추가용적률에 따른 국민주택규모 주택의 건설비율

정비사업 종류	국민주택규모 주택의 건설비율
과밀억제권역에서 시행하는 재건축사업	추가용적률의 30%~75% 이하로서 시 · 도조례로 정하는 비율
과밀억제권역에서 시행하는 재개발사업	추가용적률의 50%~75% 이하로서 시 · 도조례로 정하는 비율
과밀억제권역 외에서 시행하는 재건축사업	추가용적률의 50% 이하로서 시 · 도조례로 정하는 비율
과밀억제권역 외에서 시행하는 재개발사업	추가용적률의 75% 이하로서 시 · 도조례로 정하는 비율

추가용적률에 따른 국민주택규모 주택의 공급 및 인수방법은 초과용적률에 따른 국민주택규모 주택의 그것을 준용한다(법 §66③). 다만, 인수자는 사업시행자로부터 공급받은 주택 중 20% 이상의 범위에서 시·도조례로 정하는 비율에 해당하는 주택에 대해서는 「공공주택 특별법」 제48조에 따라 분양할 수 있다. 이 경우 해당 주택의 공급가격은 「주택법」 제57조 제4항에 따라 국토교통부장관이 고시하는 기본형건축비로 하며, 부속 토지의 가격은 감정평가액의 50%로 한다. 주택을 분양할 때에는 「공공주택 특별법」에 따른 지분적립형 분양주택과 이익공유형 분양주택 또는 「주택법」에 따른 토지임대부 분양주택[246]으로 하여야 한다(법 §66④ 및 시행령 §55⑥).

(5) 공공용적률에 따른 국민주택규모 주택의 건설비율(법 §101의5, §101의6)

공공재개발사업의 시행자는 법적상한초과용적률에서 정비계획으로 정하여진 용적률을 뺀 용적률, 즉 이와 같은 '공공용적률'의 일정비율에 해당하는 면적을 국민주택규모 주택을 건설하여 인수자에게 공급하여야 한다. 법적상한초

246 사업주체가 「공공주택 특별법」 제4조에 따른 공공주택사업자인 경우로 한정한다. 국토교통부장관은 한국토지주택공사, 지방공사, 공공이 총지분의 50%를 초과하여 출자·설립한 법인 등 중에서 공공주택사업자를 지정한다.

과용적률이란 법적상한용적률의 120%를 말한다. 공공재건축사업은 용도지역이 1단계 종상향되는 용적률까지 허용되는데 이렇게 완화된 용적률에서 정비계획으로 정하여진 용적률을 뺀 용적률, 즉 이와 같은 '공공용적률'의 일정비율에 해당하는 면적을 국민주택규모 주택을 건설하여 인수자에게 공급하여야 한다. 이러한 공공용적률에 따른 국민주택규모 주택의 건설비율은 〈표 37〉과 같다. 사업시행자는 이 비율에 해당하는 면적에 국민주택규모 주택을 건설하여 인수자에게 공급하여야 한다.

표 37 공공용적률에 따른 국민주택규모 주택의 건설비율

정비사업 종류	국민주택규모 주택의 건설비율
공공재개발사업	공공용적률의 20%~70% 이하로서 시 · 도조례로 정하는 비율
공공재건축사업	공공용적률의 40%~70% 이하로서 주택규모 등을 고려하여 시 · 도조례로 정하는 비율

공공재개발사업에 있어 국민주택규모 주택의 공급가격은 초과용적률의 그것을 준용한다(법 §101의5③). 따라서 주택의 공급가격은 「공공주택 특별법」에 따라 국토교통부장관이 고시하는 공공건설임대주택의 표준건축비로 하며, 부속 토지는 인수자에게 기부채납한 것으로 본다(법 §55②). 이 경우 인수된 국민주택규모 주택은 임대의무기간이 20년 이상인 장기공공임대주택으로 활용된다(법 §55④본문). 다만 (i)정비사업의 수익률 내지는 비례율이 80% 미만이거나 (ii)토지등소유자의 부담이 지나치게 높다고 인정되는 경우에는 부속토지를 감정평가액의 30%로 인수한 후 임대의무기간이 10년 이상의 임대주택으로 활용할 수 있다. 부속토지를 감정평가액의 50%로 인수하면 임대의무기간이 10년 이하인 임대주택으로 활용할 수 있다(법 §55④단서, §55⑤, 시행령 §48⑤⑥).

한편, 인수자는 공공재개발사업 시행자로부터 공급받은 주택 중 대통령령으로 정하는 비율에 해당하는 주택에 대해서는 임대주택으로 활용하지 않고 「공

공주택 특별법」 제48조에 따라 분양할 수 있다. 이 경우 해당 주택의 공급가격은 추가용적률에 따른 국민주택규모 주택의 그것을 준용한다. 따라서 해당 주택의 공급가격은 「주택법」 제57조 제4항에 따라 국토교통부장관이 고시하는 기본형건축비로 하며, 부속 토지의 가격은 감정평가액의 50%로 한다(법 §101의5④ 및 §66④, 시행령 §55⑥). 분양할 수 있는 '대통령령으로 정하는 비율'은 아직 제정되어 있지 않다.

공공재건축사업에 있어 주택의 공급가격은 공공재개발사업과 마찬가지로 공공건설임대주택의 표준건축비로 하며, 부속토지는 초과용적률에 따른 국민주택규모의 공급가격과 같다. 즉, 부속 토지는 인수된 국민주택규모 주택이 임대의무기간이 20년 이상인 장기공공임대주택으로 활용되는 경우에는 인수자에게 기부채납한 것으로 본다(법 §55②④). 다만 (i)정비사업의 수익률 내지는 비례율이 80% 미만이거나 (ii)토지등소유자의 부담이 지나치게 높다고 인정되어 임대의무기간 10년 이상의 임대주택으로 활용되는 경우에는 감정평가액의의 30%로 하고 임대의무기간이 10년 이하인 임대주택으로 활용되는 경우에는 감정평가액의 50%로 한다(법 §55④단서, §55⑤, 시행령 §48⑤⑥).

한편, 인수자는 공공재건축사업 시행자로부터 공급받은 주택 중 50% 이상의 범위에서 시·도조례로 정하는 비율에 해당하는 주택에 대해서는 임대주택으로 활용하지 않고 「공공주택 특별법」 제48조에 따라 분양할 수도 있는데, 이 경우 인수한 주택의 공급가격은 공공재개발사업과 마찬가지로 「주택법」 제57조 제4항에 따라 국토교통부장관이 고시하는 기본형건축비로 하고, 부속 토지는 감정평가액의 50%로 한다(시행령 §80의3④). 결국, 공공재건축사업의 국민주택규모 주택의 인수가격도 공공재개발사업의 그것과 동일하다 할 수 있다. 다만 「공공주택 특별법」 제48조에 따라 분양할 수 있는 주택의 비율에서 일정 부분 차이가 날 수 있다.

(6) 국민주택규모 주택의 인수가격 비교

초과용적률, 추가용적률 및 공공용적률에 따른 국민주택규모 주택의 인수가격을 인수목적을 기준으로 비교하면 〈표 38〉과 같다.

| 표 38 국민주택규모 주택의 인수가격 비교

<table>
<tr><th colspan="2" rowspan="2">구분
가격</th><th>임대</th><th colspan="2">분양</th></tr>
<tr><th>비율</th><th>가격</th><th></th></tr>
<tr><td colspan="2">초과용적률</td><td>주택은 표준건축비, 부속토지는 기부채납, 감정평가액 30% 또는 50%</td><td colspan="2">해당없음</td></tr>
<tr><td colspan="2">추가용적률</td><td>상동(上同)</td><td>인수주택 중 대통령령으로 정하는 비율[247]</td><td>주택은 기본형건축비, 부속토지는 감정평가액의 50%</td></tr>
<tr><td rowspan="2">공공용 적률</td><td>공공재개발</td><td rowspan="2">상동(上同)</td><td>인수주택 중 대통령령으로 정하는 비율[248]</td><td rowspan="2">상동(上同)</td></tr>
<tr><td>공공재건축</td><td>인수주택 중 대통령령으로 정하는 비율[249]</td></tr>
</table>

사. 공공지원민간임대주택 또는 임대관리 위탁주택의 건설계획

정비계획에 따라 정비사업을 통하여 「민간임대주택에 관한 특별법」 제2조 제4호에 따른 공공지원민간임대주택을 공급하거나 같은법 제2조 제11호에 따른 주택임대관리업자에게 임대할 목적으로 주택을 위탁하려는 경우에는 이에 관한 건설계획이 포함되어야 한다. 다만 건설하는 주택 전체 세대수에서 임대

247 도시정비법 시행령 제55조 제5항은 "대통령령으로 정하는 비율"을 '인수주택 중 20% 이상의 범위에서 시·도조례로 정하는 비율'로 정하고 있다.

248 아직 대통령령에서 그 비율을 정하고 있지 않다.

249 도시정비법 시행령 제80조의3 제3항은 "대통령령으로 정하는 비율"을 '인수주택 중 50% 이상의 범위에서 시·도조례로 정하는 비율'로 정하고 있다.

기간이 8년 이상인 공공지원민간임대주택과 임대관리위탁주택의 비율합계가 20% 이상인 경우에 한한다(법 §9 x 단서).

공공지원민간임대주택이란 「민간임대주택에 관한 특별법」 제2조 제4호에 따른 민간임대주택을 말한다. 여기서 '공공지원'이란 도시정비법 제9조 제1항 제10호의 사항이 포함된 정비계획에 따라 민간임대주택을 공급하는 사업에 대하여 「주택도시기금법」에 따른 주택도시기금이 출자·융자하여 지원하거나 또는 「주택도시기금법」에 따른 주택도시보증공사의 보증을 통해 지원하는 것을 말한다. 이와 같은 방식으로 이루어지는 민간임대사업을 "정비사업 연계형 공공지원민간임대주택 사업"이라 한다. 이 "정비사업 연계형 공공지원민간임대주택 사업"은 기금이 출자된 「부동산투자회사법」에 따른 부동산투자회사, 「자본시장과 금융투자업에 관한 법률」에 따른 집합투자기구 또는 「법인세법」 제51조의2 제1항 제9호에 해당하는 투자회사를 설립한 후 도시정비법에 따른 정비사업의 일반분양분, 토지 또는 지분 등을 매입하여 공공지원민간임대주택으로 공급하는 사업이다[250]

임대관리 위탁주택이란 임대할 목적으로 「민간임대주택에 관한 특별법」 제2조 제11호에 따른 주택임대관리업자에게 위탁하려는 주택을 말한다.

아. 건축물의 높이 및 용적률 등에 관한 건축계획

정비계획에서 정해진 평균 높이와 건폐율·용적률의 한도내에서 구체적인 건축계획이 정해져야 한다. 용적률 산정용 연면적, 건축물의 주용도, 구체적인 용적률과 건폐율, 주택의 규모 및 규모별 건설비율, 건축물의 건축선에 관한 계획이 포함된다.

또한 앞에서 본 바와 같이 일정한 요건하에 초과용적률, 추가용적률, 공공용적률과 같은 용적률의 특례를 인정받을 수 있다. 우선, 초과용적률과 관련하여 보면, 사업시행자는 (i)과밀억제권역에서 시행하는 재개발사업과 재건축사업

250 국토교통부고시 「공공지원민간임대주택 등에 관한 업무처리지침」 제2조 참조

또는 (ii)시·도조례에서 정하는 지역에서 시행하는 재개발사업과 재건축사업의 경우에는 정비계획에서 정하여진 용적률에도 불구하고 지방도시계획위원회의 심의를 거쳐 법적상한용적률까지 건축할 수 있다(법 §54①). 이 경우에는 지방자치단체의 조례로 정한 용적률 제한이나 정비계획으로 정한 허용세대수 제한을 받지 않는다(법 §54②). 법적상한용적률이란 「국토의 계획 및 이용에 관한 법률」 제78조 및 '관계 법률에 따른 용적률의 상한'을 말한다. 여기서 '관계 법률에 따른 용적률의 상한'이란 (i)~(vii)의 어느 하나에 해당하여 건축행위가 제한되는 경우 이런 제한 하에서 건축이 가능한 용적률을 말한다.

(i) 「국토의 계획 및 이용에 관한 법률」 제76조에 따른 건축물의 층수제한

(ii) 「건축법」 제60조에 따른 높이제한

(iii) 「건축법」 제61조에 따른 일조 등의 확보를 위한 건축물의 높이제한

(iv) 「공항시설법」 제34조에 따른 장애물 제한표면구역 내 건축물의 높이제한

(v) 「군사기지 및 군사시설 보호법」 제10조에 따른 비행안전구역 내 건축물의 높이제한

(vi) 「문화재보호법」 제12조에 따른 건설공사 시 문화재 보호를 위한 건축제한

(vii) 그 밖에 시장·군수등이 건축 관계 법률의 건축제한으로 용적률의 완화가 불가능하다고 근거를 제시하고, 지방도시계획위원회 또는 「건축법」 제4조에 따라 시·도에 두는 건축위원회가 심의를 거쳐 용적률 완화가 불가능하다고 인정한 경우

가 그것이다.

다음으로 추가용적률과 관련하여 보면, 정비구역이 역세권 등에 해당하는 경우에는 지방도시계획위원회의 심의를 거쳐 법적상한용적률의 100분의 120까지 완화하여 적용하거나 용도지역의 변경을 통하여 용적률을 완화하여 정비계획을 수립한 후 변경된 용도지역의 법적상한용적률까지 완화받을 수 있다(법 §66②).

그리고 공공용적률과 관련하여 보면, 공공재개발사업 시행자는 공공재개발사업을 시행하는 경우 「국토의 계획 및 이용에 관한 법률」 제78조 및 조례에도 불구하고 지방도시계획위원회 및 도시재정비위원회의 심의를 거쳐 법적상한용적률의 100분의 120까지 건축할 수 있다(법 §101의5). 이를 '법적상한초과용적률'이라 한다. 공공재건축사업을 위한 정비구역에 대해서는 용도지역이 1단계 종상향되는 용적률까지 허용된다(법 §101의6).

또다른 용적률의 특례를 살펴보면, 사업시행자가 세입자에 대하여 도시정비법상의 손실보상기준 이상으로 손실보상대책을 마련하는 경우에는 용적률인센티브가 제공된다. 즉, (i)도시정비법 시행령 제54조에 따른 손실보상 기준 이상으로 세입자에게 손실을 보상하는 경우나 (ii)손실보상에 더하여 임대주택을 추가로 건설하거나 임대상가를 건설하는 등 추가적인 세입자 손실보상 대책을 수립하여 시행하는 경우에는 해당 정비구역에 적용되는 용적률의 125% 이하의 범위에서 대통령령으로 정하는 바에 따라 조례로 용적률을 완화하여 정할 수 있다(법 §66①).

건축기준도 완화하여 사업시행계획을 작성하는 경우도 있다. 즉, 사업시행자는 주거환경개선구역에서는 (i)「건축법」 제44조에 따른 대지와 도로의 관계,[251] (ii)「건축법」 제60조 및 제61조에 따른 건축물의 높이 제한[252]의 사항은 시·도조례로 정하는 바에 따라 기준을 따로 정할 수 있다(법 §68③). 사업성 제고 등을 통해 주거환경개선사업의 원활한 추진을 도모하기 위함이다. 또한, 사업시행자는 (i)공공재건축사업을 위한 정비구역, (ii)공공이 긴급하게 추진하는 재건축 정비구역, (iii)추가용적률을 받는 역세권인 정비구역에서는 **〈표 39〉**의 사항에 대하여 대통령령으로 정하는 범위에서 지방건축위원회 또는 지방도시계획위원회의 심의를 거쳐 그 기준을 완화받을 수 있다(법 §68④). 주택 공급을 원활하게 하고 정비사업 추진의 필요성을 고려한 기준 완화라 할 수 있다.

251 소방활동에 지장이 없는 경우로 한정한다.

252 사업시행자가 공동주택을 건설·공급하는 경우로 한정한다.

| 표 39 공공재건축구역 등에서 완화 가능한 건축기준

구역	(i) 공공재건축사업을 위한 정비구역 (ii) 공공이 긴급하게 추진하는 재건축 정비구역 (iii) 추가용적률을 받는 역세권인 정비구역
완화 가능한 건축기준	• 「건축법」 제42조에 따른 대지의 조경기준 • 「건축법」 제55조에 따른 건폐율의 산정기준 • 「건축법」 제58조에 따른 대지 안의 공지 기준 • 「건축법」 제60조 및 제61조에 따른 건축물의 높이 제한 • 「주택법」 제35조제1항제3호 및 제4호에 따른 부대시설 및 복리시설의 설치기준 • 「도시공원 및 녹지 등에 관한 법률」 제14조에 따른 도시공원 또는 녹지 확보기준 • 공공재건축사업 또는 긴급 재건축사업의 원활한 시행을 위하여 대통령령으로 정하는 사항

자. 폐기물의 처리계획

기존 건축물 철거에 따른 잔재처리계획이 핵심이다. 석면 등 건설폐기물뿐만 아니라 일반폐기물에 관한 처리계획도 포함된다.

차. 교육시설의 교육환경 보호에 관한 계획

정비구역으로부터 200미터 이내에 교육시설이 설치되어 있는 경우로 한정한다. 교육환경 보호계획에는 교육시설과 관련하여 요구되는 (i)소음 및 진동기준, (ii)비산먼지기준, (iii)일조량기준, (iv)교통안전기준 등을 충족하여야 한다. 시장·군수 등은 이와 같은 교육환경에 관한 계획에 관하여 사업시행계획인가를 하려는 경우 해당 지방자치단체의 교육감 또는 교육장과 협의하여야 하며, 인가받은 사항을 변경하는 경우에도 또한 같다(법 §57⑤).

카. 정비사업비

공사비 등 정비사업에 소요되는 총사업비를 말한다. 이와 같은 정비사업비는 총회의 의결을 거쳤다 하더라도 조합예산으로 볼 수 없기 때문에 조합원의 부담이 되는 계약을 체결함에 있어서는 별도의 예산결의를 얻어야 한다. 정비사업비가 조합설립인가시에 비해 10%(생산자물가상승분과 현금청산금액은 제외한다)이상 늘어나는 경우에는 조합원 3분의 2 이상의 찬성으로 의결하여야 한다(법 §45④).

타. 일부 건축물의 존치 또는 리모델링

정비구역에서 계획되어 있거나 존치 또는 리모델링하는 건축물 소유자의 동의를 얻은 경우에는 사업시행계획에 일부 건축물의 존치 또는 리모델링에 관한 내용을 포함시킬 수 있다. 건축물 소유자의 동의와 관련하여 「집합건물의 소유 및 관리에 관한 법률」에 따른 구분소유자가 있는 경우에는 구분소유자 3분의 2 이상의 동의와 해당 건축물 연면적의 3분의 2 이상의 구분소유자의 동의를 받아야 한다(법 §58①③). 이 경우의 동의는 조합설립동의시와 같이 서면동의서에 성명을 적고 지장을 날인하는 방법으로 한다(법 §36①xi). 이처럼 존치 또는 리모델링하는 건축물 소유자의 동의를 얻도록 하는 것은 그들이 사업시행계획인가와 법률상 이해관계를 갖고 있기 때문이다. 즉, 시장·군수등은 존치 또는 리모델링하는 건축물 및 건축물이 있는 토지가 건축 관련 기준에 적합하지 아니하더라도 〈표 40〉의 기준에 따라 사업시행계획인가를 할 수 있다(법 §58, 시행령 §50). 존치 또는 리모델링하는 건축물 및 건축물이 있는 토지의 소유자는 이 범위 내에서 법률상 이해관계를 갖는 자라 할 것이다. 정비계획에서 존치 또는 리모델링하는 것으로 계획된 경우에는 이미 그들의 의사가 반영될 기회가 주어졌고 존치 또는 리모델링의 필요성이 인정된 경우라 볼 수 있으므로 별도의 소유자 동의는 필요하지 않다.

표 40 존치 또는 리모델링하는 건축물 등에 대한 인가특례

존치 또는 리모델링하는 건축물 등에 대한 인가특례
(ⅰ) 「건축법」 제44조에 따른 대지와 도로의 관계는 존치 또는 리모델링되는 건축물의 출입에 지장이 없다고 인정되는 경우 적용하지 아니할 수 있다. (ⅱ) 「건축법」 제46조에 따른 건축선의 지정은 존치 또는 리모델링되는 건축물에 대해서는 적용하지 아니할 수 있다. (ⅲ) 「건축법」 제61조에 따른 일조 등의 확보를 위한 건축물의 높이 제한은 리모델링되는 건축물에 대해서는 적용하지 아니할 수 있다. (ⅳ) 「주택법」 제2조제12호에도 불구하고 존치 또는 리모델링(「주택법」 제2조제25호 또는 「건축법」 제2조제1항제10호에 따른 리모델링을 말한다)되는 건축물도 하나의 주택단지에 있는 것으로 본다. (ⅴ) 「주택법」 제35조에 따른 부대시설 · 복리시설의 설치기준은 존치 또는 리모델링되는 건축물을 포함하여 적용할 수 있다.

파. 대통령령으로 정하는 바에 따라 시·도조례로 정하는 사항

여기에 해당하는 주요사항으로는

(ⅰ) 사업시행기간, 설계도서, 자금계획

(ⅱ) 철거할 필요는 없으나 개·보수할 필요가 있다고 인정되는 건축물의 명세 및 개·보수계획

(ⅲ) 정비사업의 시행에 지장이 있다고 인정되는 정비구역의 건축물 또는 공작물 등의 명세

(ⅳ) 토지 또는 건축물 등에 관한 권리자 및 그 권리의 명세

(ⅴ) 공동구의 설치에 관한 사항

(ⅵ) 정비사업의 시행으로 도시정비법 제97조 제1항에 따라 용도가 폐지되는 정비기반시설의 조서·도면과 새로 설치할 정비기반시설의 조서·도면(토지주택공사등이 사업시행자인 경우만 해당한다)

(ⅶ) 정비사업의 시행으로 도시정비법 제97조 제2항에 따라 용도가 폐지되는 정비기반시설의 조서·도면 및 그 정비기반시설에 대한 둘 이상의 감

정평가법인등의 감정평가서와 새로 설치할 정비기반시설의 조서·도면 및 그 설치비용 계산서

(viii) 사업시행자에게 무상으로 양여되는 국·공유지의 조서

(ix) 빗물처리계획과 기존주택의 철거계획서

(x) 정비사업 완료 후 상가세입자에 대한 우선 분양 등에 관한 사항이다.

하. 공공주택 건설계획

사업시행자가 사업시행계획서에 「공공주택 특별법」 제2조 제1호에 따른 공공주택 건설계획을 포함하는 경우에는 공공주택의 구조·기능 및 설비에 관한 기준과 부대시설·복리시설의 범위, 설치기준 등에 필요한 사항은 「공공주택 특별법」 제37조에 따른다(법 §52②). 따라서 공공주택의 구조·기능 및 설비에 관한 기준은 「주택건설기준 등에 관한 규정」 제2장 및 제3장을 준용하되, 구체적인 기준은 국토교통부장관이 정한다. 부대시설·복리시설의 범위 및 설치기준은 「주택건설기준 등에 관한 규정」 제4장 및 제5장을 준용하되, 구체적인 기준은 국토교통부장관이 정하여 고시한다(공공주택 특별법 시행령 §31).

2. 조합원총회의 의결을 거칠 것

사업시행자가 조합인 경우 조합원총회의 의결을 거쳐 사업시행계획을 작성하여야 한다(법 §45①ix). 조합원 과반수의 찬성으로 의결한다. 다만 정비사업비가 100분의 10(생산자물가상승률분, 현금청산금액은 제외한다)이상 늘어나는 경우에는 조합원 3분의 2 이상의 찬성으로 의결하여야 한다(법 §45④). 정비사업비가 100분의 10 이상이 늘어나는 경우에는 당초에 비해 조합원들의 이해관계에 중대한 영향을 미칠 정도로 실질적으로 변경된 경우에 해당하기 때문이다. 비교의 대상이 되는 총사업비는 총사업비 증액에 따라 수차례 총회의 의결을 거쳤다 하더라도 조합설립동의서상의 총사업비를 기준을 하여야 할 것이다.[253] 다

253 대법원 2014. 6. 12. 선고 2012두28520 판결 참조

만, 조합설립동의서상의 총사업비보다 정비사업비가 100분의 10 이상 증가한 데 대하여 이미 기존 총회에서 그에 대하여 조합원 3분의 2 이상의 찬성 의결을 얻은 경우에는 조합원 과반수 찬성으로 족하다 할 것이다.

토지등소유자 방식으로 재개발사업을 시행하려는 경우에는 사업시행계획서에 대하여 토지등소유자의 4분의 3 이상 및 토지면적의 2분의 1 이상의 토지소유자의 동의를 받아아 한다(법 §50⑥). 왜냐하면 토지 등 소유자들이 직접 시행하는 재개발사업에서 토지 등 소유자에 대한 사업시행인가처분은 단순히 사업시행계획에 대한 보충행위로서의 성질을 가지는 것이 아니라 도시정비법상 정비사업을 시행할 수 있는 권한을 가지는 행정주체로서의 지위를 부여하는 일종의 설권적 처분의 성격을 가지기 때문이다. 따라서 재개발사업을 직접 시행하려는 토지 등 소유자들은 시장·군수로부터 사업시행인가를 받기 전에는 행정주체로서의 지위를 가지지 못한다. 그가 작성한 사업시행계획은 인가처분의 요건 중 하나에 불과하고 항고소송의 대상이 되는 독립된 행정처분에 해당하지 않는다.[254]

지정개발자가 정비사업을 시행하는 경우에는 사업시행계획인가를 신청하기 전에 토지등소유자의 과반수 동의 및 토지면적의 2분의 1 이상의 토지소유자의 동의를 받아야 한다(법 §50⑦). 다만 지정개발자가 불가피한 사유로 긴급하게 정비사업을 시행하는 경우에는 토지등소유자의 동의를 필요로 하지 않는다(법 §50⑧).

3. 건축심의 등 관련법령에 따른 사전절차를 거칠 것

가. 개요

「건축법」 등 관련법은 사업시행계획인가를 신청하기 전에 관련법에 따른 심의절차를 요구하고 있다. 도시정비법은 그 중에서도 아래의 『나 내지 자』의 사항에 대해서는 통합심의위원회를 구성하여 통합심의하도록 규정하고 있다(법 §

254 대법원 2013. 6. 13. 선고 2011두19994 판결

50의2). 통합심의위원회는 (i)해당 위원회의 위원장이 추천하는 해당 소속위원회의 위원, (ii)정비구역의 지정권자가 속한 지방자치단체의 소속 공무원, (iii)사업시행계획 인가권자가 속한 지방자치단체의 공무원으로 구성한다. 시장·군수등은 특별한 사유가 없으면 통합심의 결과를 반영하여 사업시행계획을 인가하여야 한다. 통합심의를 거친 경우에는 아래의『나 내지 자』의 사항에 대한 검토·심의·조사·협의·조정 또는 재정을 거친 것으로 본다. 통합심의의 대상과 사전절차로 요구될 수 있는 지하안전평가에 대해 살펴보면 다음과 같다.

나. 건축법에 따른 건축물의 건축 및 특별건축구역의 지정에 관한 사항

사업시행자는 사업시행계획서에 포함될 건축계획에 대하여 국토교통부령으로 정하는 바에 따라 시·도지사 또는 시장·군수·구청장에게「건축법」에 따른 건축위원회의 심의를 신청하여야 한다(건축법 §4의2). 이와 같은 법규상 신청권에 기한 건축심의신청에 대해 이를 반려한 행위는 공권력의 행사 또는 이에 준하는 행정작용으로서 신청인의 권리·의무나 법률관계에 영향을 주는 행정처분에 해당한다.

다.「경관법」에 따른 경관 심의에 관한 사항

재개발사업 및 재건축사업은 정비구역 지정이나 사업계획의 승인 등을 받기 전에 경관위원회의 심의를 거쳐야 한다(경관법 §27). 도시지역에서는 3만제곱미터 이상인 재개발·재건축사업이 이에 해당한다(경관법 시행령 §19).

라.「교육환경 보호에 관한 법률」에 따른 교육환경평가

학교(대학은 제외) 또는 교육환경보호구역이 정비구역으로 지정·고시되어 해당 구역에서 정비사업을 시행하려는 경우 교육환경에 미치는 영향에 대한 평가서, 즉 교육환경평가서를 관할 교육감에게 제출하고 그 승인을 받아야 한다(교육환경 보호에 관한 법률 §6). 제출기한은 사업시행계획인가 신청 예정일 60일 전이다(교육환경 보호에 관한 법률 시행령 §16⑤)

마. 「국토의 계획 및 이용에 관한 법률」에 따른 도시·군관리계획에 관한 사항

정비구역의 지정·고시가 있는 경우 해당 정비구역 및 정비계획 중 「국토의 계획 및 이용에 관한 법률」 제52조 제1항 각 호의 어느 하나에 해당하는 사항은 같은 법 제50조에 따라 지구단위계획구역 및 지구단위계획으로 결정·고시된 것으로 보게 된다(법 §17). 따라서 사업시행계획을 인가받기 위해서는 시장·군수가 도시·군관리계획에 관한 결정절차에 행하는 도시계획위원회 등의 심의를 거쳐야 하는데 도시정비법을 이를 통합심의위원회를 통해 심의하도록 하고 있다(법 §50의2).

바. 교통영향평가(도시교통정비촉진법 §15)

부지면적 5만㎡ 이상인 정비사업[255]은 「도시교통정비촉진법」 제15조에 따른 교통영향평가를 받아야 한다. 대상사업 또는 그 범위 기준에 해당하지 아니하는 경우에도 지역의 특수성 등을 고려하여 교통영향평가를 실시하게 할 필요가 있는 때에는 대통령령으로 정하는 범위에서 해당 시·도의 조례로 대상사업 또는 그 범위를 달리 정할 수 있다. 교통영향평가서의 제출·심의시기는 사업시행계획인가 전이다.

사. 성능위주설계 평가

50층 이상(지하층은 제외한다)이거나 지상으로부터 높이가 200미터 이상인 아파트등은 성능위주설계를 해야 하는 특정소방대상물에 해당한다. 이와 같은 특정소방대상물에 대해서는 시공지 또는 소재지를 관할하는 소방서장에게 신고하여야 하는데 이때 소방서장은 성능위주설계의 신고, 변경신고 또는 사전검토 신청을 받은 경우에는 소방청 또는 관할 소방본부에 설치된 성능위주설계평가단의 검토·평가를 거쳐야 한다(소방시설 설치 및 관리에 관한 법률 §8). 도시정비법은 위와 같은 평가를 통합심의위원회의 심의를 통해 통합·간소화하기 위한 규정을 두고 있는 것이다.

255 주거환경개선사업 중 법 제23조 제1항 제1호의 사업은 제외한다.

아. 재해영향평가(자연재해대책법 §4 및 §5)

자연재해대책법상 "재해영향평가"란 자연재해에 영향을 미치는 개발사업으로 인한 재해 유발 요인을 조사·예측·평가하고 이에 대한 대책을 마련하는 것을 말한다. 행정안전부장관과 재해영향평가 협의를 하여야 하는 정비사업의 부지규모는 5천m^2 이상이다. 대상은 사업시행계획인가이며 협의시기는 사업시행계획인가 전이다. 재개발사업만 해당한다.

자. 환경영향평가

환경영향평가법은 환경영향평가의 종류를 전략환경영향평가, 환경영향평가, 소규모환경영향평가로 구분하고 있는데 "전략환경영향평가"란 환경에 영향을 미치는 계획을 수립할 때에 환경보전계획과의 부합 여부 확인 및 대안의 설정·분석 등을 통하여 환경적 측면에서 해당 계획의 적정성 및 입지의 타당성 등을 검토하는 것을 말하고, "환경영향평가"란 환경에 영향을 미치는 실시계획·시행계획 등의 허가·인가·승인·면허 또는 결정 등을 할 때에 해당 사업이 환경에 미치는 영향을 미리 조사·예측·평가하여 해로운 환경영향을 피하거나 제거 또는 감소시킬 수 있는 방안을 마련하는 것을 말한다. "소규모 환경영향평가"란 환경보전이 필요한 지역이나 난개발(亂開發)이 우려되어 계획적 개발이 필요한 지역에서 개발사업을 시행할 때에 입지의 타당성과 환경에 미치는 영향을 미리 조사·예측·평가하여 환경보전방안을 마련하는 것을 말한다.

환경영향평가의 종류별 정비사업의 대상범위 및 협의요청시기는 〈표 41〉과 같다(환경영향평가법 시행령 [별표 2], [별표 3], [별표 4]).

표 41 환경영향평가별 대상범위 및 협의요청시기

환경영향평가 종류	대상범위	협의요청시기
전략환경영향평가	기본계획	도시정비법 제7조 제1항 및 제2항에 따라 수립권자가 관계 행정기관과 협의할 때
	정비구역의 지정 (환경영향평가 대상사업 규모 이상인 경우로 한정한다)	도시정비법 제16조 제1항 본문에 따라 정비구역의 지정권자가 지방도시계획위원회의 심의를 요청하기 전
환경영향평가	사업면적이 30만m^2 이상인 정비사업[256]	사업시행계획인가[257] 전
소규모 환경영향평가	사업면적이 6만m^2 이상인 정비구역지정 정비사업[258]	사업시행계획인가 전

사업면적이 30만㎡ 이상인 정비사업은 사업이 환경에 미치는 영향이 지대할 수 있으므로 기본계획 수립시, 정비구역지정시, 사업시행계획인가시 사전에 전략환경영향평가와 환경영향평가를 받도록 하고 있다.

차. 지하안전평가(지하안전관리에관한특별법 §14 및 §23)

"지하안전평가"란 지하안전에 영향을 미치는 사업의 실시계획·시행계획 등의 허가·인가·승인·면허 또는 결정 등을 할 때에 해당 사업이 지하안전에 미치는 영향을 미리 조사·예측·평가하여 지반침하를 예방하거나 감소시킬 수 있는 방안을 마련하는 것을 말한다. "소규모 지하안전평가"란 지하안전영향평가 대상사업에 해당하지 아니하는 소규모 사업에 대하여 실시하는 지하안전영향

256 주거환경개선사업은 제외한다.

257 조합과 같은 지방자치단체 외의 자가 시행하는 경우의 협의요청시기를 말한다. 지방자치단체가 시행하는 경우의 협의요청시기는 '사업시행계획작성 고시전'이다.

258 정비사업은 정비계획이 국토의 계획 및 이용에 관한 법률에 따른 지구단위계획으로 의제되므로 소규모환경영향평가대상이 된다(법 §17, 환경영향평가법 시행령 별표4 참조).

평가를 말한다.

지하안전평가는 굴착깊이가 20미터 이상인 굴착공사를 수반하는 정비사업을 대상으로 하고 소규모 지하안정평가는 굴착깊이가 10미터 이상 20미터 미만인 굴착공사를 수반하는 사업을 대상으로 한다. 국토교통부장관과 협의시기는 모두 사업시행계획인가 전이다.

4. 법정서류 등을 첨부하여 시장·군수등에게 제출할 것

사업시행자는 사업시행계획인가를 받기 위해서는 사업시행계획서에 정관등과 그 밖에 국토교통부령으로 정하는 서류를 첨부하여 시장군수등에게 제출하여야 한다(법 §50①). 도시정비법 시행규칙 제10조 제2항은 법정신청서 외에 (i)총회의결서사본, (ii)사업시행계획서, (iii)인·허가 의제를 받으려는 경우 해당 법률에서 정하는 관계 서류, (iv)수용 또는 사용할 토지 또는 건축물의 명세 및 소유권 외의 권리의 명세서(재건축사업은 천재지변 등 불가피한 사유로 공공이나 지정개발자 시행하는 경우에 한함)를 함께 제출하도록 하고 있다.

Ⅲ 인가 절차

1. 관계 서류 공람과 의견청취 할 것(법 §56)

시장·군수등은 사업시행계획인가를 하거나 사업시행계획서를 작성하려는 경우에는 대통령령이 정하는 방법과 절차에 따라 관계 서류의 사본을 14일 이상 일반인이 공람할 수 있게 하여야 한다. 이와 같은 공람은 그 요지와 공람장소를 해당 지방자치단체의 공보등에 공고하고, 토지등소유자에게 공고내용을 통지하는 방식으로 한다.

토지등소유자 또는 조합원, 그 밖에 정비사업과 관련하여 이해관계를 가지는 자는 위 공람기간 이내에 시장·군수등에게 서면으로 의견을 제출할 수 있다. 시장·군수등은 공람기간 중에 제출된 의견을 심사하여 채택할 필요가 있다고 인정한는 때에는 이를 채택하고, 그러하지 아니한 경우에는 의견을 제출한 자에게 그 사유를 알려주어야 한다.

2. 관계 행정기관의 장과 협의할 것(법 §57④⑤)

시장·군수등은 사업시행계획인가를 하거나 사업시행계획서를 작성하려는 경우 사업시행계획인가 등에 따라 의제되는 인·허가등에 해당하는 사항이 있는 때에는 미리 관계 행정기관의 장과 협의하여야 하고, 협의를 요청받은 관계 행정기관의 장은 요청받은 날부터 30일 이내에 의견을 제출하여야 한다. 이 경우 관계 행정기관의 장이 30일 이내에 의견을 제출하지 아니하면 협의된 것으로 본다.

시장·군수등은 사업시행계획인가(시장·군수등이 사업시행계획서를 작성한 경우를 포함한다)를 하려는 경우 정비구역부터 200미터 이내에 교육시설이 설치되어 있는 때에는 해당 지방자치단체의 교육감 또는 교육장과 협의하여야 한다.

3. 해당 지방자치단체의 공보에 고시할 것

사업시행계획의 인가가 도시정비법에 따른 효과를 발생시키기 위해 시장·군수등은 사업시행계획인가를 하는 경우 그 내용을 해당 지방자치단체의 공보에 고시하여야 한다(법 §50⑨).

고시의 내용은

(i) 정비사업의 종류 및 명칭

(ii) 정비구역의 위치 및 면적

(iii) 사업시행자의 성명 및 주소

(iv) 정비사업의 시행기간

(v) 사업시행계획인가일

(vi) 수용 또는 사용할 토지 또는 건축물의 명세 및 소유권 외의 권리의 명세

(해당하는 사업을 시행하는 경우로 한정함)

(vii) 건축물의 대지면적·건폐율·용적률·높이·용도 등 건축계획에 관한 사항

(viii) 주택의 규모 등 주택건설계획

(ix) 도시정비법 제97조에 따른 정비기반시설 및 토지 등의 귀속에 관한 사항

이다(시행규칙 §10). 시장·군수등은 이와 같이 고시한 내용을 해당 지방자치단체의 인터넷 홈페이지에 실어야 한다.

4. 사업시행계획인가의 시기 조정(법 §75)

특별시장·광역시장 또는 도지사, 특별자치시장 및 특별자치도지사는 정비사업의 시행으로 정비구역 주변 지역에 주택이 현저하게 부족하거나 주택시장이 불안정하게 되는 등 특별시·광역시 또는 도의 조례로 정하는 사유가 발생하는 경우에는 「주거기본법」 제9조에 따른 시·도 주거정책심의위원회의 심의를 거쳐 사업시행계획인가를 조정하도록 해당 시장, 군수 또는 구청장에게 요청할 수 있다. 이 경우 요청을 받은 시장, 군수 또는 구청장은 특별한 사유가 없으면 그 요청에 따라야 하며, 사업시행계획인가 조정 시기는 인가를 신청한 날부터 1년을 넘을 수 없다.

Ⅳ 효과

1. 사업시행계획이 독립된 행정처분으로 효력 발생

정비계획과 조합설립인가시에 결정된 개략적인 사업시행계획이 사업시행과정에서 구체화되어 가다가 사업시행계획에 대한 인가·고시가 있게 되면 정비사업을 위한 세부적인 시행계획으로 확정된다. 이로써 세부적인 사업시행계획의 핵심인 토지이용계획과 건축물의 높이 및 용적률 등에 관한 건축계획이 구체적으로 정하여지게 된다. 구체적으로 확정된 사업시행계획은 공사비 산정의

기준이 되고 그 인가고시일은 종전재산가격을 정하는 기준일이 된다. 이처럼 확정된 사업시행계획은 정비사업의 뼈대 역할을 수행한다. 이와 같이 도시정비법에 기초하여 정비사업조합이 수립한 사업시행계획은 그것이 인가·고시를 통해 확정되면 이해관계인에 대한 구속적 행정계획으로서 독립된 행정처분으로 효력이 발생한다.

하지만, 토지등소유자들이 그 사업을 위한 조합을 따로 설립하지 아니하고 직접 정비사업을 시행하는 토지등소유자 방식의 정비사업의 경우에는 사업시행계획인가를 받은 토지등소유자들은 관할 행정청의 감독 아래 정비구역 안에서 도시정비법상의 재개발사업을 시행하는 목적 범위 내에서 법령이 정하는 바에 따라 일정한 행정작용을 행하는 행정주체로서의 지위를 가진다. 토지등소유자들이 직접 시행하는 정비사업에서 토지등소유자에 대한 사업시행계획인가처분은 단순히 사업시행계획에 대한 보충행위로서의 성질을 가지는 것이 아니라 도시정비법상 정비사업을 시행할 수 있는 권한을 가지는 행정주체로서의 지위를 부여하는 일종의 설권적 처분의 성격을 가진다.[259] 따라서, 정비사업을 직접 시행하려는 토지등소유자들은 시장·군수로부터 사업시행인가를 받기 전에는 행정주체로서의 지위를 가지지 못하기 때문에 그가 작성한 사업시행계획은 인가처분의 요건 중 하나에 불과하고 항고소송의 대상이 되는 독립된 행정처분에 해당하지 않는다.

사업시행계획의 근거가 된 조합설립인가처분이 당연무효이거나 취소되는 경우에는 그 조합설립인가처분이 유효함을 전제로 이루어진 사업시행계획 수립 등의 후속 행위는 소급하여 그 효력을 잃는다.[260] 정비사업조합이 새로 조합설립인가처분을 받는 것과 동일한 요건과 절차로 조합설립변경인가처분을 받았다고 하더라도 마찬가지이다.

---

259 대법원 2013. 6. 13. 선고 2011두19994 판결

260 대법원 2012. 12. 27. 선고 2011두19680 판결, 대법원 2014. 5. 16. 선고 2011두27094 판결, 대법원 2016. 12. 15. 선고 2015두51354 판결

2. 분양대상자별 종전의 토지 또는 건축물의 감정평가 기준일 및 보상 기준일

사업시행계획인가 고시일은 분양대상자별 종전의 토지 또는 건축물의 감정평가의 기준이 된다(법 §74① v). 이 인가 고시일을 기준으로 분양대상조합원의 출자금액이 정해진다. 또한, 도시정비법상 주거용 건축물의 세입자에 대한 주거이전비의 보상은 정비계획에 관한 공람공고일 당시 해당 정비구역 안에서 거주한 자(무허가건축물등에 입주한 세입자의 경우 1년 이상 거주한 자)를 대상으로 하되, 그 보상 방법 및 금액 등의 보상내용은 원칙적으로 사업시행계획 인가 고시일에 확정된다.[261] 도시정비법 시행령 제54조 제4항은「공익사업을 위한 토지 등의 취득 및 보상에 관한 법률 시행규칙」제54조 제2항 본문에 대한 특별규정으로 이해하는 것이 타당하다고 생각한다.

3. 인·허가 등의 의제

가. 의의 및 구별개념

하나의 인·허가를 받으면 다른 법령에 따른 인가, 허가, 특허, 등록 등을 받은 것으로 인정하는 제도이다. 원스톱 행정실현을 통해 행정효율성을 제고하기 위한 제도로 독일의 집중효제도에 상응하는 제도이다. 인·허가 의제제도는 일반 행정행위에도 인정 가능하며, 법률에 열거된 인·허가에 한정되어 효과가 발생한다는 점에서 행정계획에 국한되고 관련 모든 인·허가에 효과가 발생하는 집중효제도와 구별된다.

나. 내용

사업시행계획에 대한 인가를 신청하여 관할 행정청으로부터 인가를 받으면 도시정비법 제57조 제1항 및 제2항 각호에 열거된 인·허가가 의제된다. 그 구체적인 내용을 살펴보면 다음과 같다.

---

261 대법원 2020. 1. 30. 선고 2018두66067 판결

(1) 「주택법」 제15조에 따른 사업계획의 승인
(2) 「공공주택 특별법」 제35조에 따른 주택건설사업계획의 승인
(3) 「건축법」 제11조에 따른 건축허가, 같은 법 제20조에 따른 가설건축물의 건축허가 또는 축조신고 및 같은 법 제29조에 따른 건축협의
(4) 「도로법」 제36조에 따른 도로관리청이 아닌 자에 대한 도로공사 시행의 허가 및 같은 법 제61조에 따른 도로의 점용 허가
(5) 「사방사업법」 제20조에 따른 사방지의 지정해제
(6) 「농지법」 제34조에 따른 농지전용의 허가·협의 및 같은 법 제35조에 따른 농지전용신고
(7) 「산지관리법」 제14조·제15조에 따른 산지전용허가 및 산지전용신고, 같은 법 제15조의2에 따른 산지일시사용허가·신고와 「산림자원의 조성 및 관리에 관한 법률」 제36조제1항·제4항에 따른 입목벌채등의 허가·신고 및 「산림보호법」 제9조제1항 및 같은 조 제2항제1호에 따른 산림보호구역에서의 행위의 허가. 다만, 「산림자원의 조성 및 관리에 관한 법률」에 따른 채종림·시험림과 「산림보호법」에 따른 산림유전자원보호구역의 경우는 제외한다.
(8) 「하천법」 제30조에 따른 하천공사 시행의 허가 및 하천공사실시계획의 인가, 같은 법 제33조에 따른 하천의 점용허가 및 같은 법 제50조에 따른 하천수의 사용허가
(9) 「수도법」 제17조에 따른 일반수도사업의 인가 및 같은 법 제52조 또는 제54조에 따른 전용상수도 또는 전용공업용수도 설치의 인가
(10) 「하수도법」 제16조에 따른 공공하수도 사업의 허가 및 같은 법 제34조 제2항에 따른 개인하수처리시설의 설치신고
(11) 「공간정보의 구축 및 관리 등에 관한 법률」 제15조제4항에 따른 지도등의 간행 심사
(12) 「유통산업발전법」 제8조에 따른 대규모점포등의 등록

(13)「국유재산법」 제30조에 따른 사용허가(재개발사업으로 한정한다)

(14)「공유재산 및 물품 관리법」 제20조에 따른 사용·수익허가(재개발사업으로 한정한다)

(15)「공간정보의 구축 및 관리 등에 관한 법률」 제86조제1항에 따른 사업의 착수·변경의 신고

(16)「국토의 계획 및 이용에 관한 법률」 제86조에 따른 도시·군계획시설 사업시행자의 지정 및 같은 법 제88조에 따른 실시계획의 인가

(17)「전기안전관리법」 제8조에 따른 자가용전기설비의 공사계획의 인가 및 신고

(18)「화재예방, 소방시설 설치·유지 및 안전관리에 관한 법률」 제7조제1항에 따른 건축허가등의 동의,「위험물안전관리법」 제6조제1항에 따른 제조소등의 설치의 허가(제조소등은 공장건축물 또는 그 부속시설과 관계있는 것으로 한정한다)

(19)「산업집적활성화 및 공장설립에 관한 법률」 제13조에 따른 공장설립등의 승인 및 같은 법 제15조에 따른 공장설립등의 완료신고

(20)「폐기물관리법」 제29조제2항에 따른 폐기물처리시설의 설치승인 또는 설치신고(변경승인 또는 변경신고를 포함한다)

(21)「대기환경보전법」 제23조,「물환경보전법」 제33조 및「소음·진동관리법」 제8조에 따른 배출시설설치의 허가 및 신고

(22)「총포·도검·화약류 등의 안전관리에 관한 법률」 제25조제1항에 따른 화약류저장소 설치의 허가

다만, 시장·군수등은 천재지변이나 그 밖의 불가피한 사유로 긴급히 정비사업을 시행할 필요가 있다고 인정하는 때에는 관계 행정기관의 장 및 교육감 또는 교육장과 협의를 마치기 전에 사업시행계획인가를 할 수 있는데, 이 경우에는 협의를 마칠 때까지는 의제되는 인·허가등을 받은 것으로 보지 않는다(법 §57⑥).

다. 인·허가 의제의 범위 및 불복

인·허가등을 받는 것으로 보는 경우 관계 법률 또는 시·도조례에 따라 해당 인·허가등의 대가로 부과되는 수수료와 해당 국·공유지의 사용 또는 점용에 따른 사용료 또는 점용료는 면제된다(법 §57⑦). 이 규정은 행정재산에만 적용되고 용도가 폐지되어 일반재산이 된 경우에는 대부료 관련 규정을 적용해야 한다.

가령, 도로가 용도폐지로 일반재산이 된 경우에 용도가 폐지되기 이전에 의제된 점용허가의 효력은 소멸되어 대부계약 체결의 대상이 된다. 조합이 그 사업의 시행으로 용도가 폐지되는 기존 정비기반시설 부지를 점유·사용하는 경우 대부계약에 따른 대부료를 지급해야 하고, 대부료에 대해서는 도시정비법 제57조 제7항의 사용료 또는 점용료 면제 규정이 적용될 수는 없다.[262] 이 경우에는 도시정비법 제97조 제7항이 적용되어 대부료가 면제된다. 이 도시정비법 제97조 제7항은 소급 적용에 대한 경과규정을 두고 있지 않으므로 2018. 2. 9. 이후에만 이 규정이 적용된다.

한편, 大法院은 인·허가등을 받는 것으로 보는 경우 이와 같은 인·허가등의 효과를 넘어 관계법에 따른 인·허가를 받았음을 전제로 한 모든 규정들까지 적용되는 것은 아니다고 본다. 가령, 주된 인·허가에 관한 사항을 규정하고 있는 甲 법률에서 주된 인·허가가 있으면 乙 법률에 의한 인·허가를 받은 것으로 의제한다는 규정을 둔 경우, 주된 인·허가가 있으면 乙 법률에 의한 인·허가가 있는 것으로 보는데 그치는 것이고, 그에서 더 나아가 乙 법률에 의하여 인·허가를 받았음을 전제로 한 乙 법률의 모든 규정들까지 적용되는 것은 아니라는 것이다.[263] 이를 구체적인 예를 들어 설명하면, 사업시행계획인가가 있게 되면 도시정비법에 따라 개발행위허가가 의제되고 개발행위허가의 근거법에 개발행

262 대법원 2021. 7. 15. 선고 2019다269385 판결

263 대법원 2004. 7. 22. 선고 2004다19715 판결, 대법원 2008. 12. 11. 선고 2007두5271 판결, 대법원 2011. 2. 24 선고 2010두22252 판결, 대법원 2016. 12. 15 선고 2014두40531 판결

위허가를 받은 경우 점용료 또는 사용료를 면제하는 규정이 있다 가정해 보자. 大法院은 이 경우에는 사업시행계획인가를 받은 것만으로는 점용료 또는 사용료가 면제되지 않는다는 것이다. 이와 같은 경우에는 도시정비법에서 직접 점용료 또는 사용료를 면제하는 규정을 두어야 면제받을 수 있다는 것이다.

인·허가 의제에 대한 불복은 주된 신청에 대한 거부처분을 대상으로 소송을 제기하면서 의제되는 인·허가 거부사유를 다툰다. 가령, 사업시행계획인가의 거부사유가 도시정비법에 따라 의제되는 농지전용의 허가요건을 갖추지 못하였기 때문이라면 불복의 대상은 사업시행계획인가거부처분이고 그 소송에서 농지전용의 허가요건도 갖추었다고 다투어야 한다.

4. 수용권 및 매도청구권의 발생

사업시행계획인가 고시가 있은 때에는 「공익사업을 위한 토지 등의 취득 및 보상에 관한 법률」에 따른 사업인정 및 그 고시가 있는 것으로 본다(법 §65②). 이에 따라 사업시행자에게는 「공익사업을 위한 토지 등의 취득 및 보상에 관한 법률」에 따른 수용권이 발생하게 되는데, 이 경우 수용 또는 사용을 위한 재결신청은 사업시행계획인가를 할 때에 정한 사업시행기간 이내에 하여야 한다(법 §65③). 만일 그 기간 내에 재결신청을 하지 않는 경우에는 그 수용권은 장래를 향해 소멸하게 된다.[264]

재건축사업의 사업시행자는 사업시행계획인가의 고시가 있은 날로부터 30일 이내에 조합설립부동의자 등에 대하여 그 동의여부를 회답할 것을 서면으로 촉구하여야 한다. 만일 촉구를 받은 토지등소유자가 촉구를 받은 날로부터 2개

264 도시계획사업시행기간 내에 토지 취득절차가 선행되지 아니하면 그 도시계획사업의 실시계획은 실효된다는 점에 관하여는 대법원 1991. 11. 26. 선고 90누9971 판결, 대법원 1994. 5. 24. 선고 93누24230 판결 참조, 학교시설사업촉진법상의 학교시설사업시행계획에서 정한 사업시행기간 내에 일부 토지에 대한 취득이 이루어지지 아니하면 그 일부 토지에 대한 시행계획 승인이나 그 변경승인은 장래에 향하여 그 효력을 상실한다는 점에 관하여는 대법원 2001. 11. 13. 선고 2000두1706 판결 참조

월 이내에 회답하지 아니하거나 동의하지 않겠다는 의사를 표시하는 경우에는 그 기간이 만료된 때로부터 2개월 이내에 사업시행자는 매도청구권을 행사할 수 있다. 건축물 또는 토지만 소유한 자에게는 동의여부 불문하고 회답기간 만료 후 2개월 이내에 매도청구권을 행사할 수 있다(법 §64).

5. 지정개발자의 정비사업비의 예치

시장·군수등은 재개발사업의 사업시행계획인가를 하는 경우 해당 정비사업의 지정개발자가 토지등소유자인 때에는 100분의 20의 범위에서 시·도 조례로 정하는 금액을 예치하게 할 수 있다. 예치금은 청산금의 지급이 완료된 때에 반환한다(법 §60).

6. 정비구역 범죄 등 예방조치 가능

시장·군수등은 사업시행계획인가를 한 경우 그 사실을 관할 경찰서장 및 관할 소방서장에게 통보하여야 한다. 그리고 정비구역 내 주민 안전 등을 위하여 순찰강화 등을 관할 경찰과 소방서에 요청할 수 있다(법 §130).

V 사업시행계획의 변경·중지 또는 폐지

사업시행자가 사업시행계획의 변경·중지 또는 폐지를 하기 위해서는 사업시행계획인가와 마찬가지로 시장·군수에게 관련서류를 제출하고 인가를 받아야 한다. 이를 위해 사업시행계획 변경· 중지 또는 폐지의 인가를 신청하기 전에 미리 총회의 의결을 거쳐야 한다. 토지등소유자 방식의 재개발사업에서 인가받은 사업시행계획에 관한 사항을 변경하려는 경우에는 규약으로 정하는 바에 따라 토지등소유자의 과반수의 동의를 받아야 한다(법 §50⑥).

그러나 인가받은 사항의 경미한 사항을 변경하려는 때에는 시장·군수등에게 신고로서 족하다. 여기서의 신고는 자족적 신고가 아니라 사업시행계획인가의 재량행위성에 비추어 수리를 요하는 신고다. 경미한 사항을 변경하는 경우에는 조합원총회의 의결이나 토지등소유자의 동의를 필요로 하지 아니하고 그 내용도 해당 지방자치단체의 공보에 고시하지 않아도 된다. 또한 사업시행계획인가나 인가받은 사항의 중대한 사항의 변경 등과는 달리 관계 서류의 공람과 의견청취가 필요하지 않다.

도시정비법 시행령 제46조는 경미한 사항을 열거하고 있는데 경미한 사항은 그 각호에 열거되어 있는 사유에 국한된다고 볼 수 없다. 변경대상이 되는 사업시행계획의 내용을 구체적·개별적으로 살펴보아 조합원총회의 의결을 거치지 않더라도 그 변경내용이 객관적으로 조합원 등 이해관계인의 의사에 충분히 부합하고 그 권리의무 내지 법적 지위를 침해하지 아니하거나, 조합원총회의 의결을 거친다고 하더라도 그 변경내용과 다르게 의결할 수 있는 여지가 없는 경우 등도 포함한다.[265] 도시정비법 시행령 제46조가 예시하고 있는 경미한 사항은 〈표 42〉와 같다.

표 42

사업시행계획인가의 경미한 변경
(i) 정비사업비를 10퍼센트의 범위에서 변경하거나 관리처분계획의 인가에 따라 변경하는 때. 다만, 「주택법」 제2조제5호에 따른 국민주택을 건설하는 사업인 경우에는 「주택도시기금법」에 따른 주택도시기금의 지원금액이 증가되지 아니하는 경우만 해당한다.
(ii) 건축물이 아닌 부대시설 · 복리시설의 설치규모를 확대하는 때(위치가 변경되는 경우는 제외한다)
(iii) 대지면적을 10퍼센트의 범위에서 변경하는 때
(iv) 세대수와 세대당 주거전용면적을 변경하지 않고 세대당 주거전용면적의 10퍼센

265 대법원 2012. 5. 24. 선고 2009두22140 판결 참조

트의 범위에서 세대 내부구조의 위치 또는 면적을 변경하는 때
(v) 내장재료 또는 외장재료를 변경하는 때
(vi) 사업시행계획인가의 조건으로 부과된 사항의 이행에 따라 변경하는 때
(vii) 건축물의 설계와 용도별 위치를 변경하지 아니하는 범위에서 건축물의 배치 및 주택단지 안의 도로선형을 변경하는 때
(viii) 「건축법 시행령」 제12조제3항 각 호[266]의 어느 하나에 해당하는 사항을 변경하는 때
(ix) 사업시행자의 명칭 또는 사무소 소재지를 변경하는 때
(x) 정비구역 또는 정비계획의 변경에 따라 사업시행계획서를 변경하는 때
(xi) 도시정비법 제35조제5항 본문에 따른 조합설립변경 인가에 따라 사업시행계획서를 변경하는 때
(xii) 그 밖에 시 · 도조례로 정하는 사항을 변경하는 때

사업시행계획에서 정한 사업시행기간이 지나간 다음에 그 사업시행기간을 연장하는 내용의 사업시행계획변경인가를 받은 경우 그 변경인가가 위법한지 문제될 수 있다. 하지만 당초 사업시행계획에서 정한 사업시행기간이 지나갔다 하더라도 수용 또는 사용에 대한 재결신청권만 소멸할 뿐 그로 인하여 당초 사업시행계획이 실효된다고 볼 수는 없으므로 위법하지 않다[267]고 보는 것이 타당하다고 생각한다.

VI 소송상 쟁점

1. 기본행위인 사업시행계획의 하자를 이유로 그 인가처분을 다툴 수 있는지 여부

大法院에 의해 인정되고 있는 '인가 자체의 고유한 하자 법리'에 관한 것이다. 大法院은 기본행위인 사업시행계획이 적법·유효하고 보충행위인 인가처

266 사용승인을 신청할 때 허가권자에게 일괄하여 신고할 수 있는 사항을 말한다.
267 대법원 2016. 12. 15. 선고 2015두51354 판결

분 자체에만 흠이 있다면 그 인가처분의 무효나 취소를 주장할 수 있지만, 인가처분에 흠이 없다면 기본행위에 흠이 있다 하더라도 따로 그 기본행위의 흠을 다투는 것은 별론으로 하고 기본행위의 무효를 내세워 바로 그에 대한 인가처분의 무효확인 또는 취소를 구할 수 없다는 입장이다.[268] 따라서 가령 사업시행계획인가가 조합설립인가 내용의 변경에 해당하여 하자가 있다는 주장은 기본행위에 관한 하자 주장이므로 이를 이유로 인가처분의 무효확인이나 취소를 구할 수는 없다.[269] 또한, 조합의 사업시행계획은 원칙적으로 조합설립인가시에 결정된 내용에 따라 작성되어야 하지만, 조합이 사업시행계획을 조합설립인가시에 결정된 내용과 달리 작성한 경우 이러한 하자는 기본행위인 사업시행계획 작성행위의 하자이고, 이에 대한 보충행위인 행정청의 인가처분이 그 근거 조항인 도시정비법 제50조의 적법요건을 갖추고 있는 이상 그 인가처분 자체에 하자가 있는 것이라 할 수 없다.[270]

2. 새로운 사업시행계획이 당초 사업시행계획을 대체할 수 있는지 여부 및 그 기준

사업시행계획의 중대변경이 있는 경우 새로운 사업시행계획이 종전의 사업시행계획을 대체할 수 있는지 문제된다. 종전 사업시행계획을 대체하였다고 볼 수 있는 경우에는 종전 사업시행계획은 효력을 상실하게 되므로, 이에 기초한 후속행위가 있다는 등의 특별한 사정이 없는 한, 그 취소나 무효확인을 구할 소의 이익이 없어지게 된다.

인가받은 사업시행계획의 내용 중 경미한 사항을 변경하여 이를 신고한 경우는 물론, 그 밖의 사항을 변경하여 그 인가를 받은 경우에도 종전에 인가받은 사업시행계획 중 변경되지 아니한 부분은 여전히 존재하여 그 효력을 유지

268 대법원 2001. 12. 11. 선고 2001두7541 판결

269 대법원 2010. 12. 9. 선고 2009두4913 판결

270 대법원 2008. 1. 10. 선고 2007두16691 판결

함이 원칙이다. 그러나 정비사업조합이 당초 사업시행계획의 흠을 바로 잡기 위하여 당초 사업시행계획과 동일한 요건, 절차를 거쳐 새로운 사업시행계획을 수립하여 시장·군수로부터 인가받은 경우나 당초 사업시행계획의 주요 부분을 실질적으로 변경하는 내용으로 새로운 사업시행계획을 수립하여 시장·군수의 인가를 받음으로써 새로운 사업시행계획이 당초 사업시행계획을 대체하였다고 평가할 수 있는 경우에는 그 효력을 상실한다고 보아야 한다. 그리고 당초 사업시행계획의 주요 부분을 실질적으로 변경하는 내용의 새로운 사업시행계획을 수립하여 당초 사업시행계획을 대체하였는지 여부는, 사업시행계획 중 변경된 내용, 변경의 원인 및 그 정도, 당초 사업시행계획과 변경 사업시행계획 사이의 기간, 당초 사업시행계획의 유효를 전제로 이루어진 후속행위의 내용 및 그 진행 정도 등을 종합적으로 고려하여 판단하여야 할 것이다.[271] 따라서 정비사업비가 22% 증액되었다 하더라도 정비사업비 이외의 다른 사항에 관하여는 대지면적·지하면적·이주대책 세대수 등이 일부 변경되었을 뿐 건축될 주택의 동수·세대수·형별 세대수 등은 전과 동일하고 조합이 사업시행계획을 변경한 것이 기존의 사업시행계획을 완전히 철회하고 새로이 사업시행계획을 세우기 위한 것이 아니라, 임대주택공급 및 주거이전비 지급대상자 증가에 따른 변경과 근린생활시설 부분을 변경하여 향후 분양업무에 대한 효율성을 높이기 위한 것이라면 종전 사업시행계획을 대체하여 새로운 사업시행계획을 수립한 것이라 볼 수 없다.

한편, 새로운 사업시행계획이 종전 사업시행계획 등을 실질적으로 변경하는 내용의 것이라 하더라도 종전 사업시행계획 등에 기초하여 후속행위가 이루어졌고, 이에 따라 토지등소유자의 권리·의무에 영향을 미칠 정도로 공법상 법률관계의 외관이 존속하는 경우에는 종전 사업시행계획을 다툴 소의 이익이 인정된다.[272]

---

271 대법원 2014. 2. 27. 선고 2011두25173 판결

272 대법원 2016. 12. 15. 선고 2015두51354 판결

3. 조합원지위를 상실한 자가 사업시행계획의 무효확인 등을 구할 원고적격이 있는지 여부

정비사업에 대한 사업시행계획에 당연무효인 하자가 있는 경우에는 조합은 사업시행계획을 새로이 수립하여 관할 관청에게서 인가를 받은 후 다시 분양신청을 받아 관리처분계획을 수립하여야 한다. 따라서 분양신청기간 내에 분양신청을 하지 않거나 분양신청을 철회함으로 인해 도시정비법 및 조합 정관 규정에 의하여 조합원의 지위를 상실한 토지등소유자도 그때 분양신청을 함으로써 건축물 등을 분양받을 수 있으므로 사업시행계획의 무효확인 또는 취소를 구할 법률상 이익이 있다.[273] 따라서 사업시행계획인가 이후 분양신청기간 내에 분양신청을 하지 않아 조합원의 지위를 상실하였다고 하더라도 사업시행계획의 효력을 다툴 법률상 이익이 있다.

제4절 정비사업 시행을 위한 조치 등[274]

I 개요

사업시행계획에 대해 인가·고시가 있게 되면 사업구역, 사업주체, 사업계획 등이 모두 결정되게 된다. 그러면 사업시행자는 사업계획에 따라 건립되는 신축주택을 조합원들에게 어떻게 귀속시키고 정산할 것인지를 관리처분계획을 통해 이를 수립해야 하고 정비사업 건축공사를 위한 준비작업을 해야 한다. 도

273 대법원 2011. 12. 8. 선고 2008두18342 판결

274 제3장 제4절은 제61조부터 제71조까지로 구성되어 있다. 이 중 제66조, 제68조 및 제69조 제3항은 제3장 제3절에서, 제69조 제1항은 제2장에서, 제69조 제2항은 제3장 제1절에서, 제69조 제4항은 제5장에서 다루고 있다.

시정비법은 이를 '정비사업 시행을 위한 조치 등'이라 하여 제4절에서 규정하고 있다.

정비사업은 종전 토지등소유자의 이주를 전제로 하기 때문에 임시거주시설 등이 필수적인데 도시정비법은 직접 또는 다른 관계법의 준용을 통해 이에 대한 대책을 마련하고 있다. 또한 건축공사 착공을 위해서는 사업미참여자에 대한 토지소유권 확보가 필요한데 도시정비법은 주거환경개선사업과 재개발사업은 수용절차에 의해, 재건축사업은 매도청구권 행사를 통해 이를 실현시키고 있다. 또한 토지분할을 전제로 조합설립인가와 사업시행계획인가를 받은 사업시행자는 관리처분계획인가전까지 토지분할을 완료하여야 한다. 도시정비법 제67조는『재건축사업의 범위에 관한 특례』라는 제명으로 이를 규정하고 있다. 지상권이나 전세권 그리고「주택임대차보호법」상의 주택임대차 등은 정비사업의 시행으로 목적달성이 불가능하게 되기 때문에 이들 법률관계를 정리하기 위한 조치도 필요하다. 도시정비법 제70조는 이에 관한 법률관계를 규정하고 있다. 마지막으로 소유자의 확인이 곤란한 건축물 등에 대해서도 정비사업 시행에 지장이 없도록 처분방법 등을 정해야 하는데 도시정비법 제71조가 이를 규정하고 있다. 본절의『정비사업 시행을 위한 조치 등』에 관한 규정은 관리처분계획인가를 위한 조치이기도 하면서 정비사업 건축공사를 위한 사전준비조치이기도 하다. 건축공사를 위한 사전준비조치도 모두 비용을 수반하는 것이기 때문에 이를 미리 예측하여 관리처분계획에 반영하는 것이 바람직하다. 그래서 도시정비법은 제5절『'관리처분계획 등』에 앞서 제4절로『정비사업시행을 위한 조치 등』규정을 두고 있다.

Ⅱ 임시거주시설·임시상가의 설치

제61조(임시거주시설 · 임시상가의 설치 등) ① 사업시행자는 주거환경개선사업 및 재개발사업의 시행으로 철거되는 주택의 소유자 또는 세입자에게 해당 정비구역 안과 밖에 위치한 임대주택 등의 시설에 임시로 거주하게 하거나 주택자금의 융자를 알선하는 등 임시거주에 상응하는 조치를 하여야 한다.

② 사업시행자는 제1항에 따라 임시거주시설(이하 "임시거주시설"이라 한다)의 설치 등을 위하여 필요한 때에는 국가 · 지방자치단체, 그 밖의 공공단체 또는 개인의 시설이나 토지를 일시 사용할 수 있다.

③ 국가 또는 지방자치단체는 사업시행자로부터 임시거주시설에 필요한 건축물이나 토지의 사용신청을 받은 때에는 대통령령으로 정하는 사유가 없으면 이를 거절하지 못한다. 이 경우 사용료 또는 대부료는 면제한다.

④ 사업시행자는 정비사업의 공사를 완료한 때에는 완료한 날부터 30일 이내에 임시거주시설을 철거하고, 사용한 건축물이나 토지를 원상회복하여야 한다.

⑤ 재개발사업의 사업시행자는 사업시행으로 이주하는 상가세입자가 사용할 수 있도록 정비구역 또는 정비구역 인근에 임시상가를 설치할 수 있다.

조합은 재개발사업의 시행으로 철거되는 주택의 소유자 또는 세입자에게 해당 정비구역 안과 밖에 위치한 임대주택 등의 시설에 임시로 거주하게 하거나 주택자금의 융자를 알선하는 등 임시거주에 상응하는 조치를 하여야 한다(법 §61①). 사업시행자는 임시거주시설의 설치 등을 위하여 필요한 때에는 국가·지방자치단체, 그 밖의 공공단체 또는 개인의 시설이나 토지를 일시 사용할 수 있다(법 §61②). 국가 또는 지방자치단체는 사업시행자로부터 임시거주시설에 필요한 건축물이나 토지의 사용신청을 받은 때에는 그 사용신청을 받은 건축물이나 토지에 대하여 (i)제3자와 이미 매매계약을 체결한 경우나 (ii)사용신청이전에 사용계획이 확정된 경우 또는 (iii)제3자에게 이미 사용허가를 한 경우가 아니한 이를 거절하지 못한다. 국가 또는 지방자치단체가 건축물이나 토지를 사용하게 하는 경우 사용료 또는 대부료는 면제한다(법 §61③). 사업시행자는 임시거주시설·임시상가의 설치 등에 따라 공공단체(지방자치단체는 제외한다) 또는 개인의 시설이나 토지를 일시 사용함으로써 손실을 입은 자가 있는 경우에는 손실을 보상하여야 하며, 손실을 보상하는 경우에는 손실을 입은 자와 협의하여야 한다(법 §62①). 사업시행자 또는 손실을 입은 자는 손실보상에 관한 협의가 성립되지 아니하거나 협의할 수 없는 경우에는 관할 토지수용위원회에 재결을 신청할 수 있다(법 §62②). 사업시행자는 정비사업의 공사를 완료한 때에는 완료한 날부터 30일 이내에 임시거주시설을 철거하고, 사용한 건축물이나 토지를 원상회복하여야 한다(법 §61④).

사업시행자는 관리처분계획인가신청을 한 후 토지주택공사등에 그들이 보유한 공공임대주택을 순환용주택으로 우선 공급하도록 요청할 수 있다(법 §59②). 토지주택공사등은 사업시행자로부터 공공임대주택의 공급요청을 받은 경우에는 그 요청을 받은 날부터 30일 이내에 사업시행자에게 공급가능한 공공임대주택 수, 주택 규모 및 공급가능시기 등을 통지하여야 한다(시행령 §51②). 토지주택공사등이 공급 가능한 주택은 사업시행자가 요청한 날 당시 공급예정인 물량의 2분의 1범위로 한다. 다만, 주변 지역에 전세가격 급등 등의 우려가 있어 순환용주택의 확대 공급이 필요한 경우 2분의 1을 초과할 수 있다(시행령 §51③). 토지주택공사등은 세대주로서 해당 세대 월평균 소득이 전년도 도시근로자 월평균 소득의 70% 이하인 거주자(요청할 당시 해당 정비구역에 2년 이상 거주한 사람에 한정한다)에게 순환용주택을 공급하되, 정비사업의 시행으로 철거되는 주택의 세입자로서 주택을 소유하지 아니한 사람을 1순위로, 정비사업의 시행으로 철거되는 주택의 소유자(정비구역에서 실제 거주하는 자로 한정한다)로서 그 주택 외에는 주택을 소유하지 아니한 사람을 2순위로 하여 공급한다. 같은 순위에서 경쟁이 있는 경우 월평균 소득이 낮은 사람에게 우선 공급한다(시행령 §51

④). 그 외에 공급계약의 체결, 순환용주택의 반환 등 순환용주택의 공급에 필요한 세부사항은 토지주택공사등이 따로 정할 수 있다(시행령 §51⑤)

사업시행자는 순환용주택에 거주하는 자가 정비사업이 완료된 후에도 순환용주택에 계속 거주하기를 희망하는 때에는 대통령령이 정하는 바에 따라 분양하거나 계속 임대할 수 있다. 이 경우 사업시행자가 소유하는 순환용주택은 관리처분계획에 따라 토지등소유자에게 처분된 것으로 본다(법 §59③). 주택세입자가 「공익사업을 위한 토지 등의 취득 및 보상에 관한 법률」에 따라 재개발조합으로부터 주거이전비를 지급받았다 하더라도 명시적 배제조항이 없으므로 도시정비법에 따라 임대주택을 제공받을 수 있다.[275]

재개발사업의 사업시행자는 사업시행으로 이주하는 상가세입자가 사용할 수 있도록 정비구역 또는 정비구역 인근에 임시상가를 설치할 수 있다(법 §61⑤).

임시거주시설·임시상가의 설치 등에 따른 손실보상은 도시정비법에 규정된 사항을 제외하고는 「공익사업을 위한 토지 등의 취득 및 보상에 관한 법률」을 준용한다(법 §62③).

Ⅲ 토지 등의 수용

제65조(「공익사업을 위한 토지 등의 취득 및 보상에 관한 법률」의 준용) ① 정비구역에서 정비사업의 시행을 위한 토지 또는 건축물의 소유권과 그 밖의 권리에 대한 수용 또는 사용은 이 법에 규정된 사항을 제외하고는 「공익사업을 위한 토지 등의 취득 및 보상에 관한 법률」을 준용한다. 다만, 정비사업의 시행에 따른 손실보상의 기준 및 절차는 대통령령으로 정할 수 있다.

② 제1항에 따라 「공익사업을 위한 토지 등의 취득 및 보상에 관한 법률」을 준용하는 경우 사업시행계획인가 고시(시장 · 군수등이 직접 정비사업을 시행하는 경우에는

275 대법원 2011. 7. 14. 선고 2011두3685 판결

제50조제9항에 따른 사업시행계획서의 고시를 말한다. 이하 이 조에서 같다)가 있은 때에는 같은 법 제20조제1항 및 제22조제1항에 따른 사업인정 및 그 고시가 있은 것으로 본다.

③ 제1항에 따른 수용 또는 사용에 대한 재결의 신청은 「공익사업을 위한 토지 등의 취득 및 보상에 관한 법률」 제23조 및 같은 법 제28조제1항에도 불구하고 사업시행계획인가(사업시행계획변경인가를 포함한다)를 할 때 정한 사업시행기간 이내에 하여야 한다.

④ 대지 또는 건축물을 현물보상하는 경우에는 「공익사업을 위한 토지 등의 취득 및 보상에 관한 법률」 제42조에도 불구하고 제83조에 따른 준공인가 이후에도 할 수 있다.

1. 의의 및 법적 성격

사업시행자는 정비구역에서 정비사업을 시행하기 위하여 「공익사업을 위한 토지 등의 취득 및 보상에 관한 법률」에 따른 토지·물건 또는 그 밖의 권리를 취득하거나 사용할 수 있다. 정비구역에서 정비사업의 시행을 위한 토지 또는 건축물의 소유권과 그 밖의 권리에 대한 수용은 도시정비법에 규정된 사항을 제외하고는 「공익사업을 위한 토지 등의 취득 및 보상에 관한 법률」을 준용한다(법 §65①). 이와 같은 토지수용권은 도시정비법에 따른 주거환경개선사업 및 재개발사업에서 정비구역 내 조합원 아닌 자에 대한 토지소유권 확보 수단이다. 헌법 제23조에 근거한다. 토지 등을 수용하기 위한 재결 요건 등을 살펴보기로 한다.

2. 요건

가. 사업시행계획인가 고시가 있을 것

「공익사업을 위한 토지 등의 취득 및 보상에 관한 법률」에 따른 공익사업의 경우 수용 또는 사용에 대한 재결을 신청하기 위해서는 사업인정고시가 있어야 한다.[276] 이와 같은 사업인정은 그 후 일정한 절차를 거칠 것을 조건으로 하여 일정한 내용의 수용권을 설정하여 주는 행정처분이다. 사업인정을 받음으로써 수용할 목적물의 범위가 확정되고 수용권으로 하여금 목적물에 관한 현재 및 장래의 권리자에게 대항할 수 있는 일종의 공법상의 권리로서의 효력을 발생시킨다.[277] 도시정비법에 따른 사업시행계획인가 고시가 있은 때에는 공익사업법에 따른 사업인정 및 그 고시가 있는 것으로 본다(법 §65②). 따라서 사업시행계획인가가 있는 경우에는 도시정비법상의 후행행위, 가령, 관리처분계획의 수립이나 이전고시 등의 절차를 진행할 수 있는 것 외에 사업시행자인 정비사업조합에 수용·사용권이 발생하게 된다.

나. 협의기간 내에 손실보상에 관한 협의를 행할 것

조합은 관리처분계획이 인가·고시된 다음날부터 90일 이내에 현금청산자와 토지, 건축물 또는 그 밖의 권리의 손실보상에 관한 협의를 하여야 한다. 다만, 조합은 분양신청기간 종료일의 다음 날부터 협의를 시작할 수 있다(법 §73①). 이 기간 내에 협의가 성립되지 아니하면 그 기간의 만료일 다음날부터 60일 이내에 수용재결을 신청하여야 한다(법 §73②). 사업시행자가 이 기간을 넘겨서 수용재결을 신청한 경우에는 해당 토지등소유자에게 지연일수(遲延日數)에 따른 이자를 지급하여야 한다. 이 경우 이자는 〈표 43〉과 같다(시행령 §60②).

표 43 수용재결신청 지연에 따른 이자

지연일수	이자
6개월 이내	5%
6개월 초과 12개월 이내	10%
12개월 초과	15%

276 「공익사업을 위한 토지 등의 취득 및 보상에 관한 법률」 제28조 제1항

277 대법원 1988. 12. 27. 선고 87누1141 판결

청산금액은 조합과 청산자가 협의하여 산정하는데 이 경우 협의보상금 산정을 위한 감정평가업자 선정에 관하여는 「공익사업을 위한 토지 등의 취득 및 보상에 관한 법률」 제68조 제1항에 따른다(시행령 §60①).

수용재결신청을 위해 도시정비법상의 위와 같은 절차를 거치면 족하고 「공익사업을 위한 토지 등의 취득 및 보상에 관한 법률」상의 사전절차를 거칠 필요는 없다.[278] 「공익사업을 위한 토지 등의 취득 및 보상에 관한 법률」 제14조, 제15조, 제16조, 제68조 등은 공익사업을 위한 수용에 선행하는 협의 및 그 사전절차를 정하고 있는데, 도시정비법 제73조가 일반적인 공익사업과 구별되는 별도의 현금청산절차를 규정하고 있기 때문이다. 따라서 「공익사업을 위한 토지 등의 취득 및 보상에 관한 법률」상 협의 및 그 사전절차를 정한 위 규정들은 도시정비법 제65조 제1항 본문에서 말하는 '이 법에 규정된 사항'에 해당하므로 도시정비법상 현금청산대상자에 대해서는 준용될 여지가 없다.

분양계약을 체결하지 않거나 조합원총회의 의결을 거쳐 제명된 자도 조합정관에 따라 현금청산자가 된 경우 이 규정이 적용된다고 보아야 하므로 「공익사업을 위한 토지 등의 취득 및 보상에 관한 법률」상의 협의나 위 사전절차를 거칠 필요는 없다.

다. 사업시행계획인가를 할 때 정한 사업시행기간 내에 재결을 신청할 것

「공익사업을 위한 토지 등의 취득 및 보상에 관한 법률」에 따른 공익사업의 경우 원칙적으로 사업인정의 고시가 된 날로부터 1년 이내에 관할 토지수용위원회에 재결을 신청할 수 있다.[279] 하지만 이 기간 내에 재결을 신청하지 아니한 경우에는 그 기간 다음 날에 사업인정은 그 효력을 상실한다.[280] 도시정비법에 따른 정비사업은 「공익사업을 위한 토지 등의 취득 및 보상에 관한 법률」상의 공익사업이지만 수용에 대한 재결신청은 사업시행계획인가(사업시행계획변경

278 대법원 2015. 12. 23. 선고 2015두50535 판결
279 「공익사업을 위한 토지 등의 취득 및 보상에 관한 법률」 제28조 제1항
280 「공익사업을 위한 토지 등의 취득 및 보상에 관한 법률」 제23조 제1항

인가를 포함한다)를 할 때 정한 사업시행기간 이내에 할 수 있다(법 §65③). 이와 같이 수용권은 사업시행기간 내에서만 효력이 있다. 다만, 사업시행기간 내에 수용재결을 신청하면 관할 토지수용위원회는 사업시행기간이 경과한 이후에도 이 신청에 따른 수용재결을 할 수 있다.[281]

사업시행기간이 만료되었다 하더라도 유효하게 수립된 사업시행계획 및 그에 기초하여 이루어진 사업시행의 법적 효과가 소급하여 그 효력을 상실하여 무효로 된다고 볼 수 없다.

문제는 사업시행기간이 경과한 경우 사업시행계획이 장래를 향하여 실효되는가 하는 점이다. 도시개발법상의 실시계획은 사업시행기간을 실시계획의 법정내용으로 하고 있고 수용권이 실시계획의 핵심적 내용이므로 사업시행기간이 경과한 경우 실시계획도 장래를 향하여 소멸한다고 보는 것이 맞다.[282]

하지만, 도시정비법은 「도시개발법」 등과는 달리 사업시행기간을 조례에서 선택적으로 규정하도록 하고 있는 점(시행령 §47②)에 비추어 사업시행기간이 사업시행계획 전부의 효력기간을 정한 것이라 볼 수 없다. 따라서 사업시행기간이 만료되었다는 것만으로 사업시행계획이 실효되었다고 볼 수 없고 이에 기초하여 수립된 관리처분계획도 무효라 할 수 없다.[283] 사업시행계획인가에 따라 의제되는 사업인정고시의 효력이 소멸함에 따라 사업시행자인 조합 등의 재결신청권만 소멸한다고 보는 것이 타당하다고 생각한다.

사업시행기간이 만료되었다고 하더라도 사업시행계획인가를 변경인가 하여 그 시행기간을 연장하는 경우 변경인가도 재결을 신청할 수 있는 권한을 설정

---

281 대법원 2007. 1. 11. 선고 2004두8538 판결

282 도시계획사업시행기간 내에 토지 취득절차가 선행되지 아니하면 그 도시계획사업의 실시계획은 실효된다는 점에 관하여는 대법원 1991. 11. 26. 선고 90누9971 판결, 대법원 1994. 5. 24. 선고 93누24230 판결 참조, 「학교시설사업 촉진법」상의 학교시설사업시행계획에서 정한 사업시행기간 내에 일부 토지에 대한 취득이 이루어지지 아니하면 그 일부 토지에 대한 시행계획 승인이나 그 변경승인은 장래에 향하여 그 효력을 상실한다는 점에 관하여는 대법원 2001. 11. 13. 선고 2000두1706 판결 참조

283 대법원 2017. 6. 19. 선고 2015다70679 판결

하여 주는 처분인 점에서는 당초의 인가와 다를 바 없으므로 이 변경인가가 새로운 인가로서의 요건을 갖춘 경우에는 그에 따른 효과가 있다 할 것이므로 변경인가시부터 새로운 재결신청권이 발생하게 된다고 보는 것이 타당하다.[284]

「공익사업을 위한 토지 등의 취득 및 보상에 관한 법률」 제30조[285]에 따른 재결신청 청구는 도시정비법 제73조, 도시정비법 시행령 제60조와 그 요건과 효과 등을 달리하므로 도시정비법상 정비사업에도 적용된다 할 것이다.[286][287] 다만 어느 한 쪽 권리를 행사한 경우에는 다른 쪽 권리는 중첩적으로 행사할 수는

---

284 대법원 1991. 11. 26 선고 90누9971 판결

285 **제30조(재결 신청의 청구)** ① 사업인정고시가 된 후 협의가 성립되지 아니하였을 때에는 토지소유자 와 관계인은 대통령령으로 정하는 바에 따라 서면으로 사업시행자에게 재결을 신청할 것을 청구할 수 있다.

② 사업시행자는 제1항에 따른 청구를 받았을 때에는 그 청구를 받은 날부터 60일 이내에 대통령령으로 정하는 바에 따라 관할 토지수용위원회에 재결을 신청하여야 한다. 이 경우 수수료에 관하여는 제28조제2항을 준용한다.

③ 사업시행자가 제2항에 따른 기간을 넘겨서 재결을 신청하였을 때에는 그 지연된 기간에 대하여 「소송촉진 등에 관한 특례법」 제3조에 따른 법정이율을 적용하여 산정한 금액을 관할 토지수용위원회에서 재결한 보상금에 가산(加算)하여 지급하여야 한다.

286 일반 공익사업의 경우, 사업시행기간 만료 후의 수용재결신청 청구는 효력이 없다는 점에 관하여는 대법원 1996. 4. 23. 선고 95누15551 판결, 대법원 2019. 8. 29. 선고 2018두57865 판결 참조, 재결신청 청구는 엄격한 형식을 요하지 아니하는 서면행위이므로 법정 사항을 일부 누락하였다 하더라도 그 청구의 효력을 부인할 수 없다는 점에 관하여는 대법원 1995. 10. 13. 선고 94누7232 판결 각 참조. 도시계획사업 시행자가 사업실시계획인가의 고시 후 상당한 기간이 경과하도록 협의대상 토지소유자에게 협의기간을 통지하지 아니하였다면 토지소유자로서는 「공익사업을 위한 토지 등의 취득 및 보상에 관한 법률」에 따라 재결신청을 청구할 수 있다는 점에 관하여는 대법원 1993. 8. 27. 선고 93누9064 판결 참조

287 구 도시정비법(2018. 2. 8. 시행 이전의 것)상 정비사업의 경우 현금청산기간 중에 재결신청 청구가 있었더라도 청산금 지급 대상여부나 청산금의 범위에 관하여 다툼이 심하여 협의가 성립될 가능성이 없다고 볼 수 있는 명백한 사정이 있는 경우에는 그러한 재결신청청구도 유효하고 다만 지연가산금은 현금청산기간의 만료일로부터 60일 후에 발생한다는 점에 관하여는 대법원 2015. 12. 23. 선고 2015두50535 판결 참조. 일반 공익사업의 경우에도 같은 취지의 법리를 적용한 것으로는 대법원 1993. 7. 13. 선고 93누2902 판결 참조

없다고 보아야 한다.

라. 관할 토지수용위원회가 재결한 보상금을 지급하거나 공탁할 것

조합은 관할토지수용위원회가 재결로써 결정한 수용개시일까지 관할 토지수용위원회가 재결한 보상금을 지급하거나 공탁할 수 있다. 조합이 수용개시일까지 관할 토지수용위원회가 재결한 보상금을 지급하거나 공탁하지 아니하였을 때에는 토지수용위원회의 재결은 효력을 상실한다.[288] 다만 이의재결에서 증액된 보상금을 지급 또는 공탁하지 아니한 경우 이의재결절차는 수용재결에 대한 불복절차이면서 수용재결과는 확정의 효력 등을 달리하는 별개의 절차이므로 이의재결자체가 당연히 실효된다고는 할 수 없다.[289] 재결의 효력이 상실된 경우 조합은 그로 인하여 토지소유자 또는 관계인이 입은 손실을 보상하여야 한다.[290]

재결보상금 미지급을 이유로 재결이 실효되는 경우 조합의 재결신청도 효력을 상실하므로 조합은 다시 재결을 신청하여야 하는데, 이 경우 원칙적으로 다시 현금청산자와 협의절차를 거칠 필요는 없다. 조합은 재결이 실효되고 60일 이내에 재결을 신청하여야 하고, 그 기간을 경과하여 재결을 신청한 때에는 그 경과한 기간에 대하여 도시정비법 시행령 제60조 제2항에 따른 〈표 43〉의 지연이자를 지급하여야 한다.[291]

---

288 「공익사업을 위한 토지 등의 취득 및 보상에 관한 법률」 제42조

289 대법원 1992. 3. 10. 선고 91누8081 판결 참조

290 「공익사업을 위한 토지 등의 취득 및 보상에 관한 법률」 제42조 제2항

291 구 도시정비법(2018. 2. 8. 전면개정 이전의 것)이 적용되는 현금청산자에 대하여 재결보상금 미지급을 이유로 재결이 실효된 경우, 재결실효 전에 현금청산자로부터 재결신청청구가 있었던 경우에는 재결이 실효되고 60일 이내에, 그러한 재결신청 청구가 없었던 경우에는 재결실효 후 공익사업법에 따른 재결신청 청구가 있은 때로부터 60일 이내에 각 재결을 신청하여야 하고 그 기간이 경과하여 재결을 신청한 때에는 그 경과기간에 대해 「공익사업을 위한 토지 등의 취득 및 보상에 관한 법률」에 따른 지연가산금을 지급하여야 한다는 점에 관하여는 대법원 2015. 2. 26. 선고 2012두11287 판결 참조

3. 효과

가. 소유권의 원시취득

사업시행자는 수용의 개시일에 토지나 물건의 소유권을 취득하며, 그 토지나 물건에 관한 다른 권리는 이와 동시에 소멸한다.[292] 법률규정에 의한 물권변동이다. 원시취득이라는 점에서 재건축사업의 매도청구를 통한 승계취득과 구별된다.

나. 토지 또는 물건의 인도 등

토지소유자 및 관계인 등은 수용의 개시일까지 그 토지나 물건을 조합에 인도하거나 이전하여야 한다. 이를 위반하여 토지 또는 물건을 인도하거나 이전하지 아니하면 형사처벌의 대상이 된다.[293] 다만 조합은 토지소유자 또는 관계인 등에 대하여「공익사업을 위한 토지 등의 취득 및 보상에 관한 법률」상의 손실보상을 완료하여야 한다. 조합이 수용에 의해 토지나 물건의 소유권을 취득하는 경우 조합의 손실보상금 지급은 토지 또는 물건의 인도에 선이행되어야 한다.[294]

다. 담보물권의 소멸

담보물권의 목적물이 수용된 경우 그 담보물권은 그 목적물의 수용으로 인하여 채무자가 받을 보상금에 대하여 행사할 수 있다. 다만, 그 보상금이 채무자에게 지급되기 전에 압류하여야 한다.[295] 이에 반하여 재건축사업의 매도청구에 따른 취득은 담보물권을 인수하게 된다.

---

292 「공익사업을 위한 토지 등의 취득 및 보상에 관한 법률」 제45조 제1항
293 「공익사업을 위한 토지 등의 취득 및 보상에 관한 법률」 제43조, 제95조의 2 제2호
294 대법원 2017. 10. 16. 선고 2015두46673 판결
295 「공익사업을 위한 토지 등의 취득 및 보상에 관한 법률」 제47조

4. 관련문제

가. 손실보상

(1) 의의

도시정비법은 정비구역에서 정비사업의 시행을 위한 토지 또는 건축물의 소유권과 그 밖의 권리에 대한 수용 또는 사용에 관하여 도시정비법에서 직접 규정하고 있는 사항을 제외하고는 「공익사업을 위한 토지 등의 취득 및 보상에 관한 법률」을 준용하면서 다만, 정비사업의 시행에 따른 손실보상의 기준 및 절차는 대통령령으로 정할 수 있다고 규정하고 있다(법 §65①).

한편, 「공익사업을 위한 토지 등의 취득 및 보상에 관한 법률」에 따른 손실보상이 완료되지 아니한 경우에는 관리처분계획인가의 고시가 있은 때에도 종전의 토지 또는 건축물을 사용하거나 수익할 수 있으므로 토지등소유자는 사업시행자에게 종전의 건축물 등을 인도할 의무가 없다(법 §81①). 따라서 도시정비법에 따른 정비사업을 시행하면서 발생하는 손실보상문제는 정비사업공사 시행을 위한 필수절차에 해당한다. 정비사업에서 건물인도소송과 관련하여 문제되는 영업보상비, 주거이전비, 이주정착금, 이사비 등의 손실보상에 대해 살펴보면 다음과 같다.

(2) 영업보상비

영업보상의 대상이 되는 영업은 정비계획공람공고일 전부터 적법하게 행해지는 영업이어야 한다(시행령 §54③).[296] 무허가건축물에서 행하는 영업에 대해 원칙적으로 영업손실보상을 인정하지 않는다 하더라도 (i)무허가건축물을 사업장으로 이용하는 경우 사업장을 통해 이익을 얻으면서도 영업과 관련하여 해당 사업장에 부과되는 행정규제의 탈피 또는 영업을 통하여 얻는 이익에 대한 조세 회피 등 여러 가지 불법행위를 저지를 가능성이 큰 점, (ii)건축법상의 허가절차를 밟을 경우 관계 법령에 따라 불허되거나 규모가 축소되었을 건물에

296 「공익사업을 위한 토지 등의 취득 및 보상에 관한 법률 시행규칙」 제45조

서 건축허가를 받지 않은 채 영업을 하여 법적 제한을 넘어선 규모의 영업을 하고도 그로 인한 손실 전부를 영업손실로 보상받는 것은 불합리한 점 등에 비추어 정당한 보상원칙에 위배된다고 보기 어렵다.[297] 다만, 무허가건축물등에서 임차인이 영업하는 경우에는 그 임차인이 정비계획 공람공고일 1년 이전부터 「부가가치세법」 제8조에 따른 사업자등록을 하고 행하고 있는 영업의 경우에는 손실보상의 대상이 된다[298](시행령 §54③).

한편, 「공익사업을 위한 토지등의 취득 및 보상에 관한 법률 시행규칙」 부칙 〈건설교통부령 제344호, 2002. 12. 31.〉 제5조는 무허가건축물 등에 대한 경과조치로 『1989년 1월 24일 당시의 무허가건축물등에 대하여는 제24조·제54조 제1항 단서·제54조 제2항 단서·제58조 제1항 단서 및 제58조 제2항 단서의 규정에 불구하고 이 규칙에서 정한 보상을 함에 있어 이를 적법한 건축물로 본다.』라 규정하고 있어 무허가건축물이라 하더라도 위 기준일 이전의 것은 적법한 건축물로 취급하고 있다.

정비사업으로 인한 영업의 폐지 또는 휴업에 대하여 손실을 평가하는 경우 영업의 휴업기간은 4개월 이내로 한다. 다만, (i)해당 정비사업을 위한 영업의 금지 또는 제한으로 인하여 4개월 이상의 기간동안 영업을 할 수 없는 경우나 (ii)영업시설의 규모가 크거나 이전에 고도의 정밀성을 요구하는 등 해당 영업의 고유한 특수성으로 인하여 4개월 이내에 다른 장소로 이전하는 것이 어렵다고 객관적으로 인정되는 경우에는 실제 휴업기간으로 하되, 그 휴업기간은 2년을 초과할 수 없다(시행령 §54②). 영업손실을 보상하는 경우 보상대상자의 인정시점은 도시정비법 제13조 제1항에 따른 정비계획 공람공고일로 본다(시행령 §54③). 도시정비법이 직접 규정하고 있는 영업보상 관련 손실보상 규정 외에 구체적인 평가기준 등 나머지 손실보상과 관련된 내용은 「공익사업을 위한 토지등의 취득 및 보상에 관한 법률」이 정하는 바에 따른다.

297 대법원 2014. 3. 27. 선고 2013두25863 판결

298 「공익사업을 위한 토지 등의 취득 및 보상에 관한 법률 시행규칙」 제45조

영업보상비를 지급받기 위해서는 공익사업법에 규정된 재결절차를 거친 다음 그 재결에 대하여 불복이 있는 때에 비로소 그 법에 따라 권리구제를 받을 수 있을 뿐, 이러한 재결절차를 거치지 않은 채 곧바로 사업시행자를 상대로 손실보상을 청구하는 것은 허용되지 않는다. 영업보상에 관해서는 사업시행자만이 재결을 신청할 수 있고 토지소유자나 관계인은 사업시행자에게 재결신청 청구만을 할 수 있으므로 토지소유자나 관계인의 재결신청 청구에도 사업시행자가 재결을 신청하지 않을 때에는 토지소유자나 관계인은 사업시행자를 상대로 거부처분 취소소송 또는 부작위위법확인소송의 방법으로 다투어야 한다.[299] 사업시행자에게 재결신청의무가 있는지는 소송요건 심사단계에서 고려할 요소가 아니라 본안에서 고려할 요소이다.

재개발정비사업조합이 공사에 착수하기 위하여 영업보상 대상 임차인으로부터 정비구역 내 토지 또는 건축물을 인도받기 위하여는 관리처분계획이 인가·고시된 것만으로는 부족하고 협의 또는 재결절차에 의하여 결정되는 영업손실보상금 등을 지급할 것이 요구된다. 협의가 성립된다면 조합의 보상금 지급의무와 임차인의 부동산인도의무는 동시이행관계에 있게 되고, 재결절차에 의할 때에는 부동산인도에 앞서 영업손실보상금 등의 지급절차가 선행되어야 한다.[300]

(3) 주거이전비

주거이전비는 정비구역 안에 거주하는 세입자들의 조기이주를 장려하여 사업추진을 원활하게 하려는 정책적인 목적과 주거이전으로 인하여 특별한 어려움을 겪게 될 세입자들을 대상으로 사회보장적인 차원에서 지급되는 금원의 성격을 동시에 갖는다.[301]

299 대법원 2019. 8. 29. 선고 2018두57865 판결

300 대법원 2011. 11. 24. 선고 2009다28394 판결

301 대법원 2006. 4. 27. 선고 2006두2435 판결

도시정비법상 주거용 건축물의 세입자에 대한 주거이전비 보상은 정비계획 공람공고일 당시 해당 정비구역 안에서 거주한 자를 대상으로 하되, 그 보상 방법 및 금액 등의 보상내용은 원칙적으로 사업시행계획 인가고시일에 확정된다.[302][303] 도시정비법 시행령 제54조 제4항이 보상대상자의 인정시점을 정비계획 공람공고일로 보고 있기 때문에 주거이전비의 보상은 정비계획 공람공고일 현재 해당 정비구역에 거주하고 있는 세입자를 대상으로 한다고 보아야 한다. 이에 대해 도시정비법 시행령 제54조 제4항이 보상대상자의 인정시점을 정비계획 공람공고일로 규정하고 있기 때문에 3개월 이상 거주 요건이 필요하다는 견해도 있을 수 있으나 도시정비법 시행령 규정이 「공익사업을 위한 토지 등의 취득 및 보상에 관한 법률 시행규칙」 제54조 제2항 본문과는 별도의 규정을 두고 있고 도시정비법이 전부개정되기 전에도 거주요건은 요구하지 않았던 점에 비춰 볼 때, 3개월 거주요건은 필요하지 않다고 보는 것이 타당하다 생각한다.

정비계획 공람공고일부터 계약체결일 또는 수용재결일까지 계속하여 거주하고 있지 아니한 건축물의 소유자는 「공익사업을 위한 토지 등의 취득 및 보상에 관한 법률 시행령」 제40조 제5항 제2호에 따라 질병, 징집, 공무, 취학 등 부득이한 사유가가 아닌 한 원칙적으로 이주대책대상자에서 제외되기 때문에 주거이전비 지급대상자가 아니다(시행령 §54①). 하지만 반드시 관리처분계획인가 고시일까지 계속 거주하여야 할 필요는 없다. 세입자가 보상받을 이사비의 경우에도 마찬가지이다. 그러나 주거이전비나 이사비의 지급대상자가 되기 위해서는 정비사업의 시행으로 이주한 자에 한한다. 조합원은 사업시행자에 준하는 지위를 가지므로 주거이전비 지급대상이 아니다.[304] 세입자란 사용대가를 지급하였는지와 관계가 없다.[305] 따라서 임대차가 아닌 사용대차 관계에

302 대법원 2017. 10. 26. 선고 2015두46673 판결, 대법원 2020. 1. 30. 선고 2018두66067 판결

303 대법원 2013. 4. 11. 선고 2012두22232 판결

304 대법원 2011. 11. 24. 선고 2009다28394 판결

305 대법원 2023. 7. 27. 선고 2021두33975 판결

있다하더라도 주거이전비 보상대상자에 해당한다. 「공익사업을 위한 토지 등의 취득 및 보상에 관한 법률 시행규칙」이 2020. 12. 11. 국토교통부령 제788호로 개정되면서 제54조 제2항의 주거용 건축물의 세입자에 '무상으로 사용하는 거주자'도 포함됨이 명시되었는데, 이는 기존 법령의 규정 내용으로부터 도출되는 사항을 주의적·확인적으로 규정한 것이라고 봄이 타당하다.[306]

주택재개발조합에게 주거용 건축물의 소유권을 이전한 자나 현금청산에 관한 협의가 성립되지 않아 「공익사업을 위한 토지 등의 취득 및 보상에 관한 법률」에 따라 주거용 건축물이 수용된 자에게는 이 법률을 준용하여 가구원수에 따라 2월분의 주거이전비 및 이사비를 지급해야 한다.[307] 그러나 역시 정비사업의 시행으로 이주한 자에 한한다. 도시정비법상 주거용 건축물의 소유자에 대한 주거이전비 보상은 주거용 건축물에 대하여 정비계획에 관한 공람공고일부터 해당 건축물에 대한 보상을 할 때까지 계속하여 소유 및 거주한 주거용 건축물의 소유자를 대상으로 한다. 따라서 조합원의 지위에서 이주하였다가 그 후 현금청산자가 되어 소유권을 이전하는 경우에는 정비사업의 시행으로 인한 이주로 볼 수 없어 주거이전비 지급대상이 아니다.[308] 당해 건축물이 무허가건축물인 경우도 그 소유자는 지급대상 아니다.[309] 다만 무허가건축물 등에 입주한 세입자로서 정비계획 공람공고일 당시 그 정비구역 안에서 1년 이상 거주한 세입자에 대해서는 주거이전비를 보상하여야 한다.[310] 여기서 '무허가건축물 등에 입주한 세입자'는 기존에 주거용으로 사용되어 온 무허가건축물 등에 입주하여 일정기간 거주한 세입자를 의미하고, 공부상 주거용 용도가 아닌 건축물을 임차한 후 임의로 주거용으로 용도를 변경하여 거주한 세입자는 이에 해

306 대법원 2023. 7. 27. 선고 2021두57704 판결
307 대법원 2013. 1. 10. 선고 2011두19031 판결
308 대법원 2016. 12. 15. 선고 2016두49754 판결
309 「공익사업을 위한 토지 등의 취득 및 보상에 관한 법률 시행규칙」 제54조 제1항 단서
310 「공익사업을 위한 토지 등의 취득 및 보상에 관한 법률 시행규칙」 제54조 제2항 단서

당한다고 할 수 없다.[311] 이에 대해 무허가건축물 등에 입주한 세입자에 대해서도 주거이전비 보상요건으로 1년 이상 거주요건이 필요하지 않다는 견해가 있을 수 있으나, 도시정비법 시행령 제54조 제4항은 적법한 건축물을 전제로 하는 규정이라 보아야 하므로 '무허가건축물 등에 입주한 세입자'의 주거이전비 보상에 관하여는 「공익사업을 위한 토지 등의 취득 및 보상에 관한 법률 시행규칙」 제54조 제2항 단서에 따라 1년 이상의 거주요건이 필요하다고 보는 것이 타당하다.

도시정비법에 따라 사업시행자에게서 임시수용시설을 제공받는 세입자도 주거이전비를 별도로 청구할 수 있다. 세입자에 대한 주거이전비 지급의무를 정하고 있는 공익사업법 시행규칙규정은 강행규정이다. 따라서 세입자가 조합에 제출한 주거이전비 포기각서는 무효이다.[312]

주거용 건축물의 세입자가 조합으로부터 주거이전비와 이사비를 지급받기 위한 전제로서 정비구역 밖으로 먼저 또는 그 지급과 동시에 이주하여야 한다고 볼 수는 없다. 「공익사업을 위한 토지 등의 취득 및 보상에 관한 법률 시행규칙」이 먼저 세입자가 이주하였을 것을 전제하고 있지 않고, 사회보장적 차원에서 공익사업 등으로 희생될 수 있는 세입자를 보호할 필요가 있기 때문이다.[313] 위 주거이전비 및 이사비의 지급의무는 이행기의 정함이 없는 채무이기 때문에 조합은 이행청구를 받은 다음날부터 이행지체 책임을 진다.[314]

주거이전비는 가구원 수에 따라 소유자 또는 세입자에게 지급되는 것으로서 소유자와 세입자가 지급청구권을 가지는 것으로 보아야 하므로, 소유자 또는 세입자가 아닌 가구원은 사업시행자를 상대로 직접 주거이전비 지급을 구할 수 없다.[315]

311 대법원 2013. 5. 23. 선고 2012두11072 판결
312 대법원 2011. 7. 14. 선고 2011두3685 판결
313 대법원 2017. 10. 16. 선고 2015두46673 판결 참조
314 대법원 2012. 4. 26. 선고 2010두7475 판결
315 대법원 2011. 8. 25. 선고 2010두4131 판결

(4) 이주정착금

사업시행자는 정비사업의 시행으로 인하여 주거용 건축물을 제공함에 따라 근거를 상실하게 되는 자를 위하여 이주대책을 수립·실시하거나 이주정착금을 지급하여야 한다.[316] 도시정비법 시행령 제54조 제1항은 '공람공고일부터 계약체결일 또는 수용재결일까지 계속하여 거주하고 있지 아니한 건축물의 소유자'는 질병으로 인한 요양, 징집으로 인한 입영, 공무, 취학 그 밖에 이에 준하는 부득이한 사유가 아닌 한 이주대책대상자에서 제외된다고 규정하여, 계속 거주요건과 그에 관한 예외를 인정하고 있다.

(5) 이사비

이사비는 당해 정비구역 안에 거주하는 세입자들의 조기이주를 장려하여 사업추진을 원활하게 하려는 정책적인 목적과 주거이전으로 인하여 특별한 어려움을 겪게 될 세입자들을 대상으로 사회보장적인 차원에서 지급하는 금원의 성격을 동시에 갖는다.[317] 이사비의 보상대상자는 정비구역 내에 편입되는 주거용 건축물의 거주자로서 정비사업의 시행으로 인하여 이주하게 되는 사람이다.[318] 반드시 관리처분계획인가 고시일까지 계속 거주하여야 할 필요는 없다. 실제 이전할 동산의 유무나 다과를 묻지 않고 「공익사업을 위한 토지등의 취득 및 보상에 관한 법률 시행규칙」에 규정된 금액을 지급받을 수 있다.[319]

나. 쟁송절차

관할 지방토지수용위원회의 재결에 대해 이의가 있으면 재결서 정본을 송달받은 날로부터 30일 이내에 이의신청 할 수 있다.[320] 사업시행자, 토지소유자 또는 관계인은 관할 지방토지수용위원회의 재결에 불복할 때에는 재결서를 받

316 「공익사업을 위한 토지 등의 취득 및 보상에 관한 법률 시행령」 제41조

317 대법원 2006. 4. 27. 선고 2006두2435 판결

318 대법원 2012. 2. 23. 선고 2011두23603 판결

319 대법원 2006. 4. 27. 선고 2006두2435 판결

320 「공익사업을 위한 토지 등의 취득 및 보상에 관한 법률」 제83조

은 날로부터 90일 이내에, 이의신청을 거쳤을 때에는 이의신청에 대한 재결서를 받은 날로부터 60일 이내에 각각 행정소송을 제기할 수 있다. 행정소송이 보상금의 증감에 관한 소송인 경우 그 소송을 제기한 자가 토지소유자 또는 관계인일 때에는 사업시행자를, 사업시행자일 때에는 토지소유자 또는 관계인을 각각 피고로 한다.[321] 위와 같은 이의신청이나 행정소송의 제기는 사업의 진행 및 토지의 수용을 정지시키지 않는다.[322]

주거용 건축물의 세입자의 주거이전비 보상청구권은 공법상의 권리이고, 따라서 그 보상을 둘러싼 쟁송은 민사소송이 아니라 공법상의 법률관계를 대상으로 하는 행정소송에 의하여야 한다.[323] 그리고 이러한 법리는 주거용 건축물의 소유자가 사업시행자를 상대로 이주정착금, 주거이전비 및 이사비의 보상을 구하는 경우에도 그대로 적용된다. 다단 세입자의 주거이전비 보상에 관하여 재결이 이루어진 다음 세입자가 보상금의 증감부분을 다투는 경우에는 「공익사업을 위한 토지 등의 취득 및 보상에 관한 법률」에 규정된 행정소송에 따라 권리구제를 받을 수 있다.[324]

「공익사업을 위한 토지 등의 취득 및 보상에 관한 법률」 제78조 등에서 정한 주거이전비, 이주정착금, 이사비도 도시정비법 제81조 제1항 단서 제2호에서 정한 '「공익사업을 위한 토지등의 취득 및 보상에 관한 법률」에 따른 손실보상'에 해당한다. 그러므로 주택재개발사업의 사업시행자가 공사에 착수하기 위하여 현금청산대상자나 세입자로부터 정비구역 내 토지 또는 건축물을 인도받기 위해서는 협의나 재결절차 등에 의하여 결정되는 주거이전비 등도 지급할 것이 요구된다. 만일 사업시행자와 현금청산대상자나 세입자 사이에 주거이전비 등에 관한 협의가 성립된다면 사업시행자의 주거이전비 등 지급의무와 현금청산대상자나 세입자의 부동산 인도의무는 동시이행의 관계에 있게 되고, 재결

321 「공익사업을 위한 토지 등의 취득 및 보상에 관한 법률」 제85조

322 「공익사업을 위한 토지 등의 취득 및 보상에 관한 법률」 제88조

323 대법원 2019. 4. 23. 선고 2018두55326 판결

324 대법원 2008. 5. 29. 선고 2007다8129 판결

절차 등에 의할 때에는 주거이전비 등의 지급절차가 부동산 인도에 선행되어야 할 것이다.[325] 다만 앞에서 본 바와 같이 주거이전비 보상청구권은 공법상의 권리로서 그 보상을 구하는 소송은 행정소송법상 당사자소송에 의하여야 하고, 소유자의 주거이전비 보상에 관하여 재결이 이루어진 다음 소유자가 다투는 경우에는 「공익사업을 위한 토지 등의 취득 및 보상에 관한 법률」 제85조에 규정된 행정소송을 제기하여야 하므로 사업시행자가 현금청산대상자를 상대로 종전의 토지나 건축물의 인도를 구하는 민사소송에서 법원이 직접 주거이전비 등의 지급을 명하거나 주거이전비 등의 보상에 관한 재결에 대한 다툼을 심리·판단할 수는 없다.[326]

Ⅳ 재건축사업에서 매도청구

제64조(재건축사업에서의 매도청구) ① 재건축사업의 사업시행자는 사업시행계획인가의 고시가 있은 날부터 30일 이내에 다음 각 호의 자에게 조합설립 또는 사업시행자의 지정에 관한 동의 여부를 회답할 것을 서면으로 촉구하여야 한다.

1. 제35조제3항부터 제5항까지에 따른 조합설립에 동의하지 아니한 자
2. 제26조제1항 및 제27조제1항에 따라 시장 · 군수등, 토지주택공사등 또는 신탁업자의 사업시행자 지정에 동의하지 아니한 자

② 제1항의 촉구를 받은 토지등소유자는 촉구를 받은 날부터 2개월 이내에 회답하여야 한다.

325 대법원 2021. 6. 30. 선고 2019다207813 판결, 대법원 2021. 8. 26. 선고 2019다235153 판결

326 대법원 2019. 4. 23. 선고 2018두55326 판결, 대법원 2021. 8. 26. 선고 2019다235153 판결

③ 제2항의 기간 내에 회답하지 아니한 경우 그 토지등소유자는 조합설립 또는 사업시행자의 지정에 동의하지 아니하겠다는 뜻을 회답한 것으로 본다.

④ 제2항의 기간이 지나면 사업시행자는 그 기간이 만료된 때부터 2개월 이내에 조합설립 또는 사업시행자 지정에 동의하지 아니하겠다는 뜻을 회답한 토지등소유자와 건축물 또는 토지만 소유한 자에게 건축물 또는 토지의 소유권과 그 밖의 권리를 매도할 것을 청구할 수 있다.

第73条(분양신청을 하지 아니한 자 등에 대한 조치) ① 사업시행자는 관리처분계획이 인가 · 고시된 다음 날부터 90일 이내에 다음 각 호에서 정하는 자와 토지, 건축물 또는 그 밖의 권리의 손실보상에 관한 협의를 하여야 한다. 다만, 사업시행자는 분양신청기간 종료일의 다음 날부터 협의를 시작할 수 있다.
1. 분양신청을 하지 아니한 자
2. 분양신청기간 종료 이전에 분양신청을 철회한 자
3. 제72조제6항 본문에 따라 분양신청을 할 수 없는 자
4. 제74조에 따라 인가된 관리처분계획에 따라 분양대상에서 제외된 자

② 사업시행자는 제1항에 따른 협의가 성립되지 아니하면 그 기간의 만료일 다음 날부터 60일 이내에 수용재결을 신청하거나 매도청구소송을 제기하여야 한다.

③ 사업시행자는 제2항에 따른 기간을 넘겨서 수용재결을 신청하거나 매도청구소송을 제기한 경우에는 해당 토지등소유자에게 지연일수(遲延日數)에 따른 이자를 지급하여야 한다. 이 경우 이자는 100분의 15 이하의 범위에서 대통령령으로 정하는 이율을 적용하여 산정한다.

1. 의의 및 법적 성격

가. 의의

사업시행자인 재건축조합의 매매계약 체결 요구에 따라 일방적으로 매매계약 체결이 의제되는 권리이다. 일반 매매계약은 쌍방 계약 당사자의 의사 합치가 있어야 성립하나 매도청구권은 한쪽 당사자의 의사만으로 계약이 성립된다.

재건축사업에 있어 사업시행자인 조합이 정비구역 내 조합원 외의 자의 토지 등에 대한 토지소유권확보 수단이다. 재개발사업에 있어 사업부지에 대한 소유권 확보 수단은 「공익사업을 위한 토지 등의 취득 및 보상에 관한 법률」에 따른 수용이다.

도시정비법은 단독주택에도 매도청구권을 인정하고 있다. 「집합건물의 소유 및 관리에 관한 법률」에 따른 매도청구권은 집합건물에 대하여만 인정된다.

매도청구권은 재건축조합이 재건축불참자에게 토지 또는 건축물의 매도를 청구를 할 수 있는 권리를 말하며, 재건축 불참자에게 인정되는 권리가 아니다. 이와 같은 매도청구권은 다수결 원리에 의하여 소유권의 자유로운 처분을 제한하여 재건축을 원활하게 하기 위한 권리이다.[327]

나. 법적 성격

매도청구권은 형성권이다. 매도청구권 행사의 의사표시가 상대방에게 도달한 때에 상대방의 승낙을 기다리지 않고 곧바로 목적물에 관하여 시가에 의한 매매계약이 성립된다. 다만 소유권은 이전등기를 경료한 때에 이전된다. 매도청구권은 재건축사업의 원활한 진행을 위하여 재건축불참자의 의사에 반하여 그 재산권을 박탈할 수 있도록 도시정비법이 특별히 규정한 것으로서, 그 실질은 헌법 제23조 제3항의 공용수용과 같다.[328]

매도청구권은 사법상의 법률관계로서 매도청구권 행사에 따른 소유권이전등기의무의 존부를 다투는 소송은 민사소송에 의하여야 한다.[329]

---

327 대법원 2000. 6. 23. 선고 99다63084 판결

328 헌법재판소 1999. 9. 16. 자 97헌바73 결정, 대법원 1999. 12. 10. 선고 98다36344 판결

329 대법원 2010. 10. 8. 선고 2009다93923 판결

2. 매도청구권의 요건

가. 주체

도시정비법상의 조합설립인가와 법인등기까지 마친 재건축정비사업조합이어야 한다. 재건축불참자에게 인정되는 권리가 아니다. 재건축불참자는, 조합이 매도청구권을 행사한 경우에 한하여 매매계약의 이행을 청구할 수 있을 뿐이다. 조합이 매도청구권을 행사한 경우 부동의자는 집행권원을 확보하기 위한 소송을 할 수 있다. 별소 또는 매도청구소송의 반소로 "소유권이전등기절차를 이행받음과 동시에 매매대금을 지급하라"는 소송을 제기할 수 있다.

조합설립인가처분이 취소되거나 당연무효인 경우에는 조합은 매도청구권을 행사할 수 없다. 인가처분의 취소 또는 당연무효에 대한 입증책임은 이를 주장하는 자에 있다. 조합설립인가처분의 하자가 매도청구소송의 주된 쟁점이지만 조합설립결의의 하자 주장을 넘어 그로 인해 조합설립인가처분이 취소되었거나 당연무효라는 점까지 주장·입증해야 한다.[330]

당초의 조합설립인가처분이 취소되거나 당연무효가 될 우려가 있는 경우에는 처음부터 다시 조합설립인가에 관한 요건과 절차를 거쳐 조합설립변경인가를 받아야 한다. 조합설립변경인가처분도 정비사업조합에게 정비사업을 시행할 수 있는 권한을 설정하여 주는 처분인 점에서는 당초 조합설립인가처분과 다를 바 없으므로, 조합설립인가처분의 위법 여부 또는 효력 유무에 관한 다툼이 있어 조합이 처음부터 다시 조합설립인가에 관한 절차를 밟아 조합설립변경인가를 받았고, 그 조합설립변경인가처분이 새로운 조합설립인가처분으로서의 요건을 갖춘 경우에는 그에 따른 효과가 있다 할 것이다. 여기에서 새로운 조합설립인가처분의 요건을 갖춘 경우에 해당하려면 그와 같은 조합설립인가에 필요한 실체적·절차적 요건을 모두 갖추어야 한다. 나아가 새로운 조합설립인가처분의 요건을 갖춘 조합설립변경인가에 터잡아 새로이 매도청구권을

330 대법원 2010. 7. 15. 선고 2009다63330 판결

행사하는 것도 적법하다.[331] 주의할 점은 조합설립변경에 대한 동의서를 받는 것만으로는 부족하고 관할 행정청으로부터 조합설립변경인가를 받고 그 변경인가에 터잡아 매도청구권을 행사해야 한다는 점이다.[332]

나. 상대방

(1) 조합설립이나 사업시행자 지정에 동의하지 아니한 자

조합설립이나 사업시행자 지정에 동의하지 아니한 원시적 탈퇴자로서 최고기간 내에 재건축에 참가하지 아니할 것을 회답하거나 아무런 회답을 하지 아니한 자가 이에 해당한다. 재건축 참가여부를 촉구받은 사람이 재건축에 참가하지 않겠다는 뜻을 회답하거나 2개월 이내에 회답하지 않았는데 토지 또는 건축물의 특정승계가 이루어진 경우, 사업시행자는 승계인에게 다시 새로운 최고를 할 필요 없이 곧바로 승계인을 상대로 매도청구권을 행사할 수 있다.

문제는 조합이 매도청구권을 행사한 이후에 비로소 토지 또는 건축물의 특정승계가 이루어진 경우 이미 성립한 매매계약상의 의무가 그대로 승계인에게 승계되는가 하는 점이다.

大法院은「집합건물의 소유 및 관리에 관한 법률」상의 매도청구권 규정은 승계인에게 매도할 것을 청구할 수 있다고 정하고 있을 뿐이고 승계인이 매매계약상의 의무를 승계한다고 정한 것은 아니라는 점을 근거로 이를 부정하는 입장이다. 매도청구권을 채권적 청구권으로 보기 때문인 것으로 보인다. 이런 입장에서 大法院은 조합이 조합설립에 동의하지 않은 토지 또는 건축물 소유자를 상대로 매도청구의 소를 제기하여 매도청구권을 행사한 이후에 제3자가 매도청구 대상인 토지 또는 건축물을 특정승계하였다고 하더라도, 특별한 사정이 없는 한 조합은 민사소송법 제82조 제1항에 따라 제3자로 하여금 매도청구소

331 대법원 2013. 2. 28. 선고 2012다74816 판결

332 대법원 2016. 12. 29. 선고 2015다202162 판결

송을 인수하도록 신청할 수 없다고 본다.[333]

그러나 도시정비법 제129조는 "사업시행자와 정비사업과 관련하여 권리를 갖는 자의 변동이 있은 때에는 종전의 사업시행자와 권리자의 권리의무는 새로 사업시행자와 권리자로 된 자가 승계한다" 정하고 있어 '정비사업과 관련하여 권리를 갖는 자'를 조합원에 국한하고 있지 않고 정비사업은 일반인에 대한 공람·공고 등을 통해 시행되므로 대법원과 같은 입장을 취하지 않더라도 승계인에게 불측을 손해를 가하지 않는다는 점을 고려하면 긍정설이 타당하다. 승계를 부정할 경우 신속한 사업진행만을 저해할 것으로 보여 더욱 그렇다. 하지만 大法院이 이런 입장을 유지하는 한 조합은 부동산처분금지가처분을 통해 불측의 손해를 피해야 할 것이다.

조합설립에 동의하였다가 인가 전까지 적법하게 철회한 자도 미동의자로 매도청구의 상대방이 된다. 미동의자는 대외적인 법률상의 처분권을 갖고 있는 등기부상 소유자이어야 한다.[334]

재건축조합이 조합설립인가 전에 이루어진 당초 조합설립결의를 보완하는 취지로 새로운 재건축결의를 한 경우 당초 조합설립에 동의하였지만 새로운 재건축결의에는 동의하지 않는 자는 매도청구의 상대방이 아니다.[335] 도시정비법하에서는 (i)조합설립결의, (ii)조합설립변경결의, (iii)사업시행계획이나 관리처분계획 등에 의하지 아니한 재건축결의는 조합원의 권리 변동을 가져오지 않기 때문이다. 따라서 가령, 당초 조합설립 및 재건축결의에 기초하여 조합설립인가처분을 받은 후 다시 당초결의의 효력에 대하여 조합원사이에 다툼이 생기자 임시총회를 개최하여 새로운 내용의 재건축결의를 한 경우, 당초 결의에 동의하였던 토지등소유자가 새로운 내용의 재건축결의에는 동의하지 않았다 하더라도 조합은 그 자를 상대로 매도청구를 할 수 없다. 이와 같은 매도청

333 대법원 2019. 2. 28. 선고 2016다255613 판결

334 대법원 2010. 6. 23. 선고 99다63084 판결

335 대법원 2012. 11. 15. 선고 2010다95338 판결

구 상대방이 아닌 자에게 매도청구소송을 제기하여 승소확정판결을 받았더라도 조합원지위를 상실시키거나 매도청구권 행사에 따른 매매계약 체결의 효력을 발생시키지는 않는다.[336] 따라서 이와 같은 자는 조합원 지위를 여전히 보유하고 있으므로 조합원총회의 의사정족수를 산정함에 있어 포함시켜 계산하여야 할 것이다.

(2) 건축물 또는 토지만 소유한 자

도시정비법은 재건축사업의 경우 '토지 및 건축물 소유자'를 조합원으로 하기 때문에 건축물 또는 토지만 소유한 자도 원시적 탈퇴자로 취급하고 있다. 따라서 이들도 조합설립동의 여부와 관계없이 매도청구의 상대방이 된다.

(3) 조합에서 제명되거나 탈퇴한 자

당초 조합설립이나 사업시행자 지정에 동의하였으나 조합에서 제명되거나 탈퇴한 자도 후발적 탈퇴자로서 매도청구의 상대방이 된다. 조합이 조합원을 제명하기 위해서는 제명사유와 조합원총회의 결의가 있어야 한다. 조합원총회의 제명결의 속에는 매도청구를 하겠다는 의사도 포함되어 있다고 보아야 한다. 제명결의만으로 조합원지위에 변동을 가져오는 것은 아니므로 시장·군수 등의 인가를 받은 때에 매도청구의 상대방이 된다 할 것이다.

도시정비법 제73조의 규정에 따라 분양신청을 하지 아니한 자, 분양신청을 철회한 자, 투기과열지구 내에서 분양신청을 할 수 없는 자 및 인가된 관리처분계획에 따라 분양대상에서 제외된 자는 탈퇴조합원으로 처리되어 매도청구가 가능하다[337](법 §73②). 하지만, 신탁등기절차를 이행한 자가 조합탈퇴자가 되는 경우에는 매도청구의 상대방이 되지 않는다.[338] 현금청산자가 됨으로써 신탁이 종료되어 신탁재산의 지분이 조합에 귀속되기 때문이다. 따라서 조합탈퇴

336 대법원 2012. 11. 15. 선고 2010다95338 판결
337 대법원 2010. 12. 23. 선고 2010다73215 판결
338 대법원 2010. 9. 9. 선고 2010다19204 판결

자는 청산금을 지급받기 위해 소유권을 이전해야 할 의무가 없다. 이 경우 조합은 이미 자신 명의로 신탁을 원인으로 한 소유권이전등기가 마쳐진 토지 지분에 관하여 「신탁법」 제31조 제1항 단서의 규정에 따라 수탁자의 고유재산으로 하는 법원의 허가를 얻어 조합의 고유재산으로 된 취지의 등기와 신탁등기의 말소등기를 하면 된다.

다. 매도대상

(1) 정비구역 내 토지 또는 건축물이어야 한다. 정비구역 밖의 토지 또는 건축물이나 정비구역 밖과 정비구역 안에 걸쳐 있는 토지 또는 건축물은 매도청구의 대상이 아니다. 또한 매도 대상은 정비구역 내 토지 또는 건축물로서 정비사업에 제공되는 것이어야 한다. 따라서 정비구역 내 존치구역이 있는 경우에는 매도청구의 대상이 아니다. 다만 존치구역(주택단지 또는 단독주택지역) 내 토지등소유자로부터 조합설립동의는 받아야 한다.[339]

(2) 소유권 또는 구분소유권이어야 한다. 지분이 있는 경우 지분전체가 매도청구 대상이고 일부 지분은 매도청구의 대상이 아니다. 따라서 일부지분권자만 동의한 경우 전체 지분권자를 상대로 매도청구를 하여야 한다.

라. 최고

사업시행자는 원시적 탈퇴자에 대하여 사업시행계획인가의 고시가 있은 날로부터 30일[340] 이내에 조합설립 미동의자에 대하여 조합설립 또는 사업시행자의 지정에 관한 동의여부를 회답할 것을 서면으로 촉구하여야 한다. 조합설립에 동의하지 않은 건축물 또는 토지만을 소유한 자도 조합설립동의의 상대방이므로 역시 서면 촉구를 하여야 한다. 촉구를 받은 토지등소유자가 촉구를 받

339 대법원 2014. 5. 16. 선고 2011두27094 판결

340 2018. 2. 9. 전에 조합설립인가를 신청하였거나 조합설립인가를 받은 조합은 조합설립등기를 마친 때로부터 조합설립 미동의자에 대하여 '지체없이' 2월의 기간을 두고 재건축 참가여부에 관하여 최고하여야 한다. 이 경우 '지체없이'란 '재건축사업의 진행 정도에 비추어 적절한 시점'을 의미한다(대법원 2009. 1. 15. 선고 2008다40991 판결).

은 날로부터 2월 이내에 회답이 없는 경우에는 동의하지 않는 것으로 의제된다 (법 §64).

최고서에는 조합설립동의의 내용이 구체적으로 기재되어야 하나 그러한 사항들이 재건축사업의 추진과정에서 최고 대상자들에게 널리 알려져 있어 재건축참가 기회가 충분히 부여된 경우에는 그와 같은 참가최고도 적법하다.[341]

조합설립동의의 상대방이 되지 아니하면 최고가 필요 없다.[342] 도시정비법 제73조에 따른 현금청산 대상자나 조합으로부터 제명처분을 받은 후발적 탈퇴자 등이 이에 해당한다.[343] 가령, 아파트의 재건축에 동의하여 재건축조합원이 되었던 자가 그 후 재건축사업에 반대하면서 자신의 아파트에 관하여 시가를 상회하는 채권최고액으로 근저당권을 설정하는 등 조합에 대한 의무이행을 하지 않아 조합으로부터 제명된 경우, 재건축조합은 최고없이 제명된 조합원에 대하여 매도청구권을 행사할 수 있고, 이 경우 피담보채무액 상당의 매매대금의 지급을 거절할 수 있다고 보아야 한다.

마. 행사

(1) 조합설립 미동의자와 같은 원시적 탈퇴자에 대한 매도청구권은 재건축조합이 행사할 수 있는 시점, 즉 서면 최고 후 회답기간인 2월의 기간이 만료된 때부터 2개월 이내에 행사하여야 한다. 도시정비법 제64조 제4항에서 매도청구권의 행사기간을 규정한 취지는, 매도청구권이 형성권으로서 재건축참가자 다수의 의사에 의하여 매매계약의 성립을 강제하는 것이므로, 만일 위와 같이 행사기간을 제한하지 아니하면 매도청구의 상대방은 매도청구권자가 언제 매도청구를 할지 모르게 되어 그 법적 지위가 불안전하게 될 뿐만 아니라 매도청구권자가 매수대상인 구분소유권 등의 시가가 가장 낮아지는 시기를 임의로

341 대법원 2006. 2. 23. 선고 2005다19552 판결
342 대법원 2008. 2. 29. 선고 2006다56572 판결
343 대법원 2010. 12. 23. 선고 2010다73215 판결

정하여 매도청구를 할 수 있게 되어 매도청구 상대방의 권익을 부당하게 침해할 우려가 있는 점에 비추어 매도청구 상대방의 정당한 법적 이익을 보호하고 아울러 재건축을 둘러싼 법률관계를 조속히 확정하기 위한 것이라고 봄이 상당하다. 따라서 이와 같은 매도청구권 행사기간 규정의 취지를 고려할 때, 매도청구권은 그 행사기간 내에 이를 행사하지 아니하면 그 효력을 상실한다고 보아야 한다.[344] 다만, 소송상으로도 행사할 수 있지만 소송 외에서도 가능하다. 소송상 행사한 경우에는 소장 접수시에 매도청구권을 행사한 것으로 본다. 기간 중단 제도가 없는 제척기간으로 이해된다.

조합설립에 동의하지 않은 건축물 또는 토지만을 소유한 자는 조합설립동의의 상대방이기 때문에 최고를 거쳐 매도청구권을 행사하여야 할 것이나 조합설립에 동의한 건축물 또는 토지만을 소유한 자는 최고를 거칠 필요가 없기 때문에 이들에 대해서는 매도청구권을 언제까지 행사하여야 하지는지에 대해 논란이 있을 수 있다. 이들에 대해서는 최고를 필요치 않으므로 사업시행계획인가 고시가 있은 날로부터 2월 이내에 매도청구권을 행사해야 한다는 견해[345]가 있을 수 있다. 그러나 도시정비법 제64조 제1항 내지 제4항의 문리적 해석상 '건축물 또는 토지만 소유한 자'는 조합설립이나 사업시행자 지정에 관한 동의 여부와는 무관하게 법정 최대 회답기간이 만료된 때로부터 2개월 이내에 매도청구권을 행사할 수 있다고 보는 것이 타당하다.

즉, 토지 또는 건축물만을 소유한 자에 대해 조합설립 동의 여부에 따라 매도청구권의 행사시기를 달리하는 것은 불합리하고 도시정비법 제64조 제1항 내지 제4항의 문리적 해석상 그리고 그들에 대한 매도청구권 행사를 객관적으로 정할 필요가 있다는 점에 비추어, 이들에 대해서는 사업시행자가 서면 촉구

344 대법원 2008. 2. 29. 선고 2006다56572 판결

345 초기 구 도시정비법은 주택단지 내 토지만을 소유한 자의 경우 조합설립동의의 상대방에서 제외하였다. 이와 같은 토지만을 소유한 자에 대해서는 조합설립등기를 마친 때로부터 2월 이내에 매도청구권을 행사하여야 한다는 점에 관하여는 대법원 2008. 2. 29. 선고 2006다56572 판결 참조

할 수 있는 최대 한계일인 사업시행계획인가 고시가 있은 날로부터 30일을 기준으로 그로부터 회답기간 2개월이 지난 시점으로부터 2개월 이내에 행사하여야 한다고 보는 것이 타당하다고 생각한다.

(2) 도시정비법 제73조에서 따른 현금청산자나 조합으로부터 제명을 당한 자와 같은 후발적 탈퇴자에 대해서는 행사기간의 제한이 없다.[346] 조합이 위 현금청산자에 대한 도시정비법상의 협의기간, 즉 관리처분계획이 인가·고시된 다음날부터 90일이 경과한 다음날부터 60일 이내에 매도청구소송을 제기하지 아니한 경우에는 조합은 법정 지연이자를 부담할 뿐이다. 매도청구권 행사 지연에 따른 법정이자는 〈**표 44**〉와 같다(시행령 §60②).

표 44 후발적 탈퇴자에 대한 매도청구 지연이자

지연일수	이자
6개월 이내	5%
6개월 초과 12개월 이내	10%
12개월 초과	15%

조합으로부터 제명을 당한 자에 대해서는 조합원제명에 관한 조합설립변경인가를 얻은 다음날로부터 90일 이내에 현금청산에 협의를 하여야 하고 그 기간이 만료된 다음날로부터 60일 이내에 매도청구소송을 제기하지 아니하면 역시 법정 지연이자를 부담해야 한다고 보아야 한다.

매도청구소송을 제기한 경우 소송 중에 별도의 매도청구권 행사가 없더라도 특별한 사정이 없는 한 상대방이 최고기간 내에 재건축사업에 불참할 것을 정지조건으로 회답기간 만료 다음날 매도청구권을 행사한 것과 동일한 효과 발생한다. 즉, 조합이 최고서를 첨부한 소장 부본의 송달로써 상대방에게 매도청

346 대법원 2010. 12. 23. 선고 2010다73215 판결

구권에 관한 최고를 한 이상, 이는 상대방이 최고기간 내에 재건축사업에 불참할 것을 정지조건으로, 회답기간 만료일 다음날 매도청구권을 행사한 것과 동일한 효과가 발생하므로 결국, 위 소장 부본 송달이후 도래한 회답기간 경과일 다음날 매매계약이 성립된 것으로 볼 수 있다.[347]

3. 매도청구의 효과

가. 매매계약의 성립 의제

조합과 그 상대방 사이에 매매계약이 성립된 것으로 의제된다. 매매계약 성립이 의제되는 시점은 매도청구의 의사표시가 도달한 날이다. 매도청구를 재판상 행사한 경우에는 매도청구 의사표시가 포함된 소장 기타 서면 부본이 상대방에게 송달된 날이다. 즉, 매도청구권을 행사하면 그 매도청구권 행사의 의사표시가 도달함과 동시에 그 토지에 관하여 시가에 의한 매매계약이 성립되고 이때의 시가란 매도청구권이 행사된 당시의 토지의 객관적 거래가격이다.[348] 가령, 도로로 점유·사용되는 토지의 거래가격은 당해 토지의 현실적 이용상황이 주위 토지와 같이 변경되었을 것임이 객관적으로 명백하게 된 때 등의 사정이 없는 한 원칙적으로 도로로 제한된 상태, 즉 도로인 현황대로 감정평가하여야 한다.[349] 따라서 당초부터 도로로 사용되어 왔고, 도로로 도시계획시설 결정·고시도 되었으며, 조합이 취득한 후에도 새로 정비기반시설를 설치한 다음 지방자치단체에 무상 귀속시키기로 한 경우에는 재건축사업 후에도 공동주택 부지가 아닌 도로로 사용될 예정임이 명백하므로 이 경우에는 도로인 현황대로 감정평가하여야 할 것이다.[350]

347 대법원 2010. 7. 15. 선고 2009다 63380 판결

348 대법원 2009. 3. 26. 선고 2008다21549, 21556, 21563 판결

349 대법원 2002. 4. 12. 선고 2001다60866 판결

350 대법원 2022. 7. 14. 선고 2020다233349 판결

매매계약의 성립에 불과하므로 기존 주택에 근저당권 등이 있는 경우에는 물상보증인에 준하는 제3취득자가 되고 대항력 있는 임대차가 있는 경우에는 조합이 채무를 면책적으로 인수한다.[351] 따라서 매도청구소송에서는 이와 같이 인수되는 금원을 공제하고 매매대금이 산정될 수 있도록 해야 한다. 결국, 기존 권리는 매도청구권 행사에 따라 소멸하는 것이 아니라 그대로 인수된다. 이 점에서 앞에서 살펴본 재개발사업에서의 수용과 구별된다. 다만 주택을 임차한 법인에는 원칙적으로 「주택임대차보호법」 제3조가 적용되지 않으므로 매도청구 상대방이 법인을 임차인으로 하는 주택을 조합에 매도한 경우에는 임대인의 임대차보증금 반환채무를 조합이 면책적으로 인수하였다는 등의 특별한 사정이 없는 한 임대차보증금 반환채무는 위 주택 매도에도 불구하고 소멸하지 아니한다.[352]

나. 매매계약에 따른 권리의무 발생

공평의 원칙상 토지등소유자는 권리제한등기가 없는 상태로 토지 등의 소유권을 사업시행자에게 이전할 의무를 부담하고, 이러한 권리제한등기 없는 소유권 이전의무와 사업시행자의 청산금 지급의무는 동시이행관계에 있는 것이 원칙이다.[353] 자신의 의무를 이행하여야 상대방에 대하여 의무이행을 구할 수 있다. 이행의 정도는 일반 매매계약 법리와 동일하다.

사업시행자는 사업수행을 위하여 필요한 경우에는 토지등소유자에게 청산금 중에서 권리제한등기를 말소하는 데 필요한 금액을 공제한 나머지 금액을 먼저 지급할 수 있고 이에 대하여 토지등소유자는 동시이행항변권을 행사할 수 없다. 한편, 토지등소유자가 그 소유 토지 등에 관하여 이미 사업시행자 앞으로 신탁을 원인으로 한 소유권이전등기를 마친 경우에는 청산금을 지급받기

351 대법원 2013. 1. 17. 선고 2011다49523 전원합의체 판결
352 대법원 2024. 6. 13. 선고 2024다215542 판결
353 대법원 2008. 10. 9. 선고 2008다37780 판결

위하여 별도로 소유권을 이전할 의무는 부담하지 아니한다.[354]

매도청구권의 행사에 따라 매매계약이 성립된 경우에 일방 당사자가 위 매매계약에 기하여 부담하는 채무를 이행하지 아니하는 때에는 상대방은 그 채무불이행을 이유로 계약의 해제에 관한 일반법리에 좇아 위 매매계약을 해제할 수 있다. 이는 매도청구권자가 매도인을 상대로 매도청구권의 행사에 기한 매매계약상의 의무에 관하여 이행청구소송을 제기하여 확정판결을 받았으나 그 후 자신이 위 매매계약상의 의무를 이행하지 아니하는 경우에도 다를 바 없다.[355]

재단법인의 기본재산에 대하여 도시정비법상의 매도청구가 있는 경우에는 그 기본재산에 대한 매매계약의 성립뿐만 아니라 기본재산의 변경을 내용으로 하는 재단법인의 정관의 변경까지 강제된다.[356] 그 결과 재단법인은 매도청구의 대상이 된 기본재산의 처분과 관련하여 상대방에 대하여 정관의 변경허가를 주무관청에 신청할 의무를 부담하게 되므로, 재단법인이 위 의무를 이행하지 않는 경우 상대방은 민법 제389조 제2항에 의하여 그 허가신청의 의사표시에 갈음하는 재판을 청구할 수 있다. 상대방이 정관변경 허가신청의 의사표시에 갈음하는 확정판결을 받아 그 판결정본이나 등본을 주무관청에 제출한 경우, 민사집행법 제263조 제1항에 의하여 재단법인이 직접 주무관청에 정관변경 허가신청을 한 것으로 의제된다.

매도청구권의 행사에 따라 매도청구의 상대방이 재건축조합에 종전의 토지를 인도하거나 재건축조합명의로 종전의 토지에 대한 소유권이전등기가 이루어지는 경우에는 매도청구의 상대방의 종전 토지에 대한 사용·수익권은 상실한다. 인도시점과 등기이전시점이 다른 경우에는 두 시점 중 더 빠른 시점에 종전 토지에 대한 사용·수익권을 상실한다 볼 것이다.[357]

---

354 대법원 2010. 9. 9. 선고 2010다19204 판결

355 대법원 2013. 3. 26. 자 2012마1940 결정

356 대법원 2008. 7. 10. 선고 2008다12453 판결

357 대법원 2010. 6. 24. 선고 2010도985 판결

4. 종합(원시적·후발적 탈퇴자 비교)

원시적 탈퇴자와 후발적 탈퇴자를 종합적으로 비교하면 〈표 45〉와 같다.

표 45 원시적·후발적 탈퇴자 비교

구분	법적 근거	대상	최고 요부	행사기간	행사기간 도과시 효과	해제 가부
원시적 탈퇴자	도시정비법 제67조	조합설립미동의자, 건축물 또는 토지만 소유한 자	필요	최고회답기간 만료 후 2월 내	매도청구권 소멸	가능
후발적 탈퇴자	도시정비법 제73조	현금청산자, 제명된 자	불요	협의기간 만료 후 60일 이내	지연이자	가능

V 재건축사업에서 주택단지 토지분할 청구

제67조(재건축사업의 범위에 관한 특례) ① 사업시행자 또는 추진위원회는 다음 각 호의 어느 하나에 해당하는 경우에는 그 주택단지 안의 일부 토지에 대하여 「건축법」 제57조에도 불구하고 분할하려는 토지면적이 같은 조에서 정하고 있는 면적에 미달되더라도 토지분할을 청구할 수 있다.

1. 「주택법」 제15조제1항에 따라 사업계획승인을 받아 건설한 둘 이상의 건축물이 있는 주택단지에 재건축사업을 하는 경우
2. 제35조제3항에 따른 조합설립의 동의요건을 충족시키기 위하여 필요한 경우

② 사업시행자 또는 추진위원회는 제1항에 따라 토지분할 청구를 하는 때에는 토지분할의 대상이 되는 토지 및 그 위의 건축물과 관련된 토지등소유자와 협의하여야 한다.

③ 사업시행자 또는 추진위원회는 제2항에 따른 토지분할의 협의가 성립되지 아니한 경우에는 법원에 토지분할을 청구할 수 있다.

④ 시장 · 군수등은 제3항에 따라 토지분할이 청구된 경우에 분할되어 나가는 토지 및 그 위의 건축물이 다음 각 호의 요건을 충족하는 때에는 토지분할이 완료되지 아니하여 제1항에 따른 동의요건에 미달되더라도 「건축법」 제4조에 따라 특별자치시 · 특별자치도 · 시 · 군 · 구(자치구를 말한다)에 설치하는 건축위원회의 심의를 거쳐 조합설립인가와 사업시행계획인가를 할 수 있다.

1. 해당 토지 및 건축물과 관련된 토지등소유자(제77조에 따른 기준일의 다음 날 이후에 정비구역에 위치한 건축물 및 그 부속토지의 소유권을 취득한 자는 제외한다)의 수가 전체의 10분의 1 이하일 것
2. 분할되어 나가는 토지 위의 건축물이 분할선 상에 위치하지 아니할 것
3. 그 밖에 사업시행계획인가를 위하여 대통령령으로 정하는 요건에 해당할 것

1. 의의 및 법적 성격

재건축사업에서의 주택단지 토지분할 청구를 규정한 도시정비법 제67조는 주택단지 안의 일부 토지등소유자의 반대로 조합설립인가나 사업시행인가를 받지 못하여 다수의 토지등소유자가 피해 보는 것을 방지하고 재건축사업을 원활하게 시행하기 위한 특별규정이다.[358] 법원에 토지분할을 청구한 상태에서 바로 조합설립인가나 사업시행계획인가가 가능하도록 하기 위한 규정이다. 민법상의 토지분할청구는 분할청구에 특별한 요건이 필요하지 않지만, 한편 「집합건물의 소유 및 관리에 관한 법률」 제8조는 집합건물의 대지에 대한 분할청구를 금지하고 있는데, 그 이유는 집합건물의 대지의 경우 그 지상의 구분소유권과 일체성 내지 불가분성을 가지기 때문이다. 즉, 이 분할청구 금지규정은 일반의 공유와 같이 공유지분권에 기한 공유물 분할을 인정한다면 그 집합건물의 대지사용관계는 파탄에 이르게 되므로 집합건물의 공동생활관계의 보호

358 대법원 2013. 12. 12. 선고 2011두12900 판결

를 위함이다.[359] 도시정비법상의 주택단지 토지분할 청구는 이와 같은 집합건물 대지에 대한 분할청구 금지 대한 예외로 일정 요건을 갖춘 경우에는 분할청구를 다시 허용하고 있다.

민법상의 토지분할청구와의 차이는 민법상의 토지분할청구는 공유자 전원이 참여하는 고유필요적 공동소송이지만 도시정비법상의 주택단지 토지분할청구는 추진위원회 구성에 동의한 자나 조합설립에 동의한 자를 대표하여 추진위원회나 사업시행자가 당사자가 된다는 점에 있다.

2. 요건

가. 청구권자는 조합 또는 추진위원회일 것

주택단지 재건축은 특별한 긴급상황이 아닌한 조합방식에 의하게 되므로 청구권자는 조합 또는 추진위원회이다. 원고적격의 문제다. 조합설립이나 추진위구성에 동의하지 않은 자도 대표하거나 대위할 수 있는지 문제될 수 있으나 그들의 명시적 의사에 반하는 것이므로 그렇게 볼 수는 없다고 생각한다.

나. 상대방은 분할대상인 토지 또는 그 위의 건축물과 관련된 토지등소유자일 것

피고적격의 문제로 도시정비법 제67조는 이를 명확히 규정하고 있지 않다. 그래서 분할의 대상이 되는 토지 및 그 위의 건축물과 관련된 토지등소유자만이 상대방이 되는지 문제된다. 도시정비법상의 주택단지 토지분할청구도 공유물분할청구의 일종이므로 모든 공유자가 관여하는 것이 타당하다고 생각한다. 따라서 조합설립 등에 동의하지 아니한 자라면 토지분할의 대상이 되는 토지 및 그 위의 건축물과 관련된 토지등소유자가 아니고 조합이나 추진위원회가 구성된 주택단지 부분의 토지등소유자라도 피고가 될 수 있다 할 것이다. 토지분할의 대상이 되는 토지 또는 그 위의 건축물과 관련된 토지등소유자가 조합

---

359 대법원 2007. 12. 27. 선고 2005다66374, 66381 판결

설립 등에 동의하였다 하더라도 토지분할을 청구하고 있는 조합 또는 추진위원회가 도시정비법상 그들을 대표하거나 대위할 수는 없는 것이므로 역시 피고적격이 인정된다 할 것이다. 토지분할의 대상이 되는 토지 등의 토지등소유자가 토지분할에 동의하였다 하더라도 피고로 삼는 것이 타당하다고 생각한다.

다. 분할청구의 대상은 주택단지 안의 일부 토지일 것

주택단지 안의 일부 토지에 대하여 분할청구하여야 한다. 독립필지는 분할의 대상이 아니다. 토지분할의 대상인 '토지의 일부'는 도시정비법 제35조에 따라 한 동으로 보게 되는 복리시설 전체를 의미한다고 볼 수는 없다. 복리시설 전체 동의 일부 동이라 하더라도 분할의 대상이 된다.

라. 둘 이상의 건축물이 있는 주택단지에 재건축을 하거나 조합설립 동의요건을 충족시키기 위하여 필요한 경우일 것

둘 이상의 건축물이 있는 주택단지를 재건축하기 위해 필요한 경우라면 조합설립 동의 요건 충족여부 불문하고 토지분할청구 할 수 있다. 일반적으로 주택단지 토지분할 청구는 조합설립 동의 요건을 충족하기 위해 한다. 하지만 도시정비법은 이에 더하여 서로의 이해관계나 성향이 동별로 극명하게 차이가 나는 경우에는 각 동별로 조합설립 요건을 충족하더라도 주택단지 토지분할 청구를 할 수 있도록 규정하고 있다.

마. 관련 토지등소유자와 토지분할에 관한 협의를 할 것

토지분할청구의 요건으로서 협의의 불성립이라 함은, 사업시행자 또는 추진위원회와 토지분할대상이 되는 토지 및 그 위의 건축물과 관련된 토지등소유자 사이에 분할방법에 관하여 협의가 실제로 진행되었으나 협의가 이루어지지 않은 경우뿐만 아니라 위 협의당사자 중 일부가 협의에 응할 의사가 없음을 명백히 하였다거나 행방불명된 경우처럼 처음부터 협의가 불가능한 경우를 포함한다고 할 것이다.

바. 법원에 청구할 것

도시정비법상의 주택단지 토지분할청구의 법적 효과를 향유하기 위해서는 토지분할 청구를 법원에 하여야 한다.

3. 효과

주택단지 재건축조합의 설립 동의요건에 미달되더라도 건축위원회의 심의를 거쳐 조합설립인가와 사업시행계획인가를 할 수 있다. 토지분할이 완료되어야 하는 것은 아니다. 다만 (i)해당 토지 및 건축물과 관련된 토지등소유자의 수가 전체의 10분의 1 이하 일 것, (ii)분할되어 나가는 토지 위의 건축물이 분할선 상에 위치하지 아니할 것, (iii)분할되어 나가는 토지가 대지와 도로의 관계를 규정한 「건축법」 제44조에 적합한 경우일 것이라는 요건을 모두 충족해야 한다. 토지등소유자 수를 산정함에 있어서는 도시정비법 제77조에 따른 권리산정기준일의 다음 날 이후에 정비구역에 위치한 건축물 및 그 부속토지의 소유권을 취득한 자는 제외한다(법 §67④괄호부분). 토지분할을 방해하거나 유리한 상황을 만드는 행위를 규제함으로서 토지분할 청구가 본래 취지에 맞게 활용되도록 하기 위함이다.

도시정비법 제67조에 따라 조합설립인가를 하는 경우 그 제3항에 의한 토지분할이 청구되고 분할되어 나갈 토지 및 건축물과 관련된 토지 등 소유자의 수가 전체의 10분의 1 이하일 것 등 제4항이 정한 요건이 갖추어지면 되는 것이고, 특별한 사정이 없는 한 토지분할을 전제로 한 새로운 조합설립동의서나 특별결의, 정관변경 등이 요구되는 것은 아니다.[360] 다시 말해 토지가 분할된다는 사정을 포함해 다시 조합설립동의서를 작성하여 동의를 새롭게 받는 등의 요건을 다시 갖출 필요가 없다. 관리처분계획에 대한 인가는 주택단지 토지분할이 완료되어야 가능하다.

---

360 대법원 2013. 12. 12. 선고 2011두12900 판결

Ⅵ 지상권 등 계약의 해지

제70조(지상권 등 계약의 해지) ① 정비사업의 시행으로 지상권 · 전세권 또는 임차권의 설정 목적을 달성할 수 없는 때에는 그 권리자는 계약을 해지할 수 있다.

② 제1항에 따라 계약을 해지할 수 있는 자가 가지는 전세금 · 보증금, 그 밖의 계약상의 금전의 반환청구권은 사업시행자에게 행사할 수 있다.

③ 제2항에 따른 금전의 반환청구권의 행사로 해당 금전을 지급한 사업시행자는 해당 토지등소유자에게 구상할 수 있다.

④ 사업시행자는 제3항에 따른 구상이 되지 아니하는 때에는 해당 토지등소유자에게 귀속될 대지 또는 건축물을 압류할 수 있다. 이 경우 압류한 권리는 저당권과 동일한 효력을 가진다.

⑤ 제74조에 따라 관리처분계획의 인가를 받은 경우 지상권 · 전세권설정계약 또는 임대차계약의 계약기간은 「민법」 제280조 · 제281조 및 제312조제2항, 「주택임대차보호법」 제4조제1항, 「상가건물 임대차보호법」 제9조제1항을 적용하지 아니한다.

1. 의의 및 법적 성격

정비사업의 시행으로 인하여 임차권 등 용익물권이나 이에 준한 채권의 설정목적을 달성할 수 없는 경우 그 권리자는 계약을 해지할 수 있다. 나아가 계약을 해지할 수 있는 자가 가지는 전세금·보증금 그 밖의 계약상의 금전의 반환청구권은 사업시행자에게 이를 행사할 수 있다. 이처럼 도시정비법 제70조 제1항, 제2항이 정비사업 구역 내의 임차권자 등에게 계약 해지권은 물론, 나아가 사업시행자를 상대로 한 보증금반환청구권까지 인정하는 취지는, 정비사업의 시행으로 인하여 그 의사에 반하여 임대차목적물의 사용·수익이 정지되는 임차권자 등의 정당한 권리를 두텁게 보호하는 한편, 계약상 임대차기간 등 권리존속기간의 예외로서 이러한 권리를 조기에 소멸시켜 원활한 정비사업의 추진을 도모하고자 함에 있다.[361]

2. 요건

가. 정비사업의 시행으로 임차권 등의 설정 목적을 달성할 수 없을 것

임대차계약은 임대인이 임차인에게 목적물을 사용·수익하게 할 것을 약정하고 임차인이 이에 대하여 차임을 지급할 것을 약정하는 것을 계약의 기본내용으로 하므로(민법 §618), 도시정비법 제70조 제1항에서 말하는 '정비사업의 시행으로 인하여 임차권의 설정목적을 달성할 수 없다'는 것은 정비사업의 시행으로 인하여 임차인이 임대차목적물을 사용·수익할 수 없게 되거나 임대차목적물을 사용·수익하는 상황 내지 이를 이용하는 형태에 중대한 변화가 생기는 등 임차권자가 이를 이유로 계약 해지권을 행사하는 것이 정당하다고 인정되는 경우를 의미한다.[362]

그런데, 도시정비법 제81조 제1항 본문에 따라 관리처분계획인가의 고시가 있을 때에는 종전의 토지 또는 건축물의 소유자·지상권자·전세권자·임차권자 등 권리자는 도시정비법 제86조에 의한 이전의 고시가 있는 날까지 종전의 토지 또는 건축물에 대하여 이를 사용하거나 수익할 수 없고, 사업시행자가 이를 사용·수익할 수 있게 된다.[363] 또한 관리처분계획 인가를 받은 경우 계약기간에 관한 「주택임대차보호법」이나 「상가건물 임대차보호법」 등 강행규정은 적용되지 않는다(법 §70⑤). 이에 따라 사업시행자는 관리처분계획인가의 고시가 있게 되면 위 조항을 근거로 정비구역 내에 있는 토지 또는 건축물의 임차권자 등을

361 대법원 2020. 8. 20. 선고 2017다260636 판결

362 대법원 2020. 8. 20. 선고 2017다260636 판결

363 대법원 1992. 12. 22. 선고 91다22094 전원합의체 판결, 대법원 2010. 5. 27. 선고 2009다53635 판결

상대로 그들이 점유하고 있는 부동산의 인도를 구할 수 있다.[364] 그 결과 임차권자는 임대차기간이 남아 있더라도 자신이 점유하고 있는 임대차목적물을 사업시행자에게 인도하여야 할 의무를 부담하게 되고 이로 인해 정비사업이 진행되는 동안 임대차목적물을 사용·수익할 수 없게 된다. 따라서 임차인은 원칙적으로 관리처분계획인가의 고시가 있다면 임차권의 설정목적을 달성할 수 없게 되었음을 이유로 이 조항에 따라 임대차계약을 해지하고, 사업시행자를 상대로 보증금반환청구권을 행사할 수 있다.[365]

다만 관리처분계획인가의 고시 이전이라도 정비사업 계획에 따라 사업시행자에 의한 이주절차가 개시되어 실제로 이주가 이루어지는 등 사회통념상 임차인에게 임대차관계를 유지하도록 하는 것이 부당하다고 볼 수 있는 특별한 사정이 있는 경우에는, 임차인은 이 조항에 따라 임대차계약을 해지하고, 사업시행자를 상대로 보증금반환청구권을 행사할 수 있다. 이 경우 임차인이 관리처분계획인가의 고시 이전에 해지권을 행사할 수 있는 특별한 사정이 있는지는, 정비사업의 진행 단계와 정도, 임대차계약의 목적과 내용, 정비사업으로 임차권이 제한을 받는 정도, 사업시행자나 임대인 등 이해관계인이 보인 태도, 기타 제반 사정을 종합적으로 고려하여 개별적·구체적으로 판단하여야 한다.[366] 따라서 가령, 임차인의 계약해지시점이 관리처분계획인가의 고시 이전이라 하더라도 이미 관할 행정청이 관리처분계획을 인가하여 가까운 시일 내에 관리처분계획인가의 고시가 있을 것으로 예상되고, 조합 역시 관리처분계획이 인가된 후 정비구역 내에 거주하고 있던 세입자와 조합원들을 상대로 이주안내문을 발송하여 정해진 이주기간 내에 이주할 것을 요구하고 있었던 상황이라면 임차인이 관리처분계획인가의 고시 이전에 임대차관계를 유지하는 것이 부당하다고 볼 수 있는 특별한 사정이 있다고 볼 수 있으므로, 이와 같은 경우

364 대법원 2014. 7. 24. 선고 2012다62561, 62578 판결
365 대법원 2020. 8. 20. 선고 2017다260636 판결
366 대법원 2020. 8. 20. 선고 2017다260636 판결

에는 임차인이 임대차계약을 해지하고 사업시행자인 조합을 상대로 보증금반환청구권을 행사할 수 있다 할 것이다.

나. 권리자가 계약해지의 의사표시를 할 것

임대인이나 임차인인 모두 계약해지의 의사표시를 할 수 있다. 명시적·묵시적 불문한다.

3. 효과

계약관계가 종료되고 계약을 해지할 수 있는 임차권자 등은 보증금 그 밖의 계약상의 금전의 반환청구권을 사업시행자에게도 행사할 수 있다. 계약상의 임차보증금반환채권을 행사하는 것이기 때문에 동시이행항변권이 붙어 있는 경우에는 그 권리를 그대로 행사할 수 있다. 문제는 이 규정에 따라 임차권자가 사업시행자를 상대로 보증금 등의 반환을 구하려면 토지등소유자에게 보증금반환채권을 가져야 하는가 하는 점이다. 大法院은 무단 전차인 등이 '정비사업의 시행'이라는 우연한 사정에 기하여 임대인의 무자력과 무관하게 보증금을 반환받게 되는 불합리가 발생하게 되고 사업시행자로 하여금 임대인의 무자력 등으로 구상을 하지 못할 위험까지 부담하도록 하는 것은 정비사업의 원활한 진행에 장애가 된다는 점을 들어 임차권자가 사업시행자를 상대로 보증금 등의 반환을 구하려면, 임차권자가 토지등소유자에 대하여 보증금반환채권을 가지는 경우라야 한다는 입장이다.[367] 大法院의 이와 같은 입장은 부동산 임차인의 해지권과 사업시행자에 대한 보증금반환청구권을 인정한 도시정비법의 취지에 부합하고 채권을 대신 변제한 경우에야 구상권이 발생한다는 법 원칙을 확인한 것으로 위 규정의 적용범위를 합리적으로 한정한 것으로 보인다. 토지등소유자가 조합원인지 현금청산자인지는 불문한다. 이 규정이 조합원의 세입자만을 특별히 보호하는 규정으로는 볼 수 없기 때문이다.

367 대법원 2014. 7. 24. 선고 2012다62561, 62578 판결

사업시행자는 토지등소유자에게 구상을 하지 못한 경우에는 해당 토지등소유자에게 귀속될 대지 또는 건축물을 압류할 수 있다. 이 경우 압류된 권리는 저당권과 동일한 효력을 가진다. 귀속될 대지 또는 건축물이 없는 현금청산자의 재산에 대해서도 구상권을 피보전권리로 하여 가압류할 수 있는데 이 경우에는 물권법정주의 원칙상 저당권과 같은 효력을 가진다고 볼 수는 없다.

Ⅶ 소유자의 확인이 곤란한 건축물 등에 대한 처분

제71조(소유자의 확인이 곤란한 건축물 등에 대한 처분) ① 사업시행자는 다음 각 호에서 정하는 날 현재 건축물 또는 토지의 소유자의 소재 확인이 현저히 곤란한 때에는 전국적으로 배포되는 둘 이상의 일간신문에 2회 이상 공고하고, 공고한 날부터 30일 이상이 지난 때에는 그 소유자의 해당 건축물 또는 토지의 감정평가액에 해당하는 금액을 법원에 공탁하고 정비사업을 시행할 수 있다.

1. 제25조에 따라 조합이 사업시행자가 되는 경우에는 제35조에 따른 조합설립인가일
2. 제25조제1항제2호에 따라 토지등소유자가 시행하는 재개발사업의 경우에는 제50조에 따른 사업시행계획인가일
3. 제26조제1항에 따라 시장 · 군수등, 토지주택공사등이 정비사업을 시행하는 경우에는 같은 조 제2항에 따른 고시일
4. 제27조제1항에 따라 지정개발자를 사업시행자로 지정하는 경우에는 같은 조 제2항에 따른 고시일

② 재건축사업을 시행하는 경우 조합설립인가일 현재 조합원 전체의 공동소유인 토지 또는 건축물은 조합 소유의 토지 또는 건축물로 본다.

③ 제2항에 따라 조합 소유로 보는 토지 또는 건축물의 처분에 관한 사항은 제74조제1항에 따른 관리처분계획에 명시하여야 한다.

④ 제1항에 따른 토지 또는 건축물의 감정평가는 제74조제4항제1호를 준용한다.

1. 의의 및 법적 성격

정비사업은 수년간에 걸쳐 막대한 비용이 투입되는 사업으로 사업을 신속하게 추진하게 되면 조합원의 부담은 경감될 수 있다. 하지만 정비사업은 또한 다수 당사자가 참여하는 사업이기 때문에 이해관계를 조정하는데 시간이 소요될 수밖에 없다. 이에 도시정비법 제71조는 이와 같은 이해관계자 중에서 소유자의 소재확인이 불분명한 자에 대해서는 그들의 권리를 보장하기 위한 최소한의 장치를 마련함과 동시에 사업의 신속한 추진에 장애가 되지 않도록 특별한 정비사업 시행절차를 규정하고 있다. 조합에 소유권을 귀속시키는 규정이라는 견해도 있을 수 있으나 규정체계상 귀속조항으로 볼 수 없을 뿐만 아니라 소유권박탈조항으로 보는 경우에는 과잉금지원칙에 위배되는 규정이 될 수 있다는 점에서 찬성할 수 없다.

다음으로 도시정비법은 재건축사업을 시행하는 경우 조합설립인가일 현재 조합원 전체의 공동소유인 토지 또는 건축물은 조합 소유의 토지 또는 건축물로 보도록 함으로써 정비구역내 공동소유인 토지 또는 건축물에 대한 권리행사가 합리적으로 이루어질 수 있도록 하고 있다. 토지 또는 건축물(경로당 등)이 조합원 전체의 공동소유인 경우 조합원 전체의 동의가 없는 한 의결권행사가 불가능해지는 불합리를 없애기 위해 이와 같은 규정을 둔 것이다. 조합 소유로 보는 토지 또는 건축물의 처분에 대해서는 관리처분계획에 명시하여야 한다.

아래에서는 조합 등 사업시행자가 소재확인이 곤란한 토지등소유자를 정비사업절차에서 배제하고 정비사업을 시행하기 위한 특별 절차에 대해 알아보기로 한다.

2. 요건(법 §71)

가. 조합설립인가일 현재 건축물 또는 토지의 소유자의 확인이 현저히 곤란할 것

도시정비법 시행령 제33조의 토지등기부등본·건물등기부등본·토지대장 및 건축물관리대장에 소유자로 등재될 당시 주민등록번호의 기록이 없고 기록된 주소가 현재 주소와 다른 경우로서 소재가 확인되지 아니한 자가 대표적이다. 조합이 사업시행자인 경우에는 조합설립인가일 현재를 기준으로 소재확인이 곤란한 경우여야 한다. 토지등소유자 방식의 경우에는 사업시행계획인가일, 공공방식의 경우에는 사업시행자 지정고시일, 지정개발자를 사업시행자로 지정하는 경우에는 그 사업시행자 지정고시일을 기준으로 한다.

여러 명의 공유에 속하는 토지의 공유자 중 일부가 소재불명자이면 유효한 조합설립 동의를 할 수 없다는 점에서 토지의 단독소유자가 소재불명자인 경우와 다르지 아니하므로, 공유자 중 일부가 소재불명자인 경우도 단독소유자가 소재불명인 경우와 마찬가지로 이 조항에 따라 처리하여야 할 것이다.[368] 그러나 한편 소재가 확인되지 아니된다는 이유만으로 토지등소유자의 수에서 제외시키는 것은, 토지 또는 건축물 소유자의 의사가 전혀 반영되지 아니한 채 소유물이 처분되는 결과에 이를 수 있다는 점을 고려할 때 적용에 신중을 기해야 한다. 이런 취지에 비추어 보면, 조합설립인가처분 이전에 이미 사망한 토지 또는 건축물 소유자를 소재가 확인되지 아니한다는 이유로 이 조항을 적용하기 위해서는 위 토지 또는 건축물 소유자의 상속인의 존재 및 소재를 확인하기 위한 가능하고도 충분한 노력을 다하였음에도 그러한 사실을 확인할 수 없음이 분명한 경우이어야 하고, 도시정비법 시행령 조항에서 정한 관련 공부인 토지대장 및 건축물관리대장 등에 위 토지 또는 건축물 소유자인 사망자의 주민등록번호가 기재되어 있더라도 달리 볼 이유가 없다.[369]

---

368 대법원 2017. 2. 3. 선고 2015두50283 판결

369 대법원 2014. 5. 29. 선고 2012두11041 판결

주의할 점은 공유자 중 일부가 소재불명인 경우 그 공유물에 대해 이 조항을 적용하여야 한다는 것은 민법상 공유물에 관하여 적용한다는 의미이다. 대지 공유관계의 특수성이 고려되어야 하는 집합건물의 공유물에는 적용하는 것이 아니다. 가령, 7개의 전유부로 구성된 집합건축물을 소유자 7인(A, B, C, D, E, F, G)이 각각 소유하고 있으나, 이 집합건물의 대지인 1필지의 토지는 8인의 소유자(A, B, C, D, E, F, G 그리고 H)가 공유하고 조합설립에 소유자 5인(A, C, D, F, G)이 동의하였는데 H가 소재불명자인 경우에는 H만 이 조항을 적용하여야 한다. 왜냐하면 집합건물의 경우에는 대지사용권인 대지지분이 구분소유권의 목적인 전유부분에 종속되어 일체화되는 관계에 있으므로, 집합건물의 대지의 공유관계에서는 이와 같은 민법상 공유물에 관한 일반법리가 그대로 적용될 수 없고, 이는 대지 공유자들 중 구분소유자 아닌 사람이 있더라도 마찬가지이기 때문이다.[370]

나. 전국적으로 배포되는 둘 이상의 일간신문에 2회 이상 공고하고, 공고한 날부터 30일 이상이 지날 것

사업시행자인 조합이 공고를 직접 행하고 소유자에 대한 최소 수색기간이 정하여져 있지 않다는 점에서 법원이 재산관리인을 선임한 후 1년 이상의 상속인수색공고와 연고자 분여를 거쳐 소유권을 국가에 귀속시키는 상속재산 국가귀속절차와 구별된다(민법 §1053~§1057).

다. 행방불명자의 해당 건축물 또는 토지의 감정평가액에 해당하는 금액을 법원에 공탁할 것

이 경우 토지 또는 건축물의 감정평가는 도시정비법 제74조 제4항 제1호를 준용한다. 따라서 주거환경개선사업 또는 재개발사업의 경우에는 시장·군수등이 선정·계약한 2인 이상의 감정평가법인등이 평가한 금액을 산술평균하여 산정하고, 재건축사업의 경우에는 시장·군수등이 선정·계약한 1인 이상의 감정

370 대법원 2022. 8. 25. 선고 2017다257007 판결

평가법인등과 조합원총회의 의결로 선정·계약한 1인 이상의 감정평가법인등이 평가한 금액을 산술평균하여 산정한다.

3. 효과

사업시행자인 조합은 소유자의 해당 건축물 또는 토지의 감정평가액에 해당하는 금액을 공탁하고 정비사업을 시행할 수 있다. 정비사업을 시행한다는 의미는 토지등소유자나 조합원에 대해 행하는 통지절차와 같은 절차관여를 생략한 채 각종 총회 진행이나 관리처분계획 수립, 착공 등을 행할 수 있다는 것이다. 감정평가방법은 관리처분계획 수립을 위한 종전자산 평가방법과 동일하다(법 §71④).

감정평가액을 공탁하면, 소유권 확보를 전제로 한 법령상의 제한에도 불구하고, 사업을 시행할 수 있다. 이전고시가 있게 되면 이와 같은 토지 또는 건축물은「도시개발법」상의 체비지에 준해 이전고시 다음날 소유권이 상실되어 조합앞으로 소유권보존등기 되었다가 일반분양자에게 소유권이 이전되게 된다.

실무에서는 이전고시 전까지 소유권을 확보하기 위해 매도청구소송을 제기해 판결을 받거나 수용절차를 밟아야 하는 경우가 많다. 하지만 매도청구소송이나 수용절차에서도 주민등록번호 등을 알 수 없는 관계로 소유권확보가 곤란한 경우도 많은데 이러한 경우에는 부득이 이해관계인으로서 민법상 부재자재산관리인 제도를 이용할 수밖에 없다. 소유권자의 최후 주소지 또는 재산소재지의 가정법원에 부재자 재산관리인 선임신청을 한 뒤 재산관리인으로 하여금 그 토지를 법원의 허가를 받아 조합에게 매도하도록 하거나 그를 상대로 소유권확보를 위한 매도청구소송이나 수용의 절차를 진행하면 될 것이다.

제5절 관리처분계획

I 개요

1. 개념

관리처분계획이란 토지 또는 건물 소유자가 가지는 종전의 토지 또는 건축물에 대한 권리를 사업시행 후 조성되는 대지 및 건축물에 대한 권리로 변환시켜주는 계획을 말한다. 정비사업의 시행으로 조성되는 대지 및 설치되는 건축시설 등에 대한 사업완료 후의 분양처분을 미리 정하는 계획이다. 아울러 정비사업의 시행 결과 조성되는 대지 또는 건축물의 권리 귀속 과정에서 발생하는 정산과 관련된 조합원의 비용 분담에 관한 사항 등도 정하게 된다.

2. 법적 성질

가. 공용환권처분

관리처분계획은 조합원의 재산상 권리·의무 등에 구체적이고 직접적인 영향을 미치게 되므로, 정비사업조합이 행하는 독립된 행정처분에 해당한다.[371] 인가된 관리처분계획에 의한 권리변환은 종전의 토지 또는 건축물에 대한 소유권 등의 권리를 강제적으로 변환시키는 공용환권에 해당한다.[372] 일종의 입체환지이다. 이에 반하여, 관리처분계획 인가 및 이에 따른 이전고시 등의 절차를 거치지 아니한 채 조합원에게 신 주택이나 대지가 분양된 경우에는 당해 조합원은 조합규약 내지 분양계약에 의하여 구 주택이나 대지와는 다른 신 주택이나 대지에 관한 소유권을 취득한 것에 불과할 뿐이다. 이와 같은 경우에는 구 주택이나 대지에 관한 소유권이 신 주택이나 대지에 관한 소유권으로 강제적으로 교환·변경되어 공용환권된 것으로 볼 수는 없으므로 양자 간에 그 동일

371 대법원 2009. 9. 17. 선고 2007다2428 전원합의체 판결

372 대법원 2009. 6. 23. 선고 2008다1132 판결

성이 유지된다고 할 수 없다.

나. 구속적 행정계획

관리처분계획은 정비계획, 사업시행계획과 함께 정비사업의 일련의 절차로서 이루어지는 권리변환에 관한 행정계획이다. 이전고시의 논리적 전제가 될 뿐 아니라 법적 토대가 된다. 분양대상자, 분양대상자별 분양예정 대지 및 건축물, 분양대상자별 종전 권리가액, 조합원의 분담금액 등 계획 내용자체가 사업시행자와 조합원을 구속한다.

다. 설권적·하명적 성격

토지 또는 건축물의 소유자·지상권자·전제권자·임차권자 등은 이전고시 때까지 기존 토지 또는 건축물을 사용·수익할 수 없고(법 §81①), 사업시행자는 관리처분계획인가 고시 후에는 정비사업지구 내 기존 건축물을 철거할 수 있다(법 §81②).

라. 대물적 처분

조합원 분양의 경우 종전의 토지 또는 건축물에 대신하여 대지 또는 건축시설이 정하여진 경우에는 이전고시가 있은 다음날에 종전의 토지 또는 건축물에 관하여 존재하던 권리관계는 분양받는 대지 또는 건축시설에 그 동일성을 유지하면서 변환된다(법 §87①). 다만, 관리처분계획 및 이에 따른 이전고시는, 그 자체로는 권리의 귀속에 관하여 아무런 득실변동을 생기게 하는 것이 아니다. 대인적 처분이 아닌 대물적 처분이기 때문이다. 따라서 사업시행자가 소유자를 오인하여 종전의 토지 또는 건축물의 소유자가 아닌 다른 사람에게 관리처분계획을 수립하여 이에 따라 이전고시를 한 경우에는 그 다른 사람이 권리를 취득하게 되는 것이 아니다.[373] 종전의 토지 또는 건축물의 진정한 소유자가 분양된 대지 또는 건축시설의 소유권을 취득하고 이를 행사할 수 있다. 가령,

373 대법원 1995. 6. 30. 선고 95다10570 판결

당초 甲 소유로서 정비사업조합에 제공된 토지와 건물 중 건물은 甲이 동의함으로써 사전 철거된 후 토지만이 乙에게 경락되었는데도, 정비사업조합이 건물에 관한 권리도 乙에게 이전된 것으로 오인하고 乙에게만 아파트 1세대분을 분양하는 것으로 관리처분계획을 정하여 이전고시를 한 경우, 甲은 분양주택 중 토지가 변환된 부분에 관하여는 그 소유권을 주장할 수 없다 하더라도 건물이 변환된 부분에 관하여는 그 소유권을 주장하여 그 부분 乙 명의의 소유권이전등기 말소등기절차의 이행을 구할 수 있고, 정비사업조합에 대하여는 진정한 등기명의의 회복을 위하여서라도 甲 앞으로의 소유권이전등기절차의 이행을 구할 수 있다 할 것이다.

Ⅱ 분양공고 및 분양신청

제72조(분양공고 및 분양신청) ① 사업시행자는 제50조제9항에 따른 사업시행계획인가의 고시가 있은 날(사업시행계획인가 이후 시공자를 선정한 경우에는 시공자와 계약을 체결한 날)부터 90일(대통령령으로 정하는 경우에는 1회에 한정하여 30일의 범위에서 연장할 수 있다) 이내에 다음 각 호의 사항을 토지등소유자에게 통지하고, 분양의 대상이 되는 대지 또는 건축물의 내역 등 대통령령으로 정하는 사항을 해당 지역에서 발간되는 일간신문에 공고하여야 한다. 다만, 토지등소유자 1인이 시행하는 재개발사업의 경우에는 그러하지 아니하다.

1. 분양대상자별 종전의 토지 또는 건축물의 명세 및 사업시행계획인가의 고시가 있은 날을 기준으로 한 가격(사업시행계획인가 전에 제81조제3항에 따라 철거된 건축물은 시장 · 군수등에게 허가를 받은 날을 기준으로 한 가격)
2. 분양대상자별 분담금의 추산액
3. 분양신청기간
4. 그 밖에 대통령령으로 정하는 사항

② 제1항제3호에 따른 분양신청기간은 통지한 날부터 30일 이상 60일 이내로 하여야 한다. 다만, 사업시행자는 제74조제1항에 따른 관리처분계획의 수립에 지장이 없

다고 판단하는 경우에는 분양신청기간을 20일의 범위에서 한 차례만 연장할 수 있다.

③ 대지 또는 건축물에 대한 분양을 받으려는 토지등소유자는 제2항에 따른 분양신청기간에 대통령령으로 정하는 방법 및 절차에 따라 사업시행자에게 대지 또는 건축물에 대한 분양신청을 하여야 한다.

1. 의의

분양공고는, 토지등소유자에 대한 분양통지와 함께 사업시행자가 분양의 대상이 되는 대지 또는 건축물의 내역 등을 일간신문에 공고하는 것을 말한다. 분양신청이란 사업시행자의 이와 같은 분양공고에 대응하여, 토지등소유자가 사업시행자에게 행하는 수분양의 의사표시를 말한다. 분양신청은 조합의 의사와 무관하게 효력이 발생하는 토지등소유자의 조합에 대한 단독행위이다.

2. 분양통지[374]

사업시행자는 사업시행계획인가 고시가 있은 날(인가 이후 시공사 선정하는 경우에는 시공사와 계약 체결한 날)로부터 90일[375] 이내에 (i)종전 토지 또는 건축물의 명세 및 가격, (ii)분담금 추산액, (iii)분양신청기간, (iv)분양신청방법, (v)토지등소유자외의 권리자의 권리신고방법, (vi)분양을 신청하지 아니한 자에 대한 조치, (vii)그 밖에 시·도조례로 정하는 사항을 토지등소유자에게 통지하여야 한다. 90일은 훈시규정으로 보는 것이 타당하다. 따라서 이 기간을 도과하였다는 사정만으로 분양신청절차가 위법하다고 볼 수는 없다. 종전 토지 또는 건

374 2018. 2. 9. 전에 사업시행인가를 받았거나 사업시행인가를 신청한 조합의 경우에는 종전의 도시정비법이 적용되므로 종전자산가격이나 분담금을 통지할 필요가 없고 개략적인 분담금 내역만 통지하면 됨. 개략적인 분담금 내역이란 총수입, 총지출, 비례율 또는 분담금 산정기준 등을 말한다(대법원 2016. 12. 15. 선고 2015두51309 판결 참조)

375 재개발사업 중 해당 정비구역이 시·도조례로 정하는 면적 이상인 사업의 경우에는 1회에 한정하여 30일의 범위에서 연장할 수 있다.

축물의 가격은 원칙적으로 사업시행계획 인가일을 기준으로 한 가격을 의미한다.[376] 사업시행계획 변경인가일을 기준으로 하여 가격을 산정하였다 하더라도 분양대상자별 종전자산가격은 기본적으로 조합원들 사이의 상대적 출자비율을 정하기 위한 것이기 때문에 모든 조합원들에게 동일한 평가기준일을 적용한다면 그 일자를 언제로 하는지가 조합원들의 권리관계에 별다른 영향을 미치지 않는다.[377] 따라서 조합이 종전자산가격 평가기준일을 잘못 정하였다 하더라도 그 하자가 중대하다고 볼 수 없다.[378]

도시정비법 제72조는 사업시행자는 분양공고사항을 토지등소유자에게 통지하고 토지등소유자로 하여금 분양신청을 하도록 규정하고 있다. 여기서 분양통지의 대상이 되는 토지등소유자는 조합방식의 경우에는 조합원이거나 분양신청을 통해 조합원이 될 수 있는 자를 의미한다. 따라서 분양신청과 법률상 이해관계가 없는 정비구역 내 토지등소유자는 분양통지의 대상이 아니다. 가령 재건축사업에서 조합설립에 동의하지 않은 자는 분양통지의 대상이 아니다. 이에 대해 법문상 토지등소유자로 규정되어 있으므로 정비구역 내 모든 토지등소유자에게 개별 통지를 하여야 한다는 견해가 있을 수 있다. 하지만 大法院이 조합방식의 정비사업의 경우 분양신청을 하지 아니하면 분양신청기간 만료일 다음날 조합원지위를 상실한다고 일관되게 판시하고 있는 점[379]을 고려하면 위 규정에서의 토지등소유자란 조합방식에 따른 재개발사업과 재건축사업의 경우에는 원칙적으로 '조합원인 토지등소유자'라고 해석하는 것이 타당하다. 나아가 도시정비법 제72조 제5항이 현금청산자인 토지등소유자에게도 재분양신청권을 인정하고 있고 大法院 判例도 예외적으로 정관 등에 따라 현금청

376 대법원 2015. 10. 29. 선고 2014두13294 판결, 2015. 11. 26. 선고 2014두15528 판결, 2016. 2. 18. 선고 2015두2048 판결 각 참조

377 대법원 2016. 12. 15. 선고 2015두51309 판결 참조

378 대법원 2016. 12. 15. 선고 2015두51309 판결 참조

379 대법원 2010. 12. 23. 선고 2010다73215 판결

산자에게도 분양신청권을 추가적으로 부여할 수 있다[380]고 하고 있으므로 분양공고의 내용이 이와 같은 내용을 담고 있는 것이라면 이들에 대해서도 분양통지를 하여야 할 것이다. 결국 '분양통지의 대상이 되는 토지등소유자'는 조합원이거나 분양신청을 통해 조합원이 될 수 있는 자를 의미한다 할 것이다. 도시정비법 제72조가 위와 같이 '토지등소유자'라 표현한 것은 토지등소유자방식이나 공공방식 등도 포섭하기 위한 것으로 보인다.

3. 분양공고 및 분양신청

사업시행자는 토지등소유자에게 사업시행계획인가 고시가 있은 날(인가 이후 시공사 선정하는 경우에는 시공사와 계약 체결한 날)로부터 90일[381] 이내에 분양통지와 함께 (i)분양의 대상이 되는 대지 또는 건축물의 내역, (ii)사업시행계획인가의 내용, (iii)정비사업의 종류·명칭 및 정비구역의 위치·면적, (iv)분양신청기간 및 장소, (v)분양신청자격, (vi)분양신청방법, (vii)토지등소유자외의 권리자의 권리신고방법, (viii)분양을 신청하지 아니한 자에 대한 조치, (ix)그 밖에 시·도조례로 정하는 사항을 해당지역에서 발간되는 일간신문에 공고하여야 한다(법 §72①, 시행령 §59②).

분양신청기간은 통지한 날로부터 30일 이상 60일 이내로 하여야 하고 20일 범위에서 한차례 연장 가능하다. 분양신청 연장은 연속적으로 이루어져야 한다. 그렇지 않는 경우에는 분양신청기간이 종료되는 다음날 현금청산자가 발생하게 된다. 분양신청을 하려는 자는 분양신청서에 소유권의 내역을 분명하게 적고, 그 소유의 토지 및 건축물에 관한 등기부등본 또는 환지예정지증명원을 첨부하여 사업시행자에게 제출하여야 한다. 이 경우 우편의 방법으로 분양신청을 하는 때에는 분양신청기간 내에 발송된 것임을 증명할 수 있는 우편으로 하여야 한다(시행령 §59④). 분양신청서를 받은 사업시행자는 「전자정부법」

380 대법원 2014. 8. 20. 선고 2012두5572 판결 참조

381 대통령령으로 정하는 경우에는 1회에 한정하여 30일의 범위에서 연장할 수 있다

第36조 제1항에 따른 행정정보의 공동이용을 통하여 첨부서류를 확인할 수 있는 경우에는 그 확인으로 첨부서류를 갈음하여야 한다(시행령 §59⑥).

분양신청은 대표조합원을 선임하여 하거나 조합원 각자가 하더라도 단독명의가 아닌 공동명의의 분양신청임을 알 수 있도록 하여야 한다. 이 점에서 공유자 전원의 동의로 선임된 대표자가 조합설립에 동의하거나 대표자의 선임 없이 공유자 전원이 조합설립에 동의하면 유효한 조합설립동의가 있는 것으로 보는 조합설립동의와 구별된다. 단독분양대상자와 공동분양대상자는 완전히 법적으로 구별되는 개념이기 때문이다. 따라서 공유자들이 분양신청기간이 만료될 때까지 대표조합원을 선임하지 아니한 채 각자 단독 명의로 분양신청을 하고, 그 신청서에 본인을 제외한 나머지 구분소유자들의 성명을 기재하거나 그들의 신청서를 첨부하지도 아니한 것은 적법한 분양신청으로 볼 수 없다.[382] 분양신청기간이 만료된 후에 대표조합원을 선임하였다 하더라도 마찬가지이다.

문제는 도시정비법 제39조에 따라 여러 명을 대표하는 1명을 조합원으로 보더라도 그 여러명이 단독분양대상자가 되는 경우까지도 반드시 대표조합원을 통해서만 분양신청을 할 수 있는가 하는 점이다. (i)권리분배의 범위를 정함에 있어서도 반드시 수인의 토지등소유자들 전원에게 그 수에 해당하는 수분양권 전부를 일률적으로 귀속시켜야 할 필요가 없는 점, (ii)분양대상자라 하더라도 현금청산을 원할 수 있으므로 신축주택을 분양받을지 현금청산을 할 지는 분양신청자의 의사에 따라 결정되어야 한다는 점에 비춰 단독분양대상자에게는 단독분양신청권이 주어진다고 보는 것이 타당하다고 생각한다.

관리처분계획의 전제가 된 조합설립인가처분이 취소된 경우, 조합은 분양신청통지·공고 등의 절차를 다시 밟거나 분양신청 대상자들의 분양신청에 관한 의사를 개별적으로 확인하여 그 분양신청 현황을 기초로 관리처분계획을 수립하여야 한다. 조합이 이러한 절차를 밟지 않고 종전 분양신청 현황에 따라 관

382 대법원 2023. 2. 23. 선고 2020두36724 판결. 이 판결은 또한 '분양신청기간 만료 후 대표조합원을 선임하였다 하더라도 마찬가지다'라 하였다.

리처분계획을 수립하였다면 그 관리처분계획은 위법하다.[383] 다만, 종전의 분양신청 현황을 기초로 새로운 관리처분계획을 수립했다고 하더라도 (i)법령이 분양신청 통지에 포함시키도록 한 사항 등에 관하여 새로운 사업시행계획과 종전 사업시행계획 사이에 실질적으로 변경된 내용이 없고, (ii)사업의 성격이나 규모 등에 비추어 두 사업시행계획 인가일 사이의 시간적 간격이 지나치게 크지 않으며, (iii)분양신청 대상자들 중 종전 분양신청을 철회·변경하겠다거나 새롭게 분양신청을 희망하는 의사를 조합에 밝힌 사람이 실제 있지 않는 경우에는 예외적으로 허용된다 할 것이다.[384]

투기과열지구의 정비사업에서 분양을 받은 자(조합원, 일반분양자 불문) 및 그 세대원은 분양대상자 선정일(조합원 분양대상자는 최초 관리처분계획인가일)로부터 5년 이내에는 투기과열지구에서 분양신청을 할 수 없다(법 §72⑥). 다만, 상속, 결혼, 이혼으로 조합원 자격을 취득하는 경우에는 분양신청을 할 수 있다.

정비구역 안의 토지 및 건물의 전 소유자가 이미 분양신청을 하였고 그 후 새로운 권리자가 전 소유자의 권리를 취득하였다면, 구 권리자의 조합원으로서의 지위는 새로운 권리자에게 승계·이전되고 구 권리자가 한 분양신청의 효력도 새로운 권리자에게 미쳐, 새로운 권리자가 다시 분양신청을 하여야만 정비사업에 의하여 조성되거나 축조되는 대지 또는 건축 시설을 분양받을 수 있게 되는 것은 아니다.[385]

재개발사업의 경우 토지등소유자가 정비사업에 제공되는 종전의 토지 또는 건축물에 따라 분양받을 수 있는 것 외에 공사비 등 사업시행에 필요한 비용의 일부를 부담하고 그 대지 및 건축물(주택을 제외한다)을 분양받으려는 때에는 분양신청을 하는 때에 그 의사를 분명히 하고, 종전 토지 또는 건축물 가격의 10퍼센트에 상당하는 금액을 사업시행자에게 납입하여야 한다. 이 경우 그 금액은

383 대법원 2016. 12. 15. 선고 2015두51309 판결 참조
384 대법원 2016. 12. 15. 선고 2015두51309 판결 참조
385 대법원 1995. 6. 30. 선고 95다10570 판결

납입하였으나 관리처분계획에 따라 정하여진 비용부담액을 정하여진 시기에 납입하지 아니한 자는 그 납입한 금액의 비율에 해당하는 만큼의 대지 및 건축물(주택을 제외한다)만 분양을 받을 수 있다(시행령 §59⑤).

4. 재분양공고 및 재분양신청

분양신청기간 종료 후 사업시행계획인가의 중대변경으로 세대수 또는 주택규모가 달라지는 경우 종전 분양절차에서 분양신청을 한 자, 즉 조합원을 상대로 분양공고 및 분양신청을 다시 거칠 수 있다(법 §72④). 하지만 이와 같은 사업계획의 중대한 변경이 있다 하여 반드시 재분양신청을 받아야 하는 것은 아니다. 다만, 주택규모 등이 변경되어 종전 분양신청권 행사에 중대한 영향을 미치는 경우에는 재량권이 영으로 수축되었다 보아야 하므로 이 경우에는 재분양신청을 받아야 할 것이다. 정관등으로 정하고 있거나 총회의 의결을 거친 경우 종전 분양신청에 따른 현금청산자도 분양신청을 하게 할 수 있다. 아울러 현금청산자만을 상대로 재분양신청을 다시 받는 것도 가능하다.[386]

문제는 사업시행계획의 중대변경이 없는 경우에도 재분양신청이 허용될 것인가 하는 점이다. 관리처분계획 수립을 위해 분양신청절차를 1회로 제한하는 규정이 없는 점, 도시정비법이 관리처분계획의 변경을 인정하면서도 그 변경사유를 제한하고 있지 않은 점, 조합원총회는 조합 최고의 의사결정기관으로서 새로운 총회결의로써 종전 총회결의의 내용을 철회하거나 변경할 수 있는 자율성과 형성의 재량을 가지는 점[387]등을 종합적으로 고려하면, 정관 등으로 정하고 있거나 조합원총회의 의결이 있는 경우에는 허용된다고 할 것이다. 이 경우 현금청산자에게도 분양신청을 다시 하게 할 수 있다고 보아야 한다.[388]

386 대법원 2014. 8. 20. 선고 2012두5572 판결 참조

387 대법원 2020. 6. 25. 선고 2018두34732 판결

388 현금청산대상자에게 잔여분에 대하여 추가분양 신청기회를 부여한 후 그 추가분양 신청내용을 반영하여 수립한 관리처분계획이 적법하다는 점에 관하여는 대법원 2014. 8. 20. 선고 2012두5572 판결 참조

분양신청기간을 달리한다고 하더라도 종전재산평가 기준일이 다르게 적용되는 것은 아니고 사업시행계획의 중대 변경이 있는 경우 같은 조건에서 현금청산자에게도 재분양신청을 인정하고 있기 때문이다. 다만, 조합원의 자격과 관련된 문제이므로 재적조합원 3분의 2 이상의 동의를 받아야 할 것이다.[389] 그리고 법령에 의하여 조합원 지위가 인정되는 조합원들 사이에 권리의 차등을 두는 내용의 총회결의는 특별한 사정이 없는 이상 무효라고 보아야 하나, 정관의 규정에 의하여 비로소 조합원 지위가 인정되는 조합원의 권리 내용에 대해서는 정관에서 이를 제한할 수 있다고 할 것이므로, 분양신청을 하지 않아 현금청산자가 된 사람들에게 조합총회에서 다시 조합원지위를 부여하기로 결의하면서 그들의 권리 내용을 제한하였다고 하여 그 총회결의가 무효라고 볼 것은 아니다.[390]

다음으로 재분양신청이 이루어지는 경우 도시정비법 제72조 제6항 본문의 분양신청금지규정의 기준일을 어떻게 적용할 것인지 문제된다. 재분양신청에 따라 관리처분계획이 실질적으로 변경되면 종전의 관리처분계획은 소멸하므로 변경된 관리처분계획 인가일을 기준으로 위 분양신청금지규정을 적용하여야 한다는 견해가 있을 수 있으나, 도시정비법이 명문으로 최초 관리처분계획 인가일을 분양대상자 선정기준일로 삼고 있고 종전의 관리처분계획이 소멸하였다 하더라도 기왕의 법률효과까지 소멸하는 것은 아니므로 최초 관리처분계획 인가일을 적용하는 것이 타당하다 생각한다.

389 현금청산자에 대한 추가분양신청기회 부여에 관하여 재적조합원 3분의 2 동의가 이전 총회결의에서 확인되었으므로 그 후 이루어진 관리처분총회결의는 재적조합원 과반수 이상의 동의면 족하고, 이에 기초하여 수립된 관리처분계획도 적법하다는 점에 관하여는 대법원 2014. 8. 20. 선고 2012두5572 판결 참조

390 대법원 2014. 8. 20. 선고 2012두5572 판결 참조

Ⅲ 분양신청을 하지 아니한 자 등에 대한 조치

제73조(분양신청을 하지 아니한 자 등에 대한 조치) ① 사업시행자는 관리처분계획이 인가 · 고시된 다음 날부터 90일 이내에 다음 각 호에서 정하는 자와 토지, 건축물 또는 그 밖의 권리의 손실보상에 관한 협의를 하여야 한다. 다만, 사업시행자는 분양신청기간 종료일의 다음 날부터 협의를 시작할 수 있다.
1. 분양신청을 하지 아니한 자
2. 분양신청기간 종료 이전에 분양신청을 철회한 자
3. 제72조제6항 본문에 따라 분양신청을 할 수 없는 자
4. 제74조에 따라 인가된 관리처분계획에 따라 분양대상에서 제외된 자

② 사업시행자는 제1항에 따른 협의가 성립되지 아니하면 그 기간의 만료일 다음 날부터 60일 이내에 수용재결을 신청하거나 매도청구소송을 제기하여야 한다.

③ 사업시행자는 제2항에 따른 기간을 넘겨서 수용재결을 신청하거나 매도청구소송을 제기한 경우에는 해당 토지등소유자에게 지연일수(遲延日數)에 따른 이자를 지급하여야 한다. 이 경우 이자는 100분의 15 이하의 범위에서 대통령령으로 정하는 이율을 적용하여 산정한다.

1. 의의

조합이 사업시행자가 되는 정비사업은 토지등소유자가 조합원이 되어 자신의 종전자산을 출자하고 공사비 등을 투입하여 구 주택을 철거한 후 신 주택을 건축한 다음, 신주택 중 일부는 조합원에게 배분하고 나머지는 일반분양을 하여 수입을 얻으며, 정비사업을 시행하여 얻은 총수입과 총비용을 정산하여 그 손익을 조합원의 종전자산 출자비율대로 분배하기 위하여 조합과 조합원 사이에서 종전자산과 종후자산의 차액을 청산금으로 수수하여 정산하는 것을 그 주요 내용으로 한다.[391]

토지등소유자가 도시정비법 규정이나 조합설립 동의를 통해 일단 조합원이 되었다고 하더라도, 분양신청기간 내에 분양신청을 하지 아니하는 경우 등에

391 대법원 2020. 7. 29. 선고 2018두46995 판결

는 조합은 일정기간 내에 토지, 건축물 또는 그 밖의 권리에 대하여 현금으로 청산하여야 한다. 이처럼 도시정비법은 조합원이 된 토지등소유자에게 분양신청절차를 통해 조합관계에서 탈퇴할 기회를 보장하고 있고, 탈퇴하는 경우 종전자산의 가액을 관계 법령에서 정한 절차에 따라 평가하여 현금으로 청산하도록 함으로써 토지등소유자의 재산권을 보장하고 있다. 도시정비법 제73조는 후발적 조합탈퇴자에 대한 청산절차이다.

이와 같이 도시정비법은 조합원이 조합 정관에 따라 현물출자의무를 이행한 후 조합원 지위를 상실함으로써 현금청산을 하여야 하는 경우에 그가 출자한 현물의 반환을 인정하지 아니하고 현금으로 지급하도록 하고 있다.[392]

2. 대상

(a)분양신청을 하지 아니한 자, (b)분양신청기간 종료 이전에 분양신청을 철회한 자, (c)투기과열지구 내 정비사업의 분양대상자(세대원 포함)로서 분양대상선정일로부터 5년이 경과하지 아니한 자, (d)관리처분계획에 따라 분양대상에서 제외된 자가 대상이다. 분양신청 철회자는 분양신청기간 내에 철회하여야 하며 그 기간 내에 철회하지 아니한 자는 이에 해당하지 않는다.[393] 다만 사업시행자의 정관이나 관리처분계획에서 조합원들에 대하여 분양신청기간 종료 후 일정한 기간 내에 분양계약을 체결할 것을 요구하면서 그 기간 내에 분양계약을 체결하지 아니한 자에 대하여는 그 권리를 현금으로 청산한다는 취지를 정한 경우, 이는 사업시행자가 조합원이었던 토지등소유자에 대하여 해당 기간에 분양계약의 체결을 거절하는 방법으로 사업에서 이탈할 수 있는 기회를 추가로 부여한 것이므로, 분양신청을 한 토지등소유자가 분양신청 기간이 종료된 이후 분양계약 체결기간 내에 분양계약을 체결하지 않거나, 사업시행자

392 대법원 2020. 7. 29. 선고 2016다51170 판결 참조

393 대법원 2018. 12. 27. 선고 2018다261216 판결, 대법원 2014. 8. 26. 선고 2013두4293 판결

에게 분양신청을 철회하는 등으로 분양계약의 체결의사가 없음을 명백히 표시하고 사업시행자가 이에 동의한 경우에도 당해 토지등소유자는 현금청산대상자에 해당하게 된다고 보아야 한다.[394] 관리처분계획에 따라 분양대상에서 제외된 자란, 가령 과소 토지 소유자 등 관할 시·도 조례 등에 따라 관리처분계획 수립시 분양대상에서 제외되도록 되어 있는 자(현금청산하도록 되어 있는 자)를 말한다.

조합정관이나 관리처분계획에서 분양계약 미체결자도 도시정비법 제73조를 준용하여 현금청산을 하도록 규정하고 있는 경우에는 현금청산 대상이 된다.[395] 다만, 조합정관에 '조합원이 분양신청을 철회하는 자에 해당하는 경우 현금으로 청산한다'는 취지의 조항과 '조합원이 관리처분계획인가 후 30일 이내에 분양계약을 체결하지 않은 경우 위 규정을 준용한다'는 취지의 조항을 두었더라도 조합이 조합원들에게 사업진행상 사정으로 분양계약 체결 자체를 요구하지 않은 경우에는 관리처분계획인가 후 30일 내에 분양계약 체결이 이루어지지 않았더라도 조합원들이 현금청산 대상자가 되는 것은 아니다.[396]

3. 지위

분양신청을 하지 아니한 자 등은 도시정비법 제73조 자체의 규정에 의하여 현금청산자가 되고 분양신청기간 만료일 다음날 등 해당 일에 조합원지위를 상실하게 되어 조합탈퇴자에 준하는 신분을 가지게 된다.[397] 이들은 관리처분계획에 의하여 조합원지위를 상실하는 것이 아니므로 관리처분계획에서 청산자로 분류하였다 하더라도 이를 이유로 관리처분계획를 다툴 수는 없다. 조합탈퇴자에 준하는 신분을 가지므로 특별한 사정이 없는 한 관리처분총회 참석이 불가하다.

394 대법원 2014. 8. 26. 선고 2013두4293 판결
395 대법원 2018. 12. 27. 선고 2018다261216 판결
396 대법원 2012. 5. 9. 선고 2010다71141 판결 참조
397 대법원 2010. 12. 23. 선고 2010다73215 판결

또한, 현금청산 대상자가 된 경우에는 조합원의 지위를 상실하므로, 사업시행자인 조합은 현금청산 대상자에게 도시정비법 제93조 제1항에 따른 부과금을 부과·징수할 수 없다. 따라서 현금청산 대상자는 정관, 총회의결, 별도 약정이 없는 한 조합원 지위에서 얻은 이익을 반환하거나 기 사용한 정비사업비를 부담할 의무는 없다.[398]

한편, 현금청산 대상자에게 조합원의 지위를 보유하는 기간에 발생한 정비사업비 중 일정 부분을 분담하여야 한다는 취지를 정관으로 정하는 경우에도 그러한 사업비용은 잔존 조합원이 부과금의 형태로 부담하는 비용과 동일한 성격의 것으로 볼 수 있으므로, 잔존 조합원에 대한 비용 부담 절차와의 형평이 유지되어야 한다. 또한 도시정비법이 조합원이 된 토지등소유자에게 현금청산을 통해 조합관계에서 탈퇴할 기회를 보장하고 있으므로 조합관계에서 탈퇴하였다는 이유로 합리적인 범위를 넘어서는 불이익을 강요해서는 안 된다. 따라서 탈퇴하고자 하는 조합원에게 합리적으로 탈퇴 여부를 결정할 수 있도록 정관에서 현금청산 대상자가 부담하게 될 비용의 발생 근거, 분담 기준과 내역, 범위 등을 구체적으로 규정하여야 한다. 이와 달리 단순히 현금청산 대상자가 받을 현금청산금에서 사업비용 등을 공제하고 청산할 수 있다는 추상적인 정관의 조항만으로는, 현금청산금에서 사업비용을 공제하는 방식으로 사업비용을 부담하도록 할 수 없다.[399] 요컨대, 정관의 규정에 근거하여 현금청산금에서 사업비용 등을 공제하기 위해서는 원칙적으로 현금청산 대상자가 부담하게 될 비용 항목과 분담 기준 등을 정관에 특정하거나 적어도 이를 구체적으로 특정할 수 있는 방법과 기준이 정해져 있어야 한다. 그리고 그 비용 항목과 금액은 탈퇴 시점에서 현금청산 대상자가 부담하는 것이 타당한 범위 내의 합리적 비용이어야 한다. 합리적 비용인지는 기본적으로 그 비용 지출로 인하여

398 대법원 2014. 12. 24. 선고 2013두19486 판결, 대법원 2016. 8. 30. 선고 2015다207785 판결

399 대법원 2021. 8. 19. 선고 2020다243532 판결

현금청산 대상자가 이익을 얻었거나 얻게 되는지 여부 또는 그러한 목적으로 지출되었는지 여부를 기준으로 하되, 비용의 지출 시점이나 경위, 정비사업의 진척 상황 등의 여러 사정을 종합적으로 살펴보아야 한다.[400]

예컨대 현금청산 대상자는 정비사업의 중간 단계에 조합관계에서 탈퇴하여 분양 수익을 누리지 못하므로 모델하우스 건립비용과 같이 적어도 분양 수익에만 기여하는 비용은 현금청산 대상자에게 부담하도록 하여서는 안 된다. 또 토지매입비나 공사비와 같이 잔존 조합원들의 이익으로만 귀속되는 비용이나 전적으로 새롭게 건축되는 건물의 형성에만 기여하는 비용 등도 특별한 사정이 없는 한 합리적인 범위 내의 비용으로 보기는 어렵다 할 것이다.[401]

현금청산 대상자에게 이미 사용한 정비사업비를 부담시키는 또 다른 방식은, 그 부담비용이 잔존 조합원에게 부과되는 도시정비법 제93조에 따른 부과금과 동일한 성격임을 감안하여 잔존 조합원에 대한 비용 부담 절차와의 형평이 유지되도록, 이 경우에도 정비사업의 시행으로 인한 예상 수입을 고려하도록 정하는 것이다. 이와 같은 방식을 따른 경우에는 특별한 사정이 없는 한 현금청산 당시의 비례율이 100% 미만인 경우 그 100% 부족분에 한해 자신의 당초 출자비율 만큼만 부담하게 하면 될 것이다.

4. 조치: 조합 탈퇴에 따른 현금청산

사업시행자는 관리처분계획이 인가·고시된 다음날부터 90일 이내에 토지, 건축물 또는 그 밖의 권리의 손실보상에 관한 협의를 하여야 한다. 다만 사업시행자는 분양신청기간 종료일 다음 날부터 협의를 시작할 수 있다. 사업시행자는 위 협의가 성립되지 아니하면 그 기간의 만료일 다음 날부터 60일 이내에 수용재결을 신청하거나 매도청구소송을 제기하여야 한다. 위 기간을 넘겨 수용재결을 신청하거나 매도청구소송을 제기한 경우에는 해당 토지등소유자에게 지연일

400 대법원 2021. 4. 29. 선고 2017두48437 판결

401 대법원 2021. 4. 29. 선고 2017두48437 판결

수에 따른 도시정비법이 정한 지연이자를 지급하여야 한다.[402][403] 하지만 현금청산자가 도시정비법 제73조를 근거로 직접 청산금의 지급을 구할 수는 없다. 재건축사업의 현금청산자는 조합이 매도청구권을 행사한 경우에 한하여 청산금의 지급을 구할 수 있다. 재개발사업의 현금청산자도 「공익사업을 위한 토지 등의 취득 및 보상에 관한 법률」상의 수용재결신청 청구를 하거나 수용재결신청을 하지 않는 행위가 위법하다는 부작위위법확인소송을 제기할 수 있을 뿐이다.

재건축사업의 현금청산자에 대하여 도시정비법 제73조의 규정에 따라 매도청구권을 행사하는 경우 사전절차로서 최고는 필요 없고 행사기간의 제한을 받지도 않는다. 조합탈퇴자에 대하여 조합설립동의를 최고하는 것은 논리적 모순이고 청산시점이 분양신청기간 단료일 다음날로 정해져 있기 때문이다.[404]

조합이 도시정비법 제73조가 정한 행사기간을 도과하도록 수용재결을 신청하지 않거나 매도청구권을 행사하지 않더라도 지연이자를 부담하는 것에 그치고 수용재결신청권이나 매도청구권 자체가 소멸하는 것은 아니다.

재개발조합과 현금청산대상자의 토지등 인도의무는 특별한 사정이 없는 한 동시이행의 관계에 있게 되고, 수용절차에 의할 때에는 부동산 인도에 앞서 현금청산금 등의 지급절차가 이루어져야 한다.[405] 조합원의 현물출자의무 속에는 조합원 소유의 종전자산을 조합에 인도할 의무도 포함되는데 일단 조합원으로서의 종전자산 출자의무를 이행한 후 현금청산사유가 발생한 경우에는 조합은 현금청산자에게 기존에 출자받은 종전자산을 다시 반환할 필요가 없고, 단

---

402 2018. 2. 9. 이후 최초로 관리처분계획 인가를 신청하는 경우로써 2013. 12. 24. 이후 최초로 조합설립인가를 신청하는 분부터 적용된다.

403 대법원 2020. 7. 29. 선고 2016다51170 판결은 구 도시정비법 제47조의 150일 청산 규정을 이행기간으로 보고 이행기간 경과 다음 날부터 민법상의 지연배상금이 발생한다고 보았다. 아울러 이와 같은 지연배상금 청구권과 「공익사업을 위한 토지 등의 취득 및 보상에 관한 법률」상의 재결신청 지연가산금 청구권은 별개 채권이지만 선택적으로만 행사할 수 있다고 보았다.

404 대법원 2010. 12. 23. 선고 2010다73215 판결

405 대법원 2011. 7. 28. 선고 2008다91364 판결 참조

지 현금청산대상자에게 현금청산금을 지급할 의무만 부담한다. 따라서 조합이 출자받은 종전자산을 계속 점유하더라도 권원 없는 점유라거나 불법점유라 할 수 없다.[406]

Ⅳ 관리처분계획의 내용

제74조(관리처분계획의 인가 등) ① 사업시행자는 제72조에 따른 분양신청기간이 종료된 때에는 분양신청의 현황을 기초로 다음 각 호의 사항이 포함된 관리처분계획을 수립하여 시장 · 군수등의 인가를 받아야 하며, 관리처분계획을 변경 · 중지 또는 폐지하려는 경우에도 또한 같다. 다만, 대통령령으로 정하는 경미한 사항을 변경하려는 경우에는 시장 · 군수등에게 신고하여야 한다.

1. 분양설계
2. 분양대상자의 주소 및 성명
3. 분양대상자별 분양예정인 대지 또는 건축물의 추산액(임대관리 위탁주택에 관한 내용을 포함한다)
4. 다음 각 목에 해당하는 보류지 등의 명세와 추산액 및 처분방법. 다만, 나목의 경우에는 제30조제1항에 따라 선정된 임대사업자의 성명 및 주소(법인인 경우에는 법인의 명칭 및 소재지와 대표자의 성명 및 주소)를 포함한다.
   가. 일반 분양분
   나. 공공지원민간임대주택
   다. 임대주택
   라. 그 밖에 부대시설 · 복리시설 등
5. 분양대상자별 종전의 토지 또는 건축물 명세 및 사업시행계획인가 고시가 있은 날을 기준으로 한 가격(사업시행계획인가 전에 제81조제3항에 따라 철거된 건축물은 시장 · 군수등에게 허가를 받은 날을 기준으로 한 가격)

406 대법원 2020. 7. 29. 선고 2016다51170 판결 참조

6. 정비사업비의 추산액(재건축사업의 경우에는 「재건축초과이익 환수에 관한 법률」에 따른 재건축부담금에 관한 사항을 포함한다) 및 그에 따른 조합원 분담규모 및 분담시기
7. 분양대상자의 종전 토지 또는 건축물에 관한 소유권 외의 권리명세
8. 세입자별 손실보상을 위한 권리명세 및 그 평가액
9. 그 밖에 정비사업과 관련한 권리 등에 관하여 대통령령으로 정하는 사항

1. 의의

관리처분계획은 종전주택을 신축주택으로 변환하고 개발이익이 반영된 신구 주택간의 차액을 부과하는 정비사업의 종국적 행정계획이라 할 수 있다. 이후의 과정은 관리처분계획을 구체적으로 실현해 나가는 과정인 것이다. 따라서 관리처분계획은 어떤 주택을 분양할 것인지(분양설계), 누구에게 분양할 것인지(분양대상자 결정), 종전 주택과 분양예정인 주택의 가격은 얼마인지, 개발이익을 산정하기 위한 정비사업비나 손실보상액은 얼마인지, 보류지는 얼마나 둘 것인지 등을 담게 된다.

2. 분양설계

분양예정인 대지 및 건축물의 설계개요와 그 명세, 추산액, 분양기준 등 분양예정인 건축물 등에 대한 전반적인 계획을 말한다. 도시정비법 제74조 제3호 내지 6호에 관한 기본적 개요가 여기에 해당한다. 최초 관리처분계획 수립을 위한 분양설계의 경우, 공동주택의 경우 동·호수까지 이루어져야 하지만, 상가의 경우에는 분양의 적시성도 고려해야 하기 때문에 상가의 규모만을 기준으로 분양설계를 하더라도 위법하다고 볼 수 없다. 도시정비법 제73조는 분양신청의 시적한계를 규정한 것으로 이는 도시정비법 제76조 제1항 제5호가 분양설계의 기준일, 즉, 분양의 대상인지 청산의 대상인지의 기준일을 분양신청기간 만료일로 하고 있는 것과 관련된다.

3. 분양대상자별 분양주택 등의 추산액

분양대상자별 분양예정인 대지나 건축물의 추산액을 말한다. 종후자산에 대한 추산액이다. 이와 같은 종후자산에 대한 추산액은 감정평가에 의하여 산출한다. 종후자산의 감정평가기준일에 관하여 도시정비법은 별도의 규정을 두고 있지 않다. 일반적으로 종후자산의 감정평가는 분양신청기간 만료일이나 조합이 제시하는 날을 기준으로 한다.

기준시점 현재 신축된 아파트 또는 상가 등이 실제로 존재하지 아니하므로 인가된 사업시행계획의 내용에 따라 적법하게 완공된 상태를 전제로 하는 조건부 감정평가이다. 종후자산은 인근지역이나 동일수급권 안의 유사지역에 있는 유사물건의 분양사례, 거래사례, 평가선례, 객관적 수요성 및 총사업비 원가 등을 고려하여 감정평가한다. 종후자산의 객관적 가치를 평가하기 위한 것이므로 조합원분양분과 일반분양분을 따로 구분하여 평가하지는 않는다. 다만, 일반분양분은 도시정비법에 별도의 제약규정을 두고 있지 않으므로 종후자산평가를 기초로 여러 가지 요소를 고려하여 적절히 정하면 된다. 종후자산평가는, 종전자산평가와는 달리, 분양가의 변동을 초래할 정도로 설계가 변경되어 사업시행계획에 대한 변경인가가 있는 경우에는 재평가가 필요하다. 분양받은 대지 또는 건축물의 가격을 평가하는 경우 규모·위치·용도·이용 상황·정비사업비 등을 참작하여 평가하여야 한다(법 §89③). 분양받은 대지 또는 건축물의 가격은 주거환경개선사업과 재개발사업은 시장·군수등이 선정·계약한 2인 이상의 감정평가법인이 평가한 금액을 산술평균하여 산정하여야 한다. 재건축사업의 경우에는 시장·군수등이 선정·계약한 1인 이상의 감정평가법인등과 조합원총회의 의결로 선정·계약한 1인 이상의 감정평가법인등이 평가한 금액을 산술평균하여 산정할 수 있다(법 §74④, 시행령 §76②). 이때 〈표 46〉의 비용은 가산하여야 하며 도시정비법 제95조에 따른 보조금은 공제하여야 한다. 건축물의 가격평가를 할 때 층별·위치별 가중치를 참작할 수 있다(시행령 §76③④).

| 표 46

분양받는 주택 평가시 가산하여야 하는 비용
(i) 정비사업의 조사 · 측량 · 설계 및 감리에 소요된 비용 (ii) 공사비 (iii) 정비사업의 관리에 소요된 등기비용 · 인건비 · 통신비 · 사무용품비 · 이자 그 밖에 필요한 경비 (iv) 법 제95조에 따른 융자금이 있는 경우에는 그 이자에 해당하는 금액 (v) 정비기반시설 및 공동이용시설의 설치에 소요된 비용(법 제95조제1항에 따라 시장 · 군수등이 부(vi)담한 비용은 제외한다) (vii) 안전진단의 실시, 정비사업전문관리업자의 선정, 회계감사, 감정평가, 그 밖에 정비사업 추진과 관련하여 지출한 비용으로서 정관등에서 정한 비용

문제는 일반분양분에서 미분양이 발생하여 조합에 손실이 발생하는 경우 조합원분담금을 상향조정하여야 하는데 이 때 분양받는 주택의 가격을 상향조정하여 해결할 수 있는가 하는 점이다. 위에서 본 바와 같이 분양받는 주택평가시 가산하여야 하는 비용으로 미분양으로 인한 수입 감소분은 포함되지 않으므로 분양받는 주택가격의 상향조정은 허용되지 않는다고 보는 것이 타당하다. 이 경우에는 비례율을 낮춰 조합원분담금 문제를 풀어야 할 것이다.

분양대상자의 분양주택 등은「도시개발법」제40조에 따른 환지로 보기 때문에 이전고시가 있는 경우 종전의 토지 또는 건축물에 설정된 지상권 등 등기된 권리와「주택임대차보호법」에 따른 대항력을 갖춘 임차권은 소유권을 이전받은 분양주택 등에 설정된 것으로 보게 된다(법 §87).

분양대상자의 분양주택가격은 반드시 동·호수가 결정된 상태에서의 가격일 필요는 없다. 평형대 정도로 분양주택의 평균가격을 관리처분계획의 내용으로 하더라도 이를 두고 위법하다 할 수 없다. 도시정비법상 분양대상자별 분양예정인 대지 또는 건축물은 추산액으로 족하고 관리처분계획인가 후 이주, 철거 및 착공 과정에서 동·호수 추첨 등을 통해 구체화시켜 나갈 수 있을 뿐만 아니라 이와 같은 방식이 오히려 사업비나 이주비 등의 금융비용을 절감할 수 있기 때문이다. 실무적으로도 관리처분계획인가 후 이주, 철거 및 착공에 상당한 기간이 소요되기 때문에 최초 관리처분계획에서는 추산액 정도만을 정하고 이후 동·호수 추첨 결과에 따라 분양주택의 가격을 정하고 있다. 동·호수 추첨 및 분양계약체결은 일반적으로 착공 직후에 이루어진다.

4. 일반분양주택, 공공지원민간임대주택, 임대주택 및 부대복리시설 등의 명세와 추산액 및 처분방법

조합원에게 분양하고 잔여분이 있는 경우에는 일반인에게 분양할 수 있다. 조합원분양이 우선이기 때문에 수익성만을 고려하여 일반분양분을 먼저 정하고 나머지를 조합원에게 분양하는 것은 위법하다고 보아야 한다. 종전 재산을 특정하여 이에 상응하여 일반분양분을 정한 것이 아닌 한 일반분양분은 원칙적으로 종전 토지 또는 건축물과 동일성이 인정되지 않는다. 이와 같이 일반분양분이 종전 주택 등과 동일성을 인정할 수 없는 경우에는 도시정비법 제87조 제1항이 적용될 여지가 없다.

종전 주택 등과 동일성을 인정할 수 없는 일반분양분은 「도시개발법」 제34조에 따른 체비지로 본다(법 §87③). 따라서 종전의 토지 등에 있던 권리는 이전고시 날이 끝나는 때에 소멸하고 이전고시 다음날에 사업시행자인 조합이 일반분양분의 소유권을 취득한다(도시개발법 §42①⑤). 다만 종전 주택을 특정하여 일반분양분을 정한 경우에는 이에 상응하는 신축 분양주택과 동일성을 인정할 수 있으므로 체비지라 하더라도 도시정비법 제87조 제1항이 적용되어 종전의 토지 또는 건축물에 설정된 근저당권 등은 소멸하지 않고 신축 분양주택에 설정된 것으로 본다.[407]

일반분양하는 경우의 공고·신청절차·공급조건·방법 및 절차 등은 「주택법」 제54조를 준용한다.

공공지원민간임대주택의 경우에는 조합이 선정한 「민간임대주택에 관한 특

407 대법원 2013. 5. 6. 자 2013마325 결정

별법」 제2조 제7호 에 따른 임대사업자가 포함되어야 한다. 「민간임대주택에 관한 특별법」에 따른 임대사업자란 같은법에 따라 임대사업자로 등록을 한 자인데 임대사업자로 등록할 수 있는 자란 원칙적으로 (i)민간임대주택을 소유하거나 그 주택을 매입하기 위한 매매계약을 체결한 자 또는 (ii)부동산투자회사법에 따른 부동산투자회사, 법인세법이 규정하는 투자회사 또는 자본시장과 금융투자업에 관한 법률에 따른 집합투자기구이어야 한다.[408] 이와 같은 부동산투자회사, 투자회사 또는 집합투자기구가 설립되기 위해서는 근거법에서 요구하는 설립요건을 갖추고 소관 부처로부터 영업인가를 받아야 한다. 임대사업자의 위와 같은 등록요건 등에 비추어 볼 때 관리처분계획에 포함되어야 할 임대사업자는 단순한 우선협상자로는 부족하고 「민간임대주택에 관한 특별법」에 따라 임대사업자 등록을 한 우선협상대상자이거나 부동산투자회사, 투자회사 또는 집합투자기구이어야 한다. 그렇지 않고 일반분양분의 매매에 대한 배타적 협상권을 부여한 단순한 우선협상대상자도 여기의 임대사업자로 보는 경우에는 관리처분계획인가 후 일반분양분 매입자가 특정되었다 할 수 없어 정비사업의 수입규모를 예측할 수 없고 사업구조가 불안정해져 사업이 지연되거나 자금의 투자나 융자를 받는 부동산투자회사(리츠방식)나 집합투자기구(펀드방식)의 설립이 원활하지 않아 관리처분계획을 재수립해야 하는 등의 문제가 발생할 수 있다.

임대주택과 부대복리시설등의 명세는 인가받은 사업시행계획에 따른다. 임대주택의 처분은 일반적으로 시·도지사 또는 시장, 군수, 구청장이 인수토록 하는 방법에 의하는데 재개발사업의 시행으로 건설된 임대주택은 조합이 요청하는 경우 반드시 인수하여야 한다. 재개발임대주택의 인수가격은 (i)일반분양분 공고 직전에 고시된 기본형건축비의 80%에 해당하는 금액, (ii)사업시행계획인가 고시가 있는 날을 기준으로 한 부속토지의 가격[409] 및 (iii)인수자가 정하

408 「민간임대주택에 관한 특별법」 제2조 제7호, 제5호 제1항, 같은 법 시행령 제4조 제1항 각 참조

409 둘 이상의 감정평가법인등이 평가한 금액을 산술평균한 금액으로 한다.

는 가산금액[410]을 모두 합한 금액{(i)+(ii)+(iii)}으로 한다(시행령 §68①②).

5. 분양대상자별 종전재산의 명세 및 가격

도시정비법 제74조 제1항 제5호가 정한 '사업시행계획인가 고시가 있는 날'이란 문언 그대로 '최초 사업시행계획인가 고시일'을 의미한다.[411] 도시정비법에 따른 재개발·재건축 등 정비사업은 정비구역 내의 토지 등 소유자가 종전자산을 출자하고 공사비 등을 투입하여 공동주택 등을 새로이 건설한 후 조합원에게 배분되고 남는 공동주택 등을 일반에게 분양하여 발생한 개발이익을 조합원들 사이의 출자 비율에 따라 나누어 가지는 사업이다. 따라서 관리처분계획의 내용으로서의 분양대상자별 종전자산가격평가는 기본적으로 조합원들 사이의 상대적 출자 비율을 정하기 위한 것이므로 모든 조합원들에게 동일한 평가기준일을 적용한다면 그 일자를 언제로 하는지가 조합원들의 권리관계에 별다른 영향을 미치지 않는다. 따라서 조합이 종전자산가격 평가기준일을 잘못 정하였다고 하더라도 그 하자가 중대하다고 볼 수 없다.[412]

이와 같이 관리처분계획의 내용으로서의 종전자산가격의 평가는 현금청산을 위한 보상감정평가와는 그 궤를 달리한다. 가령, 실제 시세가 5억원인 주택을 상정해 보자. 보상을 위한 감정평가는 그 주택의 절대적 가치를 평가하는 것이기 때문에 감정평가금액이 5억원으로 나오지 않으면 위법하다고 보아야 한다. 하지만 관리처분계획 수립을 위한 종전자산감정평가는 조합원간 출자지분을 정하기 위한 상대적 가치를 평가하기 위한 것이기 때문에 시세에 부합하

410 가산금액은 (i)「공동주택 분양가격의 산정 등에 관한 규칙」 별표 1의3 각 호에 따른 금액 범위 내에서 정하는 가산금액과 (ii)「공동주택 분양가격의 산정 등에 관한 규칙」 제9조 제1항 각 호(같은 항 제6호는 제외한다)에 따른 금액 범위 내에서 정하는 가산금액을 합산한 금액{(i)+(ii)}을 말한다. (i)은 기본형건축비에 가산되는 금액이고 (ii)는 부속토지 가격에 가산되는 금액이다.

411 대법원 2015. 11. 26. 선고 2014두15528 판결

412 대법원 2016. 12. 15. 선고 2015두51309 판결 참조

지 않는다는 사실만으로 위법하다고 볼 수 없다.

위에서 상정한 시세가 5억원인 주택을 100명의 조합원이 가지고 재개발사업을 하는데 분양수입금 등 총수입이 1,500억원, 공사비 등 총지출이 1,000원이라 생각해 보자.[413] 종전자산 평가를 5억원으로 하는 경우 비례율은 100%(총수입 1500억원 - 총지출 1000억원/총자산평가액 500억원)로서 권리가액은 5억원이 된다. 같은 조건에서 종전자산 평가액만 시세보다 낮은 4억원으로 평가되었다고 보자. 이와 같은 경우 비례율은 125%(총수입 1500억원 - 총지출 1000억원/총자산평가액 400억원)이다. 여기에 종전가 4억원을 곱하면 권리가액은 역시 5억원이다. 이와 같이 관리처분계획을 위한 종전자산평가는 시세의 반영여부와 직결되는 것이 아니다. 조합원간 상대적 가치간 잘 따지면 된다.

결국 전체 조합원의 종전자산평가액이 일반적인 시세보다 낮다거나 높다는 것은 전체 조합원의 분담금 및 개별조합원의 분담금액에 원칙적으로 영향을 주지 않는다. 도시정비법이 현금청산을 위한 감정평가절차와 관리처분계획 수립을 위한 종전자산평가 절차를 별도로 규정하고 있는 것도 이와 같은 맥락에서다.

大法院도 환지예정지지정처분 취소소송에서 자신의 환지예정지에 대한 감정평가가 잘못되었다 하더라도 그 감정평가가 다른 토지소유자들에 비해 (조합원간) 현저하게 불이익하게 되었다고 보이지 않는 한 그와 같은 환지예정지지정처분을 취소할 수 없다는 입장이다.[414]

종전자산의 평가대상은 원칙적으로 적법한 건축물이어야 한다.[415] 다만, 시·도조례로 인정하는 특정무허가건축물 등은 평가대상에 포함될 수 있다. 위법 증축된 부분을 「공익사업을 위한 토지 등의 취득 및 보상에 관한 법률 시행

---

413 조합원분담금 추산방법에 관하여는 도시정비법 시행규칙 별지제6호서식 중 Ⅱ.동의내용의 '분양대상자별 분담금 추산방법(예시)' 부분 참조

414 대법원 2002. 4. 12. 선고 2000두5982 판결

415 대법원 2009. 9. 24. 자 2009마168, 169 결정

규칙」 부칙[416] 제5조(1989. 1. 24. 당시의 무허가건축물 등에 대하여는 위 규칙에서 정한 보상을 함에 있어 이를 적법한 건축물로 본다)를 근거로 종전자산의 평가대상에 포함시킬 수 있을지 문제된다. 도시정비법에 의한 관리처분계획의 기준이 되는 종전자산 평가는 조합원들 사이에 분양 또는 분배 기준이 되는 권리가액 산정에 주된 목적이 있고, 「공익사업을 위한 토지 등의 취득 및 보상에 관한 법률」에 의한 평가는 공익사업을 시행하면서 수용목적물에 대한 정당한 보상액을 정하는 데에 주된 목적이 있기 때문에, 양 평가 사이에는 '재개발사업 시행결과에 대한 조합원 사이의 공평한 분배'와 헌법 제23조 제3항이 규정한 '정당한 보상'이라는 목적상 차이가 있는 점을 들어 부정하는 견해가 있다.[417] 그러나 법령에 따라 정당한 보상을 받을 수 있는 종전자산을 다른 조합원간의 관계에서는 이를 부정하는 것은 수긍할 수 없다. 이와 같은 경우에는 적법한 건축물로 취급하는 것이 타당하다고 생각한다.

현황이 멸실되어 있다면 원칙적으로 종전재산의 평가대상에서 제외된다. 다만, 안전사고나 범죄발생 우려가 있어 시장·군수등의 허가를 받아 해당 건축물을 철거한 경우에는 평가대상에 포함된다(법 §81③). 종전재산이란 조합원 출자재산을 의미하므로 국공유재산 중 조합원이 매입하는 분만 종전재산에 포함된다. 나머지 사업시행자에게 무상으로 귀속되거나 조합이 유상매입하는 국공유재산과 현금청산대상자의 재산은 종전재산에 포함되지 않는다.

6. 정비사업비 추산액 및 조합원분담금

정비사업비 추산액이란 조합운영비, 공사비, 용역비, 감정평가수수료, 토지매입비 등 정비사업시행에 소요되는 총비용을 말한다. 정비사업비 추산액은 예정적 지출액에 불과하기 때문에 종전재산평가액 등 도시정비법이 특별히 정하고 있는 경우가 아닌 한 그 지출액이 실제 지출액과 차이가 있다는 사정만으

416 〈건설교통부령 제344호, 2002. 12. 31.〉

417 서울중앙지방법원 2017. 6. 13. 선고 2016가단98931 판결

로 추산액 산정이 위법하다고 볼 수 없다.

정비사업비 추산액은 예상사업비를 의미하는 것이지 조합이 1회계년도를 기준으로 편성하는 예산를 의미하는 것은 아니기 때문에 정비사업비 추산액에 포함된 항목이라 하여 총회결의나 별도 예산편성없이 지출하는 것은 도시정비법에 반하여 무효가 될 수 있다.[418]

조합원분담금은 도시정비법 시행규칙 별지 제6호서식 내용에 따른다.[419] 이에 따르면 조합원분담금은 분양예정인 대지 및 건축물의 추산액에서 조합원의 권리가액을 뺀 금액을 의미한다. 여기서 조합원별 권리가액은 사업완료 후 총수입에서 총사업비를 공제한 금액을 종전자산의 총가액으로 나눈 비례율에 조합원의 종전자산가격을 곱하여 산정한다. 이와 같은 조합원분담금은 일반분양수입과 달리 조합원의 현금출자로 이해할 수 있으므로 조합의 소득이 아니어서 법인세 부과의 대상이 될 수 없다.[420] 조합원분담금은 「법인세법」 제15조의 '거래'로 인한 수입으로 볼 수 없기 때문이다.

7. 세입자별 손실보상을 위한 권리명세 및 평가액

영업보상비, 주거이전비, 이주정착금, 이사비 등 「공익사업을 위한 토지 등의 취득 및 보상에 관한 법률」상의 권리가 이에 해당한다. 관리처분계획의 내용에 포함되는 위 권리와 평가액은 추산액으로 2인 이상의 감정평가업자가 평가한 금액을 산술평균하여 산정한다. 다만 이 금액이 세입자를 구속한다고 보기는 어렵고 「공익사업을 위한 토지 등의 취득 및 보상에 관한 법률」상의 협의금액으로 이해하여야 할 것이다. 세입자의 이와 같은 권리와 그 평가액은 관리처분계획에 의하여 발생하는 것은 아니기 때문에 그 누락이나 산정이 잘못되었다 하더라도 중대한 하자라 볼 수 없다. 조합원입장에서 볼 때도 추산액 산

418 대법원 2015. 5. 14. 선고 2014도8096 판결

419 별지 제6호서식인 조합설립동의서가 법정동의서라는 점에 관하여는 대법원 2013. 12. 26. 선고 2011두8291 판결 참조

420 대법원 2011. 7. 14. 선고 2008두17479 판결

정의 잘못으로 조합원분담금에 일시 영향을 미치는 것에 불과하므로 정산과정에서 충분히 교정될 수 있으므로 역시 마찬가지이다.

8. 현금청산자별 권리명세 및 처분방법

도시정비법 제73조 제1항 제1호에 따라 조합이 분양신청을 하지 않은 '토지등소유자'에게 현금청산하는 경우, 현금청산의 목적물인 토지·건축물 또는 그 밖의 권리의 가액을 평가하는 기준시점은 '분양신청기간 종료일 다음날'이다.[421] 한편 청산금의 지급을 구하는 소송에서 법원은 반드시 시가감정에 의하여 청산금액을 평가하여야 하는 것은 아니고 적절한 방법으로 청산금액을 평가할 수 있다. 따라서 현금청산자의 종전자산평가금액에 그 무렵의 개발이익을 평가하여 반영한 비례율을 곱하여 현금청산금액을 정하였다 하더라도 위법하다고 할 수 없다.[422]

현금청산자의 권리에 대한 평가액은 관리처분계획에 의하여 발생하는 것은 아니기 때문에 그 누락이나 산정이 잘못되었다 하더라도 중대한 하자라 볼 수 없다. 조합원입장에서 볼 때도 추산액 산정의 잘못으로 조합원분담금에 일시 영향을 미치는 것에 불과하므로 정산과정에서 충분히 교정될 수 있으므로 역시 마찬가지이다.

9. 보류지 명세와 추산가액 및 처분방법

조합은 도시정비법 제72조에 따른 분양신청을 받은 후 잔여분이 있는 경우에는 정관등 또는 사업시행계획으로 정하는 목적을 위하여 그 잔여분을 보류지로 정할 수 있다. 분양대상자의 누락·착오 및 소송 등에 대비하기 위함이다. 관리처분계획에 의하여 보류지로 정하여진 경우에는 이전고시 다음날 관리처분계획에서 정한 자가 소유권을 취득한다(법 §87③, 도시개발법 §42⑤본문).

---

421 대법원 2011. 1. 27. 선고 2008두14340 판결

422 대법원 2012. 5. 10. 선고 2010다47469 판결 참조

V 관리처분계획의 수립기준 및 방법

제76조(관리처분계획의 수립기준) ① 제74조제1항에 따른 관리처분계획의 내용은 다음 각 호의 기준에 따른다. 1~4. (생략)

5. 분양설계에 관한 계획은 제72조에 따른 분양신청기간이 만료하는 날을 기준으로 하여 수립한다.
6. 1세대 또는 1명이 하나 이상의 주택 또는 토지를 소유한 경우 1주택을 공급하고, 같은 세대에 속하지 아니하는 2명 이상이 1주택 또는 1토지를 공유한 경우에는 1주택만 공급한다.
7. 제6호에도 불구하고 다음 각 목의 경우에는 각 목의 방법에 따라 주택을 공급할 수 있다.

 가. 2명 이상이 1토지를 공유한 경우로서 시 · 도조례로 주택공급을 따로 정하고 있는 경우에는 시 · 도조례로 정하는 바에 따라 주택을 공급할 수 있다.

 나. 다음 어느 하나에 해당하는 토지등소유자에게는 소유한 주택 수만큼 공급할 수 있다.

  1) 과밀억제권역에 위치하지 아니한 재건축사업의 토지등소유자. 다만, 투기과열지구 또는 「주택법」 제63조의2제1항제1호에 따라 지정된 조정대상지역(이하 이 조에서 "조정대상지역"이라 한다)에서 사업시행계획인가(최초 사업시행계획인가를 말한다)를 신청하는 재건축사업의 토지등소유자는 제외한다.

  2) 근로자(공무원인 근로자를 포함한다) 숙소, 기숙사 용도로 주택을 소유하고 있는 토지등소유자

  3) 국가, 지방자치단체 및 토지주택공사등

  4) 「지방자치분권 및 지역균형발전에 관한 특별법」 제25조에 따른 공공기관지방이전 및 혁신도시 활성화를 위한 시책 등에 따라 이전하는 공공기관이 소유한 주택을 양수한 자

 다. 나목1) 단서에도 불구하고 과밀억제권역 외의 조정대상지역 또는 투기과열지구에서 조정대상지역 또는 투기과열지구로 지정되기 전에 1명의 토지등소유자로부터 토지 또는 건축물의 소유권을 양수하여 여러 명이 소유하게 된 경우에는 양도인과 양수인에게 각각 1주택을 공급할 수 있다.

 라. 제74조제1항제5호에 따른 가격의 범위 또는 종전 주택의 주거전용면적의 범위에서 2주택을 공급할 수 있고, 이 중 1주택은 주거전용면적을 60제곱미터 이하로 한다. 다만, 60제곱미터 이하로 공급받은 1주택은 제86조제2항에 따른 이

전고시일 다음 날부터 3년이 지나기 전에는 주택을 전매(매매 · 증여나 그 밖에 권리의 변동을 수반하는 모든 행위를 포함하되 상속의 경우는 제외한다)하거나 전매를 알선할 수 없다.

마. 과밀억제권역에 위치한 재건축사업의 경우에는 토지등소유자가 소유한 주택수의 범위에서 3주택까지 공급할 수 있다. 다만, 투기과열지구 또는 조정대상지역에서 사업시행계획인가(최초 사업시 행계획인가를 말한다)를 신청하는 재건축사업의 경우에는 그러하지 아니하다.

② 제1항에 따른 관리처분계획의 수립기준 등에 필요한 사항은 대통령령으로 정한다.

1. 의의

관리처분계획은 정비사업을 시행함에 있어 반드시 수립하여야 하는 법률이 정한 행정계획으로서 토지등소유자의 지위나 권리·의무의 인정 자체에 관하여는 재량의 여지가 없다고 하겠지만, 그 구체적인 내용의 수립에 관하여는 이른바 계획재량행위에 해당하여 상당한 재량이 인정된다.[423] 즉, 조합은 도시정비법이 정한 관리처분계획의 수립기준과 방법의 범위 내에서 재량권을 행사할 수 있다. 문제는 조합이 개별 조합원과 사적으로 관리처분계획의 내용과 관련한 약정을 체결한 경우에도 조합은 반드시 이에 구속되어야 하는가 하는 점이다. 관리처분계획은 독립된 행정처분에 해당하고 조합 또한 전체조합원 공동의 이익을 목적으로 하는 행정주체라는 점에 비춰 부정하는 것이 타당하다. 따라서 약정의 당사자인 개별 조합원 역시 조합에 대하여 약정 내용대로의 관리처분계획 수립을 강제할 민사상 권리를 가진다 볼 수 없고 신뢰보호원칙의 법리 내에서 보호받을 수 있을 뿐이다.[424]

423 대법원 2014. 3. 27. 선고 2011두24057 판결 참조

424 대법원 2022. 7. 14. 선고 2022다206391 판결 참조

2. 공통의 경우

정비사업에 공통으로 적용되는 수립기준 및 방법은 다음과 같다.

가. 대지 또는 건축물이 분양신청자에게 합리적으로 배분될 것(법 §76① i ~iv)

종전 토지 또는 건축물의 현황을 종합적으로 고려하여 대지 또는 건축물이 균형있게 분양신청자에게 배분되고 합리적으로 이용되도록 하여야 한다. 이 기준은 계획재량영역이므로 균형있게 배분되고 합리적으로 이용되도록 하고 있는 이상, 그로 인하여 토지등소유자들 사이에 다소 불균형이 초래된다고 하더라도 그것이 특정 토지등소유자의 재산권을 본질적으로 침해하는 것이 아닌 한, 이에 따른 손익관계는 종전자산과 종후자산의 적정한 평가 등을 통하여 청산금을 가감함으로써 조정될 것이므로, 그러한 사정만으로 관리처분계획이 위법해지지는 않는다.[425] 따라서 사업구역에 편입시키는 과정에서 그 구분소유자들의 동의를 얻기 위하여 그들에게 평형배정 우선권을 부여하기로 한 것은 합리적이라 보이므로 이 기준에 반한다고 보기 어렵다.[426]

지나치게 좁거나 넓은 토지 또는 건축물은 넓히거나 좁혀 대지 또는 건축물이 적정 규모가 되도록 한다. 너무 좁은 토지 또는 건축물이나 정비구역 지정 후 분할된 토지를 취득한 자에게는 현금으로 청산할 수 있다. 재해 또는 위생상의 위해를 방지하기 위하여 토지의 규모를 조정할 특별한 필요가 있을 때에는 너무 좁은 토지를 넓혀 토지를 갈음하여 보상을 하거나 건축물의 일부와 그 건축물이 있는 대지의 공유지분을 교부할 수 있다.

나. 분양설계는 분양신청기간 만료일을 기준으로 할 것

분양설계에 관한 계획은 분양신청기간이 만료하는 날을 기준으로 하여 수립한다. 따라서 가령, 과소토지여서 시·도조례에 따라 분양대상자가 될 수 없는

---

425 대법원 2010. 10. 28. 선고 2009두4029 판결, 대법원 2014. 3. 27. 선고 2011두24057 판결 각 참조

426 대법원 2014. 8. 20. 선고 2012두5572 판결

경우에 분양신청기간 만료일까지 추가 매입을 통해 이를 해소하면 분양대상자가 될 수 있다.

이와 같이 분양대상자 지위를 부여할 것인가에 관한 분양설계의 기준일은 원칙적으로 분양신청기간 만료일이라 할 것이지만 정책적으로 그 시기를 정비사업 계획수립단계로 앞당기고 있는 경우가 있다.

종전 재산의 모습이 바뀌는 경우, 즉

(ⅰ) 1필지의 토지가 여러 개의 필지로 분할되는 경우,

(ⅱ) 단독주택 또는 다가구주택이 다세대주택으로 전환되는 경우, 여기서 '전환'은 구분등기 여부가 아니라 '건축물대장의 전환'을 의미한다.[427]

(ⅲ) 동일인 소유의 토지와 그 지상 건축물을 각각 분리하여 소유하는 경우, 이는 재개발사업에서 종전 주택 등이 '토지 및 건축물 소유한 자'의 모습이었다가 '토지를 소유한 자'와 '건축물을 소유한 자'의 모습으로 바뀌는 경우를 말한다.

(ⅳ) 나대지에 건축물을 새로 건축하거나 기존 건축물을 철거하여 공동주택을 건설하여 토지등소유자 수가 증가되는 경우

등에는 정비구역지정고시일이나 시·도지사가 정비구역지정고시 전에 따로 정한 날을 기준으로 건축물을 분양받을 권리를 산정한다. 토지등소유자 수가 부당하게 증가하는 것을 막기 위한 취지이다. 시·도지사가 기준일을 따로 정한 경우에는 해당 지방자치단체 공보에 이를 고시하여야 한다.

또한, 분양설계에 관한 계획은 분양신청기간이 만료되는 날을 기준으로 하여 수립하여야 하므로, 분양대상조합원에 해당하는지 여부 판정의 기준일을 '분양신청기간 만료일' 이후로 늦추는 내용의 조합 총회 결의는 효력이 없다고 보아야 하지만,[428] 분양대상 조합원이 된 사람들에 대하여 관리처분계획 수립을

---

427 대법원 2009. 9. 10. 선고 2009두10628 판결 참조

428 대법원 2002. 1. 22. 선고 2000두604 판결 참조

위한 조합원총회 결의 전에 그 분양신청 내용을 변경할 기회를 부여하였다고 하여 위 기준을 위반하였다고 볼 수 없다.[429]

다. 1세대 또는 1인이 다주택을 소유하는 경우에는 1주택을 공급할 것

(1) 원칙

1세대 또는 1명이 하나 이상의 주택 또는 토지를 소유한 경우 1주택을 공급하고, 같은 세대에 속하지 아니하는 2명 이상이 1주택 또는 1토지를 공유한 경우에는 1주택만 공급한다. 여기서 1세대란 배우자 및 미혼인 19세 미만의 직계비속을 제외한 나머지의 경우에는 주민등록표 등 공부에 의하여 형식적으로 결정하는 것이 아니라 실질적으로 주거와 생계를 같이하고 있는 지를 기준으로 판단해야 한다.[430] 따라서 가령, 형제자매가 주민등록표상 1세대를 구성하고 있다 하더라도 실질적으로 생계를 같이하지 아니하면 1세대로 볼 수 없다. 또한, 1명이란 조합방식의 경우에는 앞에서 언급한 바와 같이 1명의 조합원을 의미한다. 따라서 도시정비법 제39조 제1항 제3호에 따라 재개발사업구역에서 다물권자로부터 조합설립인가 후 수인이 이를 매수하였다 하더라도 1주택을 공급하여야 한다.[431]

이와 관련하여『1세대 1주택공급원칙』이 분양설계기준일까지만 적용되는지 이전고시일까지도 적용되는지 문제되는데, (i)관리처분계획기준일인 분양설계기준일이란 종전토지등의 면적 등 대상 목적물의 특정이나 종전 토지등의 소유권 확인 기준일에 관한 것으로 1세대 1주택공급원칙의 시적 한계로 볼 수는 없고, (ii)조합원지위에 관한 도시정비법 제39조 제1항 제2호는 분양대상자 지위에 관한 도시정비법 제76조 제1항 제6호와 대응되는 규정인데 조합원지위에 관한 이 규정은 관리처분계획인가일 이후에도 적용되며, (iii)1세대 1주택공급

---

429 대법원 2014. 8. 20. 선고 2012두5572 판결
430 대법원 2025. 3. 27. 선고 2022두50410 판결
431 대법원 2023. 2. 23. 선고 2020두36724 판결

원칙의 주된 입법취지인 분양권 배분의 형평의 원칙은 분양설계기준일인 분양신청기간만료일 이후에도 준수되어야 한다는 점에 비추어 볼 때, 분양설계기준일 이후에 1세대가 추가주택을 소유하게 되는 경우에도 이 규정이 그대로 적용된다고 보는 것이 타당하다 생각한다.

(2) 예외

『1세대 및 다주택자에 대한 1주택공급원칙』, 『공유자에 대한 1주택 공급원칙』 등에 대한 예외로 (i)시·도조례로 정하는 만큼 주택을 공급할 수 있는 경우, (ii)소유주택 수만큼 공급할 수 있는 경우, (iii)2주택을 공급할 수 있는 경우 그리고 (iv)3주택까지 공급할 수 있는 경우가 있다.

(가) 토지공유자에 대하여 시·도조례로 주택공급을 따로 정한 경우에는 그에 따라 주택을 공급할 수 있다. 이 경우 토지공유자가 단독분양대상자 지위를 갖는다 하더라도 단독조합원지위까지 인정되는 것은 아니다.[432]

(나) 소유주택 수 만큼 공급할 수 있는 경우는 〈표 47〉과 같다.

표 47

소유주택 수만큼 공급할 수 있는 경우
1) 과밀억제권역에 위치하지 아니한 재건축사업의 토지등소유자. 다만, 투기과열지구 또는 조정대상 지역에서 최초로 사업시행계획인가를 신청하는 재건축사업의 토지등소유자는 제외 2) 근로자(공무원인 근로자를 포함한다) 숙소, 기숙사 용도로 주택을 소유하고 있는 토지등소유자 3) 국가, 지방자치단체 및 토지주택공사등 4) 「지방자치분권 및 지역균형발전에 관한 특별법」 제25조에 따른 공공기관지방이전 및 혁신도시 활성화를 위한 시책 등에 따라 이전하는 공공기관이 소유한 주택을 양수한 자[433]

432 대법원 2011. 3. 10. 선고 2010두12361 판결

433 공공기관 이전에 따른 당해 규정은 당해 부칙 제2조의 규정에 의하여 2018년 1월 26

위에서 보는 바와 같이 과밀억제권역에 위치하지 아니한 지역으로서 투기과열지구나 조정대상지역으로도 지정되지 아니한 지역의 재건축사업은 토지등소유자에게 소유주택 수만큼 주택을 공급할 수 있다. 그러나 과밀억제권역에 위치하지 아니한 지역이라 하더라도 투기과열지구나 조정대상지역으로 지정되어 최초로 사업시행계획인가를 신청하는 재건축사업의 경우에는 원칙으로 돌아가 1주택을 공급하거나 종전재산의 가격이나 종전 주거전용면적의 범위 내에서 2주택을 공급받을 수 있을 뿐이다. 문제는 과밀억제권역 외의 조정대상지역 또는 투기과열지구에서 조정대상지역 또는 투기과열지구로 지정되기 전에 1명의 토지등소유자로부터 토지 또는 건축물의 소유권을 양수하여 여러 명이 소유하게 된 경우에도 이와 똑같이 취급하여 1주택을 공급하거나 종전 주거전용면적 등의 범위내에서 2주택을 공급할 수 있는가 하는 점이다. 도시정비법 제76조 제1항 제7호 다목은 이 경우 『양도인과 양수인에게 각각 1주택을 공급할 수 있다』고 규정함으로써 재건축사업구역이 조정대상지역으로 지정될지 여부를 사전에 알기 어려운 상황에서 1주택을 공급받을 것으로 예상하고 사업구역내 다물권자로부터 주택 또는 투지를 양수한 자의 신뢰를 보호하기 위해 양도인과 양수인에게 각각 1주택을 공급하도록 하고 있다. 따라서 가령, 甲이 A, B, C, D, E, F의 6채의 주택을 소유하고 있었는데 조정대상지역으로 지정되기 전에 乙에게 A를, 兵에게 B와 C를 양도한 경우 甲은 乙과 兵과의 관계에서 양도인의 지위에서 D, E, F의 3채의 주택에 대해 1주택을 공급받고, 乙과 兵은 양수인의 지위에서 乙은 A주택에 대해, 兵은 B와 C의 주택에 대해 각 1주택을 공급받는다. 만일 甲이 위 6채의 주택을 조합설립인가 후 조정대상지역으로 지정되기 전에 양수받아 乙과 兵에게 전매한 경우라 하더라도 甲은 양도인 겸 양수인의 지위에서 1주택을 공급받을 수 있다

(다) 일반적으로 사업의 종류, 지역·지구와 무관한게 종전 재산의 가격 또는 주거전용면적 범위에서는 2주택을 공급할 수 있다. 이 경우 1주택은 60제곱미

일까지 유효함

터 이하로 하되 이 주택은 이전고시일 다음날부터 3년간 주택 전매가 제한된다. 주택을 전매하거나 전매를 알선하면 도시정비법 제136조위반죄로 처벌된다. 또 토지등소유자가 이 예외 규정에 따라 2주택을 공급받는 경우 종전 재산의 소유권을 이전하면서 공급받는 주택을 서로 다른 사람에게 분리하여 처분할 수 있는지 문제될 수 있다. 만일 이를 인정하는 경우에는 이전고시 전에 종전재산에 대한 권리와 분양받을 권리의 분리 처분을 인정하는 셈이 되므로 허용되지 않는다고 보아야 한다.[434]

(라) 과밀억제권역에 위치한 재건축사업의 경우에는 토지등소유자가 소유한 주택수의 범위에서 3주택까지 공급할 수 있다. 다만, 투기과열지구 또는 조정대상지역에서 최초 사업시행계획인가를 신청하는 재건축사업의 경우에는 다시 원칙으로 돌아가 1주택을 공급하거나 종전재산의 가격이나 종전 주거전용면적의 범위 내에서 2주택을 공급받을 수 있다(법 §76①vii마단서). 가령 서울은 과밀억제권역인데 서울 구로구는 투지과열지구나 조정대상지역이 아니고 서울 강남구는 투기과열지구라 가정하자. 서울 구로구에서 시행하는 재건축사업의 토지등소유자는 자신의 주택수가 4채라면 3주택을 공급받을 수 있고 2주택이라면 2주택을 공급받을 수 있게 된다. 하지만 서울 강남구에서 시행하는 재건축사업의 토지등소유자는 4채의 주택을 소유하든 1채의 주택을 소유하든 1주택만 공급받을 수 있고 종전 가격의 범위 또는 종전 주택의 주거전용면적의 범위에서 2주택을 공급받을 수 있다.

과밀억제권역에 위치한 재건축사업에서 조정대상지역 또는 투기과열지구로 지정되기 전에 1명의 토지등소유자로부터 토지 또는 건축물의 소유권을 양수하여 여러 명이 소유하게 되었는데 그 후 투기과열지구나 조정대상지역으로 지정되고 최초 사업시행계획인가를 신청한 재건축사업의 경우에는 주택을 어떻게 공급하여야 할까. 이 경우에는 과밀억제권역에 위치하지 아니한 재건축

434 대법원 2003. 9. 26. 선고 2001다64479 판결 참조

사업과 같은 『양도인과 양수인에게 각각 1주택을 공급할 수 있다』라는 규정이 없어 문제된다. 과밀억제권역은 그 외 지역과는 달리 언제든 투기과열지구나 조정대상지역으로 지정될 수 있다고 예상할 수 있고 과밀억제권역에 위치하지 아니한 재건축사업과는 달리 이에 관한 규정을 두지 않은 입법자의 의도를 고려할 때 1주택을 공급하거나 종전 주거전용면적 등의 범위 내에서 2주택을 공급하는 것이 타당하다 할 것이다. 따라서 조합설립인가 후 투기과열지구나 조정대상지역 지정 전 다물권자로부터 토지 또는 건축물의 소유권을 양수하여 여러 명이 소유하고 난 후 투지과열지구나 조정대상지역으로 지정되고 나서 최초 사업시행계획인가를 신청하는 재건축사업은 1주택을 공급하거나 종전 주거전용면적 등의 범위 내에서 2주택을 공급할 수 있다. 이 경우 사업시행계획인가를 신청하고 나서 투기과열지구나 조정대상지역으로 지정된 경우라만 주택수 범위 내에서 3주택을 공급할 수 있을 것이다. 도시정비법 제39조 제2항에 따른 현금청산의 문제가 생기는 것 아닌가 의문이 들 수 있으나 거래 당시는 투기과열지구가 아니었기 때문에 본조는 적용되지 않는다.

라. 건축물의 공용부분은 각 권리자의 공유로 할 것

분양대상자가 공동으로 취득하게 되는 건축물의 공용부분은 각 권리자의 공유로 하되, 해당 공용부분에 대한 각 권리자의 지분비율은 그가 취득하게 되는 부분의 위치 및 바닥면적 등을 고려하여 정하여야 한다.

마. 대지는 건축물의 분양면적 비율에 따라 대지소유권이 주어지도록 할 것

1필지의 대지 위에 2인 이상에게 분양될 건축물이 설치된 경우에는 건축물의 분양면적의 비율에 따라 그 대지소유권이 주어지도록 하여야 한다. 이 경우 토지의 소유권관계는 공유로 한다. 대지소유권을 분양면적 기준이 아닌 전용면적을 기준으로 한 경우에는 위법하다 할 것이다.[435] 주택과 상가 등이 함께 설치된 경우에는 건축물의 용도 및 규모 등을 고려하여 분양면적 산정을 달리

---

435 대법원 2010. 3. 25. 자 2009무165 결정 참조

하여 대지지분을 배분하는 것도 허용된다(시행령 §63① vi괄호). 주택의 경우 지하면적이 서비스면적일 수 있지만 상가의 경우에는 분양면적일 수 있으므로 이를 달리 취급하여 분양면적을 계산하고 이에 따라 대지소유권이 주어지도록 하더라도 합리적 배분으로 볼 수 있기 때문이다.

3. 주거환경개선사업과 재개발사업의 경우(시행령 §63①)

시·도 조례로 분양주택규모를 제한하는 경우에는 그 규모이하로 주택을 공급하여야 하고 1개의 건축물의 대지는 1필지의 토지가 되도록 정하되 주택단지는 예외로 그렇지 않아도 된다. 정비구역의 토지등소유자에게 분양하여야 하지만 시·도조례로 정하는 금액·규모·취득시기 등에 대한 기준에 부합하지 아니하면 분양대상에서 제외할 수 있다. 권리가액이 공동주택의 최소분양단위규모 추산액보다 적거나 과소필지 또는 권리산정기준일 후에 취득한 경우 등에는 분양대상자에서 제외될 수 있다. 건축물이 있는 토지의 토지만을 공유지분으로 소유한 자와 그 토지의 나머지 지분 및 건축물의 소유자가, 독자적으로 조례에서 정하는 분양대상자 요건을 각 충족하지 못하는 경우에는, 원칙적으로 그 소유분을 합하여 하나의 대지 및 건축시설의 공동분양대상자가 된다.[436] 이 중 어느 한 사람이 자신의 소유분만으로도 조례에서 정하는 분양대상자 요건을 갖춘 경우에는 나머지 한 사람에 대해서는 조례에서 정하는 분양대상자 요건을 독자적으로 충족하였는지 따라 분양대상자여부를 결정하여야 한다. 만일 그가 분양대상자 요건을 충족하지 못한 경우에는 분양대상자에서 제외되고 현금청산될 수 있다.

조합원분양을 위해 조성된 1필지의 대지 및 그 대지에 건축된 1개의 건축물을 2인 이상에게 분양할 때에는 기존의 토지 및 건축물의 가격 비율에 따라 분양하여야 한다. 도시정비법 제123조 및 도시정비법 시행령 제93조에 따라 환지방식을 관리처분계획방식으로 사업시행방식을 전환하는 경우에는 환지예정

436 대법원 2001. 12. 27. 선고 2001두6531 판결

지의 권리가액 비율에 따라 분양하여야 한다(시행령 §63① iv 두번째괄호). 재개발사업에서 토지등소유자가 정비사업비의 일부를 부담하고 정비사업 시행으로 조성되는 대지 및 건축물(주택은 제외)을 분양받는 경우에도 1필지의 대지 및 그 대지에 건축된 1개의 건축물을 2인 이상에게 분양할 때에는 역시 토지등소유자가 부담하는 비용의 비율에 따라 분양하여야 한다(시행령 §63① iv).

주택 및 부대시설·복리시설의 공급순위는 기존의 토지 또는 건축물의 가격을 고려하여 정하여야 하는데 시·도조례는 그 구체적 기준을 정할 수 있다. 이 경우 조례에서 부대시설·복리시설의 분양순위를 6순위까지만 정하고 있는 경우 정관이나 관리처분계획으로 가령 7순위로 『1순위에서부터 6순위에 해당하지 아니한 기타 토지등소유자』로 정하여 부대시설·복리시설을 분양할 수 있는가 문제된다. 도시정비법에 부대시설·복리시설 분양에 관한 특별한 제약을 두고 있지 않고 조례도 6순위를 우선하여 분양할 것 외에 다른 제약을 두고 있지 않다면 이와 같은 정관규정이나 관리처분계획의 내용도 적법하다 할 것이다.

4. 재건축사업의 경우

재건축사업은 『1세대 및 다주택자에 대한 1주택공급원칙』에 대한 예외가 인정되어 과밀억제권역에 위치하지 아니한 토지등소유자에게는 소유한 주택수만큼 공급할 수 있고, 과밀억제권역에 위치한 토지등소유자에게는 소유한 주택수 범위내에서 3주택까지 공급받을 수 있다. 다만 투기과열지구나 조정대상지역인 경우에는 다시 원칙으로 돌아가 1주택을 공급하거나 종전 주거전용면적 등의 범위 내에서 2주택을 공급할 수 있다.

주택소유자에게는 그의 선택에 따라 주택이나 부대·복리시설을 공급할 수 있다. 그러나 부대·복리시설의 소유자에게는 원칙적으로 부대·복리시설을 공급하여야 한다. 다만, 새로 건설한 부대·복리시설의 최소분양단위규모의 추산액이 분양주택 중 최소분양단위규모의 추산액보다 큰 경우에는 1주택을 공급할 수 있다. 새로운 부대·복리시설을 건설하지 아니하거나 그것을 분양받는 것을 포기한 경우에는 기존 부대·복리시설의 가액이 분양주택 중 최소분양단위규모의 추산액에 정관등으로 정하는 비율(정관등으로 정하지 아니하면 1로 함)을 곱한 가액보다 클 경우에 1주택을 공급할 수 있다.[437] 새로운 부대·복리시설을 공급받는 경우에는 기존 부대·복리시설의 가액에서 그 금액을 뺀 금액이 위 정관비율을 곱한 가액보다 커야 1주택을 공급할 수 있게 된다(시행령 §63②).

재건축사업은 재개발사업과는 달리 조합원 전원의 동의를 받아 그 기준을 따로 정하는 경우에는 그에 따른다.

5. 주택 분양권 핵심 비교

토지등소유자에게 가장 이해관계가 걸려 있는 주택의 분양권, 즉 공급받는 주택의 수를 사업별로 간단히 비교하면 〈표 48〉과 같다. 재건축사업에 아래와 같은 예외를 인정하는 것은 재건축사업은 공공적 성격 외에 사유재산 활용의 성격도 상당부분 가지고 있기 때문이다.

| 표 48 주택 분양권 핵심 비교

구분	주거환경개선사업 재개발사업	재건축사업
원칙	1세대 및 다주택자에게 1주택을 공급하는 것을 원칙으로 하되, 종전재산의 가격 또는 종전 주택의 주거전용면적 등의 범위 내에서 2주택 공급 가능	
예외	해당없음	• 투기과열지구나 조정대상지역이 아닌 지역에서 – 과밀억제권역에 위치하지 아니한 토지등소유자는 소유한 주택수 만큼 공급받을 수 있고 – 과밀억제권역에 위치한 토지등소유자는 소유한 주택수 범위내에서 3주택까지 공급 가능

437 대법원 2010. 2. 11. 선고 2008다45637 판결 참조

Ⅵ 관리처분계획의 수립 및 인가의 절차

제78조(관리처분계획의 공람 및 인가절차 등) ① 사업시행자는 제74조에 따른 관리처분계획인가를 신청하기 전에 관계 서류의 사본을 30일 이상 토지등소유자에게 공람하게 하고 의견을 들어야 한다. 다만, 제74조제1항 각 호 외의 부분 단서에 따라 대통령령으로 정하는 경미한 사항을 변경하려는 경우에는 토지등소유자의 공람 및 의견청취 절차를 거치지 아니할 수 있다.

③ 시장 · 군수등은 다음 각 호의 어느 하나에 해당하는 경우에는 대통령령으로 정하는 공공기관에 관리처분계획의 타당성 검증을 요청하여야 한다. 이 경우 시장 · 군수등은 타당성 검증 비용을 사업시행자에게 부담하게 할 수 있다.

1. 제74조제1항제6호에 따른 정비사업비가 제52조제1항제12호에 따른 정비사업비 기준으로 100분의 10 이상으로서 대통령령으로 정하는 비율 이상 늘어나는 경우
2. 제74조제1항제6호에 따른 조합원 분담규모가 제72조제1항제2호에 따른 분양대상자별 분담금의 추산액 총액 기준으로 100분의 20 이상으로서 대통령령으로 정하는 비율 이상 늘어나는 경우
3. 조합원 5분의 1 이상이 관리처분계획인가 신청이 있은 날부터 15일 이내에 시장 · 군수등에게 타당성 검증을 요청한 경우
4. 그 밖에 시장 · 군수등이 필요하다고 인정하는 경우

⑦ 사업시행자는 관리처분계획의 내용이 제3항제1호 또는 제2호에 해당하는 경우 관리처분계획인가의 신청 이전(제45조제1항제10호에 따른 총회 의결이 있은 경우로 한정한다)에 제3항에 따른 공공기관에 관리처분계획의 타당성 검증을 요청할 수 있다. 이 경우 제3항에 따른 타당성 검증이 요청된 것으로 본다.

1. 의의

관리처분계획의 수립 또는 변경을 위하여 조합원총회의 의결 및 행정청의 인가절차 등을 요구하는 취지는 그것이 조합원, 현금청산대상자 등에 대한 소유권이전 등 권리귀속 및 비용부담에 관한 사항을 확정하는 행정처분에 해당하므로 그로 인하여 자신의 권리의무와 법적 지위에 커다란 영향을 받게 되는

조합원 등의 의사가 충분히 반영되어야 할 필요가 있기 때문이다.[438] 반면 관리처분계획의 경미한 변경의 경우에는 이러한 필요성이 그다지 크지 않기 때문에 행정청에 신고하면 족하다.

도시정비법 제74조 제1항 단서 소정의 '대통령령이 정하는 경미한 사항을 변경하고자 하는 경우'란 도시정비법 시행령 제61조의 각호에 규정된 사항들에 한정되는 것이 아니다. 변경대상이 되는 관리처분계획의 내용을 구체적·개별적으로 살펴보아 조합총회의 의결을 거치지 않더라도 그 변경내용이 객관적으로 조합원 등 이해관계인의 의사에 충분히 부합하고 그 권리의무 내지 법적 지위를 침해하지 아니하거나, 분양대상자인지 여부에 대한 확정판결에 따라 관리처분계획의 내용을 변경하는 때와 같이 조합총회의 의결을 거친다고 하더라도 그 변경내용과 다르게 의결할 수 있는 여지가 없는 경우 등도 포함한다.[439] 관리처분계획안을 조합원총회에서 의결하면서 인가신청과정에서 정비사업비 5% 이내의 증감은 다시 조합원총회의 의결을 거치지 않고 대의원회의결로 처리할 수 있도록 하는 것이 그 예일 것이다.

2. 주요 관리처분사항의 문서 통지

사업시행자는 분양신청기간이 종료된 때에는 분양신청의 현황을 기초로 관리처분계획을 수립하게 되는데 조합의 경우에는 관리처분총회 개최일로부터 1개월 전에 (i)분양대상자별 분양예정인 건축물의 추산액(임대관리 위탁주택에 관한 내용을 포함한다), (ii)일반분양분 등의 명세와 추산액, (iii)분양대상자별 종전재산의 명세 및 그 가격,[440] (iv)정비사업비 추산액 및 그에 따른 조합원 분담규모 및 분담시기 등 주요 관리처분내용을 각 조합원에게 문서로 통지하여야 한다(법 §74⑤). 이와 같은 주요 관리처분사항에 대한 문서 통지가 없는 상태에서

438 대법원 2012. 5. 24. 선고 2009두22140 판결 참조

439 대법원 2012. 5. 24. 선고 2009두22140 판결 참조

440 사업시행계획인가 전에 도시정비법 제81조제3항에 따라 철거된 건축물은 시장·군수 등에게 허가를 받은 날을 기준으로 한 가격을 말한다.

수립된 관리처분계획은 그 하자가 중대·명백하여 위법·무효라 할 것이다.

3. 조합원총회에서 의결

관리처분계획안에 대한 조합원총회결의는 관리처분계획이라는 행정처분에 이르는 절차적 요건 중 하나로, 그것이 위법하여 효력이 없다면 관리처분계획은 하자가 있는 것으로 된다. 따라서 행정주체인 조합을 상대로 관리처분계획안에 대한 조합원총회결의의 효력 등을 다투는 소송은 행정처분에 이르는 절차적 요건의 존부나 효력 유무에 관한 소송으로서 그 소송결과에 따라 행정처분의 위법 여부에 직접 영향을 미치는 공법상 법률관계에 관한 것이므로, 이는 행정소송법상의 당사자소송에 해당한다.[441] 그리고 이를 본안으로 하는 가처분에 대하여는 민사집행법상의 가처분에 관한 규정이 준용된다.[442] 다만 관리처분계획 인가 후에는 관리처분계획에 대한 항고소송만 허용된다.

관리처분계획 수립을 위한 조합원총회의 의결을 위해서는 재적조합원 과반수의 찬성을 얻어야 한다. 다만 정비사업비가 100분의 10 이상(생산자물가상승률분, 현금청산비용은 제외) 늘어나는 경우에는 조합원 3분의 2 이상의 찬성으로 의결하여야 한다. 또한 조합원의 100분의 20 이상이 직접 출석하여야 한다. 서면으로 의결권을 이미 행사한 조합원이 직접 출석한 경우도 서면 철회여부 관계없이 직접 출석한 경우로 본다. 조합원총회에서 관리처분계획의 수립을 의결하는 경우의 의결정족수를 정하는 기준이 되는 출석조합원은 당초 총회에 참석한 모든 조합원을 의미하는 것이 아니라 문제가 된 결의 당시 회의장에 남아 있던 조합원만을 의미하고, 회의 도중 스스로 회의장에서 퇴장한 조합원은 이에 포함되지 않는다.[443]

정비사업비가 100분의 10 이상 늘어난 경우에 총회의결에 특별정족수를 요

441 대법원 2009. 10. 29. 선고 2008다97737 판결

442 대법원 2015. 8. 21. 자 2015무26 결정

443 대법원 2010. 4. 29. 선고 2008두5568 판결

구하는 이유는 그 증가된 정비사업비가 조합원들의 이해관계에 중대한 영향을 미칠 정도로 실질적으로 변경된 경우에 해당하기 때문이다. 관리처분계획을 수립할 때에 의결할 정비사업비가 조합원들의 이해관계에 중대한 영향을 미칠 정도로 실질적으로 변경된 경우에 해당하는지를 판단하는 방법은 조합설립동의서에 기재된 정비사업비와 바로 비교하는 것이 아니라, 먼저 사업시행계획시 조합원들의 동의를 거친 정비사업비가 조합설립동의서상의 총사업비와 비교하여 조합원들의 이해관계에 중대한 영향을 미칠 정도로 실질적으로 변경된 경우에 해당하는지를 판단하고, 다음으로 관리처분계획안에서 의결한 정비사업비가 사업시행계획시에 조합원들의 동의를 거친 정비사업비와 비교하여 조합원들의 이해관계에 중대한 영향을 미칠 정도로 실질적으로 변경된 경우에 해당하는지를 판단하여야 할 것이다.[444] 조합설립을 할 때에 건축물 철거 및 신축비용 개산액, 즉 정비사업비에 관하여 조합원들의 동의를 받았고 다음 단계인 사업시행계획의 수립 및 이에 대한 인가를 받을 때 조합원들의 동의 절차를 거쳐 정비사업비가 잠정적으로 정해졌기 때문이다.

조합원들의 이해관계에 중대한 영향을 미칠 정도로 실질적으로 변경된 경우에 해당하는 사안이기 때문에 총회 의결을 위해 재적조합원 3분의 2 이상의 찬성을 얻어야 함에도 재적조합원 과반수 이상의 찬성만으로 이루어진 경우, 그와 같은 의결정족수의 하자는 중대한 하자인 것 분명하지만 명백한 하자로 볼 수는 없다. 따라서 사업시행계획이 조합설립인가시에 비해 정비사업비가 재적조합원 3분의 2 이상의 찬성을 얻어야 할 정도로 실질적으로 변경되었다 하더라도 그로 인한 의결정족수의 하자는 취소사유에 불과하므로 관리처분계획에 승계되지 않는다.[445] 다시 말해 인가받은 사업시행계획은 의결정족수에 중대한 하자가 있어 위법하지만 그 하자가 명백하다고 볼 수 없어 당연무효라 볼 수는 없으므로 관리처분계획에 그 하자가 승계되지 않는다 할 것이다.

444 대법원 2014. 6. 12. 선고 2012두28520 판결 참조

445 대법원 2012. 8. 23. 선고 2010두13463 판결 참조

또한 시공사가 선정되어 있지 않다고 하더라도 도시정비법은 시공사 선정을 관리처분계획 수립의 전제로 하고 있지 않고 총사업비나 조합원분담금 등은 시공사가 선정되어 있지 않다고 하더라도 개략적 추산액은 산출해 낼 수 있으므로 조합원총회의 의결을 거쳐 수립된 관리처분계획이 시공사가 선정되지 않은 상태에서 이루어졌다는 이유만으로 위법해진다고 할 수 없다.[446]

4. 토지등소유자에 대한 공람(법 §78①)

사업시행자는 관리처분계획인가를 신청하기 전에 관계 서류 사본을 30일 이상 토지등소유자에게 공람하고 의견을 들어야 한다. 사업시행자가 공람을 실시하려는 경우 공람기간·장소 등 공람계획에 관한 사항과 개략적인 공람사항을 미리 토지등소유자에게 통지하여야 한다.

공람시기에 관하여는 도시정비법이 별도 제한규정을 두고 있지 않으므로 관리처분계획안에 대한 총회의결 전에도 가능하다는 견해가 있을 수 있으나, 관리처분계획은 총회의 의결을 거쳐 수립되고 공람이란 이와 같은 서류사본을 토지등소유자에게 열람할 수 있는 제도라는 점에 비추어 보면 총회의 의결 후에 공람하게 하는 것이 타당하다. 다만, 공람하고 의견을 들은 이상 그 시기가 총회의결 전에 이루어졌다는 하자는 그 자체만으로는 중대한 하자로 볼 수는 없다.

또한 공람의견이 있는 경우 그것을 관리처분계획에 반영할지 여부는 조합의 재량이다. 관리처분계획에 반영하고자 하는 공람의견이 중요한 내용인 경우에는 다시 조합원총회의 의결을 거쳐야 할 것이다. 하지만 경미한 내용이거나 조합총회의 의결을 거치지 않더라도 변경내용이 객관적으로 조합원 등 이해관계인의 의사에 충분히 들어맞고 그 권리·의무나 법적 지위를 침해하지 않는 때와 같이 조합총회의 의결을 거친다고 하더라도 변경내용과 다르게 의결할 수 있

446 대법원 2014. 3. 27. 선고 2011두24057 판결 참조

는 여지가 없는 경우에는 다시 조합원총회의 의결을 거치지 않아도 된다.[447]

5. 타당성 검증(법 §78③⑦)

시장·군수는 (i)사업시행계획에서 의결된 정비사업비 기준으로 100분의 10 이상 늘어나는 경우, (ii)조합원분담금 총액이 100분의 20 이상 늘어나는 경우, (iii)조합원 5분의 1 이상이 관리처분계획인가 신청이 있은 날부터 15일 이내에 타당성 검증을 요청하는 경우 또는 (iv)그 밖에 시장·군수등이 필요하다고 인정하는 경우 등에는 토지주택공사등이나 한국감정원에 관리처분계획 타당성 검증을 요청하여야 한다. 사업시행자는 관리처분계획의 내용이 위 (i) 또는 (ii)에 해당하는 경우로서 총회의 의결이 있는 경우에는 관리처분계획인가의 신청 이전에 토지주택공사등이나 한국부동산원에 관리처분계획의 타당성 검증을 요청할 수 있다. 이 경우 시장·군수등에 의해 타당성 검증이 요청된 것으로 본다

문제는 타당성 검증결과를 근거로 관리처분계획에 대한 인가신청을 거부할 수 있는가 하는점인데, 타당성 검증결과 내용이 어떠한지에 따라 그 위법여부를 판단하여야 할 것이다. 시장·군수는 타당성 검증결과에 반드시 구속되는 것이 아니고 스스로 판단하여 검증결과가 부당하다고 판단되는 경우에는 검증결과와 달리 관리처분계획을 인가할 수 있다.

6. 관리처분계획의 인가

관리처분계획을 인가하는 행정청의 행위는 조합의 관리처분계획에 대한 법률상의 효력을 완성시키는 보충행위이다. 도시정비법에 기초하여 조합이 수립한 관리처분계획은 그것이 이와 같은 인가·고시를 통해 확정되면 이해관계인에 대한 구속적 행정계획으로서 독립적인 행정처분에 해당한다.[448]

따라서 기본행위가 적법·유효하고 보충행위인 인가처분 자체에 흠이 있다

447 대법원 2012. 5. 24. 선고 2009두22140 판결

448 대법원 2016. 12. 15. 선고 2015두51347 판결

면 그 인가처분의 무효나 취소를 주장할 수 있다. 그러나 인가처분에 흠이 없다면 기본행위에 흠이 있다고 하더라도 따로 기본행위의 흠을 다투는 것은 별론으로 하고 기본행위의 흠을 내세워 바로 그에 대한 인가처분의 무효확인 또는 취소를 구할 수는 없으므로, 법원은 그 당부에 관하여 판단할 필요 없이 해당 부분 청구를 기각하여야 한다.[449]

도시정비법은 제78조 제2항과 제4항에서 사업시행자로부터 관리처분계획의 인가 신청이 있는 경우 30일 이내에 인가 여부를 결정하여 사업시행자에게 통보하고, 인가를 하는 경우 그 내용을 당해 지방자치단체의 공보에 고시하도록 규정하고 있다. 이러한 관리처분계획 및 그에 대한 인가처분의 의의와 성질, 그 근거가 되는 도시정비법과 그 시행령상의 규정들에 비추어 보면, 행정청이 관리처분계획에 대한 인가 여부를 결정할 때에는 그 관리처분계획에 도시정비법 제48조 및 그 시행령 제50조에 규정된 사항이 포함되어 있는지, 그 계획의 내용이 도시정비법 제48조 제2항의 기준에 부합하는지 여부 등을 심사·확인하여 그 인가 여부를 결정할 수 있을 뿐 기부채납과 같은 다른 조건을 붙일 수는 없다고 할 것이다.[450]

시·도지사는 정비사업의 시행으로 정비구역 주변 지역에 주택이 현저하게 부족하거나 주택시장이 불안정하게 되는 등의 사유가 발생하는 경우에는 일정한 절차를 거쳐 시장, 군수 또는 구청장에게 관리처분계획인가의 시기를 조정하도록 요청할 수 있고, 이 경우 시장·군수등은 특별한 사유가 없으면 그 요청에 따라야 하나 그 조정시기는 인가신청일로부터 1년을 넘을 수 없다(법 §75).

정비사업이 완료되어 이전고시가 이루어지기 전까지는 관리처분계획의 일부 변경 등이 가능한 것이므로 관리처분계획의 인가처분에 대하여는 이전고시와는 달리 그 일부의 취소 청구라도 허용된다.[451]

---

449 대법원 2016. 12. 15. 선고 2015두51347 판결 참조

450 대법원 2012. 8. 30. 선고 2010두24951 판결

451 대법원 1995. 7. 14. 선고 93누9118 판결 참조

관리처분계획에 대한 관할 행정청의 인가·고시까지 있게 되면 관리처분계획은 행정처분으로서 효력이 발생하게 되므로, 총회결의의 하자를 이유로 하여 행정처분의 효력을 다투는 항고소송의 방법으로 관리처분계획의 취소 또는 무효확인을 구하여야 하고, 그와 별도로 행정처분에 이르는 절차적 요건 중 하나에 불과한 총회결의 부분만을 따로 떼어내어 효력 유무를 다투는 확인의 소를 제기하는 것은 특별한 사정이 없는 한 허용되지 않는다고 보아야 한다.[452]

Ⅶ 관리처분계획의 효력

1. 개요

도시정비법에 기초하여 조합이 수립한 관리처분계획은 그것이 행정청의 인가·고시를 통해 확정되면 이해관계인에 대한 구속적 행정계획으로 효력이 발생한다. 관리처분계획이 효력을 발생하면 종전의 토지 또는 건축물은 사용하거나 수익할 수 없고 정비사업의 시행으로 조성된 대지 및 건축물은 관리처분계획에 따라 처분 또는 관리된다.

2. 종전 토지 및 건축물에 대한 권리가 분양예정의 대지 또는 건축시설을 분양받을 권리로 변환[453][454]

관리처분계획의 인가 고시가 있을 때에는 종전의 토지 및 건축물에 관한 권리는 분양예정의 대지 또는 건축시설을 분양받을 권리로 변환된다. 다시 말해 정비구역 안의 토지 또는 건축물에 대한 소유권은 관리처분계획의 인가 고시에 의하여 정비사업의 시행으로 건설될 대지 및 건축물을 분양받을 조합원의

452 대법원 2009. 9. 17. 선고 2007다2428 전원합의체 판결
453 대법원 1993. 11. 23. 선고 93누1633 판결 참조
454 대법원 2004. 5. 28. 선고 2004도434 판결

지위로 잠정적으로 바뀌고, 이전고시가 있는 경우에는 도시정비법 제86조의 규정에 의하여 그에 대한 소유권이 소멸하고 정비사업의 시행으로 건설된 대지 및 건축물에 대한 소유권만이 남게 된다. 이와 같이 종전의 토지 또는 건축물에 대한 소유권이 관리처분계획인가 고시 후에는 분양받을 권리로 변환되기 때문에 조합원은 관리처분계획의 인가 고시 후에는 설사 조합이 자신의 종전 토지 또는 건축물을 점유하고 있다 하더라도 그 인도를 청구할 수 없다.

조합이 관리처분계획인가 고시에 따른 조합원들의 분양받을 권리를 구체화하고 시공사와의 관계에서 발생하는 공사비 지급, 신축건물에 대한 조합원의 입주 및 분양대금 납부 등의 권리·의무관계를 원활하게 조정하고자 사법상 계약의 형태로 개별적인 약정을 체결하는 경우 이와 같은 분양계약이 도시정비법상 허용되는지 문제된다. 이와 같은 사법상의 분양계약도 관리처분계획에 반하지 않는 범위 내에서 그것이 재개발조합과 조합원의 자유로운 의사의 합치에 기하여 이루어진 것인 이상 허용된다 할 것이다.[455]

이와 같은 사법상의 분양계약이 허용된다고 하더라도 관리처분계획에 반하는 분양계약의 효력을 인정할 수는 없다.[456] 정비사업은 정비구역에서 도시정비법 제74조에 따라 인가받은 관리처분계획에 따라 건축물을 건설하여 공급하여야 하기 때문이다. 또한 도시정비법의 위와 같은 내용과 취지, 도시정비법에 별도로 분양계약을 체결하도록 하는 규정이 없는 점 등에 비추어 보면, 도시정비법상 조합원과 조합 사이의 분양에 관한 법률관계는 도시정비법, 조합정관, 관리처분계획 및 이전고시 등에 의하여 형성되는 것이지 분양계약에 의하여 비로소 형성되는 것은 아니라 할 것이다. 다시 말해, 관리처분계획이 인가된 이후 조합원과 조합 사이에 체결된 분양계약은 조합원과 조합 사이에 관리처분계획 등에 의하여 이미 형성된 법률관계를 구체화하고 보충하는 의미를 갖는 것에 불과하다고 보아야 한다. 따라서 분양계약 체결 이후 관리처분계획

455 대법원 2008. 12. 24. 선고 2006다73096 판결 참조

456 대법원 2005. 7. 15. 선고 2004두12971 판결

의 주요 부분이 변경된 경우에는 조합과 조합원 사이의 권리관계는 변경된 관리처분계획에 따라 변경되고, 그에 따라 종래의 분양계약은 변경된 관리처분계획과 저촉되는 범위 내에서는 그 효력을 상실한다.[457] 따라서 조합이 변경된 관리처분계획 따라 분양계약을 변경해 줄 것을 요청하였음에도 조합원이 이를 거부하는 경우에는 분양계약을 체결하지 않은 것과 같다 할 수 있으므로 조합 정관이 정하는 바에 따라 현금청산자가 될 수 있다.

3. 정비사업의 시행으로 조성된 대지 및 건축물의 처분 또는 관리의 기준(법 §79①)

정비사업의 시행으로 조성된 대지 및 건축물은 관리처분계획에 따라 처분 또는 관리하여야 한다. 사업시행자는 정비사업의 시행으로 건설된 건축물을 제74조에 따라 인가받은 관리처분계획에 따라 토지등소유자에게 공급하여야 한다. 따라서 관리처분계획에 반하는 정비사업의 시행으로 건설된 대지 및 건축물의 분양계약은 무효이다. 그러나 가령 보류지의 명세와 처분방법을 관리처분계획으로 정하여 이전고시와 해산결의까지 마쳤으나 그 보류지를 당초의 관리처분계획과는 달리 조합원총회의 결의를 거쳐 조합임원의 성과금으로 지급한 경우 이를 똑같이 무효로 볼 수 있는지 문제될 수 있다. 이 경우에는 이전고시때까지 보류지를 공급받는 자가 없어 조합이 소유권을 취득하였다 할 것이므로 조합이 청산의 방법으로 자신의 재산을 처분한 경우라 볼 수 있어 무효라 볼 수 없다 생각한다.

457 서울고등법원 2015. 9. 25. 선고 2015누13 판결

4. 토지등소유자 등의 사용·수익 제한(법 §81①)

제81조(건축물 등의 사용 · 수익의 중지 및 철거 등) ① 종전의 토지 또는 건축물의 소유자 · 지상권자 · 전세권자 · 임차권자 등 권리자는 제78조제4항에 따른 관리처분계획인가의 고시가 있은 때에는 제86조에 따른 이전고시가 있는 날까지 종전의 토지 또는 건축물을 사용하거나 수익할 수 없다. 다만, 다음 각 호의 어느 하나에 해당하는 경우에는 그러하지 아니하다.
1. 사업시행자의 동의를 받은 경우
2. 「공익사업을 위한 토지 등의 취득 및 보상에 관한 법률」에 따른 손실보상이 완료되지 아니한 경우

종전의 토지 또는 건축물의 소유자·지상권자·전세권자·임차권자 등 권리자는 관리처분계획인가의 고시가 있은 때에는 이전고시가 있는 날까지 종전의 토지 건축물을 사용하거나 수익할 수 없다. 다만 사업시행자의 동의를 받은 경우이거나 「공익사업을 위한 토지 등의 취득 및 보상에 관한 법률」에 따른 손실보상이 완료되지 아니한 경우에는 사용·수익할 수 있다. 여기서 '종전의 토지 또는 건축물'의 의미에 대해 大法院은, 토지등소유자가 정비구역 안에서 소유하는 토지 또는 건축물을 의미하는 것이지 사업시행자가 도시정비법 제97조에 따라 무상으로 소유권을 양도받는 정비구역 내의 정비기반시설까지 포함하는 것은 아니라고 본다.[458] 도시정비법이 '종전의 토지 또는 건축물'과 '정비기반시설'은 사업시행계획이나 관리처분계획에서 달리 취급하고 있을 뿐만 아니라 소유권 취득시기 등에 있어서도 차이를 두고 있음을 근거로 한다. 하지만 대법원이 들고 있는 사유는 본질적 차이라 볼 수 없고 토지등소유자의 재산과 일반재산을 달리 취급할 합리적인 이유가 없으므로 判例 변경이 필요하다고 생각한다.

토지등소유자의 사용·수익 제한규정은 토지등소유자가 분양신청기간에 분양신청을 포기하여 현금청산대상자가 된 경우에 조합으로부터 적법한 보상을 받을 때까지 종전자산을 기존대로 사용·수익할 수 있다는 것일 뿐, 일단 조합

458 대법원 2021. 12. 30. 선고 2020다204643 판결

원으로서의 종전자산 출자의무를 이행하였으나 그 후 분양계약 체결기간에 분양계약 체결을 거부하여 현금청산사유가 발생한 경우에도 토지등소유자가 조합을 상대로 기존에 적법하게 출자하여 인도한 종전자산의 반환을 다시 구할 수 있다는 의미는 아니다. 이 경우 조합은 현금청산대상자에게 기존에 출자 받은 종전자산을 다시 반환할 필요가 없고, 단지 현금청산대상자에게 현금청산금을 지급할 의무만 부담한다. 따라서 조합이 기존에 출자받은 종전자산을 정비사업을 위하여 계속 점유하더라도 이를 권원 없는 점유라거나 불법점유라고 할 수 없다.[459] 만일 토지등소유자가 조합원의 지위를 유지하는 동안에 종전자산을 출자하였다가 그 후에 조합관계에서 탈퇴하여 현금청산대상자가 되었음에도, 조합이 도시정비법 제73조에서 정한 90일의 협의기간 내에 현금청산금을 지급하지 아니하면 민법 제587조 후단에 따라 위 이행기간이 경과한 다음 날부터는 민법에서 정한 연 5%의 비율로 계산한 지연배상금을 지급할 의무가 있다고 보아야 한다.[460] 이 경우 90일의 협의기간은 관리처분계획인가 후의 경우에는 현금청산대상자가 된 다음날을 기준으로 기산하여야 할 것이다. 나아가 위 협의기간 만료일 다음날부터 60일 이내에 수용재결을 신청하거나 매도청구소송을 제기하지 아니한 경우에는 그 지연일수 만큼 도시정비법 제73조 제3항에 따른 지연이자를 지급하여야 한다.

위 민법상의 지연배상청구권과 도시정비법 제73조 제4항 지연이자청구권은 근거 규정과 요건, 효과를 달리하는 것으로서 각 요건이 충족되면 성립하는 별개의 청구권이다. 다만 지연이자에는 이미 '손해 전보'라는 요소가 포함되어 있어 같은 기간에 대하여 양자의 청구권을 동시에 행사할 수 있다고 본다면 이중배상의 문제가 발생하므로, 같은 기간에 대하여 양자의 청구권이 동시에 성립하더라도 토지등소유자는 어느 하나만을 선택적으로 행사할 수 있을 뿐이고, 양자의 청구권을 동시에 행사할 수는 없다고 보아야 한다.

459 대법원 2020. 7. 29. 선고 2016다51170 판결

460 대법원 2020. 7. 29. 선고 2018두46995 판결

도시정비법에 「공익사업을 사업을 위한 토지 등의 취득 및 보상에 관한 법률」 제30조 제3항에서 정한 재결신청 지연가산금청구권과 유사한 지연이자청구권이 도시정비법에 직접 규정되어 있으므로 재결신청 지연가산금청구권은 도시정비법의 정비사업에 따른 재결신청청구에는 적용되지 않는다는 견해가 있을 수 있다. 그러나 이 두 청구권의 근거규정과 요건 및 효과가 모두 다르므로 긍정하는 것이 타당하다고 생각한다.[461] 따라서, 위 재결신청 지연가산금청구권, 도시정비법상의 지연이자청구권 및 민법상의 지연배상청구권 모두가 성립하되 다만 중복되지 않는 범위 내에서 선택적으로 행사할 수 있다고 볼 것이다.

재건축사업에서도 관리처분계획인가의 고시가 있은 때로부터 종전의 토지에 관한 사용·수익권을 상실하나, 조합설립에 동의하지 않은 종전의 토지 소유자는 재건축조합이 도시정비법에서 정한 매도청구권을 행사할 경우에는 재건축조합과 사이에 종전의 토지에 관한 매매계약이 성립된 것으로 의제되는 법률적 효과가 발생하므로, 일반 매매계약의 법리에 따라 재건축조합에 종전의 토지를 인도한 날 또는 재건축조합 명의로 종전의 토지에 관한 소유권이전등기가 마친 날 중 더 빠른 날에 종전의 토지에 대한 사용·수익권을 상실한다.[462]

5. 건물 철거

사업시행자는 관리처분계획인가를 받은 후 기존의 건축물을 철거하여야 한다(법 §81②). 다만, 일정한 경우 기존 건축물 소유자의 동의와 시장·군수등의 허가를 받아 해당 건축물을 철거할 수 있다. 시장·군수등은 야간 등 철거시 위험성이 존재할 사정이 있는 경우에는 그 해당하는 시기에는 건축물의 철거를 제한할 수 있다.

조합이 건물을 철거하기 위해서는 관리처분계획인가 고시 후 건물을 인도받아야 한다. 사업시행자는 '종전의 토지 또는 건축물'의 사용·수익 금지에 관한

461 대법원 2020. 7. 23. 선고 2019두46411 판결
462 대법원 2010. 6. 24. 선고 2010도985 판결

도시정비법 규정에 근거하여 관리처분계획의 인가 고시 이후에 종전의 토지 또는 건축물에 대한 인도청구를 할 수 있다.[463] 조합이 건물을 인도받지 아니하고 철거하는 경우에는 손괴죄나 권리행사방해죄가 성립할 수 있다.[464] 이 경우 철거될 운명에 처해 있는 건물을 철거한 것이므로 재산상 손해는 인정하기 어렵다. 하지만 정신적 손해는 인정된다 할 것이므로 위자료는 배상하여야 할 것이다.

기존 건축물 소유자는 철거수인의무만을 부담할 뿐이다. 따라서 사업시행자는 그 건축물 소유자에게 인도만을 구할 수 있을 뿐 철거를 청구할 수는 없다.

6. 입주자 모집(법 §79)

제79조(관리처분계획에 따른 처분 등) ② 사업시행자는 정비사업의 시행으로 건설된 건축물을 제74조에 따라 인가받은 관리처분계획에 따라 토지등소유자에게 공급하여야 한다.

③ 사업시행자(제23조제1항제2호에 따라 대지를 공급받아 주택을 건설하는 자를 포함한다. 이하 이 항, 제6항 및 제7항에서 같다)는 정비구역에 주택을 건설하는 경우에는 입주자 모집 조건 · 방법 · 절차, 입주금(계약금 · 중도금 및 잔금을 말한다)의 납부 방법 · 시기 · 절차, 주택공급 방법 · 절차 등에 관하여 「주택법」 제54조에도 불구하고 대통령령으로 정하는 범위에서 시장 · 군수등의 승인을 받아 따로 정할 수 있다.

④ 사업시행자는 제72조에 따른 분양신청을 받은 후 잔여분이 있는 경우에는 정관등 또는 사업시행계획으로 정하는 목적을 위하여 그 잔여분을 보류지(건축물을 포함한다)로 정하거나 조합원 또는 토지등소유자 이외의 자에게 분양할 수 있다. 이 경우 분양공고와 분양신청절차 등에 필요한 사항은 대통령령으로 정한다.

⑦ 사업시행자는 제2항부터 제6항까지의 규정에 따른 공급대상자에게 주택을 공급하고 남은 주택을 제2항부터 제6항까지의 규정에 따른 공급대상자 외의 자에게 공급할 수 있다.

---

463 대법원 2021. 6. 30. 선고 2019다207813 판결

464 대법원 2007. 9. 20. 선고 2007도5207 판결

⑧ 제7항에 따른 주택의 공급 방법 · 절차 등은 「주택법」 제54조를 준용한다. 다만, 사업시행자가 제64조에 따른 매도청구소송을 통하여 법원의 승소판결을 받은 후 입주예정자에게 피해가 없도록 손실보상금을 공탁하고 분양예정인 건축물을 담보한 경우에는 법원의 승소판결이 확정되기 전이라도 「주택법」 제54조에도 불구하고 입주자를 모집할 수 있으나, 제83조에 따른 준공인가 신청 전까지 해당 주택건설 대지의 소유권을 확보하여야 한다.

(i)관리처분계획 외의 방식으로 시행하는 주거환경개선사업의 사업시행자와 (ii)주거환경개선사업으로 조성된 대지를 공급받아 주택을 건설하는 자의 주택공급에 관하여는 도시정비법 제79조 제3항이 규정하고 있다. 이 경우에는 사업시행자가 주택공급에 관하여 도시정비법 시행령 제66조의 별표 2 범위에서 시장·군수등의 승인을 받아 따로 정할 수 있다. 시행령 별표 2는 **〈표 49〉**와 같다. 관리처분계획 방식으로 시행하는 주거환경개선사업의 주택공급은, 토지등소유자에 대한 분양은 도시정비법 제79조 제2항에 따라, 일반분양은 도시정비법 제79조 제4항에 따라 하면 된다.

| 표 49 주거환경개선사업의 주택공급 조건

구분	주거환경개선사업의 주택공급 조건(시행령 제66조 관련)
1. 주택의 공급기준	1세대 1주택을 기준으로 공급한다.
2. 주택의 공급대상	다음 중 어느 하나에 해당하는 자에게 공급한다.[465] 가. 기준일[466] 현재 해당 주거환경개선사업을 위한 정비구역에 주택

465 다만, 주거환경개선사업을 위한 정비구역에 「건축법」 제57조에 따른 대지분할제한면적 이하의 과소토지만을 소유하고 있는 자 등에 대한 주택공급기준은 시·도조례로 따로 정할 수 있다.

466 도시정비법 시행령 제13조 제1항에 따른 정비계획의 공람공고일 또는 시장·군수등이 해당 구역의 특성에 따라 필요하다고 인정하여 시·도지사의 승인을 받아 따로 정하는 날을 말한다.

	이 건설될 토지나 철거 예정인 건축물을 소유하고 있는 자[467] 나. 기준일 현재 다른 주거환경개선사업을 위한 정비구역에 주택이 건설될 토지 또는 철거 예정인 건축물을 소유하고 있는 자 다.「국토의 계획 및 이용에 관한 법률」 제2조제11호에 따른 도시 · 군계획사업으로 주거지를 상실하여 이주하게 되는 자로서 해당 시장 · 군수등이 인정하는 자
3. 주택의 공급순위	가. 1순위: 위 2. 가에 해당하는 자로서 해당 정비구역에 거주하고 있는 자 나. 2순위: 위 2 가에 해당하는 자(법인의 경우에는 사회복지를 목적으로 하는 법인만 해당한다)로서 해당 정비구역에 거주하고 있지 않은 자 다. 3순위: 위 2. 나에 해당하는 자로서 해당 정비구역에 거주하고 있는 자 라. 4순위: 위 2. 다에 해당하는 자

관리처분계획 방식의 정비사업의 일반분양에 관하여는 도시정비법 제79조 제4항이 규정하고 있다. 이에 따라 사업시행자는 분양신청을 받은 후 잔여분이 있는 경우 조합원 또는 토지등소유자 이외의 자에게 분양할 수 있다. 이 경우의 공고·신청절차·공급조건·방법 및 절차 등은「주택법」 제54조를 준용한다. 따라서 입주자를 모집하려는 경우 국토교통부령으로 정하는 바에 따라 시장·군수·구청장의 승인(복리시설의 경우에는 신고를 말한다)을 받아야 한다. 이 경우 사업시행자는 견본주택에 관한 자료를 승인권자에게 제출하여야 한다. 사업시행자가 대지의 소유권을 모두 확보하고 주택도시보증공사의 보증을 받은 경우에는 착공과 동시에 입주자를 모집할 수 있다. 다만 사업시행자가 매도청구소송을 통하여 법원의 승소판결을 받은 후 입주예정자에게 피해가 없도록

467 특별시장·광역시장·특별자치시장·특별자치도지사·시장 또는 군수(해당 권한을 위임받은 자치구의 구청장을 포함한다)가 기준일 이후「국토의 계획 및 이용에 관한 법률」 제2조 제10호에 따른 도시·군계획시설사업의 시행을 위하여 협의 또는 수용에 의하여 토지 또는 건축물을 취득한 경우 취득 당시 해당 토지 또는 건축물의 소유자를 포함한다.

손실보상금을 공탁하고 분양예정인 건축물을 담보한 경우에는 법원의 승소판결이 확정되기 전이라도 입주자를 모집할 수 있으나, 준공인가신청 전까지 주택건설 대지의 소유권을 확보하여야 한다(주택법 §54①, 법 §79⑧). 입주자모집공고에는 「공동주택 분양가격의 산정 등에 관한 규칙」에 따른 분양가격이 포함되어야 한다. 정비구역이 「주택법」 제58조에 따라 분양가상한제 적용 지역으로 지정된 경우에는 시장·군수·구청장은 분양가격에 관한 사항을 심의하기 위하여 분양가심사위원회를 설치·운영하여야 한다. 시장·군수·구청장은 입주자모집 승인을 할 때에는 분양가심사위원회의 심사결과에 따라 승인 여부를 결정하여야 한다(주택법 §59).

7. 재개발임대주택 인수요청 가능(법 §79⑤)

제79조(관리처분계획에 따른 처분 등) ⑤ 국토교통부장관, 시 · 도지사, 시장, 군수, 구청장 또는 토지주택공사등은 조합이 요청하는 경우 재개발사업의 시행으로 건설된 임대주택을 인수하여야 한다. 이 경우 재개발임대주택의 인수 절차 및 방법, 인수가격 등에 필요한 사항은 대통령령으로 정한다.

⑥ 사업시행자는 정비사업의 시행으로 임대주택을 건설하는 경우에는 임차인의 자격 · 선정방법 · 임대보증금 · 임대료 등 임대조건에 관한 기준 및 무주택 세대주에게 우선 매각하도록 하는 기준 등에 관하여 「민간임대주택에 관한 특별법」 제42조 및 제44조, 「공공주택 특별법」 제48조, 제49조 및 제50조의3에도 불구하고 대통령령으로 정하는 범위에서 시장 · 군수등의 승인을 받아 따로 정할 수 있다. 다만, 재개발임대주택으로서 최초의 임차인 선정이 아닌 경우에는 대통령령으로 정하는 범위에서 인수자가 따로 정한다.

⑦ 사업시행자는 제2항부터 제6항까지의 규정에 따른 공급대상자에게 주택을 공급하고 남은 주택을 제2항부터 제6항까지의 규정에 따른 공급대상자 외의 자에게 공급할 수 있다.

⑧ 제7항에 따른 주택의 공급 방법 · 절차 등은 「주택법」 제54조를 준용한다. (단서 생략)

조합은 관리처분계획인가가 있게 되면 재개발임대주택을 공공에게 인수하여 줄 것을 요청할 수 있다. 조합이 재개발사업의 시행으로 건설된 임대주택의 인수를 요청하는 경우 시·도지사 또는 시장, 군수, 구청장이 우선하여 인수하여야 하며, 시·도지사 또는 시장, 군수, 구청장이 예산관리인력의 부족 등 부득이한 사정으로 인수하기 어려운 경우에는 국토교통부장관에게 토지주택공사등을 인수자로 지정할 것을 요청할 수 있다. 공공의 재개발임대주택 인수의무는 조합이 인수를 요청하는 경우에 발생하는 것이므로 조합은 조합에게 유리한 임대주택의 매매가격을 제시하는 민간임대사업자가 있는 경우에는 그에게 매각할 수도 있다. 이 경우에는 도시정비법 제29조에 따라 민간임대사업자를 선정하여야 할 것이다. 문제는 재개발임대주택을 조합이 인수 요청하지 아니하고 직접 임대사업을 할 수 있는가 하는 점인데, 임대사업은 도시정비법에 정한 재개발조합의 설립목적과 거리가 멀다 할 것이므로 특별한 사정이 없는 한 허용되지 않는다 할 것이다. 만일 조합이 「민간임대주택에 관한 특별법」 제5조에 따라 임대사업자 등록을 신청하는 경우에는 민간임대주택으로 등록할 주택을 건설하기 위하여 사업시행계획을 인가받은 것은 아니므로 등록신청을 거부하여야 할 것이다.

한편, 토지주택공사등이 주거환경개선사업 시행을 통해 건설하는 공공임대주택을 토지주택공사등 자신이 인수하고자 하는 경우에도 인수자 지정 요청을 하여야 하는지 문제되는데, 이에 관해서는 별도로 제한하는 규정이 없고 재개발임대주택의 경우 인수요청 주체를 조합으로 국한하고 있는 점에 비춰 인수자지정절차 없이 스스로 관리처분계획에 반영하여 인수하면 될 것이다. 재개발임대주택의 인수자 지정요청제도는 민간부문인 정비사업조합이 임대주택을 떠안는 문제점을 해소하고자 마련한 제도라는 점을 고려하면 더욱 그렇다. 이와 같은 경우에는 인수자 지정 요청 없이도 공공인 사업시행자가 임대주택을 인수하면 될 것이다.

재개발임대주택의 인수가격은 〈표 50〉과 같다(시행령 §68②).

| 표 50

재개발임대주택의 인수가격
다음의 (ⅰ), (ⅱ), (ⅲ)을 모두 합한 금액으로 한다. (ⅰ) 일반분양 공고일 직전에 국토교통부장관이 정하여 고시하는 기본형건축비의 80% 해당하는 금액 (ⅱ) 사업시행계획인가 고시가 있는 날을 기준으로 감정평가법인등 둘 이상이 평가한 금액을 산술평균 한 부속토지의 가격 (ⅲ) 국토교통부령으로 정하는 금액[468] 범위 내에서 인수자가 정하는 기본형건축비 가산금(ⓐ)과 국토교토부령이 정하는 금액[469] 범위 내에서 인수자가 정하는 부속토지가격 가산금(ⓑ)을 합산한 금액(ⓐ+ⓑ). 이 경우 인수자가 시 · 도지사 또는 시장, 군수, 구청장인 경우에는 위 각 금액 범위 내에서 시 · 도조례로 정하는 기준에 따라 정한다.

위의 인수요청이나 인수자 지정 요청 그리고 인수가격 외에 재개발임대주택의 인수계약 체결을 위한 사전협의, 인수계약의 체결, 인수대금의 지급방법 등 필요한 사항은 인수자가 따로 정하는 바에 따른다. 이 경우 인수자가 시·도지사 또는 시장, 군수, 구청장인 경우에는 시·도조례로 정하는 바에 따른다(시행령 §68③).

사업시행자는 정비사업의 시행으로 임대주택을 건설하는 경우 임차인의 자격·선정방법·임대보증금·임대료 등 임대조건에 관한 기준 및 무주택 세대주에게 우선 매각하도록 하는 기준 등에 관하여 「민간임대주택에 관한 특별법」 제42조 및 제44조, 「공공주택 특별법」 제48조, 제49조 및 제50조의3에도 불구하고 '대통령령이 정하는 범위'에서 시장·군수등의 승인을 받아 따로 정할

468 「공동주택 분양가격의 산정 등에 관한 규칙」 별표 1의3 각 호에 따른 금액을 말한다.
469 「공동주택 분양가격의 산정 등에 관한 규칙」 제9조 제1항 각 호(같은 항 제6호는 제외한다)에 따른 금액을 말한다.

수 있다(법 §79⑥). '대통령령이 정하는 범위'의 주거환경개선사업의 임대주택의 공급조건 등은 〈표 51〉과 같고, '대통령령이 정하는 범위'의 재개발사업의 임대주택의 공급조건 등은 〈표 52〉와 같다.

표 51

주거환경개선사업의 임대주택 공급조건 등(시행령 제69조 제1항 관련)
가. 임대주택은 다음의 순위에 따라 입주를 희망하는 자에게 공급한다. 1) 1순위: 기준일[470] 3개월 전부터 보상계획 공고시까지 계속하여 해당 주거환경개선사업을 위한 정비구역 또는 다른 주거환경개선사업을 위한 정비구역에 거주하는 세입자 2) 2순위: 기준일 현재 해당 정비구역에 주택이 건설될 토지나 철거 예정인 건축물을 소유하고 있는 자로서 주택분양에 관한 권리를 포기한 자 3) 3순위: 도시 · 군계획사업으로 주거지를 상실하여 이주하게 되는 자로서 해당 시장 · 군수 등이 인정하는 자 나. 세입자에게 공급하는 주택의 규모별 입주자 선정기준: 입주대상자의 세대구성원의 수, 해당 정비구역에서의 거주기간, 소득수준, 「국민기초생활 보장법」에 따른 수급권자 여부 등을 고려하여 정한다. 다. 공급절차 등 1) 입주자모집공고 내용 및 절차, 공급신청 및 계약조건 등 임대주택의 공급에 관하여는 공공주택 특별법령 및 주택법령의 관련 규정에 따른다. 2) 임대보증금 · 임대료 등에 관하여는 임대주택법령 및 주택건설촉진법령의 관련 규정에 따른다. 다만, 시 · 도조례로 따로 정하는 경우에는 그에 따른다.

470 공공재개발사업의 경우 공공시행자를 지정한 날 또는 공공재개발사업을 추진하기 위해 정비구역을 지정·변경한 날 중 빠른 날을 말한다.

| 표 52

재개발사업 임대주택의 공급조건 등(시행령 제69조 제1항 관련)
가. 임대주택은 다음의 어느 하나에 해당하는 자로서 입주를 희망하는 자에게 공급한다. 1) 기준일 3개월 전부터 해당 재개발사업을 위한 정비구역 또는 다른 재개발사업을 위한 정비구역에 거주하는 세입자 2) 기준일 현재 해당 재개발사업을 위한 정비구역에 주택이 건설될 토지 또는 철거예정인 건축물을 소유한 자로서 주택분양에 관한 권리를 포기한 자 3) 도시 · 군계획사업으로 주거지를 상실하여 이주하게 되는 자로서 해당 시장 · 군수 등이 인정하는 자 4) 시 · 도조례로 정하는 자 나. 주택의 규모 및 규모별 입주자선정방법, 공급절차 등에 관하여는 시 · 도조례로 정하는 바에 따른다. 다. 공급절차 등: 입주자모집공고 내용 및 절차, 공급신청 · 계약조건 · 임대보증금 및 임대료 등 주택공급에 관하여는 민간임대주택에 관한 특별법령, 공공주택 특별법령 및 주택법령의 관련 규정에 따른다.

조합이 재개발임대주택에 관하여 인수계약을 체결하기 전에 이루어지는 사업시행계획 작성을 위한 임대주택 공급세대[471] 결정은 이 기준에 따르게 된다. 이 때 조합이 행하는 임대주택 공급세대 결정을 위한 모집공고가 최초 임차인 선정을 위한 모집공고이고[472] 재개발임대주택 인수자는 이와 같은 선행절차도 도시정비법 제79조 제6항 본문에 따른 것이므로 이에 기속된다.

재개발임대주택의 인수자는 최초의 임차인 선정이 아닌 경우에는 임차인 자격 등에 관한 사항을 따로 정하게 되는데, (i)임차인자격은 무주택기간과 해당 정비구역에 거주한 기간이 각각 1년 이상인 범위에서 오래된 순으로 할 것, (ii)임대보증금과 임대료는 시세의 90%이하로 할 것, (iii)임대주택 계약방법 등은 「공공주택 특별법」에 따를 것, (iv)관리비등 주택 관리에 관한 사항은 「공동주택관리법」에 따를 것 등을 준수하여야 한다(시행령 §69②).

---

471 도시정비법 시행규칙 제8호서식 사업시행계획 인가신청서상의 세입자 대책의 내용이다.

472 대법원 2018. 5. 30. 선고 2018다208482 판결

시장·군수등은 (i)사업시행자 및 (ii)주거환경개선사업의 사업시행자로부터 대지를 공급받아 주택을 건설하는 자가 요청하거나 임차인 선정을 위하여 필요한 경우 국토교통부장관에게 임대주택의 임차인 자격 해당 여부에 관하여 주택전산망에 따른 전산검색을 요청할 수 있다(시행령 §69③).

8. 국민주택규모 주택의 공급(법 §55, §66, §101의5, §101의6)

사업시행자는 초과용적률에 따라 건설한 국민주택규모 주택을 국토교통부장관, 시·도지사, 시장, 군수, 구청장 또는 토지주택공사등에게 공급하여야 한다. 인수자에게 공급하여야 하는 국민주택규모 주택은 공개추점의 방법으로 선정하여야 한다(시행령 §48①). 선정된 국민주택규모 주택을 공급하는 경우에는 시·도지사, 시장·군수·구청장이 국민주택규모 주택을 인수할 수 없는 경우에는 시도지사는 국토교통부장관에게 인수자 지정을 요청하여야 한다(시행령 §48②). 국토교통부장관은 시·도지사로부터 인수자 지정 요청이 있는 경우에는 30일 이내에 인수자를 지정하여 시·도지사에게 통보하여야 하며, 시·도지사는 지체 없이 이를 시장·군수·구청장에게 보내어 그 인수자와 국민주택규모의 주택의 공급에 관하여 협의하도록 하여야 한다(시행령 §48③).

국민주택규모 주택의 공급가격은 「공공주택 특별법」에 따라 국토교통부장관이 고시하는 공공건설임대주택의 표준건축비로 하며, 부속토지는 인수자에게 기부채납한 것으로 본다(법 §55②). 그리고 인수된 국민주택규모 주택은 장기임대주택으로 활용하여야 한다. 장기공공주택이란 공공임대주택으로서 임대의무기간이 20년 이상인 것을 말한다(시행령 §48④). 다만, 토지등소유자의 부담 완화 등을 위해 (i)비례율이 80% 미만이거나 (ii)시·도지사가 정비구역의 입지, 조합설립동의율, 정비사업비의 증가규모, 사업기간 등을 고려하여 토지등소유자의 부담이 지나치게 높다고 인정하는 경우에는 인수된 국민주택규모 주택을 장기공공임대주택이 아닌 임대주택으로 활용할 수 있다(시행령 §48⑤). 이 경우에는 부속토지를 기부채납받는 것이 아니라 임대의무기간이 10년 이상인 경우에는 감정평가액의 30%가격으로, 임대의무기간이 10년 미만인 경우에는 감정평가액의 50%에 해당하는 가격으로 인수하여야 한다(시행령 §48⑥).

정비구역이 역세권 등에 해당하는 경우에는 추가용적률을 받을 수 있고 이 중 일정비율에 해당하는 면적을 국민주택규모주택을 건설하여 공공의 인수자에게 공급하여야 하는데 이때에도 부속토지는 기부채납이 원칙이나 공공주택특별법 제48조에 따라 지분적립형 분양주택 등으로 분양하는 경우에는 부속토지 가격은 감정평가액의 50%로 산정하여 공급한다(법 §66, 시행령 §55).

공공재개발사업 시행자는 완화받은 용적률, 즉 공공용적률의 20%~70%로서 시·도조례로 정하는 비율에 해당하는 면적에 국민주택규모 주택을 건설하여 인수자에게 공급하여야 한다(법 §101의5②). 공공재건축사업 시행자도 완화받은 용적률, 즉 공공용적률의 100분의 40 이상 100분의 70 이하로서 주택증가 규모, 공공재건축사업을 위한 정비구역의 재정적 여건 등을 고려하여 시·도조례로 정하는 비율에 해당하는 면적에 국민주택규모 주택을 건설하여 인수자에게 공급하여야 한다(법 §101의6②).

초과용적률, 추가용적률 및 공공용적률에 따른 국민주택규모 주택의 인수가격을 인수목적을 기준으로 비교하면 〈표 53〉과 같다.

표 53 국민주택규모 주택의 인수가격 비교

구분 가격	임대	분양	
	비율	가격	
초과용적률	주택은 표준건축비, 부속토지는 기부채납, 감정평가액 30% 또는 50%	해당없음	
추가용적률	상동(上同)	인수주택 중 대통령령으로 정하는 비율[473]	주택은 기본형건축비, 부속토지는 감정평가액의 50%

473 도시정비법 시행령 제55조 제5항은 "대통령령으로 정하는 비율"을 '인수주택 중 20%

공공용적률	공공 재개발	상동(上同)	인수주택 중 대통령령으로 정하는 비율[474]	상동(上同)
	공공 재건축		인수주택 중 대통령령으로 정하는 비율[475]	

초과용적률, 추가용적률 또는 공공용적률에 따라 이루어지는 국민주택규모 주택의 공급은 부속토지를 공공에 기부채납하는 것이 원칙이라는 점에서 감정평금액대로 부속토지를 공급하는 재개발임대주택과 차이가 있다.

9. 지분형주택의 공급(법 §80①)

사업시행자가 토지주택공사등인 경우에는 분양대상자와 사업시행자가 공동 소유하는 방식으로 주택, 이른바 '지분형주택'을 공급할 수 있다. 이 경우 공급되는 지분형주택의 규모, 공동 소유기간 및 분양대상자의 요건은 〈표 54〉와 같다(시행령 §70①).

표 54 지분형주택의 공급요건

규모	주거전용면적 60제곱미터 이하인 주택으로 한정한다
공동소유기간	이전고시에 따라 소유권을 취득한 날부터 10년의 범위에서 사업시행자가 정하는 기간으로 한다.
분양대상자요건	다음의 요건을 모두 충족하는 자로 한다. (i) 종전 토지 또는 건축물의 가격이 당해사업에서 건설되는 주거전용면적 60제곱미터 이하인 주택의 분양가격 이하에 해당하는 사람

이상의 범위에서 시·도조례로 정하는 비율'로 정하고 있다.

474 아직 대통령령에서 그 비율을 정하고 있지 않다.

475 도시정비법 시행령 제80조의3 제3항은 "대통령령으로 정하는 비율"을 '인수주택 중 50% 이상의 범위에서 시·도조례로 정하는 비율'로 정하고 있다.

	(ⅱ) 세대주로서 정비계획 공람 공고일 당시 해당 정비구역에 2년 이상 실제 거주한 사람 (ⅲ) 정비사업의 시행으로 철거되는 주택 외 다른 주택을 소유하지 아니한 사람

그 외 지분형주택의 공급방법·절차, 지분 취득비율, 지분 사용료 및 지분 취득가격 등에 관하여 필요한 사항은 사업시행자가 따로 정한다(시행령 §70②).

10. 토지임대부 분양주택 공급(법 §80②)

국토교통부장관, 시·도지사, 시장, 군수, 구청장 또는 토지주택공사등은 정비구역의 (i)세입자, (ii)면적이 90제곱미터 미만의 토지를 소유한 자로서 건축물을 소유하지 아니한 자, (iii)바닥면적이 40제곱미터 미만의 사실상 주거를 위하여 사용하는 건축물을 소유한 자로서 토지를 소유하지 아니한 자 등의 요청이 있는 경우에는 재개발조합으로부터 인수한 임대주택의 일부를「주택법」에 따른 토지임대부 분양주택으로 전환하여 공급하여야 한다. 다만, 토지 또는 주택의 면적은 위 (ii), (iii)에서 정한 면적의 2분의 1 범위에서 시·도조례로 달리 정할 수 있다. 이 경우 국가 또는 지방자치단체는 토지임대부 분양주택을 공급받는 자에게 해당 공급비용의 전부 또는 일부를 보조 또는 융자할 수 있다(법 §95⑥).

11. 시공보증(법 §82)

관리처분계획의 인가가 있게 되면 이주, 철거, 착공을 하게 되는데 이 경우 선정된 시공자는 착공 전에 조합에 시공보증서를 제출하여야 한다. 즉, 조합이 정비사업의 시행을 위하여 시장·군수등 또는 토지주택공사등이 아닌 자를 시공자로 선정(제25조에 따른 공동사업시행자가 시공하는 경우를 포함한다)한 경우 그 시공자는 공사의 시공보증을 위하여 국토교통부령으로 정하는 기관의 시공보증서를 조합에 제출하여야 한다. 시공자가 공사의 계약상 의무를 이행하지 못하거나 의무이행을 하지 아니할 경우 보증기관에서 시공자를 대신하여 계약이행의무를 부담하거나 총 공사금액의 30%를 납부할 것을 보증하는 것을 말한다. 시장·군수등은 「건축법」 제21조에 따른 착공신고를 받는 경우에는 제1항에 따른 시공보증서의 제출 여부를 확인하여야 한다. 실무적으로는 시공보증서를 행정기관에 제출하고 있다.

12. 학교용지부담금의 부과·징수 가능

〈학교용지 확보 등에 관한 특례법〉

제5조(부담금의 부과 · 징수) ① 시 · 도지사는 개발사업지역에서 단독주택을 건축하기 위한 토지를 개발하여 분양하거나 공동주택을 분양하는 자(이하 이 조에서 "공동주택분양자등"이라 한다)에게 부담금을 부과 · 징수할 수 있다. 다만, 다음 각 호의 어느 하나에 해당하는 개발사업분의 경우에는 그러하지 아니하다.

2. 임대주택을 분양하는 경우
4. 「도시 및 주거환경정비법」 제2조제2호가목에 따른 주거환경개선사업의 경우
5. 「도시 및 주거환경정비법」 제2조제2호나목부터 다목까지의 규정에 따른 정비사업 및 「빈집 및 소규모주택 정비에 관한 특례법」 제2조제1항제3호나목 · 다목에 따른 소규모주택정비사업 시행 결과 해당 정비구역 및 사업시행구역 내 세대 수가 증가하지 아니하는 경우
6. 「주택법」 제2조제11호다목에 따른 리모델링주택조합의 구성원에게 분양하는 경우

⑤ 시 · 도지사는 다음 각 호의 어느 하나에 해당하는 경우에는 부담금을 면제하여야 한다.

1. 개발사업시행자가 제3조제3항에 따른 교육감 의견으로 제시된 학교용지를 시 · 도 교육비특별회계에 기부채납(寄附採納)하는 경우
2. 제2항에 따라 분양자료를 제출받은 시점 이전의 최근 3년을 기준으로 취학 인구가 지속적으로 감소하여 학교의 신설 수요가 없다고 판단되는 대통령령으로 정하는 일정 범위의 지역에서 개발사업을 시행하는 경우. 이 경우 시 · 도지사는 학교의 신설 수요에 관하여 교육감의 의견을 들어야 한다.
4. 개발사업시행자가 학교용지 또는 학교시설을 시 · 도 교육비특별회계 소관 공유재산으로 무상공급하는 경우

제5조의2(부담금의 산정기준) ① 제5조제1항에 따른 부담금은 공동주택인 경우에는 분양가격을 기준으로 부과하고, 단독주택을 건축하기 위한 토지인 경우에는 단독주택 용지의 분양가격을 기준으로 부과한다.

② 제1항에 따른 부담금은 다음 각 호의 기준에 따라 산정한다.
1. 공동주택: 세대별 공동주택 분양가격×1천분의 4

「학교용지 확보 등에 관한 특례법」 제5조 제1항 본문은 시·도지사로 하여금 개발사업지역에서 공동주택을 분양하는 자에게 학교용지부담금을 부과·징수할 수 있도록 규정하고 있다. 학교용지부담금이란 개발사업에 대하여 특별시장·광역시장·특별자치시장·도지사 또는 특별자치도지사와 같은 시·도지사가 학교용지를 확보하거나, 학교용지를 확보할 수 없는 경우 가까운 곳에 있는 학교를 증축하기 위하여 개발사업을 시행하는 자에게 징수하는 경비를 말한다. 여기의 개발사업에는 300세대 규모 이상의 공동주택을 건설하는 도시정비법상의 정비사업도 포함된다. 공동주택에는 「주택법」 제2조 제4호에 따른 준주택 중 (i)전용면적이 40제곱미터 초과 120제곱미터 이하이고, (ii)상하수도 시설이 갖추어진 전용 입식 부엌, 전용 수세식 화장실 및 목욕시설[476]을 갖추고 있으며 (iii)온돌·온수온돌, 전열기 등 바닥난방을 위한 시설도 갖춘 오피스텔도 이에 해당한다(위 특례법 시행령 §1의2). 학교용지부담금의 부과는 문언상 재량행위로 해석된다.[477]

「학교용지 확보 등에 관한 특례법」 제5조 제1항 단서는, 도시정비법상의 주거환경개선사업은 학교용지부담금의 부과·징수 대상으로 삼고 있지 않다. 도시정비법상의 재개발사업과 재건축사업도 정비사업의 시행결과 해당 정비구역 내 세대 수가 증가하지 아니하는 경우에는 학교용지부담금의 부과·징수 대상이 아니다. 따라서 세대수가 증가하지 않는다면 조합원분양분과 현금청산분도

476 전용 수세식 화장실에 목욕시설을 갖춘 경우를 포함한다.

477 대법원 2022. 12. 29. 선고 2020두49041 판결

부과·징수 대상이 아니다.[478] 憲法裁判所도 현금청산분을 부과금 대상에서 제외하지 않는 것은 평등원칙에 위배된다고 보고 있다.[479] 학교용지부담금을 개발사업의 시행자에게 부과하는 것은 개발사업의 시행자가 학교시설 확보의 필요성을 유발하였기 때문인데 이와 같은 경우에는 이에 해당하지 않기 때문이다.

하지만, 해당 정비구역 내 세대수가 증가하는 경우에는 그 세대수 증가분에 상응하는 부담금만 부과할 수 있는 것은 아니다. 「학교용지 확보 등에 관한 특례법」 제5조 제1항 단서는 도시정비법상의 재개발사업과 재건축사업의 시행 결과 해당 정비구역 내 세대수가 증가하지 아니할 경우 부과·징수 대상에서 제외된다는 취지일 뿐이고, 정비사업으로 세대수가 증가할 경우 그 세대수 증가분에 상응하는 부담금만 부과할 수 있다는 취지로 해석할 수는 없기 때문이다. 따라서 시·도지사는 정비사업으로 인하여 유발된 학교시설 확보의 필요성 및 그 정도가 언제나 정비사업으로 인한 세대수 증가분에 정확하게 비례하는 것은 아니기 때문에 그 외에도 해당 지역의 상황 및 그 변화 가능성, 취학인구의 증감 추이, 정비사업으로 해당 지역에 유입될 인구의 연령별 분포 및 취학인구의 비중, 교육환경에 대한 사회적 인식과 교육정책의 변화 등 여러 요소들을 종합적으로 고려하여 재량권의 범위 내에서 부담금을 산정할 수 있다 할 것이다.[480]

또한, 학교용지부담금의 부과·징수의 제외 대상을 규정한 「학교용지 확보 등에 관한 특례법」 제5조 제1항 단서는, 부담금의 감면요건도 법문대로 엄격하게 해석해야 하기 때문에 열거적인 성격을 띠는 것으로 보아야 한다. 따라서 위 단서 각호에 해당하지 않은 개발사업은 「학교용지 확보 등에 관한 특례법」 제5조 제1항 본문에 따라 학교용지부담금을 부과·징수할 수 있다.[481]

478 대법원 2017. 12. 28. 선고 2017두30122 판결

479 헌법재판소 2014. 4. 24. 선고 2013헌가28 전원재판부 결정

480 대법원 2025. 3. 13. 선고 2023두48445 판결

481 대법원 2025. 3. 13. 선고 2023두48445 판결. 이 판례는, 「주택법」에 따른 개발사업분은 위 특례법 제5조 제1항 단서 각 호에 해당하지 않으므로 위 특례법 제5조 제1항 본문에 따라 학교용지부담금을 부과·징수할 수 있다고 보았다.

한편, 「학교용지 확보 등에 관한 특례법」 제5조 제5항은 시·도지사가 분양자료를 제출받은 시점 이전의 최근 3년을 기준으로 취학 인구가 지속적으로 감소하여 학교의 신설 수요가 없다고 판단되는 대통령령으로 정하는 일정 범위의 지역에서 시행하는 재개발·재건축사업의 경우에는 학교용지부담금을 의무적으로 면제하도록 규정하고 있다. 따라서 재개발·재건축사업의 시행 결과 해당 정비구역 내 세대 수가 증가하는 경우에도 학교용지부담금 부과 당시를 기준으로 사업시행 지역의 취학 인구가 최근 3년 이상 지속적으로 감소하였다거나 개발사업으로 유발된 수요가 기존 학교시설로 충족될 수 있다는 사정을 넘어 인구유입과 지역적 상황의 변화 가능성 및 교육정책적 목적 등을 모두 고려하더라도 장래에 학교 신설의 수요가 없다는 것까지 인정되는 경우에는 학교용지부담금이 면제된다 할 것이다.[482]

조합은 관리처분계획에 따라 공동주택을 분양한 때에는 학교용지부담금의 부과·징수를 위해 분양공급계약자 및 분양공급계약내역 등의 분양자료를 분양공급계약체결일부터 30일(미분양된 토지 및 공동주택등이 최초 분양공급계약체결일부터 60일이 경과하여 추가분양되는 경우에는 매 분기 종료후 7일)까지 시·도지사에게 제출하여야 한다(위 특례법 §5②).

Ⅷ 관리처분계획의 변경·중지·폐지

사업시행자가 관리처분계획을 수립하는 경우뿐만 아니라 이를 변경·중지 또는 폐지하고자 하는 경우에도 분양신청의 현황을 기초로 분양설계, 분양대상자의 주소 및 성명, 분양대상자별 분양예정인 대지 또는 건축물의 추산액, 분양대상자별 종전의 토지 또는 건축물의 명세 및 사업시행인가의 고시가 있은 날을 기준으로 한 가격, 정비사업비의 추산액 및 그에 따른 조합원 부담규

482 대법원 2022. 12. 29. 선고 2020두49041 판결

모 및 부담시기, 분양대상자의 종전의 토지 또는 건축물에 관한 소유권 외의 권리명세, 세입자별 손실보상을 위한 권리명세 및 그 평가액, 그 밖에 정비사업과 관련한 권리 등에 대하여 대통령령이 정하는 사항을 포함하여 시장·군수의 인가를 받아야 하고, 다만 대통령령이 정하는 경미한 사항을 변경하고자 하는 때에는 시장·군수에게 신고하여야 한다(법 §74①).

관리처분계획의 수립뿐만 아니라 변경을 위하여 조합총회의 의결 및 행정청의 인가절차 등을 요구하는 취지는, 관리처분계획의 수립 또는 변경이 조합원이나 현금청산대상자 등에 대한 소유권 이전 등 권리귀속 및 비용부담에 관한 사항을 확정하는 행정처분에 해당하므로 그로 인하여 자신의 권리의무와 법적 지위에 커다란 영향을 받게 되는 조합원 등의 의사가 충분히 반영되어야 할 필요가 있기 때문이다.

반면에 관리처분계획의 경미한 사항을 변경하는 경우에는 이러한 필요성이 그다지 크지 않기 때문에 행정청에 신고하는 것으로 충분하도록 규정하고 있는 것이다. 관리처분계획의 경미한 변경사항은 〈표 55〉와 같다(시행령 §61).

| 표 55

관리처분계획의 경미한 변경사항
(ⅰ) 계산착오 · 오기 · 누락 등에 따른 조서의 단순정정인 경우(불이익을 받는 자가 없는 경우에만 해당한다)
(ⅱ) 도시정비법 제40조 제3항에 따른 정관 및 법 제50조에 따른 사업시행계획인가의 변경에 따라 관리처분계획을 변경하는 경우
(ⅲ) 도시정비법 제64조에 따른 매도청구에 대한 판결에 따라 관리처분계획을 변경하는 경우
(ⅳ) 도시정비법 제129조에 따른 권리 · 의무의 변동이 있는 경우로서 분양설계의 변경을 수반하지 아니하는 경우
(ⅴ) 주택분양에 관한 권리를 포기하는 토지등소유자에 대한 임대주택의 공급에 따라 관리처분계획을 변경하는 경우
(ⅵ) 「민간임대주택에 관한 특별법」 제2조제7호에 따른 임대사업자의 주소(법인인 경우에는 법인의 소재지와 대표자의 성명 및 주소)를 변경하는 경우

관리처분계획의 경미한 변경사항은 위 도시정비법 시행령 제61조 각호에 규정된 사항들에 한정되는 것이 아니라, 변경대상이 되는 관리처분계획의 내용을 구체적·개별적으로 살펴보아 조합총회의 의결을 거치지 않더라도 변경내용이 객관적으로 조합원 등 이해관계인의 의사에 충분히 들어맞고 그 권리의무나 법적 지위를 침해하지 않거나, 분양대상자인지에 대한 확정판결에 따라 관리처분계획의 내용을 변경하는 때와 같이 조합총회의 의결을 거친다고 하더라도 변경내용과 다르게 의결할 수 있는 여지가 없는 경우 등도 포함한다고 보는 것이 타당하다.[483]

가령, 소송절차 등을 통해 아파트를 단독으로 분양받을 권리가 있는 것으로 밝혀진 공유지분권자들에게 미리 대비해 둔 소송 보류시설을 분양하는 내용으로 관리처분계획을 일부 변경하는 것은 조합총회의 의결을 거치지 않더라도 객관적으로 조합원 등 이해관계인의 의사에 충분히 들어맞고 그 권리의무 및 법적 지위를 침해하지 않거나 조합총회의 의결을 거친다고 하더라도 변경내용과 다르게 의결할 수 없는 경우에 해당한다고 볼 수 있으므로 관리처분계획의 경미한 변경사항이라 할 것이다.

당초 관리처분계획의 경미한 사항을 변경하는 경우와는 달리 당초 관리처분계획의 주요 부분을 실질적으로 변경하는 내용으로 새로운 관리처분계획을 수립하여 시장·군수의 인가를 받은 경우에 당초 관리처분계획은 달리 특별한 사정이 없는 한 그 효력을 상실한다고 할 것이다.[484] 그리고 당초 관리처분계획의 주요 부분을 실질적으로 변경하는 내용의 새로운 관리처분계획을 수립하여 당초 관리처분계획을 대체하였는지 여부는, 관리처분계획 중 변경된 내용, 변경의 원인 및 그 정도, 당초 관리처분계획과 변경 관리처분계획 사이의 기간, 당초 관리처분계획의 유효를 전제로 이르어진 후속행위의 내용 및 그 진행 정도

483 대법원 2012. 5. 24. 선고 2009두22140 판결

484 대법원 2018. 2. 13. 선고 2017두64224 판결, 대법원 2011. 2. 10. 선고 2010두19799 판결, 대법원 2012. 3. 22. 선고 2011두6400 전원합의체 판결

등을 종합적으로 고려하여 판단하여야 할 것이다.[485] 따라서 종전 관리처분계획에 대한 1심 소송에서 패소하자 이를 보완하기 위하여 관리처분계획을 변경하는 결의를 통해 인가를 받았고 실제 그 내용도 개발이익, 비례율, 무상지분율 등에 있어 상당한 변화를 수반한 것이라면 종전 관리처분계획은 변경된 관리처분계획으로 인하여 그 효력을 상실하였다고 보는 것이 타당하다.

제6절 공사완료에 따른 조치 등

I 개요

관리처분계획에 대한 인가가 있게 되면 종전 토지 또는 건축물에 대한 사용·수익은 정지되고 사업시행자는 정비구역 내 조합원 기타 토지등소유자를 이주시키고 건물을 철거한 후 신축 건축물을 건립하기 위한 착공에 들어가게 된다. 신축건축물에 대한 건축공사는 인가받은 사업시행계획에 따라 이루어지게 되는데 공사가 모두 완료된 경우에는 공사완료에 따른 조치 등을 취해야 한다. 도시정비법 제6절은『공사완료에 대한 조치 등』으로 '정비사업의 준공인가'와 '이전고시'를 규정하고 있다.

485 대법원 2014. 2. 27. 선고 2011두25173 판결

Ⅱ 준공인가

제83조(정비사업의 준공인가) ① 시장 · 군수등이 아닌 사업시행자가 정비사업 공사를 완료한 때에는 대통령령으로 정하는 방법 및 절차에 따라 시장 · 군수등의 준공인가를 받아야 한다.

② 제1항에 따라 준공인가신청을 받은 시장 · 군수등은 지체 없이 준공검사를 실시하여야 한다. 이 경우 시장 · 군수등은 효율적인 준공검사를 위하여 필요한 때에는 관계 행정기관 · 공공기관 · 연구기관, 그 밖의 전문기관 또는 단체에게 준공검사의 실시를 의뢰할 수 있다.

③ 시장 · 군수등은 제2항 전단 또는 후단에 따른 준공검사를 실시한 결과 정비사업이 인가받은 사업시행계획대로 완료되었다고 인정되는 때에는 준공인가를 하고 공사의 완료를 해당 지방자치단체의 공보에 고시하여야 한다.

④ 시장 · 군수등은 직접 시행하는 정비사업에 관한 공사가 완료된 때에는 그 완료를 해당 지방자치단체의 공보에 고시하여야 한다.

⑤ 시장 · 군수등은 제1항에 따른 준공인가를 하기 전이라도 완공된 건축물이 사용에 지장이 없는 등 대통령령으로 정하는 기준에 적합한 경우에는 입주예정자가 완공된 건축물을 사용할 수 있도록 사업시행자에게 허가할 수 있다. 다만, 시장 · 군수등이 사업시행자인 경우에는 허가를 받지 아니하고 입주예정자가 완공된 건축물을 사용하게 할 수 있다.

⑥ 제3항 및 제4항에 따른 공사완료의 고시 절차 및 방법, 그 밖에 필요한 사항은 대통령령으로 정한다.

1. 의의

사업시행자가 정비사업 공사를 완료하였을 때 시장·군수등이 행하는 준공인가는 사업시행계획에 대한 인가를 받아 건축한 건물이 사업시행계획서대로 이행되어 정비사업 목적에 적합한가의 여부를 확인하고 준공인가증을 교부하여 줌으로써 허가받은 자로 하여금 건축한 건물을 사용·수익할 수 있게 하는 법률효과를 발생시키는 것[486]으로서 항고소송의 대상이 되는 행정처분에 해당한다.

2. 요건

가. 정비사업 공사를 완료할 것

준공검사를 위한 인가받은 건축물의 완공이란 소유권의 대상이 될 수 있는 독립한 부동산이 되었을 때, 즉 지붕과 주위벽을 갖추고 토지에 정착한 1개의 건축물로서 존재함에 이른 것만으로는 부족하고 나아가 사업시행계획인가상의 설계도서대로 건축하여 현실적으로 그 건축물 본래의 용도에 따른 사용·수익이 가능할 정도로 완성된 것을 의미한다.[487]

나. 대통령령이 정하는 방법과 절차에 따라 준공인가를 신청할 것

사업시행자는 국토교통부령이 정하는 준공인가신청서에 (i)건축물·정비기반시설 및 공동이용시설 등의 설치내역서, (ii)공사감리자의 의견서, (iii)용적률 완화를 위해 현금을 납부한 경우 납부영수증을 첨부하여 시장·군수 등에게 제출하여야 한다(시행규칙 §15①).

3. 절차

준공인가신청을 받은 시장군수 등은 지체없이 준공검사를 실시하여야 한다. 이 경우 시장 군수 등은 효율적인 준공검사를 위하여 필요한 때에는 관계 행정기관·공공기관·연구기관, 그 밖의 전문기관 또는 단체에게 준공검사의 실시를 의뢰할 수 있다. 시장·군수등은 준공인가를 한 때에는 준공인가내역 등이 기재된 준공인가증을 사업시행자에게 교부하고 공사의 완료를 해당 지방자치단

486 대법원 1985. 1. 22. 선고 84누515 판결 참조

487 대법원 1986. 2. 25. 선고 84도1326 판결

체의 공보에 고시하여야 한다(법 §83③). 시장·군수 등이 직접 시행하는 정비사업에 관한 공사가 완료된 때에도 그 완료를 해당 지방자치단체의 공보에 고시하여야 한다(법 §83④). 이 고시 내용에는 준공인가의 내역 등 준공인가증에 기재된 사항을 포함하여야 한다(시행령 §74②). 사업시행자는 준공인가증을 교부받은 때에는 그 사실을 분양대상자에게 지체없이 통지하여야 한다(시행령 §74③).

4. 효과

가. 건축물의 사용·수익 가능

준공인가는 사업시행계획인가를 받은 사업시행자로 하여금 건축물을 사용·수익할 수 있게 하는 공법적 효과를 발생시킨다. 사업시행계획인가에 포함되어 있지 아니하고 따라서 준공인가증에도 기재되지 아니한 증축부분에 대하여는 준공인가의 효력이 미치지 않는다.[488]

나. 정비구역의 해제

정비구역의 지정은 준공인가의 고시가 있은 날(관리처분계획을 수립하는 경우에는 이전고시가 있은 때를 말한다)의 다음 날에 해제된 것으로 본다(법 §84). 이 경우 지방자치단체는 해당 지역을 「국토의 계획 및 이용에 관한 법률」에 따른 지구단위계획으로 관리하여야 한다. 하지단 이와 같은 준공인가 고시에 따른 정비구역의 해제는 조합의 존속에 영향을 주지 아니한다.

다. 관련 인·허가등의 의제

시장·군수등이 준공인가를 하거나 공사완료를 고시하는 경우 시장·군수등이 사업시행계획인가에 따라 의제되는 인·허가등에 따른 준공검사·준공인가·사용검사·사용승인 등에 관하여 미리 관계 행정기관의 장과 협의한 사항은 해당 준공검사·인가등을 받은 것으로 본다(법 §85).

---

488 대법원 1989. 5. 23. 선고 88누4690 판결

사업시행자가 이와 같은 준공검사·인가 등의 의제를 받으려는 경우에는 준공인가를 신청하는 때에 해당 법률에서 정하는 관계 서류를 함께 제출하여야 한다. 시장·군수등은 준공인가를 하거나 공사완료를 고시하는 경우 그 내용에 사업시행계획인가에 따라 의제되는 인·허가등에 따른 준공검사·인가등에 해당하는 사항이 있은 때에는 미리 관계 행정기관의 장과 협의하여야 한다. 관계 행정기관의 장은 협의를 요청받은 날부터 10일 이내에 의견을 제출하여야 한다. 관계 행정기관의 장이 이 기간(「민원 처리에 관한 법률」에 따라 회신기간을 연장한 경우에는 그 연장된 기간을 말한다) 내에 의견을 제출하지 아니하면 협의가 이루어진 것으로 본다. 천재지변이나 불가피한 사유가 있는 경우에는 협의를 마치기 전에도 준공인가를 할 수 있는데 이 경우에는 협의를 마칠 때까지는 준공검사·인가등이 의제되지 않는다.

라. 이전고시 가능

준공인가와 이에 따른 공사완료 고시가 있는 경우에는 대지확정측량과 토지분할절차를 거쳐 관리처분계획에서 정한 사항을 분양받을 자에게 통지하고 대지 또는 건축물의 소유권을 이전하기 위하여 그 내용을 해당 지방자치단체의 공보에 고시하여야 한다(법 §86).

위법한 행정처분의 취소를 구하는 소는 위법한 처분에 의하여 발생한 위법상태를 배제하여 원상으로 회복시키고 그 처분으로 침해되거나 방해받은 권리와 이익을 보호·구제하고자 하는 소송이므로 그 위법한 처분을 취소한다 하더라도 원상회복이 불가능한 경우에는 그 취소를 구할 이익이 없다.[489] 따라서 이전고시가 있게 되면 원상회복이 불가능하므로 준공인가의 취소를 구할 법률상의 이익이 없게 된다.

489 대법원 2020. 2. 27. 선고 2018두67152 판결

마. 용도폐지되는 정비기반시설을 구성하는 부동산 취득 가능

도시정비법 제97조에 따라 무상으로 귀속되고 양도되는 정비기반시설은 그 정비사업이 준공인가되어 관리청에 준공인가통지를 한 때에 국가 또는 지방자치단체에 귀속되거나 사업시행자에게 귀속 또는 양도된 것으로 본다(법 §97⑤). 이와 같이 사업시행자가 용도폐지되는 정비기반시설을 구성하는 부동산을 취득하는 것은 무상의 승계취득에 해당한다.[490] 따라서 이에 대한 취득세 납세의무 성립일인 취득시기는 도시정비법 제97조 제4항에서 정한 '정비사업이 준공인가되어 관리청에 준공인가통지를 한 때'이다.[491]

5. 준공인가전 사용허가

시장·군수등은 준공인가를 하기 전이라도 완공된 건축물이 사용에 지장이 없는 등 대통령령으로 정하는 기준에 적합한 경우에는 입주예정자가 완공된 건축물을 사용할 수 있도록 사업시행자에게 허가할 수 있다. 다만, 시장·군수등이 사업시행자인 경우에는 허가를 받지 아니하고 입주예정자가 완공된 건축물을 사용하게 할 수 있다(법 §83⑤). 여기서 "완공된 건축물이 사용에 지장이 없는 등 대통령령으로 정하는 기준"이란 (i)완공된 건축물에 전기·수도·난방 및 상·하수도 시설 등이 갖추어져 있어 해당 건축물을 사용하는 데 지장이 없을 것, (ii)완공된 건축물이 관리처분계획에 적합할 것, (iii)입주자가 공사에 따른 차량통행·소음·분진 등의 위해로부터 안전할 것을 말한다(시행령 §75①).

사업시행자가 준공인가전 사용허가를 받으려는 때에는 국토교통부령으로 정하는 신청서를 시장·군수등에게 제출하여야 한다(시행령 §75②). 시장·군수등은 사용허가를 하는 때에는 동별·세대별 또는 구획별로 사용허가를 할 수 있다(시행령 §75③).

---

490 대법원 2019. 4. 3. 선고 2017두66824 판결

491 대법원 2020. 1. 16. 선고 2019두53075 판결

6. 소송상 관련 쟁점

사업시행계획인가에 기하여 이미 건축공사를 완료하였다면 그 사업시행계획 및 인가의 취소를 구할 이익이 없다. 이와 같이 사업시행계획 등의 취소를 구할 이익이 없게 되는 것은 그 취소를 구하는 소를 제기하기 전에 건축공사가 완료된 경우 뿐 아니라 소를 제기한 후 사실심 변론종결일 전에 건축공사가 완료된 경우에도 마찬가지다.[492] 또한 건물의 준공인가처분은 사업시행계획인가를 받아 건축된 건물이 사업시행계획서대로 건축되었는지를 확인하고 준공인가증을 교부하여 줌으로써 사업시행자로 하여금 건축한 건물을 사용·수익할 수 있게 하는 법률효과를 발생시키는 것에 불과한 것이고, 건축한 건물이 「건축법」 등 관계법령에 위반되는 경우 준공인가처분이 그러한 법령위반을 정당화하는 것도 아니며, 그 건물에 대한 준공인가처분의 취소를 받는다 하더라도 그로 인하여 사업시행자 등이 그 건물을 적법하게 사용할 수 없게 되어 준공인가 이전의 상태로 돌아가는 것에 그칠 뿐이고, 위반건물에 대한 시정명령을 할 것인지 여부, 그 시기 및 명령의 내용 등은 행정청의 합리적 판단에 의하여 결정되는 것이므로, 인접주택 소유자는 그 건물에 대한 준공인가처분의 취소를 구할 법률상 이익이 있다고 볼 수 없다.[493]

492 대법원 2007. 4. 26. 선고 2006 두18409 판결 참조

493 대법원 1994. 1. 14. 선고 93누20481 판결, 대법원 2007. 4. 26. 선고 2006두18409 판결 등 참조

Ⅲ 이전고시

1. 의의

제86조(이전고시 등) ① 사업시행자는 제83조제3항 및 제4항에 따른 고시가 있은 때에는 지체 없이 대지확정측량을 하고 토지의 분할절차를 거쳐 관리처분계획에서 정한 사항을 분양받을 자에게 통지하고 대지 또는 건축물의 소유권을 이전하여야 한다. 다만, 정비사업의 효율적인 추진을 위하여 필요한 경우에는 해당 정비사업에 관한 공사가 전부 완료되기 전이라도 완공된 부분은 준공인가를 받아 대지 또는 건축물별로 분양받을 자에게 소유권을 이전할 수 있다.

② 사업시행자는 제1항에 따라 대지 및 건축물의 소유권을 이전하려는 때에는 그 내용을 해당 지방자치단체의 공보에 고시한 후 시장 · 군수등에게 보고하여야 한다. 이 경우 대지 또는 건축물을 분양받을 자는 고시가 있은 날의 다음 날에 그 대지 또는 건축물의 소유권을 취득한다.

도시정비법상의 이전고시는 준공인가의 고시로 사업시행이 완료된 이후에 관리처분계획에서 정한 바에 따라 정비구역 안의 종전의 토지 또는 건축물에 대하여 정비사업에 의하여 조성되거나 축조되는 대지 또는 건축시설의 위치 및 범위 등을 정하고 그 가격의 차액에 상당하는 금액을 청산하거나 대지 또는 건축 시설을 정하지 않고 금전으로 청산하는 공법상 처분이다.[494] 이전고시는 집행행위를 요하지 않고 완성되므로 효력정지나 집행정지가 개념상 불가하다.

이전고시는, 그 자체로는 권리의 귀속에 관하여 아무런 득실변동을 생기게 하는 것이 아니다. 대인적 처분이 아닌 대물적 처분이기 때문이다. 따라서 사업시행자가 소유자를 오인하여 종전의 토지 또는 건축물의 소유자가 아닌 다른 사람에게 관리처분계획을 수립하여 이에 따라 이전고시를 한 경우에는 그 다른 사람이 권리를 취득하게 되는 것이 아니다.[495] 종전의 토지 또는 건축물의

494 대법원 1995. 6. 30. 선고 95다10570 판결
495 대법원 1995. 6. 30. 선고 95다10570 판결

진정한 소유자가 분양된 대지 또는 건축시설의 소유권을 취득하고 이를 행사할 수 있다. 가령, 당초 甲 소유로서 재개발조합에 제공된 토지와 건물 중 건물은 甲이 동의함으로써 사전 철거된 후 토지만이 乙에게 경락되었는데도, 재개발조합이 건물에 관한 권리도 乙에게 이전된 것으로 오인하고 乙에게만 아파트 1세대분을 분양하는 것으로 관리처분계획을 정하여 이전고시를 한 경우, 토지는 乙이 재개발조합에 제공한 셈이어서 그 아파트 중 토지가 변환된 부분에 관하여는 乙이 그 소유권을 가진다 할 것이지만, 건물은 당초부터 甲이 재개발조합에 제공한 것으로서 그 권리가 이전된 바가 없어 그 아파트 중 건물이 변환된 부분에 관하여는 甲이 그 소유권을 가진다고 보아야 한다. 다만 그 아파트 중 토지가 변환된 부분과 건물이 변환된 부분의 비율 즉 甲과 乙의 소유지분 비율은 달리 특별한 사정이 없는 한 토지와 건물의 각 가액의 비율에 따라야 한다. 따라서 甲은 분양주택 중 토지가 변환된 부분에 관하여는 그 소유권을 주장할 수 없다 하더라도 건물이 변환된 부분에 관하여는 그 소유권을 주장하여 그 부분 乙 명의의 소유권이전등기 말소등기절차의 이행을 구할 수 있고, 재개발조합에 대하여는 진정한 등기명의의 회복을 위하여서라도 甲 앞으로의 소유권이전등기절차의 이행을 구할 수 있다 할 것이다.

이전고시는 종전 부동산과 새로운 부동산 사이에 형태상 일치가 존재하지 않는 점, 새로 취득하는 부동산이 건물과 부지의 지분이라는 점, 그리고 그것이 토지등소유자의 신청에 기초한다는 점에서 「도시개발법」상 입체환지와 유사하므로, 도시정비법상 토지등소유자가 분양받은 대지 또는 건축물에 관하여는 도시정비법에서 특별히 규정하는 내용을 제외하고는 원칙적으로 도시개발법상 환지에 관한 법리, 그중에서도 특히 입체환지에 관한 규정이 준용될 수 있다.[496] 「도시개발법」 제32조에서 규정하는 입체환지는 시행자가 도시개발사업을 원활히 시행하기 위하여 환지의 목적인 토지에 갈음하여 토지 또는 건축물 소유자의 신청을 받아 건축물의 일부와 건축물이 있는 토지의 공유지분을 부

496 대법원 2016. 12. 29. 선고 2013다73551 판결

여하는 것을 말한다.

2. 요건

가. 준공인가 고시가 있을 것

시장·군수등은 준공검사를 실시한 결과 정비사업이 인가받은 사업시행계획대로 완료되었다고 인정되는 때에는 준공인가를 하고 공사의 완료를 해당 지방자치단체의 공보에 고시하여야 한다. 시장·군수등이 직접 시행하는 정비사업에 관한 공사가 완료된 때에도 그 완료를 해당 지방자치단체의 공보에 고시하여야 한다.

나. 대지확정측량을 하고 토지의 분할절차를 거칠 것

공사완료의 고시가 있는 때에는 지체없이 대지확정측량을 하고 토지의 분할절차를 거쳐야 한다.

다. 관리처분계획에서 정한 사항을 분양받을 자에게 통지할 것

관리처분계획에서 정한 사항을 분양받을 대지와 건축물에 국한하고 있지 않기 때문에 청산금 등도 통지하여야 한다.

라. 대지 또는 건축물에 대한 소유권이전을 해당 지방자치단체의 공보에 고시할 것

사업시행자는 이전하려는 대지 및 건축물의 소유권의 내용을 해당 지방자치단체의 공보에 고시한 후 시장·군수등에게 보고하여야 한다.

3. 효과

가. 새로운 대지 또는 건축물의 소유권 취득

이전고시가 있게 되면 새로운 대지 또는 건축물을 분양받을 자는 고시가 있는 날의 다음 날에 그 대지 또는 건축물의 소유권을 취득한다(법 §86②). 이전고시에 따른 소유권 취득은 민법 제187조 법률규정에 의한 물권변동으로 등기를 요하지 않는다.

이전고시에 따라 취득하는 대지 또는 건축물 중 분양신청에 따라 조합원에게 분양되는 분은 「도시개발법」 제40조에 따라 행하여진 환지로 보게 되므로 해당 조합원이, 보류지나 일반에게 분양되는 대지 또는 건축물은 「도시개발법」 제34조에 따른 보류지 또는 체비지로 보게 되므로 보류지는 관리처분계획에서 정한 자가, 일반 분양하는 대지 또는 건축물은 사업시행자가 각 위 이전고시 다음날에 그 소유권을 취득하게 된다(법 §87②③).

나. 대지 및 건축물에 대한 권리의 확정

제87조(대지 및 건축물에 대한 권리의 확정) ① 대지 또는 건축물을 분양받을 자에게 제86조제2항에 따라 소유권을 이전한 경우 종전의 토지 또는 건축물에 설정된 지상권 · 전세권 · 저당권 · 임차권 · 가등기담보권 · 가압류 등 등기된 권리 및 「주택임대차보호법」 제3조제1항의 요건을 갖춘 임차권은 소유권을 이전받은 대지 또는 건축물에 설정된 것으로 본다.

② 제1항에 따라 취득하는 대지 또는 건축물 중 토지등소유자에게 분양하는 대지 또는 건축물은 「도시개발법」 제40조에 따라 행하여진 환지로 본다.

③ 제79조제4항에 따른 보류지와 일반에게 분양하는 대지 또는 건축물은 「도시개발법」 제34조에 따른 보류지 또는 체비지로 본다.

분양신청에 따라 관리처분계획에 의하여 조합원에게 분양되는 대지 또는 건축물은 「도시개발법」 제40조에 따라 행하여진 환지로 보게 되므로 종전 토지와 동일성이 유지되므로 종전 토지의 권리제한은 소유권을 이전받은 대지 또는 건축물에 설정된 것으로 본다. 이처럼 「도시개발법」상의 환지처분과 도시정비법상의 이전고시는 그 방식과 효과에 비추어 이전고시의 효력과 환지처분의 효력은 그 궤를 같이한다. 따라서 종전의 토지 또는 건축물에 설정된 지상권·전세권·저당권·임차권·가등기담보권·가압류 등 등기된 권리 및 「주택임대차보호법」 제3조 제1항의 요건을 갖춘 임차권은 소유권을 이전받은 대지 또는 건축물에 설정된 것으로 본다(법 §87①).

도시정비법상 토지등소유자가 분양받은 대지 또는 건축물에 관하여는 도시정비법에서 특별히 규정하는 내용을 제외하고는 원칙적으로 「도시개발법」상 환지에 관한 법리, 그중에서도 특히 입체환지에 관한 규정이 준용될 수 있으므로 도시정비법 제87조 제1항에 의하여 소유권이 이전되는 대지 또는 건축물에 설정된 것으로 보게 되는 근저당권의 목적물 범위는 대지 또는 건축물 중 근저당권이 설정되어 있던 종전의 토지 또는 건축물의 지분에 한정된다.[497] 가령, 종전주택의 대지와 건축물 중 건축물에 대해서만 근저당권이 설정되어 있는 경우 분양받은 주택에 설정되어야 하는 근저당권은 종전 대지와 건축물을 일체로 평가한 금액에서 종전 건축물의 평가액이 차지하는 비율이다. 이 경우 주의할 점은 정비사업으로 발생하는 개발이익이 반영된 권리가액을 기준으로 지분을 산정하여서는 안된다. 종전 주택의 감정평가금액을 기준으로 근저당권의 지분을 산정하여야 한다.[498]

도시정비법 제87조 제1항은 도시정비사업의 시행 결과 종전 토지나 건축물에 갈음하는 새로운 토지나 건축물이, 조합원에게 분양된 경우만을 전제로 하는 것이 아니고 종전 토지나 건축물에 갈음하는 새로운 토지나 건축물의 소유자가 조합이고 그 새로운 건축물 등이 보류지나 체비지가 되는 경우에도 종전 토지 또는 건축물의 동일성이 유지되는 한 위 규정이 그대로 적용된다.[499] 가령, 종전 토지나 건축물을 특정하지 아니하고 새로운 건축물 등에 대해 일반분양분을 정하거나 보류지나 체비지로 하기로 하는 때에는 도시정비법 제87조 제1항이 적용되지 않는다 할 것이나, 종전 토지나 건축물을 특정하여 이에 상응하는 새로운 건축물을 관리처분계획에 따라 조합 소유로 하기로 한다거나

497 대법원 2016. 12. 29. 선고 2013다73551 판결

498 대법원 2016. 12. 29. 선고 2013다73551 판결

499 대법원 2013. 5. 6. 자 2013마325 결정

종전 토지나 건축물을 특정하여 이에 상응하는 새로운 건축물을 보류지나 체비지로 하기로 한 경우에는 종전 토지 또는 건축물의 동일성이 유지된다 할 것이므로 도시정비법 제87조 제1항이 적용된다 할 것이다. 또한, 이 규정은 종전 토지에 갈음하여 지적이 생성되는 것이 아닌 경우에는 적용대상이 아니다.[500] 따라서 정비구역 내 존치구역의 토지나 건축물에는 적용될 여지가 없고 종전 토지가 수용재결 또는 매매를 원인으로 소유권이 이전된 경우에도 종전 토지에 갈음하여 지적이 생성된 것이라 할 수 없으므로 역시 적용대상이 아니다.

도시정비법 제87조 제3항은 보류지와 일반에게 분양되는 대지 또는 건축물은 「도시개발법」 제34조에 따른 보류지 또는 체비지로 본다고 규정하고 있으므로 조합원이 분양신청을 하지 않거나 분양계약을 체결하지 않아 보류지 또는 일반분양분이 되는 대지 또는 건축물에 관하여는 「도시개발법」상의 보류지 또는 체비지에 관한 법리가 적용된다.[501] 한편, 「도시개발법」 제33조는, 시행자는 경비 충당 등을 위해 일정한 토지를 환지로 정하지 아니하고 이를 체비지 또는 보류지로 정할 수 있도록 하고, 같은법 제41조 제1항은 환지계획에서 환지를 정하지 아니하는 종전의 토지에 존재하던 권리는 그 환지처분의 공고가 있은 날이 종료하는 때에 소멸한다고 정하고 있으므로 환지를 정하지 않은 종전 토지의 권리제한은 환지처분으로 소멸하게 된다. 이로 인해 가령 종전 토지에 경매개시결정의 기입등기가 경료되어 이전고시 후에 이에 기초하여 경락을 받았다 하더라도, 체비지 또는 보류지는 그에 상응하는 종전 토지에 아무런 권리제한이 없는 상태로 「도시개발법」이 정한 바에 따라 소유권을 취득하게 되게 되는 것이므로 경락인은 사업시행자로부터 이전고시에 따라 소유권을 이전받은 일반분양자에게 그 이전등기의 무효를 주장할 수 없다.[502] 요컨대, 도시정비법상의 사업시행자가 사업에 필요한 경비에 충당하거나 규약·정관·시행규정 또는

500 대법원 2020. 5. 28. 선고 2016다233729 판결
501 대법원 2018. 9. 28. 선고 2016다246800 판결
502 대법원 2020. 5. 28. 선고 2016다233729 판결

사업시행계획으로 정한 목적을 위하여 관리처분계획에서 조합원 외의 자에게 분양하는 새로운 소유지적의 체비지를 창설하고 이를 이전고시 전이 이미 매도한 경우, 해당 체비지는 사업시행자가 이전고시가 있은 날의 다음 날에 소유권을 원시적으로 취득하고 해당 체비지를 매수한 자는 소유권이전등기를 마친 때에 소유권을 취득한다.

다. 종적 지적의 폐쇄 및 새로운 지적의 생성[503]

정비사업이 완료된 경우에는 사업시행자는 사업완료의 사실을 지적소관청에 신고하여야 한다. 여기서 정비사업의 완료란 '이전고시'를 말한다. 정비사업의 완료신고를 하기 위해서는 (i)확정될 토지의 지번별 조서 및 종전 토지의 지번별 조서, (ii)환지처분과 같은 효력이 있는 고시된 환지계획서와 같은 이전고시문를 첨부하여야 한다. 이에 따라 지적소관청은 종전의 지적공부를 폐쇄함과 동시에 새로 작성된 지적공부를 시행한다.

라. 등기절차 및 권리변동의 제한(법 §88)

사업시행자는 이전고시가 있은 때에는 지체 없이 대지 및 건축물에 관한 등기를 지방법원지원 또는 등기소에 촉탁 또는 신청하여야 한다. 이와 관련한 등기에 관한 사항은 대법원규칙으로 정한다. 정비사업에 관하여 이전고시가 있은 날부터 위 등기가 있을 때까지는 저당권 등의 다른 등기를 하지 못한다. 따라서 이전고시 전에 정비사업으로 건립되는 신축건축물에 대한 가압류도 허용되지 않는다고 보아야 한다. 「도시 및 주거환경정비 등기규칙」 제5조에 따르면 사업시행자는 이전고시를 한 때에는 (i)정비사업시행에 의한 종전 토지에 관한 등기의 말소등기, (ii)정비사업시행으로 축조된 건축시설과 조성된 대지에 관한 소유권보존등기 및 (iii)종전 건물과 토지에 관한 지상권, 전세권, 임차권, 저당권, 가등기, 환매특약이나 권리소멸의 약정, 처분제한의 등기 등 담보권등

503 「공간정보의 구축 및 관리에 관한 법률」 제86조, 같은 법 시행령 제83조 제1항 제4호, 같은 법 시행규칙 제95조

에 관한 권리의 등기로서 분양받은 건축시설과 대지에 존속하게 되는 등기를 신청하여야 한다. 이와 같은 등기를 신청함에 있어서는 1개의 건축시설 및 그 대지인 토지를 1개의 단위로 하여, 1필의 토지 위에 수개의 건축시설이 있는 경우에는 그 건축시설 전부와 그 대지를 1개의 단위로 하여, 수필의 토지를 공동대지로 하여 그 위에 수개의 건축시설이 있는 경우에는 그 건축시설 및 대지 전부를 1개 단위로 하여 동시에 하여야 한다. 다만, 도시정비법 제86조 제1항 단서의 규정에 의하여 시행자가 사업에 관한 공사의 완공 부분만에 관하여 이전고시를 한 때에는 제1항의 등기 중 건물에 관한 등기신청은 그 부분만에 관하여 할 수 있다. 즉 부분 이전고시가 있는 경우에는 그 부분에 대해서만 등기를 신청할 수 있다. 이와 같은 등기를 신청하는 경우에는 관리처분계획 및 그 인가를 증명하는 서면과 이전고시를 증명하는 서면을 첨부하여야 한다.

마. 청산금의 징수 또는 지급(법 §89, §90)

제89조(청산금 등) ① 대지 또는 건축물을 분양받은 자가 종전에 소유하고 있던 토지 또는 건축물의 가격과 분양받은 대지 또는 건축물의 가격 사이에 차이가 있는 경우 사업시행자는 제86조제2항에 따른 이전고시가 있은 후에 그 차액에 상당하는 금액(이하 "청산금"이라 한다)을 분양받은 자로부터 징수하거나 분양받은 자에게 지급하여야 한다.

② 제1항에도 불구하고 사업시행자는 정관등에서 분할징수 및 분할지급을 정하고 있거나 총회의 의결을 거쳐 따로 정한 경우에는 관리처분계획인가 후부터 제86조 제2항에 따른 이전고시가 있은 날까지 일정 기간별로 분할징수하거나 분할지급할 수 있다.

③ 사업시행자는 제1항 및 제2항을 적용하기 위하여 종전에 소유하고 있던 토지 또는 건축물의 가격과 분양받은 대지 또는 건축물의 가격을 평가하는 경우 그 토지 또는 건축물의 규모 · 위치 · 용도 · 이용 상황 · 정비사업비 등을 참작하여 평가하여야 한다.

④ 제3항에 따른 가격평가의 방법 및 절차 등에 필요한 사항은 대통령령으로 정한다.

(1) 의의

대지 또는 건축물을 분양받은 자가 종전에 소유하고 있던 토지 또는 건축물의 가격과 분양받은 대지 또는 건축물의 가격 사이에 차이가 있는 경우 사업시행자는 이전고시가 있은 후에 그 차액에 상당하는 금액을 청산금으로 분양받은 자로부터 징수하거나 분양받은 자에게 지급하여야 한다.

이와 같은 청산금 징수 또는 지급 처분은 관리처분계획에서 정한 비용 분담에 관한 사항에 근거하여 대지 또는 건축시설의 수분양자에게 청산금납부의무를 발생시키거나 사업시행자에게 지급의무를 발생시키는 구체적인 행정처분으로서, 청산금 징수 또는 지급 처분이 선행처분인 관리처분계획을 전제로 하는 것이기는 하나 위 두 처분은 각각 단계적으로 별개의 법률효과를 발생시키는 독립된 행정처분이다.[504]

(2) 청산금의 징수 및 지급의 상대방

청산금의 징수 및 지급은 종전재산가격과 분양받은 대지 또는 건축물 가격 간의 차이로 생기는 분양대상자 사이의 경제적 이득의 불균형을 공평하게 조절하기 위한 것이므로, 청산금징수 및 지급의 대상은 원칙적으로 이전고시 당시의 등기부상의 토지소유자라고 할 것이다.[505]

(3) 청산금 산정방법(법 §89, 시행령 §76)

청산금은 종전에 소유하고 있던 토지 또는 건축물의 가격과 분양받은 대지 또는 건축물의 가격을 평가하는 경우 그 토지 또는 건축물의 규모·위치·용도·이용 상황·정비사업비 등을 참작하여 평가하여야 한다. 청산기준가격의 평가는 관리처분계획 수립을 위한 종전재산가격평가와 분양예정인 토지 또는 건축물의 평가방법을 준용할 수 있다.[506]

504 대법원 2007. 9. 6. 선고 2005두11951 판결

505 대법원 1989. 11. 10. 선고 88누9923 판결

506 실제 실무에서는 관리처분계획 수립시 산정된 조합원분담금 또는 환급금을 청산금으

조합의 청산금징수처분에 법령 위반의 하자가 있는 경우 중 징수대상이 아니거나 납부의무 없는 자에 대한 징수처분과 같이 징수처분을 하지 않았어야 함에도 잘못 징수처분을 한 경우에는 그 하자가 중대하고도 명백하다고 할 수 있으나, 단순히 청산금 산정방법이 잘못된 경우에는 그 하자가 중대하고도 명백하다고 할 수 없다.[507]

청산금 징수액{=종후재산가격 − (종전재산가격 × 비례율)} 산정에 관한 확정판결의 기판력은 변경된 청산금징수액에는 미치지 않지만 기판력이 발생한 확정판결에서 종전재산가격을 별도로 취소한 경우에는 이후 비례율만 변경하는 청산금변경징수처분이 있더라도 비례율 외의 종전재산가격에 대하여는 확정판결의 기판력이 미친다. 따라서 이와 같은 경우에 변경된 청산금징수처분에서 취소된 종전재산가격을 그대로 사용하여 청산금징수액을 산정한 경우에는 그 청산금징수처분은 확정판결의 기판력에 반하여 무효이다.[508]

(4) 청산금의 징수방법(법 §89, §90)

사업시행자는 정관등에서 분할징수 및 분할지급을 정하고 있거나 총회의 의결을 거쳐 따로 정한 경우에는 관리처분계획인가 후부터 이전고시가 있은 날까지 일정 기간별로 분할징수하거나 분할지급할 수 있다.

시장·군수등인 사업시행자는 청산금을 납부할 자가 이를 납부하지 아니하는 경우 지방세 체납처분의 예에 따라 징수(분할징수를 포함)할 수 있으며, 시장·군수등이 아닌 사업시행자는 시장·군수등에게 청산금의 징수를 위탁할 수 있다. 이 경우 징수한 금액의 4%에 해당하는 금액을 해당 시장·군수에게 교부하여야 한다(법 §93). 청산금을 지급받을 자가 받을 수 없거나 받기를 거부한 때에는 사업시행자는 그 청산금을 공탁할 수 있다.

청산금의 징수에 관하여는 지방세 체납처분의 예에 의한 징수 또는 징수 위

로 징수 또는 지급하고 있다.

507 대법원 2008. 2. 14. 선고 2006다33470 판결

508 대법원 2008. 2. 14. 선고 2006다33470 판결

탁과 같은 간이하고 경제적인 특별구제절차가 마련되어 있으므로, 시장·군수가 사업시행자의 청산금 징수 위탁에 응하지 아니하였다는 등의 특별한 사정이 없는 한, 시장·군수가 아닌 사업시행자가 이와 별개로 공법상 당사자소송의 방법으로 청산금 청구를 할 수는 없다.[509]

청산금을 지급(분할지급을 포함한다)받을 권리 또는 이를 징수할 권리는 이전고시일의 다음 날부터 5년간 행사하지 아니하면 소멸한다.

(5) 쟁송방법

청산금의 징수 및 지급이 모두 행정처분에 해당하므로 항고소송으로 다투어야 하고 민소소송이나 공법상 당사자소송으로 다툴 수는 없다. 또한 청산금의 징수 및 지급처분은 관리처분계획과는 독립된 별개의 처분이므로 관리처분계획에 불가쟁력이 생겨 그 효력을 다툴 수 없게 된 경우에는 그 관리처분계획에 위법사유가 있다 할지라도 그것이 당연무효의 사유가 아닌 한 관리처분계획상의 하자를 이유로 후행처분인 청산금 징수처분이나 지급처분의 위법을 주장할 수는 없다.[510]

바. 저당권의 물상대위(법 §91)

제91조(저당권의 물상대위) 정비구역에 있는 토지 또는 건축물에 저당권을 설정한 권리자는 사업시행자가 저당권이 설정된 토지 또는 건축물의 소유자에게 청산금을 지급하기 전에 압류절차를 거쳐 저당권을 행사할 수 있다.

정비구역에 있는 토지 또는 건축물에 저당권을 설정한 권리자는 사업시행자가 저당권이 설정된 토지 또는 건축물의 소유자에게 청산금을 지급하기 전에 압류절차를 거쳐 저당권을 행사할 수 있다. 압류는 대표물의 특정성을 유지하기 위하여 제3자에게 예측하지 못한 손해를 입히지 않기 위한 것이므로, 대위

509 대법원 2017. 4. 28. 선고 2016두39498 판결
510 대법원 2007. 9. 6. 선고 2005두11951 판결

권을 행사하는 저당권자가 스스로 할 필요는 없으며, 다른 채권자가 압류한 경우에도 대위권을 행사할 수 있다.[511] 따라서 저당목적물의 변형물인 청산금에 대하여 이미 제3자가 압류하여 청산금이 특정된 이상 저당권자가 스스로 이를 압류하지 않고서도 물상대위권을 행사하여 일반 채권자보다 우선변제를 받을 수 있다.

그리고 그 행사방법은 민사집행법 제273조에 의하여 담보권의 존재를 증명하는 서류를 집행법원에 제출하여 채권압류 및 전부명령을 신청하는 것이거나 민사집행법 제247조 제1항에 의하여 배당요구하는 것이다. 이미 제3자가 압류한 경우에는 배당요구의 방법에 의하여 물상대위권을 행사할 수 있을 것이다. 하지만 이러한 물상대위권의 행사에 나아가지 아니한 채 단지 종전 토지 또는 건축물에 대하여 담보물권의 등기가 된 것만으로는 그 청산금으로부터 우선변제를 받을 수 없다.[512] 예를 들어, 甲이 조합으로부터 이전고시에 따라 청산금을 지급받기로 되어 있다고 가정해 보자. 甲의 근저당권자인 乙이 甲의 조합에 대한 청산금지급청구권을 압류 및 전부명령을 신청하는 등의 방법으로 물상대위권을 행사하기 전에 후순위 근저당권자인 兵이 압류 및 추심명령을 받아 추심을 완료한 경우라면 근저당권자인 乙은 우선변제권을 상실하였으므로 兵에게 부당이득을 주장할 수 없다.[513]

또한, 저당권자의 물상대위권의 행사는 배당요구의 종기까지 하여야 하는 것으로 그 이후에는 물상대위권자로서의 우선변제권을 행사할 수 없다.[514] 제3자에게 불측의 손해를 입힐 수 있고 집행절차의 안정과 신속을 해칠 수 있기 때문이다. 따라서 다른 채권자가 청산금 또는 이에 관한 공탁금으로부터 이득을 얻었다고 하더라도 저당권자는 이를 부당이득으로서 반환청구할 수 없다.[515]

511 대법원 2010. 10. 28. 선고 2010다46756 판결

512 대법원 1998. 9. 22. 선고 98다12812 판결

513 대법원 2010. 10. 28. 선고 2010다46756 판결

514 대법원 2003. 3. 28. 선고 2002다13539 판결

515 대법원 1994. 11. 22. 선고 94다25728 판결, 대법원 2002. 10. 11. 선고 2002다33137 판결

사. 관리처분계획 취소 또는 무효확인의 법률상 이익 소멸[516]

이전고시의 효력 발생으로 이미 대다수 조합원 등에 대하여 획일적·일률적으로 처리된 권리귀속 관계를 모두 무효화시키고 다시 처음부터 관리처분계획을 수립하여 이전고시 절차를 거치도록 하는 것은 정비사업의 공익적 단체법적 성격에 배치되는 것이므로, 이전고시가 그 효력을 발생하게 된 이후에는 조합원 등이 관리처분계획의 취소 또는 무효확인을 구할 법률상 이익이 없다. 또한 이전고시의 일부에 대하여 취소 도는 무효확인을 구할 법률상 이익도 없다. 이전고시가 위법한 경우에는 민사상의 절차에 따라 권리관계의 존부를 확정하거나 청산금부과처분에 대한 항고소송, 손해배상을 구하는 방식에 의하여야 할 것이다. 이전고시가 있게 되면 그 효력발생으로 법률관계가 완성된다고 보아야 하므로 이전고시에 대한 효력정지나 집행정지는 인정될 수 없다.

아. 조합 해산 가능(법 §86의2)

이전고시가 있게 되면 원칙적으로 조합해산이 가능하다. 도시정비법은 이전고시가 있게 되면 조합장으로 하여금 의무적으로 이전고시가 있은 날부터 1년 이내에 조합 해산을 위한 총회를 소집하도록 하고 있다. 조합장이 제1항에 따른 기간 내에 총회를 소집하지 아니한 경우 조합원 5분의 1 이상의 요구로 소집된 총회에서 조합원 과반수의 출석과 출석 조합원 과반수의 동의를 받아 해산을 의결할 수 있다. 이 경우 요구자 대표로 선출된 자가 조합 해산을 위한 총회의 소집 및 진행을 할 때에는 조합장의 권한을 대행한다.

시장·군수등은 조합이 정당한 사유 없이 해산을 의결하지 아니하는 경우에는 조합설립인가를 취소할 수 있다. 해산하는 조합에 청산인이 될 자가 없는 경우에는 시장·군수등은 법원에 청산인의 선임을 청구할 수 있다. 조합이 해산을 의결하거나 해산의결이 지체되어 조합설립인가가 취소된 경우 청산인은 지체 없이 청산의 목적범위에서 성실하게 청산인의 직무를 수행하여야 한다.

---

516 대법원 2009. 9. 17. 선고 2007다2428 전원합의체 판결

제4장

비용의 부담 등

제4장

비용의 부담 등

I 개요

도시정비법은 도시환경을 개선하고 주거환경의 질을 높이는 것을 목적으로 한다(제1장). 이와 같은 목적을 달성하기 위해 주거환경이 불량한 지역 등을 계획적으로 정비하고(제2장) 노후·불량건축물을 효율적으로 개량하기 위한 정비사업 시행체계를(제3장) 기본체계로 하고 있다. 제4장부터는 이와 같은 정비사업의 기본체계를 지원하기 위한 지원체계에 관한 장들이다. 제4장은 그 중에서 비용-부담체계를 규정하고 있는데 (i)우선 정비사업비를 누가 부담할 것인가에 관한 비용부담의 원칙과 (ii)정비기반시설의 비용부담방식으로서 무상귀속과 무상양도 그리고 (iii)정비사업비의 부담을 완화하기 위한 국유·공유재산의 처리에 관해 다루고 있다.

Ⅱ 비용부담의 원칙

1. 의의(법 §92)

> **제92조(비용부담의 원칙)** ① 정비사업비는 이 법 또는 다른 법령에 특별한 규정이 있는 경우를 제외하고는 사업시행자가 부담한다.
>
> ② 시장 · 군수등은 시장 · 군수등이 아닌 사업시행자가 시행하는 정비사업의 정비계획에 따라 설치되는 다음 각 호의 시설에 대하여는 그 건설에 드는 비용의 전부 또는 일부를 부담할 수 있다.
> 1. 도시 · 군계획시설 중 대통령령으로 정하는 주요 정비기반시설 및 공동이용시설
> 2. 임시거주시설

정비사업을 시행하기 위해서는 공사비 등 주택사업에 소유되는 비용과 정비기반시설의 설치비용, 사업탈퇴자인 현금청산자에 대한 현금청산비용 및 국공유지에 대한 토지매입비용 등이 필요한데 이를 정비사업비라 한다. 정비사업비는 크게 공사비, 일반사업비, 정비기반시설설치비, 토지매입비 등으로 나눌 수 있다. 일반사업비에는 각종 용역비와 조합운영비 및 제세공과금 등이 이에 해당한다. 도시정비법 제92조 내지 제96조는 이와 같은 정비사업비를 원칙적으로 누가 부담하는지 그리고 정비사업비의 재원을 어떻게 조달할 것인지를 규정하고 있다.

2. 비용부담의 주체

가. 사업시행자

정비사업비는 원칙적으로 사업시행자가 부담한다(법 §92①). 정비사업으로 인한 이익을 주로 사업시행자가 향유하기 때문이다. 다만 도시정비법이나 다른 법령에 특별한 규정이 있는 경우에는 그 법령에서 정한 자가 부담할 수 있다.

정비기반시설 설치비용도 마찬가지로 사업시행자가 원칙적으로 부담한다(법

§96). 따라서 사업시행자는 주택 등의 건설비용뿐만 아니라 정비기반시설의 설치비용도 원칙적으로 부담하여야 한다. 사업시행자가 정비기반시설 설치비용도 부담하는 것이 원칙이므로 도시·주거환경정비기본계획 및 정비계획에 따라 정비기반시설 부지로 예정되어 있는 토지를 취득한 경우라도, 토지를 국가 등에 귀속시키기 위한 잠정적이고 일시적인 조치에 불과하다는 등의 특별한 사정이 없는 한, 「지방세법」에 의한 취득세 및 등록세의 비과세대상에 해당하지 않는다.[1]

나. 시장·군수등

정비사업비의 사업시행자 부담원칙에 대한 예외로 도시정비법이 두고 있는 특별규정에 따라 정비사업비를 부담할 수 있는 자는 시장·군수등이다. 즉, 시장·군수등은, 시장·군수등이 아닌 사업시행자가 시행하는 정비사업의 정비계획에 따라 설치되는 (i)도시·군계획시설 중 대통령령으로 정하는 주요 정비기반시설 및 공동이용시설,[2] (ii)임시거주시설에 대하여는 그 건설에 드는 비용의 전부 또는 일부를 부담할 수 있다(법 §92②).

다. 정비기반시설 관리자

도시정비법이 두고 있는 정비사업비 부담에 관한 또다른 예외규정은 정비사업의 시행으로 현저한 이익을 받는 정비기반시설의 관리자에게 정비사업비를 부담하게 한 규정이다. 즉, 시장·군수등은 자신이 시행하는 정비사업으로 현저한 이익을 받는 정비기반시설의 관리자가 있는 경우에는 해당 정비사업비의 일부를 그 정비기반시설의 관리자와 협의하여 그 관리자에게 부담시킬 수 있다(법 §94①). 정비기반시설 관리자가 부담하는 비용의 총액은 해당 정비사업에 소요된 비용(정비사업의 조사·측량·설계 및 감리에 소요된 비용을 제외한다)의 3분의

---

1 대법원 2011. 7. 28. 선고 2010두6977 판결 참조

2 도로, 상하수도, 공원, 공용주차장, 공동구, 녹지, 하천, 공공공지, 광장 등이 이에 해당한다(시행령 §77).

1을 초과해서는 아니된다. 다만, 다른 정비기반시설의 정비가 그 정비사업의 주된 내용이 되는 경우에는 그 부담비용의 총액은 해당 정비사업에 소요된 비용의 2분의 1까지로 할 수 있다(시행령 §78①). 시장·군수등은 위와 같이 정비사업비의 일부를 정비기반시설의 관리자에게 부담시키려는 때에는 정비사업에 소요된 비용의 명세와 부담 금액을 명시하여 해당 관리자에게 통지하여야 한다(시행령 §78②).

라. 설치의무 있는 자 또는 점용하는 자

사업시행자는 정비사업을 시행하는 지역에 전기·가스 등의 공급시설을 설치하기 위하여 공동구를 설치하는 경우에는 다른 법령에 따라 그 공동구에 수용될 시설을 설치할 의무가 있는 자에게 공동구의 설치에 드는 비용을 부담시킬 수 있다(법 §94②). 공동구의 설치에 드는 비용은 (i)설치공사비용, (ii)내부공사비용, (iii)설치를 위한 측량·설계비용, (iv)공동구의 설치로 인한 보상의 필요가 있는 경우에는 그 보상비용, (v)공동구 부대시설의 설치비용, (vi)국가 또는 지방자치단체의 융자금이 있는 경우에는 그 이자에 해당하는 금액 등이다. 다만, 도시정비법 제95조에 따른 보조금이 있는 경우에는 설치에 드는 비용에서 해당 보조금의 금액을 빼야 한다(시행규칙 §16①). 공동구에 수용될 전기·가스·수도의 공급시설과 전기통신시설 등의 관리자(공동구점용예정자라 함)가 부담할 공동구의 설치에 드는 비용의 부담비율은 공동구의 점용예정면적비율에 따른다(시행규칙 §16②). 사업시행자는 사업시행계획인가의 고시가 있은 후 지체없이 공동구점용예정자에게 이와 같이 산정된 부담금의 납부를 통지하여야 한다(시행규칙 §16③). 부담금의 납부통지를 받은 공동구점용예정자는 공동구의 설치공사가 착수되기 전에 부담금액의 3분의 1 이상을 납부하여야 하며, 그 잔액은 공사완료 고시일전까지 납부하여야 한다(시행규칙 §16④).

공동구는 시장·군수등이 관리한다(시행규칙 §17①). 시장·군수등은 공동구 관리비용(유지·수선비를 말하며, 조명·배수·통풍·방수·개축·재축·그 밖의 시설비 및 인건비를 포함한다)의 일부를 그 공동구를 점용하는 자에게 부담시킬 수 있으며, 그 부담비율은 점용면적비율을 고려하여 시장·군수등이 정한다(시행규칙 §17②). 공동구 관리비용은 연도별로 산출하여 부과한다(시행규칙 §17③). 공동구 관리비용의 납입기한은 매년 3월 31일까지로 하며, 시장·군수등은 납입기한 1개월 전까지 납입통지서를 발부하여야 한다. 다만, 필요한 경우에는 2회로 분할하여 납부하게 할 수 있으며 이 경우 분할금의 납입기한은 3월 31일과 9월 30일로 한다(시행규칙 §17④).

3. 비용의 조달(재원)

제93조(비용의 조달) ① 사업시행자는 토지등소유자로부터 제92조제1항에 따른 비용과 정비사업의 시행과정에서 발생한 수입의 차액을 부과금으로 부과 · 징수할 수 있다.

② 사업시행자는 토지등소유자가 제1항에 따른 부과금의 납부를 게을리한 때에는 연체료를 부과 · 징수할 수 있다.

③ 제1항 및 제2항에 따른 부과금 및 연체료의 부과 · 징수에 필요한 사항은 정관등으로 정한다.

④ 시장 · 군수등이 아닌 사업시행자는 부과금 또는 연체료를 체납하는 자가 있는 때에는 시장 · 군수등에게 그 부과 · 징수를 위탁할 수 있다.

⑤ 시장 · 군수등은 제4항에 따라 부과 · 징수를 위탁받은 경우에는 지방세 체납처분의 예에 따라 부과 · 징수할 수 있다. 이 경우 사업시행자는 징수한 금액의 100분의 4에 해당하는 금액을 해당 시장 · 군수등에게 교부하여야 한다.

가. 개요

정비사업비는 (i)조합원이 현물로 출자한 토지 및 건축물, (ii)조합원이 납부하는 정비사업비 등 부과금, (iii)건축물 및 부대·복리시설의 분양수입금, (iv)

조합이 금융기관 및 시공자 등으로부터 조달하는 차입금, (v)대여금의 이자 및 연체료 등 수입금, (vi)청산금, (vii)그 밖에 조합재산의 사용수익 또는 처분에 의한 수익금으로 조달한다. 또한, 국가·지방자치단체로부터 받는 보조금과 융자금 등도 정비사업비의 재원으로서 역할을 한다. 부과금과 보조·융자금에 대해 살펴보면 다음과 같다.

나. 부과금

정비사업비 중 부과금은 분양계약과 같은 자율적 방식을 통해서도 납부하게 할 수 있다. 도시정비법 제93조는 그와 같은 자율적 방식이 작동하지 않는 경우를 대비하여 부과금 부과·징수 방식을 규정하고 있다. 정비사업비의 궁극적·실질적 부담자는 토지등소유자이기 때문이다. 즉, 사업시행자는 토지등소유자로부터 정비사업비와 정비사업의 시행과정에서 발생한 수입의 차액을 부과금으로 부과·징수할 수 있다. 토지등소유자가 이 부과금의 납부를 게을리 한 때에는 연체료를 부과·징수할 수 있다. 이와 같은 부과금과 연체료의 부과·징수에 필요한 사항은 정관등으로 정한다. 시장·군수등이 아닌 사업시행자는 부과금 또는 연체료를 체납하는 자가 있는 때에는 시장·군수등에게 그 부과·징수를 위탁할 수 있다. 시장·군수등은 부과·징수를 위탁받은 경우에는 지방세 체납처분의 예에 따라 부과·징수할 수 있다. 이 경우 사업시행자는 징수한 금액의 100분의 4에 해당하는 금액을 해당 시장·군수등에게 교부하여야 한다.

부과금의 징수에 관하여는 지방세체납처분의 예에 의한 부과·징수 위탁과 같은 간이하고 경제적인 특별구제절차가 마련되어 있으므로, 시장·군수가 사업시행자의 부과금 부과·징수 위탁에 응하지 아니하였다는 등의 특별한 사정이 없는 한 시장·군수가 아닌 사업시행자가 이와 별개로 공법상 당사자소송의 방법으로 부과금 청구를 할 수는 없다.[3] 또한, 도시정비법 제93조는 원칙적으로 토지등소유자인 조합원에게 적용되는 규정이다. 조합원의 지위를 상실하여

3 대법원 2017. 4. 28. 선고 2016두39498 판결

더 이상 조합원의 지위에 있지 않은 현금청산자에게는 특별한 사정이 없는 한 도시정비법 제93조 제1항에 따른 부과금을 부과·징수할 수 없다.[4] 다만, 조합과 그 조합원의 법률관계는 근거법령과 정관의 규정, 조합원총회의 결의 또는 조합과 조합원 사이의 약정에 따라 규율되는 것이므로 현금청산자가 조합탈퇴 전에 미리 정비사업비의 일정비용을 부담하기로 하였다면 그 내용대로 정비사업비를 부담할 수 있을 것이다.[5]

다. 보조·융자금

국가 또는 지방자치단체는 정비사업의 원활한 시행을 위하여 정비사업비를 사업시행자 또는 정비사업비를 부담하는 자에게 보조 또는 융자하거나 융자를 알선할 수 있는데 그 내용을 살펴보면 다음과 같다.

(1) 시장, 군수, 구청장 또는 토지주택공사 등이 사업시행자인 경우

국가 또는 시·도는 시장, 군수, 구청장 또는 토지주택공사 등이 시행하는 정비사업에 관한 기초조사, 정비기반시설, 임시거주시설 및 주거환경개선사업에 따른 공동이용시설의 건설에 드는 비용의 일부를 보조하거나 융자할 수 있다. 이 경우 (i)해제된 정비구역등이나 재정비촉진지구에서 시행하는 주거환경개선사업이나, (ii)국가 또는 지방자치단체가 도시영세민을 이주시켜 300세대 이상의 주택을 건설하여 정착시킨 낙후지역으로서 그 정비구역 내 전체 건축물 중 50%이상이 준공후 20년이 지난 지역에서 시행하는 재개발사업에 대해서는 우선적으로 보조하거나 융자할 수 있다(법 §95①, 시행령 §79②). 보조하거나 융자할 수 있는 금액은 기초조사비, 정비기반시설 및 임시거주시설의 사업비의 각 80퍼센트(도시정비법 제23조 제1항 제1호에 따른 주거환경개선사업을 시행하는 정비구역에서 시·도지사가 시장·군수등에게 보조하거나 융자하는 경우에는 100퍼센트) 이내로 한다(시행령 §79③).

---

4 대법원 2016. 12. 29. 선고 2013다217412 판결

5 대법원 2014. 12. 24. 선고 2013두19486 판결 등 참조

시장·군수등은 사업시행자가 토지주택공사등인 주거환경개선사업과 관련하여 정비기반시설 및 공동이용시설, 임시거주시설을 건설하는 경우 건설에 드는 비용의 전부 또는 일부를 토지주택공사등에게 보조하여야 한다(법 §95②).

국가 또는 지방자치단체는 위에 따라 정비사업에 필요한 비용을 보조 또는 융자하는 경우 순환정비방식의 정비사업에 우선적으로 지원할 수 있다. 이 경우 (i)순환용주택의 건설비, (ii)순환용주택의 단열보완 및 창호교체 등 에너지 성능 향상과 효율개선을 위한 리모델링 비용, (iii)공가(空家)관리비의 일부도 보조 또는 융자할 수 있다(법 §95④).

국가 또는 지방자치단체는 토지임대부 분양주택을 공급받는 자에게 해당 공급비용의 전부 또는 일부를 보조 또는 융자할 수 있다(법 §95⑥).

(2) 시장·군수등이 아닌 사업시행자의 경우

국가 또는 지방자치단체는 시장 군수등이 아닌 사업시행자가 시행하는 정비사업의 비용의 일부를 보조 또는 융자하거나 융자를 알선할 수 있다(법 §95③). 보조할 수 있는 금액은 기초조사비, 정비기반시설 및 임시거주시설의 사업비, 조합 운영경비의 각 50퍼센트 이내로 한다(시행령 §79④). 융자하거나 알선할 수 있는 금액은 기초조사비, 정비기반시설 및 임시거주시설의 사업비, 세입자 보상비, 주민 이주비, 그 밖에 시·도조례로 정하는 사항(지방자치단체가 융자하거나 융자를 알선하는 경우만 해당한다)의 각 80% 이내로 한다(시행령 §79⑤).

국가는 (i)토지주택공사등이 보유한 공공임대주택을 순환용주택으로 조합에게 제공하는 경우 그 건설비 및 공가관리비 등의 비용이나, (ii)공공이 재개발 임대주택을 재개발조합으로부터 인수하는 경우 그 인수 비용의 전부 또는 일부 등을 지방자치단체 또는 토지주택공사등에 보조 또는 융자할 수 있다(법 §95⑤).

Ⅲ 정비기반시설의 무상귀속·무상양도[6](법 §97)

제97조(정비기반시설 및 토지 등의 귀속) ① 시장 · 군수등 또는 토지주택공사등이 정비사업의 시행으로 새로 정비기반시설을 설치하거나 기존의 정비기반시설을 대체하는 정비기반시설을 설치한 경우에는 「국유재산법」 및 「공유재산 및 물품 관리법」에도 불구하고 종래의 정비기반시설은 사업시행자에게 무상으로 귀속되고, 새로 설치된 정비기반시설은 그 시설을 관리할 국가 또는 지방자치단체에 무상으로 귀속된다.

② 시장 · 군수등 또는 토지주택공사등이 아닌 사업시행자가 정비사업의 시행으로 새로 설치한 정비기반시설은 그 시설을 관리할 국가 또는 지방자치단체에 무상으로 귀속되고, 정비사업의 시행으로 용도가 폐지되는 국가 또는 지방자치단체 소유의 정비기반시설은 사업시행자가 새로 설치한 정비기반시설의 설치비용에 상당하는 범위에서 그에게 무상으로 양도된다.

⑤ 사업시행자는 제1항부터 제3항까지의 규정에 따라 관리청에 귀속될 정비기반시설과 사업시행자에게 귀속 또는 양도될 재산의 종류와 세목을 정비사업의 준공 전에 관리청에 통지하여야 하며, 해당 정비기반시설은 그 정비사업이 준공인가되어 관리청에 준공인가통지를 한 때에 국가 또는 지방자치단체에 귀속되거나 사업시행자에게 귀속 또는 양도된 것으로 본다.

⑦ 제1항 및 제2항에 따라 정비사업의 시행으로 용도가 폐지되는 국가 또는 지방자치단체 소유의 정비기반시설의 경우 정비사업의 시행 기간 동안 해당 시설의 대부료는 면제된다.

1. 의의 및 제도취지

사업시행자는 관할 지방자치단체의 장과의 협의를 거쳐 정비구역에 정비기반시설(주거환경개선사업의 경우에는 공동이용시설을 포함한다)을 설치하여야 한다(법

6 '양도'란 재산권 기타 권리 등의 이전을 말한다. 법률행위의 형태를 불문한다. 따라서 매매, 교환, 대물변제 등의 형태로 양도가 이루어질 수 있다. 무상양도란 양도 중에서 무상의 것을 말하는 것으로 '양여'와 비슷한 개념으로 볼 수 있다.

§96). 따라서 정비사업을 시행하는 사업시행자 입장에서 볼 때, 정비기반시설의 설치에 따른 비용은 정비사업비에 포함될 수밖에 없다. 사업시행자가 일반공중도 함께 사용하는 공공시설에 대해 비용을 부담하게 되는 셈이 된다. 따라서 도시정비법은 이와 같은 정비기반시설의 특수성을 고려하여 사업시행자의 비용부담을 경감하기 위한 조치로서 정비기반시설의 무상귀속 및 무상양도 규정을 두고 있다.

공공이 정비사업을 시행하면서 정비기반시설을 설치하는 경우, 즉, 시장·군수등 또는 토지주택공사등이 정비사업을 시행하면서 새로 정비기반시설을 설치하거나 기존의 정비기반시설을 대체하는 정비기반시설을 설치한 경우에는 종래의 정비기반시설은 사업시행자에게 무상으로 귀속되고, 새로 설치된 정비기반시설은 그 시설을 관리할 국가 또는 지방자치단체에 무상으로 귀속된다(법 §97①). 이 경우에는 정비기반시설의 설치비용은 사업시행자로서 공공이 모두 부담한다.

하지만 공공이 아닌 민간사업시행자가 정비사업을 시행하는 경우에는 정비사업의 시행으로 새로 설치한 정비기반시설은 그 시설을 관리할 국가 또는 지방자치단체에 무상으로 귀속되고, 정비사업의 시행으로 용도가 폐지되는 국가 또는 지방자치단체 소유의 정비기반시설은 사업시행자가 새로 설치한 정비기반시설의 설치비용에 상당하는 범위에서만 그에게 무상으로 양도된다(법 §97②). 이와 같은 무상귀속 및 무상양도에 관한 규정은 민간 사업시행자에 의하여 새로이 설치된 정비기반시설은 정비사업의 준공인가에 의하여 당연히 국가 또는 지방자치단체에 무상귀속되는 것으로 함으로써 도로·상하수도·공원·공용주차장·공동구 등 공공시설의 확보와 효율적인 유지·관리를 위하여 국가 등에 관리권과 함께 소유권까지 일률적으로 귀속되도록 하는 한편 그로 인한 사업시행자의 재산상 손실을 고려하여 새로 설치한 정비기반시설의 설치비용에 상당하는 범위 안에서 용도폐지되는 정비기반시설은 사업시행자에게 무상양도하도록 강제하고 있다. 위 무상귀속과 무상양도에 관한 규정은 강행규정으로 해석된다.[7] 따라서 위 규정을 위반하여 사업시행자와 국가 또는 지방자치단체 간에 체결된 매매계약 등은 무효이다.[8]

'정비사업의 시행으로 새로이 설치한 기반시설'의 '무상귀속'은 강행규정에 의한 물권변동으로서 원시취득이고, 증여계약 또는 증여계약의 일종인 기부채납으로 인한 소유권취득과는 구분된다. 따라서 사업시행자가 이 규정에 따라 개설한 도로는 그가 '정비사업의 시행으로 새로이 설치한 기반시설'로서 그에 관한 별도의 법률행위가 있었는지를 불문하고 국가 또는 지방자치단체에 무상으로 귀속된다.[9] 이에 반하여 무상양도규정에 따른 취득은 용도폐지되는 정비기반시설을 국가 등으로부터 무상으로 양도받아 취득할 따름이고 따로 그에 대한 대가를 출연하거나 소유권을 창설적으로 취득한다고 볼 수 없으므로 사업시행자가 위 정비기반시설을 구성하는 부동산을 취득하는 것은 무상의 승계취득에 해당한다.[10]

憲法裁判所는 무상귀속규정은 사업시행자의 정비기반시설에 대한 재산권을 박탈·제한함에 본질이 있는 것이 아니라, 사업지구 안의 정비기반시설의 소유관계를 정함으로써 재산권의 내용과 한계를 정한 것으로 이해하고 있다.[11]

---

7 대법원 2014. 2. 21. 선고 2012다82466 판결. 이 판결은 하수도 설치비용도 정비기반설치비용으로 보았다. 또한, 민간사업자가 하수도 설치비용을 부담하도록 한 사업시행인가조건에 대해 불변기간이 경과하였다 하더라도 반환청구할 수 있다고 판시했다.

8 대법원 2009. 6. 25. 선고 2006다18174 판결

9 대법원 2019. 1. 31. 선고 2017다205523 판결

10 후단 규정에 의한 무상양도에 따른 취득은 무상의 승계취득에 해당하므로 이에 관한 취득세율은 무상취득에 관한 규정이 적용되어야 한다는 점에 관하여는 대법원 2019. 4. 3. 선고 2017두66824 판결 참조

11 헌법재판소 2013. 10. 24. 자 2011헌바355 결정

2. 무상귀속·무상양도의 대상[12]

무상귀속의 대상은 (i)정비사업의 시행으로 새로 설치되는 정비기반시설과 (ii)공공인 사업시행자인 정비사업에 제공되는 국가 또는 지방자치단체의 소유의 종래의 정비기반시설이다. 무상양도의 대상은 민간이 사업시행자인 정비사업에 제공되는 국가 또는 지방자치단체의 소유의 종래의 정비기반시설이다. 무상귀속·무상양도의 대상은 모두 정비구역 안의 정비기반시설이다. 정비구역 밖의 정비기반시설은 이에 해당하지 않는다.[13] 정비사업의 시행으로 정비구역 밖에 설치하는 정비기반시설이라 하더라도 사업시행 인가관청이 사업시행인가 처분을 하면서 인가조건으로 시설을 설치하도록 하는 부담을 부과하고 사업시행자가 부담의 이행으로써 이를 설치한 때에는, 부관이 다른 법률의 규정에 위반되거나 부당결부금지의 원칙이나 비례의 원칙에 반하여 위법하다고 볼 특별한 사정이 없는 한, 인가조건의 내용에 따라 당해 정비기반시설은 무상으로 또는 정산을 거쳐 시설을 관리할 국가 또는 지방자치단체에 귀속될 수 있다.[14]

무상귀속 및 무상양도의 대상이 되는 정비기반시설에 해당하는 도로는 다음의 〈표 56〉과 같다(법 §97③).

---

12 헌법재판소 2013. 10. 24. 자 2011헌바355 결정은 무상양도규정은 시혜적 입법으로 이해하고 헌법이 보호하는 재산권의 영역에 포함되지 않으므로 현황도로 등 일부 시설을 무상양도의 대상으로 삼지 않았다고 하여 입법재량의 한계를 일탈하였다고 볼 수도 없다고 보았다.

13 대법원 2014. 2. 21. 선고 2012다78818 판결

14 대법원 2014. 2. 21. 선고 2012다78818 판결

| 표 56

무상귀속 및 무상양도의 대상이 되는 도로
(i)「국토의 계획 및 이용에 관한 법률」 제30조에 따라 도시 · 군관리계획으로 결정되어 설치된 도로 (ii)「도로법」 제23조에 따라 도로관리청이 관리하는 도로 (iii)「도시개발법」 등 다른 법률에 따라 설치된 국가 또는 지방자치단체 소유의 도로 (iv) 그 밖에 「공유재산 및 물품 관리법」에 따른 공유재산 중 일반인의 교통을 위하여 제공되고 있는 부지. 이 경우 부지의 사용 형태, 규모, 기능 등 구체적인 기준은 시 · 도조례로 정할 수 있다.

「도로법」 제23조에 따라 도로관리청이 관리하는 도로란 도로법상 노선 지정·인정 공고와 도로구역 결정·고시를 거쳐 설치된 도로를 말한다. 「도로법」상 노선 인정 공고가 있었을 뿐, 그에 따른 도로구역의 결정·고시가 있었음을 인정할 수 없는 경우에는 이에 해당하지 않는다.[15] 이와 같은 도로는 '일반인의 교통을 위하여 제공되고 있는 부지', 이른바 시·도조례에서 정한 '현황도로'의 문제로 접근해야 한다. 도시정비법은 「공유재산 및 물품 관리법」에 따른 공유재산 중 일반인의 교통을 위하여 제공되고 있는 부지[16]로서 부지의 사용 형태, 규모, 기능 등 구체적인 기준을 시·도조례로 정하는 도로, 즉 일정요건을 충족하는 '현황도로'를 무상귀속 및 무상양도의 대상으로 규정하고 있다.

도시정비법 제97조 제2항에 따라 사업시행자에게 무상으로 양도되는 정비기반시설이라는 사실에 관한 증명책임은 이를 주장하는 사업시행자가 부

15 대법원 2019. 6. 27. 선고 2016다241072 판결

16 대법원 2011. 2. 24. 선고 2010두22498 판결은 주택재개발정비사업 구역 내에 있는 토지로서 도로관리청이 노선인정 공고 등을 하여 직접 그 토지를 공공용 도로로 사용하거나 「도로법」 제24조 및 동법 시행령 제19조에 따라 도로로 사용 또는 수용할 토지의 지번 및 소유자 등을 특정하여 도로구역으로 결정·고시한 적이 없는 '현황도로'는 구 도시 및 주거환경정비법 제65조 후단에 정한 '정비사업으로 인하여 용도가 폐지되는 정비기반시설'에 해당하지 않는다 판시했다. 이에 따라 도시정비법이 2015. 9. 1. 법률 제13508호로 개정되면서 현황도로도 이 규정의 정비기반시설로 추가되었다.

담한다.[17]

3. 무상귀속·무상양도의 범위

시장·군수등 또는 토지주택공사등이 정비사업의 시행으로 새로 정비기반시설을 설치하거나 기존의 정비기반시설을 대체하는 정비기반시설을 설치한 경우에는 종래의 정비기반시설은 새로 설치한 정비기반시설의 설치비용의 상당성을 따지지 않고 사업시행자에게 무상으로 귀속된다.

그러나, 사업시행자가 시장·군수등 또는 토지주택공사등이 아닌 경우에는, 정비사업의 시행으로 새로 설치한 정비기반시설은 그 시설을 관리할 국가 또는 지방자치단체에 무상으로 귀속되고, 정비사업의 시행으로 용도가 폐지되는 국가 또는 지방자치단체 소유의 정비기반시설은 새로 설치한 정비기반시설의 설치비용에 상당하는 범위에서 사업시행자에게 무상으로 양도된다. 용도 폐지되는 기존 정비기반시설이 사업시행자에게 무상 양도될 수 있는 범위를 정하는 후단규정의 '새로 설치한 정비기반시설'이란 전단 규정의 '사업시행자가 정비사업의 시행으로 새로이 설치한 정비기반시설'을 가리키는 것으로서 양자는 같은 개념이다. 사업시행자가 새로이 설치한 정비기반시설 중 관련법에 따라 당연히 그 설치의무가 인정되는 정비기반시설이라 하여 제외되는 것이 아니다.[18] 또한, 용도폐지되는 정비기반시설로서 무상양도되는 범위는 '같은 용도'로 대체되어 새로 설치되는 정비기반시설의 설치비용으로 한정되지 않는다.[19] 따라서 새로 설치하는 공원에 상응하여 용도폐지 되는 도로가 무상양도의 대상이 될 수 있다.

용도가 폐지되는 기존 정비기반시설이, 사업시행자가 새로 설치하는 정비기반시설에 그대로 편입되는 경우가 있다. 이와 같은 '중복 정비기반시설'은 기존

---

17 대법원 2015. 10. 29. 선고 2012두19410 판결

18 대법원 2007. 4. 13. 선고 2006두11149 판결

19 대법원 2007. 7. 12. 선고 2007두6663 판결

정비기반시설으로 보면 신설 정비기반시설로도 봐야 하고 기존 정비기반시설로 보지 않는다면 역시 신설 정비기반시설로 보지 말아야 한다. 다시 말해, 용도폐지되는 정비기반시설의 의미와 새로 설치한 정비기반시설의 의미는 같은 것으로 해석해야 할 것이다.[20]

정비사업의 시행으로 용도가 폐지되는 국가 또는 지방자치단체 소유의 정비기반시설의 대부료는 정비사업의 시행 기간 동안 면제된다(법 §97⑦). 이 규정을 별도로 둔 취지는 도로가 용도폐지로 일반재산이 된 경우에 용도가 폐지되기 이전에 의제된 점용허가의 효력은 소멸되어 대부계약 체결의 대상이 되기 때문이다. 즉 조합이 사업의 시행으로 용도가 폐지되는 기존 정비기반시설 부지를 점유·사용하는 경우 대부계약에 따른 대부료를 지급해야 하고, 대부료에 대해서는 도시정비법 제57조의 사용료 또는 점용료 면제 규정이 적용될 수는 없기 때문이다.[21]

4. 무상귀속·무상양도의 절차 및 시기

시장·군수등은 정비기반시설의 귀속 및 양도에 관한 사항이 포함된 정비사업을 시행하거나 그 시행을 인가하려는 경우에는 미리 그 관리청의 의견을 들어야 한다(법 §97④). 인가받은 사항을 변경하려는 경우에도 또한 같다. 사업시행자는 관리청에 귀속될 정비기반시설과 사업시행자에게 귀속 또는 양도될 재산의 종류와 세목을 정비사업의 준공 전에 관리청에 통지하여야 한다(법 §97⑤ 전단). 이 규정들은 인가청으로 하여금 이해관계의 조정을 위하여 미리 관리청의 의견을 듣도록 규정한 것에 불과하고, 관리청에 귀속될 정비기반시설과 사업시행자에게 귀속 또는 양도될 재산의 종류와 세목을 정비사업의 준공 전에 관리청에 통지하도록 하는 절차적 규정이므로, 이 규정들에 따른 절차를 거치지 않았다고 하여 용도폐지되는 정비기반시설이 무상양도의 대상이 되지 않는

20 대법원 2013. 10. 24. 선고 2011두21157 판결

21 대법원 2021. 7. 15. 선고 2019다269385 판결

다고 볼 수는 없다.[22]

무상귀속·무상양도의 대상이 되는 해당 정비기반시설은 그 정비사업이 준공인가되어 관리청에 준공인가통지를 한 때에 국가 또는 지방자치단체에 귀속되거나 사업시행자에게 귀속 또는 양도된 것으로 본다(법 §97⑤후단). 민법 제187조의 법률규정에 의한 물권변동이다. 따라서 도시정비법 제97조 제2항 후단에 따라 사업시행자가 용도폐지되는 정비기반시설을 구성하는 부동산의 취득세 납세의무 성립일인 취득시기는 '정비사업이 준공인가되어 관리청에 준공인가통지를 한 때'이다.[23] 이와 같은 무상귀속·무상양도된 정비기반시설을 등기하는 경우 정비사업의 사업시행계획인가서와 준공인가서(시장·군수등이 직접 정비사업을 시행하는 경우에는 제50조 제9항에 따른 사업시행계획인가의 고시와 제83조 제4항에 따른 공사완료의 고시를 말한다)는 「부동산등기법」에 따른 등기원인을 증명하는 서류를 갈음한다(법 §97⑥).

5. 관련 쟁송

무상양도규정의 입법취지와 도시정비법 제1조의 입법 목적을 고려하면, 무상양도규정에 따른 정비기반시설의 소유권 귀속에 관한 국가 또는 지방자치단체와 정비사업시행자 사이의 법률관계는 공법상의 법률관계로 보아야 한다. 따라서 무상양도규정에 따른 정비기반시설의 소유권 귀속에 관한 소송은 공법상의 법률관계에 관한 소송으로서 당사자소송에 해당한다.[24]

행정청이 민간사업시행자에게 '무상양도되지 않은 구역 내 국유지를 착공신고 전까지 매입'하도록 한 부관을 붙여 사업시행인가를 할 수 있는데 이와 같은 부관은 국유지에 관해 사업시행인가의 효력을 저지하는 조건이 아니라 작위의무를 부과하는 부담에 해당한다.[25] 따라서 부관만의 취소 또는 무효확인을 구할

22 대법원 2009. 6. 25. 선고 2006다18174 판결
23 대법원 2020. 1. 16. 선고 2019두53075 판결
24 대법원 2018. 7. 26. 선고 2015다221569 판결
25 대법원 2008. 11. 27. 선고 2007두24289 판결

수 있다.

무상양도의 대상과 범위는 보통은 인가관청이 사업시행계획서 등을 심사하여 사업시행계획인가처분을 하면서 무상양도 대상인 종전 정비기반시설을 결정하고 그에 해당하지 않는 종전 정비기반시설은 유상매입하도록 하는 부관(부담)을 부가하는데 따라 결정될 것이지만, 사업시행계획인가처분 이후 따로 결정할 것을 유보한 경우에는 나중에 사후부담의 부관을 부가하거나 변경처분을 함으로써 달리 정할 수 있다. 여기서 사업시행자가 사업시행계획인가처분 및 후속 사후부담 부가처분 또는 변경처분에서 특정한 정비기반시설을 무상양도 대상에서 제외한 부분의 취소를 구하는 소를 제기하는 경우, 제소기간은 무상양도 대상에 관한 행정청의 확정적인 제외 의사가 담긴 처분이 있은 때를 기준으로 한다. 그리고 이는 당해 처분서의 이유 기재 등 문언을 통하여 행정청의 의사가 처분의 상대방에게 명확하게 표명되었는지, 그 결과 처분의 상대방이 처분서에 따라 불복의 대상과 범위를 특정할 수 있는지 등 제반 사정을 종합적으로 고려하여 판단해야 할 것이다.[26]

행정청이 민간사업시행자에게 사업시행계획인가를 하면서 국공유지 매입부관을 붙이고 그 부관에 따라 매입계약이 체결되었으나 그 부관에 불가쟁력이 발생한 경우 쟁송방법이 문제될 수 있다. 행정처분에 부담인 부관을 붙인 경우 부관의 무효화에 의하여 본체인 행정처분 자체의 효력에도 영향이 있게 될 수는 있지만, 그 처분을 받은 사람이 부담의 이행으로 사법상 매매 등의 법률행위를 한 경우에는 그 부관은 특별한 사정이 없는 한 법률행위를 하게 된 동기 내지 연유로 작용하였을 뿐이므로 이는 법률행위의 취소사유가 될 수 있음은 별론으로 하고 그 법률행위 자체를 당연히 무효화하는 것은 아니다. 또한, 행정처분에 붙은 부담인 부관이 제소기간의 도과로 확정되어 이미 불가쟁력이 생겼다면 그 하자가 중대하고 명백하여 당연 무효로 보아야 할 경우 외에는 누구나 그 효력을 부인할 수 없을 것이지만, 부담의 이행으로서 하게 된 사법상

26 대법원 2014. 2. 21. 선고 2011두20871 판결

매매 등의 법률행위는 부담을 붙인 행정처분과는 어디까지나 별개의 법률행위이므로 그 부담의 불가쟁력의 문제와는 별도로 법률행위가 사회질서 위반이나 강행규정에 위반되는지 여부 등을 따져보아 그 법률행위의 유효 여부를 판단할 수 있다.[27] 따라서 이와 같은 경우에는 대매계약이 도시정비법상의 무상양도 규정에 위반함을 이유로 그 매매계약의 무효소송이나 무효임을 전제로 한 부당이득반환청구소송을 제기할 수 있다.

Ⅳ 국유·공유재산의 처리

제98조(국유 · 공유재산의 처분 등) ① 시장 · 군수등은 제50조 및 제52조에 따라 인가하려는 사업시행계획 또는 직접 작성하는 사업시행계획서에 국유 · 공유재산의 처분에 관한 내용이 포함되어 있는 때에는 미리 관리청과 협의하여야 한다. 이 경우 관리청이 불분명한 재산 중 도로 · 구거(도랑) 등은 국토교통부장관을, 하천은 환경부장관을, 그 외의 재산은 기획재정부장관을 관리청으로 본다.

③ 정비구역의 국유 · 공유재산은 정비사업 외의 목적으로 매각되거나 양도될 수 없다.

④ 정비구역의 국유 · 공유재산은 「국유재산법」 제9조 또는 「공유재산 및 물품 관리법」 제10조에 따른 국유재산종합계획 또는 공유재산관리계획과 「국유재산법」 제43조 및 「공유재산 및 물품 관리법」 제29조에 따른 계약의 방법에도 불구하고 사업시행자 또는 점유자 및 사용자에게 다른 사람에 우선하여 수의계약으로 매각 또는 임대될 수 있다.

⑤ 제4항에 따라 다른 사람에 우선하여 매각 또는 임대될 수 있는 국유 · 공유재산은 「국유재산법」, 「공유재산 및 물품 관리법」 및 그 밖에 국 · 공유지의 관리와 처분에 관한 관계 법령에도 불구하고 사업시행계획인가의 고시가 있은 날부터 종전의 용도가 폐지된 것으로 본다.

27 대법원 2009. 6. 25. 선고 2006다18174 판결

1. 의의

정비구역 내에 있는 국유·공유재산은 정비사업의 시행을 위해 제공되어야만 한다. 따라서 원칙적으로 조합 등 사업시행자는 정비구역 내 국·공유지 등을 착공전까지 매입하는 등의 조치를 취해야 정비사업을 원만히 시행할 수 있다. 국유·공유재산에 대해서는 관리처분 등에 관해 별도의 규율법이 있는데 도시정비법은 토지등소유자의 비용을 경감하거나 정비사업의 원활한 추진을 위해 이에 관한 특별규정을 두고 있다. 우선, 국유재산의 관리처분에 관한 기본법으로는 「국유재산법」이 있고, 공유재산의 관리처분에 관한 기본법으로는 「공유재산 및 물품관리법」이 있다. 국유·공유재산은 크게 행정재산과 일반재산으로 구분되는데 행정재산에는 국가 또는 지방자치단체가 직접 사용하는 공용재산(가령, 공공청사), 국가가 직접 공공용으로 사용하는 공공용재산(가령, 도로나 공원), 그리고 기업용재산과 보존용재산이 있다(국유재산법 §6, 공유재산 및 물품관리법 §5). 일반재산은 행정재산 외의 모든 국유재산을 말한다. 행정재산은 공용폐지되어 일반재산으로 되지 않는 한 원칙적으로 처분이 제한되고 사용허가를 받지 않은 이상 사용·수익할 수 없다(국유재산법 §27, §30, 공유재산 및 물품관리법 §19, §20). 이에 반하여 일반재산은 대부 또는 처분할 수 있다(국유재산법 §41, 공유재산 및 물품관리법 §28). 도시정비법은 국유·공유재산의 관리·처분에 관하여 「국유재산법」 및 「공유재산 및 물품관리법」에 관하여 특별한 규정을 두고 있는데 (i)우선 매각·임대, (ii)무상양여, (iii)임대주택 건설부지 임대, (iv)주거환경개선구역 내 공동이용시설 사용료의 면제 등이 그것이다.

한편, 도시정비법 제98조에 따른 국·공유지의 처분과 관련하여 정비구역내 토지소유권 확보수단인 매도청구권이나 수용과의 관계가 문제될 수 있다. 국유·공유재산은 사업시행계획인가의 고시가 있은 날로부터 종전의 용도가 폐지되어 일반재산으로 보게 되고 매도청구권이나 수용은 사업시행계획인가의 고시 후에 발생하는 권리 또는 권한이며 도시정비법 제98조가 국공유지에 대해 이들 권리나 권한을 배제하는 규정이라 볼 수 없는 점에 비춰 선택적으로 행사할 수 있다고 보는 것이 타당하다. 실무적으로는 도시정비법 제98조에 따라 처리하는 것이 일반적이다.

2. 우선 매각·임대(법 §98)

정비구역의 국유·공유재산은 사업시행자 또는 점유자 및 사용자에게 다른 사람에 우선하여 수의계약으로 매각 또는 임대될 수 있다. 이와 같이 다른 사람에 우선하여 매각 또는 임대될 수 있는 국유·공유재산은 사업시행계획인가의 고시가 있은 날부터 종전의 용도가 폐지된 것으로 본다. 정비사업을 목적으로 우선하여 매각하는 국·공유지는 사업시행계획인가의 고시가 있은 날을 기준으로 평가하며, 주거환경개선사업의 경우 매각가격은 평가금액의 100분의 80으로 한다. 다만, 사업시행계획인가의 고시가 있은 날부터 3년 이내에 매매계약을 체결하지 아니한 국·공유지는 「국유재산법」 또는 「공유재산 및 물품 관리법」에서 정한다. 따라서 이 경우에는 특별한 사정이 없는 한 사업시행계획인가의 고시가 있는 날을 기준으로 평가한 금액을 매각대금으로 적용할 수 없다. 정비구역 내 국·공유지 점유 건축물 소유자인 조합원이 관리청과 점유하고 있는 국·공유지에 대해 매매계약을 체결하였으나 부담하는 국·공유지 매매대금을 조합원이 납부하지 아니한 경우에는 사업시행자인 조합이 대납하고 그 금액을 조합원에게 구상할 수 있다.[28] 조합으로서는 신축 건축물의의 준공검사를 마치고 조합원과 일반분양자에게 보존등기 또는 이전등기를 마쳐주어야 할 의무가 있으므로 위 조합원의 매매대금을 변제할 이해관계 있는 제3자에 해당하기 때문이다.

시장·군수등은 인가하려는 사업시행계획 또는 직접 작성하는 사업시행계획서에 국유·공유재산의 처분에 관한 내용이 포함되어 있는 때에는 미리 관리청과 협의하여야 한다. 이 경우 관리청이 불분명한 재산 중 도로·구거(도랑) 등은 국토교통부장관을, 하천은 환경부장관을, 그 외의 재산은 기획재정부장관을 관리

---

28 대법원 2010. 3. 25. 선고 2009다29137 판결

청으로 본다. 협의를 받은 관리청은 20일 이내에 의견을 제시하여야 한다.

정비구역의 국유·공유재산은 정비사업 외의 목적으로 매각되거나 양도될 수 없다.

3. 무상양여[29](법 §101)

주거환경개선구역에서 국가 또는 지방자치단체가 소유하는 토지는 사업시행계획인가의 고시가 있은 날부터 종전의 용도가 폐지된 것으로 보며, 해당 사업시행자에게 무상으로 양여된다. 다만, 행정재산이나 국가 또는 지방자치단체가 양도계약을 체결하여 정비구역지정 고시일 현재 대금의 일부를 수령한 토지는 무상양여 대상에서 제외된다.

국가 또는 지방자치단체가 도시영세민을 이주시켜 형성된 낙후지역으로서 대통령령으로 정하는 재개발구역[30]의 공유지도 시장·군수등 또는 토지주택공사등이 단독으로 사업시행자인 경우 그 사업시행자에게 무상으로 양여된다. 다만, 국유지나 행정재산 또는 지방자치단체가 양도계약을 체결하여 정비구역지정 고시일 현재 대금의 일부를 수령한 토지는 무상양여 대상에서 제외된다.

국가 또는 지방자치단체로부터 토지를 무상으로 양여받은 사업시행자는 사업시행계획인가 고시문 사본을 그 토지의 관리청 또는 지방자치단체의 장에게 제출하여 그 토지에 대한 소유권이전등기절차의 이행을 요청하여야 한다. 이 경우 토지의 관리청 또는 지방자치단체의 장은 「전자정부법」 제36조 제1항에 따른 행정정보의 공동이용을 통하여 그 토지의 토지대장 등본 또는 등기사항증명서를 확인하여야 한다(시행령 §80①). 요청을 받은 관리청 또는 지방자치단체의 장은 즉시 소유권이전등기에 필요한 서류를 사업시행자에게 교부하여야 한다(시행령 §80③). 도시정비법에서 무상양여의 시기를 별도로 규정하고 있

29 양여란 증여 유사의 법률행위로, 무상양여란 부담부 양여에 대비되는 개념으로 보인다. 특히 증여자가 국가 또는 지방자치단체인 경우에 주로 사용되는 용어로 보인다.

30 이주 당시 300세대 이상의 주택을 건설하여 정착한 지역으로서 정비구역 전체 건축물 중 20년 이상의 건축물이 50% 이상인 지역을 말한다(시행령 §79②, §80②).

지 않고 사업시행자로 하여금 관리청에 소유권이전등기절차의 이행을 요청하도록 규정하고 있는 점에 비춰, 당해 무상양여는 민법 제186조에 따른 물권변동으로 등기가 있어야 소유권이 이전되는 것으로 보인다.

사업시행자는 사업시행계획인가가 취소된 때에는 무상양여된 토지를 원소유자인 국가 또는 지방자치단체에 반환하기 위하여 필요한 조치를 하고, 즉시 관할 등기소에 소유권이전등기를 신청하여야 한다(시행령 §80④).

무상양여된 토지의 사용·수익 또는 처분으로 발생한 수입은 주거환경개선사업 또는 재개발사업 외의 용도로 사용할 수 없다. 시장·군수등은 이와 같은 무상양여의 대상이 되는 국·공유지가 있는 경우에는 이를 소유 또는 관리하고 있는 국가 또는 지방자치단체와 협의를 하여야 한다. 사업시행자에게 양여된 토지의 관리처분에 필요한 사항은 국토교통부장관의 승인을 받아 해당 시·도 조례 또는 토지주택공사등의 시행규정으로 정한다.

4. 임대주택 건설부지 임대(법 §99)

지방자치단체 또는 토지주택공사등은 주거환경개선구역 및 재개발구역(재개발사업을 시행하는 정비구역을 말함)에서 임대주택을 건설하는 경우에는 국·공유지 관리청과 협의하여 정한 기간 동안 국·공유지를 임대할 수 있다. 시장·군수등은 임대하는 국·공유지 위에 공동주택, 그 밖의 영구시설물을 축조하게 할 수 있다. 이 경우 해당 시설물의 임대기간이 종료되는 때에는 임대한 국·공유지 관리청에 기부 또는 원상으로 회복하여 반환하거나 국·공유지 관리청으로부터 매입하여야 한다. 임대하는 국·공유지의 임대료는 「국유재산법」 또는 「공유재산 및 물품 관리법」에서 정한다.

5. 주거환경개선구역 내 공동이용시설 사용료의 면제(법 §100)

지방자치단체의 장은 마을공동체 활성화 등 공익 목적을 위하여 「공유재산 및 물품 관리법」 제20조에 따라 주거환경개선구역 내 공동이용시설에 대한 사용 허가를 하는 경우 사용료를 면제할 수 있다. 공익 목적의 기준, 사용료 면제 대상 및 그 밖에 필요한 사항은 시·도조례로 정한다.

제5장

공공재개발사업 및 공공재건축사업

제5장

공공재개발사업 및 공공재건축사업

I 의의

공공재개발사업 및 공공재건축사업은 공공이 공적지원을 받아 정체된 정비사업을 정상화하고 사업속도를 높여 도심내 주택공급을 확대하기 위한 사업이다.

공공재개발사업은 주민이 공공시행자 지정, 임대공급 확대 등에 동의하면 공공이 해당 사업에 도시규제를 완화하고 사업성을 보장하겠다는 것이다. 정비사업의 투명성을 강화하고 도심 내 주택공급 기반을 마련함과 동시에 임대주택, 상가 공급으로 원주민의 둥지 내몰림도 방지하는 효과도 있다.

공공재건축사업은 민간정비사업으로는 사업성이 부족하거나, 주민 간 갈등으로 사업성이 장기간 정체된 곳에서 공공의 참여, 지원하에 사업성을 제고하므로써 속도감 있게 도심 내 주택을 공급하기 위한 사업이다. 공공이 참여하여 용적률 등 규제 완화, 절차 지원 등 공적 지원을 부여하여 주택공급을 촉진하기 위한 사업이라 할 수 있다.

공공재개발사업 및 공공재건축사업은 민간정비사업의 한계를 극복하기 위한 공공지원체계라 할 수 있다.

공공재개발사업·공공재건축사업 방식은 넓게는 공공시행 재개발·재건축방식이라 할 수 있으나, 실제 제도적 측면에 있어서는 공공시행 재개발·재건축방식과는 구별된다. 즉, 양자는 시행주체는 동일하지만 정비사업의 필요성이나 정책적 목적의 강도가 다르다. 공공재개발사업·공공재건축사업은 임대주택을 공급할 필요성 크거나 주택공급을 늘리고자 하는 필요성이 큰 경우에 추진되는 방식이다. 공공재개발사업은 법적상한초과용적률에서 정비계획으로 정하여진 용적률을 뺀 공공용적률의, 공공재건축사업은 용도지역이 1단계 종상향되는 완화된 용적률에서 정비계획으로 정하여진 용적률을 뺀 공공용적률의 각 일정비율에 해당하는 면적에 국민주택규모 주택을 건설하여 공공에게 공급하여야 한다. 이에 반하여 공공시행 재개발·재건축방식은 민간사업시행자가 사업을 지연하는 경우 등에 있어 공공이 이를 대신하는 수준의 방식이다. 전자의 법적근거는 도시정비법 '제2조 제2호 나목과 다목', '제5장' 및 '제5장의2'이나 후자는 도시정비법 '제26조 제1항'으로 서로 다르다.

Ⅱ 시행자 및 사업방식

1. 시행자

시행자는 공공단독 또는 공공·조합 공동방식이다. 공공이란 시장·군수등과 토지주택공사등을 말한다. 재개발사업의 대행자도 공공에 해당한다. 주로 토지주택공사등이 단독으로 또는 토지주택공사등이 조합과 공동으로 시행하는 경우가 일반적이다.

2. 사업방식

사업방식은 관리처분계획방식이다. 관리처분계획방식은 사업기간동안 토지등소유자가 소유권을 보유하는 방식이다. 이 점에서 사업기간 동안 공공이 토지 소유권을 보유하는 토지납입방식과 구별된다.

Ⅲ 추진절차

사업시행자가 공공이 되어 추진하는 공공재개발사업·공공재건축사업은 아래와 같은 특수한 추진절차를 밟는다. 관리처분계획의 수립 및 인가, 준공 및 이전고시 등의 나머지 절차는 통상의 재개발·재건축사업과 동일하다.

1. 공공재개발사업 예정구역의 지정·고시(법 §101의2)

도시정비법 제5조에 의한 내용을 모두 포함하는 기본계획을 수립하지 않더라도 공공재개발사업을 추진하기 위한 공공재개발사업 예정구역을 지정할 수 있다. 이 경우 공공재개발사업 예정구역의 지정·고시에 관한 절차는 정비구역 지정·고시에 관한 절차를 준용한다. 이 준용규정에 따라 정비구역 지정권자는 공공재개발사업 예정구역을 지정·고시하기 전에 예정구역 지정의 내용을 14일 이상 주민에게 공람하여 의견을 들어야 하며, 제시된 의견이 타당하다고 인정되면 이를 반영하여 지정·고시해야 한다(시행령 §80의2④).

정비계획의 입안권자 또는 토지주택공사등은 정비구역 지정권자에게 공공재개발사업 예정구역의 지정을 신청할 수 있다. 이 경우 토지주택공사등은 정비계획의 입안권자를 통하여 신청하여야 한다.

공공재개발사업 예정구역에서는 통상의 정비예정구역 내에서 국토교통부장관, 시·도지사, 시장, 군수 또는 자치구청장의 재량 허가 사항(법 §19⑦)이 모두 의무적 사항으로 바뀌게 된다. (i)건축물의 건축, (ii)토지의 분할, (iii)건축물대장 중 일반건축물대장을 집합건축물대장으로 전환, (iv)건축물대장 중 집합건축물대장의 전유부분 분할 등이 그것이다. 또한, 지역주택조합의 조합원을 모집하고자 하는 경우에도 시장·군수등의 허가를 받아야 한다. 허가받은 사항을 변경하려면 역시 변경허가를 받아야 한다..

권리산정기준일도 공공재개발사업 예정구역 지정·고시가 있은 날 또는 시·도지사가 투기를 억제하기 위하여 공공재개발사업 예정구역 지정·고시 전에 따로 정하는 날의 다음 날을 기준으로 건축물을 분양받을 권리를 산정한다.

정비구역의 지정권자는 공공재개발사업 예정구역이 지정·고시된 날부터 2년이 되는 날까지 공공재개발사업 예정구역이 공공재개발사업을 위한 정비구역으로 지정되지 아니하거나, 공공재개발사업 시행자가 지정되지 아니하면 그 2년이 되는 날의 다음 날에 공공재개발사업 예정구역 지정을 해제하여야 한다. 다만, 정비구역의 지정권자는 1회에 한하여 1년의 범위에서 공공재개발사업 예정구역의 지정을 연장할 수 있다.

2. 공공재개발사업을 위한 정비구역의 지정·고시(법 §101의3)

정비구역의 지정권자는 기본계획을 수립하거나 변경하지 아니하고 공공재개발사업을 위하여 정비구역 지정만을 위한 정비계획을 결정하여 정비구역을 지정할 수 있다.

정비계획의 입안권자는 공공재개발사업의 추진을 전제로 정비계획을 작성하여 정비구역의 지정권자에게 공공재개발사업을 위한 정비구역의 지정을 신청할 수 있다. 이 경우 공공재개발사업을 시행하려는 공공재개발사업 시행자는 정비계획의 입안권자에게 공공재개발사업을 위한 정비계획의 수립을 제안할 수 있다.

정비계획의 지정권자는 공공재개발사업을 위한 정비구역을 지정·고시한 날부터 1년이 되는 날까지 공공재개발사업 시행자가 지정되지 아니하면 그 1년이 되는 날의 다음 날에 공공재개발사업을 위한 정비구역의 지정을 해제하여야 한다. 다만, 정비구역의 지정권자는 1회에 한하여 1년의 범위에서 공공재개발사업을 위한 정비구역의 지정을 연장할 수 있다.

3. 정비구역 지정과 동시에 사업시행자 지정(법 §101의9)

정비구역의 지정권자는 토지면적 1/2 이상의 토지소유자와 토지등소유자의 2/3 이상에 해당하는 자가 동의하는 경우에는 정비구역의 지정과 동시에 토지주택공사등 또는 지정개발자를 사업시행자로 지정할 수 있다. 이 경우 공공재개발사업·공공재건축사업을 위한 정비구역 지정제안에 동의한 토지등소유자는 토지주택공사등 또는 지정개발자의 사업시행자 지정에 동의한 것으로 본다. 공공재개발사업을 위한 사업시행자 지정에 동의한다는 것은 공공재개발사업의 개념상 임대주택 공급에 동의한다는 의미도 포함되어 있다. 즉, 공공재개발사업은 일반분양주택 세대수 또는 연면적의 일정비율 이상을 '도시정비법 제80조의 지분형주택', '공공임대주택' 또는 '공공지원민간임대주택'으로 건설·공급해야 한다(법 §2 ii 나).

4. 정비계획과 사업시행계획의 통합 수립(법 §101의10)

사업시행자는 공공재개발사업·공공재건축사업을 위한 정비구역이 지정된 경우에는 정비계획과 사업시행계획을 통합하여 정비사업계획을 수립하여 정비구역 지정권자에게 정비사업계획인가를 받아야 한다. 지정개발자가 정비사업계획인가(최초 정비사업계획인가를 말한다)를 신청하기 전에 재개발사업 및 재건축사업의 조합설립을 위한 동의요건 이상의 동의를 받아야 한다. 이 경우 사업시행자 지정에 동의한 토지등소유자는 동의한 것으로 본다. 정비사업계획인가의 고시가 있는 경우 해당 정비사업계획 중 「국토의 계획 및 이용에 관한 법률」에 따른 지구단위계획에 포함되는 사항은 지구단위계획구역 및 지구단위계획으로 결정·고시된 것으로 본다. 정비사업계획인가의 고시는 정비계획 결정의 고시 및 사업시행계획인가의 고시로 본다.

Ⅳ 특례

1. 용도지역 상향(법 §101의6, 시행령 §80의3)

공공재건축사업을 위한 정비구역에 대해서는 해당 정비구역의 지정·고시가 있은 날부터 원칙적으로 1단계 종상향된 지역으로 결정·고시된 것으로 본다. 다만 해당 정비구역이 개발제한구역 등이거나 공공지원민간임대주택을 공급하는 지역인 경우에는 예외로 한다.

정비구역 지정권자는 주택공급의 규모, 인근 토지의 이용현황 등을 고려할 때 용도지역을 1단계 종상향과 달리 정할 필요가 있다고 인정하는 경우에는 지방도시계획위원회의 심의를 거쳐 용드지역을 달리 정할 수 있다.

2. 용적률 완화(법 §101의5, §101의6)

공공재개발사업은 법적상한용적률의 120%까지 완화된다. 이를 "법적상한초과용적률"이라 한다. 공공재건축사업은 용도지역이 1단계 종상향되는 용적률까지 허용된다. 즉 현행 용도지역이 제1종전용주거지역인 경우에는 제2종전용주거지역에 적용되는 용적률상한까지 용적률을 정할 수 있다. 종상향순서는 제1종전용주거지역, 제2종전용주거지역, 제1종일반주거지역, 제2종일반주거지역, 제3종일반주거지역, 준주거지역 순이다. 다만 이와 같은 종상향 용적률 적용은 (i)해당 정비구역이 개발제한구역인 경우, (ii)시장·군수등이 해당 정비구역의 일부를 종전 용도지역으로 그대로 유지하는 것 등으로 정비계획을 수립한 경우, (iii)시장·군수등이 주거지역을 세분하여 용적률을 정한정비계획을 수립한 경우에는 적용하지 않는다.

3. 국민주택규모 주택의 건설비율의 상향(법 §101의5, §101의6)

가. 공공재개발사업의 경우

제101조의5(공공재개발사업에서의 용적률 완화 및 주택 건설비율 등) ① 공공재개발사업 시행자는 공공재개발사업(「도시재정비촉진을 위한 특별법」 제2조제1호에 따른 재정비촉진지구에서 시행되는 공공재개발사업을 포함한다)을 시행하는 경우 「국토의 계획 및 이용에 관한 법률」 제78조 및 조례에도 불구하고 지방도시계획위원회 및 도시재정비위원회의 심의를 거쳐 법적상한용적률의 100분의 120(이하 "법적상한초과용적률"이라 한다)까지 건축할 수 있다.

② 공공재개발사업 시행자는 제54조에도 불구하고 법적상한초과용적률에서 정비계획으로 정하여진 용적률을 뺀 용적률의 100분의 20 이상 100분의 70 이하로서 시 · 도조례로 정하는 비율에 해당하는 면적에 국민주택규모 주택을 건설하여 인수자에게 공급하여야 한다. 다만, 제24조제4항, 제26조제1항제1호 및 제27조제1항제1호에 따른 정비사업을 시행하는 경우에는 그러하지 아니한다.

③ 제2항에 따른 국민주택규모 주택의 공급 및 인수방법에 관하여는 제55조를 준용한다.

④ 제3항에도 불구하고 인수자는 공공재개발사업 시행자로부터 공급받은 주택 중 대통령령으로 정하는 비율에 해당하는 주택에 대해서는 「공공주택 특별법」 제48조에 따라 분양할 수 있다. 이 경우 해당 주택의 공급가격과 부속 토지의 가격은 제66조제4항을 준용하여 정한다.

공공재개발사업 시행자는 법적상한초과용적률에서 정비계획으로 정하여진 용적률을 뺀 용적률, 즉 이와 같은 공공용적률의 20% 이상 70% 이하로서 시·도조례로 정하는 비율에 해당하는 면적에 국민주택규모 주택을 건설하여 인수자에게 공급하여야 한다.[1] 이 경우 국민주택규모 주택의 공급 및 인수방법에 관하여는 초과용적률에 따른 국민주택규모 주택의 그것을 준용한다. 따

1 불가피한 사유로 긴급하게 추진하는 정비사업은 제외한다.

라서 공급해야 하는 국민주택규모 주택은 공개추첨의 방법으로 선정해야 하고 시·도지사등이 인수할 수 없는 경우에는 시·도지사는 국토교통부장관에게 인수자 지정을 요청해야 한다.

공공재개발사업에 있어 국민주택규모 주택의 공급가격은 초과용적률의 그것을 준용한다(법 §101의5③). 따라서 주택의 공급가격은 「공공주택 특별법」에 따라 국토교통부장관이 고시하는 공공건설임대주택의 표준건축비로 하며, 부속 토지는 인수자에게 기부채납한 것으로 본다(법 §55②). 이 경우 인수된 국민주택규모 주택은 임대의무기간이 20년 이상인 장기공공임대주택으로 활용된다(법 §55④본문). 다만 (i)정비사업의 수익률 내지는 비례율이 80%미만이거나 (ii)토지등소유자의 부담이 지나치게 높다고 인정되는 경우에는 부속토지를 감정평가액의 30%로 인수한 후 임대의무기간이 10년 이상의 임대주택으로 활용할 수 있다. 부속토지를 감정평가액의 50%로 인수하면 임대의무기간이 10년 이하인 임대주택으로 활용할 수 있다(법 §55④단서, §55⑤, 시행령 §48⑤⑥).

한편, 인수자는 공공재개발사업 시행자로부터 공급받은 주택 중 대통령령으로 정하는 비율에 해당하는 주택에 대해서는 임대주택으로 활용하지 않고 「공공주택 특별법」 제48조에 따라 분양할 수 있다. 이 경우 해당 주택의 공급가격은 추가용적률에 따른 국민주택규모 주택의 그것을 준용한다. 따라서 해당 주택의 공급가격은 「주택법」 제57조 제4항에 따라 국토교통부장관이 고시하는 기본형건축비로 하며, 부속 토지의 가격은 감정평가액의 50%로 한다(법 §101의5④ 및 §66④, 시행령 §55⑥). 분양할 수 있는 '대통령령으로 정하는 비율'은 아직 제정되어 있지 않다.

나. 공공재건축사업의 경우

101조의6(공공재건축사업에서의 용적률 완화 및 주택 건설비율 등) ① 공공재건축사업을 위한 정비구역에 대해서는 해당 정비구역의 지정 · 고시가 있은 날부터 「국토의 계획 및 이용에 관한 법률」 제36조제1항제1호가목 및 같은 조 제2항에 따라 주거지역을 세분하여 정하는 지역 중 대통령령으로 정하는 지역으로 결정 · 고시된 것으로 보아 해당 지역에 적용되는 용적률 상한까지 용적률을 정할 수 있다. 다만, 다음 각 호의 어느 하나에 해당하는 경우에는 그러하지 아니하다.

1. 해당 정비구역이 「개발제한구역의 지정 및 관리에 관한 특별조치법」 제3조제1항에 따라 결정된 개발제한구역인 경우
2. 시장 · 군수등이 공공재건축사업을 위하여 필요하다고 인정하여 해당 정비구역의 일부분을 종전 용도지역으로 그대로 유지하거나 동일면적의 범위에서 위치를 변경하는 내용으로 정비계획을 수립한 경우
3. 시장 · 군수등이 제9조제1항제10호다목의 사항을 포함하는 정비계획을 수립한 경우

② 공공재건축사업 시행자는 공공재건축사업(「도시재정비 촉진을 위한 특별법」 제2조제1호에 따른 재정비촉진지구에서 시행되는 공공재건축사업을 포함한다)을 시행하는 경우 제54조제4항에도 불구하고 제1항에 따라 완화된 용적률에서 정비계획으로 정하여진 용적률을 뺀 용적률의 100분의 40 이상 100분의 70 이하로서 주택증가 규모, 공공재건축사업을 위한 정비구역의 재정적 여건 등을 고려하여 시 · 도조례로 정하는 비율에 해당하는 면적에 국민주택규모 주택을 건설하여 인수자에게 공급하여야 한다.

③ 제2항에 따른 주택의 공급가격은 「공공주택 특별법」 제50조의4에 따라 국토교통부장관이 고시하는 공공건설임대주택의 표준건축비로 하고, 제4항 단서에 따라 분양을 목적으로 인수한 주택의 공급가격은 「주택법」 제57조제4항에 따라 국토교통부장관이 고시하는 기본형건축비로 한다. 이 경우 부속 토지는 인수자에게 기부채납한 것으로 본다.

④ 제2항에 따른 국민주택규모 주택의 공급 및 인수방법에 관하여는 제55조를 준용한다. 다만, 인수자는 공공재건축사업 시행자로부터 공급받은 주택 중 대통령령으로 정하는 비율에 해당하는 주택에 대해서는 「공공주택 특별법」 제48조에 따라 분양할 수 있다.

⑤ 제3항 후단에도 불구하고 제4항 단서에 따른 분양주택의 인수자는 감정평가액의 100분의 50 이상의 범위에서 대통령령으로 정하는 가격으로 부속 토지를 인수하여야 한다.

공공재건축사업 시행자는 공공재건축사업(「도시재정비 촉진을 위한 특별법」 제2조제1호에 따른 재정비촉진지구에서 시행되는 공공재건축사업을 포함한다)을 시행하는 경우 공공재건축사업의 시행으로 완화된 용적률에서 정비계획으로 정하여진 용적률을 뺀 용적률, 즉 이와 같은 공공용적률의 40% 이상 70% 이하로서 주택증가 규모, 공공재건축사업을 위한 정비구역의 재정적 여건 등을 고려하여 시·도조례로 정하는 비율에 해당하는 면적에 국민주택규모 주택을 건설하여 인수자에게 공급하여야 한다.

공공재건축사업에 있어 주택의 공급가격은 공공재개발사업과 마찬가지로 「공공주택 특별법」에 따라 국토교통부장관이 고시하는 공공건설임대주택의 표준건축비로 하며, 부속토지는 초과용적률에 따른 국민주택규모의 공급가격과 같다. 즉, 부속 토지는 인수된 국민주택규모 주택이 임대의무기간이 20년 이상인 장기공공임대주택으로 활용되는 경우에는 인수자에게 기부채납한 것으로 본다(법 §55②④). 다만 (i)정비사업의 수익률 내지는 비례율이 80% 미만이거나 (ii)토지등소유자의 부담이 지나치게 높다고 인정되어 임대의무기간 10년 이상의 임대주택으로 활용되는 경우에는 감정평가액의의 30%로 하고 임대의무기간이 10년 이하인 임대주택으로 활용되는 경우에는 감정평가액의 50%로 한다(법 §55④단서, §55⑤, 시행령 §48⑤⑥).

한편, 인수자는 공공재건축사업 시행자로부터 공급받은 주택 중 50% 이상의 범위에서 시·도조례로 정하는 비율에 해당하는 주택에 대해서는 임대주택으로 활용하지 않고 「공공주택 특별법」 제48조에 따라 분양할 수도 있는데, 이 경우 인수한 주택의 공급가격은 공공재개발사업과 마찬가지로 「주택법」 제57조제4항에 따라 국토교통부장관이 고시하는 기본형건축비로 하고, 부속 토지는 감정평가액의 50%로 한다(시행령 §80의3④). 결국, 공공재건축사업의 국민주택규모 주택의 인수가격도 공공재개발사업의 그것과 동일하다 할 수 있다. 다만 「공공주택 특별법」 제48조에 따라 분양할 수 있는 주택의 비율에서 일정 부분 차이가 날 수 있다.

4. 先구역지정 後계획 수립(법 §101의3, §101의4②)

정비구역의 지정권자는 기본계획을 수립하거나 변경하지 아니하고 공공재개발사업을 위한 정비계획을 결정하여 정비구역을 지정할 수 있다. 정비계획의 입안권자는 공공재개발사업의 추진을 전제로 정비계획을 작성하여 정비구역의 지정권자에게 공공재개발사업을 위한 정비구역의 지정을 신청할 수 있다. 이 경우 공공재개발사업을 시행하려는 공공재개발사업 시행자는 정비계획의 입안권자에게 공공재개발사업을 위한 정비계획의 수립을 제안할 수 있다. 정비계획의 지정권자는 공공재개발사업을 위한 정비구역을 지정·고시한 날부터 1년이 되는 날까지 공공재개발사업 시행자가 지정되지 아니하면 그 1년이 되는 날의 다음 날에 공공재개발사업을 위한 정비구역의 지정을 해제하여야 한다. 다만, 정비구역의 지정권자는 1회에 한하여 1년의 범위에서 공공재개발사업을 위한 정비구역의 지정을 연장할 수 있다.

토지주택공사등 또는 지정개발자 토지등소유자 2/3 이상의 동의를 받아 정비구역의 지정권자에게 정비구역의 지정(변경지정을 포함한다)을 제안할 수 있다. 토지주택공사등 또는 지정개발자가 정비구역의 지정을 제안한 경우 정비구역의 지정권자는 정비계획을 수립하기 전에 정비구역을 지정할 수 있다(법 §101조의8). 이 경우 정비구역의 지정권자는 지정하려면 주민 및 지방의회의 의견을 들어야 하며, 지방도시계획위원회의 심의를 거쳐야 한다.

정비구역의 지정권자가 공공재개발사업 또는 공공재건축사업을 위한 정비구역의 지정·변경을 고시한 때에는 도시정비법 제7조에 따른 기본계획의 수립·변경, 「도시재정비 촉진을 위한 특별법」 제5조에 따른 재정비촉진지구의 지정·변경 및 같은 법 제12조에 따른 재정비촉진계획의 결정·변경이 고시된 것으로 본다.

5. 도시계획 수권분과위 심의(법 §101의4)

지방도시계획위원회 또는 도시재정비위원회는 공공재개발사업 예정구역 또는 공공재개발사업·공공재건축사업을 위한 정비구역의 지정에 필요한 사항을 심의하기 위하여 분과위원회를 둘 수 있다. 이 경우 분과위원회의 심의는 지방도시계획위원회 또는 도시재정비위원회의 심의로 본다. 정비구역의 지정권자가 공공재개발사업 또는 공공재건축사업을 위한 정비구역의 지정·변경을 고시한 때에는 기본계획의 수립·변경, 「도시재정비 촉진을 위한 특별법」 제5조에 따른 재정비촉진지구의 지정·변경 및 같은 법 제12조에 따른 재정비촉진계획의 결정·변경이 고시된 것으로 본다.

6. 정비계획과 사업시행계획의 통합 수립(법 §101의10)

사업시행자는 공공재개발·재건축사업 위한 정비구역이 지정된 경우에는 정비계획과 사업시행계획을 통합하여 정비사업계획을 수립하여야 한다.

7. 토지주택공사등과 신탁업자의 정비구역 지정 입안 제안(법 §101의8)

토지주택공사등 또는 지정개발자 토지등소유자 2/3 이상의 동의를 받아 정비구역의 지정권자에게 정비구역의 지정(변경지정을 포함한다)을 제안할 수 있다. 토지주택공사등 또는 지정개발자가 정비구역의 지정을 제안한 경우 정비구역의 지정권자는 정비계획을 수립하기 전에 정비구역을 지정할 수 있다. 이 경우 정비구역의 지정권자는 지정하려면 주민 및 지방의회의 의견을 들어야 하며, 지방도시계획위원회의 심의를 거쳐야 한다.

8. 정비구역과 사업시행자의 동시 지정(법 §101의9)

정비구역의 지정권자는 토지면적 2분의 1 이상의 토지소유자와 토지등소유자의 3분의 2 이상에 해당하는 자가 동의하는 경우에는 정비구역의 지정과 동시에 토지주택공사등 또는 지정개발자를 사업시행자로 지정할 수 있다. 이 경우 정비구역 지정제안에 동의한 토지등소유자는 토지주택공사등 또는 지정개발자의 사업시행자 지정에 동의한 것으로 본다.

9. 건설사업관리기술인의 배치기준 별도 운영(법 §69④)

공공재개발사업 시행자 또는 공공재건축사업 시행자는 공공재개발사업 또는 공공재건축사업을 시행하는 경우 「건설기술 진흥법」 등 관계 법령에도 불구하고 건설사업관리기술인의 배치기준을 별도로 정할 수 있다. 즉 공공재개발사업 시행자 또는 공공재건축사업 시행자는 (i)도시정비법 제26조제1항제1호에 따라 긴급하게 정비사업을 시행하는 경우, (ii)공사비가 1천억원 미만인 경우, (iii)「건설기술 진흥법 시행령」 제60조에 따른 건설사업관리기술인 배치기준을 따르는 경우 사업성이 현저히 저하되어 사업을 추진하기 어려운 경우로서 국토교통부장관이 정하여 고시하는 사유에 해당된다고 시장·군수등이 인정하는 경우 등에는 「주택법 시행령」 제47조에 따른 감리자 지정 및 감리원 배치기준을 적용할 수 있다.

제6장

정비사업전문관리업

제6장

정비사업전문관리업

I 의의

정비사업전문관리업이란 사업시행자의 정비사업 업무를 대행하는 행정사무 용역업을 말한다. 이를 업으로 하는 자를 정비사업전문관리업자라 한다. 도시정비법이 이 제도를 둔 취지는 조합의 비전문성을 보완하고 사업추진의 효율성을 도모하기 위함이다. 즉 조합으로 하여금 도시정비사업에 관한 법률·행정·설계·시공·감리 등의 분야에서 전문지식을 갖춘 인력의 도움을 받을 수 있도록 하기 위해서다. 이처럼 제6장은 조합이 시행하는 정비사업의 기본체계에 대해 전문지식을 제공하기 위한 지원체계라 할 수 있다.

정비사업전문관리업자는 조합의 수임자로서 조합과 조합원의 이익을 위하여 사업 전반에 관하여 자문하고 위탁받은 사항을 처리하지만, 정비사업의 공공성에 비추어 위탁받은 업무를 수행하는 범위 내에서 정비사업의 시행이라는 공공업무를 수행하고 있다고 볼 수 있다.

사업시행자와 정비사업전문관리업자간의 관계는 민법상의 위임계약관계에 해당한다. 따라서 정비사업전문관리업자에게 업무를 위탁하거나 자문을 요청한 자와 정비사업전문관리업자의 관계에 관하여는 도시정비법에 규정된 사항을 제외하고는 「민법」 중 위임에 관한 규정을 준용한다.

Ⅱ 등록기준, 결격사유 및 등록 취소

1. 등록기준

정비사업전문관리업의 등록기준은 〈표 57〉과 같다(시행령 §81).

┃표 57

정비사업전문관리업의 등록기준
1. 자본금: 10억원 이상이어야 한다. 법인인 경우에는 5억원임. 2. 인력확보기준 가. 다음의 1)~4)의 어느 하나의 상근인력을 5명 이상 확보하여야 한다. 다만, 정비사업전문관리업자가 법무법인등[1]과 정비사업의 공동수행을 위한 업무협약을 체결하는 경우에는 법무법인등의 수가 1개인 경우에는 4명, 2개인 경우에는 3명으로 함. 1) 건축사, 도시계획 및 건축분야 기술사, 또는 이와 동등하다고 인정되는 특급기술인으로서 특급기술인의 자격을 갖춘 후 건축 및 도시계획 관련 업무에 3년 이상 종사한 자[2] 2) 감정평가사 · 공인회계사 또는 변호사 3) 법무사 또는 세무사 4) 정비사업 관련 업무에 3년 이상 종사한 사람으로서 (ⅰ)공인중개사 · 행정사, (ⅱ)정부기관 · 공공기관 또는 한국토지주택공사등에서 근무한 사람, (ⅲ)도시계획 · 건축 · 부동산 · 감정평가 등 정비사업 관련 분야의 석사 이상의 학위 소지자 또는 (ⅳ)2003년 7월 1일 당시 관계 법률에 따라 정비사업전문관리업의 업무를 수행한 자중 어느 하나에 해당하는 자. 나. 가목의 의 인력확보기준을 적용할 때 가목1) 및 2)의 인력은 각각 1명 이상을 확보하여야 함. 위 같은 목 4)의 인력이 2명을 초과하는 경우에는 2명으로 봄.

1 관계 법령에 따른 감정평가법인·회계법인 또는 법무법인·법무법인(유한)·법무조합을 말한다.

2 그 외에 2024. 12. 17. 대통령령 제35083호로 시행된 도시정비법 시행령은 그 부칙 제1조 2호에서 **시행일을 2028. 1. 1.**로 하여『정비사업전문관리업에 10년 이상 근무한 사람으로서 국토교통부장관이 정하여 고시하는 경력·실적 및 교육이수 기준을 충족하

다. 정비사업전문관리업자가 법무법인등과 정비사업의 공동수행을 위한 업무협약을 체결한 경우에는 나목에 따라 가목2)의 인력을 1명 이상 확보한 것으로 봄.
3. 사무실 기준: 사무실은 「건축법」 및 그 밖의 법령에 적합하여야 한다.

2. 결격 사유(법 §105)

정비사업전문관리업의 등록을 신청할 수 없는 자는 다음과 같다. 이들은 정비사업전문관리업자의 업무를 대표 또는 보조하는 임직원이 될 수 없다. 정비사업전문관리업자의 업무를 대표 또는 보조하는 임직원이 〈표 58〉의 결격사유에 해당하게 되거나 선임 당시 그에 해당하였던 자로 밝혀진 때에는 당연 퇴직한다. 퇴직된 임직원이 퇴직 전에 관여한 행위는 효력을 잃지 아니한다.

표 58 정비사업전문관리업자의 결격사유

정비사업전문관리업의 등록을 신청할 수 없는 자
(i) 미성년자[3] · 피성년후견인 또는 피한정후견인
(ii) 파산선고를 받은 자로서 복권되지 아니한 자
(iii) 정비사업의 시행과 관련한 범죄행위로 인하여 금고 이상의 실형의 선고를 받고 그 집행이 종료(종료된 것으로 보는 경우를 포함한다)되거나 집행이 면제된 날부터 2년이 지나지 아니한 자
(iv) 정비사업의 시행과 관련한 범죄행위로 인하여 금고 이상의 형의 집행유예를 받고 그 유예기간 중에 있는 자
(v) 이 법을 위반하여 벌금형 이상의 선고를 받고 2년이 지나지 아니한 자
(vi) 등록이 취소된 후 2년이 지나지 아니한 자(법인인 경우 그 대표자를 말한다)
(vii) 법인의 업무를 대표 또는 보조하는 임직원 중 위 결격사유 중 어느 하나에 해당하는 자가 있는 법인

는 자」도 상근인력이 될 수 있도록 개정되었다.

3 대표 또는 임원이 되는 경우로 한정한다.

3. 등록취소(법 §106)

시·도지사는 정비사업전문관리업자가 〈표 59〉의 어느 하나에 해당하는 때에는 재량에 따라 그 등록을 취소하거나 1년 이내의 기간을 정하여 업무의 전부 또는 일부의 정지를 명할 수 있다. 다만, (i), (iv), (vii) 및 (viii)에 해당하는 때에는 그 등록을 의무적으로 취소하여야 한다.

표 59 정비사업전문관리업자의 등록취소 등

정비사업전문관리업의 등록취소 또는 업무정지를 명할 수 있는 경우
(i) 거짓, 그 밖의 부정한 방법으로 등록을 한 때 (ii) 등록기준에 미달하게 된 때 (iii) 위탁이나 자문에 관한 계약 없이 정비사업전문관리업 업무를 수행한 때 (iv) 정비사업전문관리업 업무를 직접 수행하지 아니한 때 (v) 고의 또는 과실로 조합에게 정비사업전문관리업자가 조합과 체결한 총계약금액의 1/3 이상의 재산상 손실을 끼친 때 (vi) 도시정비법에 따른 보고 · 자료제출을 하지 아니하거나 거짓으로 한 때 또는 조사 · 검사를 거부 · 방해 또는 기피한 때 (vii) 최근 3년간 2회 이상의 업무정지처분을 받은 자로서 그 정지처분을 받은 기간이 합산하여 12개월을 초과한 때 (viii) 다른 사람에게 자기의 성명 또는 상호를 사용하여 이 법에서 정한 업무를 수행하게 하거나 등록증을 대여한 때 (ix) 이 법을 위반하여 벌금형 이상의 선고를 받은 경우(법인의 경우에는 그 소속 임직원을 포함한다) (x) 그 밖에 도시정비법 또는 도시정비법에 따른 명령이나 처분을 위반한 때

등록의 취소 및 업무의 정지처분에 관한 기준은 대통령령으로 정한다. 등록취소처분 등을 받은 정비사업전문관리업자와 등록취소처분 등을 명한 시·도지사는 추진위원회 또는 사업시행자에게 해당 내용을 지체 없이 통지하여야 한다(법 §106③). 정비사업전문관리업자는 등록취소처분 등을 받기 전에 계약을 체결한 업무는 계속하여 수행할 수 있다. 이 경우 정비사업전문관리업자는 해

당 업무를 완료할 때까지는 정비사업전문관리업자로 본다(법 §106④). 다만, (i)사업시행자가 통지를 받거나 처분사실을 안 날부터 3개월 이내에 총회 또는 대의원회의 의결을 거쳐 해당 업무계약을 해지한 경우, (ii)정비사업전문관리업자가 등록취소처분 등을 받은 날부터 3개월 이내에 사업시행자로부터 업무의 계속 수행에 대하여 총회 또는 대의원회의 의결을 거친 동의를 받지 못한 경우 또는 (iii)등록이 취소된 경우에는 업무를 계속하여 수행할 수 없다(법 §106⑤).

Ⅲ 업무의 범위 및 제한

1. 수행 가능업무

정비사업전문관리업자가 위탁받거나 이와 관련한 자문을 할 수 있는 사항은 〈표 60〉과 같다(법 §102①).

| 표 60

정비사업전문관리업의 수행가능업무
(ⅰ) 조합설립의 동의 및 정비사업의 동의에 관한 업무의 대행
(ⅱ) 조합설립인가의 신청에 관한 업무의 대행
(ⅲ) 사업성 검토 및 정비사업의 시행계획서의 작성
(ⅳ) 설계자 및 시공자 선정에 관한 업무의 지원
(ⅴ) 사업시행계획인가의 신청에 관한 업무의 대행
(ⅵ) 관리처분계획의 수립에 관한 업무의 대행
(ⅶ) 시장 · 군수등이 정비사업전문관리업자를 선정한 경우에는 추진위원회 설립에 필요한 동의서 제출의 접수, 운영규정 작성 지원 및 그 밖에 시 · 도조례로 정하는 사항

도시정비법에서 정한 위 (i)중 '정비사업의 동의에 관한 업무'는 조합설립 또는 정비사업의 시행 여부에 한정되는 것이 아니라 이를 포함하여 정비사업의

시행 과정에서 조합원 등의 권리·의무·법적 지위에 영향을 미치는 사항에 관한 동의 또는 총회 의결과 관련된 전반적인 업무를 의미한다고 봄이 타당하다.[4] 따라서 조합의 정관 개정내용이 법령 개정을 반영한 것이거나 관리처분계획 내용이 이미 조합원들에게 안내된 것이더라도, 정관의 변경뿐 아니라 분양신청 철회자 현금청산, 관리처분계획의 수립, 자금의 차입과 상환방법, 보증약정 체결, 이주비 지급, 철거동의 및 이주지연 조합원의 손해액 부담, 기부채납 협의 등 권리귀속 및 비용부담에 관한 사항을 확정하는 내용이 포함되어 있는 조합원총회 안건에 관한 서면결의서 징구 등의 업무는 '정비사업의 동의에 관한 업무'에 포함된다고 볼 것이다.

2. 제한 업무

정비사업전문관리업자는 동일한 정비사업에 대하여 〈표 61〉의 업무를 병행하여 수행할 수 없다(법 §103).

표 61

정비사업전문관리업의 수행 제한업무
(i) 건축물의 철거 (ii) 정비사업의 설계 (iii) 정비사업의 시공 (iv) 정비사업의 회계감사 (v) 안전진단업무

4 대법원 2022. 12. 29. 선고 2022도1486 판결 참조

Ⅳ 선정 및 계약해지

1. 정비사업전문관리업자의 선정

사업시행자가 정비사업전문관리업자를 선정하여 업무수행계약을 체결하기 위해서는 조합원총회 또는 이에 준하는 총회기구의 의결을 거쳐야 한다(법 §45①, §48①).

문제는 정비사업전문관리업자를 추진위원회에서 선정한 경우 조합설립인가 후 다시 선정하여야 하는지 문제된다. 도시정비법 제32조는 추진위원회의 기능으로 정비사업전문관리업자의 선정을 규정하면서도 제45조에서 정비사업전문관리업자의 선정을 조합원총회의 의결사항으로 규정하고 있기 때문이다. 추진위원회의 업무는 조합설립인가시까지의 업무에 국한하여야 하고 조합원의 권리를 충실하게 보호할 수 있다는 점을 근거로 조합에서 다시 선정하여야 하는다는 긍정설도 있을 수 있으나 도시정비법 제32조가 추진위원회가 선정하는 정비사업전문관리업자의 업무를 추진위원회 업무로 국한하지 않고 도시정비법 제102조에 따른 정비사업전문관리업자의 업무로 규정하고 있는 점, 추진위원회에서의 정비사업전문관리업자 선정도 주민총회의 의결을 거친 경우에는 조합원의 권리가 특별히 더 해쳐진다고 볼 수 없는 점 등에 비춰 조합에서 다시 선정할 필요가 없다는 부정설이 타당하다고 생각한다.

2. 정비사업전문관리업자 계약의 해지

정비사업전문관리업자가 조합과의 행정용역계약에 따른 본질적 업무를 수행하지 않는 경우에는 사업시행자인 조합 등은 조합원총회 또는 이에 준하는 총회기구의 의결을 거쳐 정비사업전문관리업자와의 용역계약을 해지할 수 있다. 또한 정비사업전문관리업자의 계약은 민법상의 위임계약이기 때문에 언제든지 계약을 해지할 수 있다. 다만 부득이한 사정없이 불리한 시기에 계약을 해지한 경우에 한하여 손해를 배상하여 줄 뿐이다(민법 §689).

문제는 조합과의 행정용역계약에서 해지사유 및 절차, 손해배상책임 등에 관하여 민법 제689조 제1항, 제2항과 다른 내용으로 약정을 체결한 경우, 조합이 민법에 따른 임의해지권을 포기한 것으로 볼 수 있는가 하는 점이다. 判例는 이러한 약정은 당사자에게 효력을 미치면서 당사자 간의 법률관계를 명확히 함과 동시에 거래의 안전과 이에 대한 각자의 신뢰를 보호하기 위한 취지라고 볼 수 있으므로, 이를 단순히 주의적인 성격의 것이라고 쉽게 단정해서는 아니 된다는 이유로 임의해지권의 포기로 보는 긍정설의 입장이다.[5] 그러나 조합의 전문성을 보완하기 위해 정비사업전문관리업자와의 업무대행계약이 이루어지는 점에 비춰 정비사업전문관리업자와의 계약에는 정보의 비대칭성이 존재하는 점, 이와 같은 업무대행계약이 정비사업 초기인 추진위원회 구성·승인 처분이 있는 즈음에 이루어지고 정비사업전문관리업자 주도로 계약이 체결되는 점, 권리의 포기는 엄격하게 해석하는 것이 당사자의 의사에 부합하는 점 등에 비춰 민법상의 임의해지권를 포기한다는 명시적 규정이 없는 한 이와 같은 다른 내용의 약정만으로는 조합이 임의해지권을 포기했다고 볼 수는 없을 것이다. 부정설이 타당하다고 본다.

V 지도·감독

1. 행정조사

시·도지사는 국토교통부령으로 정하는 방법 및 절차에 따라 정비사업의 추진실적을 분기별로 국토교통부장관에게, 시장, 군수 또는 구청장은 시·도조례로 정하는 바에 따라 정비사업의 추진실적을 특별시장·광역시장 또는 도지사에게 보고하여야 한다. 국토교통부장관, 시·도지사, 시장, 군수 또는 구청장은 정비사업(해산한 조합의 청산 업무를 포함)의 원활한 시행을 감독하기 위하여 필요

5 대법원 2019. 5. 30. 선고 2017다53265 판결

한 경우로서 (i)도시정비법 위반여부 확인이 필요한 경우, (ii)분쟁이 발생한 경우, (iii)청산인의 성실한 직무수행 확인이 필요한 경우 등에는 정비사업전문관리업자 등 이 법에 따른 업무를 하는 자에게 그 업무에 관한 사항을 보고하게 하거나 자료의 제출, 그 밖의 필요한 명령을 할 수 있으며, 소속 공무원에게 영업소 등에 출입하여 장부·서류 등을 조사 또는 검사하게 할 수 있다(법 §111).

2. 정보의 종합관리

국토교통부장관은 정비사업전문관리업자의 자본금·사업실적·경영실태 등에 관한 정보를 종합적이고 체계적으로 관리하고 시·도지사, 시장, 군수, 구청장, 추진위원회 또는 사업시행자 등에게 제공하기 위하여 정비사업전문관리업 정보종합체계를 구축·운영할 수 있다(법 §108).

Ⅵ 사업자단체

정비사업전문관리업자는 정비사업전문관리업의 전문화와 정비사업의 건전한 발전을 도모하기 위하여 정비사업전문관리업자단체로 협회를 설립할 수 있다(법 §109). 협회는 법인으로 한다. 협회는 정비사업전문관리업자의 사업자단체로서 (i)정비사업전문관리업 및 정비사업의 건전한 발전을 위한 조사·연구, (ii)회원의 상호 협력증진을 위한 업무, (iii)정비사업전문관리 기술 인력과 정비사업전문관리업 종사자의 자질향상을 위한 교육 및 연수 등의 업무를 수행한다(법 §110).

제7장

감독등

제7장

감독등

I 개요

정비사업이 원활히 시행되기 위해서는 관할 행정청의 적정한 감독하에 정비사업이 이루어져야 한다. 이를 위해서는 행정기관이 직무수행에 필요한 자료나 정보 등을 수집하기 위한 행정조사활동과 정비사업비가 투명하게 집행되었는지를 확인하기 위한 회계감사가 충실하게 이루어져야 한다. 또한 위법·부당한 정비사업 시행을 시정하기 위한 명령적 행위와 지도·권고 등의 행정지도가 잘 이루어져야 기본체계가 잘 작동할 수 있다. 아울러 정비사업의 효율성을 제고하기 위해 행정청의 행정지원도 필요한데 도시정비법 제7장은 이와 같은 행정청의 행정지원체계로 (i)지원기구의 설치, (ii)교육의 실시, (iii)분쟁조정·공공지원·정보공개제도 등도 규정하고 있다. 아울러 이 장은 사업시행자 또는 사업관여자의 중요한 법익을 박탈하거나 제한하는 경우에는 감독권행사의 적정성을 확보하기 위해 청문을 실시하도록 청문의 대상이 되는 행정처분 등을 규정하고 있다.

Ⅱ 행정조사

제111조(자료의 제출 등) ① 시 · 도지사는 국토교통부령으로 정하는 방법 및 절차에 따라 정비사업의 추진실적을 분기별로 국토교통부장관에게, 시장, 군수 또는 구청장은 시 · 도조례로 정하는 바에 따라 정비사업의 추진실적을 특별시장 · 광역시장 또는 도지사에게 보고하여야 한다.

② 국토교통부장관, 시 · 도지사, 시장, 군수 또는 구청장은 정비사업(제86조의2에 따라 해산한 조합의 청산 업무를 포함한다. 이하 이 항에서 같다)의 원활한 시행을 감독하기 위하여 필요한 경우로서 다음 각 호의 어느 하나에 해당하는 때에는 추진위원회 · 사업시행자(청산인을 포함한다) · 정비사업전문관리업자 · 설계자 및 시공자 등 이 법에 따른 업무를 하는 자에게 그 업무에 관한 사항을 보고하게 하거나 자료의 제출, 그 밖의 필요한 명령을 할 수 있으며, 소속 공무원에게 영업소 등에 출입하여 장부 · 서류 등을 조사 또는 검사하게 할 수 있다.

1. 이 법의 위반 여부를 확인할 필요가 있는 경우
2. 토지등소유자, 조합원, 그 밖에 정비사업과 관련한 이해관계인 사이에 분쟁이 발생된 경우
3. 제86조의2에 따라 해산한 조합의 잔여재산의 인도 등 청산인의 직무를 성실히 수행하고 있는지를 확인할 필요가 있는 경우
4. 그 밖에 시 · 도조례로 정하는 경우

③ 제2항에 따른 업무에 관한 사항의 보고, 자료의 제출, 조사 또는 검사에 관하여는 제107조제2항부터 제5항까지의 규정을 준용한다.

1. 의의

행정조사란 행정기관이 직무를 수행하는 데 있어 필요한 정보나 자료 등을 수집하기 위해 행하는 일체의 행정활등을 말한다. 도시정비법은 정비사업의 원활한 시행을 감독하기 위하여 여러 가지 보고, 신고, 조사나 검사 등의 행정조사활동을 규정하고 있다. 도시정비법 제111조의 자료 제출 등과 제111조의2 자금차입의 신고, 제113조의 현장조사가 그것이다.

2. 자료의 제출 등

정비사업의 추진실적을 시·도지사는 국토교통부장관에게, 시장, 군수 또는 구청장은 특별시장·광역시장 또는 도지사에게 보고하여야 한다. 국토교통부장관, 시·도지사, 시장, 군수 또는 구청장은 정비사업의 원활한 시행을 감독하기 위하여 필요한 경우로서 도시정비법 위반여부를 확인하기 위해 필요한 경우나 정비사업 이해관계인 간에 분쟁이 발생한 경우 등에는 이 법에 따른 업무를 하는 자에게 그 업무에 관한 사항을 보고하게 하거나 자료의 제출, 그 밖의 필요한 명령을 할 수 있으며, 소속 공무원에게 영업소 등에 출입하여 장부·서류 등을 조사 또는 검사하게 할 수 있다(법 §111). 행정청이 정비사업의 원활한 시행여부를 확인하기 위하여 행하는 권력적 조사활동의 일환이다. 보고 또는 자료의 제출을 게을리하면 과태료가 부과될 수 있다. 이와 같은 행정조사는 권력작용의 범위 내에서 쟁송으로 이를 다툴 수 있다.

3. 자금차입의 신고

추진위원회 또는 사업시행자는 자금을 차입한 때에는 대통령령으로 정하는 바에 따라 자금을 대여한 상대방, 차입액, 이자율 및 상환방법 등의 사항을 시장·군수등에게 신고하여야 한다(법 §111의2). 법에서 직접 부과하는 명령으로 이해된다. 또한 정비사업의 원활한 시행을 감독하기 위한 조치로 행해진다는 점에서 본격적 행정조사를 위한 준비적·보조적 수단이라 볼 수 있다. 위반시 과태료가 부과될 수 있다(법 §140②).

4. 현장조사

국토교통부장관, 시·도지사, 시장, 군수 또는 구청장은 이 법에 따른 정비사업의 원활한 시행을 위하여 관계 공무원 및 전문가로 구성된 점검반을 구성하여 정비사업 현장조사를 통하여 분쟁의 조정, 위법사항의 시정요구 또는 수사기관에 고발 등 필요한 조치를 할 수 있다(법 §113②). 이 경우 관할 지방자치단체의 장과 조합 등은 대통령령으로 정하는 자료의 제공 등 점검반의 활동에 적극 협조하여야 한다. 현장조사를 거부 또는 방해하면 과태료처분을 받을 수 있다(법 §140①). 따라서 현장조사는 권력적 행정조사로 이해된다.

Ⅲ 회계감사

시장·군수등 또는 토지주택공사등이 아닌 사업시행자 또는 추진위원회는 〈표 62〉의 경우에는 감사인의 회계감사를 받기 위하여 시장·군수등에게 회계감사기관의 선정·계약을 요청하여야 하며, 그 감사결과를 회계감사가 종료된 날부터 15일 이내에 시장·군수등 및 해당 조합에 보고하고 조합원이 공람할 수 있도록 하여야 한다(법 §112). 회계감사를 요청하지 아니한 추진위원장, 전문조합관리인 또는 조합임원은 도시정비법위반죄로 처벌받을 수 있다(법 §138). 토지등소유자가 시행하는 재개발사업이나 지정개발자가 시행하는 정비사업의 경우에는 그 대표자가 형사처벌 받게 된다.

표 62 회계감사의 요건 및 요청기한

회계감사를 받아야 하는 경우	기한
(ⅰ) 추진위원회에서 사업시행자로 인계되기 전까지 납부 또는 지출된 금액과 계약 등으로 지출될 것이 확정된 금액의 합이 3억5천만원 이상인 경우	추진위원회에서 사업시행자로 인계되기 전 7일 이내
(ⅱ) 사업시행계획인가 고시일 전까지 납부 또는 지출된 금액이 7억원 이상인 경우	사업시행계획인가의 고시일부터 20일 이내
(ⅲ) 준공인가 신청일까지 납부 또는 지출된 금액이 14억원 이상인 경우	준공인가의 신청일부터 7일 이내

(ⅳ) 토지등소유자 또는 조합원 5분의 1 이상이 사업시행자에게 회계감사를 요청하는 경우	절차를 고려한 상당한 기간 이내

Ⅳ 하명 및 행정지도

제113조(감독) ① 정비사업(제86조의2에 따라 해산한 조합의 청산 업무를 포함한다. 이하 이 조에서 같다)의 시행이 이 법 또는 이 법에 따른 명령 · 처분이나 사업시행계획서 또는 관리처분계획에 위반되었다고 인정되는 때에는 정비사업의 적정한 시행을 위하여 필요한 범위에서 국토교통부장관은 시 · 도지사, 시장, 군수, 구청장, 추진위원회, 주민대표회의, 사업시행자(청산인을 포함한다. 이하 이 항에서 같다) 또는 정비사업전문관리업자에게, 특별시장, 광역시장 또는 도지사는 시장, 군수, 구청장, 추진위원회, 주민대표회의, 사업시행자 또는 정비사업전문관리업자에게, 시장 · 군수등은 추진위원회, 주민대표회의, 사업시행자 또는 정비사업전문관리업자에게 처분의 취소 · 변경 또는 정지, 공사의 중지 · 변경, 임원의 개선 권고, 그 밖의 필요한 조치를 취할 수 있다.

② 국토교통부장관, 시 · 도지사, 시장, 군수 또는 구청장은 이 법에 따른 정비사업의 원활한 시행을 위하여 관계 공무원 및 전문가로 구성된 점검반을 구성하여 정비사업 현장조사를 통하여 분쟁의 조정, 위법사항의 시정요구 또는 수사기관에 고발 등 필요한 조치를 할 수 있다. 이 경우 관할 지방자치단체의 장과 조합 등은 대통령령으로 정하는 자료의 제공 등 점검반의 활동에 적극 협조하여야 한다.

③ 제2항에 따른 정비사업 현장조사에 관하여는 제107조제2항, 제3항 및 제5항을 준용한다.

1. 의의

하명이란 행정청이 작위, 부작위, 급부, 수인 등을 명하는 행정행위를 말한다. 명령적 행위에 해당한다. 도시정비법은 하명의 일반적 근거로 제113조(감독)의 규정을 두고 있다. 처분의 취소·변경·정지 또는 공사의 중지·변경이 그것이다. 또한 건설업자 또는 등록사업자의 금품 등의 제공, 수수, 약속 또는 승낙의 행위에 대해서는 별도의 법적 근거를 두고 있다. 행정지도란 행정청이 정비사업의 적정한 시행을 위하여 사업시행자나 정비사업전문관리업자 등에게 지도, 권고, 조언 등을 하는 행정작용을 말한다. 행정지도는 강제적이지 않기 때문에 법적 근거가 없이도 행할 스 있으나 도시정비법은 정비사업의 적정한 시행을 위하여 필요한 범위에서는 일정한 행정지도 유형을 제시하고 있다.

2. 처분의 취소·변경·정지 또는 공사의 중지·변경

처분의 취소·변경·정지 또는 공사의 중지·변경은 정비사업의 시행이 (i)도시정비법을 위반한 경우, (ii)도시정비법에 따른 명령·처분에 반하는 경우, 또는 (iii)사업시행계획서 또는 관리처분계획에 위반되었다고 인정되는 때에 발동될 수 있다. 정비사업의 업무에는 해산한 조합의 청산 업무도 포함되며 정비사업의 적정한 시행을 위하여 필요한 범위에서 행해져야 한다. 이와 같은 하명은 국토교통부장관, 시·도지사, 시장·군수등이 관련 행정청이나 사업시행자 또는 정비사업전문관리업자 등에게 발할 수 있다.

도시정비법 제113조의 '이 법 또는…에 위반되었다고 인정되는 때'란 도시정비법을 위반한 경우를 말한다. 가령, 도시정비법 제111조의2에 따른 자금차입의 신고를 하지 않으면 '이 법을 위반했다고 인정되는 때'에 해당한다. 또한, 도시정비법 제76조에 따른 관리처분계획의 수립기준을 위반하여 관리처분계획을 수립하는 경우에도 마찬가지로 '이 법을 위반했다고 인정되는 때'에 해당한다. '이 법에 따른 명령·처분'이란 '명령'의 경우에는 도시정비법 제113조의2 시공자 선정 취소 명령이 가장 대표적인 예이다. '이 법에 따른 명령'을 하위법령인 법규명령으로서의 시행령, 시행규칙을 의미한다고 해석하는 견해[1]도 있으나 법률에서 하위법령 준수를 언급하고 있다고 해석하는 것은 법리에 맞지 않

1 법제처 2016. 10. 13. 회신 16-0291 해석례 참조

을 뿐만 아니라 '이 법에 따른 처분'과의 해석과도 어울리지 않는다. '이 법에 따른 명령'이란 도시정비법에서 명령이라는 표현을 사용하고 있는 행정행위로서의 강학상의 하명을 의미하는 것으로 보는 것이 타당하다. '처분'의 경우에는 사업시행계획인가에 붙은 조건 등이 이에 해당한다. '이 법 또는 이 법에 따른 명령·처분…에 위반'에는 조합정관이나 주민대표회의 운영규정 위반은 해당하지 않는다. 주민대표회의의 구성원의 선출이나 교체는 '정비사업의 시행'이라 보기는 어렵다.

행정청이 감독권 발동으로 행하는 하명의 일종인 처분의 취소·변경·정지에서 '처분'이란 조합이 작성하는 '사업시행계획'이나 조합이 수립하는 '관리처분계획'을 의미한다. 사업시행계획이나 관리처분계획이 조합원총회의 의결을 거친 경우 아직 인가를 받기 전이라도 조합원 내부 구성원간에는 구속력이 있으므로 인가받기 전이라도 여기서의 '처분'에 해당한다 할 것이다. 따라서, 행정청은 관리처분계획이나 사업시행계획을 인가하는 과정에서 '처분의 취소·변경 또는 정지'와 같은 하명을 통하여 관리처분계획을 실질적으로 심사할 수 있다.[2]

시장·군수가 사업시행자가 아닌 정비사업전문관리업자를 상대로 '처분의 취소·변경 또는 정지, 그 공사의 중지 및 변경에 관한 명령'을 할 수 있는 것은 그 명령이 해당 정비사업전문관리업자가 추진위원회 또는 조합으로부터 위탁받은 사항에 관련된 경우에 한정되고, 이와는 달리 그 명령이 해당 정비사업전문관리업자가 수행할 수 없는 업무, 예컨대 건축물의 철거와 관련된 것인 경우에는 정비사업전문관리업자를 상대로 '그 공사의 중지 및 변경'에 관한 명령을 할 수 없다.[3]

또한, 행정청의 '공사의 중지·변경'은 작위·부작위 의무 부과 여부는 물론 그 내용과 범위도 전적으로 행정처분에 의하여 정하여진다. 하지만 이를 어긴 경우에는 도시정비법 제137조가 형사처벌하도록 하고 있으므로 죄형법정주의

2 대법원 2014. 3. 13. 선고 2013다27220 판결 참조
3 대법원 2008. 2. 29. 선고 2006도7689 판결 참조

의 관점이나 그로부터 파생되는 형벌법규의 명확성의 원칙이 적용되어야 한다. 따라서 공사의 중지 또는 변경에 관한 명령은 금지되는 공사의 범위와 종류, 내용 등을 의문의 여지 없이 명확히 할 것이 요구되며, 또 이를 해석함에 있어서도 엄격성이 요구된다 할 것이다. 大法院은 철거중지명령 속에는 완전한 건축물의 철거뿐만 아니라, 위 철거중지명령 당시 이미 철거가 진행된 건축물을 마저 부수거나 그 철거 잔해물을 정리하는 것까지 금하는 취지까지 포함되어 있다고 보고 있다.[4]

3. 시공사 선정 취소 명령 또는 과징금(법 §113의2)

제113조의2(시공자 선정 취소 명령 또는 과징금) ① 시 · 도지사(해당 정비사업을 관할하는 시 · 도지사를 말한다. 이하 이 조 및 제113조의3에서 같다)는 건설업자 또는 등록사업자가 다음 각 호의 어느 하나에 해당하는 경우 사업시행자에게 건설업자 또는 등록사업자의 해당 정비사업에 대한 시공자 선정을 취소할 것을 명하거나 그 건설업자 또는 등록사업자에게 사업시행자와 시공자 사이의 계약서상 공사비의 100분의 20 이하에 해당하는 금액의 범위에서 과징금을 부과할 수 있다. 이 경우 시공자 선정 취소의 명을 받은 사업시행자는 시공자 선정을 취소하여야 한다.

1. 건설업자 또는 등록사업자가 제132조제1항 또는 제2항을 위반한 경우
2. 건설업자 또는 등록사업자가 제132조의2를 위반하여 관리 · 감독 등 필요한 조치를 하지 아니한 경우로서 용역업체의 임직원(건설업자 또는 등록사업자가 고용한 개인을 포함한다. 이하 같다)이 제132조제1항을 위반한 경우

제132조(조합임원 등의 선임 · 선정 및 계약 체결 시 행위제한 등) ① 누구든지 추진위원, 조합임원의 선임 또는 제29조에 따른 계약 체결과 관련하여 다음 각 호의 행위를 하여서는 아니 된다.

1. 금품, 향응 또는 그 밖의 재산상 이익을 제공하거나 제공의사를 표시하거나 제공을 약속하는 행위
2. 금품, 향응 또는 그 밖의 재산상 이익을 제공받거나 제공의사 표시를 승낙하는 행위
3. 제3자를 통하여 제1호 또는 제2호에 해당하는 행위를 하는 행위

4 대법원 2007. 7. 26. 선고 2007도1440 판결 참조

② 건설업자와 등록사업자는 제29조에 따른 계약의 체결과 관련하여 시공과 관련 없는 사항으로서 다음 각 호의 어느 하나에 해당하는 사항을 제안하여서는 아니 된다.

1. 이사비, 이주비, 이주촉진비, 그 밖에 시공과 관련 없는 사항에 대한 금전이나 재산상 이익을 제공하는 것으로서 대통령령으로 정하는 사항
2. 「재건축초과이익 환수에 관한 법률」에 따른 재건축부담금의 대납 등 이 법 또는 다른 법률을 위반하는 방법으로 정비사업을 수행하는 것으로서 대통령령으로 정하는 사항

제132조의2(건설업자와 등록사업자의 관리 · 감독 의무) 건설업자와 등록사업자는 시공자 선정과 관련하여 홍보 등을 위하여 계약한 용역업체의 임직원이 제132조제1항을 위반하지 아니하도록 교육, 용역비 집행 점검, 용역업체 관리 · 감독 등 필요한 조치를 하여야 한다.

시·도지사는 건설업자 또는 등록사업자가 시공자 선정계약과 관련하여 금품 등을 제공, 수수, 약속, 승낙 등의 행위를 하거나 시공과 관련없는 사항을 제안하는 경우에는 사업시행자에게 시공자 선정을 취소할 것을 명하거나 공사도급계약금액의 20% 이하에 해당하는 금액의 범위에서 과징금을 부과할 수 있다. 건설업자 또는 등록사업자가 용역업체에 대한 관리·감독 등을 소홀히 하여 그들이 금품 제공 등의 위법행위를 하는 경우에도 마찬가지이다(법 §113의2).

시공자 선정 취소의 명을 받은 사업시행자는 시공자 선정을 취소하여야 한다. 하지만 사업시행자가 취소명령을 거부하더라도 별도의 처벌규정은 없다.

과징금을 부과하는 위반행위의 종류와 위반 정도 등에 따른 과징금 부과기준은 〈표 63〉과 같다(시행령 §89의2①).

| 표 63 과징금의 부과기준

위반행위 (부정제공, 시공외제안, 관리소홀부정제공)	과징금 금액
3천만원 이상	공사비의 20%
1천만원 이상 3천만원 미만	공사비의 15%
5백만원 이상 1천만원 미만	공사비의 10%
5백만원 미만	공사비의 5%

위 〈표 63〉에서 위반행위의 유형으로 제시된 '부정제공'이란, 건설업자 또는 등록사업자가 도시정비법 제132조 제1항을 위반하여 같은 항 각호의 행위를 한 것을 말한다. 이러한 부정제공를 한 가액의 합이 가령, 3천만원 이상인 경우에는 공사비의 20%를 과징금으로 부과한다.

위 〈표 63〉에서 위반행위의 유형으로 제시된 '시공외제안'이란, 건설업자 또는 등록사업자가 도시정비법 제132조 제2항을 위반하여 같은 한 각호의 시공과 관련 없는 사항을 제안한 것을 말한다. 이러한 시공외제안한 가액의 합이 가령, 3천만원 이상인 경우에는 공사비의 20%를 과징금으로 부과한다.

위 〈표 63〉에서 위반행위의 유형으로 제시된 '관리소홀부정제공'이란, 건설업자 또는 등록사업자가 도시정비법 제132조의2를 위반하여 관리·감독 등 필요한 조치를 하지 아니한 경우로서 용역업체 임직원이 도시정비법 제132조 제1항을 위반하여 같은 항 각호의 행위를 한 것을 말한다. 이러한 부정제공를 한 가액의 합이 가령, 3천만원 이상인 경우에는 공사비의 20%를 과징금으로 부과한다.

위 〈표 63〉의 과징금 부과기준은 대통령령에 규정된 사항으로서 임의감경 사유가 전혀 규정되어 있지 않으므로 재량준칙으로 볼 수 없고 기속행위로 보는 것이 타당하다고 생각한다. 또한 위반행위가 경합하는 경우 그것을 합산하여 하나의 과징금만 부과하면 되는 것인지 아니면 위반행위 유형별로 과징금을 각각 부과하여야 하는지 문제될 수 있는데 법해석론으로는 각 위반행위별로 과징금 금액을 별도로 규정하고 있는 점에 비춰 위반행위 유형별로 과징금을 각각 부과하는 것이 타당하다고 생각한다. 하지만 입법론으로는 (i)건설업자 또는 등록사업자 부정제공과 임직원 부정제공은 합산하여 하나의 과징금을 부과하고 (ii)시공외제안과는 위반행위 유형별로 과징금을 산정하되 부과되는 과징금은 중한 것에 경한 것의 1/2를 합산하도록 하며 (iii)임의적 감경사유는 두는 것이 바람직하다고 생각한다.

시·도지사는 도시정비법 제113조의2에 따라 시공자 선정을 취소할 것을 명하거나 과징금을 부과하려는 경우에는 그 위반행위, 처분의 종류 및 과징금의 금액을 적어 서면으로 통지하여야 한다. 과징금 부과 통지를 받은 자는 통지가 있은 날부터 20일 또는 시·도지사가 20일 이상의 범위에서 따로 정한 기간 이내에 시·도지사가 정하는 수납기관에 과징금을 납부해야 한다. 과징금을 납부받은 수납기관은 그 납부자에게 영수증을 발급하여야 하고, 지체 없이 그 사실을 해당 시·도지사에게 통보하여야 한다(시행령 §89의2②~④). 과징금의 부과처분을 받은 자가 납부기한까지 과징금을 내지 않으면 해당 정비사업을 관할하는 시·도지사는 「지방행정제재·부과금의 징수 등에 관한 법률」에 따라 징수한다(법 §113의2③).

또한 시·도지사는 위 <표 63>의 위반행위를 한 건설업자 또는 등록사업자에 대해서는 정비사업의 입찰참가를 제한하여야 하는데(법 §113의3①) 입찰참가 제한기간은 위 <표 63>의 위반행위의 금액이 1천만원 이상이면 2년, 1천만원 미만이면 1년이다(시행령 별표5의3). 시·도지사는 건설업자 또는 등록사업자에 대한 정비사업의 입찰참가를 제한하려는 경우에는 제한의 대상, 기간, 사유, 그 밖의 입찰참가 제한과 관련된 내용을 공개하고, 관할 구역의 시장, 군수 또는 구청장 및 사업시행자에게 통보하여야 한다. 다만, 정비사업의 입찰참가를 제한하려는 해당 건설업자 또는 등록사업자가 입찰 참가자격을 제한받은 사실이 있는 경우에는 시·도지사가 입찰참가 제한과 관련된 내용을 전국의 시장, 군수 또는 구청장에게 통보하여야 하고, 통보를 받은 시장, 군수 또는 구청장은 관할 구역의 사업시행자에게 관련된 내용을 다시 통보하여야 한다(법 §113의3②). 입찰자격 제한과 관련된 내용을 시·도지사로부터 통보받은 사업시행자는 해당 건설업자 또는 등록사업자의 입찰 참가자격을 제한하여야 한다. 이 경우 사업시행자는 입찰참가를 제한받은 건설업자 또는 등록사업자와 계약을 체결하여서는 안된다(법 §113의3③). 입찰자격 제한은 1회에 한하여 과징금으로 갈음할 수 있다(법 §113의3⑤). 입찰참가 제한에 갈음하는 과징금 금액도 위 **〈표 63〉**과 같다. 다만, (i)건설업자 또는 등록사업자가 같은 위반행위로 정비사업에 대한 시공자 선정이 취소된 경우이거나 (ii)건설업자 또는 등록사업자가 같은 위반행위로 위 **〈표 63〉**에 따라 과징금을 부과받은 경우에는 입찰참가 제한에 갈음하는 과징금 금액의 1/2범위에서 줄여서 부과할 수 있다(시행령 별표5의3). 이 경우에는 시·도지사는 시공자 선정 취소 등으로 인한 이익감소 등의 제반사정을 고려하여 합리적 수준에서 입찰참가 제한에 갈음하는 과징금을 결정하면 될 것이다.

4. 임원의 개선권고·그 밖의 필요한 조치

임원의 개선권고와 그 밖의 필요한 조치란 행정지도를 의미한다고 보는 것이 타당하다. '처분의 취소·변경 또는 정지', '공사의 중지·변경'과는 달리 행정형벌이나 행정질서벌의 대상이 되지 않기 때문이다. 따라서 '그 밖의 필요한 조치'도 임원의 개선권고와 같이 권고·지도 등의 조치로 이해하는 것이 타당하다.

V 행정청의 행정지원

1. 의의

정비사업이 원활하게 추진되기 위해서는 적정한 감독권행사와 함께 적극적인 지원체계도 구축되어야 한다. 이와 같은 지원체계로 도시정비법 제7장은 지원기구의 설치, 교육의 실시. 분쟁조정·공공지원·정보공개제도 등을 규정하고 있다.

2. 지원기구의 설치(법 §114)

국토교통부장관 또는 시·도지사는 정비사업 지원기구를 설치할 수 있다. 정비사업의 원활한 시행을 위하여 관련 행정청의 지도· 관리 차원에서 행해지는 공공지원이다. 또한, 국토교통부장관은 한국부동산원 또는 국토지주택공사에, 시·도지사는 주택사업을 수행하기 위하여 설립된 지방공사에 정비사업 지원기구의 업무를 대행하게 할 수 있다. 지원기구가 하는 업무는 (i)정비사업 상담지원업무, (ii)정비사업전문관리제도의 지원, (iii)전문조합관리인의 교육 및 운영지원, (iv)소규모 영세사업장 등의 사업시행계획 및 관리처분계획 수립지원, (v)정비사업을 통한 공공지원민간임대주택 공급 업무 지원, (vi)도시정비법 제29조의2에 따른 공사비 검증 업무, (vii)공공재개발사업 및 공공재건축사업의 지원 업무 등이다.

3. 교육의 실시

국토교통부장관, 시·도지사, 시장, 군수 또는 구청장은 추진위원장 및 감사, 조합임원, 전문조합관리인 등 조합임원등과 정비사업전문관리업자의 대표자 및 기술인력, 토지등소유자 등에 대하여 대통령령으로 정하는 바에 따라 교육을 실시할 수 있다(법 §115①).

국토교통부장관, 시·도지사, 시장, 군수 또는 구청장은 대통령령으로 정하는 바에 따라 조합임원등에게 추진위원회 또는 조합의 운영과 관련하여 필요한 교육 및 윤리교육을 실시하여야 한다. 이 경우 조합임원등은 그 직으로 선임(연임을 포함한다) 또는 선정된 날부터 6개월 이내에 그 교육을 이수하여야 한다(법 §115②). 위반시 과태료가 부과된다[5](법 §140②).

5 교육실시의무, 교육이수의무 및 위반시 과태료 규정은 2025. 5. 20. 법률 제20955호

4. 분쟁의 조정

가. 도시분쟁조정위원회의 구성·운영(법 §116, §117)

정비사업의 시행으로 발생한 분쟁을 조정하기 위하여 정비구역이 지정된 특별자치시, 특별자치도, 또는 시·군·자치구에 도시분쟁조정위원회를 둔다. 도시분쟁조정위원회는 (i)매도청구권 행사 시 감정가액에 대한 분쟁, (ii)공동주택 평형 배정방법에 대한 분쟁, (iii)건축물 또는 토지 명도에 관한 분쟁, (iv)손실보상 협의에서 발생하는 분쟁, (v)총회 의결사항에 대한 분쟁, (vi)그 밖에 시·도조례로 정하는 사항에 대한 분쟁 등을 심사·조정한다. 당사자가 강제집행을 승낙하는 취지의 내용이 기재된 조정서에 서명·날인한 경우 조정서의 정본은 집행력 있는 집행권원과 같은 효력을 가진다. 다만, 청구에 관한 이의의 주장에 대하여는 변론이 종결된 이후에 생긴 사유에 국한하지 않고 그 전에 있었던 사유도 대상이 된다.

나. 협의체의 구성·운영(법 §117의2)

시장·군수등은 정비사업과 관련하여 발생하는 문제를 협의하기 위하여 도시분쟁조정위원회의 조정신청을 받기 전에 사업시행자, 관계 공무원 및 전문가, 그 밖에 이해관계가 있는 자 등으로 구성된 협의체를 구성·운영할 수 있다. 협의체의 구성·운영 시기, 협의 대상·방법 등은 시·도조례로 정한다.

5. 사업시행 과정에 대한 공공지원(법 §118)

제118조(정비사업의 공공지원) ① 시장 · 군수등은 정비사업의 투명성 강화 및 효율성 제고를 위하여 시 · 도조례로 정하는 정비사업에 대하여 사업시행 과정을 지원(이하 "공공지원"이라 한다)하거나 토지주택공사등, 신탁업자, 「주택도시기금법」에 따른 주택도시보증공사 또는 이 법 제102조제1항 각 호 외의 부분 단서에 따라 대통령령으로 정하는 기관에 공공지원을 위탁할 수 있다.

부칙 제1조 단서에 따라 [시행일: 2025. 11. 21.]임.

⑤ 추진위원회가 제2항제2호에 따라 시장 · 군수등이 선정한 정비사업전문관리업자를 선정하는 경우에는 제32조제2항을 적용하지 아니한다.

⑥ 공공지원의 시행을 위한 방법과 절차, 기준 및 제126조에 따른 도시 · 주거환경정비기금의 지원, 시공자 선정 시기 등에 필요한 사항은 시 · 도조례로 정한다.

⑦ 제6항에도 불구하고 다음 각 호의 어느 하나에 해당하는 경우에는 토지등소유자(제35조에 따라 조합을 설립한 경우에는 조합원을 말한다)의 과반수 동의를 받아 제29조제4항에 따라 시공자를 선정할 수 있다. 다만, 제1호의 경우에는 해당 건설업자를 시공자로 본다.
1. 조합이 제25조에 따라 건설업자와 공동으로 정비사업을 시행하는 경우로서 조합과 건설업자 사이에 협약을 체결하는 경우
2. 제28조제1항 및 제2항에 따라 사업대행자가 정비사업을 시행하는 경우

가. 의의

시장·군수등은 정비사업의 투명성 강화 및 효율성 제고를 위하여 시·도조례로 정하는 정비사업에 대하여 사업시행 과정을 지원하거나 토지주택공사등, 신탁업자, 주택도시보증공사, 한국토지주택공사 또는 한국부동산원에 이와 같은 공공지원을 위탁할 수 있다(법 §118①). 모든 정비사업에 대해 인정되는 것이 아니라 시장·군수등이 사업의 중요성이나 주민의 의사 등을 감안하여 선정한 정비사업에 한하여 공공지원방식으로 정비사업이 추진되게 된다.

나. 공공지원의 내용

공공지원자가 수행하는 업무는 〈표 64〉와 같다(법 §118②).

표 64

정비사업 공공지원자의 수행업무
(i) 추진위원회 또는 주민대표회의 구성 (ii) 정비사업전문관리업자의 선정(위탁지원자는 선정을 위한 지원으로 한정한다) (iii) 설계자 및 시공자 선정 방법 등 (iv) 세입자의 주거 및 이주 대책(이주 거부에 따른 협의 대책을 포함한다) 수립 (v) 관리처분계획 수립 (vi) 그 밖에 시 · 도조례로 정하는 사항

다. 특례

정비사업이 공공지원제도를 통해 추진되는 경우에는 다음과 같은 특례가 주어지고 있다.

(1) 시장·군수등의 책임성 강화

시장·군수등은 위탁지원자의 공정한 업무수행을 위하여 관련 자료의 제출 및 조사, 현장점검 등 필요한 조치를 할 수 있다. 이 경우 위탁지원자의 행위에 대한 대외적인 책임은 시장·군수등에게 있다(법 §118③).

(2) 공공이 공공지원비용을 부담

공공지원에 필요한 비용은 시장·군수등이 부담하되, 특별시장, 광역시장 또는 도지사는 관할 구역의 시장, 군수 또는 구청장에게 특별시·광역시 또는 도의 조례로 정하는 바에 따라 그 비용의 일부를 지원할 수 있다(법 §118④).

(3) 정비사업전문관리업자와 수의계약 가능

추진위원회가 공공지원제도에 따라 시장·군수등이 선정한 정비사업전문관리업자를 선정하는 경우에는 경쟁입찰에 의하지 아니하고 수의계약에 의할 수 있다(법 §118⑤).

(4) 시공사 선정 시기 등의 특수성

시공자 선정 시기 등을 시·도조례로 달리 정할 수 있다(법 §118⑥). 가령 도시정비법 제29조 제4항이 규정하는 조합설립인가 후가 아닌 사업시행계획인가 후 등으로 시·도조례에서 달리 정할 수 있다. 다만, 조합이 건설업자와 공동시행하기 위해 협약을 체결하거나 사업대행자방식으로 정비사업을 시행하는 경우에는 토지등소유자[6]의 과반수 동의를 받아 도시정비법 제29조 제4항에 따라 조합설립인가 후에 시공자를 선정할 수 있다. 건설업자와의 공동시행의 경우에는 해당 건설업자가 시공자가 된다(법 §118⑦). 이처럼 일정한 경우에는 다시 도시정비법이 정한대로 시공자를 선정할 수 있도록 하는 것은 건설업자가 참여하거나 사업대행자방식의 경우에는 시공자선정과정에서 발생할 수 있는 각종 비리등이 어느 정도 줄어들 여지가 크기 때문이다. 공공지원제도의 또다른 특수성으로는 도시·주거환경정비기금의 지원도 시·도조례가 정하는 바에 따라 우선적으로 지원받을 수 있다는 점이다.

6. 정보의 공개

가. 정비사업관리시스템의 구축·운영(법 §119)

국토교통부장관 또는 시·도지사는 정비사업의 효율적이고 투명한 관리를 위하여 정비사업관리시스템을 구축하여 운영할 수 있다. 정비사업관리시스템의 운영방법 등에 필요한 사항은 국토교통부령 또는 시·도조례로 정한다.

나. 정비사업의 정보공개(법 §120)

시장·군수등은 정비사업의 투명성 강화를 위하여 조합이 시행하는 정비사업에 관한 주요 정보를 매년 1회 이상 인터넷과 그 밖의 방법을 병행하여 공개하여야 한다. 주요 정보로는 (i) 관리처분계획의 인가를 받은 사항 중 시공사등 협력업체와의 계약금액, (ii)관리처분계획의 인가를 받은 사항 중 정비사업에

---

6 조합이 설립된 경우에는 조합원을 말한다.

서 발생한 이자 등이 있다.

Ⅵ 청문

국토교통부장관, 시·도지사, 시장, 군수 또는 구청장은 사업시행자 등 사업 관련자에게 불이익 처분을 하는 경우에는 청문을 하여야 한다(법 §121). 청문은 당사자에게 유리한 증거를 제출하거나 진술을 할 수 있는 기회를 부여하는 사전행정절차의 일종이다. 청문절차는 행정절차법의 절차에 따른다. 도시정비법상 청문의 대상이 되는 행정처분을 정리하면 〈표 65〉와 같다.

| 표 65

청문의 대상이 되는 행정처분
(ⅰ) 조합설립인가의 취소
(ⅱ) 정비사업전문관리업의 등록취소
(ⅲ) 추진위원회 승인의 취소, 조합설립인가의 취소, 사업시행계획인가의 취소 또는 관리처분계획인가의 취소
(ⅳ) 시공자 선정 취소 또는 과징금 부과
(ⅴ) 제113조의3제1항에 따른 입찰참가 제한

제8장

보칙

제8장

보칙[1]

I 개요

제8장은 제1장 총칙의 목적을 달성하기 위해 제2장과 제3장의 기본체계를 지원하기 위한 보충적 지원체계로서 정보지원체계, 재정적 지원체계 및 개별적 지원체계를 규정하고 있다. 정비지원체계는 정비사업이 체계적이고 효율적으로 추진되기 위해 정비사업의 시행과정에 충분한 정보가 투명하게 제공되기 위함이다. 보충적 지원체계로서 정보지원체계 규정으로는 토지등소유자의 설명의무, 관련자료의 공개 및 열람·복사, 관련자료의 보관 및 인계 규정 등이 있다. 재정적 지원체계로는 기금의 설치와 세제혜택 규정이 있다. 그 외에 제8장은 개별적 지원체계로 사업시행방식 전환, 사업구역 관리, 행정청의 권한위임, 권리·의무의 승계, 부정행위금지 등을 규정하고 있다.

1 도시정비법 제122조부터 134조까지의 규정이다. 이 중 『제134조 벌칙 적용에서 공무원 의제』는 제9장에서 다루고 있다.

Ⅱ 토지등소유자의 설명의무(법 §122)

제122조(토지등소유자의 설명의무) ① 토지등소유자는 자신이 소유하는 정비구역 내 토지 또는 건축물에 대하여 매매 · 전세 · 임대차 또는 지상권 설정 등 부동산 거래를 위한 계약을 체결하는 경우 다음 각 호의 사항을 거래 상대방에게 설명 · 고지하고, 거래 계약서에 기재 후 서명 · 날인하여야 한다.

1. 해당 정비사업의 추진단계
2. 퇴거예정시기(건축물의 경우 철거예정시기를 포함한다)
3. 제19조에 따른 행위제한
4. 제39조에 따른 조합원의 자격
5. 제70조제5항에 따른 계약기간
6. 제77조에 따른 주택 등 건축물을 분양받을 권리의 산정 기준일
7. 그 밖에 거래 상대방의 권리 · 의무에 중대한 영향을 미치는 사항으로서 대통령령으로 정하는 사항

② 제1항 각 호의 사항은 「공인중개사법」 제25조제1항제2호의 "법령의 규정에 의한 거래 또는 이용제한사항"으로 본다.

1. 의의

토지등소유자는 자신이 소유하는 정비구역 내 토지 또는 건축물에 대하여 매매·전세·임대차 또는 지상권 설정 등 부동산 거래를 위한 계약을 체결하는 경우 정비사업과 관련된 주요 사항을 거래 상대방에게 설명·고지하고, 거래 계약서에 기재 후 서명·날인하여야 한다(법 §122①). 토지등소유자에게 이와 같은 설명의무를 부과하여 거래상대방인 매수인, 전세권자나 임차권자 또는 지상권자로 하여금 정비사업의 시행으로 인한 불측의 손해를 방지하기 위함이다.

2. 설명·고지의 내용

가. 해당 정비사업의 추진단계

조합설립인가여부, 분양신청여부, 관리처분계획인가 여부에 따라 조합원지위나 분양대상자 지위가 달라질 수 있고, 전세나 임대차의 존속기간을 예측할 수 있으므로 설명고지의 대상이 된다.

나. 퇴거예정시기(건축물의 경우 철거예정시기를 포함한다)

전세나 임대차의 존속기간을 고려해야 하므로 반드시 고지해야 전세권자나 임차권자가 불측의 손해를 보지 않을 수 있다.

다. 도시정비법 제19조에 따른 행위제한

토지등소유자는 정비구역에서 건축물의 건축 등을 위해서는 시장·군수 등의 허가를 받아야 하므로 부동산거래계약을 할 때 이에 관해 설명·고지하도록 한 것이다. 행위제한 규정을 위반할 경우 형사처벌의 대상이 될 수 있으므로 매수인의 주의를 환기시키기 위해 설명고지의 대상에 포함시킨 것으로 보인다 (법 §137 ii)

라 도시정비법 제39조에 따른 조합원의 자격

매매계약이 정비구역 내 토지 또는 건축물을 전제로 하는 경우에는 조합원의 자격유무가 계약의 주요 내용이 되므로 만일 이 부분이 잘못 고지된 경우에는 계약의 취소사유가 될 수 있다. 또한, 이와 같은 내용이 거래과정에서 표시되었거나 상대방에 의해 유발된 경우에는 역시 표시된 동기의 착오나 유발된 동기의 착오로서 취소사유가 될 수 있다.

마. 도시정비법 제70조 제5항에 따른 계약기간

대항력 있는 주택임대차나 상가임대차라 하더라도 관리처분계획 인가를 받은 경우에는 「주택임대차보호법」이나 「상가건물 임대차보호법」의 보호를 받지 못하고 계약기간이 목적달성 불능으로 종료되게 된다. 따라서 거래상대방이 불측의 손해를 볼 수 있으므로 토지등소유자에게 이에 관해 설명·고지의무를 부과한 것이다. 계약기간은 계약의 주요내용이므로 이 부분에 대한 고지가 제대로 이루어지지 않는 경우에는 계약의 취소사유가 될 수 있다.

바. 도시정비법 제77조에 따른 주택 등 건축물을 분양받을 권리의 산정 기준일

정비구역 지정·고시일이나 시·도지사가 따로 정하는 기준일은 주택 등 건축물을 분양받을 권리의 산정 기준일이 되므로 매도인은 매수인에게 정비구역 지정·고시일이 언제인지 또는 시·도지사가 따로 정한 기준일이 있다면 그 기준일이 언제인지를 설명·고지하여야 한다. 앞에서 본 조합원의 자격과 같이 정비구역 내 토지 또는 건축물을 전제로 이루어진 매매계약이라면 계약의 중요 내용이 될 수 있으므로 이를 누락하거나 잘못 고지한 경우에는 계약의 취소사유가 될 수 있다.

사. 그 밖에 거래 상대방의 권리·의무에 중대한 영향을 미치는 사항으로서 대통령령으로 정하는 사항

"대통령령으로 정하는 사항"이란 (i)복리시설의 거래를 위한 계약을 체결하는 경우 복리시설에 대한 동의요건 완화에 관한 사항, (ii)분양대상자별 분담금의 추산액, (iii)정비사업비의 추산액 및 그에 따른 조합원 분담규모 및 분담시기를 말한다(시행령 §92). 관리처분계획 내용 중 핵심사항을 고지하여 거래 상대방을 보호하기 위함이다.

3. 해태 또는 잘못 고지한 경우의 효과

위에서 본 바와 같이 토지등소유자에게 설명의무가 있는 사항은 계약의 중요 내용이 될 가능성이 크므로 원칙적으로 계약의 취소사유가 될 수 있다. 취소권은 추인할 수 있는 날로부터 3년 내에, 법률행위를 한 날로부터 10년 내에 행사하여야 한다(민법 §146). 토지등소유자가 설명의무를 해태한 경우 형사처벌의 대상은 되지 않으나 위에서 본 설명고지의 내용은 「공인중개사법」 상 "법령의 규정에 의한 거래 또는 이용제한사항"으로 보므로 공인중개사는 시·도지사로부터 자격정지처분을 받을 수 있다(법 §122②, 공인중개사법 §36①iii).

Ⅲ 재개발사업 등의 시행방식의 전환

제123조(재개발사업 등의 시행방식의 전환) ① 시장 · 군수등은 제28조제1항에 따라 사업대행자를 지정하거나 토지등소유자의 5분의 4 이상의 요구가 있어 제23조제2항에 따른 재개발사업의 시행방식의 전환이 필요하다고 인정하는 경우에는 정비사업이 완료되기 전이라도 대통령령으로 정하는 범위에서 정비구역의 전부 또는 일부에 대하여 시행방식의 전환을 승인할 수 있다.

② 사업시행자는 제1항에 따라 시행방식을 전환하기 위하여 관리처분계획을 변경하려는 경우 토지면적의 3분의 2 이상의 토지소유자의 동의와 토지등소유자의 5분의 4 이상의 동의를 받아야 하며, 변경절차에 관하여는 제74조제1항의 관리처분계획 변경에 관한 규정을 준용한다.

③ 사업시행자는 제1항에 따라 정비구역의 일부에 대하여 시행방식을 전환하려는 경우에 재개발사업이 완료된 부분은 제83조에 따라 준공인가를 거쳐 해당 지방자치단체의 공보에 공사완료의 고시를 하여야 하며, 전환하려는 부분은 이 법에서 정하고 있는 절차에 따라 시행방식을 전환하여야 한다.

④ 제3항에 따라 공사완료의 고시를 한 때에는 「공간정보의 구축 및 관리 등에 관한 법률」 제86조제3항에도 불구하고 관리처분계획의 내용에 따라 제86조에 따른 이전이 된 것으로 본다.

⑤ 사업시행자는 정비계획이 수립된 주거환경개선사업을 제23조제1항제4호의 시행방법으로 변경하려는 경우에는 토지등소유자의 3분의 2 이상의 동의를 받아야 한다.

1. 의의

시행방식의 전환이란 정비사업 중에 환지방식 등을 관리처분계획방식으로 전환하는 것을 말한다. 도시정비법 이전의「도시재개발법」등이 환지방식을 주로 취하다 보니 건축물이 많은 현재의 도시재개발에는 맞지 않은 측면이 있어 각종 민원이 야기되고 이로 인해 사업이 중지된 사업장이 발생하자 도시정비법에서는 관리처분계획방식으로 시행방식의 전환을 인정하는 규정을 두게 된 것이다.

2. 요건

가. 시행방식의 전환이 필요하다고 인정될 것

도시정비법에 따라 사업대행자를 지정하거나 토지등소유자의 4/5 이상의 시행방식 전환요구가 있는 경우에는 원칙적으로 시행방식의 전환 필요성이 인정될 수 있다(법 §123①). 사업대행자 지정은 장기간 정비사업이 지연되거나 권리관계에 관한 분쟁 등으로 해당 조합 또는 토지등소유자가 시행하는 정비사업을 계속 추진하기 어렵다고 인정하는 경우에 행해진다(법 §28①).

나. 정비구역 지정 후 정비사업이 완료되기 전일 것

시행방식의 전환은 정비구역의 전부 또는 일부를 대상으로 하므로 정비구역 지정 후에야 비로소 인정된다. 또한 정비사업이 완료되기 전이면 시행방식의 전환이 가능하다(법 §123①). 정비구역의 일부에 대하여 시행방식을 전환하려는 경우에는 재개발사업이 완료된 부분은 준공인가를 거쳐 해당 지방자치단체의 공보에 공사완료의 고시를 하고, 전환하려는 부분은 도시정비법이 정하고 있는 절차에 따라 시행방식을 전환해야 한다.

다. 도시정비법이 허용하는 시행방식의 전환일 것

도시정비법은 관리처분계획 방식으로의 전환만 인정하고 있는데 환지방식의 재개발사업을 관리처분계획방식으로 전환하거나 다른 시행방식의 주거환경개선사업을 관리처분계획방식으로 전환하는 것만을 인정하고 있다(시행령 §93, 법 §123⑤).

라. 토지등소유자의 동의를 얻고 변경절차를 거칠 것

사업시행자는 환지방식의 재개발사업을 관리처분계획방식으로 시행방식을 전환하기 위하여 관리처분계획을 변경하려는 경우 토지면적의 3분의 2 이상의 토지소유자의 동의와 토지등소유자의 5분의 4 이상의 동의를 받아야 한다(법 §123②). 변경절차는 도시정비법 제74조 제1항의 관리처분계획 변경절차에 따른다. 따라서 조합원총회의 의결도 거쳐야 한다(법 §45①④). 동의절차와 총회의결절차는 별개로 보아야 한다. 따라서 토지등소유자의 동의절차를 거쳤다 하더라도 이로써 총회 의결에 의한 동의에 갈음할 수 없다.[2] 정비구역의 일부만을 전환하고자 하는 경우에는 그 일부지역의 토지등소유자의 동의를 얻으면 족하다. 사업시행자는 정비계획이 수립된 주거환경개선사업을 관리처분계획방식으로 시행방법을 변경하려는 경우에는 토지등소유자의 3분의 2 이상의 동의를 받아야 한다(법 §123⑤).

마. 시장 · 군수등으로부터 시행방식 전환의 승인을 얻을 것

시행방식의 전환을 위해서는 사업시행자가 관할 행정청으로부터 전환에 관하여 승인을 받아야 한다(법 §123①②).

3. 효과

관리처분계획방식으로 사업시행방식이 전환된 재개발사업과 주거환경개선사업은 도시정비법이 정하는 관리처분계획에 따라 신축건축물을 종전 토지등소유자 또는 환지를 지정받은 자에게 이전고시하는 방식을 취하게 된다. 정비

2 대법원 2013. 10. 24. 선고 2012두12853 판결

구역의 일부에 대하여 시행방식을 전환하려는 경우에 재개발사업이 완료된 부분은 도시정비법 제83조에 따라 준공인가를 거쳐 해당 지방자치단체의 공보에 공사완료의 고시를 하여야 하며, 전환하려는 부분은 이 법에서 정하고 있는 절차에 따라 시행방식을 전환하여야 하는데, 이 경우 공사완료의 고시를 한 부분도 관리처분계획의 내용에 따라 이전고시된 것으로 본다(법 §123③④). 「공간정보의 구축 및 관리 등에 관한 법률」 제86조 제3항에 따른 '토지의 이동'으로 보지 않는다.

사업시행방식이 전환된 경우 하나의 대지 및 그 지상 건축물을 2인 이상에게 분양하는 때에는 기존의 토지 또는 건축굴의 가격이 아닌 환지예정지의 권리가액의 비율을 기준으로 분양하도록 관리처분계획을 수립하여야 한다. 도시정비법시행령은 사업시행방식이 전환된 경우 기 지정된 '환지예정지'를 기준으로 토지등소유자의 범위를 특정하고, 분양신청절차를 진행하도록 규정하고 있다(시행령 §59④, §63①ⅳ). 「서울특별시 도시 및 주거환경정비조례」 제34조는 '사업시행방식이 전환된 경우에는 환지예정지증명원을 기준으로 종전 토지의 소유면적을 정한다'라고 하고 있다.

Ⅳ 관련 자료의 공개 및 열람·복사(법 §124)

제124조(관련 자료의 공개 등) ① 추진위원장 또는 사업시행자(조합의 경우 청산인을 포함한 조합임원, 토지등소유자가 단독으로 시행하는 재개발사업의 경우에는 그 대표자를 말한다)는 정비사업의 시행에 관한 다음 각 호의 서류 및 관련 자료가 작성되거나 변경된 후 15일 이내에 이를 조합원, 토지등소유자 또는 세입자가 알 수 있도록 인터넷과 그 밖의 방법을 병행하여 공개하여야 한다.

1. 제34조제1항에 따른 추진위원회 운영규정 및 정관등
2. 설계자 · 시공자 · 철거업자 및 정비사업전문관리업자 등 용역업체의 선정계약서

3. 추진위원회 · 주민총회 · 조합총회 및 조합의 이사회 · 대의원회의 의사록
4. 사업시행계획서
5. 관리처분계획서
6. 해당 정비사업의 시행에 관한 공문서
7. 회계감사보고서
8. 월별 자금의 입금 · 출금 세부내역
8의2. 제111조의2에 따라 신고한 자금차입에 관한 사항
9. 결산보고서
10. 청산인의 업무 처리 현황
11. 그 밖에 정비사업 시행에 관하여 대통령령으로 정하는 서류 및 관련 자료

② 제1항에 따라 공개의 대상이 되는 서류 및 관련 자료의 경우 분기별로 공개대상의 목록, 개략적인 내용, 공개장소, 열람 · 복사 방법 등을 대통령령으로 정하는 방법과 절차에 따라 조합원 또는 토지등소유자에게 서면으로 통지하여야 한다.

③ 추진위원장 또는 사업시행자는 제1항 및 제4항에 따라 공개 및 열람 · 복사 등을 하는 경우에는 주민등록번호를 제외하고 국토교통부령으로 정하는 방법 및 절차에 따라 공개하여야 한다.

④ 조합원, 토지등소유자가 제1항에 따른 서류 및 다음 각 호를 포함하여 정비사업 시행에 관한 서류와 관련 자료에 대하여 열람 · 복사 요청을 한 경우 추진위원장이나 사업시행자는 15일 이내에 그 요청에 따라야 한다.
1. 토지등소유자 명부
2. 조합원 명부
3. 그 밖에 대통령령으로 정하는 서류 및 관련 자료

⑤ 제4항의 복사에 필요한 비용은 실비의 범위에서 청구인이 부담한다. 이 경우 비용납부의 방법, 시기 및 금액 등에 필요한 사항은 시 · 도조례로 정한다.

⑥ 제4항에 따라 열람 · 복사를 요청한 사람은 제공받은 서류와 자료를 사용목적 외의 용도로 이용 · 활용하여서는 아니 된다.

1. 의의

도시정비법이 추진위원장 또는 사업시행자로 하여금 정비사업 시행과 관련한 서류 및 자료를 공개하도록 하고 조합원 등의 열람·복사 요청에 응하도록 한 취지는, 조합이 정비사업을 시행하는 경우 조합임원은 조합을 대표하면서 막대한 사업자금을 운영하는 등 각종 권한을 가지고 있기 때문에 조합임원과 건설사간 유착으로 인한 비리가 발생할 소지가 크고, 정비사업과 관련된 비리는 그 조합과 조합원의 피해로 직결되어 지역사회와 국가 전체에 미치는 병폐도 크므로, 이를 개선하기 위한 방안으로서 정비사업의 시행과 관련된 서류와 자료를 공개하도록 하여 정비사업의 투명성·공공성을 확보하고 조합원의 알권리를 충족시키기 위한 것이다.[3] 관련 자료의 공개는 그것이 작성되거나 변경된 경우 일정 기간 이내에 이루어져야 할 의무임에 반하여, 열람·복사는 조합원 등의 열람·복사 요청이 있는 경우에 한하여 응해야 하는 의무이다. 도시정비법상 공개의무는 조합원의 요청이 없더라도 조합임원에게 그 의무가 발생한다는 점에서 열람·복사 요청에 응할 의무와 분리하여 규정된 것으로 보인다.[4]

2. 관련자료의 공개

가. 공개 주체

추진위원장 또는 사업시행자이다. 조합의 경우 청산인을 포함한 조합임원이고, 토지등소유자가 단독으로 시행하는 재개발사업의 경우에는 그 대표자를 말한다.

조합의 내부업무분장에 따라 담당이사를 정한 경우 조합장이 공개주체가 될 수 있는지 문제될 수 있으나 내부업브분장에 따라 사업시행자의 대표자 지위가 변경되는 것은 아니므로 조합장은 여전히 공개주체가 된다. 다만, 조합이사

3 대법원 2021. 2. 10. 선고 2019도18700 판결, 대법원 2016. 2. 18. 선고 2015도10976 판결, 헌법재판소 2011. 4. 28. 선고 2009헌바90 전원재판부 결정 등

4 대법원 2018. 4. 26. 선고 2016도13811 판결

는 조합장을 보좌하는 지위에 불과하므로 업무분장상 배제된 경우에는 공개주체라 볼 수 없다.

나. 공개 대상

정비사업의 시행에 관한 다음의 서류 및 관련 자료가 공개대상이다.

(1) 추진위원회 운영규정 및 정관등

정관등이란 (i)조합정관, (ii)사업시행자인 토지등소유자가 자치적으로 정한 규약, (iii)시장·군수등, 토지주택공사 또는 신탁업자 등이 작성한 시행규정을 말한다(법 §2 xi).

조합 등이 작성하는 선거관리규정이나 업무규정도 정관의 하위규정에 해당하므로 이에 해당한다.

(2) 설계자·시공자·철거업자 및 정비사업전문관리업자 등 용역업체의 선정 계약서

계약의 중요 여부를 불분하고 사업시행자가 체결하는 모든 계약서는 공개대상이 된다. 조합원총회 의결 여부나 계약의 유무상 여부는 불문한다. 은행으로부터의 자금차입계약서나 소비대차계약서도 모두 공개대상이다.

(3) 추진위원회·주민총회·조합원총회 및 조합의 이사회·대의원회의 의사록

의사록이란 회의의 진행경과나 결과를 기록한 문서를 말한다. 따라서 반드시 속기록일 필요는 없다.[5] 의사록을 따로 작성하지 않는 경우 속기록이 의사록을 대신할 수는 있다. 의사록과 속기록이 모두 있는 경우에는 의사록만 공개하면 족하다. 조합 등이 행하는 설명회나 간담회 등의 의사록은 대상이 아니다. 의사록이 진정하게 작성되었는지 여부, 의사정족수와 의결정족수가 충족되었는지 여부, 조합원 등의 의사결정내용이 올바르게 반영되었는지 여부 등을 판단하기 위해서는 의사록 이외에 참석자명부와 서면결의서를 확인할 필요

---

5 대법원 2022. 1. 27. 선고 2021도15334 판결

가 있으므로 참석자명부와 서면결의서는 의사록의 관련 자료로 볼 수 있어 공개대상이라 할 것이다.[6]

(4) 사업시행계획서

사업시행계획서란 도시정비법 제52조에 따라 사업시행자가 작성한 사업시행계획서를 말한다. 사업시행계획서는 행정청의 인가를 받아야 대외적 효력이 발생이 하기 때문에 인가를 받기전 사업시행계획서도 공개의 대상이 되는지 문제될 수 있으나, 사업시행계획서는 조합원총회의 의결을 거쳐 작성되므로, 행정청의 인가 전에는 대외적 효력이 발생하지 않더라도, 조합 내부관계에 있어서는 구속력이 있고 또 도시정비법 제50조 제1항은 사업시행계획서를 인가신청 전에 작성하도록 규정하고 있으므로 인가를 받기 전에도 공개의 대상이 된다고 보는 것이 타당하다.

사업시행계획인가서는 '해당 정비사업의 시행에 관한 공문서'에 해당하므로 역시 공개대상이 된다(법 §124① vi). 총회의 의결을 거친 사업시행계획서와 인가를 받은 사업시행계획인가서를 비교하여 총회 의결대로 사업시행계획서가 인가를 받았는지를 확인할 필요가 있기 때문에 사업시행계획서와 사업시행계획인가서 모두를 공개대상으로 한 것으로 보인다.

(5) 관리처분계획서

관리처분계획서란 사업시행자가 조합원총회의 의결을 거쳐 수립한 관리처분계획에 관한 문서를 말한다. 조합원총회의 의결을 거쳐 수립되었으면 조합 내부적인 효력은 있으므로 인가를 받기 전이라도 공개대상이 된다. 또한 도시정비법 제74조 제1항 각호의 관리처분계획의 내용을 구성하는 사항을 결정짓는 자료는 관련 자료로서 공개대상이 된다. 가령, 분양대상자의 주소 및 성명이 관리처분계획의 내용이므로 분양신청서, 분양공고문, 분양신청 개별통지문서 등은 모두 공개대상이 된다. 또한 종전재산가격과 종후재산가격도 관리처분

---

6 대법원 2012. 2. 23. 선고 2010도8981 판결

분계획의 내용을 이루므로 이와 같은 감정평가서도 공개대상이 된다. 감정평가결과의 총합으로 비례율이 결정되므로 토지등소유자 자신의 감정평가서뿐만 아니라 다른 토지등소유자의 감정평가서도 공개대상이라고 보아야 한다.

(6) 해당 정비사업의 시행에 관한 공문서

공문서라 함은 공무원 또는 공무소가 그 명의로써 직무상 작성하는 문서를 말한다. 공문서와 사문서는 그 구성내용을 가지고 구별하는 것이 아니라 작성명의인에 따라 구별한다. 따라서 도시정비법상의 조합은 공법인이라 하더라도 공무소가 아니므로 조합이 작성하는 문서는 공문서에 해당하지 않는다. 大法院도 조합과 조합장과의 관계는 사법상의 법률관계로 보고 있어 같은 취지의 입장일 것으로 보인다.[7]

(7) 회계감사보고서

회계감사보고서는 도시정비법 제112조의 법정사유에 따른 것과 조합정관에 따라 매년 결산을 위해 작성되는 것이 있다. 도시정비법 제112조에 따른 회계감사보고서는 회계감사가 종료된 날로부터 15일 이내에 조합원이 공람할 수 있도록 하여야 한다. 이 기간을 경과하여 공개하였다 하여 형사처벌의 대상이 되는 것은 아니다. 하지만 조합임원이 회계감사보고서를 교부받고도 15일을 경과하여 공개한 경우에는 도시정비법 제124조, 제138조에 따라 형사처벌의 대상이 된다. 조합정관에 따른 회계감사보고서는 도시정비법 제40조에 따른 '조합의 회계'를 위한 것이므로 정관이 정하는 공개시기로부터 15일 이내에 공개하면 된다. 본조에서 말하는 '작성' 또는 '변경'이란 내용적 작성 또는 변경뿐만 아니라 공개를 위한 절차적 작성 또는 변경도 의미하므로 회계감사보고서의 공개를 위해 조합정관에서 대의원회의 의결을 거치도록 한 경우에는 그 절차를 거친 후 15일 이내에 공개하면 될 것이다. 이에 대해 이와 같은 경우에도 도시정비법 제124조 제1항이 '작성되거나 변경된 후'로부터 15일 이내에 공

7 대법원 2009. 9. 24. 자 2009마168, 169 결정

개하도록 규정하고 있으므로 조합정관의 공개절차와는 무관하게 '작성 후' 15일 이내에 공개해야 한다는 견해가 있을 수 있다. 그러나 이러한 해석은 조합정관도 도시정비법 제40조 제3항에 따라 시장·군수등의 인가받아 효력을 발생하는 자치규범라는 점을 고려할 때 지나치게 형식적인 법해석이라 생각한다. 도시정비법 제124조 제1항의 '작성'이란 공개를 위한 절차적 작성 또는 변경까지도 포함하는 개념으로 해석하는 것이 타당하다

(8) 월별 자금의 입금·출금 세부내역

추진위원장·정비사업전문관리업자 또는 사업시행자는 월별 자금의 입금·출금 세부내역을 반드시 별도로 만들어야 하는 것은 아니다(법 §125①). 월별 자금의 입금·출금 세부내역을 작성한 경우 이를 증빙하기 위한 통장내역이나 입출금내역은 '관련 자료'에 해당하므로 공개대상이 된다. 사업시행자가 조합인 경우에는 청산인을 포함한 조합임원, 토지등소유자가 단독으로 시행하는 재개발사업의 경우에는 그 대표자가 공개주체이다. 문제는 월별 자금의 입금·출금 세부내역을 작성하지 않은 경우 이를 증빙하기 위한 통장내역 등의 열람·복사 요청에 응하여야 하는가 하는 점이다. 도시정비법 제124조 제1항 각호의 서류가 작성된 바 없어 공개 대상이 되지 않는다면, 해당 서류의 관련 자료에 해당한다는 이유로 공개 대상이 될 수는 없다[8] 할 것이지만, 통장내역은 입출금 일시와 금액 등이 기재되어 있어 그 자체가 월별 자금의 입금·출금 세부내역에 해당한다 할 것이므로 열람·복사의 대상이 된다 할 것이다.

(9) 결산보고서

결산보고서는 도시정비법 제40조에 따라 '조합의 회계'로서 정관에 기재된 것을 말한다. 도시정비법은 공개대상이 되는 서류를 각호에서 구체적으로 열거하면서도 '관련 자료'의 판단 기준에 관하여는 별도로 규정하고 있지 않을 뿐만 아니라, 그 밖에 공개가 필요한 서류 및 관련 자료는 대통령령에 위임하여

8 대법원 2024. 9. 12. 선고 2021도14485 판결

이를 추가할 수 있는 근거 규정을 두고 있으므로, 도시정비법 혹은 그 위임에 따른 시행령에 명문의 근거 규정 없이 정비사업의 투명성·공공성 확보 내지 조합원의 알권리 보장 등 규제의 목적만을 앞세워 각호에 명시된 서류의 '관련 자료'의 범위를 지나치게 확장하여 인정하는 것은 죄형법정주의가 요구하는 형벌법규 해석원칙에 어긋난다 할 수 있다. 따라서 지방자치단체조례가 자금수지보고서를 공개대상으로 규정하고 있더라도 결산보고서가 진정하게 성립되었는지 판단하기 위하여 반드시 자금수지보고서가 필요하다고 보기 어렵고, 자금수지보고서가 결산보고서와 불가분적으로 또는 직접적으로 관련된다고 볼 만한 법적 근거도 찾을 수 없으므로 자금수지보고서는 결산보고서의 관련자료로 볼 수 없다.[9]

정관이 정하는 공개시기로부터 15일 이내에 공개하여야 한다. 회계감사보고서와 마찬가지로 조합정관에 조합원 공개를 위해 절차적 요건을 규정하고 있는 경우에는 그 절차를 완료한 때로부터 15일 이내에 공개하여야 할 것이다.

(10) 청산인의 업무 처리 현황

청산인의 업무란 조합정관과 민법이 정하고 있는 청산인의 업무를 말한다. '작성'된 후 15일 이내란 '작성할 수 있는' 때로부터 15일 이내를 의미하는지 문제될 수 있다. 도시정비법 제124조 제1항 본문은 '다음 각호의 서류가 작성되거나 변경된 후'라 규정하고 있으므로 작성된 서류만을 의미한다고 보는 것이 타당하다 생각한다. 다만 청산인의 업무처리과정에서 생성된 문서는 그 자체가 청산인의 업무처리현황을 의미한다 할 것이므로 그 자체가 위 공개서류에 해당한다 할 것이다. 청산인의 업무 처리란 업무별 처리를 의미한다. 하나의 업무가 일련의 업무로 구성되고 있는 경우에는 그 일련의 업무가 종료된 때의 처리 현황이나 합리적 기간별 업무처리 현황을 의미한다 할 것이다. 그렇지 않는 경우에는 일일업무처리를 의미한다고 보아야 하기 때문이다.

9 대법원 2022. 1. 27. 선고 2021도15334 판결

(11) 분양공고 및 분양신청에 관한 사항

분양신청통지문, 분양공고문, 분양공고의 대상이 되는 대지 또는 건축물의 내역 및 가격, 분양대상자별 분담금의 추산액, 분양신청기간, 분양신청서 등 도시정비법 제72조와 관련된 서류 및 그 관련서류를 말한다. 분양대상자 명단 등 분양공고 및 분양신청에 관한 사항이 별도의 서류로 만들어졌다면 공개의 대상이 될 것이나 작성되지 않았다면 이 사항과 관련하여 조합에서 생성한 서류와 조합원으로부터 받은 서류만 공개하면 될 것이다.

(12) 연간 자금운영 계획에 관한 사항

회계연도에 사용할 자금의 운용계획서를 말한다. 수입과 지출에 관한 계획이 드러나는 서류이면 족하다. 통상 조합등은 회계사를 통해 연간 자금운용계획서를 작성하는데 작성되면 15일 이내에 공개해야 한다.

(13) 정비사업의 월별 공사진행에 관한 사항

국토교통부고시인 「주택건설공사 감리업무 세부기준」에 따라 작성된 월별 공정확인서가 이에 해당한다. 별도로 정비사업의 월별 공사진행에 관한 사항을 담은 서류를 작성하고 월별 공정확인서를 첨부서류로 붙이거나 언제든 열람·복사할 수 있는 상태로 두면 공개의무를 다하였다 할 것이다.

(14) 설계자·시공자·정비사업전문관리업자 등 용역업체와의 세부 계약 변경에 관한 사항

조합원총회의 의결을 거쳐 체결하는 용역업체와의 계약변경뿐만 아니라 예산범위 내에서 체결할 수 있는 용역업체의 계약 변경 내용 모두를 포함한다.

(15) 정비사업비 변경에 관한 사항

정비사업비의 총금액이 변경된 경우를 말한다. 단순히 세부내역의 변경에 불과한 경우에는 조합원분담금 등 조합원의 이해관계에 영향이 미비하다 할 것이므로 이에 해당하지 않는다.

(16) 위 (1) 내지 (15)의 관련자료

정비사업의 시행에 관한 위 서류에 대한 관련자료도 공개대상이 된다. 도시정비법 제124조 제1항은 공개 대상 서류를 각호에서 구체적으로 열거하면서도 '관련 자료'의 판단 기준에 관하여는 정하고 있지 않다. 하지만 관련자료의 공개의무규정은 도시정비법 제138조위반죄의 구성요건에 해당하므로 위 명시된 서류의 '관련 자료'의 범위를 지나치게 확장하여 인정하는 것은 죄형법정주의가 요구하는 형벌법규 해석원칙에 어긋난다. 따라서 위 조항에 열거된 서류의 진정성립 판단을 위해 확인할 필요가 있는 자료나 해당 서류가 그 내용을 인용하면서 별첨한 자료 등 해당 서류와 불가분적 또는 직접적으로 관련된 자료만이 여기서 말하는 '관련 자료'에 포함될 수 있다. 공개 필요성이 있다는 이유만으로 그 '관련 자료'에 해당한다고 단정해서는 안 된다. 또한 위 도시정비법 제124조 제1항 각호의 서류가 작성된 바 없어 공개 대상이 되지 않는다면, 해당 서류의 관련 자료에 해당한다는 이유로 공개 대상이 된다고 볼 수도 없다.[10]

다. 공개의 시기 및 방법

작성되거나 변경된 후 15일 이내에 이를 조합원, 토지등소유자 또는 세입자가 알 수 있도록 인터넷과 그 밖의 방법을 병행하여 공개하여야 한다. 조합정관에 정보공개를 위한 절차 등을 규정하고 있는 경우에는 그 규정을 준수하여 공개하여야 한다. 공개의 대상이 되는 서류 및 관련 자료의 경우 분기별로 매 분기가 끝나는 달의 다음 달 15일까지 (i)공개대상의 목록, (ii)개략적인 내용, (iii)공개장소, (iv)대상자별 정보공개의 범위, (v)열람·복사 방법, (vi)등사에 필요한 비용 등을 조합원 또는 토지등소유자에게 서면으로 통지하여야 한다(법 §124②, 시행령 §94②). 추진위원장 또는 사업시행자가 도시정비법에 따라 서류와 관련 자료를 공개하는 경우에는 주민등록번호를 제외하고 사용목적 등을 기재한 서면(전자문서를 포함한다)으로 공개하여야 한다(법 §124③, 시행규칙 §22).

10 대법원 2024. 9. 12. 선고 2021도14485 판결

라. 위반시 조치(법 §137, §138)

공개의무를 위반하여 정비사업시행과 관련한 서류 및 자료를 인터넷과 그 밖의 방법을 병행하여 공개하지 아니하는 추진위원장, 전문조합관리인 또는 조합임원은 도시정비법위반죄로 형사처벌의 대상이 된다(법 §138). 조합의 청산인도 공개주체다. 토지등소유자가 시행하는 재개발사업의 경우에는 그 대표자를, 지정개발자가 사업시행자인 경우 그 대표자가 공개주체가 된다. 공개 서류 및 관련 자료를 거짓으로 공개한 추진위원장 또는 조합임원은 더 중하게 형사처벌된다(법 §137).

3. 열람·복사

가. 의의

도시정비법은 조합원, 토지등소유자에게 열람·복사 요청권을 부여함으로써 조합이나 추진위원회가 정비사업 시행에 관하여 작성하거나 취득하는 등으로 보관하고 있는 서류와 자료 모두를 잠정적 공개 대상으로 정하고 있다. 따라서, 추진위원장 등은 위 서류 및 관련 자료에 관하여 토지등소유자 등으로부터 열람·복사 요청이 있는 경우 그 요청 방법이나 절차가 법령에 위반되거나 그 요청에 응하는 것이 다른 법률에 위반되는 것이 아닌 이상 15일 이내에 그 요청에 따라야 한다.[11] 열람·복사제도의 취지는 관련자료의 공개와 마찬가지로 정비사업의 투명성·공공성을 확보하고 조합원의 알권리를 충족시키기 위한 것이다.

나. 요청권자

조합원 또는 토지등소유자이다. 조합임원인 감사는 열람·복사 요청권자에 해당하지 않는다.[12] 그러나 감사가 조합원의 지위를 함께 가지고 있다면 조합

11 대법원 2024. 9. 12. 선고 2021도14485 판결

12 대법원 2021. 2. 10. 선고 2019도18700 판결

원으로서 열람·복사 요청을 할 수 있다. 어떤 조합원이 조합의 감사가 되었다는 사정만으로 조합원 또는 토지등소유자의 지위에서 가지는 권리를 상실한다고 볼 수 없기 때문이다. 공유자가 대표자를 선정하지 아니하고 단독으로 열람·복사를 요청할 수 있는지 문제될 수 있는데, 도시정비법이 요청권자를 토지등소유자로 규정하고 있고 토지등소유자에는 공유자도 포함되므로 단독으로 열람·복사를 요청할 수 있다고 보는 것이 열람·복사제도의 취지에도 부합하다 할 것이다.

다. 대상

추진위원장 또는 사업시행자가 공개해야 하는 관련 자료는 모두 열람·복사의 대상이다. 그 외에도 토지등소유자 명부 및 조합원명부도 열람·복사의 대상이다. 용역업체 선정을 위한 입찰에 따라 용역업체를 선정하였으나 용역계약이 실제로 체결되지 않아 용역계약서가 작성되지 않은 경우에는 그 용역계약서는 공개 대상이 되지 않는다. 또한, 입찰에서 탈락한 업체의 용역계약서는 도시정비법 제124조 제1항 제2호가 정한 용역업체 선정계약서의 '관련 자료'로서 공개 대상이 된다고 보기도 어렵다.[13] 다만 가령, 추진위원회가 업무수행의 일환으로 입찰과정에서 입찰업체로부터 정관초안을 제출 받아 이 자료를 작성·보유하게 된 경우 이 자료도 열람·복사의 대상이 되는지 문제될 수 있다. '조합 정관 초안의 작성'은 추진위원회의 업무에 속하고, 위 추진위원회는 이러한 업무 수행의 일환으로 입찰 기회에 입찰업체로부터 정관 초안을 제출받아 위 자료를 작성·보유하게 된 경우이므로 이 자료는 도시정비법 제124조 제4항에서 말하는 '정비사업 시행에 관한 서류와 관련 자료'에 해당한다 할 것이다.[14]

문제는 조합원의 전화번호가 열람·복사의 대상인가 하는 점이다. 大法院은 도시정비법이 조합원명부를 열람·복사 대상으로 규정하고 있으므로 조합원 명

13 대법원 2024. 9. 12. 선고 2021도14485 판결

14 대법원 2024. 9. 12. 선고 2021도14485 판결

부에 조합원들의 전화번호가 기재되어 있다면 조합원들의 전화번호가 포함된 조합원 명부가 열람·복사의 대상이 되고, 설령 조합원 명부에 조합원들의 전화번호가 기재되어 있지 않다고 하더라도, 조합이 정비사업 시행을 위해 조합원들의 전화번호를 수집하여 관리하고 있다면 '정비사업의 시행에 관한 서류와 관련 자료'에 해당한다고 본다.[15] 그러나 조합원명부의 전화번호 기재가 필수적인 것이 아니고 조합만 사용할 것을 전제로 전화번호를 제공한 조합원들도 있을 것인데 이를 모두 무시하고 반드시 열람복사의 대상이 된다고 보는 것은 개인정보보호법의 입법취지나 전화번호를 조합업무를 위해 제공한 조합원들의 의사에 반하는 과도한 해석이라 생각한다.

大法院은 또한 위 판결에서 조합원의 전화번호는 「공공기관의 정보공개에 관한 법률」에 의한 공개대상인 정보에도 해당한다고 보고 있다. 「공공기관의 정보공개에 관한 법률」 제9조 제1항 제6호의 '법령에서 정하는 바에 따라 열람할 수 있는 정보'라거나 '조합의 공익과 조합원의 권리를 위하여 필요하다고 인정되는 정보'에 해당한다고 보기 때문이다. 그러나 역시 조합원의 전화번호는 개인정보로서 공개될 경우 사생활의 비밀 또는 자유를 침해할 우려가 있다고 인정되는 정보여서 비공개대상이라고 보는 것이 타당하다고 생각한다. 법해석상 어렵다면 입법개선이 필요하다 생각한다.

조합으로부터 제공받은 조합원의 전화번호를 제공받은 목적, 즉 정비사업의 시행과 관련하여 조합원 또는 토지등소유자들 사이의 의견수렴·의사소통 외의 용도로 이용하거나 제3자에게 제공하는 경우에는 당연히 형사처벌의 대상이 된다[16](개인정보보호법 §19, §71 ii).

한편, 신축건물 동·호수 배정결과는 관리처분계획안 수립의 필수 구성요소로서 관리처분계획 및 이전고시를 통해 조합원들에게 공개되어야 하는 정보이다. 따라서 관리처분계획안을 만들기 전이라도 미리 알아야 할 필요가 있으므

15 대법원 2021. 2. 10. 선고 2019도18700 판결

16 대법원 2021. 2. 10. 선고 2019도18700 판결

로 '정비사업의 시행에 관한 서류와 관료 자료'에 해당하므로 공개하는 것이 타당하다고 생각한다.[17]

관련자료가 「공공기관의 정보공개에 관한 법률」에서 정한 비공개 대상에 해당하는 경우에도 토지등소유자 등의 열람·복사 요청에 대하여는 「공공기관의 정보공개에 관한 법률」이 적용되지 않으므로 마찬가지로 공개해야 한다.[18]

라. 시기 및 방법

추진위원장이나 사업시행자는 조합원 또는 토지등소유자로부터 정비사업 시행에 관한 서류와 관련 자료에 대하여 열람·복사 요청을 받은 경우 15일 이내에 그 요청에 따라야 한다(법 §124④).

추진위원장 또는 사업시행자는 열람·복사의 방법을 조합원 또는 토지등소유자에게 서면으로 통지하여야 한다(법 §124②). 복사에 필요한 비용은 실비의 범위에서 청구인이 부담한다(법 §124⑤). 이 경우 비용납부의 방법, 시기 및 금액 등에 필요한 사항은 시·도조례로 정한다.

도시정비법은 조합임원으로 하여금 열람·복사 요청이 있는 경우 그 요청에 따라야 하고, 복사에 필요한 비용을 청구인이 부담한다고만 규정하고 있을 뿐 구체적으로 어떠한 방법으로 열람·복사 요청에 응하여야 하는지에 관하여는 규정하고 있지 않다. 이처럼 도시정비법은 조합원에게 열람·복사 방법을 서면으로 통지하도록 규정하여 개별 조합에 열람·복사의 방법을 구체적으로 정할 수 있도록 재량권을 주고 있다. 그럼에도 개별 조합에서 열람·복사의 방법을 특정하지 않았다면 현장교부 외에도 통상의 방법인 우편, 팩스 또는 정보통신망 중 어느 하나의 방법을 이용하여 열람·복사 요청에 응하여야 한다고 해석함이 타당하다. 열람·복사를 요청한 조합원이 복사에 필요한 비용을 부담한다는 규정만으로 현장에서만 열람 및 복사할 것이 요구된다고 해석할 수 없다.[19]

---

17 대법원 2021. 2. 10. 선고 2019도18700 판결

18 대법원 2024. 9. 12. 선고 2021도14485 판결

19 대법원 2018. 4. 26. 선고 2016도13811 판결. 이 판결은 이와 같은 법리에서 열람·복

마. 위반시 조치

조합원 또는 토지등소유자의 정당한 열람·복사에 응하지 아니한 추진위원장, 전문조합관리인 또는 조합임원은 도시정비법위반죄로 처벌된다(법 §138). 청산조합의 경우에는 청산인, 토지등소우자가 시행하는 재개발사업의 경우에는 그 대표자, 지정개발자가 사업시행자인 경우에는 그 대표자가 조합임원의 지위에 준하여 처벌된다. 허위의 사실이 포함된 자료를 그 정을 알면서도 열람 복사 해준 경우에는 더 중하게 처벌된다(법 §137).

열람·등사 요청을 받은 자료가 방대하여 이를 거부한 행위는 사회상규에 위배되지 아니하는 정당행위로 볼 수 없다.[20]

도시정비법 제124조는 조합원과 토지등소유자를 열람·복사 요청권자로 규정하고 있을 뿐이므로 조합임원인 감사는 이 공개규정에서 규정한 열람 복사·요청권자에 해당하지 않는다. 그러나 감사가 조합원의 지위를 함께 가지고 있다면 조합원으로서 열람·복사 요청할 수 있다, 어떤 조합원이 조합의 감사가 되었다는 사정만으로 조합원 또는 토지등소유자의 지위에서 가지는 권리를 상실한다고 볼 수는 없기 때문이다.[21] 따라서 정비사업조합의 조합원이자 감사인 자가 정비사업 관련 자료의 열람·복사를 요청한 경우에도 특별한 사정이 없는 한 조합임원은 위 공개 규정에 따라 열람·복사를 허용할 의무를 부담하고, 이를 위반하여 열람·복사를 허용하지 않는 경우에는 형사처벌의 대상이 된다(법 §138).

사를 신청한 조합원이 15일 이내에 조합을 방문하였음을 인정할 증거가 없다는 이유로 피고인들에게 무죄를 선고한 원심 판단에는 구 도시정비법상의 열람·복사 요청에 응할 의무에 관한 법리를 오해하여 필요한 심리를 다하지 아니한 위법이 있다고 판시했다.

20 대법원 2012. 2. 23. 선고 2010도8981 판결

21 대법원 2021. 2. 10. 선고 2019도1870C 판결

V 관련 자료의 보관 및 인계

제125조(관련 자료의 보관 및 인계) ① 추진위원장 · 정비사업전문관리업자 또는 사업시행자(조합의 경우 청산인을 포함한 조합임원, 토지등소유자가 단독으로 시행하는 재개발사업의 경우에는 그 대표자를 말한다)는 제124조제1항에 따른 서류 및 관련 자료와 총회 또는 중요한 회의(조합원 또는 토지등소유자의 비용부담을 수반하거나 권리 · 의무의 변동을 발생시키는 경우로서 대통령령으로 정하는 회의를 말한다)가 있은 때에는 속기록 · 녹음 또는 영상자료를 만들어 청산 시까지 보관하여야 한다.

② 시장 · 군수등 또는 토지주택공사등이 아닌 사업시행자는 정비사업을 완료하거나 폐지한 때에는 시 · 도조례로 정하는 바에 따라 관계 서류를 시장 · 군수등에게 인계하여야 한다.

③ 시장 · 군수등 또는 토지주택공사등인 사업시행자와 제2항에 따라 관계 서류를 인계받은 시장 · 군수등은 해당 정비사업의 관계 서류를 5년간 보관하여야 한다.

1. 의의

정비사업의 시행과 관련된 서류와 자료를 보관하도록 하는 것은 정비사업의 투명성·공공성을 확보하고 조합원 또는 토지등소유자의 비용부담을 수반하거나 권리·의무의 변동을 발생시키는 경우 등에 대해 조합원의 알권리를 충족시키기 위한 것이다. 관련 자료의 인계는 조합의 청산업무를 종료하기 위함이다. 도시정비법은 신속하게 공개하여야 할 자료와 일정한 경우에 한하여 작성 후 청산 시까지 보관하여야 할 자료를 구분하고 있다.[22]

2. 관련 자료의 보관(법 §125①)

공개대상이 되는 서류와 관련 자료 등을 보관하여야 하는 자는 추진위원장·정비사업전문관리업자 또는 사업시행자이다. 조합의 경우 청산인을 포함한

22 대법원 2022. 1. 27. 선고 2021도15334 판결

조합임원을 말하며, 토지등소유자가 단독으로 시행하는 재개발사업의 경우에는 그 대표자를 말한다.

(i)도시정비법에 따라 공개대상이 되는 서류 및 관련 자료와 (ii)총회 또는 중요한 회의의 속기록·녹음 또는 영상자료가 보관대상이다. 이와 같이 속기록·녹음 또는 영상자료는 보관의 대상일 뿐 의무적 공개나 열람복사의 대상은 아니다.[23] 즉, 도시정비법은 속기록·녹음 또는 영상자료는 보관대상으로 규정할 뿐 의사록과 같은 공개대상으로 명시하지 않고 있다. 중요한 회의란 조합원 또는 토지등소유자의 비용부담을 수반하거나 권리·의무의 변동을 발생시키는 경우로서 대통령령으로 정하는 회의를 말한다. 여기서 대통령령이 정하는 회의란 (i)용역 계약(변경계약을 포함한다) 및 업체 선정과 관련된 대의원회·이사회와 (ii)조합임원·대의원의 선임·해임·징계 및 토지등소유자(조합이 설립된 경우에는 조합원을 말한다) 자격에 관한 대의원회·이사회를 말한다(시행령 §94③). 보관은 청산시까지이다.

3. 관련 자료의 인계

시장·군수등 또는 토지주택공사등이 아닌 사업시행자는 정비사업을 완료하거나 폐지한 때에는 시·도조례로 정하는 바에 따라 관계 서류를 시장·군수등에게 인계하여야 한다(법 §125②). 시장·군수등 또는 토지주택공사등인 사업시행자와 조합등의 사업시행자로부터 관계서류를 인계받은 시장·군수등은 해당 정비사업의 관계 서류를 5년간 보관하여야 한다(법 §125③). 관련 자료가 인계되면 조합의 청산업무는 종료된다.

4. 위반시 조치

속기록 등을 만들지 아니하거나 관련 자료를 청산 시까지 보관하지 아니한 추진위원장, 전문조합관리인 또는 조합임원은 도시정비법 위반죄로 형사처벌

23 대법원 2022. 1. 27. 선고 2021도15334 판결

된다(법 §138). 조합임원에는 조합의 청산인도 포함되며, 토지등소유자가 시행하는 재개발사업의 경우에는 그 대표자와 지정개발자가 사업시행자인 경우 그 대표자도 처벌의 대상이 된다.

VI 재정적 지원

1. 개요

정비사업이 원활히 추진되기 위해서는 정비사업 추진에 필요한 비용을 지원하거나 주요 정비사업 참여자에 대한 세제혜택 등을 제공하는 등의 재정적 지원체계가 필요하다. 제8장은 보충적 지원체계로 기금의 설치와 세제혜택을 규정하고 있다.

2. 도시·주거환경정비기금의 설치 등

가. 의의

기본계획을 수립하거나 승인하는 특별시장·광역시장·특별자치시장·도지사·특별자치도지사 또는 시장은 정비사업의 원활한 수행을 위하여 도시·주거환경정비기금을 의무적으로 설치하여야 한다(법 §126①). 다만, 기본계획을 수립하지 아니하는 시장 및 군수도 필요한 경우에는 정비기금을 설치할 수도 있다.

나. 재원

정비기금의 재원은 〈표 66〉과 같다(법 §126②).

표 66

도시 · 주거환경정비기금의 재원
(i) 용적률 완화를 위해 사업시행자가 현금으로 납부한 금액
(ii) 도시정비법에 따라 시 · 도지사, 시장, 군수 또는 구청장에게 공급된 주택의 임대보증금 및 임대료
(iii) 정비기반시설 관리자의 부담금 및 정비사업으로 발생한 「개발이익 환수에 관한 법률」에 따른 개발부담금 중 지방자치단체 귀속분의 일부
(iv) 정비구역(재건축구역은 제외한다) 안의 국 · 공유지 매각대금 중 대통령령으로 정하는 일정 비율 이상의 금액
(v) 시공사에게 부과하는 과징금
(vi) 「재건축초과이익 환수에 관한 법률」에 따른 재건축부담금 중 지방자치단체 귀속분
(vii) 「지방세법」 에따라 부과 · 징수되는 지방소비세 또는 재산세 중 대통령령으로 정하는 일정 비율 이상의 금액
(viii) 그 밖에 시 · 도조례로 정하는 재원

다. 사용용도

도시·주거환경정비기금은 〈표 67〉의 용도 이외의 목적으로 사용하여서는 아니 된다(법 §126③).

표 67

도시 · 주거환경정비기금의 용도
(i) 기본계획의 수립, 재건축진단 및 정비계획의 수립, 추진위원회의 운영자금 대여, 그 밖에 도시정비법과 시 · 도조례로 정하는 사항
(ii) 임대주택의 건설 · 관리 및 임차인의 주거안정 지원
(iii) 재건축부담금의 부과 · 징수
(iv) 주택개량의 지원 및 정비구역등이 해제된 지역에서의 정비기반시설의 설치 지원
(v) 빈집정비사업 및 소규모주택정비사업에 대한 지원
(vi) 「주택법」 제68조에 따른 증축형 리모델링의 안전진단 지원
(vii) 신고포상금의 지급

3. 조합설립인가 등의 취소에 따른 채권의 손해액 산입

시공자·설계자 또는 정비사업전문관리업자 등은 해당 추진위원회 또는 조합에 대한 채권(조합등이 시공자등과 합의하여 이미 상환하였거나 상환할 예정인 채권은 제외한다)의 전부 또는 일부를 포기하고 이를 「조세특례제한법」 제104조의26에 따라 손금에 산입하려면 해당 조합등과 합의하여 채권확인서를 시장·군수등에게 제출하여야 한다. 채권확인서에는 (i)채권의 금액 및 그 증빙 자료, (ii)채권의 포기에 관한 합의서 및 이후의 처리 계획 및 (iii)그 밖에 채권의 포기 등에 관하여 시·도조례로 정하는 사항을 포함하여야 한다(법 §133). 정비구역 해제 등 출구전략이 원활하게 이루어지도록 하기 위함이다.

Ⅶ 사업구역의 관리

1. 노후·불량주거지 개선계획의 수립

국토교통부장관은 주택 또는 기반시설이 열악한 주거지의 주거환경개선을 위하여 5년마다 개선대상지역을 조사하고 연차별 재정지원계획 등을 포함한 노후·불량주거지 개선계획을 수립하여야 한다(법 §127).

2. 정비구역의 범죄 등의 예방

시장·군수등은 사업시행계획인가를 한 경우 그 사실을 관할 경찰서장 및 관할 소방서장에게 통보하여야 한다. 또한, 정비구역 내 주민 안전 등을 위하여 순찰강화 등을 경찰관서나 소방관서에 요청할 수 있다(법 §130).

Ⅷ 권한의 위임 등

국토교통부장관은 도시정비법에 따른 권한의 일부를 대통령령으로 정하는 바에 따라 시·도지사, 시장, 군수 또는 구청장에게 위임할 수 있다(법 §128①). 또한 도시정비법상의 행정청의 권한을 한국부동산원등에게 위탁할 수 있다(법 §128②). 이를 정리하면 <표 68>과 같다(시행령 §96).

| 표 68

업무	위임 · 위탁받는 기관
(ⅰ) 정비사업전문관리업자의 조사 등의 권한	시 · 도지사
(ⅱ) 정비사업전문관리업 정보종합체계의 구축 · 운영에 관한 사무	한국부동산원
(ⅲ) 도시정비법 제115조의 교육의 실시	정비사업전문관리업자단체(협회)
(ⅳ) 정비사업관리시스템의 구축 · 운영에 관한 사무	한국부동산원

Ⅸ 사업시행자 등의 권리·의무의 승계

제129조(사업시행자 등의 권리 · 의무의 승계) 사업시행자와 정비사업과 관련하여 권리를 갖는 자(이하 "권리자"라 한다)의 변동이 있은 때에는 종전의 사업시행자와 권리자의 권리 · 의무는 새로 사업시행자와 권리자로 된 자가 승계한다.

사업시행자와 정비사업과 관련하여 권리를 갖는 자의 변동이 있은 때에는 종전의 사업시행자와 권리자의 권리·의무는 새로 사업시행자와 권리자로 된 자가 승계한다(법 §129). 이와 관련하여 조합이 매도청구권을 행사한 이후에 비로소 토지 또는 건축물의 특정승계가 이루어진 경우 이미 성립한 매매계약상의 의무가 그대로 승계인에게 승계되는지 문제된다.

大法院은 「집합건물의 소유 및 관리에 관한 법률」상의 매도청구권 규정은 승계인에게 매도할 것을 청구할 수 있다고 정하고 있을 뿐이고 승계인이 매매계약상의 의무를 승계한다고 정한 것은 아니라는 점을 근거로 이를 부정하는 입장이다. 매도청구권을 채권적 청구권으로 보기 때문인 것으로 보인다. 이에 따라 大法院은 조합이 조합설립에 동의하지 않은 토지 또는 건축물 소유자를 상대로 매도청구의 소를 제기하여 매도청구권을 행사한 이후에 제3자가 매도청구 대상인 토지 또는 건축물을 특정승계하였다고 하더라도, 특별한 사정이 없는 한 조합은 민사소송법 제82조 제1항에 따라 제3자로 하여금 매도청구소송을 인수하도록 신청할 수 없다고 본다.[24]

그러나 도시정비법 제129조는 "사업시행자와 정비사업과 관련하여 권리를 갖는 자의 변동이 있은 때에는 종전의 사업시행자와 권리자의 권리의무는 새로 사업시행자와 권리자로 된 자가 승계한다" 정하고 있어 '정비사업과 관련하여 권리를 갖는 자'를 조합원에 국한하고 있지 않고 정비사업은 일반인에 대한 공람·공고 등을 통해 시행되므로 大法院과 같은 입장을 취하지 않더라도 승계인에게 불측을 손해를 가하지 않는다는 점을 고려하면 긍정설이 타당하다. 승계를 부정할 경우 신속한 사업진행만을 저해할 것으로 보여 더욱 그렇다.

X 정비사업 관련자의 부정행위 금지

1. 개요

정비사업에 있어 사업시행자 역할을 하는 임원 등의 선임에 많은 이권이 개입될 수 있다. 협력업체 선정도 마찬가지다. 도시정비법은 정비사업 관련자의 부정행위를 금지하고 이를 위반하는 경우에는 행정적 제재나 형사처벌하는 등

24 대법원 2019. 2. 28. 선고 2016다255613 판결

의 규정을 두고 있다. 정비사업 추진과정에서 발생할 수 있는 각종 비리를 제거함으로써 정비사업 업무의 청렴성을 높이고 조합원부담금을 부당하게 증가시킬 수 있는 요인들을 제거하기 위함이다.

2. 조합임원 등의 선임·선정 및 계약 체결 시 행위제한 등

제132조(조합임원 등의 선임 · 선정 및 계약 체결 시 행위제한 등) ① 누구든지 추진위원, 조합임원의 선임 또는 제29조에 따른 계약 체결과 관련하여 다음 각 호의 행위를 하여서는 아니 된다.

1. 금품, 향응 또는 그 밖의 재산상 이익을 제공하거나 제공의사를 표시하거나 제공을 약속하는 행위
2. 금품, 향응 또는 그 밖의 재산상 이익을 제공받거나 제공의사 표시를 승낙하는 행위
3. 제3자를 통하여 제1호 또는 제2호에 해당하는 행위를 하는 행위

② 건설업자와 등록사업자는 제29조에 따른 계약의 체결과 관련하여 시공과 관련 없는 사항으로서 다음 각 호의 어느 하나에 해당하는 사항을 제안하여서는 아니 된다.

1. 이사비, 이주비, 이주촉진비, 그 밖에 시공과 관련 없는 사항에 대한 금전이나 재산상 이익을 제공하는 것으로서 대통령령으로 정하는 사항
2. 「재건축초과이익 환수에 관한 법률」에 따른 재건축부담금의 대납 등 이 법 또는 다른 법률을 위반하는 방법으로 정비사업을 수행하는 것으로서 대통령령으로 정하는 사항

③ 시 · 도지사, 시장, 군수 또는 구청장은 제1항 각 호 또는 제2항 각 호의 행위에 대한 신고의 접수 · 처리 등의 업무를 수행하기 위하여 신고센터를 설치 · 운영할 수 있다.

④ 제3항에 따른 신고센터의 설치 및 운영에 필요한 사항은 국토교통부령으로 정한다.

가. 의의

누구든지 추진위원, 조합임원의 선임 또는 협력업체 선정계약 체결과 관련하여 금품 등을 제공하거나 수수하는 등의 행위를 하여서는 아니 된다. 또한 건설업자 또는 등록사업자는 시공자선정계약의 체결과 관련하여 시공과 관련

없는 사항, 즉 이사비 등을 무이자나 시중금리보다 낮은 금리로 대여하는 등의 제안을 하여서는 아니 된다. 이러한 행위를 금지하는 취지는 조합임원 등의 선임이나 협력업체 선정의 투명성을 높이기 위함이다.

나. 주체

행위의 주체는 '누구든지'이다. 조합임원 등의 선임이나 협력업체 선정계약에 금품등이 오가는 경우에는 누구든지 행위의 주체가 될 수 있다. 가령, 甲이 추진위원장 선출이 예상되는 乙에게 정비사업전문관리업자 선정을 약속받고 금품등을 제공한 경우, 설사 乙이 이후 추진위원장으로 선출되지 못하였다 하더라도 甲과 乙은 모두 행위의 주체가 될 수 있다. 시공자선정계약 체결과 관련하여 제안행위 금지의 행위주체는 건설업자 또는 등록사업자이다.

다. 행위

조합임원 등의 선임이나 협력업체의 선정계약시 금지하는 행위의 유형은 부당한 금품등의 제공 또는 수수 등이다. 이를 정리하면 〈표 69〉와 같다(법 §132①).

표 69

임원선임이나 협력업체선정계약시 금지하는 행위 유형
(ⅰ) 금품, 향응 또는 그 밖의 재산상 이익을 제공하거나 제공의사를 표시하거나 제공을 약속하는 행위
(ⅱ) 금품, 향응 또는 그 밖의 재산상 이익을 제공받거나 제공의사 표시를 승낙하는 행위
(ⅲ) 제3자를 통하여 (ⅰ) 또는 (ⅱ)에 해당하는 행위를 하는 행위

또한, 사업시행자 등은 건설업자 등에게 이사비, 이주비, 이주촉진비, 재건축부담금, 그 밖에 시공과 관련이 없는 사항에 대한 금전이나 재산상 이익을 요청하여서는 아니 된다(정비사업 계약업무 처리기준 §29). 건설업자 등도 시공과 관련 없는 재산상 이익등을 제안하여서는 아니 된다(법 §132②). 재산상 이익등

으로는 (i)이사비, 이주비, 이주촉진비 등을 무상으로 제공하는 것, (ii)이사비, 이주비, 이주촉진비 등을 무이자나 시중은행의 최저대출금리보다 더 낮은 금리로 대여하는 것 또는 (iii)재건축부담금을 대납하는 것 등이 이에 해당한다. 다만 건설업자등은 금융기관의 이주비 대출에 대한 이자를 사업시행자등에 대여하는 것을 제안하는 것은 가능하다. 또한 건설업자등은 금융기관으로부터 조달하는 금리 수준으로 추가 이주비를 사업시행자등에 대여하는 것을 제안하는 것도 가능하다. "추가 이주비"란 종전 토지 또는 건축물을 담보로 한 금융기관의 이주비 대출 이외의 이주비를 말한다. 이를 정리하면 〈표 70〉과 같다(법 §132②).

표 70 건설업자 등에게 금지·허용되는 제안 유형

금지되는 제안	허용되는 제안
• 이주비등 무상제공 • 이주비등 무이자 대여 • 이주비등 저금리 대여 • 재건축부담금 대납	• 이주비 대출이자의 대여 • 추가 이주비를 시중금리 수준으로 대여

시·도지사, 시장, 군수 또는 구청장은 위와 같은 금지되는 행위에 대한 신고의 접수·처리 등의 업무를 수행하기 위하여 신고센터를 설치·운영할 수 있다(법 §132③). 임원선임이나 시공자 등 협력업체 선정에 있어 발생할 수 있는 부정행위를 방지하기 위함이다.

라. 효과

추진위원, 조합임원의 선임 또는 시공자등 협력업체 선정과 관련하여 금품등을 제공하거나 수수 등을 한 자는 형사처벌의 대상이 되고 그 처벌수준이 벌금 100만원 이상인 경우에는 조합임원이 될 수 없고 조합임원인 경우에는 당연 퇴직된다(법 §43).

시·도지사는 건설업자 또는 등록사업자가 시공자 선정계약과 관련하여 금품 등을 제공, 수수, 약속, 승낙 등의 행위를 하거나 시공과 관련없는 사항을 제안하는 경우에는 사업시행자에게 시공자 선정을 취소할 것을 명하거나 공사도급계약금액의 20% 이하에 해당하는 금액의 범위에서 과징금을 부과할 수 있다(법 §113의2). 또한 시·도지사는 이들에 대해 2년 이내의 범위에서 대통령령으로 정하는 기간 동안 정비사업의 입찰참가를 제한하여야 한다(법 §113의3①). 임찰자격 제한은 1회에 한하여 과징금으로 갈음할 수 있다(법 §113의3⑤). 시공자선정계약의 체결과 관련하여 시공과 관련 없는 사항을 제안한 자는 과태료 부과대상이 된다(법 §140)

3. 건설업자와 등록사업자의 관리·감독 의무

제132조(조합임원 등의 선임 · 선정 및 계약 체결 시 행위제한 등) ① 누구든지 추진위원, 조합임원의 선임 또는 제29조에 따른 계약 체결과 관련하여 다음 각 호의 행위를 하여서는 아니 된다.

1. 금품, 향응 또는 그 밖의 재산상 이익을 제공하거나 제공의사를 표시하거나 제공을 약속하는 행위
2. 금품, 향응 또는 그 밖의 재산상 이익을 제공받거나 제공의사 표시를 승낙하는 행위
3. 제3자를 통하여 제1호 또는 제2호에 해당하는 행위를 하는 행위

제132조의2(건설업자와 등록사업자의 관리 · 감독 의무) 건설업자와 등록사업자는 시공자 선정과 관련하여 홍보 등을 위하여 계약한 용역업체의 임직원이 제132조제1항을 위반하지 아니하도록 교육, 용역비 집행 점검, 용역업체 관리 · 감독 등 필요한 조치를 하여야 한다.

건설업자와 등록사업자는 시공자 선정과 관련하여 홍보 등을 위하여 계약한 용역업체의 임직원이 금품등의 제공 또는 수수 등의 금지규정을 위반하지 아니하도록 교육, 용역비 집행 점검, 용역업체 관리·감독 등 필요한 조치를 하여야 한다(법 §132조의2). 이를 소홀히 하여 용역업체 임직원이 금품 등을 제공

또는 수수하는 경우에는 형사처벌의 대상이 된다(법 §138②). 또한, 시·도지사는 사업시행자에게 시공자 선정을 취소할 것을 명하거나 공사도급계약금액의 20% 이하에 해당하는 금액의 범위에서 과징금을 부과할 수 있고(법 §113의2①), 이들에 대해 2년 이내의 범위에서 대통령령으로 정하는 기간 동안 정비사업의 입찰참가를 제한하여야 한다. 임찰자격 제한은 1회에 한하여 과징금으로 갈음할 수 있다(법 §113의3⑤)

4. 허위·과장된 정보제공 등의 금지

건설업자, 등록사업자 및 정비사업전문관리업자는 토지등소유자에게 정비사업에 관한 정보를 제공함에 있어 허위나 과장 정보 등을 제공하여서는 아니된다(법 §132의3①). 즉 (i)사실과 다르게 정보를 제공하거나 사실을 부풀려 정보를 제공하는 행위, (ii)사실을 숨기거나 축소하는 방법으로 정보를 제공하는 행위 등을 하여서는 안된다. 이와 같은 행위의 구체적인 내용은 〈**표 71**〉과 같다(법 §132의3②, 시행령 §96의3)

표 71

금지되는 허위·과장된 정보제공 행위
(i) 정비사업 방식에 따른 용적률, 기부채납 비율, 임대주택 건설비율, 임대주택 인수가격, 건축물 높이 제한, 건축물 층수 제한 및 분양가격에 대한 정보를 사실과 다르게 제공하는 행위
(ii) 객관적인 근거 없이 정비사업 추진에 따른 예상수익 정보를 과장하여 제공하는 행위
(iii) 정비사업 방식에 따른 용적률, 기부채납 비율, 임대주택 건설비율, 임대주택 인수가격, 건축물 높이 제한, 건축물 층수 제한 및 분양가격에 대한 정보를 숨기는 행위
(iv) 객관적인 근거 없이 정비사업 추진에 따른 분담금 추산액 및 예상손실에 대한 정보를 축소하여 제공하는 행위

이를 위반하여 사실과 다른 정보 또는 부풀려진 정보를 제공하거나, 사실을 숨기거나 축소하여 정보를 제공한 자는 과태료 부과대상이 된다(법 §140). 건설업자, 등록사업자 및 정비사업전문관리업자는 금지행위를 위반함으로써 피해를 입은 자가 있는 경우에는 그 피해자에 대하여 손해배상의 책임을 진다(법 §132의3③). 이와 같은 금지행위 위반에 따른 손해가 발생된 사실은 인정되나 그 손해액을 증명하는 것이 사안의 성질상 곤란한 경우 법원은 변론 전체의 취지와 증거조사의 결과에 기초하여 상당한 손해액을 인정할 수 있다(법 §132의3④).

제9장

벌칙

제9장

벌칙

I 개요

도시정비법은 행정벌로 행정형벌과 행정질서벌을 규정하고 있다. 행정형벌은 벌금이라 하더라도 납입하지 아니한 경우 인신제약까지 가할 수 있다는 점에서 경제적 책임만을 지우는 행정질서벌과 구별된다. 또한 행정형벌의 경우 벌금 100만원 이상을 선고받은 경우에는 조합임원의 지위를 상실할 수 있다는 점에서 도시정비법상의 행정형벌과 형법상의 형벌에는 차이가 있다. 행정형벌의 공소시효를 보면, 제135조위반죄는 공소시효가 7년이다. 이와 달리 제136조, 제137조 및 제138조위반죄는 공소시효가 5년이다(형사소송법 제249조). 위반 당시에 조합의 임원이었다 하더라도 법원판결에 의해 조합설립인가가 취소되면 조합의 임원이 아니므로 도시정비법위반죄를 구성하지 아니한다.[1]

또한 도시정비법은 뇌물죄의 적용에 있어서는 조합임원 등을 공무원으로 의제하는 등 정비사업 업무의 공공적 특성을 고려한 특별한 규정을 두고 있고 조합임원의 선정이나 협력업체 선정과 관련하여 금품 등이 오가는 경우에는 사건의 은밀성을 고려하여 자수자 특례규정과 신고자에 대한 포상금제도를 두고 있다. 여기에 정비사업에서 많이 문제되는 업무상 횡령죄와 업무상 배임죄에

1 대법원 2014. 5. 22. 선고 2012도7190 전원합의체 판결

대해서도 알아보기로 한다.

Ⅱ 제135조위반죄

1. 서면동의서(전자서명동의서)위조죄(제1호)

제36조(토지등소유자의 동의방법 등) ① 다음 각 호에 대한 동의(동의한 사항의 철회 또는 제26조제1항제8호 단서, 제31조제3항 단서 및 제47조제4항 단서에 따른 반대의 의사표시를 포함한다)는 서면동의서 또는 전자서명동의서(「전자문서 및 전자거래 기본법」 제2조제1호에 따른 전자문서에 「전자서명법」 제2조제2호에 따른 전자서명을 한 동의서를 말한다. 이하 같다)를 제출하는 방법으로 한다. 이 경우 서면동의서는 토지등소유자가 성명을 적고 지장(指章)을 날인하는 방법으로 하며, 주민등록증, 여권 등 신원을 확인할 수 있는 신분증명서의 사본을 첨부하여야 한다.

1. 제20조제6항제1호에 따라 정비구역등 해제의 연장을 요청하는 경우
2. 제21조제1항제4호에 따라 정비구역의 해제에 동의하는 경우
3. 제24조제1항에 따라 주거환경개선사업의 시행자를 토지주택공사등으로 지정하는 경우
4. 제25조제1항제2호에 따라 토지등소유자가 재개발사업을 시행하려는 경우
5. 제26조 또는 제27조에 따라 재개발사업 · 재건축사업의 공공시행자 또는 지정개발자를 지정하는 경우
6. 제31조제1항에 따라 조합설립을 위한 추진위원회를 구성하는 경우
7. 제32조제4항에 따라 추진위원회의 업무가 토지등소유자의 비용부담을 수반하거나 권리 · 의무에 변동을 가져오는 경우
8. 제35조제2항부터 제5항까지의 규정에 따라 조합을 설립하는 경우
9. 제47조제3항에 따라 주민대표회의를 구성하는 경우
10. 제50조제6항에 따라 사업시행계획인가를 신청하는 경우
11. 제58조제3항에 따라 사업시행자가 사업시행계획서를 작성하려는 경우

제135조(벌칙) 다음 각 호의 어느 하나에 해당하는 자는 5년 이하의 징역 또는 5천만원 이하의 벌금에 처한다.

1. 제36조에 따른 토지등소유자의 서면동의서 또는 전자서명동의서를 위조한 자

서면동의서위조죄는 정비사업과 관련하여 토지등소유자가 동의의 표시로 지장·날인하고 신분증명서 사본을 첨부하는 서면동의서를 위조하거나 전자서면동의서를 위조할 때 성립하는 범죄이다. 행위의 주체에는 제한이 없다. 조합원총회에서 조합이 정하는 바에 따라 운영되는 서면결의서의 위조는 이에 해당하지 않는다. 이와 같은 위조는 형법에 따른 사문서위조죄로 의율될 뿐이다. 도시정비법은 서면동의서위조죄만 규정하고 있고 동행사죄는 규율하고 있지 않다. 도시정비법상의 서면동의서위조죄와 형법상의 사문서위조죄는 상상적 경합관계에 있다고 보아야 한다.

2. 금품등수수죄(제2호)

제132조(조합임원 등의 선임 · 선정 및 계약 체결 시 행위제한 등) ① 누구든지 추진위원, 조합임원의 선임 또는 제29조에 따른 계약 체결과 관련하여 다음 각 호의 행위를 하여서는 아니 된다.

1. 금품, 향응 또는 그 밖의 재산상 이익을 제공하거나 제공의사를 표시하거나 제공을 약속하는 행위
2. 금품, 향응 또는 그 밖의 재산상 이익을 제공받거나 제공의사 표시를 승낙하는 행위
3. 제3자를 통하여 제1호 또는 제2호에 해당하는 행위를 하는 행위

제135조(벌칙) 다음 각 호의 어느 하나에 해당하는 자는 5년 이하의 징역 또는 5천만원 이하의 벌금에 처한다.

2. 제132조제1항 각 호의 어느 하나를 위반하여 금품, 향응 또는 그 밖의 재산상 이익을 제공하거나 제공의사를 표시하거나 제공을 약속하는 행위를 하거나 제공을 받거나 제공의사 표시를 승낙한 자

추진위원, 조합임원의 선임 또는 용업업체 계약 체결과 관련하여 금품, 향응 또는 그 밖의 재산상 이익을 제공하거나 제공의사를 표시하거나 제공을 약속하는 행위, 이와 같은 금품 등을 제공받거나 제공의사 표시를 승낙하는 행위 또는 제3자를 통화여 위와 같은 행위를 함으로써 성립하는 범죄이다.

정비사업의 투명성 제고 등을 통한 정비사업의 원활한 추진 등을 그 입법목적으로 한다. 범죄주체에는 제한이 없다. 금품 등을 수수하는 행위만 있으면 족하고 그 밖에 구성요건적 행위의 구체적인 태양에 관해서는 별다른 제한을 두고 있지 않다.

추진위원의 선임에는 추진위원회의 일반 위원인 추진위원의 선임뿐만 아니라 위원장을 포함한 임원인 위원의 선출도 당연히 포함된다.[2] 따라서 부위원장, 감사와 같은 임원인 위원의 선임과 관련하여서도 위 조항이 적용된다. 추진위원장 선임 당시 추진위원 등의 지위에 있다 하더라도 마찬가지로 위 조항이 적용된다 할 것이다.

Ⅲ 제136조위반죄

1. 법정계약방법위반죄(제1호)

제29조(계약의 방법 및 시공자 선정 등) ① 추진위원장 또는 사업시행자(청산인을 포함한다)는 이 법 또는 다른 법령에 특별한 규정이 있는 경우를 제외하고는 계약(공사, 용역, 물품구매 및 제조 등을 포함한다. 이하 같다)을 체결하려면 일반경쟁에 부쳐야 한다. 다만, 계약규모, 재난의 발생 등 대통령령으로 정하는 경우에는 입찰 참가자를 지명(指名)하여 경쟁에 부치거나 수의계약(隨意契約)으로 할 수 있다.

제136조(벌칙) 다음 각 호의 어느 하나에 해당하는 자는 3년 이하의 징역 또는 3천만원 이하의 벌금에 처한다.

1. 제29조제1항에 따른 계약의 방법을 위반하여 계약을 체결한 추진위원장, 전문조합관리인 또는 조합임원(조합의 청산인 및 토지등소유자가 시행하는 재개발사업의 경우에는 그 대표자, 지정개발자가 사업시행자인 경우 그 대표자를 말한다)

2 대법원 2019. 2. 14. 선고 2016도6497 판결

경쟁입찰의 방법에 의하지 아니하는 등 국토교통부 고시인 「정비사업 계약업무처리기준」에 반하여 협력업체를 선정하거나 계약으로 나아가는 경우에 성립하는 범죄이다. 범죄의 주체는 추진위원장, 전문조합관리인 또는 조합임원, 청산인, 토지등소유자 방식의 대표자 또는 사업시행자인 지정개발자의 대표자이다. 신분범으로 이해된다. 법인의 대표자나 개인이 이 조항에 의해 처벌되는 경우에 만일 행위자가 법인 또는 개인의 대리인, 사용인 또는 종업원인 경우에는 도시정비법 제139조의 양벌규정에 의해 처벌될 수 있다. 도시정비법은 원칙적으로 부가가치세를 별도로 하여 5,000만원 이상의 계약에 대해서는 경쟁입찰의 방법에 따라 협력업체를 선정하도록 하고 있으므로 이를 어긴 경우에도 이 규정에 따라 처벌된다.

2. 시공사선정방법위반죄, 시공계약체결위반죄(제2호, 제2호의2)

제29조(계약의 방법 및 시공자 선정 등) ④ 조합은 조합설립인가를 받은 후 조합총회에서 제1항에 따라 경쟁입찰 또는 수의계약(2회 이상 경쟁입찰이 유찰된 경우로 한정한다)의 방법으로 건설업자 또는 등록사업자를 시공자로 선정하여야 한다. 다만, 대통령령으로 정하는 규모 이하의 정비사업은 조합총회에서 정관으로 정하는 바에 따라 선정할 수 있다.

⑤ 토지등소유자가 제25조제1항제2호에 따라 재개발사업을 시행하는 경우에는 제1항에도 불구하고 사업시행계획인가를 받은 후 제2조제11호나목에 따른 규약에 따라 건설업자 또는 등록사업자를 시공자로 선정하여야 한다.

⑥ 시장 · 군수등이 제26조제1항 및 제27조제1항에 따라 직접 정비사업을 시행하거나 토지주택공사등 또는 지정개발자를 사업시행자로 지정한 경우 사업시행자는 제26조제2항 및 제27조제2항에 따른 사업시행자 지정 · 고시 후 제1항에 따른 경쟁입찰 또는 수의계약의 방법으로 건설업자 또는 등록사업자를 시공자로 선정하여야 한다.

⑦ 제6항에 따라 시공자를 선정하거나 제23조제1항제4호의 방법으로 시행하는 주거환경개선사업의 사업시행자가 시공자를 선정하는 경우 제47조에 따른 주민대표회의

또는 제48조에 따른 토지등소유자 전체회의는 대통령령으로 정하는 경쟁입찰 또는 수의계약(2회 이상 경쟁입찰이 유찰된 경우로 한정한다)의 방법으로 시공자를 추천할 수 있다.

(생략)

⑩ 제7항에 따라 주민대표회의 또는 토지등소유자 전체회의가 시공자를 추천한 경우 사업시행자는 추천받은 자를 시공자로 선정하여야 한다. 이 경우 시공자와의 계약에 관해서는 「지방자치단체를 당사자로 하는 계약에 관한 법률」 제9조 또는 「공공기관의 운영에 관한 법률」 제39조를 적용하지 아니한다.

⑪ 사업시행자(사업대행자를 포함한다)는 제4항부터 제7항까지 및 제10항에 따라 선정된 시공자와 공사에 관한 계약을 체결할 때에는 기존 건축물의 철거 공사(「석면안전관리법」에 따른 석면 조사 · 해체 · 제거를 포함한다)에 관한 사항을 포함시켜야 한다.

제136조(벌칙) 다음 각 호의 어느 하나에 해당하는 자는 3년 이하의 징역 또는 3천만원 이하의 벌금에 처한다.

2. 제29조제4항부터 제7항까지 및 제10항을 위반하여 시공자를 선정한 자 및 시공자로 선정된 자

2의2. 제29조제11항을 위반하여 시공자와 공사에 관한 계약을 체결한 자

시공사를 선정하는 데 있어 경쟁입찰의 방법에 의하지 아니하거나 선정시기를 어기는 등 국토교통부고시 「정비사업 계약업무처리기준」 상의 시공사선정기준을 위반한 경우에 성립하는 범죄이다. 조합방식의 경우에는 공공지원이 아닌 한 원칙적으로 조합설립인가 후에, 토지등소유자 방식의 경우에는 사업시행계획인가 후에, 시장·군수등이 직접 정비사업을 시행하거나 토지주택공사 또는 지정개발자를 사업시행자로 지정한 경우에는 사업시행자 지정고시 후에 시공자를 선정하여야 하고 이를 어긴 경우에는 이 조항에 따라 처벌된다. 주민대표회의 또는 토지등소유자 전체회의가 시공자를 추천한 경우 사업시행자는 추천받은 자를 시공자로 선정하여야 하는데 이를 사업시행자가 어긴 경우에도

이 조항에 따라 처벌된다.

시공자를 선정한 사업시행자뿐만 아니라 선정된 시공자도 처벌의 대상이 된다. 필요적 공범이다. 공사도급계약에 철거 내용이 빠진 경우에도 처벌된다. 철거 공사에는 반드시 석면조사·해체·제거에 관한 사항을 포함시켜야 한다. 그렇지 않으면 이 조항에 따라 처벌된다.

3. 미승인추진위원회 정비사업전문관리업자선정죄(제3호)

제31조(조합설립추진위원회의 구성 · 승인) ① 조합을 설립하려는 경우에는 다음 각 호의 사항에 대하여 토지등소유자 과반수의 동의를 받아 조합설립을 위한 추진위원회를 구성하여 국토교통부령으로 정하는 방법과 절차에 따라 시장 · 군수등의 승인을 받아야 한다. 이 경우 시장 · 군수등은 승인 이후 구역경계, 토지등소유자의 수 등 국토교통부령으로 정하는 사항을 해당 지방자치단체 공보에 고시하여야 한다.

1. 추진위원회 위원장(이하 "추진위원장"이라 한다)을 포함한 5명 이상의 추진위원회 위원(이하 "추진위원"이라 한다)
2. 제34조제1항에 따른 운영규정

제136조(벌칙) 다음 각 호의 어느 하나에 해당하는 자는 3년 이하의 징역 또는 3천만원 이하의 벌금에 처한다.

3. 제31조제1항에 따른 시장 · 군수등의 추진위원회 승인을 받지 아니하고 정비사업전문관리업자를 선정한 자

추진위원회 구성·승인을 받지 않고 정비사업전문관리업자를 선정하면 성립하는 범죄이다. 정비사업전관리업자를 선정하였는지 여부는 선정계약이 형식적으로 존재하는지 여부가 아니라 사실상 선정계약을 체결했다고 볼 수 있는지를 기준으로 판단하여야 할 것이다. 따라서 가칭 추진위원회를 구성하여 정비사업전문관리업자를 선정하여 계약을 체결한 경우뿐만 아니라 사실상 계약을 체결하였다고 볼 수 있는 경우에는 이 조항에 따라 처벌할 수 있다고 본다. 사실상 계약 체결하였는지 여부는 구체적인 사정을 따져 판단하여야 할 것이다.

이 죄의 행위주체는 선정한 자이다. 선정된 정비사업전문관리업자는 형식적으로 볼 때 필요적 공범관계라 볼 수 있지만 이 조항에서 특별히 선정한 자만을 처벌하고 정비사업전문관리업자는 처벌하고 있지 않으므로 선정된 정비사업전문관리업자를 형법 제33조의「공범과 신분」규정에 따라 처벌할 수는 없다.

4. 정비업체 선정방법위반죄(제4호)

제32조(추진위원회의 기능) ② 추진위원회가 정비사업전문관리업자를 선정하려는 경우에는 제31조에 따라 추진위원회 승인을 받은 후 제29조제1항에 따른 경쟁입찰 또는 수의계약(2회 이상 경쟁입찰이 유찰된 경우로 한정한다)의 방법으로 선정하여야 한다.

제136조(벌칙) 다음 각 호의 어느 하나에 해당하는 자는 3년 이하의 징역 또는 3천만원 이하의 벌금에 처한다.

4. 제32조제2항에 따른 계약의 방법을 위반하여 정비사업전문관리업자를 선정한 추진위원장(전문조합관리인을 포함한다)

추진위원장이 정비사업전문관리업자를 경쟁입찰의 방법에 의하지 아니하고 선정하거나 국토교통부고시「정비사업 계약업무처리기준」을 어기고 정비사업전문관리업자를 선정한 경우에 성립하는 범죄이다. 계약하는 즉시 성립하는 즉시범으로 이해된다. 행위주체는 추진위원장 또는 전문조합관리인으로 신분범에 해당한다. 승인을 받지 아니하고 경쟁입찰의 방법에 의하지 아니한 정비사업전문관리업자 선정행위는 위 조항의 적용대상이 아니라 도시정비법 제136조 제3호의 적용대상이 될 것이다.

5. 서면동의서(전자서명동의서) 매도 · 매수죄(제5호)

第36조(토지등소유자의 동의방법 등) ① 다음 각 호에 대한 동의(동의한 사항의 철회 또는 제26조제1항제8호 단서, 제31조제3항 단서 및 제47조제4항 단서에 따른 반대의 의사표시를 포함한다)는 서면동의서 또는 전자서명동의서(「전자문서 및 전자거래 기본법」 제2조제1호에 따른 전자문서에 「전자서명법」 제2조제2호에 따른 전자서명을 한 동의서를 말한다. 이하 같다)를 제출하는 방법으로 한다. 이 경우 서면동의서는 토지등소유자가 성명을 적고 지장(指章)을 날인하는 방법으로 하며, 주민등록증, 여권 등 신원을 확인할 수 있는 신분증명서의 사본을 첨부하여야 한다.

1. 제20조제6항제1호에 따라 정비구역등 해제의 연장을 요청하는 경우
2. 제21조제1항제4호에 따라 정비구역의 해제에 동의하는 경우
3. 제24조제1항에 따라 주거환경개선사업의 시행자를 토지주택공사등으로 지정하는 경우
4. 제25조제1항제2호에 따라 토지등소유자가 재개발사업을 시행하려는 경우
5. 제26조 또는 제27조에 따라 재개발사업 · 재건축사업의 공공시행자 또는 지정개발자를 지정하는 경우
6. 제31조제1항에 따라 조합설립을 위한 추진위원회를 구성하는 경우
7. 제32조제4항에 따라 추진위원회의 업무가 토지등소유자의 비용부담을 수반하거나 권리 · 의무에 변동을 가져오는 경우
8. 제35조제2항부터 제5항까지의 규정에 따라 조합을 설립하는 경우
9. 제47조제3항에 따라 주민대표회의를 구성하는 경우
10. 제50조제6항에 따라 사업시행계획인가를 신청하는 경우
11. 제58조제3항에 따라 사업시행자가 사업시행계획서를 작성하려는 경우

第136조(벌칙) 다음 각 호의 어느 하나에 해당하는 자는 3년 이하의 징역 또는 3천만원 이하의 벌금에 처한다.

5. 제36조에 따른 토지등소유자의 서면동의서 또는 전자서명동의서를 매도하거나 매수한 자

도시정비법의 서면동의서 등의 위조죄의 적용대상이 되는 서면동의서 또는 전자서명동의서를 사거나 파는 경우에 성립하는 범죄이다. 돈을 받거나 주는 행위만을 대상으로 한다. 행위의 주체에는 제한이 없다. 서면동의서 등의 매도

자와 매수자는 필요적 공범관계에 해당한다.

6. 조합원자격 부정취득죄(제6호)

제39조(조합원의 자격 등) ② 「주택법」 제63조제1항에 따른 투기과열지구(이하 "투기과열지구"라 한다)로 지정된 지역에서 재건축사업을 시행하는 경우에는 조합설립인가 후, 재개발사업을 시행하는 경우에는 제74조에 따른 관리처분계획의 인가 후 해당 정비사업의 건축물 또는 토지를 양수(매매 · 증여, 그 밖의 권리의 변동을 수반하는 모든 행위를 포함하되, 상속 · 이혼으로 인한 양도 · 양수의 경우는 제외한다. 이하 이 조에서 같다)한 자는 제1항에도 불구하고 조합원이 될 수 없다. 다만, 양도인이 다음 각 호의 어느 하나에 해당하는 경우 그 양도인으로부터 그 건축물 또는 토지를 양수한 자는 그러하지 아니하다.

1. 세대원(세대주가 포함된 세대의 구성원을 말한다. 이하 이 조에서 같다)의 근무상 또는 생업상의 사정이나 질병치료(「의료법」 제3조에 따른 의료기관의 장이 1년 이상의 치료나 요양이 필요하다고 인정하는 경우로 한정한다) · 취학 · 결혼으로 세대원이 모두 해당 사업구역에 위치하지 아니한 특별시 · 광역시 · 특별자치시 · 특별자치도 · 시 또는 군으로 이전하는 경우
2. 상속으로 취득한 주택으로 세대원 모두 이전하는 경우
3. 세대원 모두 해외로 이주하거나 세대원 모두 2년 이상 해외에 체류하려는 경우
4. 1세대(제1항제2호에 따라 1세대에 속하는 때를 말한다) 1주택자로서 양도하는 주택에 대한 소유기간 및 거주기간이 대통령령으로 정하는 기간 이상인 경우
5. 제80조에 따른 지분형주택을 공급받기 위하여 건축물 또는 토지를 토지주택공사등과 공유하려는 경우
6. 공공임대주택, 「공공주택 특별법」에 따른 공공분양주택의 공급 및 대통령령으로 정하는 사업을 목적으로 건축물 또는 토지를 양수하려는 공공재개발사업 시행자에게 양도하려는 경우
7. 그 밖에 불가피한 사정으로 양도하는 경우로서 대통령령으로 정하는 경우

제136조(벌칙) 다음 각 호의 어느 하나에 해당하는 자는 3년 이하의 징역 또는 3천만원 이하의 벌금에 처한다.

6. 거짓 또는 부정한 방법으로 제39조제2항을 위반하여 조합원 자격을 취득한 자와 조합원 자격을 취득하게 하여준 토지등소유자 및 조합의 임직원(전문조합관리인을 포함한다)

조합원이 될 수 없는 자를 거짓 또는 부정한 방법으로 조합원이 되도록 하거나 그와 같은 사람이 조합원이 될 수 있도록 할 때 성립하는 범죄이다. 가장 대표적인 유형이 도시정비법 제39조 제2항 각호에 해당하지 않음에도 해당하는 것처럼 속여 조합원자격을 취득하는 경우이다. 투기과열지구 내 재건축사업에서 조합설립인가 후에 양도하여 조합원이 될 수 없음에도 조합설립인가 전에 양도한 것처럼 꾸며 조합원지위를 취득한 경우에도 이에 해당한다. 실제는 양도하였음에도 양도하지 아니한 것처럼 꾸미기 위해 등기를 이전하지 아니한 경우에는 조합원지위를 취득한 경우가 아니므로 이 조항에 해당하지 않는다. 이 경우는 도시정비법 제136조 제7호의 건축물 양도·양수 은폐죄가 문제될 것이다. 행위주체는 (i)거짓 또는 부정한 방법으로 조합원이 된 자와 (ii)그를 조합원이 될 수 있도록 한 토지등소유자 및 조합의 임직원이다. 전문조합관리인도 포함된다. 투기과열지구안에서 행해지는 조합원지위 부정취득에 대해서만 적용된다. 조합원 자격을 부정하게 취득한 자나 이것이 가능하게 한 토지등소유자와 조합의 임직원이 처벌대상이지만 토지등소유자나 조합의 임직원이 아닌 제3자는 이에 해당하지 않는다. 그러나 제3자는 필요적 공범관계에 있는 자는 아니기 때문에 형법 제33조의「공범과 신분」규정에 따라 처벌될 수는 있다.

7. 건축물 양도·양수 은폐죄(제7호)

제39조(조합원의 자격 등) ②「주택법」 제63조제1항에 따른 투기과열지구(이하 "투기과열지구"라 한다)로 지정된 지역에서 재건축사업을 시행하는 경우에는 조합설립인가 후, 재개발사업을 시행하는 경우에는 제74조에 따른 관리처분계획의 인가 후 해당 정비사업의 건축물 또는 토지를 양수(매매 · 증여, 그 밖의 권리의 변동을 수반하는 모든 행위를 포함하되, 상속 · 이혼으로 인한 양도 · 양수의 경우는 제외한다. 이하 이 조에서 같다)한 자는 제1항에도 불구하고 조합원이 될 수 없다. 다만, 양도인이 다음 각 호의 어느 하나에 해당하는 경우 그 양도인으로부터 그 건축물 또는 토지를 양수한 자는 그러하지 아니하다.

1. 세대원(세대주가 포함된 세대의 구성원을 말한다. 이하 이 조에서 같다)의 근무상 또는 생업상의 사정이나 질병치료(「의료법」 제3조에 따른 의료기관의 장이 1년 이상의 치료나 요양이 필요하다고 인정하는 경우로 한정한다) · 취학 · 결혼으로 세대원이 모두 해당 사업구역에 위치하지 아니한 특별시 · 광역시 · 특별자치시 · 특별자치도 · 시 또는 군으로 이전하는 경우
2. 상속으로 취득한 주택으로 세대원 모두 이전하는 경우
3. 세대원 모두 해외로 이주하거나 세대원 모두 2년 이상 해외에 체류하려는 경우
4. 1세대(제1항제2호에 따라 1세대에 속하는 때를 말한다) 1주택자로서 양도하는 주택에 대한 소유기간 및 거주기간이 대통령령으로 정하는 기간 이상인 경우
5. 제80조에 따른 지분형주택을 공급받기 위하여 건축물 또는 토지를 토지주택공사 등과 공유하려는 경우
6. 공공임대주택, 「공공주택 특별법」에 따른 공공분양주택의 공급 및 대통령령으로 정하는 사업을 목적으로 건축물 또는 토지를 양수하려는 공공재개발사업 시행자에게 양도하려는 경우
7. 그 밖에 불가피한 사정으로 양도하는 경우로서 대통령령으로 정하는 경우

제136조(벌칙) 다음 각 호의 어느 하나에 해당하는 자는 3년 이하의 징역 또는 3천만원 이하의 벌금에 처한다.

7. 제39조제2항을 회피하여 제72조에 따른 분양주택을 이전 또는 공급받을 목적으로 건축물 또는 토지의 양도 · 양수 사실을 은폐한 자

투기과열지구에서 관리처분계획인가 후 해당 정비사업의 건축물 또는 토지를 양도한 경우 양수인은 조합원자격을 취득할 수 없다. 따라서 위 조항은 이를 회피하기 위하여 양도·양수사실을 숨기는 경우에 성립하는 범죄이다. 즉, 위 범죄는 건축물 또는 토지를 양도·양수하였으나 이를 숨기고 실제 거래관계에 맞지 아니하게 분양주택을 이전 또는 공급받는 경우에 성립하는 죄이다. 양도·양수 사실을 은폐하는 경우란 가령 부동산 등기공시제도를 회피하여 실제 잔금까지 지급되었음에도 분양주택을 이전 또는 공급받을 목적으로 등기는 실행하지 않은 경우가 이에 해당한다. 가령, 실제는 양도하였음에도 이전고시 후나 투기과열지구가 해제된 후에 양도하기 위해 등기를 이전하지 아니한 경우

를 예로 들 수 있다. 이 죄가 성립하기 위해서는 분양주택을 이전 또는 공급받을 목적이 있어야 한다. 이 목적은 확정적일 필요는 없고 미필적으로도 족하다. 따라서 등기를 이전하지 아니한 이유가 분양주택의 이전이나 공급과 관련이 없는 경우에는 본죄의 목적이 존재하지 않으므로 위 조항에 해당하지 않는다. 양도·양수가 외관상 이루어지지 않는다는 점에서 양도·양수가 외관상으로도 이루어지는 도시정비법 제136조 제6호의 부정조합원자격취득죄와 구별된다. 행위시에 투기과열지구로 지정되어 있으면 족하고 그 이후 투기과열지구에서 해제되었다 하더라도 죄성립에는 영향이 없다. 양도·양수 사실을 은폐한 자를 처벌하는 조항이기 때문에 양도자와 양수자 외에 이를 은폐한 공인중개사 등도 위 조항의 정범으로 처벌될 수 있다.

8. 소형분양주택 전매·알선죄(제8호)

제76조(관리처분계획의 수립기준) ① 제74조제1항에 따른 관리처분계획의 내용은 다음 각 호의 기준에 따른다. (생략)

7. 제6호에도 불구하고 다음 각 목의 경우에는 각 목의 방법에 따라 주택을 공급할 수 있다.

(생략)

라. 제74조제1항제5호에 따른 가격의 범위 또는 종전 주택의 주거전용면적의 범위에서 2주택을 공급할 수 있고, 이 중 1주택은 주거전용면적을 60제곱미터 이하로 한다. 다만, 60제곱미터 이하로 공급받은 1주택은 제86조제2항에 따른 이전고시일 다음 날부터 3년이 지나기 전에는 주택을 전매(매매 · 증여나 그 밖에 권리의 변동을 수반하는 모든 행위를 포함하되 상속의 경우는 제외한다)하거나 전매를 알선할 수 없다.

제136조(벌칙) 다음 각 호의 어느 하나에 해당하는 자는 3년 이하의 징역 또는 3천만원 이하의 벌금에 처한다

8. 제76조제1항제7호라목 단서를 위반하여 주택을 전매하거나 전매를 알선한 자

도시정비법은 주택가격의 범위 또는 주거전용면적의 범위에서 2주택을 공급받을 수 있도록 하되 이 중 1주택은 주거전용면적 60제곱미터 이하로 공급받도록 규정하고 있다. 그리고 이렇게 공급받는 주거전용면적 60제곱미터 이하 소형분양주택은 이전고시일 다음날부터 3년이 지나기 전에는 전매하거나 전매를 알선할 수 없다. 소형분양주택 전매·알선죄는 이와 같이 주거전용면적 60제곱미터 이하 소형분양주택을 이전고시일 다음날부터 3년이 지나기 전에 전매하거나 전매를 알선할 때 성립하는 범죄이다. 전매를 한 자나 그것을 알선한 자는 처벌대상이지만 그 주택을 매수한 자는 처벌대상이 아니다.

Ⅳ 제137조위반죄

1. 허위 재건축진단결과보고서 작성죄(제1호)

제12조(재건축사업을 위한 재건축진단) ⑤ 제4항에 따라 재건축진단을 의뢰받은 재건축진단기관은 국토교통부장관이 정하여 고시하는 기준(건축물의 내진성능 확보를 위한 비용을 포함한다)에 따라 재건축진단을 실시하여야 하며, 국토교통부령으로 정하는 방법 및 절차에 따라 재건축진단 결과보고서를 작성하여 시장 · 군수등 및 제2항에 따라 재건축진단의 실시를 요청한 자에게 제출하여야 한다.

제137조(벌칙) 다음 각 호의 어느 하나에 해당하는 자는 2년 이하의 징역 또는 2천만원 이하의 벌금에 처한다.
1. 제12조제5항에 따른 재건축진단 결과보고서를 거짓으로 작성한 자

재건축진단을 의뢰받은 재건축진단기관은 재건축진단을 실시하여 국토교통부령이 정하는 방법과 절차에 따라 재건축진단결과보고서를 작성하여 정비계획 입안권자 등에게 제출하여야 하는데 이 재건축진단결과보고서가 허위로 작성된 경우에 성립하는 범죄이다. 재건축진단을 의뢰받은 재건축진단기관에서

허위로 작성해야 성립하는 범죄이고 의뢰받지 않은 자가 재건축진단 결과보고서를 허위로 작성하였다 하더라도 이에 해당하지 않는다. 재건축진단 결과보고서 내용이 허위이기만 하면 작성명의인이 위조되지 않았다 하더라도 이 죄에 해당한다. 형법상 무형위조는 공문서 외에는 처벌하지 않는데 사문서에 대해서도 무형위조를 예외적으로 처벌하는 규정이다.

2. 무허가행위죄·부정허가행위죄(제2호)

제19조(행위제한 등) ① 정비구역에서 다음 각 호의 어느 하나에 해당하는 행위를 하려는 자는 시장 · 군수등의 허가를 받아야 한다. 허가받은 사항을 변경하려는 때에도 또한 같다.
1. 건축물의 건축
2. 공작물의 설치
3. 토지의 형질변경
4. 토석의 채취
5. 토지분할
6. 물건을 쌓아 놓는 행위
7. 그 밖에 대통령령으로 정하는 행위

제137조(벌칙) 다음 각 호의 어느 하나에 해당하는 자는 2년 이하의 징역 또는 2천만원 이하의 벌금에 처한다
2. 제19조제1항을 위반하여 허가 또는 변경허가를 받지 아니하거나 거짓, 그 밖의 부정한 방법으로 허가 또는 변경허가를 받아 행위를 한 자

정비구역 내에서 행위허가를 받아야 할 사항에 대해 허가 또는 변경허가를 받지 아니하거나 거짓 기타 부정한 방법으로 허가 또는 변경허가를 받는 경우에 성립하는 범죄이다. 정비사업을 위한 정비구역의 지정 목적을 달성하기 위함이다. 또한, 투기 목적으로 건축물을 건축하거나 토지분할을 시도할 수 있기 때문에 이를 통제하기 위함이다. 즉, 도시정비법 제77조의 주택 등 건축물을 분양받을 권리의 산정 기준일의 실효성을 담보하기 위한 장치라 할 수 있다.

3. 미승인 추진위원회(주민대표회의) 업무수행죄(제3호)

제31조(조합설립추진위원회의 구성 · 승인) ① 조합을 설립하려는 경우에는 제16조에 따른 정비구역 지정 · 고시 후 다음 각 호의 사항에 대하여 토지등소유자 과반수의 동의를 받아 조합설립을 위한 추진위원회를 구성하여 국토교통부령으로 정하는 방법과 절차에 따라 시장 · 군수등의 승인을 받아야 한다.

1. 추진위원회 위원장(이하 "추진위원장"이라 한다)을 포함한 5명 이상의 추진위원회 위원(이하 "추진위원"이라 한다)
2. 제34조제1항에 따른 운영규정

제32조(추진위원회의 기능) ① 추진위원회는 다음 각 호의 업무를 수행할 수 있다.

1. 제102조에 따른 정비사업전문관리업자(이하 "정비사업전문관리업자"라 한다)의 선정 및 변경
2. 설계자의 선정 및 변경
3. 개략적인 정비사업 시행계획서의 작성
4. 조합설립인가를 받기 위한 준비업무
5. 그 밖에 조합설립을 추진하기 위하여 대통령령으로 정하는 업무

제47조(주민대표회의) ③ 주민대표회의는 토지등소유자의 과반수의 동의를 받아 구성하며, 국토교통부령으로 정하는 방법 및 절차에 따라 시장 · 군수등의 승인을 받아야 한다.

제137조(벌칙) 다음 각 호의 어느 하나에 해당하는 자는 2년 이하의 징역 또는 2천만원 이하의 벌금에 처한다

3. 제31조제1항 또는 제47조제3항을 위반하여 추진위원회 또는 주민대표회의의 승인을 받지 아니하고 제32조제1항 각 호의 업무를 수행하거나 주민대표회의를 구성 · 운영한 자

추진위원회 또는 주민대표회의 구성·승인을 받지 아니하고 정비사업전문관리업자 선정 등 추진위원회 업무를 행하거나 주민대표회의를 구성·운영하는 경우에 성립하는 범죄이다. 가령, 가칭 추진위준비위원회를 만들어 정비사업전문관리업자를 선정하였다면 이 죄에 해당한다. 행위주체에는 제한이 없다.

구성·승인을 받지 아니하고 추진위원회 업무 등을 행하는 동안에는 범죄행위가 지속되는 계속범으로 봐야 한다. 따라서 추진위원회 업무 등을 그만둔 때 공소시효가 진행된다. 구성·승인을 받지 아니한 추진위원회가 신탁업자와 함께 사업시행자 지정에 필요한 동의를 받기 전에 토지등소유자에게 '토지등소유자별 분담금 추산액 및 산출근거' 등을 제공한 경우 본조에 따라 처벌될 수 있는지 문제될 수 있으나, 이와 같은 행위는 사업시행자 지정을 위한 것으로 볼 수 있어 도시정비법 제32조 제1항 각호의 업무라 할 수 없고 이와 같은 분담금 산출 정보를 제공하는 것은 추진위원회 구성·승인을 위한 토지등소유자의 동의를 받기 위해 필요하다는 점에 비춰 본조의 구성요건에 해당하지 않는다고 보는 것이 타당하다.

4. 추진위원회(주민대표회의) 임의구성·추진죄(제4호)

제31조(조합설립추진위원회의 구성 · 승인) ① 조합을 설립하려는 경우에는 제16조에 따른 정비구역 지정 · 고시 후 다음 각 호의 사항에 대하여 토지등소유자 과반수의 동의를 받아 조합설립을 위한 추진위원회를 구성하여 국토교통부령으로 정하는 방법과 절차에 따라 시장 · 군수등의 승인을 받아야 한다.

1. 추진위원회 위원장(이하 "추진위원장"이라 한다)을 포함한 5명 이상의 추진위원회 위원(이하 "추진위원"이라 한다)
2. 제34조제1항에 따른 운영규정

제47조(주민대표회의) ③ 주민대표회의는 토지등소유자의 과반수의 동의를 받아 구성하며, 국토교통부령으로 정하는 방법 및 절차에 따라 시장 · 군수등의 승인을 받아야 한다.

제137조(벌칙) 다음 각 호의 어느 하나에 해당하는 자는 2년 이하의 징역 또는 2천만원 이하의 벌금에 처한다.

4. 제31조제1항 또는 제47조제3항에 따라 승인받은 추진위원회 또는 주민대표회의가 구성되어 있음에도 불구하고 임의로 추진위원회 또는 주민대표회의를 구성하여 이 법에 따른 정비사업을 추진한 자

승인받은 추진위원회 또는 주민대표회의가 구성되어 있음에도 승인을 받지 아니하고 임의로 추진위원회 또는 주민대표회의를 구성하여 정비사업을 추진하는 경우에 성립하는 범죄이다. 제137조 제3호의 「미승인 추진위원회(주민대표회) 업무수행죄」와는 달리 추진위원회 또는 주민대표회의가 구성되어 있음에도 추진위원회 등을 구성하여 정비사업을 추진하는 경우이다. 단순히 정비사업을 추진하였다는 사실만으로는 부족하고 추진위원회 또는 주민대표회의를 구성하는 등의 단체형성행위가 전제되어야 한다. 계속범으로 보아야 한다. 추진위원회를 구성하여 이 법에 따른 정비사업을 추진하면 성립하는 범죄이고 추진하는 정비사업이 반드시 도시정비법 제32조 제1항 각호의 추진위원회의 업무에 국한되지 않는다. 문제는 승인받은 추진위원회가 있음에도 불구하고 주민대표회의를 구성하여 이 법에 따른 정비사업을 추진할 수 있는가 하는 점이다. 추진위원회의 구성목적과 주민대표회의의 그것이 다르고 또한 주민대표회의 구성에 동의한 자는 사업시행자 지정에 동의한 것으로 보게 되는데 토지주택공사등이 사업시행자로 지정·고시된 경우에는 그 고시일 다음날에 추진위원회 구성·승인 또는 조합설립인가가 취소된 것으로 봄(법 §26③)으로 긍정하는 것이 타당하다고 생각한다.

5. 추진위원회 계속운영죄(제5호)

제35조(조합설립인가 등) ① 시장 · 군수등, 토지주택공사등 또는 지정개발자가 아닌 자가 정비사업을 시행하려는 경우에는 토지등소유자로 구성된 조합을 설립하여야 한다. 다만, 제25조제1항제2호에 따라 토지등소유자가 재개발사업을 시행하려는 경우에는 그러하지 아니하다.

② 재개발사업의 추진위원회(제31조제4항에 따라 추진위원회를 구성하지 아니하는 경우에는 토지등소유자를 말한다)가 조합을 설립하려면 토지등소유자의 4분의 3 이상 및 토지면적의 2분의 1 이상의 토지소유자의 동의를 받아 다음 각 호의 사항을 첨부하여 시장 · 군수등의 인가를 받아야 한다. (생략)

③ 재건축사업의 추진위원회(제31조제4항에 따라 추진위원회를 구성하지 아니하는 경우에는 토지등소유자를 말한다)가 조합을 설립하려는 때에는 주택단지의 공동주택의 각 동(복리시설의 경우에는 주택단지의 복리시설 전체를 하나의 동으로 본다)별 구분소유자의 과반수 동의(공동주택의 각 동별 구분소유자가 5 이하인 경우는 제외한다)와 주택단지의 전체 구분소유자의 4분의 3 이상 및 토지면적의 4분의 3 이상의 토지소유자의 동의를 받아 제2항 각 호의 사항을 첨부하여 시장 · 군수등의 인가를 받아야 한다.

④ 제3항에도 불구하고 주택단지가 아닌 지역이 정비구역에 포함된 때에는 주택단지가 아닌 지역의 토지 또는 건축물 소유자의 4분의 3 이상 및 토지면적의 3분의 2 이상의 토지소유자의 동의를 받아야 한다.

⑤ 제2항 및 제3항에 따라 설립된 조합이 인가받은 사항을 변경하고자 하는 때에는 총회에서 조합원의 3분의 2 이상의 찬성으로 의결하고, 제2항 각 호의 사항을 첨부하여 시장 · 군수등의 인가를 받아야 한다. (생략)

제137조(벌칙) 다음 각 호의 어느 하나에 해당하는 자는 2년 이하의 징역 또는 2천만 원 이하의 벌금에 처한다.
5. 제35조에 따라 조합이 설립되었는데도 불구하고 추진위원회를 계속 운영한 자

조합이 설립되었음에도 추진위원회를 계속 운영하는 경우에 성립하는 범죄이다. 가령, 조합설립인가를 받아 조합이 설립되었음에도 인가의 무효를 주장하거나 취소소송을 제기하면서 추진위원회를 운영하는 경우가 이에 해당한다. 조합설립인가가 법원에 의해 무효나 취소되는 경우에는 당초 인가시부터 인가의 효력은 존재하지 아니한 경우이므로 본죄가 성립한다고 볼 수 없다. 다만 정비구역의 해제 등으로 인해 취소되는 경우에는 장래를 향하여 조합설립인가의 효력이 상실되기 때문에 이 경우에는 본죄가 성립한다.

6. 정비사업 임의추진죄(제6호)

제45조(총회의 의결) ① 다음 각 호의 사항은 총회의 의결을 거쳐야 한다.

1. 정관의 변경(제40조제4항에 따른 경미한 사항의 변경은 이 법 또는 정관에서 총회의결사항으로 정한 경우로 한정한다)
2. 자금의 차입과 그 방법 · 이자율 및 상환방법
3. 정비사업비의 세부 항목별 사용계획이 포함된 예산안 및 예산의 사용내역
4. 예산으로 정한 사항 외에 조합원에게 부담이 되는 계약
5. 시공자 · 설계자 및 감정평가법인등(제74조제4항에 따라 시장 · 군수등이 선정 · 계약하는 감정평가법인등은 제외한다)의 선정 및 변경. 다만, 감정평가법인등 선정 및 변경은 총회의 의결을 거쳐 시장 · 군수등에게 위탁할 수 있다.
6. 정비사업전문관리업자의 선정 및 변경
7. 조합임원의 선임 및 해임
8. 정비사업비의 조합원별 분담내역
9. 제52조에 따른 사업시행계획서의 작성 및 변경(제50조제1항 본문에 따른 정비사업의 중지 또는 폐지에 관한 사항을 포함하며, 같은 항 단서에 따른 경미한 변경은 제외한다)
10. 제74조에 따른 관리처분계획의 수립 및 변경(제74조제1항 각 호 외의 부분 단서에 따른 경미한 변경은 제외한다)

10의2. 제86조의2에 따른 조합의 해산과 조합 해산 시의 회계보고

11. 제89조에 따른 청산금의 징수 · 지급(분할징수 · 분할지급을 포함한다)
12. 제93조에 따른 비용의 금액 및 징수방법
13. 그 밖에 조합원에게 경제적 부담을 주는 사항 등 주요한 사항을 결정하기 위하여 대통령령 또는 정관으로 정하는 사항

제137조(벌칙) 다음 각 호의 어느 하나에 해당하는 자는 2년 이하의 징역 또는 2천만원 이하의 벌금에 처한다.

6. <u>제45조</u>에 따른 총회의 의결을 거치지 아니하고 같은 조 제1항 각 호의 사업(같은 항 제13호 중 정관으로 정하는 사항은 제외한다)을 임의로 추진한 조합임원(전문조합관리인을 포함한다)

총회의결사항을 총회의 의결을 거치지 아니하고 추진하는 경우에 성립하는 범죄이다. 이 벌칙규정의 취지는 조합원들의 권리·의무에 직접적인 영향을 미

치는 사항에 대하여 조합원들의 의사가 반영될 수 있도록 절차적 참여 기회를 보장하고 조합 임원의 전횡을 방지하기 위한 것이다. 행위주체는 조합임원이다. 전문조합관리인도 포함한다. 법원이 선임한 임시이사도 행위주체가 된다.[3] 왜냐하면, 도시정비법은 조합에 관하여는 도시정비법에 규정된 것을 제외하고는 민법 중 사단법인에 관한 규정을 준용하도록 하고 있으므로(법 §49), 조합의 임원인 이사가 없거나 도시정비법과 정관이 정한 이사 수에 부족이 있는 때에는 민법 제63조의 규정이 준용되어 법원이 임시이사를 선임할 수 있는데 도시정비법이 조합 총회에서 선임된 이사와 임시이사의 권한을 특별히 달리 정한 규정을 두고 있지도 않기 때문이다. 따라서 법원에 의하여 선임된 임시이사는 원칙적으로 정식이사와 동일한 권한을 가진다고 보아야 하므로 총회의 의결없이 계약을 체결하는 등의 업무를 행하는 경우에는 그 업무와 즉시 본죄가 성립한다.

총회결의는 사전결의를 의미한다.[4] 형식적으로 총회의 의결을 거쳐 설계자를 선정하였더라도 그 총회의 결의에 부존재 또는 무효의 하자가 있는 경우에는 특별한 사정이 없는 한 그 설계자의 선정은 총회의 의결을 거치지 아니한 것에 해당한다. 형식적으로 총회의 의결을 거쳐 조합임원을 선임·해임하였다 하더라도 그 총회의 결의에 부존재 또는 무효의 하자가 있는 경우에는 특별한 사정이 없는 한, 그 조합임원의 선임·해임은 총회의 의결을 거치지 아니한 것에 해당한다.[5]

이처럼 본죄는 사법상의 효력 유무에 따라 본죄가 성립한다는 점에서 총회결의의 사법상 효력의 여부와 관계없이 그와 별도로 현실적으로 총회에서 그와 같은 내용의 결의가 있었다고 평가할 수 있는지 여부에 따라 범죄성립여부를 결정하는 공정증정원본부실기재죄[6]와 구별된다.

3 대법원 2016. 10. 27. 선고 2016도138 판결
4 대법원 2010. 6. 24. 선고 2009도14296 판결
5 대법원 2014. 7. 10. 선고 2013도11532 판결
6 대법원 2004. 10. 15. 선고 2004도3584 판결, 이 판례는 재건축조합 임시총회의 소

자금의 차입은 차입처나 이자율의 한도가 설정되지 않은 경우에는 본죄가 성립한다. '자금의 차입과 그 방법·이율 및 상환방법'이나 '예산외 조합원의 부담이 될 계약'을 사전에 의결하기 위해서는 계약의 목적, 내용, 부담의 정도를 개략적으로 밝혀 의결하여야 한다.[7] 따라서 가령, 조합장이 200억원의 사업비 대출에 관하여 종전 약정에서는 존재하지 아니하였던 대출만기 연장 수수료 5억원을 당해 회사에 지급하고 만기를 연장하는 약정을 체결한 것은 '자금의 차입과 그 방법·이율 및 상환방법' 및 '예산으로 정한 사항 외에 조합원의 부담이 될 계약'에 해당하므로 이와 같은 사항에 대해 조합장이 조합원총회의 의결 없이 위와 같은 행위를 하였다면 위 조항에 의해 처벌될 수 있다. '예산'이란 '조합의 정관에서 정한 1회계연도의 수입·지출 계획'을 의미하고, 따라서 이러한 예산의 요건을 충족하지 아니하는 이상, 조합이 정비사업을 추진하는 과정에서 공사비 등 정비사업에 드는 비용인 정비사업비의 지출예정액에 관하여 사업비 예산이라는 명목으로 총회의 의결을 거친 적이 있다고 하더라도, 이를 두고 도시정비법 제45조 제1항 제4호에서 규정하는 '예산'이라고 볼 수는 없다.[8] 이미 총회의 의결을 거친 예산의 구체적 집행은 그 예산의 범위를 벗어나지 아니하는 이상 '정비사업비의 사용'이라 볼 수 없어 총회의 의결을 거칠 필요가 없다.[9]

예비비를 사용하여 조합원의 부담이 되는 계약을 체결하는 경우가 많은데 당해연도에 사용할 긴급한 필요성이 있는지가 도시정비법 위반여부를 가르는

집절차나 결의방법이 법령이나 정관에 위반되어 임원개임결의가 사법상 무효라고 하더라도, 실제로 재건축조합의 조합총회에서 그와 같은 내용의 임원개임결의가 이루어졌고 그 결의에 따라 임원변경등기를 마쳤다면 공정증서원본불실기재죄가 성립하지 아니한다고 한 사례임.

7 대법원 2010. 6. 24. 선고 2009도14296 판결, 대법원 2012. 3. 29. 선고 2010도13848 판결

8 대법원 2015. 5. 14. 선고 2014도8096 판결

9 대법원 2010. 10. 28. 선고 2009도13620 판결

가장 중요한 기준이 될 것이다.[10] 따라서 조합장이 자신을 포함한 조합의 임원들에 대하여 제기된 직무집행정지가처분 신청사건에 응소하기 위하여 이사회의 결의에 따라 변호사를 선임하면서 그 선임비용을 예산의 예비비 항목에서 지출한 경우, 조합장의 위와 같은 변호사 선임비용 사용은 조합의 긴급한 업무수행을 위하여 총회에서 의결된 예산의 범위 내에서 구체적으로 예산을 집행한 것에 불과하다. 그 사용의 규모와 시기에 비추어 볼 때 예산의 용도가 엄격하게 제한되어 있다고 볼 만한 사정이 존재하지 않는 한 그 항목을 전용하여 지출하였다고 하여도 마찬가지이다.[11]

예비비 사용이 적법한지 여부는 조합이 정관이나 총회 또는 대의원회의 의결로 예비비의 용도를 제한하였는지, 계약금액의 지출이 그와 같이 제한된 용도의 예비비 지출로서 허용되는 것인지, 계약 체결 당시 가용한 예비비가 남아 있었는지, 조합이 예비비를 집행하여 계약금액을 지출하였는지 여부 등을 따져본 다음에, 이를 기초로 총회의 의결을 거치지 아니하고 조합의 예산으로 정해진 항목과 범위를 벗어나서 돈을 지출하거나 채무를 지게 하였는지를 기준으로 판단하여야 한다.[12]

조합장이 조합이사의 업무정지를 총회의 의결없이 행하는 경우 본죄가 성립할 수 있다고 생각한다. 조합이사에 대한 업무정지를 해임과 같다고 볼 수 있기 때문이다. 대의원회가 총회의 권한을 대행할 수 있는 업무에 대해서도 대의원회 의결을 거치지 아니한 경우에는 본죄가 성립한다. 또한 총회의 권한을 대행할 수 있는 업무에 대해 정관에서 대의원회의 대행규정을 두고 있지 않은 경우에는 설사 대의원회에서 의결을 거쳤다 하더라도 역시 위 조항에 해당하여 본죄가 성립한다.[13] 이 경우 대의원회 의결을 적법한 총회의결의 대행이라 할 수 없기 때문이다. 문제는 경제적 부담을 주는 사항 중 주요사항으로서 '정관

10 대법원 2009. 3. 12. 선고 2008도10826 판결

11 대법원 2009. 3. 12. 선고 2008도10826 판결

12 대법원 2014. 11. 13. 선고 2013도4316 판결

13 대법원 2014. 11. 13. 선고 2013도4316 판결

으로 정한 사항'이 죄형법정주의 원칙상 본죄의 구성요건에 해당할 수 있는지 여부다. 大法院은 이를 긍정[14]한 바 있다. 하지만 정관은 법인의 조직과 활동에 관하여 단체 내부에서 자율적으로 정한 자치규범으로서, 대내적으로만 효력을 가질 뿐 대외적으로 제3자를 구속하지는 않는 것이 원칙이고, 그 생성과정 및 효력발생요건에 있어 법규명령과 성질상 차이가 크며, 또한 형사처벌과 관련되는 주요사항을 헌법이 위임입법의 형식으로 예정하고 있지도 않은 조합 정관에 위임하는 것이라는 점 등을 고려할 때, 이는 사실상 그 정관 작성권자에게 처벌법규의 내용을 형성할 권한을 준 것이나 다름없어 죄형법정주의에 위배되므로[15] 부정하는 것이 타당하다고 생각한다. 이 조항에 따라 형사처벌의 대상이 되는 도시정비법 제45조 제1항 제13호에 따른 총회의 의결사항은 '대통령령으로 정하는 사항'에만 국한된다고 보는 것이 맞다.

7. 무인가정비사업시행죄/사업시행계획위반건축죄(제7호)

제50조(사업시행계획인가) ① 사업시행자(제25조제1항 및 제2항에 따른 공동시행의 경우를 포함하되, 사업시행자가 시장 · 군수등인 경우는 제외한다)는 정비사업을 시행하려는 경우에는 제52조에 따른 사업시행계획서(이하 "사업시행계획서"라 한다)에 정관등과 그 밖에 국토교통부령으로 정하는 서류를 첨부하여 시장 · 군수등에게 제출하고 사업시행계획인가를 받아야 하고, 인가받은 사항을 변경하거나 정비사업을 중지 또는 폐지하려는 경우에도 또한 같다. 다만, 대통령령으로 정하는 경미한 사항을 변경하려는 때에는 시장 · 군수등에게 신고하여야 한다.

제137조(벌칙) 다음 각 호의 어느 하나에 해당하는 자는 2년 이하의 징역 또는 2천만원 이하의 벌금에 처한다.

7. 제50조에 따른 사업시행계획인가를 받지 아니하고 정비사업을 시행한 자와 같은 사업시행계획서를 위반하여 건축물을 건축한 자

14 대법원 2012. 9. 13. 선고 2010도1765 판결

15 헌법재판소 2019. 5. 30. 자 2018헌가12 전원재판부 결정

사업시행계획인가를 받지 아니하고 정비사업을 시행하거나 사업시행계획서를 위반하여 건축물을 건축함으로써 성립하는 범죄이다. 법이 사업시행계획인가를 받지 아니한 경우만을 구성요건으로 하고 있기 때문에 사업시행계획에 대한 변경인가를 받지 아니하고 정비사업을 시행하는 경우도 처벌대상이 되는지 문제될 수 있다. 도시정비법 제50조는 사업시행계획에 대한 인가와 그 변경인가를 구분하고 있는 점에 비춰 죄형법정주의 원칙상 부정하는 것이 타당하다고 본다.

이 죄의 구성요건은 전단과 후단으로 나누어 해석하는 방법과 전단을 후단의 예시로 해석하는 방법이 있을 수 있는데 문리적 해석과 연혁적 해석[16]에 비추어 볼 때 전단과 후단으로 나누어 해석하는 것이 타당하고 생각한다.

정비사업이란 정비구역에서 정비기반시설을 정비하거나 주택 등 건축물을 개량 또는 건설하는 사업(법 §2ii)이므로 이 죄에서 말하는 '정비사업의 시행'이란 정비기반시설을 정비하거나 주택 등 건축물을 개량 또는 건설하는 행위 및 이와 직접 관련이 있는 행위를 의미한다 할 것이다.[17] 주택 등의 건설행위 외에 직접 관련이 있는 행위란 도시정비법에 따른 필수적 공법상의 절차를 말한다. 가령, 관리처분계획 수립행위, 준공인가 및 이전고시 등이 이에 해당한다. 공사도급계약체결과 같이 정비사업 시행을 위한 전제행위나 사업시행계획인가를 전제로 하지 않는 행위는 이에 해당하지 않는다.

위 죄의 구성요건인 '같은 사업시행계획서를 위반하여 건축물을 건축한 자'란 사업시행계획인가를 받은 사업시행계획서에 위반하여 건축물을 건축한 자

16 현행 구성요건 이전은 '…사업시행인가를 받지 아니하고 정비사업을 시행한 자와 동 사업시행계획서를 위반하여 건축물을 건축한 자'로 규정하고 있었다.

17 대법원 1992. 1. 17. 선고 91도2607 판결 참조. 조합주택을 신축할 부지를 매수하고 건설업자와 공사도급계약을 체결한 사실만으로는 주택건설촉진법상의 '주택건설사업 시행'에 해당하지 않는다는 점에 관하여는 대법원 1991. 6. 11. 선고 90도1883 판결, 주택조합원이 되고자 하는 사람들을 모집하거나 그들로부터 주택건설 부지를 매수하기 위한 청약금, 중도금 또는 프리미엄을 받는 행위가 주택건설촉진법상의 '주택건설사업을 시행'한 경우에 해당하지 않는다는 점에 관하여는 대법원 1991. 6. 25. 선고 91도640 판결 각 참조

를 의미한다. 전단과 달리 인가받은 사업시행계획서에 위반하여 건축행위를 하면 성립하는 범죄이므로 변경인가를 받지 아니하고 변경인가를 전제로 건축행위를 한 경우에도 본 죄가 성립한다.

전단은 '사업시행계획인가를 받지 아니할 것'이 구성요건이고, 후단은 '사업시행인가를 받은 사업시행계획서를 위반할 것'이 구성요건이므로 논리적으로 어떤 행위가 전단 후단에 모두 해당하는 경우는 상정하기 어렵다. 가령, 사업시행계획인가를 받지 아니하고 주택건설행위를 한 경우에는 전단에 따라 처벌되고, 사업시행계획인가를 받았으나 변경인가를 전제로 관리처분계획을 수립한 경우에는 '건축물을 건축'한 경우는 아니므로 어느 경우에도 해당하지 않아 처벌대상이 아니며, 사업시행계획인가를 받았으나 변경인가를 전제로 주택건설행위까지 나아간 경우에는 후단에 따라 처벌하게 될 것이다.

8. 무인가이전고시죄(제8호)

제74조(관리처분계획의 인가 등) ① 사업시행자는 제72조에 따른 분양신청기간이 종료된 때에는 분양신청의 현황을 기초로 다음 각 호의 사항이 포함된 관리처분계획을 수립하여 시장 · 군수등의 인가를 받아야 하며, 관리처분계획을 변경 · 중지 또는 폐지하려는 경우에도 또한 같다.(생략)

제86조(이전고시 등) ① 사업시행자는 제83조제3항 및 제4항에 따른 고시가 있은 때에는 지체 없이 대지확정측량을 하고 토지의 분할절차를 거쳐 관리처분계획에서 정한 사항을 분양받을 자에게 통지하고 대지 또는 건축물의 소유권을 이전하여야 한다. 다만, 정비사업의 효율적인 추진을 위하여 필요한 경우에는 해당 정비사업에 관한 공사가 전부 완료되기 전이라도 완공된 부분은 준공인가를 받아 대지 또는 건축물별로 분양받을 자에게 소유권을 이전할 수 있다.

② 사업시행자는 제1항에 따라 대지 및 건축물의 소유권을 이전하려는 때에는 그 내용을 해당 지방자치단체의 공보에 고시한 후 시장 · 군수등에게 보고하여야 한다. 이 경우 대지 또는 건축물을 분양받을 자는 고시가 있은 날의 다음 날에 그 대지 또는 건축물의 소유권을 취득한다.

제137조(벌칙) 다음 각 호의 어느 하나에 해당하는 자는 2년 이하의 징역 또는 2천만 원 이하의 벌금에 처한다
8. 제74조에 따른 관리처분계획인가를 받지 아니하고 제86조에 따른 이전을 한 자

관리처분계획인가를 받지 아니하고 이전고시를 하는 경우에 성립하는 범죄이다. 행위주체에는 제한이 없다. 인가 받은 관리처분계획에 없는 내용이 이전고시에 포함되는 경우 본죄가 성립한다고 볼 수 있는지 문제될 수 있으나 본죄의 구성요건은 인가받은 관리처분계획과 이전된 소유권의 내용이 다른 경우를 처벌대상으로 하고 있으므로 변경인가를 받지 아니하고 이전고시를 하는 경우도 본죄가 성립한다고 볼 것이다.

9. 무등록 정비사업수탁죄, 정비사업관리업 부정등록죄(제9호)

제102조(정비사업전문관리업의 등록) ① 다음 각 호의 사항을 추진위원회 또는 사업시행자로부터 위탁받거나 이와 관련한 자문을 하려는 자는 대통령령으로 정하는 자본 · 기술인력 등의 기준을 갖춰 시 · 도지사에게 등록 또는 변경(대통령령으로 정하는 경미한 사항의 변경은 제외한다)등록하여야 한다. 다만, 주택의 건설 등 정비사업 관련 업무를 하는 공공기관 등으로 대통령령으로 정하는 기관의 경우에는 그러하지 아니하다.
1. 조합설립의 동의 및 정비사업의 동의에 관한 업무의 대행
2. 조합설립인가의 신청에 관한 업무의 대행
3. 사업성 검토 및 정비사업의 시행계획서의 작성
4. 설계자 및 시공자 선정에 관한 업무의 지원
5. 사업시행계획인가의 신청에 관한 업무의 대행
6. 관리처분계획의 수립에 관한 업무의 대행
7. 제118조제2항제2호에 따라 시장 · 군수등이 정비사업전문관리업자를 선정한 경우에는 추진위원회 설립에 필요한 다음 각 목의 업무
   가. 동의서 제출의 접수
   나. 운영규정 작성 지원
   다. 그 밖에 시 · 도조례로 정하는 사항

제137조(벌칙) 다음 각 호의 어느 하나에 해당하는 자는 2년 이하의 징역 또는 2천만 원 이하의 벌금에 처한다.

9. 제102조제1항을 위반하여 등록을 하지 아니하고 이 법에 따른 정비사업을 위탁받은 자 또는 거짓, 그 밖의 부정한 방법으로 등록을 한 정비사업전문관리업자

도시정비법에 따라 정비사업전문관리업 등록을 하지 아니하고 사업시행자로부터 정비사업 업무를 위탁받을 때 또는 정비사업전문관리업자가 거짓, 그 밖의 부정한 방법으로 등록한 때 성립하는 범죄이다. 등록을 하지 아니하고 정비사업을 위탁받는 행위는 가벌적인 위법행위가 계속 반복되는 계속범이다.[18] 따라서 등록을 하지 아니하고 정비사업을 위탁받는 행위가 계속되는 한 무등록 정비사업수탁행위에 대한 공소시효는 진행되지 않는다. 총회대행업체가 시공사선정총회를 대행하거나 서면결의서 징구업무 등을 수행하는 경우에는 위 조항에 해당한다. 후단의 구성요건은 등록을 전제로 하고 그 등록방법이 부정할 것을 요한다. 또한, 행위주체가 정비사업전문관리업자인 신분범이다. 전단의 구성요건은 무등록을 요건으로 하고 후단은 등록을 요건으로 하므로 전단과 후단에 동시에 해당하는 경우는 상정하기 어렵다.

10. 등록취소후 정비사업전문관리업 영업죄(제10호)

제106조(정비사업전문관리업의 등록취소 등) ① 시 · 도지사는 정비사업전문관리업자가 다음 각 호의 어느 하나에 해당하는 때에는 그 등록을 취소하거나 1년 이내의 기간을 정하여 업무의 전부 또는 일부의 정지를 명할 수 있다. 다만, 제1호 · 제4호 · 제8호 및 제9호에 해당하는 때에는 그 등록을 취소하여야 한다.

18 허가를 받지 아니하고 시장을 개설한 행위는 계속범의 성질을 가진다는 점에 관하여는 대법원 1981. 10. 13. 선고 81도1244 판결. 허가를 받지 아니하거나 신고를 하지 아니한 채 건축물을 다른 용도로 사용하는 행위는 계속범의 성질을 가지는 것이어서 허가 또는 신고 없이 다른 용도로 계속 사용하는 한 가벌적 위법상태는 계속 존재하고 있다는 점에 관하여는 대법원 2001. 9. 25. 선고 2001도3990 판결 각 참조.

1. 거짓, 그 밖의 부정한 방법으로 등록을 한 때
(생략)
4. 제102조제1항 각 호에 따른 업무를 직접 수행하지 아니한 때
(생략)
8. 최근 3년간 2회 이상의 업무정지처분을 받은 자로서 그 정지처분을 받은 기간이 합산하여 12개월을 초과한 때
9. 다른 사람에게 자기의 성명 또는 상호를 사용하여 이 법에서 정한 업무를 수행하게 하거나 등록증을 대여한 때

제137조(벌칙) 다음 각 호의 어느 하나에 해당하는 자는 2년 이하의 징역 또는 2천만 원 이하의 벌금에 처한다.
10. 제106조제1항 각 호 외의 부분 단서에 따라 등록이 취소되었음에도 불구하고 영업을 하는 자

정비사업전문관리업 등록이 취소되었음에도 정비사업전문관리업 영업을 하는 때에 성립하는 범죄이다. 등록의 취소는 부정한 방법 등 도시정비법이 정한 4가지 등록취소사유로 인한 것이어야 한다. 4가지 등록취소사유가 아닌 업무정지사유의 반복으로 인한 등록취소의 경우에는 이에 해당하지 않는다. 등록이 취소되었음에도 영업을 하는 경우 그 동안은 계속해서 범죄가 지속되고 있는 것으로 보아야 한다.

11. 시정명령위반죄(제11호)

제113조(감독) ① 정비사업(제86조의2에 따라 해산한 조합의 청산 업무를 포함한다. 이하 이 조에서 같다)의 시행이 이 법 또는 이 법에 따른 명령 · 처분이나 사업시행계획서 또는 관리처분계획에 위반되었다고 인정되는 때에는 정비사업의 적정한 시행을 위하여 필요한 범위에서 국토교통부장관은 시 · 도지사, 시장, 군수, 구청장, 추진위원회, 주민대표회의, 사업시행자(청산인을 포함한다. 이하 이 항에서 같다) 또는 정비사업전문관리업자에게, 특별시장, 광역시장 또는 도지사는 시장, 군수, 구청장, 추진위원회, 주민대표회의, 사업시행자 또는 정비사업전문관리업자에게, 시장 · 군수등

은 추진위원회, 주민대표회의, 사업시행자 또는 정비사업전문관리업자에게 처분의 취소 · 변경 또는 정지, 공사의 중지 · 변경, 임원의 개선 권고, 그 밖의 필요한 조치를 취할 수 있다.

② 국토교통부장관, 시 · 도지사, 시장, 군수 또는 구청장은 이 법에 따른 정비사업의 원활한 시행을 위하여 관계 공무원 및 전문가로 구성된 점검반을 구성하여 정비사업 현장조사를 통하여 분쟁의 조정, 위법사항의 시정요구 또는 수사기관에 고발 등 필요한 조치를 할 수 있다. 이 경우 관할 지방자치단체의 장과 조합 등은 대통령령으로 정하는 자료의 제공 등 점검반의 활동에 적극 협조하여야 한다.

③ 제2항에 따른 정비사업 현장조사에 관하여는 제107조제2항, 제3항 및 제5항을 준용한다.

제137조(벌칙) 다음 각 호의 어느 하나에 해당하는 자는 2년 이하의 징역 또는 2천만원 이하의 벌금에 처한다.

11. 제113조제1항부터 제3항까지의 규정에 따른 처분의 취소 · 변경 또는 정지, 그 공사의 중지 및 변경에 관한 명령을 받고도 이를 따르지 아니한 추진위원회, 사업시행자, 주민대표회의 및 정비사업전문관리업자

정비사업의 시행이 도시정비법을 위반하거나 도시정비법에 따른 명령·처분 또는 사업시행계획서 또는 관리처분계획에 위반되었다고 인정되는 때 행정청이 행하는 처분의 취소·변경 또는 정지 명령이나 공사의 중지 및 변경에 관한 명령을 받고도 이를 따르지 아니할 때 성립하는 범죄이다. 행위주체는 추진위원회, 사업시행자, 주민대표회의 및 정비사업전문관리업자이다.

명령은 적법한 것이어야 하고, 그 처분이 당연무효가 아니라 하더라도 그것이 위법한 처분으로 인정되는 한 본죄가 성립할 수 없다.[19] 가령 그 명령이 해당 정비사업 전문관리업자가 수행할 수 없는 업무, 예컨대 건축물의 철거에 관련된 것인 경우에는 정비사업 전문관리업자를 상대로 '그 공사의 중지 및 변경'

19 대법원 2008. 2. 29. 선고 2006도7689 판결

에 관한 명령을 할 수 없다. 작위·부작위 의무 부과 여부는 물론 그 내용과 범위는 전적으로 행정처분에 의하여 정하여진다. '철거와 관련된 일체의 공사중지명령' 속에는 완전한 건축물의 철거뿐만 아니라, 철거중지명령 당시 이미 철거가 진행된 건축물을 마저 부수거나 그 철거 잔해물을 정리하는 것까지 금하는 취지도 포함되어 있다고 볼 것이다.[20]

12. 허위정보공개죄(제12호)

제124조(관련 자료의 공개 등) ① 추진위원장 또는 사업시행자(조합의 경우 청산인을 포함한 조합임원, 토지등소유자가 단독으로 시행하는 재개발사업의 경우에는 그 대표자를 말한다)는 정비사업의 시행에 관한 다음 각 호의 서류 및 관련 자료가 작성되거나 변경된 후 15일 이내에 이를 조합원, 토지등소유자 또는 세입자가 알 수 있도록 인터넷과 그 밖의 방법을 병행하여 공개하여야 한다.

1. 제34조제1항에 따른 추진위원회 운영규정 및 정관등
2. 설계자 · 시공자 · 철거업자 및 정비사업전문관리업자 등 용역업체의 선정계약서
3. 추진위원회 · 주민총회 · 조합총회 및 조합의 이사회 · 대의원회의 의사록
4. 사업시행계획서
5. 관리처분계획서
6. 해당 정비사업의 시행에 관한 공문서
7. 회계감사보고서
8. 월별 자금의 입금 · 출금 세부내역

8의2. 제111조의2에 따라 신고한 자금차입에 관한 사항

9. 결산보고서
10. 청산인의 업무 처리 현황
11. 그 밖에 정비사업 시행에 관하여 대통령령으로 정하는 서류 및 관련 자료

137조(벌칙) 다음 각 호의 어느 하나에 해당하는 자는 2년 이하의 징역 또는 2천만원 이하의 벌금에 처한다.

12. 제124조제1항에 따른 서류 및 관련 자료를 거짓으로 공개한 추진위원장 또는 조합임원(토지등소유자가 시행하는 재개발사업의 경우 그 대표자)

20 대법원 2007. 7. 26. 선고 2007도1440 판결

도시정비법상의 공개서류 및 관련자료를 거짓으로 공개한 경우에 성립하는 범죄이다. 행위주체는 추진위원장 또는 조합임원이다. 토지등소유자 방식의 재개발사업은 그 대표자를 말한다. 드시정비법은 서류나 관련 자료를 거짓으로 공개한다는 점에서 공개하지 않은 행우에 비해 더 중하게 처벌하고 있다. 거짓이나 허위여부는 미필적 인식으로도 족하다. 도시정비법 제124조 제1항 제11호에서 "대통령령으로 정하는 서류 및 관련 자료"란 (i)도시정비법 제72조 제1항에 따른 분양공고 및 분양신청에 관한 사항, (ii)연간 자금운용 계획에 관한 사항, (iii)정비사업의 월별 공사 진행에 관한 사항, (iv)설계자·시공자·정비사업전문관리업자 등 용역업체와의 세부 계약 변경에 관한 사항, (v)정비사업비 변경에 관한 사항을 말한다(시행령 §94①).

13. 허위정보열람·복사죄(제13호)

제124조(관련 자료의 공개 등) ① 추진위원장 또는 사업시행자(조합의 경우 청산인을 포함한 조합임원, 토지등소유자가 단독으로 시행하는 재개발사업의 경우에는 그 대표자를 말한다)는 정비사업의 시행에 관한 다음 각 호의 서류 및 관련 자료가 작성되거나 변경된 후 15일 이내에 이를 조합원, 토지등소유자 또는 세입자가 알 수 있도록 인터넷과 그 밖의 방법을 병행하여 공개하여야 한다.

1. 제34조제1항에 따른 추진위원회 운영규정 및 정관등
2. 설계자 · 시공자 · 철거업자 및 정비사업전문관리업자 등 용역업체의 선정계약서
3. 추진위원회 · 주민총회 · 조합총회 및 조합의 이사회 · 대의원회의 의사록
4. 사업시행계획서
5. 관리처분계획서
6. 해당 정비사업의 시행에 관한 공문서
7. 회계감사보고서
8. 월별 자금의 입금 · 출금 세부내역

8의2. 제111조의2에 따라 신고한 자금차입에 관한 사항

9. 결산보고서
10. 청산인의 업무 처리 현황
11. 그 밖에 정비사업 시행에 관하여 대통령령으로 정하는 서류 및 관련 자료

③ 추진위원장 또는 사업시행자는 제1항 및 제4항에 따라 공개 및 열람 · 복사 등을 하는 경우에는 주민등록번호를 제외하고 국토교통부령으로 정하는 방법 및 절차에 따라 공개하여야 한다.

④ 조합원, 토지등소유자가 제1항에 따른 서류 및 다음 각 호를 포함하여 정비사업 시행에 관한 서류와 관련 자료에 대하여 열람 · 복사 요청을 한 경우 추진위원장이나 사업시행자는 15일 이내에 그 요청에 따라야 한다.
1. 토지등소유자 명부
2. 조합원 명부
3. 그 밖에 대통령령으로 정하는 서류 및 관련 자료

제137조(벌칙) 다음 각 호의 어느 하나에 해당하는 자는 2년 이하의 징역 또는 2천만원 이하의 벌금에 처한다.
13. 제124조제4항에 따른 열람 · 복사 요청에 허위의 사실이 포함된 자료를 열람 · 복사해 준 추진위원장 또는 조합임원(토지등소유자가 시행하는 재개발사업의 경우 그 대표자)

조합원 또는 토지등소유자가 도시정비법이 정한 서류나 관련자료를 열람·복사 요청하였는데 추진위원장 또는 조합임원이 허위의 사실이 포함된 자료를 열람·복사해 준 경우에 성립하는 범죄이다. 조합원의 변경 등 조합원명부의 업데이트가 필요한 사정을 알았음에도 업데이트되지 않은 조합원명부를 제공하는 경우가 이에 해당할 수 있다. 행위주체는 추진위원장 또는 조합임원이다. 토지등소유자 방식의 재개발사업의 경우는 그 대표자이다. 열람·복사 요청에 응하지 아니한 경우에 비해 더 중하게 처벌하고 있다.

V 제138조위반죄

1. 지역주택조합원 모집죄(제1호)

제19조(행위제한 등) ⑧ 정비예정구역 또는 정비구역(이하 "정비구역등"이라 한다)에서는 「주택법」 제2조제11호가목에 따른 지역주택조합의 조합원을 모집해서는 아니 된다.

제138조(벌칙) ① 다음 각 호의 어느 하나에 해당하는 자는 1년 이하의 징역 또는 1천만원 이하의 벌금에 처한다.
1. 제19조제8항을 위반하여 「주택법」 제2조제11호가목에 따른 지역주택조합의 조합원을 모집한 자

정비예정구역 또는 정비구역에서 지역주택조합의 조합원을 모집할 때 성립하는 범죄이다. 행위주체에는 제한이 없다. 행위는 조합원을 '모집하는'이 아닌 '모집한' 경우이므로 한명의 조합원이라도 모집을 완료한 경우이어야 하고 모집절차 중에 있는 경우는 본죄에 해당하지 않는다.

2. 회계장부 등 불인계죄(제2호)

제34조(추진위원회의 운영) ④ 추진위원회는 사용경비를 기재한 회계장부 및 관계서류를 조합설립인가일부터 30일 이내에 조합에 인계하여야 한다.

제138조(벌칙) ① 다음 각 호의 어느 하나에 해당하는 자는 1년 이하의 징역 또는 1천만원 이하의 벌금에 처한다.
2. 제34조제4항을 위반하여 추진위원회의 회계장부 및 관계 서류를 조합에 인계하지 아니한 추진위원장(전문조합관리인을 포함한다)

추진위원회의 회계장부 및 관계 서류를 조합설립인가일로부터 30일 이내에 조합에 인계하지 아니한 때에 성립하는 범죄이다. 행위주체는 추진위원장 또는 전문조합관리인이다. 행위의 객체는 사용경비를 기재한 추진위원회의 회계

장부 및 관계 서류이다. 추진위원장이 조합장이 된 경우에는 원칙적으로 본죄의 구성요건 해당성이 없다 할 것이다.

3. 미준공건축물 사용죄(제3호)

제83조(정비사업의 준공인가) ① 시장 · 군수등이 아닌 사업시행자가 정비사업 공사를 완료한 때에는 대통령령으로 정하는 방법 및 절차에 따라 시장 · 군수등의 준공인가를 받아야 한다.
(생략)

⑤ 시장 · 군수등은 제1항에 따른 준공인가를 하기 전이라도 완공된 건축물이 사용에 지장이 없는 등 대통령령으로 정하는 기준에 적합한 경우에는 입주예정자가 완공된 건축물을 사용할 수 있도록 사업시행자에게 허가할 수 있다. 다만, 시장 · 군수등이 사업시행자인 경우에는 허가를 받지 아니하고 입주예정자가 완공된 건축물을 사용하게 할 수 있다.

제138조(벌칙) ① 다음 각 호의 어느 하나에 해당하는 자는 1년 이하의 징역 또는 1천만원 이하의 벌금에 처한다.
3. 제83조제1항에 따른 준공인가를 받지 아니하고 건축물 등을 사용한 자와 같은 조 제5항 본문에 따라 시장 · 군수등의 사용허가를 받지 아니하고 건축물을 사용한 자

준공인가를 받지 아니하고 건축물 등을 사용하거나 부분사용허가 받지 아니하고 건축물을 사용하는 경우에 성립하는 범죄이다. 행위주체에는 제한이 없다. 건축물을 사용하는 한 본죄의 범죄행위는 계속된다.

4. 정비사업전문관리업자 명의대여죄(제4호)

제102조(정비사업전문관리업의 등록) ① 다음 각 호의 사항을 추진위원회 또는 사업시행자로부터 위탁받거나 이와 관련한 자문을 하려는 자는 대통령령으로 정하는 자본 · 기술인력 등의 기준을 갖춰 시 · 도지사에게 등록 또는 변경(대통령령으로 정하는 경미한 사항의 변경은 제외한다)등록하여야 한다. 다만, 주택의 건설 등 정비사업

관련 업무를 하는 공공기관 등으로 대통령령으로 정하는 기관의 경우에는 그러하지 아니하다.
1. 조합설립의 동의 및 정비사업의 동의에 관한 업무의 대행
2. 조합설립인가의 신청에 관한 업무의 대행
3. 사업성 검토 및 정비사업의 시행계획서의 작성
4. 설계자 및 시공자 선정에 관한 업무의 지원
5. 사업시행계획인가의 신청에 관한 업무의 대행
6. 관리처분계획의 수립에 관한 업무의 대헝
7. 제118조제2항제2호에 따라 시장 · 군수등이 정비사업전문관리업자를 선정한 경우에는 추진위원회 설립에 필요한 다음 각 목의 업무
   가. 동의서 제출의 접수
   나. 운영규정 작성 지원
   다. 그 밖에 시 · 도조례로 정하는 사항

제138조(벌칙) 다음 각 호의 어느 하나에 해당하는 자는 1년 이하의 징역 또는 1천만원 이하의 벌금에 처한다.
4. 다른 사람에게 자기의 성명 또는 상호를 사용하여 이 법에서 정한 업무를 수행하게 하거나 등록증을 대여한 정비사업전문관리업자

정비사업전문관리업자가 다른 사람에게 자기의 성명 또는 상호를 사용하여 도시정비법이 정한 정비사업관리업자의 업무를 수행하게 한 때 또는 등록증을 대여할 때 성립하는 범죄이다. 행위주체가 정비사업전문관리업자일 것을 요구하는 신분범이다. 다른 사람의 명의나 상호를 사용하여 정비사업전문관리업의 업무를 수행한 자는 도시정비법 제137조 제9호 전단의 무등록정비사업수탁죄로 처벌된다. 정비사업전문관리업자가 타인에게 명의를 대여함으로써 성립하고 명의를 대여한 이상 정비사업전문관리업자에게 타인의 행위를 저지할 의무가 있다 보기 어려워 부작위에 의한 범죄행위가 계속되고 있다 할 수 없으므로 본 죄는 상태범 또는 즉시범으로 봄이 타당하다.[21] 따라서 본죄는 명의를 대여

21 「건설산업기본법」위반죄와 관련한 유사취지의 판결로는 대법원 2007. 4. 12. 선고

하여 업무를 수행하게 한 때 또는 등록증을 대여한 때로부터 공소시효가 진행된다고 보아야 한다.

5. 정비사업전문관리업자 업무위탁죄(제5호)

제102조(정비사업전문관리업의 등록) ① 다음 각 호의 사항을 추진위원회 또는 사업시행자로부터 위탁받거나 이와 관련한 자문을 하려는 자는 대통령령으로 정하는 자본 · 기술인력 등의 기준을 갖춰 시 · 도지사에게 등록 또는 변경(대통령령으로 정하는 경미한 사항의 변경은 제외한다)등록하여야 한다. 다만, 주택의 건설 등 정비사업 관련 업무를 하는 공공기관 등으로 대통령령으로 정하는 기관의 경우에는 그러하지 아니하다.

1. 조합설립의 동의 및 정비사업의 동의에 관한 업무의 대행
2. 조합설립인가의 신청에 관한 업무의 대행
3. 사업성 검토 및 정비사업의 시행계획서의 작성
4. 설계자 및 시공자 선정에 관한 업무의 지원
5. 사업시행계획인가의 신청에 관한 업무의 대행
6. 관리처분계획의 수립에 관한 업무의 대행
7. 제118조제2항제2호에 따라 시장 · 군수등이 정비사업전문관리업자를 선정한 경우에는 추진위원회 설립에 필요한 다음 각 목의 업무
   가. 동의서 제출의 접수
   나. 운영규정 작성 지원
   다. 그 밖에 시 · 도조례로 정하는 사항

제138조(벌칙) 다음 각 호의 어느 하나에 해당하는 자는 1년 이하의 징역 또는 1천만원 이하의 벌금에 처한다.

5. 제102조제1항 각 호에 따른 업무를 다른 용역업체 및 그 직원에게 수행하도록 한 정비사업전문관리업자

정비사업전문관리업자가 정비사업전문관리업자가 아닌 용역업체 또는 그 직원에게 수행하도록 함으로써 성립하는 범죄이다. 행위주체가 정비사업전문

2007도883 판결 참조

관리업자인 신분범이다. 다른 용역업체가 자신의 상호 또는 이름으로 직접 정비사업전문관리업을 수행한다는 점에서 정비사업전문관리업자 명의대여죄와 구별된다. 정비사업전문관리업자 명의대여죄와 같이 상태범 내지 즉시범으로 이해된다. 추진위원회 또는 사업시행자로부터 업무위탁을 받은 자는 본조의 처벌대상이 아니라 도시정비법 제137조 제9호 전단의 무등록 정비사업수탁죄 적용대상이다.

6. 회계감사 미이행죄(제6호)

제112조(회계감사) ① 시장 · 군수등 또는 토지주택공사등이 아닌 사업시행자 또는 추진위원회는 다음 각 호의 어느 하나에 해당하는 경우에는 다음 각 호의 구분에 따른 기간 이내에 「주식회사 등의 외부감사에 관한 법률」 제2조제7호 및 제9조에 따른 감사인의 회계감사를 받기 위하여 시장 · 군수등에게 회계감사기관의 선정 · 계약을 요청하여야 하며, 그 감사결과를 회계감사가 종료된 날부터 15일 이내에 시장 · 군수등 및 해당 조합에 보고하고 조합원이 공람할 수 있도록 하여야 한다. 다만, 지정개발자가 사업시행자인 경우에는 제1호에 해당하는 경우는 제외한다.

1. 제34조제4항에 따라 추진위원회에서 사업시행자로 인계되기 전까지 납부 또는 지출된 금액과 계약 등으로 지출될 것이 확정된 금액의 합이 대통령령으로 정한 금액 이상인 경우: 추진위원회에서 사업시행자로 인계되기 전 7일 이내
2. 제50조제9항에 따른 사업시행계획인가 고시일 전까지 납부 또는 지출된 금액이 대통령령으로 정하는 금액 이상인 경우: 사업시행계획인가의 고시일부터 20일 이내
3. 제83조제1항에 따른 준공인가 신청일까지 납부 또는 지출된 금액이 대통령령으로 정하는 금액 이상인 경우: 준공인가의 신청일부터 7일 이내
4. 토지등소유자 또는 조합원 5분의 1 이상이 사업시행자에게 회계감사를 요청하는 경우: 제4항에 따른 절차를 고려한 상당한 기간 이내

제138조(벌칙) 다음 각 호의 어느 하나에 해당하는 자는 1년 이하의 징역 또는 1천만원 이하의 벌금에 처한다.

6. 제112조제1항에 따른 회계감사를 요청하지 아니한 추진위원장, 전문조합관리인 또는 조합임원(토지등소유자가 시행하는 재개발사업 또는 제27조에 따라 지정개발자가 시행하는 정비사업의 경우에는 그 대표자를 말한다)

(i)추진위원회에서 사업시행자로 인계되기 전까지 납부 또는 지출된 금액과 계약 등으로 지출될 것이 확정된 금액의 합이 3억5천만원 이상인 경우 추진위원회에서 사업시행자로 인계되기 전 7일 이내, (ii)사업시행계획인가 고시일 전까지 납부 또는 지출된 금액이 7억원 이상인 경우 사업시행계획인가의 고시일부터 20일 이내, (iii)준공인가 신청일까지 납부 또는 지출된 금액이 14억원 이상인 경우 준공인가의 신청일부터 7일 이내 또는 (iv)토지등소유자 또는 조합원 5분의 1 이상이 사업시행자에게 회계감사를 요청하는 경우 상당한 기간 이내에 회계감사를 요청하지 아니한 때 성립하는 범죄이다. 행위주체는 추진위원장, 전문조합관리인 또는 조합임원이다. 토지등소유자방식의 재개발사업이나 지정개발자가 시행하는 정비사업의 경우에는 그 대표자를 말한다. 정비사업의 투명성을 제고하기 위한 정비사업단계별 회계감사의 실효성을 담보하기 위한 장치이다.

7. 정보 미공개죄, 정보 열람·복사 불응죄(제7호)

제124조(관련 자료의 공개 등) ① 추진위원장 또는 사업시행자(조합의 경우 청산인을 포함한 조합임원, 토지등소유자가 단독으로 시행하는 재개발사업의 경우에는 그 대표자를 말한다)는 정비사업의 시행에 관한 다음 각 호의 서류 및 관련 자료가 작성되거나 변경된 후 15일 이내에 이를 조합원, 토지등소유자 또는 세입자가 알 수 있도록 인터넷과 그 밖의 방법을 병행하여 공개하여야 한다.

1. 제34조제1항에 따른 추진위원회 운영규정 및 정관등
2. 설계자 · 시공자 · 철거업자 및 정비사업전문관리업자 등 용역업체의 선정계약서
3. 추진위원회 · 주민총회 · 조합총회 및 조합의 이사회 · 대의원회의 의사록
4. 사업시행계획서
5. 관리처분계획서
6. 해당 정비사업의 시행에 관한 공문서
7. 회계감사보고서
8. 월별 자금의 입금 · 출금 세부내역

8의2. 제111조의2에 따라 신고한 자금차입에 관한 사항

9. 결산보고서

10. 청산인의 업무 처리 현황
11. 그 밖에 정비사업 시행에 관하여 대통령령으로 정하는 서류 및 관련 자료

③ 추진위원장 또는 사업시행자는 제1항 및 제4항에 따라 공개 및 열람 · 복사 등을 하는 경우에는 주민등록번호를 제외하고 국토교통부령으로 정하는 방법 및 절차에 따라 공개하여야 한다.

④ 조합원, 토지등소유자가 제1항에 따른 서류 및 다음 각 호를 포함하여 정비사업 시행에 관한 서류와 관련 자료에 대하여 열람 · 복사 요청을 한 경우 추진위원장이나 사업시행자는 15일 이내에 그 요청에 따라야 한다.
1. 토지등소유자 명부
2. 조합원 명부
3. 그 밖에 대통령령으로 정하는 서류 및 관련 자료

제138조(벌칙) 다음 각 호의 어느 하나에 해당하는 자는 1년 이하의 징역 또는 1천만 원 이하의 벌금에 처한다.
7. 제124조제1항을 위반하여 정비사업시행과 관련한 서류 및 자료를 인터넷과 그 밖의 방법을 병행하여 공개하지 아니하거나 같은 조 제4항을 위반하여 조합원 또는 토지등소유자의 열람 · 복사 요청을 따르지 아니하는 추진위원장, 전문조합관리인 또는 조합임원(조합의 청산인 및 토지등소유자가 시행하는 재개발사업의 경우에는 그 대표자, 제27조에 따른 지정개발자가 사업시행자인 경우 그 대표자를 말한다)

추진위원장, 전문조합관리인 또는 조합임원이 정비사업시행과 관련한 서류 및 자료를 인터넷과 그 밖의 방법을 병행하여 공개하지 아니하거나 조합원 또는 토지등소유자의 열람·복사 요청에 응하지 아니하는 경우에 성립하는 범죄이다.

이와 같이 정보미공개 등에 대해 처벌규정까지 둔 취지는 조합이 정비사업을 시행하는 경우 조합임원은 조합을 대표하면서 막대한 사업자금을 운영하는 등 각종 권한을 가지고 있기 때문에 조합임원과 건설사간 유착으로 인한 비리가 발생할 소지가 크고, 정비사업과 관련된 비리는 그 조합과 조합원의 피해로

직결되어 지역사회와 국가 전체에 미치는 병폐도 크므로, 이를 개선하기 위한 방안으로서 정비사업의 시행과 관련된 서류와 자료를 공개하도록 하여 정비사업의 투명성·공공성을 확보하고 조합원 등의 알권리를 충족시키기 위한 것이다.[22]

추진위원장에는 추진위원회의 부위원장이나 추진위원이었다가 위원장의 유고 등을 이유로 운영규정에 따라 연장자 순으로 위원장 직무대행자로 된 자는 범행주체인 '추진위원회 위원장'에 포함되지 않는다.[23] 하지만 법원에 의하여 선임된 조합임원 직무대행자는 민법 제60조의2 제1항에 따라 조합의 통상사무를 처리하는 범위 내에서는 원칙적으로 조합 총회의 의결을 거쳐 선임된 조합임원과 동일한 권한을 가지므로 위 위반죄의 범행주체인 조합임원에 해당한다.[24] 조합임원에는 청산조합의 경우 청산인, 토지등소유자가 시행하는 재개발사업의 경우에는 그 대표자, 지정개발자가 사업시행자인 경우에는 그 대표자를 포함한다.

정비사업 지정개발자(신탁업자) 시행방식 표준시행규정 제14조는 정비사업위원회를 토지등소유자전체회의를 통해 설치할 수 있도록 규정하고 있는데 이 시행규정에서 정비사업위원회에 도시정비법 제124조의 정보공개의무를 부과한 경우 그것이 도시정비법을 위반한 것인지, 위반한 것이 아니라면 정비사업위원회의 대표자를 도시정비법 제138조위반죄로 처벌할 수 있는지 문제된다. 사업시행자인 신탁업자의 정보공개의무를 배제한 것이라면 도시정비법에 위반된다 할 것이지만 단순히 정비사업위원회에 도시정비법상의 정보공개의무를 부과한 것이라면 토지등소유자의 알권리를 두텁게 보호하기 위한 규정이라 할 것이므로 도시정비법을 위반한 것이라 볼 수 없다. 또 도시정비법 제138조는 지정개발자가 사업행자인 대표자만 처벌대상으로 삼고 있고 시행규정상의 의무와 법률상 의무는 구분된다 할 것이므로 정비사업위원회의 대표자가 시행규

22 대법원 2016. 2. 18. 선고 2015도10976 판결, 헌법재판소 2016. 6. 30. 선고 2015헌바329 전원재판부 결정 등 참조

23 대법원 2015. 3. 12. 선고 2014도10612 판결

24 대법원 2017. 6. 15. 선고 2017도2532 판결

정에 반하여 도시정비법 제124조에 의한 정보공개의무를 이행하지 않았다 하더라도 도시정비법 위반죄는 성립하지 않는다.

조합의 내부업무분장에 따라 담당임원을 정한 경우에도 조합장은 여전히 정보공개의 주체가 된다. 다만, 조합이사는 조합장을 보좌하는 지위에 불과하므로 업무분장상 배제된 경우에는 공개주체라 볼 수 없다. 참석자명부와 서면결의서는 의사록의 관련 자료로 볼 수 있으므로 공개대상이다.[25] 도시정비법 제124조 제1항 각호의 서류가 작성된 바 없어 공개 대상이 되지 않는다면, 해당 서류의 관련 자료에 해당한다는 이유로 공개 대상이 된다고 볼 수도 없다.[26] 자금수지보고서는 결산보고서와 불가분적으로 또는 직접적으로 관련된다고 볼만한 법적 근거도 찾을 수 없으므로 자금수지보고서는 결산보고서의 관련자료로 볼 수 없다.[27] 도시정비법은 '관련자료'의 판단기준에 관하여는 정하고 있지 않다. 따라서 위 조항에 열거된 서류의 진정성립 판단을 위해 확인할 필요가 있는 자료나 해당 서류가 그 내용을 인용하면서 별첨한 자료 등 해당 서류와 불가분적 또는 직접적으로 관련된 자료만이 여기서 말하는 '관련 자료'에 포함된다고 보아야 할 것이다.[28]

입찰에서 탈락한 업체의 용역계약서는 도시정비법 제124조 제1항 제2호가 정한 용역업체 선정계약서의 '관련 자료'로서 공개 대상이 된다고 보기도 어렵다.[29] 다만, '조합 정관 초안의 작성'은 추진위원회의 업무에 속하고, 위 추진위원회는 이러한 업무 수행의 일환으로 입찰 기회에 입찰업체로부터 정관 초안을 제출받아 위 자료를 작성·보유하게 된 경우라면 이 자료는 구 도시정비법 제124조 제4항에서 말하는 '정비사업 시행에 관한 서류와 관련 자료'에 해당한

25 대법원 2012. 2. 23. 선고 2010도8981 판결
26 대법원 2024. 9. 12. 선고 2021도14485 판결
27 대법원 2022. 1. 27. 선고 2021도15334 판결
28 대법원 2024. 9. 12. 선고 2021도14485 판결
29 대법원 2024. 9. 12. 선고 2021도14485 판결

다 할 것이다.[30]

大法院은 조합원의 전화번호도 열람·복사의 대상으로 보고 있지만 조합원 명부의 전화번호 기재가 필수적인 것이 아니고 조합만 사용할 것을 전제로 전화번호를 제공한 조합원들도 있을 것인데 이를 모두 무시하고 반드시 열람·복사의 대상이 된다고 보는 것은 개인정보보호법의 입법취지나 전화번호를 조합업무를 위해 제공한 조합원들의 의사에 반하는 과도한 해석이라 생각한다.[31]

관련자료가 「공공기관의 정보공개에 관한 법률」에서 정한 비공개 대상에 해당하는 경우에도 토지 등 소유자 등의 열람·복사 요청에 대하여는 「공공기관의 정보공개에 관한 법률」이 적용되지 않으므로 마찬가지로 공개해야 한다.

조합이 열람·복사의 방법을 특정하지 않았다면 현장교부 외에도 통상의 방법인 우편, 팩스 또는 정보통신망 중 어느 하나의 방법을 이용하여 열람·복사 요청에 응하여야 한다. 따라서 열람·복사를 요청한 조합원이 복사에 필요한 비용을 부담한다는 규정만으로 현장에서만 열람 및 복사할 것이 요구된다고 보고 조합방문을 하지 않는다는 이유로 열람복사를 지연하는 경우에는 본죄가 성립할 수 있다.[32]

8. 속기록등 미작성죄·관련자료 미보관죄(제8호)

제125조(관련 자료의 보관 및 인계) ① 추진위원장 · 정비사업전문관리업자 또는 사업시행자(조합의 경우 청산인을 포함한 조합임원, 토지등소유자가 단독으로 시행하는 재개발사업의 경우에는 그 대표자를 말한다)는 제124조제1항에 따른 서류 및 관련 자료와 총회 또는 중요한 회의(조합원 또는 토지등소유자의 비용부담을 수반하거

30 대법원 2024. 9. 12. 선고 2021도14485 판결

31 대법원 2024. 9. 12. 선고 2021도14485 판결

32 대법원 2018. 4. 26. 선고 2016도13811 판결. 이 판결은 이와 같은 법리에서 열람·복사를 신청한 조합원이 15일 이내에 조합을 방문하였음을 인정할 증거가 없다는 이유로 피고인들에게 무죄를 선고한 원심 판단에는 구 도시정비법상의 열람·복사 요청에 응할 의무에 관한 법리를 오해하여 필요한 심리를 다하지 아니한 위법이 있다고 판시했다.

나 권리 · 의무의 변동을 발생시키는 경우로서 대통령령으로 정하는 회의를 말한다) 가 있은 때에는 속기록 · 녹음 또는 영상자료를 만들어 청산 시까지 보관하여야 한다.

제138조(벌칙) ① 다음 각 호의 어느 하나에 해당하는 자는 1년 이하의 징역 또는 1천만원 이하의 벌금에 처한다.

8. 제125조제1항을 위반하여 속기록 등을 만들지 아니하거나 관련 자료를 청산 시까지 보관하지 아니한 추진위원장, 전문조합관리인 또는 조합임원(조합의 청산인 및 토지등소유자가 시행하는 재개발사업의 경우에는 그 대표자, 제27조에 따른 지정개발자가 사업시행자인 경우 그 대표자를 말한다)

총회 또는 중요한 회의의 속기륵·녹음 또는 영상자료 등을 만들지 아니하거나 도시정비법 제124조 제1항에 따른 관련 자료를 청산 시까지 보관하지 아니한 때 성립하는 범죄이다. 처벌의 대상이 되는 행위는 '속기록 등을 보관하지 않는 행위'와 '관련 자료를 청산시까지 보관하지 않는 행위'이다. 중요한 회의란 조합원 또는 토지등소유자의 비용부담을 수반하거나 권리·의무의 변동을 발생시키는 경우로서 대통령령으로 정하는 회의를 말한다. 여기서 대통령령이 정하는 회의란 (i)용역 계약(변경계약을 포함한다) 및 업체 선정과 관련된 대의원회·이사회와 (ii)조합임원·대의원의 선임·해임·징계 및 토지등소유자(조합이 설립된 경우에는 조합원을 말한다) 자격에 관한 대의원회·이사회를 말한다(시행령 §94③).

관련자료의 보관은 청산시까지이다. 속기록은 이사회 등의 의사록의 관련자료에 해당하지 않는다.[33] 의사록이 진정하게 작성되었는가는 참석자명부와 서면결의서를 통해서도 확인할 수 있기 때문이다.

행위주체는 추진위원장, 전문조합관리인 또는 조합임원이다. 조합의 청산인도 포함된다. 토지등소유자가 시행하는 재개발사업의 경우에는 그 대표자, 지정개발자가 사업시행자인 경우 그 대표자를 말한다.

---

33 대법원 2022. 1. 27. 선고 2021도15334 판결

9. 용역업체 관리·감독 소홀죄(제2항)

제132조(조합임원 등의 선임 · 선정 및 계약 체결 시 행위제한 등) ① 누구든지 추진위원, 조합임원의 선임 또는 제29조에 따른 계약 체결과 관련하여 다음 각 호의 행위를 하여서는 아니 된다.

1. 금품, 향응 또는 그 밖의 재산상 이익을 제공하거나 제공의사를 표시하거나 제공을 약속하는 행위
2. 금품, 향응 또는 그 밖의 재산상 이익을 제공받거나 제공의사 표시를 승낙하는 행위
3. 제3자를 통하여 제1호 또는 제2호에 해당하는 행위를 하는 행위

제132조의2(건설업자와 등록사업자의 관리 · 감독 의무) 건설업자와 등록사업자는 시공자 선정과 관련하여 홍보 등을 위하여 계약한 용역업체의 임직원이 제132조제1항을 위반하지 아니하도록 교육, 용역비 집행 점검, 용역업체 관리 · 감독 등 필요한 조치를 하여야 한다.

제138조(벌칙) ② 건설업자 또는 등록사업자가 제132조의2에 따른 조치를 소홀히 하여 용역업체의 임직원이 제132조제1항 각 호의 어느 하나를 위반한 경우 그 건설업자 또는 등록사업자는 5천만원 이하의 벌금에 처한다.

건설업자와 등록사업자는 시공자 선정과 관련하여 홍보 등을 위하여 계약한 용역업체의 임직원이 도시정비법 제132조 제1항을 위반하지 아니하도록 교육, 용역비 집행 점검, 용역업체 관리·감독 등 필요한 조치를 하여야 하는데 이에 대한 조치를 소홀히 하여 용역업체의 임직원이 금품 등을 제공, 수수, 약속, 승낙 하는 때에 성립하는 범죄이다. 계약한 용역업체의 임직원이 제3자를 통해 이와 같은 행위를 하는 경우에도 성립한다. 행위주체는 건설업자 또는 등록사업자이다. 따라서 직원이 본조 위반행위를 하더라도 건설업자 또는 등록사업자의 대표이사가 본조의 처벌의 대상이 되고 행위자는 양벌규정에 의하여 처벌된다. 과실범의 일종이다.

Ⅵ 양벌규정

제139조(양벌규정) 법인의 대표자나 법인 또는 개인의 대리인, 사용인, 그 밖의 종업원이 그 법인 또는 개인의 업무에 관하여 제135조부터 제138조까지의 어느 하나에 해당하는 위반행위를 하면 그 행위자를 벌하는 외에 그 법인 또는 개인에게도 해당 조문의 벌금에 처한다. 다만, 법인 또는 개인이 그 위반행위를 방지하기 위하여 해당 업무에 관하여 상당한 주의와 감독을 게을리하지 아니한 경우에는 그러하지 아니하다.

'양벌 규정'은 어떤 범죄가 이루어진 경우에 행위자를 벌할 뿐만 아니라 그 행위자와 일정한 관계가 있는 타인(자연인 또는 법인)에 대해서도 형을 과하도록 정한 규정을 말한다. 양벌 규정은 벌칙규정에 행위자만을 처벌하는 것만으로는 형벌의 목적을 달성하기 어렵다는 전제에서 비롯한다. 도시정비법상의 양벌규정도 원칙적으로 행위자가 도시정비법 제135조 내지 제138조을 위반하여 각 본조에 따라 처벌되는 경우 행위자를 벌하는 것 외에 법인이나 본인인 개인을 처벌하기 위한 규정이다. 다만, 제135조부터 제138조까지의 벌칙규정에서 그 적용대상자를 일정한 업무주로 한정하고 있는 경우에는 본 양벌규정은 업무주가 아니면서 당해 업무를 실제로 집행하는 자에 대한 위 벌칙규정의 실효성을 확보하기 위한 것이다. 따라서 이 경우 양벌규정은 행위자의 처벌규정임과 동시에 그 위반행위의 이익귀속주체인 업무주에 대한 처벌규정이라고 할 것이다.[34] 가령 법인인 정비사업전문관리업자가 행위주체인 경우 본조에 따라 정비사업전문관리업자의 대표자를 처벌하고 행위자는 위 양벌규정에 처벌할 수 있다. 법인 또는 본인인 개인에게 과실이 없는 경우에는 양벌규정은 적용되지 않는다. 법인에는 법인격없는 단체는 포함되지 않는다.[35]

34 대법원 1999. 7. 15. 선고 95도2870 전원합의체 판결

35 대법원 1995. 7. 28. 94도3325 판결

Ⅶ 뇌물죄, 업무상 배임죄 및 업무상 횡령죄

1. 개요

도시정비사업의 시행과 관련하여 도시정비법위반죄 외에 주로 문제가 되는 범죄는 형법상의 뇌물죄, 업무상 횡령죄와 업무상 배임죄이다. 조합의 임원 등은 공무원이 아니기 때문에 본래 배임수재죄가 문제되나 도시정비법은 이에 관한 특별규정을 두어 조합의 임원 등도 공무원으로 의제하여 뇌물죄로 의율하고 있다. 특히 뇌물수수액이 3천만원 이상인 경우에는 「특정범죄 가중처벌 등에 관한 법률」이 적용되어 형량이 높아지고 벌금형이 필요적으로 병과된다. 업무상 횡령죄와 업무상 배임죄에 있어서는 이득이 5억원 이상인 경우에는 「특정경제범죄 가중처벌 등에 관한 법률」이 적용되어 가중처벌 된다.

2. 뇌물죄

〈도시 및 주거환경정비법〉

제134조(벌칙 적용에서 공무원 의제) 추진위원장 · 조합임원 · 청산인 · 전문조합관리인 및 정비사업전문관리업자의 대표자(법인인 경우에는 임원을 말한다) · 직원 및 위탁지원자는 「형법」 제129조부터 제132조까지의 규정을 적용할 때에는 공무원으로 본다.

〈형법〉

제129조(수뢰, 사전수뢰) ① 공무원 또는 중재인이 그 직무에 관하여 뇌물을 수수, 요구 또는 약속한 때에는 5년 이하의 징역 또는 10년 이하의 자격정지에 처한다.

② 공무원 또는 중재인이 될 자가 그 담당할 직무에 관하여 청탁을 받고 뇌물을 수수, 요구 또는 약속한 후 공무원 또는 중재인이 된 때에는 3년 이하의 징역 또는 7년 이하의 자격정지에 처한다.

제130조(제삼자뇌물제공) 공무원 또는 중재인이 그 직무에 관하여 부정한 청탁을 받고 제3자에게 뇌물을 공여하게 하거나 공여를 요구 또는 약속한 때에는 5년 이하의 징역 또는 10년 이하의 자격정지에 처한다.

제131조(수뢰후부정처사, 사후수뢰) ① 공무원 또는 중재인이 전2조의 죄를 범하여 부정한 행위를 한 때에는 1년 이상의 유기징역에 처한다.

② 공무원 또는 중재인이 그 직무상 부정한 행위를 한 후 뇌물을 수수, 요구 또는 약속하거나 제삼자에게 이를 공여하게 하거나 공여를 요구 또는 약속한 때에도 전항의 형과 같다.

③ 공무원 또는 중재인이었던 자가 그 재직 중에 청탁을 받고 직무상 부정한 행위를 한 후 뇌물을 수수, 요구 또는 약속한 때에는 5년 이하의 징역 또는 10년 이하의 자격정지에 처한다.

④ 전3항의 경우에는 10년 이하의 자격정지를 병과할 수 있다.

제132조(알선수뢰) 공무원이 그 지위를 이용하여 다른 공무원의 직무에 속한 사항의 알선에 관하여 뇌물을 수수, 요구 또는 약속한 때에는 3년 이하의 징역 또는 7년 이하의 자격정지에 처한다.

제133조(뇌물공여 등) ① 제129조부터 제132조까지에 기재한 뇌물을 약속, 공여 또는 공여의 의사를 표시한 자는 5년 이하의 징역 또는 2천만원 이하의 벌금에 처한다.

② 제1항의 행위에 제공할 목적으로 제3자에게 금품을 교부한 자 또는 그 사정을 알면서 금품을 교부받은 제3자도 제1항의 형에 처한다.

〈특정범죄 가중처벌 등에 관한 법률〉

제2조(뇌물죄의 가중처벌) ①「형법」 제129조 · 제130조 또는 제132조에 규정된 죄를 범한 사람은 그 수수(收受) · 요구 또는 약속한 뇌물의 가액(價額)(이하 이 조에서 "수뢰액"이라 한다)에 따라 다음 각 호와 같이 가중처벌한다.

1. 수뢰액이 1억원 이상인 경우에는 무기 또는 10년 이상의 징역에 처한다.
2. 수뢰액이 5천만원 이상 1억원 미만인 경우에는 7년 이상의 유기징역에 처한다.
3. 수뢰액이 3천만원 이상 5천만원 미만인 경우에는 5년 이상의 유기징역에 처한다.

②「형법」 제129조 · 제130조 또는 제132조에 규정된 죄를 범한 사람은 그 죄에 대하여 정한 형(제1항의 경우를 포함한다)에 수뢰액의 2배 이상 5배 이하의 벌금을 병과(併科)한다.

뇌물죄 적용에 있어 추진위원장·조합임원·청산인·전문조합관리인 및 정비사업전문관리업자의 대표자(법인인 경우 임원을 말함)·직원 및 위탁관리자는 공무원으로 의제된다. 도시정비법에서 정하는 '정비사업전문관리업자'가 주식회사인 경우 도시정비법 제134조에 의하여 공무원으로 의제되는 '임원'은 「형법」 제129조 내지 제132조에 해당하는 수뢰행위 당시 상업등기부에 대표이사, 이사, 감사로 등기된 사람에 한정된다. 설령 실질적 경영자라고 하더라도 해당 주식회사의 임원으로 등기되지 아니한 사람은 이에 해당하지 않는다.[36] 하지만 실질적 조합임원은 공무원으로 의제되고 「특정범죄 가중처벌 등에 관한 법률」에 의해 가중처벌된다.[37]

추진위원장에게 조합의 업무와 관련하여 뇌물수수죄를 적용하기 위해서는 조합업무에 대한 사실상의 영향력이 인정되어야 하므로 최소한 창립총회를 통하여 조합의 실체가 구성되어야 한다. 정비사업전문관리업자는 시·도지사에게 등록한 후에는 업무대행계약 전이라도 뇌물수수죄의 주체가 될 수 있다.[38] 사전수뢰죄가 성립하기 위해서는 추진위원장 또는 조합임원으로 될 어느 정도의 개연성을 갖추어야 한다.[39] 가령, 추진위원장이 철거업체 선정과 관련하여 금품 등을 수수하고 실제 조합장으로 입후보하였거나 조합장이 된 경우에는 사전수뢰죄가 성립할 수 있다.

3. 업무상 횡령죄

〈형법〉

제355조(횡령, 배임) ① 타인의 재물을 보관하는 자가 그 재물을 횡령하거나 그 반환을 거부한 때에는 5년 이하의 징역 또는 1천500만원 이하의 벌금에 처한다.

36 대법원 2014. 1. 23. 선고 2013도9690 판결

37 대법원 2010. 12. 23. 선고 2010도13584 판결

38 대법원 2008. 9. 25. 선고 2008도2590 판결

39 대법원 2010. 5. 13. 선고 2009도7040 판결

제356조(업무상의 횡령과 배임) 업무상의 임무에 위배하여 제355조의 죄를 범한 자는 10년 이하의 징역 또는 3천만원 이하의 벌금에 처한다.

〈특정경제범죄 가중처벌 등에 관한 법률〉

제3조(특정재산범죄의 가중처벌) ① …「형법」 제355조(횡령 · 배임) 또는 제356조(업무상의 횡령과 배임)의 죄를 범한 사람은 그 범죄행위로 인하여 취득하거나 제3자로 하여금 취득하게 한 재물 또는 재산상 이익의 가액이 5억원 이상일 때에는 다음 각 호의 구분에 따라 가중처벌한다.

1. 이득액이 50억원 이상일 때: 무기 또는 5년 이상의 징역
2. 이득액이 5억원 이상 50억원 미만일 때: 3년 이상의 유기징역

원칙적으로 단체의 비용으로 지출할 수 있는 변호사 선임료는 단체 자체가 소송 당사자가 된 경우에 한하므로 단체의 대표자 개인이 당사자가 된 민·형사 사건의 변호사 비용은 단체의 비용으로 지출할 수 없다. 다만 예외적으로 당해 법적 분쟁이 단체와 업무적인 관련이 깊고 당시의 제반 사정에 비추어 단체의 이익을 위하여 소송을 수행하거나 고소에 대응하여야 할 특별한 필요성이 있는 경우에 한하여 단체의 비용으로 변호사 선임료를 지출할 수 있다. 즉, 분쟁에 대한 실질적인 이해관계는 단체에게 있으나 법적인 이유로 그 대표자의 지위에 있는 개인이 소송 기타 법적 절차의 당사자가 되었다거나 대표자로서 단체를 위해 적법하게 행한 직무행위 또는 대표자의 지위에 있음으로 말미암아 의무적으로 행한 행위등과 관련하여 분쟁이 발생한 경우와 같이, 당해 법적 분쟁이 단체와 업무적인 관련이 깊고 당시의 제반 사정에 비추어 단체의 이익을 위하여 소송을 수행하거나 고소에 대응하여야 할 특별한 필요성이 있는 경우에 한하여 단체의 비용으로 변호사 선임료를 지출할 수 있다.[40]

따라서 원칙적으로 조합임원에 대한 조합업무 관련 민사소송은 조합의 부담으로 하더라도 업무상 횡령죄가 성립하지 않지만 조합장이 개인 명의의 손해

40 대법원 2006. 10. 26. 선고 2004도6280 판결, 대법원 2009. 3. 12. 선고 2008도10826 판결

배상청구소송을 위하여 변호사를 소송대리인으로 선임하고 그 선임료를 조합의 비용으로 지출한 경우에는 업무상 횡령죄가 성립할 수 있다. 조합을 위한 소송비용지출이었는지 여부는 사건의 조합업무 관련성과 조합장이 사건을 진행하기 위해 조합 내부의 사전심의절차나 의결절차를 거쳤는지가 기준이 될 것이다.

조합장이 조합업무와 무관한 자신의 위법행위에 대해 변호인을 선임하는 것은 조합의 업무라고 볼 수 없으므로, 그가 조합의 자금으로 자신의 변호사 비용을 지출하였다면 이는 업무상 횡령죄에 해당한다. 형사사건의 변호사 선임료를 지출함에 있어 총회의 의결을 거쳤다 하더라도 조합의 업무집행과 무관한 이상 위 승인은 내재적 한계를 벗어나는 것으로서 업무상 횡령죄의 성립에 영향을 미치지 아니한다.[41]

4. 업무상 배임죄

〈형법〉

제355조(횡령, 배임) ② 타인의 사무를 처리하는 자가 그 임무에 위배하는 행위로써 재산상의 이익을 취득하거나 제삼자로 하여금 이를 취득하게 하여 본인에게 손해를 가한 때에도 전항의 형과 같다.

제356조(업무상의 횡령과 배임) 업무상의 임무에 위배하여 제355조의 죄를 범한 자는 10년 이하의 징역 또는 3천만원 이하의 벌금에 처한다.

〈특정경제범죄 가중처벌 등에 관한 법률〉

제3조(특정재산범죄의 가중처벌) ① …「형법」 제355조(횡령 · 배임) 또는 제356조(업무상의 횡령과 배임)의 죄를 범한 사람은 그 범죄행위로 인하여 취득하거나 제3자로 하여금 취득하게 한 재물 또는 재산상 이익의 가액이 5억원 이상일 때에는 다음 각 호의 구분에 따라 가중처벌한다.

1. 이득액이 50억원 이상일 때: 무기 또는 5년 이상의 징역
2. 이득액이 5억원 이상 50억원 미만일 때: 3년 이상의 유기징역

41 대법원 2006. 10. 26. 선고 2004도6280 판결, 대법원 2011. 9. 29. 선고 2011도4677 판결

조합장이 조합업무와 관련하여 용역비를 과다계상하거나 중복하여 계약을 체결하는 경우에는 업무상 배임죄가 성립할 수 있다. 실무상 협력업체 선정이나 현금청산과정에서 많이 문제된다.

재개발조합의 조합장이 약속어음공증신청을 이사회의 결의로 선정된 법무사로 하여금 대행하게 하는 용역계약을 체결함에 있어, 그 법무사가 제시하는 수수료액이 적정한 것인지 조사하여 보지 않고, 그 금액이 과다함에도 불구하고 이를 낮추려는 시도조차 하지 않은 채 이를 그대로 받아들여 용역계약을 체결하였다면 업무상 배임죄가 성립할 수 있다.[42] 또한 수방대책계약을 체결하면서 10배가 넘는 금액으로 체결하거나 수용재결업무대행계약을 체결하면서 이 업무를 전적으로 수행하는 업체의 하도급계약금액이 조합과 체결한 금액의 1/10의 수준에 불과한 경우에는 특별한 사정이 없는 한 업무상 배임죄가 성립한다 할 것이다.

현금청산과정에서 보상금을 자의적 기준에 따라 책정하거나 조합장이 타인 모르게 명의신탁한 재산에 사업의 긴급성을 이유로 과다한 보상금을 지급한 경우라면 업무상 배임죄가 성립할 수 있다. 또한, 조합장이 자신의 친인척에게 사업의 시급성을 이유로 보상금을 과다 지급한 경우에도 설사 조합의 손해확대를 막기 위한 명목이었다 하더라도 업무상 배임죄 성립에는 지장이 없다.

Ⅷ 과태료

과태료 부과대상에 해당하는 자는 〈표 72〉, 〈표 73〉과 같다.

42 대법원 1997. 6. 13. 선고 97도618 판결

표 72

1천만원 이하의 과태료 부과대상
(ⅰ) 도시정비법 제113조 제2항에 따른 점검반의 현장조사를 거부 · 기피 또는 방해한 자 (ⅱ) 도시정비법 제132조 제2항을 위반하여 계약 체결과 관련하여 시공과 관련 없는 사항을 제안한 자 (ⅲ) 토지등소유자에게 정비사업에 관한 정보를 제공함에 있어 사실과 다른 정보 또는 부풀려진 정보를 제공하거나, 사실을 숨기거나 축소하여 정보를 제공한 건설업자, 등록사업자 및 정비사업전문관리업자

표 73

5백만원 이하의 과태료 부과대상
(ⅰ) 전자조달시스템을 이용하지 아니하고 계약을 체결한 자 (ⅱ) 관리처분계획 공람통지, 관리처분계획인가 내용 통지 및 수분양자에 대한 이전고시 통지를 게을리 한 자 (ⅲ) 정비사업전문관리업자의 업무 또는 정비사업의 업무에 관한 보고 또는 자료 제출을 게을리한 자 (ⅳ) 자금차입에 관한 사항을 신고하지 아니하거나 거짓으로 신고한 추진위원회 또는 사업시행자(공공은 제외) (ⅴ) 도시정비법 제115조 제2항에 따른 교육을 기간 내에 이수하지 아니한 자[43] (ⅵ) 정비사업 완료 · 폐지시 시장 · 군수등에게 정비사업 관계 서류의 인계를 게을리 한 사업시행자(공공은 제외)

과태료와 같은 행정질서벌은 행정질서유지를 위한 의무의 위반이라는 객관적 사실에 대하여 과하는 제재이므로 반드시 현실적인 행위자가 아니라도 법령상 책임자로 규정된 자에게 부과되고 원칙적으로 위반자의 고의·과실을 요하지 아니하나, 위반자가 그 의무를 알지 못하는 것이 무리가 아니었다고 할 수 있어 그것을 정당시할 수 있는 사정이 있을 때 또는 그 의무의 이행을 그 당

43 교육이수의무 불이행시 과태료 규정은 2025. 5. 20. 법률 제20955호 부칙 제1조 단서에 따라 [시행일: 2025. 11. 21.]임.

사자에게 기대하는 것이 무리라고 하는 사정이 있을 때 등 그 의무 해태를 탓할 수 없는 정당한 사유가 있는 때에는 이를 부과할 수 없다.[44]

Ⅸ 자수자에 대한 특례 및 신고포상금

제132조(조합임원 등의 선임 · 선정 및 계약 체결 시 행위제한 등) ① 누구든지 추진위원, 조합임원의 선임 또는 제29조에 따른 계약 체결과 관련하여 다음 각 호의 행위를 하여서는 아니 된다.

1. 금품, 향응 또는 그 밖의 재산상 이익을 제공하거나 제공의사를 표시하거나 제공을 약속하는 행위
2. 금품, 향응 또는 그 밖의 재산상 이익을 제공받거나 제공의사 표시를 승낙하는 행위
3. 제3자를 통하여 제1호 또는 제2호에 해당하는 행위를 하는 행위

제141조(자수자에 대한 특례) 제132조제1항 각 호의 어느 하나를 위반하여 금품, 향응 또는 그 밖의 재산상 이익을 제공하거나 제공의사를 표시하거나 제공을 약속하는 행위를 하거나 제공을 받거나 제공의사 표시를 승낙한 자가 자수하였을 때에는 그 형벌을 감경 또는 면제한다.

제142조(금품 · 향응 수수행위 등에 대한 신고포상금) 시 · 도지사 또는 대도시의 시장은 제132조제1항 각 호의 행위사실을 신고한 자에게 시 · 도조례로 정하는 바에 따라 포상금을 지급할 수 있다.

자수라 함은 범인이 스스로 수사책임이 있는 관서에 자기의 범행을 자발적으로 신고하고 그 처분을 구하는 의사표시를 말하고, 가령 수사기관의 직무상의 질문 또는 조사에 응하여 범죄사실을 진술하는 것은 자백일 뿐 자수로는 되지 않는다.[45] 또한 죄의 뉘우침이 없는 자수는 외형은 자수일지라도 도시정비법

44 대법원 2000. 5. 26. 선고 98두5972 판결

45 대법원 2006. 9. 22. 선고 2006도4883 판결

상의 자수라고 할 수 없다. 조합임원 등의 선임이나 협력업체 선정과정에서의 금품 등의 수수범죄에 대해 필요적 감면제도를 두고 있는 것은 금품수수의 은밀성을 극복하고 정비사업의 투명성을 제고하기 위함이다. 신고포상금제도도 마찬가지이다.

맺는말

재개발·재건축과 같은 도시정비분야를 20년간 접하다 보니 자연스럽게 사업 전반에 걸쳐 부담하게 되는 비용에는 무엇이 있고 그것이 대략 얼마인지, 사업단계별 분쟁 요소나 쟁점은 어떤 것들인지, 미분양의 리스크는 어느 정도인지, 재개발과 재건축이 부동산 공급이나 집값 안정에 어느 정도 기여할 수 있는지 대략 판단할 수 있게 되었다. 그러던 중 1기 신도시의 재건축 가능성과 사업성도 얼추 고민해 볼 기회까지 가졌다. 이와 같은 경험과 고민을 바탕으로 그간 느껴왔던 현행 도시정비법에 따른 재개발 · 재건축의 한계와 바람직한 부동산 정책에 대한 생각을 간략하게 정리해 보면 다음과 같다.

첫째는, 25층 이상의 주택단지를 재건축하는 경우에는 더 이상 현행 도시정비법에 따른 재건축의 패러다임으로는 사업수지를 맞출 수 없다는 점이다. 고층주택 건설에 따른 공사비 증가와 늘어나는 규제 그리고 미분양리스크가 커질 수밖에 없기 때문이다. 또한 사업비 증가는 확실히 예상되지만 수입 부분의 불확실성은 훨씬 커질 수밖에 없어서다. 나아가 이 경우에는 아파트 빈집을 양산할 수 있는데, 아파트 빈집은 단독주택 그것과는 비용이나 주거환경 안전 측면에서 심각한 사회문제를 낳을 수 있다는 점을 유의해야 한다. 따라서 이러한 한계를 극복하기 위해서는 재건축의 정책 포커스를 삶의 질 향상을 위한 주거변환에 두어야 한다. 이를 위해서는 주거변환의 연착륙을 유도할 새로운 재건축 패러다임에 대한 연구가 필요하다.

둘째는, 재건축과 부동산가격안정은 트레이드오프(tradeoff)관계에 있다는 점이다. 재건축이 주택공급을 통해 부동산가격안정수단으로 사용되기도 하지만 실제에 있어서는 자산증식수단으로 더 기능하고 있다. 이 때문에 재건축은 그 주택공급효과와 심리효과를 능가하는 부동산가격 상승효과가 있어 보인다. 재건축을 부동산가격 안정대책으로 활용하는 것에는 신중을 기해야 한다. 도심 주택공급과 관련해서는 공공재개발이나 역세권재개발이 효과적이라 생각한다.

셋째는, 부동산가격 안정을 위해서는 거시적 관점에서 다각적 접근이 필요하다는 점이다. 기존의 수요억제정책과 주택공급정책은 과밀억제권역인 수도권에서는 단기적이고 단편적인 효과에 그치는 경우가 많았다. 따라서 수도권의 주택수요를 분산시킬 수 있는 거시적 관점의 수요관리방안이 강구되어야 한다. 지방교육 활성화나 자본시장 육성 등을 통해 부동산투자수요를 다른 곳으로 전환하는 식의 거시적 정책도 함께 연구해야 한다.

이 책은 도시정비법의 해설에 주안점을 맞추고 있다. 위에서 언급한 현행 재건축체계의 한계나 재건축이 부동산정책에서 어떻게 기능하는 지에 대해서는 언급하고 있지 않다. 이 부분도 다루고 싶었지만 우선 재개발·재건축에 대한 교과서적인 설명이 급선무라 생각했고 자료 분석을 통한 실증적 연구가 더 필요하다고 판단해 그것은 다음 기회로 미루기로 했다. 앞으로 이 책 집필 경험과 객관적 자료 분석을 바탕으로 위 생각들(가설들)이 맞는지, 우리 국민 대다수가 수긍할 수 있는 새로운 재건축 패러다임은 무엇인지, 거시적 관점의 주택수요관리방안으로는 어떤 대안들이 검토될 수 있는지 등을 심도 있게 탐구해 볼 생각이다.

참고문헌

유삼술 · 이종만, 『재개발 · 재건축의 입문』, 하우징헤럴드, 2004

전재우, 『도시및주거환경정비법』, 박영사, 2020

이우재, 『도시 및 주거환경정비법(下)』, 진원사, 2010

판례색인

사항색인

ㄴ

ㄷ

ㄹ

ㅁ

ㅂ

ㅅ

ㅇ

ㅈ

저자약력

홍봉주

학력

서울 구로고등학교 졸업
서울대학교 서어서문학과 졸업
서울대학교 행정대학원 행정학과(정책학전공) 졸업

경력

제39회 행정고시(일반행정) 합격
제46회 사법시험 합격
환경부 한강유역환경청 재정계획과장
한국환경공단 고문변호사
한국토지주택공사(LH) 법률고문
한국교통안전공단 법률고문
BMW 차량화재 민간합동조사단 위원
주거환경연구원 전문강사
대한변협 재개발·재건축 전문분야 등록 변호사
환경부 고문변호사
국민권익위원회 비상임위원
H&P법률사무소 대표변호사

재개발 · 재건축의 정석

초판발행 2025년 9월 30일

지은이 홍봉주
펴낸이 안종만·안상준

편 집 김선민
기획/마케팅 정성혁
표지디자인 BEN STORY
제 작 고철민·김원표

펴낸곳 (주) 박영사
서울특별시 금천구 가산디지털2로 53, 210호(가산동, 한라시그마밸리)
등록 1959.3.11. 제300-1959-1호(倫)
전 화 02)733-6771
f a x 02)736-4818
e-mail pys@pybook.co.kr
homepage www.pybook.co.kr
ISBN 979-11-303-2434-0 03360

정 가 38,000원